"十三五"国家重点出版物出版规划项目

名校名家基础学科系列
Textbooks of Base Disciplines from Top Universities and Experts

概 率 论 导 论
Introduction to Probability

（翻译版）

约瑟夫·K. 布利茨斯坦（Joseph K. Blitzstein）

［美］　　　　　哈佛大学　　　　　　　　　　著

杰西卡·黄（Jessica Hwang）

斯坦福大学

张景肖　　　　　　　　　　　　　　　　　译

机械工业出版社

本书源自著名的哈佛大学统计学讲座的专用讲义，介绍了帮助读者理解统计方法、随机性和不确定性的基本语言和工具，并列举了多种多样的应用实例，内容涉及偶然性、概率悖论、谷歌的网页排名算法（PageRank）及马尔可夫链蒙特卡罗方法（MCMC）等。本书还探讨了概率论在诸如基因学、医学、计算机科学和信息科学等领域的应用。

全书共 13 章，分别介绍了概率与计数、条件概率、随机变量及其分布、期望、连续型随机变量、矩、联合分布、变换、条件期望、不等式与极限定理、马尔可夫链、马尔可夫链蒙特卡罗方法、泊松过程等内容。本书用容易理解的方式来呈现内容，用实例来揭示统计学中基本分布之间的联系，并通过条件化将复杂的问题归结为易于解决的若干小问题。书中还包含了很多直观的解释、图示和实践问题。每一章的结尾部分都给出了如何利用 R 软件来完成相关模拟和计算的方法。

本书可作为高等院校本科生概率论课程的教材，也可作为相关科研人员的参考书。

图书在版编目（CIP）数据

概率论导论：翻译版/（美）约瑟夫·K. 布利茨斯坦（Joseph K. Blitzstein），杰西卡·黄（Jessica Hwang）著；张景肖译. —北京：机械工业出版社，2018.12

书名原文：Introduction to Probability

"十三五"国家重点出版物出版规划项目　名校名家基础学科系列

ISBN 978-7-111-61054-0

Ⅰ. ①概…　Ⅱ. ①约…　②杰…　③张…　Ⅲ. ①概率论 – 高等学校 – 教材　Ⅳ. ①O211

中国版本图书馆 CIP 数据核字（2018）第 227484 号

机械工业出版社（北京市百万庄大街22 号　邮政编码100037）
策划编辑：汤　嘉　责任编辑：汤　嘉　陈崇昱　任正一
责任校对：王　延　封面设计：张　静
责任印制：张　博
三河市宏达印刷有限公司印刷
2019 年1 月第1 版第1 次印刷
184mm×260mm · 28.75 印张 · 1 插页 · 708 千字

标准书号：ISBN 978-7-111-61054-0
定价：118.00 元

凡购本书，如有缺页、倒页、脱页，由本社发行部调换
电话服务　　　　　　　　　　网络服务
服务咨询热线：010-88379833　机 工 官 网：www.cmpbook.com
读者购书热线：010-88379649　机 工 官 博：weibo.com/cmp1952
　　　　　　　　　　　　　　教育服务网：www.cmpedu.com
封面无防伪标均为盗版　　金 书 网：www.golden-book.com

译 者 序

概率论是研究随机现象数量规律的数学分支，同其他数学学科一样，概率论既有逻辑推理的严谨性，又有实际应用的广泛性。

哈佛大学教授约瑟夫·K. 布利茨斯坦和斯坦福大学教授杰西卡·黄所著的《概率论导论》是一本通俗易懂，但又不失专业严谨性的概率论启蒙书。本书内容十分丰富，作者对概率论这一学科的基础知识进行了系统、全面的描述和总结。本书最初是著名的哈佛统计学讲座的专用讲义，为理解统计学、随机性和不确定性提供了重要的基础。书中，作者采用多种案例，对要阐述的定理与命题进行了生动而形象的解释，同时结合概率论的知识探讨了其在诸如基因学、医药学、计算机科学与信息科学等领域的应用。在全书的叙述中，作者利用图表和现实世界中的实际例子，以生动形象且鼓励发散性思考的方式将书的内容传递给读者，尤其是在第3章随机变量及其分布中，作者采用事例来阐明统计学中基本分布之间的联系，并通过一定的方法将复杂问题转化为易于理解的多个小问题。

R是一款可以免费使用的数据分析软件，被广泛地应用于概率论和统计学领域，本书在每一章最后都专设一个小节用于讲解如何利用R软件来实现相关模拟和计算的方法。

本书共13章。第1章介绍概率的定义和计数方法，并简单介绍R统计软件的获取与使用方法。第2章到第6章介绍概率论的主要研究对象以及基本概念，包括：条件概率、随机变量及其分布、常见的连续型和离散型随机变量、用于描述分布的期望、方差以及一般化的矩、矩母函数等。为使读者更容易理解这些概念，书中给出大量实际案例，并给出详细的分析思路和步骤，以便于读者直观地理解概率论中一些看似违反直觉的结论。第7章介绍了用于刻画多个随机变量间关系的联合分布的概念。第8章介绍随机变量的变换，由此可通过将已知分布进行变换得到其他分布。第9章介绍条件期望的概念，它可作为简化期望求解过程的有力工具。第10章介绍了复杂概率和期望的近似求法，包括：蒙特卡罗模拟法、不等式约束法以及极限理论近似法。第11章介绍用于证明大数定律应用于非独立随机变量原理的马尔可夫链，其本质是一种具有马尔可夫性质的离散事件随机过程。第12章介绍用于模拟复杂分布的MCMC算法及其应用实例。第13章介绍泊松过程的定义和性质，泊松过程实质是发生在时间或空间上的随机事件的计数过程。

本书一直是美国哈佛大学、斯坦福大学概率论课程使用的教材，作者在教学方面也有其独特的想法。译者认为，本书可作为我国国内所有高等院校开设概率论这一课程的专业（如数学专业、统计学专业、工科专业等）的概率论入门基础教程，也可作为有关概率论方面的参考书。

在翻译本书的过程中得到了王伟华、张海涛、马文博、李涛、郭凯迪、严云贵、常宇、唐浩开等同学的很多帮助，在此深表感谢。另外感谢本书的编辑一直以来的大力协助。

限于译者的水平，译稿中存在的问题和不当之处，敬请读者批评指正。

译者
于中国人民大学

前　言

本书通过现代的观点来介绍概率论，为理解统计方法、随机性和不确定性奠定了基础。书中包含了丰富的应用案例，从基本的抛硬币问题和偶然性的研究到谷歌的网页排名算法（PageRank）以及马尔可夫链蒙特卡罗方法等。由于概率论是一门经常被认为是反直觉的学科，所以书中给出了很多直观的解释、图示和案例以证明这个观点的偏颇。每章的结尾部分还结合 R 软件来更详细地探讨这一章的思想（R 软件是一种用于统计计算和模拟的免费软件）。

本书取材于哈佛大学的视频公开课 Stat110（从 2006 年起，这门课程每年均由 Joseph 讲授），课程视频可在 stat110. net 网站上免费获取。其他附加的补充材料，诸如 R 代码及标记了 Ⓢ 的练习题的解答也均可在该网站获取。

掌握微积分是学习本书的一个前提，而对统计学的基础则没有要求。数学方面的主要挑战不在于完成微积分求解，而在于能够在抽象的概念和具体的例子之间转换。

本书的主要特征概括如下：

1. 案例。书中的定义、定理和证明都是通过案例来呈现的，这种呈现既保留了数学的精确性，又概括性地对现实世界的一些现象做出了解释。通过那些让概率分布广泛地在统计建模中使用的案例来探究概率分布。我们尽可能避免冗长乏味的推导，取而代之的是致力于给出解释和直觉判断来说明为什么那些主要结论是正确的。事实证明，通过深刻理解来替代死记硬背的方法可以提高学生对内容的长期记忆力。

2. 图。由于图本身就能表达很多内容，所以我们通过图来补充定义，使得那些主要概念与让人印象深刻的图相联系。在很多领域中，一名初学者与一名专家的差距常被描述如下：初学者总是努力去记住大量看似不相关的事实和公式，而专家则会领悟出一个统一的结构，在这个结构中仅通过少量的原理和思想就可将那些事实连贯地联系在一起。为了帮助学生领会概率论的结构，我们特别强调了思想间的联系（同时从语言上和视觉效果上加以巩固），并在大多数章节的结尾部分给出了概念与分布的循环、扩展图。

3. 概念和策略的双重教学。我们的目的在于让学生在读本书时不仅能够学习概率论的概念，同时还能够掌握广泛适用于概率论之外的一系列解决问题的策略。对于书中的例子，相同的问题经常会给出多种不同的解答方法。我们对求解的每一步都进行了解释，同时也对如何思考并选择采用的方法进行了评述。

我们对诸如对称性和模式识别这样的重要策略进行了明确的标记和命名，并且通过给出了标有 ☣（生物危害标识）的内容来消除常见误解。

4. 实践问题。本书包含大约 600 道不同难度的练习题，目的是为了让学生加强对内容的理解，同时强化他们解决问题的能力。这些练习题中有些是策略实践问题，根据主题进行了分组以促进对特定主题的实践，而有些则是混合型实践问题，在这些实践问题中需要综合一些前面章节中的内容。大约 250 道练习题已有详细的在线解答以供线下实践及自学使用。

5. 模拟、蒙特卡罗方法和 R 软件。很多概率问题都因计算太难而不能精确求解，并且在任何情况下，对所给答案进行核查都是很重要的。我们介绍了通过模拟来研究概率论的方法，并证明了借助简短的几行 R 代码就足以对一个看似复杂的问题进行模拟。

6. 聚焦现实世界的关联性和统计思维。书中所有的例子和练习题都有明确的现实背景，都聚焦于如何为进一步学习统计推断和统计建模打下坚实的理论基础。我们简要介绍了重要的统计思想，例如抽样、模拟、贝叶斯推断和马尔可夫链蒙特卡罗方法及其应用领域，包括基因学、医学、计算机科学和信息科学等。对例题和练习题的选择都是为了突出概率思维的力量、适用性及其美之所在。

致谢

感谢我们的同事、Stat110 的教学助理和数千位 Stat110 的学生所给出的与这门课程和这本书相关的评论及想法。特别要感谢 Alvin Siu、Angela Fan、Anji Tang、Carolyn Stein、David Jones、David Rosengarten、David Watson、Johannes Ruf、Kari Lock、Keli Liu、Kevin Bartz、Lazhi Wang、Martin Lysy、Michele Zemplenyi、Peng Ding、Rob Phillips、Sam Fisher、Sebastian Chiu、Sofia Hou、Theresa Gebert、Valeria Espinosa、Viktoriia Liublinska、Viviana Garcia、William Chen 和 Xander Marcus 对本书的反馈。尤其感谢 Bo Jiang、Raj Bhuptani、Shira Mitchell 和那些匿名的审稿人针对本书草稿所给出的详细评论，及 Andrew Gelman、Carl Morris、Persi Diaconis、Stephen Blyth、Susan Holmes 和 Xiao-Li Meng 关于概率的无数次富有深刻见解的讨论。

CRC 出版社的 John Kimmel 在本书的写作过程中提供了极好的编辑方面的专家意见，对他的支持深表感激。

最后，对我们的家人致以最深的谢意，感谢他们对我们的爱和鼓励。

Joseph K. Blitzstein 和 Jessica Hwang
分别于马萨诸塞州剑桥市和加利福尼亚州斯坦福市
2014 年 5 月

目　　录

第1章 概率与计数

运气、巧合、随机、随机性、不确定性、风险、怀疑、时运、机会——这些词你应该听到过无数次，但对它们的用法可能很模糊。然而，尽管概率普遍存在于科学和人们的日常生活中，但它可能是非常反直觉的。如果我们在不知道正确与否的情况下依靠直觉，就会出现预测不准确或面临预测过于自信而带来的严重风险。本书旨在搭建一个有原则的量化不确定性和随机性的逻辑框架来介绍概率学。同时，本书还致力于强化读者自身的直觉，包括当人们的初始猜想与逻辑原理一致或不一致时的情况。

1.1 为什么要学习概率论？

数学是一种确定性的逻辑；而概率论是一种不确定性的逻辑。概率论在很多领域都有广泛应用，它为理解和解释差异、噪声中的分离信号以及复杂现象的建模等提供了一种工具。以下是从概率论不断扩展的应用领域中选取的一些简单示例。

1. 统计学：概率论是统计学的基础和语言，它使得许多强大的方法通过利用数据去了解这个世界成为可能。

2. 物理学：爱因斯坦曾说过："上帝不掷骰子"，但是目前对量子物理学的理解大量涉及自然界最根本层次的概率。统计力学是物理学的另一个重要分支，它建立在概率论的基础上。

3. 生物学：遗传学和概率论密切相关，例如在基因遗传和随机突变模型中均大量涉及概率。

4. 计算机科学：随机算法在运行时会做出随机选择，并且在许多重要应用中，它们比现在已知的其他任何基于确定性的方案更简单高效。概率论也在研究算法性能以及机器学习和人工智能中起着至关重要的作用。

5. 气象学：天气预报是（或应当）以概率的形式来推断和表达的。

6. 赌博：早期很多关于概率论的研究都是旨在解决赌博和机会游戏的问题。

7. 金融学：前面的例子可能存在冗余的情况，需要指出的是，概率是计量金融的核心。例如，随时间变动的股票价格建模以及金融工具的定价等主要基于概率。

8. 政治科学：近些年来，政治科学越来越偏向统计和数量化。例如，纳特·西尔弗（Nate Silver）在预测选举结果方面取得的成功，他在 2008 年和 2012 年的美国总统大选中，使用概率模型来实现民意调查并且进行模拟（参见 Silver［25］）。

9. 医学：随机临床试验（患者被随机分配接受治疗或安慰剂）的发展近几年来已经改变了传统的医疗研究。就像生物统计学家大卫·哈灵顿（David Harrington）所指出的，"一些人认为这可能是 20 世纪科学医学中最重要的进步……现代科学让人开心的讽刺之一是通过将偶然变异因子引入到研究设计中，随机试验可以'调整'对照实验中的可观察和不可

观察的异质性。"［17］

10. 生活：生活是不确定的，而概率就是一种不确定性的逻辑。然而，当我们在做每一次决定时都搬出一个概率计算公式是不现实的，对概率进行深刻思考有助于我们避免一些常见错误，充分理解巧合，并且做出更好的判断。

概率论为原则性解决问题提供了方法，同时也会产生陷阱和悖论。例如，我们在本章可以看到，即使是莱布尼茨和牛顿（二人都在 17 世纪独立发现了微积分），也无法避免一些概率论上的基本错误。在本书中，我们会用到以下几种方法来避免这些潜在错误。

1. 数值模拟：概率论的魅力在于，常常可以通过模拟试验来研究问题。例如可以直接运行一个模拟，看看到底谁是对的，而不用无止境的争论。本书每章结尾部分都会给出一些在 R 语言（一种免费的统计计算软件）中如何计算和模拟的例子。

2. 生物危害：研究中常见的错误对于理解什么是概率的合理推理有着很重要的作用。在本书中，常见错误就叫作生物危害（Biohazards），并用 ☣ 表示（因为犯此类错误会对健康造成伤害）。

3. 完整性检查：当通过一种方法解决问题后，我们通常会尝试使用另一种方法来解决同样的问题，或者检查所得到的答案在简单和极端的情况下是否都是合理的。

1.2 样本空间

概率论的整个框架是建立在集合的基础上的。假设做一个试验，试验结果是所有可能结果集合中的一个，在试验之前，不知道会是哪一个结果。做完试验之后，其结果会具体化为实际的结论。

定义 1.2.1（样本空间和事件） 一个试验的样本空间 S 就是这个试验可能出现的所有结果的集合。事件 A 是样本空间的一个子集，称某事件 A 发生，当且仅当 A 中的某个结果实际出现。

一个试验的样本空间可能是有限的，可数无限的或不可数的（参见附录 A.1.5 中关于可数集和不可数集的解释）。当样本空间为有限的时，我们可以将样本可视化为圆点，如图 1.1 所示，每个圆点代表一个结果，一个事件就是一些圆点的集合。

做一次试验就等同于随机选取一个圆点。如果所有的圆点都是相同的，那么所有的圆点被抽中的可能性就相同。这个例子是后面两节讨论的重点。在 1.6 节，我们令每个圆点质量不同，给出了概率的一般定义。

集合理论在概率论中用处广泛，它为表达和处理事件提供了丰富的语言；附录 A.1 回顾了集合理论。集合的运算，特别是集合的并、交、补，可以轻松地基于已定义事件来创建新事件。这些理论让我们可以用不止一种方式来表达事件。对于同一事件，通常存在一种最为简单的表达方式。

例如，S 是一个试验的样本空间，令 $A, B \subseteq S$ 表示事件，则 $A \cup B$ 就是一个事件，这个事件发生，当且仅当 A、B 中至少有一个事件发生；事件 $A \cap B$ 发生，当且仅当 A、B 两个事件同时发生；事件 A^c 发生当且仅当事件 A 不发生。另外还有德摩根（De Morgan）律：

$$(A \cup B)^c = A^c \cap B^c, (A \cap B)^c = A^c \cup B^c,$$

它表示两个事件至少其一发生的反面是两个事件都不发生，两个事件都发生的反面是两个事

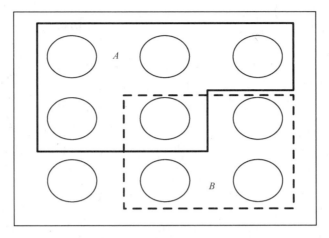

图 1.1 一个用点来表示的样本空间，其中用实线框表示事件 A，用虚线框表示事件 B。

件至少其一不发生。对于两个以上的事件的交和并，也有相似的结果。

如图 1.1 所示，A 是一个包含 5 个圆点的集合，B 是一个包含四个圆点的集合，$A \cup B$ 表示在 A 或在 B 的圆点集合，由 8 个圆点组成，$A \cap B$ 表示同时在两个集合的圆点集合，只有 1 个圆点。A^c 表示不处于 A 中的圆点集合，共有 4 个圆点。

样本空间的概念广泛且抽象，所以记住一些具体例子对理解这个概念非常重要。

例 1.2.2（掷硬币） 掷一枚硬币 10 次，正面用 H 表示反面用 T 表示，一个可能的结果为 HHHTHHTTHT，且样本空间就是所有长度为 10 的由 H 和 T 组成的字符串的集合，令 H 为 1，T 为 0，所以一个结果就可以用一个数列 $(s_1, s_2, \cdots, s_{10})$ 表示，其中 $s_j \in \{0, 1\}$，样本空间即为这些数列的集合。下面我们看几个事件。

1. 设 A_1 为一个事件，表示第一次掷硬币结果为 H，代表的集合如下：

$$A_1 = \{(1, s_2, \cdots, s_{10}) : s_j \in \{1, 0\} \text{ 且 } 2 \leqslant j \leqslant 10\}。$$

这是样本空间的一个子集，所以可以将它看作一个事件；事件 A_1 发生等价于第一次掷硬币的结果为 H。同样地，可以设 A_j 为事件第 j 次掷硬币结果为 H，其中 $j = 2, 3, \cdots, 10$。

2. 设 B 事件表示至少有一次掷硬币结果为 H，可用如下集合表示为

$$B = \bigcup_{j=1}^{10} A_j。$$

3. 设 C 事件表示所有掷硬币结果都为 H，用集合表示为

$$B = \bigcap_{j=1}^{10} A_j。$$

4. 设 D 事件表示至少有两个连续的 H，用集合表示为

$$D = \bigcup_{j=1}^{9} (A_j \cap A_{j+1}) \qquad \square$$

例 1.2.3（任意抽取一张纸牌） 从标准的 52 张纸牌中任意抽取一张。此时样本空间 S 为全部 52 张纸牌的集合（所以这里有 52 个圆点，每个圆点代表一张牌）。考虑如下四个事件。

- A：点数是 A。
- B：颜色为黑色。

- D：花色为方块。
- H：花色为红桃。

H 作为一个集合，它由 13 张纸牌构成：

$$\{红桃\ A，红桃\ 2，\cdots，红桃\ K\}。$$

我们可以通过事件 A，B，D，H 构造其他事件。例如，事件 $A \cap H$ 表示抽取的纸牌为红桃 A；$A \cap B$ 等价于事件 $\{黑桃\ A，梅花\ A\}$，事件 $A \cup D \cup H$ 表示抽取的纸牌为红色或者点数为 A。同样地，注意到 $(D \cup H)^c = D^c \cap H^c = B$，所以 B 可以通过 D 和 H 来表示。另一方面，纸牌为黑桃这个事件无法通过事件 A，B，D，H 表示出来，因为这几个集合无法细致到能划分出黑桃和梅花。

还有许多其他的事件可以通过样本空间来定义。事实上，本章后面介绍的计数方法表明虽然样本空间只有 52 个样本，但是这个问题涉及的事件却多达 $2^{52} \approx 4.5 \times 10^{15}$ 个。

如果抽到的纸牌为 joker，该如何表达呢？由于我们讨论的样本空间是错的，因此无法表达；这说明假设试验结果必须是样本空间 S 中的一个。 □

如前面的例子所示，事件可以用语言或集合符号来描述。通常语言描述更容易解释，而集合符号更容易操作。设 S 为样本空间，s_{actual} 为实际的试验结果。下面给出了语言描述与集合符号之间的转换表。例如，对于事件 A 和 B，陈述语句 "A 含于 B" 指当事件 A 发生时，事件 B 也发生；就集合而言，翻译为 A 是 B 的子集。

语 言 描 述	集 合 符 号
事件	
样本空间	S
s 是一个可能的结果（元素）	$s \in S$
A 为事件	$A \subseteq S$
事件 A 发生	$s_{\text{actual}} \in A$
必然发生的结果	$s_{\text{actual}} \in S$
根据原有事件得到新事件	
事件 A 或事件 B 发生	$A \cup B$
事件 A 与事件 B 同时发生	$A \cap B$
事件 A 不发生	A^c
A 或 B 发生，但不同时发生	$(A \cap B^c) \cup (A^c \cap B)$
事件 A_1，$\cdots$，A_n 至少有一个发生	$A_1 \cup \cdots \cup A_n$
事件 A_1，$\cdots$，A_n 都发生	$A_1 \cap \cdots \cap A_n$
事件间的关系	
事件 A 含于事件 B	$A \subseteq B$
A 与 B 互不相容	$A \cap B = \varnothing$
A_1，$\cdots$，A_n 是样本空间 S 的一个划分	$A_1 \cup \cdots \cup A_n = S$，$A_i \cap A_j = \varnothing$，$i \neq j$

1.3 概率的朴素定义

历史上，概率最早定义为使事件发生的所有可能的方法数除以试验所有可能出现的结果数。由于它有很强的限制性，依赖强大的假设因此称其为朴素定义；但是，理解该定义是非常重要的，且有着强大的作用（在不被误用的情况下）。

定义 1.3.1（概率的朴素定义）　假设一个试验的样本空间为有限集合 S，设 A 为这个试验的一个事件，事件 A 概率表达如下：

$$P_{\text{naive}}(A) = \frac{|A|}{|S|} = \frac{\text{会导致 } A \text{ 的结果数量}}{S \text{ 中总共的结果数量}}。$$

（这里用 $|A|$ 表示集合 A 的大小；参见附录 A.1.5。）

在点空间中，朴素定义下的概率就表示事件 A 中的圆点占所有圆点的比例。例如，如图 1.1 所示

$$P_{\text{naive}}(A) = \frac{5}{9}, P_{\text{naive}}(B) = \frac{4}{9}, P_{\text{naive}}(A \cup B) = \frac{8}{9}, P_{\text{naive}}(A \cap B) = \frac{1}{9}。$$

考虑事件的补集，有

$$P_{\text{naive}}(A^c) = \frac{4}{9}, P_{\text{naive}}(B^c) = \frac{5}{9}, P_{\text{naive}}((A \cup B)^c) = \frac{1}{9}, P_{\text{naive}}((A \cap B)^c) = \frac{8}{9}。$$

一般来说，

$$P_{\text{naive}}(A^c) = \frac{|A^c|}{|S|} = \frac{|S| - |A|}{|S|} = 1 - \frac{|A|}{|S|} = 1 - P_{\text{naive}}(A)。$$

我们在 1.6 节中将看到关于补集的很多结论在概率论中也同样适用，且不仅限于概率的朴素定义。当我们试图求出一个事件的概率时，一种较好的策略是，首先考虑是直接确定事件本身的概率容易还是确定它的补集概率更容易。德摩根律在这里就变得非常有用，因为它使得处理交和并变得更容易。

朴素定义有很强的限制性，它要求样本空间 S 必须是有限的，且每一个样本都有相同质量。当人们在没有任何判断和论证的情况下，就假设各结果有相同的可能性，"它只有两种可能，发生或不发生，但我们不知道哪个，所以可能性各为 50%"，此时该定义就会被错用。这种推理除了有时会给出荒谬的概率外，甚至还会产生自相矛盾。例如，它会得到结论在火星上有生命的概率为 1/2（"有或者没有"），同时也会得到火星上有智能生物的概率为 1/2 的结论，但由 1.6 节中介绍的概率性质可以证明，很显然这里存在矛盾——后者概率应该严格小于前者概率。但在以下几种重要的问题中，朴素定义都是适用的：

- 当问题存在对称性使得结果可能等同出现时。假设一枚硬币正反面落地的概率都为 50%，这是符合常识的，因为在物理上硬币是均匀对称的。$^{\ominus}$一副标准的、洗好的扑克牌，假设所有排序有相同可能性是合理的。不存在一些特殊的牌更倾向于靠近前面的位置；每个特定位置对于 52 张牌中的每一张都有相同的可能性。

- 当把试验的每个不同结果设计为具有相同可能性时。例如，考虑在总量为 N 个人的总体中抽取 n 个人进行一项调查。一种常见的目标是获得一个简单随机样本，即令这 n 个人从所有大小为 n 的子集中以相同可能性随机抽取。如果成功的话，就说明朴素定义是适用

$\ominus$　参见 Diaconis，Holmes 和 Montgomery［8］的物理学结论，抛掷一枚硬币，抛掷前后出现相同面的可能性为 0.51（接近但略大于 1/2），Gelman 和 Molan［12］解释了为什么一枚硬币即使制成两面重量不相等，出现正面朝上的概率依然接近于 1/2（对于常规的掷硬币行为；不包括允许硬币旋转等）。

的，但事实上由于各种复杂的原因，这种设想可能很难实现，比如说无法获取一个完整、精确的个人信息联系表。

- 当朴素定义被作为一个有效的零模型时。在这种设定下，我们假设朴素定义只适用于观察将会产生怎样的预测，然后再通过比较观测数据和预测值来评估这种等可能假设是否成立。

1.4　如何计数

计算一个事件 A 的朴素概率涉及计算事件 A 包含的圆点个数和样本空间 S 中总共的圆点个数。通常我们需要计算的子集数目庞大。本节介绍一些计数的基本方法；更多方法可以参考组合学的书籍（组合学是研究计数问题的一个数学分支）。

1.4.1　乘法法则

一些情况下，可以直接根据一个基本但是通用的法则——乘法法则进行计数。概率论和统计中常遇到有放回抽样和无放回抽样，本节将介绍乘法法则针对这两种情形会自然产生相应的计数规则。

定理 1.4.1（乘法法则）　考虑一个复合试验，它由两个子试验 A 和 B 构成。假设试验 A 有 a 种可能结果，每一种情况又都对应于试验 B 的 b 种可能结果。那么这个复合试验共有 ab 种可能结果。

想了解为什么乘法法则是正确的，这里可以想象一个如图 1.2 所示的树状图。假设该树有 a 个主分支，分别代表着试验 A 的 a 种结果，每一个主分支又延伸出 b 个分支代表试验 B 的 b 种结果。所以总共就有 $\underbrace{b+b+\cdots+b}_{a}=ab$ 种结果。

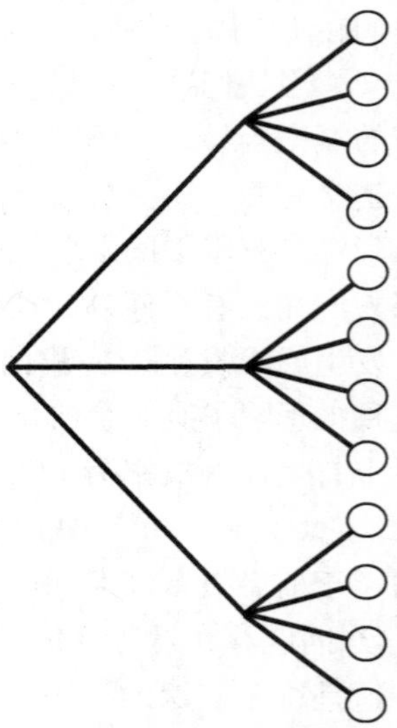

注 1.4.2　通常很容易想当然地认为试验是有先后顺序的，但是乘法法则并没有要求试验 A 必须在试验 B 之前实施。

例 1.4.3（冰淇淋甜筒）　假设某人正在购买一支冰淇淋甜筒（ice cream cone），甜筒（cone）有蛋卷（cake）或华夫饼（waffle）两种选择，冰淇淋有巧克力（C）、草莓（S）和香草（V）三种口味（flavor）可选。决定的过程可以用如图 1.3 所示的树状图来表示。

图 1.2　这个树状图可用来说明乘法法则。如果试验 A 有 3 种结果，试验 B 有 4 种结果，则试验总共有 $3 \times 4 = 12$ 种可能的结果。

由乘法法则可知，共有 $2 \times 3 = 6$ 种选择。这是个较为简单的示例，但却值得仔细思考以推广至更为复杂的情况，后面我们还将会遇到一些复杂的问题，它们在已知的空间中无法绘制出树状图，但从概念上讲还是可以将其看作冰淇淋甜筒问题。这里有一些值得注意的问题：

1. 无论是先决定甜筒（cone）类型还是冰淇淋口味（flavor）类型，试验都是总共有

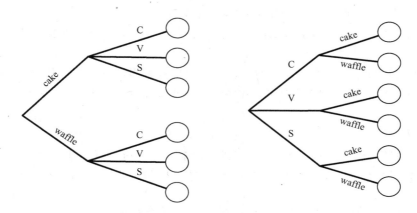

图 1.3 选择冰淇淋甜筒的树状图。不管先选甜筒（cone）类型还是冰淇淋口味（flavor）类型，都有 $2 \times 3 = 3 \times 2 = 6$ 种选择。

$2 \times 3 = 3 \times 2 = 6$ 种可能性。

2. 对于乘法法则，蛋卷（cake）和华夫饼（waffle）上可供选择的冰淇淋口味种类是否相同是无关紧要的，重要的是每种甜筒都有三种口味的冰淇淋可供搭配。假设华夫饼不能搭配巧克力口味冰淇淋，并且也没有其他的替代口味（除了草莓和香草），那就只有 $3 + 2 = 5$ 种选择，乘法法则此时不再适用。在一些包含大量情况的例子中，这种复杂问题会导致计数过程困难重重。

现假设怀特先生某天共买两支冰淇淋甜筒，一支在下午（例如购买的是蛋卷甜筒巧克力味冰淇淋，则记作 cakeC），一支在晚上（例如购买的是华夫饼甜筒香草口味冰淇淋，则记作 waffleV）。由乘法法则可知，该复合试验共有 $6^2 = 36$ 种可能组合结果。

但是如果只需关注这天吃了何种类型的冰淇淋，而不在乎吃冰淇淋的顺序，则此时（cakeC，waffleV）和（waffleV，cakeC）之间没有区别，那么就只有 $36/2 = 18$ 种组合了吗？不是的，因为注意到像（cakeC，cakeC）这样的组合只列举了一次。总共有 $6 \times 5 = 30$ 个有序组合 (x,y) 其中 $x \neq y$，所以不考虑顺序的话就有 15 种搭配可能，加上 6 个形式为 (x,x) 的搭配组合，所以共有 21 种可能的搭配组合。注意到之前的 36 种搭配组合出现的可能性是相同的，而现在的 21 种搭配组合并不是等可能出现的。 □

例 1.4.4（子集） 一个含 n 个元素的集合共有 2^n 个子集，包括空集 $\varnothing$ 和该集合本身。这是遵循乘法法则的，因为每个元素都有两种可能，包括在其中或不包括在其中。例如，集合 $\{1,2,3\}$ 有 8 个子集，分别为 $\varnothing$，$\{1\}$，$\{2\}$，$\{3\}$，$\{1,2\}$，$\{1,3\}$，$\{2,3\}$，$\{1,2,3\}$。这就解释了为什么在例 1.2.3 中有 $2^{52} \approx 4.5 \times 10^{15}$ 个可定义的事件。 □

运用乘法法则可以得到有放回抽样和无放回抽样的公式。许多概率和统计试验都可以归类为其中的一种，所以最好的情况就是两种公式直接遵循于同一基本计数原理。

定理 1.4.5（有放回抽样） 考虑从 n 个个体中抽取 k 个样本，有放回地一次选一个（即已选过的还可能再次被选）。此时有 n^k 种可能结果。

例如，假设一个瓶子里有 n 个球，标记为 1 到 n。我们一次取出一个球，取完后将球放回瓶子里。每一次抽样都相当于一个有 n 种结果的子试验，所以一共有 k 个子试验。因此按照乘法法则，共有 n^k 种抽样结果。

定理 1.4.6（无放回抽样） 还是考虑从 n 个个体中选 k 个，无放回地一次选一个（即已选过的不会再次被选）。所以就有 $n(n-1)\cdots(n-k+1)$ 种可能的结果，其中 $k \leqslant n$（当 $k > n$ 时有 0 种可能结果）。

这个结果也可以直接由乘法法则得到：每一次抽样相当于一个子试验，每一次的可能结果都较之前少一个。注意到在无放回问题中，必须要求 $k \leqslant n$，而在有放回问题中，抽样对象不会减少。

例 1.4.7（排列和阶乘） 关于 $1,2,\cdots,n$ 的一个排列（permutation）是指它们以某种顺序排列，例如 $3,5,1,2,4$ 是 $1,2,3,4,5$ 的一个排列。由定理 1.4.6，令 $k=n$，可以得出 $1,2,\cdots,n$ 的排列共有 $n!$ 个。例如，有 n 个人排队买冰淇淋，就有 $n!$ 种排列方法。[对任意 n，$n! = n(n-1)(n-2)\cdots1$，且 $0! = 1$。]

定理 1.4.5 和定理 1.4.6 都是关于计数的，但是在运用概率的朴素定义时，可以用其来计算概率。由此引出下一个例子，即著名的生日问题（birthday problem），其解决方法结合了有放回抽样和无放回抽样。

例 1.4.8（生日问题） 一个屋子里有 k 个人。假设每个人的生日都等可能的为一年 365 天中的一天（不考虑 2 月 29 日的情况），而且每个人的生日是相互独立的（假设这里不存在双胞胎）。屋内有两个及以上的人在同一天过生日的概率是多少？

解：

共有 365^k 种方法给房间里的每个人分配生日，可以看成在 365 天中有放回地抽取 k 天。假设所有结果都是等可能的，因此可以应用概率的朴素定义。

如果直接应用朴素定义，则需要计算两个及以上的人有相同生日的所有可能的数量。但是这个计数过程是非常困难的，因为可能 Emma 和 Steve 的生日一样，也可能 Steve 和 Naomi 的生日一样，或者他们三个生日都一样，又或者有三个人生日一样，另外又有两个人生日一样但与之前三个不同等很多不同情况。

相反地，可以计算它的补集：k 个人两两生日都不相同的所有分配方法。这等同于从一年 365 天中无放回的抽样，所有的可能情况有 $365 \times 364 \times 363 \times \cdots \times (365-k+1)$ 种，其中 $k \leqslant 365$。这样的话，k 个人中没有人生日相同的概率为

$$P(\text{没有人生日相同}) = \frac{365 \cdot 364 \cdots (365-k+1)}{365^k},$$

所以至少有两个人生日相同的概率为

$$P(\text{至少有两个人生日相同}) = 1 - \frac{365 \cdot 364 \cdots (365-k+1)}{365^k}。$$

图 1.4 描绘了至少两个人生日相同的概率随 k 变化的函数图。概率首次超过 0.5 是在 $k=23$ 时。所以，当屋内有 23 个人时，有超过 50% 的可能性至少两个人生日相同。当 k 达到 57 时，这个概率超过了 99%。

当然，当 $k=366$ 时，肯定至少有两个人生日相同，但是出人意料的是，即使人数较 365 小很多，也会有相当大的概率至少两个人生日相同。注意到如果有 23 个人，那么就构成 $\binom{23}{2} = 253$ 对，其中任意一对都有可能生日相同，这有助于快速理解为什么当人数不大时，这个概率依旧可能很大。

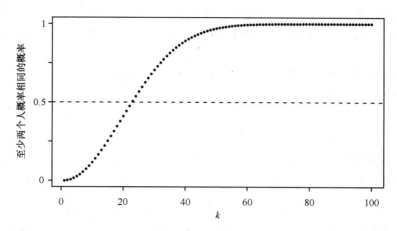

图 1.4　房间内有 k 个人时，至少两个人生日相同的概率图。当 $k=23$ 时概率首次超过 0.5。

习题 24 和习题 25 表明，生日问题不仅仅是一个有趣的聚会问题，以及一个有助于理解巧合的例子，它在统计学和计算机学中也有着重要运用。习题 60 考虑了一个更普遍的假设，就是每一天的概率不是等可能 1/365。结果表明，在不相等概率的情况下，更有可能有两个人生日相同。□

例 1.4.9（标记对象）　从人群中进行抽样是统计学中的基础概念。其中，将人群中的人或对象进行标记是非常重要的。例如，如果瓶子里有 n 个球，即使这些球看起来一模一样，依旧可以假设将它们用 1 至 n 进行标记。在生日问题中，可以给每个人分配 ID（identification）以进行区分。

与之相关的例子是莱布尼茨在一个看似简单的问题中犯过的启发性的错误（参见 Gorroochurn［15］从历史角度探讨该问题和其他概率问题）。

例 1.4.10（莱布尼茨错误）　如果掷两个骰子，点数之和为 11 的可能性大还是和为 12 的可能性大？

解：

将两个骰子标记为 A 和 B，把投掷每个骰子看作一个子试验。用有序对的形式表示投掷结果（A 的点数，B 的点数），由乘法法则可知，试验共有 36 种可能结果，并且是对称等可能的。其中(6,5)和(5,6)这两种情况对应和为 11，而只有(6,6)一种情况对应和为 12，所以结果为 11 的可能性是 12 的两倍，概率分别为 1/18 和 1/36。

然而，莱布尼茨错误地认为 11 和 12 可能性相同。他声称"掷出 11 点和掷出 12 点的可能性是相同的，因为 11 和 12 都只有一种情况才可能出现"。这里莱布尼茨犯了一个错误，他没有把两个骰子看成是两个不同的对象，所以认为(5,6)和(6,5)是一样的。

如何避免莱布尼茨错误呢？首先，如例 1.4.9 所说，我们应该给每个对象做标记而不是将它们设定为不可区分的。如果莱布尼茨将两个骰子标记为 A 和 B，或绿色和橙色，或左和右，则都能避免上述错误。其次，通过计数来计算概率前要思考朴素定义此时是否适用（参见例 1.4.21 中的例子，应用概率朴素定义时的注意事项）。□

1.4.2　重复计数的调整

在许多计数问题中，直接对每一种可能性计算且只计算一次是很困难的。如果可以把每一种情况都刚好计算 c 次，那么可以通过将总数除以 c 来进行调整。例如，如果正好将每一种情况双倍计数，那么将总数除以 2 就得到正确的数。该过程称为重复计数（overcounting）的调整。

例 1.4.11（委员会和小组） 考虑一个由四人构成的小团队。

（a）选两个人组成委员会，有多少种选法？

（b）将这四个人分成每两人一组，有多少种分法？

解：

（a）一种方法是穷举法。将四个人标记为 1，2，3，4，所有可能情况为 $\boxed{12}$，$\boxed{13}$，$\boxed{14}$，$\boxed{23}$，$\boxed{24}$，$\boxed{34}$。

另一种方法是利用乘法法则、重复计数调整。由乘法法则，选第一个人时有 4 种选择，选第二个人时有 3 种选择，但这会把每种情况都算两次，因为先选 1 号再选 2 号组成委员会跟先选 2 号再选 1 号是同一种情况，所以将总数除以 2 就得到了 $(4 \times 3)/2 = 6$。

（b）这里有三种方法。还是把四个人标记为 1，2，3，4。一种方法是穷举出所有情况 $\boxed{12\,34}$，$\boxed{13\,24}$，$\boxed{14\,23}$，但当人数增多时，穷举法很快就变得单调且不可行。另一种方法如下，注意到只要选出一个人和 1 号组成一组，另外两个人就会自然确定为一组。还有一种方法是直接用（a）中的结果，共有 6 种方法选出来两个人一组，其中每种情况重复计算了一次，因为选出 1 号和 2 号一组同选出 3 号和 4 号一组是同一种情况。所以答案为 $6/2 = 3$。$\quad\square$

二项式系数（binomial coefficient）计算了从一个集合中选取固定个数的子集的所有可能数，例如从 n 个人中选取 k 人组成委员会。集合和子集都不考虑顺序，例如 $\{3,1,4\}$ 和 $\{4,1,3\}$ 看作是一样的，相当于在无放回且不考虑顺序的情况下计算从 n 个个体中选取 k 个共有多少种选法。

定义 1.4.12（二项式系数） 对任意非负整数 k 和 n，二项式系数 $\binom{n}{k}$，读作 "n 选 k"，表示大小为 n 的集合中存在的大小为 k 的子集个数。

例如，例 1.4.11 所示，$\binom{4}{2} = 6$。二项式系数 $\binom{n}{k}$ 也称作组合数，但通常不使用该叫法，因为"组合"是一个常用的通用词汇。代数上，二项式系数可以通过如下方式计算。

定理 1.4.13（二项式系数计算公式） 当 $k \leqslant n$ 时，有

$$\binom{n}{k} = \frac{n(n-1)\cdots(n-k+1)}{k!} = \frac{n!}{(n-k)!\,k!}。$$

当 $k > n$ 时，有 $\binom{n}{k} = 0$。

证明： 设 A 为一个集合且 $|A| = n$。A 的任意一个子集最多有 n 个元素，因此对于 $k > n$，$\binom{n}{k} = 0$。当 $k \leqslant n$ 时，由定理 1.4.6，在无放回情况且考虑选取顺序的情况下，共有 $n(n-1)\cdots(n-k+1)$ 种可能。这里每一种情况都重复计算了 $k!$ 次（因为不考虑元素之间的顺序），所以除以 $k!$ 即可得到正确解。 $\quad\blacksquare$

备 1.4.14 二项式系数 $\binom{n}{k}$ 是通过阶乘来定义的，虽然负数的阶乘没有定义，但当 $k > n$ 时，认为 $\binom{n}{k} = 0$。此外，因为阶乘数值增长速度快，所以定理 1.4.13 公式中间的表达式在计算上比后面的阶乘表达式更简洁。例如，计算 $\binom{100}{2}$ 用中间表达式为

$$\binom{100}{2} = \frac{100 \cdot 99}{2} = 4950$$

但是如果用阶乘表达式计算 $\binom{100}{2} = 100! \, / (98! \cdot 2!)$，则需要计算 $100!$ 和 $98!$，这样做不但费时且计算数值大（$100! \approx 9.33 \times 10^{157}$）。

例 1.4.15（社团干事） 一个由 n 个人组成的社团，共有 $n(n-1)(n-2)$ 种方法选举出一个社长、一个副社长和一个出纳员，所以就有 $\binom{n}{3} = \dfrac{n(n-1)(n-2)}{3!}$ 种方法选取出三个没有任何头衔的干事。 □

例 1.4.16（字的排列） LALALAAA 中的字母有多少种排列可能呢？注意到只要确定了如何放置这 5 个 A（或相同地，如何放置另外 3 个 L）就能确定一个排列。所以有

$$\binom{8}{5} = \binom{8}{3} = \frac{8 \cdot 7 \cdot 6}{3!} = 56$$

种排列方法。

那么单词 STATISTICS 中的字母有多少种排列可能呢？这里有两种计算方法：第一种方法，先确定所有 S 的位置，然后在剩下的位置中确定所有 T 的位置，同理再确定 I，之后确定 A（这时剩下的 C 也就确定了）。第二种方法，先从 $10!$ 开始，然后除以重复计算的乘数 $3! \, 3! \, 2!$，因为三个 S 是没有区别的，S 之间任意排列都是一种情况，I 和 T 同理。于是就有

$$\binom{10}{3}\binom{7}{3}\binom{4}{2}\binom{2}{1} = \frac{10!}{3! \, 3! \, 2!} = 50400$$

种排列方法。 □

例 1.4.17（二项式定理） 二项式定理为

$$(x + y)^n = \sum_{k=0}^{n} \binom{n}{k} x^k y^{n-k}。$$

为了证明二项式定理，需将下式进行展开

$$\underbrace{(x + y)(x + y) \cdots (x + y)}_{n}。$$

就像 $(a + b)(c + d) = ac + ad + bc + bd$ 一样，从第一个因子中可以选择 a 或 b（但不能都选），然后从第二个因子中选取 c 或 d（不能都选）。同理，$(x + y)^n$ 也可以通过从每一个因子中选取 x 和 y 来得到。所以有 $\binom{n}{k}$ 种可能会选出 k 个 x，且都对应着 $x^k y^{n-k}$ 这一项。二项式定理成立。 □

应用概率朴素定义时，很多问题都可以通过二项式定理来算出概率。

例 1.4.18（扑克中的"对子"） 从洗好的 52 张牌中抽取五张，如果有三张牌的点数相同，另外两张牌的点数相同，不考虑顺序，就称作"对子"（full house），例如三个 7 和两个 10。则在扑克牌中出现"对子"的概率是多大呢？

解：

根据对称性，所有 $\binom{52}{5}$ 种情况都有着相同的可能性，此时朴素概率定义适用。为计算"对子"的个数，这里使用乘法法则（想象出一个树状图）。先选出 3 张牌对应的点数，共有 13 种可能；具体地，假设选出了点数为 7 的牌，则有 $\binom{4}{3}$ 种方法从 4 个花色的点数为 7 的牌中选出 3 张牌。然后再从剩下的 12 个点数中选出 1 个对应两张牌，有 12 种选法，假设选出了点数为 10 的牌，那么有 $\binom{4}{2}$ 种方法选出两个花色的点数为 10 的牌。所以

$$P(\text{对子}) = \frac{13\binom{4}{3}12\binom{4}{2}}{\binom{52}{5}} = \frac{3744}{2598960} \approx 0.00144。$$

小数的近似形式在实际扑克游戏中更为有用，但是二项式形式的结果则更准确清晰（"$\binom{52}{5}$" 相对于 "2598960" 来说更能表达它的本质含义）。 □

例 1.4.19（Newton-Peps 问题） 牛顿（Newton）曾被一个对赌博问题很感兴趣的名为 Samuel Peps 的人提问，如下哪个事件出现概率最高？

A：掷 6 次骰子至少出现一次 6 点。

B：掷 12 次子至少出现两次 6 点。

C：掷 18 次骰子至少出现三次 6 点。

解：

这三个试验分别有 6^6，6^{12} 和 6^{18} 种可能结果，由对称性可知，对于这三个试验朴素概率定义都适用。

A：相比于计数至少出现一次 6 点的情况，计数一次 6 点都没出现的情况更为简单。没有出现一次 6 点等价于掷 6 次骰子，每次出现 1~5 共 5 种可能，所以共有 5^6 个结果会导致事件 A^c 的发生（有 $6^6 - 5^6$ 个结果会导致事件 A 发生）。所以有

$$P(A) = 1 - \frac{5^6}{6^6} \approx 0.67。$$

B：这次同样也先对事件 B^c 计数。12 轮骰子没有一次出现 6 点的情况共有 5^{12} 种。有 $\binom{12}{1}5^{11}$ 个结果对应着只出现一次 6 点：首先确定第几次出现了 6 点，然后其他的 11 次都只从 1~5 中确定。把这些情况加起来，就得到了事件 B^c 包含的所有情况。所以有

$$P(B) = 1 - \frac{5^{12} + \binom{12}{1}5^{11}}{6^{12}} \approx 0.62。$$

C：还是对事件 C^c 计数，也就是说掷骰子 16 次，出现零次、一次和两次 6 点的情况分别为 5^{18}，$\binom{18}{1}5^{17}$，$\binom{18}{2}5^{16}$。

$$P(C) = 1 - \frac{5^{18} + \binom{18}{1}5^{17} + \binom{18}{2}5^{16}}{6^{18}} \approx 0.60。$$

因此，事件 A 的概率最高。

牛顿通过类似的运算得出了正确解。同时也对为什么事件 A 最可能发生给出了直观的论证；但是他的直觉是无效的。就像 Stigler[27] 解释的那样，使用灌了铅的骰子（loaded dice）可能会导致事件 A、B、C 出现不同的排序结果，但是牛顿的直观论证并不是建立在骰子是均等的前提之下的。　　　□

本书关注计数的原因是计数有助于找到概率。这里有一个简洁但富有技巧的计数示例；解答过程非常漂亮，但其结论很少能适用于朴素概率定义上。

例 1.4.20（Bose-Einstein）　有放回地从 n 个对象中抽取 k 个，一共有多少种方法？如果不考虑顺序（只关心每个对象被抽中几次，不关心它们被抽中的顺序），一共有多种方法？

解：

当考虑顺序时，由乘法法则可知共有 n^k 种方法，但这个问题更为复杂，下面通过一个同构问题（同一问题在不同的情境下）来解决它。

先来解决这样一个问题：将 k 个无法区分的粒子放进 n 个不同的盒子里。即任何方式交换粒子都算作同一种情况，区别只在于每个盒子有多少个粒子。如图 1.5 所示，任意的结构均可以用分隔符"｜"和粒子"●"表示。

为有效起见，所有的序列都要以"｜"开头和结尾，中间有 $n-1$ 个"｜"和 k 个"●"；反之，任意这样的序列都可以看作是某个结构的有效编码。因此在两个围墙中共有 $n+k-1$ 个位置，我们只需要确定在哪 k 个位置上放"●"，所以一共有 $\binom{n+k-1}{k}$ 种可能。

这被叫作 Bose-Einstein 值，因为物理学家玻色（Bose）和爱因斯坦（Einstein）在 1920 年做了不可区分粒子的相关研究，用他们的想法成功地预测了一种叫作玻色-爱因斯坦凝聚态（Bose-Einstein condensate）的陌生物质状态的存在。

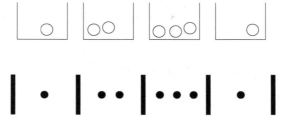

图 1.5　Bose-Einstein 编码：将 7 个不可区分粒子放入 4 个不同的盒子里，可以通过符号"｜"和"●"表达，用"｜"代表盒子的分隔，用"●"代表粒子。

关联到原始问题上，可以将每个盒子对应于 n 个对象之一，然后可将粒子看作选中标记，粒子数对应着总共被选中的次数。例如，一个盒子中有三个粒子就代表这个盒子对应的对象被选中了三次。粒子是无区别的对应着不考虑抽选的顺序，所以原始问题的解就为 $\binom{n+k-1}{k}$。

另一个同构问题就是计算等式 $x_1 + x_2 + \cdots + x_n = k$ 的解 $(x_1, x_2, \cdots, x_n)$ 的个数，其中 x_i 为非负整数。这与之前的问题是等价的，我们可以把 x_i 对应为第 i 个盒子中的粒子数。

例 1.4.21 除极特殊情况外，Bose-Einstein 结果不能应用于朴素概率定义中。例如，考虑从 n 个人口总体中有放回且等可能地抽取 k 个样本进行调查。则这 n^k 个有序样本出现的可能性相等，此时朴素概率定义成立，但是 $\binom{n-k+1}{k}$ 个无序样本（只考虑每个人被抽中多少次而不考虑顺序）不是等可能出现的。

另一个例子，一年 365 天，则 k 个人总共有多少种可能的生日列表（不考虑顺序）？例如，设 $k=3$，对形如（May 1，March 31，April 11）的列表进行计数，将所有排列都看作一种情况。这时无法用 $n^k/3!$ 直接对重复计数调整，因为对于（May 1，March 31，April 11）有 6 种排列，而对于（March 31，March 31，April 11）却只有 3 种排列。由 Bose-Einstein 可知，这种列表一共有 $\binom{n+k-1}{k}$ 种。但是有序列表是等可能的，无序列表却不是等可能的，所以 Bose-Einstein 值在计算生日问题的概率时是不适用的。 □

1.5 讲述证明

讲述证明（story proofs）是指通过解释进行证明。对于计数问题，它意味着通过两种不同的方法计算同一问题，而不是只做乏味的代数运算。一个讲述证明过程通常会避开烦琐的计算，在代数证明的基础上进一步解释其结果。单词"叙述（story）"有很多含义，有一些更具有数理意义，但是一个讲述证明（就我们所使用的意义而言）也同样是一个完全有效的数学证明。以下是几个讲述证明的例子，同时也可以看作计数的进一步示例。

例 1.5.1（选择补集） 对任意非负整数 n 和 k，满足 $k \leq n$，则有

$$\binom{n}{k} = \binom{n}{n-k}。$$

该结论在代数上很容易证明（将二项式系数用阶乘的形式写出来），但使用讲述证明则更容易从直观上进行理解。

讲述证明： 考虑从 n 个人中选出 k 个人组成委员会。我们知道一共有 $\binom{n}{k}$ 种结果。而另一种思考方式是先确定出 $n-k$ 个人不属于委员会；指定哪个人属于委员会也就同时确定了另外一些人不属于委员会，反之亦然。 □

例 1.5.2（团队队长） 对任意正整数 n 和 k，满足 $k \leq n$，则有

$$n\binom{n-1}{k-1} = k\binom{n}{k}。$$

这个结论从代数上也很容易证明［对任意的正整数 m，有 $m!=m(m-1)!$］，但使用讲述证明会更富有见地。

讲述证明： 考虑从 n 个人中选出 k 个人组成一个团队，且 k 个人中有一人为队长。此时可以先选出一个队长，再从剩下的 $n-1$ 个人中选出 $k-1$ 个队员，写作等式左边。等价地，也可以先选出 k 个人组成一个团队，再从 k 个人选取一人为队长，写作等式右边。　　□

例 1.5.3（范德蒙恒等式）　关于二项式系数的一个著名关系叫作范德蒙（Vandermonde）恒等式，表达如下：

$$\binom{m+n}{k}=\sum_{j=0}^{k}\binom{m}{j}\binom{n}{k-j}。$$

这个恒等式会在本书中多次出现。试图将等式两边二项式系数盲目地展开是十分愚蠢的。而使用讲述证明则可以清晰漂亮地证明这个等式。

讲述证明： 从 m 位男士和 n 位女士中选出 k 人组成委员会。此时共有 $\binom{m+n}{k}$ 种选法，即等式左端。如果委员会中有 j 位男士，则委员会中必有 $k-j$ 位女士。把所有 j 可能出现的情况进行加和就得到范德蒙恒等式的右端。

例 1.5.4（合作伙伴）　我们用讲述证明法来证明下式

$$\frac{(2n)!}{2^n\cdot n!}=(2n-1)(2n-3)\cdots3\cdot1。$$

讲述证明： 将 $2n$ 个人两两组成 n 对合作伙伴，共有多少种方法？以下将证明等式两边都是对其的计数。首先，给 $2n$ 个人编号 1 到 $2n$。再把这 $2n$ 个人以某种顺序排列，然后将第 1 个和第 2 个人组成一组，第 3 个和第 4 个组成一组，以此类推。不考虑这 n 对合作伙伴的顺序也不考虑每对中两个人的顺序，此时重复计数了 $n!\cdot2^n$ 倍。另一种思路是，首先对于 1 号，他共有 $2n-1$ 个合作伙伴可以选择，然后对于 2 号，他有 $2n-3$ 个合作伙伴可以选择（如果 1 号选择了 2 号，那 3 号就有 $2n-3$ 种可能），以此类推。　　□

1.6　概率的非朴素定义

前面已经介绍了几种样本空间中的计数方法，它们在朴素定义成立的条件下可以计算出概率。但是朴素定义要求所有结果等可能且样本空间有限，因此其应用范围受到限制。为将概率的概念一般化，可以自己对定义进行构造，这也是数学的一大优点。首先，写下一个我们认为概率该如何表现的清单（在数学上，清单上面的内容叫作公理），然后定义一个概率公式满足我们所有想要的性质。

本书余下的部分都将使用概率的一般定义，它只需要两个公理，但由这两个公理却可以得出概率论的一系列结果。

定义 1.6.1（概率的一般定义）　一个概率空间包含一个样本空间 S 和一个概率函数 P，给定一个事件 $A\subseteq S$ 作为输入，返回 $[0,1]$ 区间上的实数 $P(A)$ 作为输出。函数 P 必须满足如下公理：

1. $P(\varnothing)=0$，$P(S)=1$。
2. 如果 A_1，A_2，$\cdots$ 是两两不相交的事件（即对任意的 $i\neq j$，$A_i\cap A_j=\varnothing$），则有

$$P\left(\bigcup_{j=1}^{\infty} A_j\right) = \sum_{j=1}^{\infty} P(A_j)。$$

在圆点空间里，概率的定义类似于质量：空原点的质量为 0，所有圆点的质量为 1，如果存在一堆没有重叠的圆点，可以通过将每个圆点的质量进行加和得到组合的质量。不同于最简单的情况，此时可以赋予不同的圆点以不一样的质量，也可以有无限可数个圆点，只要它们的质量之和等于 1。

有时候甚至会遇到不可数的样本空间，例如样本空间 S 为平面上的一块区域。在这种情况下，我们可以想象成将一块泥铺开覆盖在一块区域上，而这块泥的总质量为 1。

满足上述两个公理的任意函数 P（将事件映射到区间 $[0,1]$）都可认为是有效的概率函数。然而，这些公理却不会告诉我们应该如何解释概率；这里存在两种不同的学派。

从频率学派（frequentist）的角度解释，概率是指在进行了大量重复试验后出现某个结果的频率的长期趋势：例如，我们说一枚硬币出现正面的概率为 1/2，是指不断重复地掷一枚硬币，应该有 50% 的情况是正面朝上。

从贝叶斯学派（Bayesian）角度来看，概率表示对一个事件的相信程度，所以可以直接对类似"A 在这次选举中会赢"或者"被告有罪"这样的假设指定概率，因为同样的选举和同一个罪行无法不断重复。

贝叶斯学派的视角和频率学派的视角是互补的，在后面几章中，两者都将有助于增强直觉。不管人们用什么视角去解释概率，都可以通过上述两个公理推导出概率的其他性质，而且这些性质对任何有效的概率函数都适用。

定理 1.6.2（概率的性质）　对任意的事件 A 和 B，概率具有如下性质：

1. $P(A^c) = 1 - P(A)$。
2. 若 $A \subseteq B$，则 $P(A) \leqslant P(B)$。
3. $P(A \cup B) = P(A) + P(B) - P(A \cap B)$。

证明：

1. 因为 A 和 A^c 不相交，且 $A \cup A^c = S$，由定义 1.6.1 中的第二条公理，有

$$P(S) = P(A \cup A^c) = P(A) + P(A^c)，$$

又由定义 1.6.1 中的第一条公理可得 $P(S) = 1$，因此 $P(A) + P(A^c) = 1$。

2. 如果 $A \subseteq B$，则可以写作 $B = (B \cap A^c) \cup A$，这里 $B \cap A^c$ 表示 B 集合中与 A 不相交的部分。如下图所示。

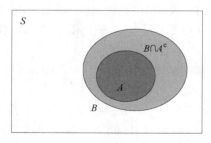

因为 A 和 $B \cap A^c$ 是不相交的，由第二条公理可得

$$P(B) = P(A \cup (B \cap A^c)) = P(A) + P(B \cap A^c)。$$

又因为概率是非负的，所以 $P(B \cap A^c) \geqslant 0$，于是有 $P(B) \geqslant P(A)$。

3. 可以参考下面的维恩图（Venn diagram）来对结果进行直观解释：

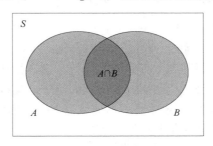

上图中的阴影区域代表 $A \cup B$，但是该区域的概率并不是 $P(A) + P(B)$，因为这样就计算了两次 $A \cap B$ 的区域。所以需要减去 $P(A \cap B)$ 以对其进行修正。上述只能用于直观理解，并不能算是一个证明。

下面利用公理进行证明，首先还是可以把 $A \cup B$ 写成两个不相交事件 A 和 $(B \cap A^c)$ 的并，所以由定义 1.6.1 中的第二公理，有

$$P(A \cup B) = P(A \cup (B \cap A^c)) = P(A) + P(B \cap A^c)。$$

现在足以证明 $P(B \cap A^c) = P(B) - P(A \cap B)$。又因为 $A \cap B$ 和 $B \cap A^c$ 不相交且它们的并为 B，所以有

$$P(A \cap B) + P(B \cap A^c) = P(B)。$$

所以 $P(B \cap A^c) = P(B) - P(A \cap B)$，得证。■

其中第三个性质是容斥原理（inclusion-exclusion）的一种特殊情况，可推广为求一组事件不是两两不相交时，它们的并的概率公式。前面已经介绍了对于两个事件 A 和 B，有

$$P(A \cup B) = P(A) + P(B) - P(A \cap B)。$$

对于三个事件，有

$$P(A \cup B \cup C) = P(A) + P(B) + P(C) - P(A \cap B) - P(A \cap C) - P(B \cap C) + P(A \cap B \cap C)。$$

采用维恩图法，可以考虑如下三元维恩图。

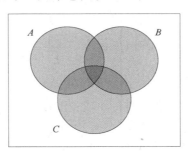

为求阴影部分的总面积 $A \cup B \cup C$，首先将三个部分相加，得到 $P(A) + P(B) + P(C)$。三个重合区域都计算了两次，所以要减去 $P(A \cap B) + P(A \cap C) + P(B \cap C)$，最后，中心的区域被加了三次又被减了三次，所以要再将其加回。这样就保证了图中每一块阴影区域都只计算了一遍。

推广到 n 个事件的情况，有如下定理。

定理 1.6.3（容斥原理） 对任意事件 $A_1, \cdots, A_n$，有

$$P\left(\bigcup_{i=1}^{n} A_i\right) = \sum_i P(A_i) - \sum_{i<j} P(A_i \cap A_j) + \sum_{i<j<k} P(A_i \cap A_j \cap A_k) - \cdots +$$
$$(-1)^{n+1} P(A_1 \cap \cdots \cap A_n)。$$

这个公式可以仅仅通过公理进行证明，但在第4章介绍一些新方法后可以对其进行更简洁地证明。在通式中交替加减法的原理类似于我们之前所考虑的特殊情况。

蒙特莫特配对问题是一个著名的应用容斥原理的例子。蒙特莫特（Montmort）是一位研究赌博中概率问题的法国数学家，他写了一篇研究各种卡片游戏的论文[21]，并于1708年基于一种名叫 Treize 的卡片游戏提出了下列问题。

例1.6.4（蒙特莫特配对问题） 考虑洗好的 n 张卡片，标记为1到 n。一张一张地翻卡片并同时从1到 n 喊数。如果在某个时刻喊出的数与翻出卡片的数字相同就算赢（例如第7张卡片的标记为7）。那么赢的概率是多少呢？

解:

令 A_i 表示第 i 张卡片的标记数字为 i 的事件，所以问题转化为求 $A_1 \cup \cdots \cup A_n$：因为只要有一张卡片数字吻合就算赢。[如果没有一张吻合，就称之为紊乱（derangement），当然不会有人真的会因为这个比赛输了而紊乱。]

为计算出事件并的概率，这里使用容斥原理。首先，对所有的 i 都有

$$P(A_i) = \frac{1}{n}。$$

这可以通过朴素概率定义得到，全样本空间有 $n!$ 种卡片的排列，且都是等可能的，如果把第 i 个位置固定为数字为 i 的卡片，其他卡片任意放置在 $n-1$ 个位置中，则共有 $(n-1)!$ 种排列情况。另一种思想是：卡片 i 在这副卡片中任何位置的可能性相同，所以它正好在第 i 个位置的概率为 $1/n$。

其次，

$$P(A_i \cap A_j) = \frac{(n-2)!}{n!} = \frac{1}{n(n-1)},$$

因为指定卡片 i 和 j 在第 i 个和第 j 个位置上，且允许剩下的 $n-2$ 张卡片任意排列，因此在 $(n-2)!$ 中有 $n!$ 的可能性倾向于 $A_i \cap A_j$ 成立。类似地，有

$$P(A_i \cap A_j \cap A_k) = \frac{1}{n(n-1)(n-2)},$$

以此类推。

在容斥原理公式中，涉及一个事件的有 n 项，涉及两个事件的有 $\binom{n}{2}$ 项，涉及三个事件的有 $\binom{n}{3}$ 项，等等。由对称性可得，所有的 $P(A_i)$ 相等，有 $\binom{n}{2}$ 项 $P(A_i \cap A_j)$ 都相等，表达式可简化如下：

$$P\left(\bigcup_{i=1}^{n} A_i\right) = \frac{n}{n} - \frac{\binom{n}{2}}{n(n-1)} + \frac{\binom{n}{3}}{n(n-1)(n-2)} - \cdots + (-1)^{n+1} \cdot \frac{1}{n!}$$

$$= 1 - \frac{1}{2!} + \frac{1}{3!} - \cdots + (-1)^{n+1} \cdot \frac{1}{n!}。$$

与 $1/e$ 的泰勒（Taylor）级数（参见附录 A.8）进行比较，有

$$e^{-1} = 1 - \frac{1}{1!} + \frac{1}{2!} - \frac{1}{3!} + \cdots,$$

由此可以看到，随着 n 的增大，赢的概率逐渐逼近 $1 - 1/e$，大约为 0.63。有趣的是，随着 n 的增长，赢的概率没有趋近 0 或 1。当有很多张卡片时，可能的配对成功的位置增加了，但是每个指定位置配对成功的概率却反而减少了，两股力量相互抵消平衡最终概率接近 $1 - 1/e$。

容斥原理是一个求事件并集的概率通式，但是当事件有对称性时这个公式更为有用；否则，求和计算将会非常烦琐。一般地，当没有对称性时，我们会先尝试通过其他方法解决，最后才会考虑容斥原理。

1.7 要点重述

概率论提供了一种量化不确定性和随机性的方法。当一个试验被实施时，概率就会出现：所有可能结果的集合叫作样本空间，样本空间的一个子集叫作事件。事件的语言描述和集合符号（通常包含交、并、补）之间的转换是非常重要的。

当样本空间有限时，圆点空间（pebble world）可以帮助我们可视化地理解样本空间和事件。将每一个输出结果比作一个圆点，此时事件就是若干圆点的集合，如果每个圆点质量相同（即等可能），就可以应用朴素概率，通过计数来计算概率。

至此，我们已经讨论了一些计数的方法。在计算所有可能时，可以应用乘法法则。如果不能直接使用乘法法则，则可以把每种可能都计 c 遍，然后将总数除以 c 得到正确解。

在使用朴素概率定义时存在一个陷阱，就是朴素定义隐含或明确假设了等可能性。通过给每个对象做标记，我们可以精确地区分它们，从而避免这个陷阱。

跳出朴素概率定义，可将概率定义为一个作用在事件上，输出结果在 0 到 1 之间的函数。有效的概率函数满足下面两条公理：

1. $P(\varnothing) = 0$，$P(S) = 1$。
2. 如果 A_1，A_2，$\cdots$ 是两两不相交的事件（即对任意的 $i \neq j$，$A_i \cap A_j = \varnothing$），那么有

$$P\left(\bigcup_{j=1}^{\infty} A_j\right) = \sum_{j=1}^{\infty} P(A_j)。$$

许多有用的性质都可以直接由这两条公理推导出来。例如，对任意事件 A，有

$$P(A^c) = 1 - P(A)。$$

还有容斥原理：对任意事件 $A_1, \cdots, A_n$，有

$$P\left(\bigcup_{i=1}^{\infty} A_j\right) = \sum_i P(A_j) - \sum_{i<j} P(A_i \cap A_j) + \sum_{i<j<k} P(A_i \cap A_j \cap A_k) - \cdots + (-1)^{n+1} P(A_1 \cap \cdots \cap A_n)$$

当 $n = 2$ 时，有

$$P(A_1 \cup A_2) = P(A_1) + P(A_2) - P(A_1 \cap A_2)。$$

图 1.6 说明了概率函数如何将事件映射到 $[0,1]$ 区间上的实数。随着对概率的不断探索，我们可以在这个图表中添加许多新的概念。

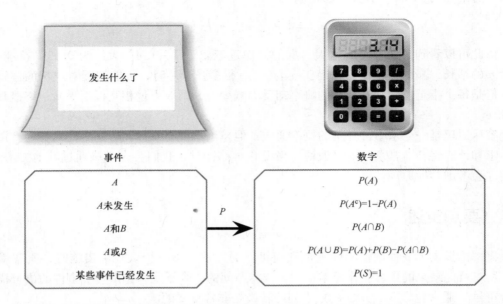

图 1.6　对事件和概率进行区分是非常重要的。前者是集合，而后者是数字。在一个试验完成前，通常无法知道特定事件是否会发生。此时可以用概率函数 P 为其指定概率。我们可以通过集合运算基于已有事件来定义新的事件以及这些事件之间的概率相关性质。

1.8　R 语言应用示例

　　R 语言是一种强大且流行的自由软件编程语言与操作环境，主要用于统计分析、绘图，且可以免费用于 Mac OS X、Windows 和 UNIX 操作系统中。掌握 R 语言是一门很有用的技能。可以从网站 http://www.r-project.org 上获取关于 R 的各种信息。RStudio 是 R 的一个接口，可以从 http://www.rstudio.com 上免费获取。

　　在本书每一章末尾的 R 部分，提供了 R 代码来模拟本章中的一些例子。这部分并不是对 R 的全面介绍；网上可以找到许多免费的 R 教程，也有很多关于 R 的书籍可以借鉴。在这部分本书演示了如何实现每章案例的模拟、计算以及可视化。

向量（Vectors）

　　R 语言建立在向量上，熟练运用"向量思维"对有效学习 R 语言很重要。创建一个向量，可以使用 c 命令（代表 combine 或 concatenate）。例如

```
v < -c(3,1,4,1,5,9)
```

定义 v 为向量 $(3,1,4,1,5,9)$。（先输入" < "，再输入" - "就得到左箭头" < - "，也可以用" = "，但是箭头更强调将右边的值赋值给左边的值。）类似地，n < -110 表示将 110 赋值给 n，这里 R 语言将 n 看作一个长度为 1 的向量。

```
sum(v)
```

将所有 v 向量中的值求和，max(v) 返回最大的值，min(v) 返回最小的值，length(v) 返回向量的长度。

获取向量 $(1,2,\cdots,n)$ 的快捷方式是输入 1:n；更一般地，m:n 返回一个从整数 m 到整数 n 的序列（如果 $m \le n$，就是升序列，反之是降序列）

可以通过 v(i) 访问向量 v 的第 i 个分量。也可以用如下快捷方式取得子向量：

```
v[c(1,3,5)]
```

返回一个由向量 v 的第 1、3、5 个分量组成的子向量。也可以通过减号指定排除的部分来获取子向量：

```
v[-(2:4)]
```

返回一个去除了向量 v 的第 2 到第 4 个分量的子向量［注意需要加括号，否则，就是 -2:4，将返回 $(-2,-1,\cdots,4)$ ］。

R 中有许多操作都是对分量的操作。例如，在数学中，一个向量的三次方是没有标准定义的，但是在 R 中输入 v^3 代表将向量的所有分量分别求三次方。类似地，利用

```
1/(1:100)^2
```

可以快速地得到向量 $\left(1, \dfrac{1}{2^2}, \dfrac{1}{3^2}, \cdots, \dfrac{1}{100^2}\right)$。

在数学上，如果向量 v 和向量 w 的长度不一样，则无法定义 $v + w$，但是在 R 中，短的向量会"循环利用"！例如 v + 3 就是对向量 v 的每个分量都加 3。

阶乘和二项式系数

函数 factorial(n) 返回 n 的阶乘，函数 choose(n,k) 返回 $\dbinom{n}{k}$。我们都知道阶乘增长迅速。那么 R 可以正确返回 factorial(n) 数值所对应的 n 的最大值是多少呢？超过了这个值，R 就会返回 Inf（infinity），并进行警告。但对于较大的 n 还可以用 lfactorial(n) 函数计算 $\log(n!)$。类似地，用 lchoose(n,k) 函数计算 $\log\dbinom{n}{k}$。

抽样和模拟

sample 命令是 R 语言中常用的随机抽样的方法。（在技术层面上看，因为算法是确定性的，所以它是伪随机的，但是在实际应用中可以将其看作是随机的）例如

```
n < -10;k < -5
sample(n,k)
```

从 1 到 10 中无放回地抽取 5 个数生成随机有序样本，每个数被抽取的概率相同。如果要进行有放回的抽样，只需加上 replace = TRUE。

```
n < -10;k < -5
sample(n,k,replace = TRUE)
```

函数 sample(n,n) 可以生成一个 $1,2,\cdots,n$ 的随机排列，R 中可缩写为 sample(n)。

sample 函数也适用于非数值向量。例如，在 R 中，内置变量 letters 是由 26 个小写英文字母组成的向量，sample(letters,7) 表示无放回地随机抽取 7 个字母生成一个 7 字母"单词"。

sample 命令还可以给每个样本指定抽样概率，例如：

```
sample(4,3,replace = TRUE,prob = c(0.1,0.2,0.3,0.4))
```

表示有放回地从 1 至 4 中抽取三个数，给定抽样概率为 $(0.1,0.2,0.3,0.4)$。如果是无放回

抽样，则每个阶段中没抽中数字的抽样概率都将根据它们的原始概率按比例分配。

生成一些随机样本可以用于在概率论中进行模拟试验。下面介绍的 replicate 命令就可以方便地实现这一想法。

配对问题模拟

通过模拟可以看出例 1.6.4 的卡片配对问题在卡片数量很大时概率接近 $1-1/e$。方法是用 R 将一个试验执行很多次然后看有多少次至少有一对吻合：

```
n < -100
r < - replicate(10^4,sum(sample(n) = = (1:n)))
sum(r > =1)/10^4
```

第一行，设一副卡片里共有 100 张。第二行，从里到外解释如下：

- sample(n) = = (1:n) 返回一个长度为 n 的向量，如果第 i 张卡片的数字和它的位置吻合，则这个向量的第 i 个分量等于 1，否则为 0。因为对于任意两个数 a 和 b，a = =b 是个判断语句，当 $a=b$ 时返回 TRUE，反之返回 FALSE，TRUE 的编码为 1，FALSE 的编码为 0。

- sum 将向量的所有分量求和，返回这次试验共有多少个卡片吻合。

- replicate 表示试验重复运行 10^4 次，并将结果保存在向量 r 中，它的长度为 10^4，包含每一次运行试验的配对结果。

代码最后一行，求出配对数大于等于 1 的情况出现的总次数，然后除以总的模拟次数。

为解释代码的具体作用，可以在代码中加上注释，并在注释前以 # 标记，R 在运行时会忽略注释语句，但这样更有助于理解代码。（即使你的代码只有你自己会看，但是一个月后再看时也很难再记起代码的具体含义和作用原理）。简短的注释可以和相关代码放在同一行，长的注释则要分行写，例如：

```
n < -100                                      # number of cards
r < - replicate(10^4,sum(sample(n) = = (1:n)))  # shuffle;count mat-
                                              ches
sum(r > =1)/10^4                              # proportion with a
                                              match
```

运行这段代码会得到什么结果呢？运行结果为 0.63，与 $1-1/e$ 非常近似。

生日问题的计算及模拟

下面的代码运用 prod 函数（返回两个向量的乘积）来计算 23 个人中至少有两人生日相同的概率：

```
k < -23
1 - prod((365 - k +1):365)/365^k
```

幸运的是，R 有专门针对生日问题的内置函数 pbirthday 和 qbirthday。pbirthday(k) 返回 k 个人中至少有两个生日相同的概率。qbirthday(p) 返回共需多少人才能使至少有两个人生日相同的概率为 p。例如，pbirthday(23) 返回的结果为 0.507，qbirthday(0.5) 返回的结果为 23。

同理，我们也可以找出至少有三个人生日为同一天的概率；只需要加上参数 coincident =3，表示此时要求三个人生日在同一天。例如 pbirthday(23,coincident =3)

返回的结果为 0.014，表示 23 人中有三个人生日在同一天的概率仅有 1.4%，qbirthday (0.5, coincident = 3) 返回的结果为 88，所以至少需要 88 人才能保证有三个人生日在同一天的概率达到 50%。

为模拟生日问题，也可以使用如下代码去生成一个 23 人的随机生日序列，然后对每一天的出生人数制表 ［table(b) 函数做出的表更漂亮但速度也更慢］。

```
b < - sample(1:365,23,replace = TRUE)
tabulate(b)
```

用如下代码来使其运行 10^4 次：

```
r < - replicate (10 ^ 4, max (tabulate (sample (1:365, 23, replace = TRUE))))
sum(r > = 2)/10^4
```

如果每一天的概率不同，计算会变得十分复杂，但是模拟起来却很简单，因为 sample 函数可以为每天指定概率（默认情况下每一天等可能，因此上述问题中每一天的概率为 1/365）。

1.9　练习题

本书标记有 Ⓢ 符号的练习题可以在网站 stat110.net 上找到详细的解答。强烈建议读者在参考在线答案之前先自己尝试解答这些问题。

计数

1. 将单词 MISSISSIPPI 中的字母重新排列，有多少种方法？

2. （a）假设一个 7 位电话号码的第一位上的数字不能为 0 或 1，那么一共有多少种可能的号码？

（b）继续（a）中的问题，这次要求电话号码不能以 911 开始。（因为 911 属于紧急号码，系统一开始识别到 911 后就不会再等待后面的其他数字。）

3. Fred 计划一周中工作日的每天都出去吃晚饭，从周一至周五，每天都从他最喜欢的 10 家饭店中选择一家。

（a）如果 Fred 最多只能在一家饭店吃一次饭，那么从周一至周五的晚餐计划一共有多少种排列可能？

（b）如果 Fred 愿意多次去同一家饭店，但是不能连续两晚（或更多）在同一家饭店，那么一共有多少种排列可能？

4. n 位网球选手进行循环赛；这意味着每位选手都要和其他选手比赛一次。

（a）循环赛的结果共有多少种可能？（结果列出了每一场比赛的赢家和输家）

（b）总共有多少场比赛？

5. 如果有 2^n 位网球选手进行淘汰赛。也就是说，每进行一轮比赛，只有赢家才能继续下一轮比赛，输家直接被淘汰，直到只有一个人胜出。

例如，如果开始有 $2^4 = 16$ 位选手，那么第一轮就有 8 场比赛，然后 8 个赢家继续第二轮比赛，接着 4 个赢家再进行第三轮比赛，之后两个赢家进行第四轮比赛，胜者就是整场比赛的冠军。（有很多方法决定每轮比赛谁和谁对决，但这个问题在这里都不重要）

（a）一共有多少轮比赛？

（b）通过将每轮比赛场的数加起来，计算一共有多少场比赛。

（c）这一次还是计算一共有多少场比赛，但是不通过求和而是直接思考出答案。

提示：思考一共需要淘汰多少位选手？

6. 某天有 20 个人在棋社。每个人选择一个搭档然后开始下棋。假设每次对决中不考虑谁是白子谁是黑子（在围棋中，一人执白子，另一人执黑子），一共有多少种配对可能？

7. 有两个围棋玩家，A 和 B，对决 7 局。每一局都有三种可能结果：A 赢（也就是 B 输）、平局、A 输（也就是 B 赢）。赢家得 1 分，平局得 0.5 分，输家得 0 分。

（a）比赛结果共有多少种可能使得 A 最终胜三局，平两局，负两局；

（b）比赛结果共有多少种可能使得 A 最终得 4 分，B 最终得 3 分；

（c）假设改变比赛规则，当一个玩家率先取得 4 分时，比赛结束。例如，如果 6 局对决后的比分为 4 比 2，A 为 4 分，那么比赛结束，A 胜利。那么共有多少种可能会导致比赛一共持续了 7 局而且最终 A 以 4 比 3 的比分获胜？

8. Ⓢ（a）将 12 个人分成三组，其中一组有两个人，另外两组各有 5 个人，共有多少种分法？

（b）将 12 个人分成三组，每组四个人，有多少种分法？

9. Ⓢ（a）在一个二维坐标轴上，从 $(0,0)$ 点到 $(110,111)$ 点，每一步都只能向右一步或向上一步，共有多少条路径？

（b）从 $(0,0)$ 点到达 $(210,211)$ 点且经过 $(110,111)$ 点，每一步都只能向右一步或向上一步，共有多少条路径？

10. 为达到学位的要求，每位学生可以从 20 门课程中选择 7 门，其中至少有一门必须是统计学课程。假设 20 门课程中共有 5 门为统计学课程。

（a）共有多少种可能的选择？

（b）直观地解释一下为什么（a）中的答案不是 $\binom{5}{1} \cdot \binom{19}{6}$？

11. 设 A、B 为集合且 $|A| = n$，$|B| = m$。

（a）从集合 A 指向集合 B，共有多少种可能的函数？（即函数的定义域为集合 A，对 A 中的每一元素指定集合 B 中一个元素与其对应。）

（b）从集合 A 指向集合 B，共有多少种一一映射？（参见附录 A.2.1 关于一一映射的内容。）

12. 一种纸牌游戏需要四个玩家 A、B、C、D。把一副洗好的标准扑克牌发放给四个玩家（每个玩家 13 张牌）。

（a）玩家 A 手中的牌共有多少种可能？（不考虑取得的顺序）

（b）四个人手里的牌总共会出现多少种可能？假设只关心每一位玩家手中的牌，而不考虑手中牌的顺序。

（c）直观地解释为什么（b）的答案不是（a）的答案的四倍？

13. 某赌场将 10 副标准扑克牌混合组成一幅大牌，叫作超级牌。因此一副超级牌有 $52 \times 10 = 520$ 张扑克牌，每一种牌有 10 张。从超级牌中取出 10 张牌，共有多少种可能情况？不考虑牌的顺序，也不考虑牌是从哪一副原始扑克中得到的。以二项式系数的形式解答。

提示：Bose-Einstein。

14. 假设要点两张比萨饼，每张比萨饼都有小号、中号、大号和超大号 4 种规格，且都有 8 种配料可以选（可以不选任何配料，也可以所有配料全选）。则两张比萨饼共有多少种可能的点法？

讲述证明

15. Ⓢ讲述证明：$\sum_{k=0}^{n} \binom{n}{k} = 2^n$。

16. Ⓢ证明：对于所有满足 $n \geqslant k$ 的正整数 n 和 k，有

$$\binom{n}{k} + \binom{n}{k-1} = \binom{n+1}{k}。$$

通过两种方法证明：（a）从代数上证明，（b）用一个例子解释为什么等式两边计算的是同一件事情。

提示：假设有 $n+1$ 个人，其中有一个人已经预先指定为"主席（president）"。

17. 讲述证明：对任意正整数 n，下式成立：

$$\sum_{k=1}^{n} k \binom{n}{k}^2 = n \binom{2n-1}{n-1}。$$

提示：假设有两个团队，每个团队有 n 个人，要从两个团队的人中选取 n 个人组成委员会，但只有其中一个团队有资格选出一位主席。

18. Ⓢ（a）讲述证明：

$$\binom{k}{k} + \binom{k+1}{k} + \binom{k+2}{k} + \cdots + \binom{n}{k} = \binom{n+1}{k+1},$$

其中，n 和 k 均为正整数，且 $n \geqslant k$。上式被称为曲棍球棒（hockey stick）恒等式。

提示：假设将一组人按照年龄排序，然后考虑从中抽取的子组中年纪最大的人。

（b）假设一大包小熊软糖中的数量为 30 个至 50 个中的任何一个数。共有 5 种口味：菠萝味（透明）、树莓味（红色）、橙子味（橘色）、草莓味（绿色）和柠檬味（黄色）。一包这样的软糖所有可能的组合数是多少？答案可以表示成一个二项式系数的形式，但不能是很多二项式系数求和的形式。

19. 定义 $\begin{Bmatrix} n \\ k \end{Bmatrix}$ 为将 $\{1, 2, \cdots, n\}$ 分成 k 个非空子集的方法数。或者是将 n 个学生分成

k 组且每组至少有一个学生的所有分配方法数。例如 $\begin{Bmatrix} 4 \\ 2 \end{Bmatrix} = 7$，因为共有以下 7 种分配方式：

- $\{1\}, \{2,3,4\}$
- $\{2\}, \{1,3,4\}$
- $\{3\}, \{1,2,4\}$
- $\{4\}, \{1,2,3\}$
- $\{1,2\}, \{3,4\}$
- $\{1,3\}, \{2,4\}$
- $\{1,4\}, \{2,3\}$

证明以下等式：

（a）

$$\begin{Bmatrix} n+1 \\ k \end{Bmatrix} = \begin{Bmatrix} n \\ k-1 \end{Bmatrix} + k \begin{Bmatrix} n \\ k \end{Bmatrix}。$$

提示：设想你一个人成一组或者你和其他人一组。

（b）

$$\sum_{j=k}^{n}\begin{Bmatrix}n\\j\end{Bmatrix}\begin{Bmatrix}j\\k\end{Bmatrix}=\begin{Bmatrix}n+1\\k+1\end{Bmatrix}。$$

提示：首先确定有多少人不跟你一组。

20. 荷兰数学家 R. J. Stroeker 说过：

数字理论的每一个初学者都会惊讶于一个神奇的事实，即对于任意自然数 n，1 至 n 的立方和形成了一个完美的平方。[29]

并且，该平方就是这前 n 个自然数的和的平方！也就是说

$$1^3+2^3+\cdots+n^3=(1+2+\cdots+n)^2。$$

通常这个等式是通过归纳法得出的，但是这无法得到等式成立的真正原理，也无法在不知道答案的前提下为我们提供思路。本题中可以通过讲述证明来证明这个等式。

（a）讲述证明下式：

$$1+2+\cdots+n=\binom{n+1}{2}。$$

提示：将其想象成一个循环赛（参见练习题 4）。

（b）讲述证明下式：

$$1^3+2^3+\cdots+n^3=6\binom{n+1}{4}+6\binom{n+1}{3}+\binom{n+1}{2}。$$

这时通过基础代数（本题无要求）就可以推出（a）中等式右边的平方正好是（b）中等式的右边。

提示：假设先从 1 至 n 中抽取一个数字，然后有放回地从 0 至 n 中抽取 3 个数，要求该数小于一开始抽取的数。考虑一共有多少种不同的数字组合。

概率朴素定义

21. 某建筑共有 10 层楼，有三个人从一层楼搭乘了一个空电梯。每个人按下了自己要去的楼层（除非有其他人已经按过），假设他们要去的楼层以等概率分布于 2 至 10 楼之间（每个人之间是相互独立的）。则三人按下三个连续楼层的概率是多少？

22. ⑤某家庭有 6 个孩子，3 个女孩和 3 个男孩。假设 6 个孩子所有可能的出生顺序是等可能的，那么 3 个年龄较大的孩子恰好都是男孩的概率是多少？

23. ⑤某城市有 6 个区，某周一共发生了 6 次抢劫案。假设抢劫发生地随机分布，抢劫案发生在各个区的情况都是等可能的。则某一个区发生不止一次抢劫的概率是多少？

24. 对一个城市的 100 万居民开展一项调研。如果进行普查则调查费用会很高，所以决定随机抽取其中的 1000 个人作为样本进行调研。（在实际情况中，会有很多抽样难题出现，例如，如何获取该城市所有公民的名单，或者当有居民不配合调查时又该如何处理。）调查时每次有放回且等可能地抽取一个样本。

（a）联系生日问题，解释本题有放回和无放回时的抽样情况。

（b）至少有一人被抽到不止一次的概率是多少？

25. 哈希表（hash table，也叫散列表）是一种在计算机科学中常用的数据结构，用于进行快速信息检索。例如，如果需要储存某个人的手机号码，假设不会出现两个人同名的现

象，对于每个名字 x，使用哈希函数（也叫散列函数）h，使得 $h(x)$ 为储存 x 的手机号的地址。在生成出这样一个表后，如需找到 x 的电话，只需要先计算 $h(x)$，然后查看一下该地址所储存的信息就可以了。

因为不想在每次计算 $h(x)$ 时都得到不同的结果，所以哈希函数 h 是确定的。但是 h 通常被选作是伪随机的。对于本题，假设 h 是真实随机的。设共有 k 个人，每个人的电话号码都随机储存在一个位置，用 1 至 n 的编号代表这 n 个位置（储存在每个位置的概率相同，且每个人手机号码储存的地址相互独立），至少有一个位置储存了不止一个号码的概率为多少？

26. ⑤某学校针对本校的课程设置了 10 个不重叠的时间段，然后给这些课程随机且相互独立地分配时间段。某学生随机选取了 3 门课。该学生的课程表出现冲突的概率为多少？

27. ⑤对每道题填空，填空内容为 "="">""<" 或 ">"，并且给出解释。

（a）掷四次骰子其和为 21 的概率_____掷四次骰子其和为 22 的概率。

（b）随机的两个字母组成的单词是回文⊖的概率_____随机的三个字母组成的单词是回文的概率。

28. 应用上一题给出的定义，求出当 $n=7$ 和 $n=8$ 时，n 个字母组成的单词是回文的概率。

29. ⑤某森林中栖息着麋鹿。总共有 N 只，从中简单随机抽样 n 只并对其进行标记（"简单随机抽样"意味着所有 $\binom{N}{n}$ 个集合是等可能的）。将被捉的鹿放回森林，然后再重新捕捉 m 只作为样本。该方法广泛地运用于生态学，称作捕获-再捕获法（capture-recapture）。m 只新样本中恰好有 k 只被标记过的概率是多少？（假设一只麋鹿之前被捉并不会改变它再次被捉的概率）

30. 四张卡片背面朝上放在桌子上。两张是红色的，另外两张是黑色的。现在需要去猜测哪两张是红的（当然，剩下的两张是黑的）。假设所有的组合都是等可能的且游戏者没有特异功能。求正好猜对 $j(j=0,1,2,3,4)$ 张牌的概率。

31. ⑤一个瓶子里有 r 个红球和 g 个绿球，r 和 g 都是正整数。从瓶子中随机取出一个球（所有球被选中的概率相同），然后再随机取出第二个。

（a）从直观上解释为什么第二个球是绿色的概率与第一个球是绿色的概率相同？

（b）为本题中的样本空间标上符号，用该符号计算（a）中的概率，并证明它们是相同的。

（c）假设一共有 16 个球，两个球颜色相同的概率与两个球颜色不同的概率相等，则 r 和 g 分别为多少？（列出所有可能性）

32. ⑤假设随机地从一副标准扑克中抽取 5 张组成一手牌。求下面每种可能情况的概率（写成二项式形式）。

（a）同花（flush），手里的 5 张牌全是同一花色，但不包括皇家同花顺（同花且恰好还

⊖ 回文是指包含像 "A man, a plan, a canal：Panama" 这种从前往后读和从后往前读都一样（忽略空格、大小写以及标点）。假设问题中所有的字母长度都相同，没有空格以及标点，只包含字母 a，b，…，z。

是 A，K，Q，J，10）。

（b）包含有两对点数相同的牌（例，两张 3、两张 7 和一张 A）。

33. 从一副标准扑克牌中随机抽取 13 张。每个花色都至少有 3 张牌的概率是多少？

34. 同时投掷 30 个骰子。恰好 1，2，3，4，5，6 这六个数字中各有 5 个的概率是多少？

35. 洗好一副扑克牌。从中每次抽出一张，直到抽到第一张 A 为止。

（a）求在抽出第一张 A 之前没有出现 K，Q，J 的概率。

（b）求在抽出第一张 A 之前恰好出现一次 K、一次 Q 和一次 J（任意顺序）的概率。

36. Tyrion、Cersei 和另外 10 个人围坐在一张圆桌上，座位顺序随机打乱，则 Tyrion 和 Cersei 邻座的概率是多少？用以下两种方法解答：

（a）利用大小为 12 的阶乘的样本空间，其中样本是每个座位的详细信息。

（b）利用一个更小的样本空间，只关注 Tyrion 和 Cersei 两个人。

37. 某组织由 n 对夫妇共 $2n$ 个人组成。从中选取 k 个人组成委员会，且是等可能的。求恰好有 j 对夫妇被选入委员会的概率。

38. 一个瓶里有 n 个球，用数字 1，2，$\cdots$，n 标记。从中逐一有放回地抽取 k 个，从而得到一个数列。

（a）这个数列是严格递增的概率是多少？

（b）这个数列是递增的概率是多少？（这里递增表示是不减的）

39. 现有 n 个球，将每一个球独立且随机地放入 n 个盒子中的一个，放入每个盒子中的可能性相等。正好有一个空盒的概率是多少？

40. Ⓢ一个非重复词汇（norepeatword）表示不允许其中任何字母有重复。例如 "course" 是非重复词汇，但 "statistics" 不是。同时需考虑字母的顺序，例如 "course" 和 "source" 是不一样的。

假设随机选取一个非重复词汇，且设所有非重复词汇出现的可能性是相等的。证明：选出的词包含所有 26 个英文字母的概率接近 $1/e$。

概率公理

41. 证明：对任意事件 A 和 B，有
$$P(A) + P(B) - 1 \leq P(A \cap B) \leq P(A \cup B) \leq P(A) + P(B)。$$
对于这三个不等式，给出等号成立的条件。[例如，当且仅当什么条件满足时，有 $P(A \cap B) = P(A \cup B)$。]

42. 设 A 和 B 为事件，其差 $B - A$ 可以定义为所有在 B 中但不在 A 中的元素的集合。直接应用概率的原理证明：若 $A \subseteq B$，则
$$P(B - A) = P(B) - P(A)。$$

43. 设 A 和 B 为事件，定义对称差（symmetric difference）$A \triangle B$ 为所有位于集合 A 或集合 B 但又不同时位于这两个集合的元素的集合。在逻辑学和工程学中，这个事件也叫作 A 和 B 的 XOR（异或 exclusive or）。直接应用概率的原理证明：
$$P(A \triangle B) = P(A) + P(B) - 2P(A \cap B)。$$

44. 设 A_1，A_2，$\cdots$，A_n 表示事件。令 B_k 事件表示 A_i 中至少 k 个事件发生，事件 C_k 表示 A_i 中恰好 k 个事件发生，$(0 \leq k \leq n)$。求解 $P(B_k)$，并以 $P(C_k)$ 和 $P(C_{k+1})$ 的形式表达它。

45. 若 $P(A \cap B) = P(A)P(B)$，则事件 A 和 B 是相互独立的（独立的定义将会在下章进一步探索）。

（a）在有限样本空间 S 中给出事件 A 和 B 相互独立的例子（都不得为 $\varnothing$ 和全集 S），然后用圆点图说明。

（b）考虑从一个方形区域 R 中随机选择一个点

$$R = \{(x,y): 0 < x < 1, 0 < y < 1\},$$

这个点在 R 中每个特定区域出现的概率都等于它的面积。另外，A_1 和 B_1 为 R 中的两个长方形，面积都不为 0 或 1。令 A 事件表示随机点在区域 A_1 中，B 事件表示这个点在区域 B_1 中。给出当 A 和 B 独立时的几何描述。同时给出它们独立和不独立的例子。

（c）证明：当 A 和 B 相互独立时，有

$$P(A \cup B) = P(A) + P(B) - P(A)P(B) = 1 - P(A^c)P(B^c).$$

46. Ⓢ Arby（快餐品牌）有一个信用体系，给每个事件 A（某一样本空间中的）分配一个从 0 到 1 的数字 $P_{\text{Arby}}(A)$，它代表了 Arby 对事件 A 发生可能性大小的评估。对任意事件 A，Arby 愿意花 $1000 \cdot P_{\text{Arby}}(A)$ 美元的价格购买如下一张证书：

> 证书
>
> 　　当事件 A 发生时，拥有此证书者可以赎回 1000 美元，若事件 A 没发生，除非联邦、州或地方法要求，否则该证书无价值。此证书没有期限。

同样地，Arby 也愿意以同样的价格卖出这个证书。事实上，因为 Arby 觉得这个价格是"合理"的，所以它愿意以这个价格买入或卖出任意数量的证书。

Arby 顽固地拒绝接受概率的公理。特别地，假设存在两个不相交的事件 A 和 B，使得

$$P_{\text{Arby}}(A \cup B) \neq P_{\text{Arby}}(A) + P_{\text{Arby}}(B).$$

证明：存在一份绝对会使 Arby 输钱但它却又愿意执行的交易列表，可以导致 Arby 破产。（可以假设当证书被卖出后就可以知道事件 A 和 B 是否发生）

容斥原理

47. 掷 n 次骰子。6 个数字中至少有一个数字一直不出现的概率是多少？

48. Ⓢ 从一副洗好的标准扑克牌中抽取 13 张牌组成一手牌，至少有一种花色的牌一张都没被抽中的概率是多少？

49. 假设有一组 7 个人，求他们的生日在四个季节（春、夏、秋、冬）中都至少出现一次的概率，假设每个季节出现的概率相同。

50. 某班共有 20 个人，每周一和周三他们会在一间座位数刚好为 20 的教室开会。某周，班里的所有人两次会议均全部出席。在这两天，每个人完全随机地选择座位（一个人只能选一个座位，而且一个座位也只能坐一个人）。求两天没有人坐在同一位置的概率。

51. Fred 需要为某网站设置一个密码。假设他要选一个 8 位密码，合法字符包括小写字母 a，b，c，$\cdots$，z 和大写字母 A，B，C，$\cdots$，Z 以及数字 0，1，$\cdots$，9。

（a）如果要求至少有一个小写字母，共有多少种组合可能？

（b）如果要求至少有一个小写字母、一个大写字母，共有多少种组合可能？

（c）如果要求至少有一个小写字母、一个大写字母和一个数字，共有多少种组合可能？

52. ⑤ Alice 就读于一个小学院，该学院每个课程一周只上一次课。她在 30 门互不相同的课程中进行选择。周一至周五每天都有 6 门课可供选择。Alice 决定等可能且随机地从 30 门课中选取 7 门。那么她从周一至周五每天都有课的概率是多少？（该问题有两种解法，使用朴素概率定义或者容斥原理。）

53. 一个社团由 10 名大四学生、12 名大三学生和 15 名大二学生组成。从中随机抽取 5 人组成委员会（每种组成情况出现概率相同）。

（a）求委员会中恰好有 3 名大二学生的概率。

（b）求委员会中每个年级至少有一名代表的可能性。

混合练习

54. 用"="" <"或" >"填空，并给出解释。在问题（a）和（b）中，不考虑顺序。

（a）从 10 个人中选出 5 个人的所有可能数_____从 10 个人中选出 6 个人的所有可能数。

（b）将 10 个人分成两组，每组 5 个人的所有可能数_____将 10 个人分成两组，一组 6 个人另一组 4 个人的所有可能数。

（c）一组中所有 3 个人都是 1 月出生的概率_____一组中所有 3 个人各有一个人分别在 1、2、3 月出生的概率。

（d）Martin 和 Gale 玩"掷硬币"（toss the coin）游戏，一直掷硬币直到出现 HH（两个连续的反面朝上）或者 TH（先正面朝上紧接着反面朝上）。当先出现 HH 时，Martin 胜出。Martin 胜的概率_____ 1/2。

55. 尝试这道题前请先深呼吸。在 Innumeracy［22］中，John Allen Paulos 写道：

现在有一个关于永生的好消息。首先，深呼吸一口气。假设莎士比亚的描述是准确的，凯撒大帝在呼吸最后一口气前喘息着说道"Et tu, Brute!"[⊖]。那么你正好吸入了凯撒大帝死前呼出的分子的概率是多少？

假设呼吸一次所包含的空气有 10^{22} 个分子，再设大气中共包含 10^{44} 个分子。（这些数字比 Paulos 给出的估计数字稍微简单一些；为简化问题，假设这些数字都是准确的。当然，现实中有很多复杂的情况，例如大气中的分子类型不同，化学反应的结果和肺活量的不同，等等。）

假设现在大气中的分子和凯撒所生活的年代大气中的分子相同，且在自凯撒以来的两千多年里，这些分子完全随机地散布在大气中，还可以假设这种呼吸采样法是有放回的（虽然无放回的采样比较合理但是有放回问题更易处理，而且由于大气中分子数相比一次呼吸的分子数大很多，所以有放回是无放回抽样的良好近似。）

求出你刚才吸入的空气中至少存在一个分子恰好是凯撒死前所呼出的概率，并且以 e 的形式给出简单的近似。

56. 用部件检测器检测 12 个小部件，发现其中有 3 个是残次品。工作人员不小心将所

⊖ 出自莎士比亚的作品《尤利乌斯·凯撒》中凯撒这一角色的最后一句台词，莎士比亚在戏剧编写中特意保留了这句拉丁语原话，使剧作更加真实和震撼。它的中文意思是"还有你吗，布鲁图？"——译者注

有部件又混合在一起，所以检测器还得通过对所有 12 个部件重新一个一个检测找出那 3 个残次品。

（a）求至少需要检测 9 个小部件才能找出这 3 个残次品的概率。

（b）求至少需要检测 10 个小部件才能找出这 3 个残次品的概率。

57. 现在有 15 块巧克力和 10 个孩子。在下列几种场景中，将巧克力分给孩子们共有多少种不同的分法？

（a）巧克力之间是可替代的（可互换的）。

（b）巧克力是可互换的，且每个孩子至少一块（提示：先分给每人一块，然后再考虑如何处理剩余的 5 块）。

（c）巧克力是不可互换的（考虑哪块巧克力给了谁）。

（d）巧克力是不可互换的，且每个孩子至少一块。

提示：（b）中的方法不再适用。考虑将巧克力随机分给每个孩子，然后应用容斥原理。

58. 给定 $n \geq 2$ 个数字 $(a_1, a_2, \cdots, a_n)$ 且不重复，一个 bootstrap 样本（bootstrap sample）就是指从 a_j 中等可能有放回地抽样形成的序列 $(x_1, x_2, \cdots, x_n)$。bootstrap 样本随着常用的统计学方法 bootstrap 的出现而出现。例如，当 $n = 2$ 且 $(a_1, a_2) = (3, 1)$ 时，那么可能的 bootstrap 样本有 $(3, 3)$，$(3, 1)$，$(1, 3)$，$(1, 1)$。

（a）对于 $(a_1, a_2, \cdots, a_n)$，共有多少可能的 bootstrap 样本？

（b）如果不考虑顺序，$(a_1, a_2, \cdots, a_n)$ 共有多少可能的 bootstrap 样本（只需考虑每个 a_j 被选中几次，不考虑它们被选的顺序）？

（c）随机抽取一个 bootstrap 样本（如前所述有放回地从 $a_1, a_2, \cdots, a_n$ 中抽取）。证明：不是所有的无序样本［问题（b）中的样本］都是等可能的。找到一个最可能发生的无序 bootstrap 样本 $\boldsymbol{b}_1$，以及一个最不可能发生的无序 bootstrap 样本 $\boldsymbol{b}_2$。令 p_1 为 $\boldsymbol{b}_1$ 出现的概率，p_2 为 $\boldsymbol{b}_2$ 出现的概率。$\dfrac{p_1}{p_2}$ 为多少？获取一个无序的 bootstrap 样本，它出现的概率是 p_1 与出现的概率是 p_2 的概率之比是多少？

59. Ⓢ有 100 名乘客排队登上一架有 100 个座位的飞机（已将每个座位分配给每一位乘客），第一个乘客突然决定随机坐在一个位置上（每个位置等可能）。剩下的乘客首先按照已分配的座位就坐，如果该座位已被坐，就随机选取一个空位就坐。那么最后一位乘客坐在他指定位置的概率是多少？（这是一个常见的面试问题，也是一个关于对称性的很好的例子。）

提示：将分配给第 j 个乘客的座位叫作"座位 j"（不管航空公司怎么命名），最后一位乘客共有多少种可能的座位分配？每种可能的概率是多少？

60. 在生日问题中，假设一年 365 天都是等可能的（不考虑 2 月 29 日）。但现实生活中，有些日期比其他日期更可能成为一个生日。例如，很多科学家一直致力于研究为什么更多的婴儿会在假期之后的 9 个月出生。令 $\boldsymbol{P} = (p_1, p_2, \cdots, p_{365})$ 表示生日概率向量，p_j 是一年中的第 j 天出生的概率（不考虑 2 月 29 日）。

变量 $(x_1, x_2, \cdots, x_n)$ 的第 k 个基本对称多项式（elementary symmetric polynomial）定义为

$$e_k(x_1,\cdots,x_n) = \sum_{1 \leqslant j_1 < j_2 < \cdots < j_k \leqslant n} x_{j_1} \cdots x_{j_k},$$

上式表示将所有的 $\binom{n}{k}$ 项求和，每一项通过选择出 k 个变量并将其相乘得到。例如 $e_1(x_1,x_2,x_3) = x_1 + x_2 + x_3$，$e_2(x_1,x_2,x_3) = x_1x_2 + x_1x_3 + x_2x_3$ 和 $e_3(x_1,x_2,x_3) = x_1x_2x_3$。

（a）求至少出现一对受试者生日相同的概率，用 $\boldsymbol{P}$ 和基本对称多项式简洁地进行表达。

（b）直观解释对所有 j，为什么至少一对受试者生日相同的概率在 $p_j = 1/365$ 时达到最小。

（c）著名的算术-几何平均不等式说的是，对 x，$y \geqslant 0$，有

$$\frac{x+y}{2} \geqslant \sqrt{xy}。$$

这个不等式可以通过对不等式 $x^2 - 2xy + y^2 = (x-y)^2 \geqslant 0$ 两边同时加上 $4xy$ 得到。

定义 $\boldsymbol{r} = (r_1,\cdots,r_{365})$，其中 $r_1 = r_2 = (p_1 + p_2)/2$，对所有的 $3 \leqslant j \leqslant 365$，$r_j = p_j$。利用算术-几何平均不等式和下面这个待验证的等式

$$e_k(x_1,\cdots,x_n) = x_1x_2e_{k-2}(x_3,\cdots,x_n) + (x_1 + x_2)e_{k-1}(x_3,\cdots,x_n) + e_k(x_3,\cdots,x_n),$$

证明：

$$P(\text{至少一对受试者生日相同} \mid \boldsymbol{p}) \geqslant P(\text{至少一对受试者生日相同} \mid \boldsymbol{r}),$$

当 $\boldsymbol{p} \neq \boldsymbol{r}$ 时，上式为严格不等号，其中，$\boldsymbol{r}$ 符号表示生日概率给定为 $\boldsymbol{r}$。根据该结论，证明：为使至少存在一对生日相同的概率最小，此时 p 值应由对所有 j，$p_j = \dfrac{1}{365}$ 得到。

第 2 章 条 件 概 率

上一章已经介绍了概率是一种表达对事件不确定性程度的语言。每当观察一个新现象（也就是获取数据）时，新获取的信息可能会影响对不确定性的判断。与现有判断相一致的新观察会使人们更加肯定原有的判断，然而一个意想不到的观测结果可能会使人们对原有判断产生怀疑。条件概率（Conditional probability）用于解决一个基本问题：应如何根据原有观察到的证据更新我们的判断？

2.1 条件思考的重要性

条件概率对于科学、医学以及法律推理是至关重要的，因为它说明了如何以合乎逻辑且相一致的方式将证据纳入人们对世界的理解当中。事实上，有观点认为所有的概率都是有条件的；无论是否明确标出，每个概率都有背景知识（或假设）存在。

例如，假设一天早上我们观察事件 R（表示当天会下雨）是否会发生，令 $P(R)$ 表示往窗外看之前对下雨概率的评估。如果后来观察窗外发现空中有乌云，此时对下雨概率的估计程度会增加；将新概率表示为 $P(R \mid C)$（读作"给定 C 条件下，R 的概率"），这里 C 表示看到乌云这一事件。从概率 $P(R)$ 到概率 $P(R \mid C)$，称以 C 作为条件。随着时间的推移，我们会获取越来越多的关于天气条件的信息，因此可以持续更新此概率。如果我们观察到事件 $B_1, \cdots, B_n$ 发生，那么可以马上写出更新的条件概率 $P(R \mid B_1, \cdots, B_n)$。如果最终观察到确实下雨了，此时条件概率变为 1。

此外，添加条件也是一种非常有用的解决问题的策略，通过把复杂问题分解为一个个相互独立且较容易解决的小问题，然后再逐一分析，就可以解决相对复杂的问题。就像计算机科学中经常把一个大问题分解为一个个小问题（甚至是字节大小的问题），概率论中常见的策略也是把复杂概率问题降低到一系列简单的条件概率问题上。特别地，本章会讨论一个叫作一步分析（first-step analysis）的策略，可用于在有多个阶段的试验中得出问题的递归解。

由于条件的核心重要性，即，它既可以作为更新判断依据的方法，也是解决问题的策略，因此可以说

条件是统计学的灵魂。

2.2 定义和直观解释

定义 2.2.1（条件概率） 若 A 和 B 为事件，且 $P(B)>0$，那么给定 B，事件 A 的条件概率用 $P(A \mid B)$ 表示，定义如下

$$P(A \mid B) = \frac{P(A \cap B)}{P(B)}。$$

这里事件 A 的不确定性有待更新，事件 B 是观测到的证据（或者把它看作是给定的）。$P(A)$ 称作 A 的先验概率，$P(A \mid B)$ 是 A 的后验概率。（"先验"表示在更新之前，"后验"表示基于证据更新后）。

重要的是将竖线之后的事件解释为人们已经观察到或正在被条件化的证据：$P(A \mid B)$ 是给定证据 B 后，A 的概率，并不是某个叫作 $A \mid B$ 的实体的概率。正如我们在 2.4.1 中讨论的那样，并不存在事件 $A \mid B$。

对任意事件 A，$P(A \mid A) = P(A \cap A)/P(A) = 1$。在观测到 A 发生后，更新概率变为了 1。如果事实不是这样的，我们就需要对这一条件概率重新进行定义！

例 2.2.2（两张牌） 洗好一副标准扑克后。从中随机抽取两张牌，无放回地一次抽一张。设 A 事件表示第一张牌为红桃，事件 B 表示第二张牌为红色。求 $P(A \mid B)$ 和 $P(B \mid A)$。

解：

由概率的朴素定义及乘法法则，有

$$P(A \cap B) = \frac{13 \cdot 25}{52 \cdot 51} = \frac{25}{204},$$

因为一种有利的结果是第一次从 13 张红桃中选择，第二次在剩下的 25 张红色牌中选择。并且由于四种花色概率相同，所以 $P(A) = 1/4$，且

$$P(B) = \frac{26 \cdot 51}{52 \cdot 51} = \frac{1}{2},$$

这是因为对于第二张牌共有 26 种可能性，选定之后，第一张牌就在剩下的 51 张牌之中（回忆第 1 章，乘法法则不一定非要按照时间顺序）。一种更简洁的方法是通过对称性得到 $P(B) = 1/2$：从总体来看，在实施试验前，第二张牌是所有牌中的任意一张且可能性相等。现在我们已经具备了应用条件概率定义所需的全部内容：

$$P(A \mid B) = \frac{P(A \cap B)}{P(B)} = \frac{25/204}{1/2} = \frac{25}{102},$$

$$P(B \mid A) = \frac{P(B \cap A)}{P(A)} = \frac{25/204}{1/4} = \frac{25}{51}.$$

上述是一个简单的示例，但还有几点需要注意。

1. 注意哪些事件放在竖线的哪一边是非常重要的。具体来说就是 $P(A \mid B) \neq P(B \mid A)$。接下来探究 $P(A \mid B)$ 和 $P(B \mid A)$ 通常是如何关联起来的。如果将这两个量混淆则称为检察官的谬误（prosecutor's fallacy），这将在第 2.8 节中进行讨论。如果这里将 B 事件定义为第二张牌也是红桃，则两个条件概率将是相等的。

2. 无论 $P(A \mid B)$ 还是 $P(B \mid A)$ 都是有意义的（直观上或数学上）；牌抽取的时间顺序并不能决定出现何种条件概率。在计算条件概率时，我们考虑的是一个事件给另一个事件带来的信息，而不是一个事件是否导致了另一个事件。

3. 此外，也可以通过条件概率的直接解释得出 $P(B \mid A) = 25/51$：如果第一张抽的牌为红桃，那么剩下的牌就由 25 张红色牌和 26 张黑色牌组成（所有牌被下一次抽中的可能性是相同的），所以抽取一张红牌的条件概率是 $25/(25 + 26) = 25/51$。

但想通过这种方式得到 $P(A \mid B)$ 却是很难的：假设知道了第二张牌是红色的，但我们真正想知道的是它是不是一张红桃牌！本章后面部分给出的条件概率结果提供了解决这个问题的方法。 □

为了更好地阐明条件概率的意义，这里有两种直观的解释。

直观解释 2.2.3（圆点空间） 考虑一个有限的样本空间，所有结果可以看作是很多圆点，其总质量为 1。因为 A 是一个事件，所以它是一些圆点的集合，事件 B 也一样。图 2.1a 展示了一个例子。

现在假设已知事件 B 发生。在图 2.1b 中，获得此信息后，将所有在 B^c 中的圆点剔除，因为它们与事件 B 已发生这个事实不符。这时 $P(A\cap B)$ 就表示所有留在事件 A 中圆点的总质量。最终，在图 2.1c 中重新归一化，即除以一个常数使得所有留下圆点的质量之和为 1。本例中就是除以 B 中所有圆点的质量之和 $P(B)$。对于事件 A，其更新后的结果为条件概率 $P(A\mid B) = P(A\cap B)/P(B)$。

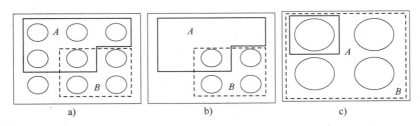

图 2.1 $P(A\mid B)$ 的圆点直观图。从左到右：a）事件 A 和 B 都是样本空间的子集。b）因为已知 B 发生了，所以剔除 B^c 中的所有圆点。c）将新的被虚线框住的区域重新归一化使得总质量和为 1。

由上述过程，概率就会根据已经得到的证据进行更新。剔除与证据相矛盾的结果后，它们的质量被重新分配到剩余的结果中，以保持剩余结果的相对质量不变。例如，如果一开始圆点 2 的质量是圆点 1 的两倍，且都在事件 B 中，那么当以 B 为条件后，圆点 2 的质量还是圆点 1 的两倍。但如果圆点 2 不在事件 B 中，那么在以 B 为条件后，圆点 2 的质量就更新为 0。

直观解释 2.2.4（频率解释） 回想一下，概率的频率解释为基于大量重复试验的相对频率。假设试验重复了很多次，生成了一长串的结果列表。则可以通过一种自然的方式思考给定 B 事件时 A 发生的概率：它表示限制在 B 发生的所有结果中，A 发生的次数的比例。在图 2.2 中，试验结果用 0 和 1 组成的字符串表示；B 事件表示第一个为字符 1，A 事件表示第二个字符为 1。以 B 为条件，先将所有 B 发生的结果圈起来，然后找出被圈结果中 A 发生的比例数。

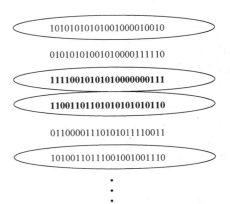

图 2.2 $P(A\mid B)$ 的频率直观解释。图中 B 发生的结果都被圈起来了；其中 A 也发生的结果都加粗显示。$P(A\mid B)$ 表示在 B 发生的子集中 A 发生的长期相对频率。

令 n_A、n_B、n_{AB} 分别表示进行 n 次大量重复试验后 A、B、$A\cap B$ 所发生的次数。频率解释如下：

$$P(A)\approx\frac{n_A}{n},P(B)\approx\frac{n_B}{n},P(A\cap B)\approx\frac{n_{AB}}{n}.$$

这时 $P(A\mid B)$ 可以解释为 n_{AB}/n_B，正好等于 $(n_{AB}/n)/(n_B/n)$。这个解释同时也可以转化

成 $P(A\mid B) = P(A\cap B)/P(B)$。

为加深对条件概率定义的理解，下面做几个练习。接下来的三个示例都是以一个有两个孩子的家庭为基本场景展开的，但细微之处取决于示例中分别作为条件的确切信息。

例 2.2.5（年长的是女孩 vs 至少一个女孩） 某家庭有两个孩子，已知至少有一个是女孩。两个孩子都是女孩的概率是多少？如果条件改为年长的孩子是女孩，那么两个都是女孩的概率又是多少？

解：

假设每个孩子是女孩和男孩的可能性相同且不相关[⊖]，那么

$$P(\text{都是女孩}\mid\text{至少有一个是女孩}) = \frac{P(\text{都是女孩},\text{至少有一个是女孩})}{P(\text{至少有一个是女孩})} = \frac{1/4}{3/4} = 1/3,$$

$$P(\text{都是女孩}\mid\text{年长的是女孩}) = \frac{P(\text{都是女孩},\text{年长的是女孩})}{P(\text{年长的是女孩})} = \frac{1/4}{1/2} = 1/2。$$

一开始看到这两个结果是不同的似乎违反直觉，因为我们没有理由关注是否对照于年纪较小的孩子而言，年长的孩子是女孩。事实上，通过对称性可以得到

$$P(\text{都是女孩}\mid\text{年轻的是女孩}) = P(\text{都是女孩}\mid\text{年长的是女孩}) = 1/2。$$

然而条件概率 $P(\text{都是女孩}\mid\text{年长的是女孩})$ 和 $P(\text{都是女孩}\mid\text{至少有一个是女孩})$ 之间却没有这样的对称性。年长的孩子是女孩被指定为一个特定的孩子，此时另一个孩子（年幼的孩子）有 50% 的可能为女孩。"至少一个"则没有指定任何的孩子。指定某个孩子为女孩只会从四个样本 $\{GG, GB, BG, BB\}$ 中剔除两个，然而至少有一个为女孩只剔除一个样本 BB。 □

例 2.2.6（随机的一个孩子是女孩） 某家庭有两个孩子。随机遇到其中的一个，发现是女孩。给定这个信息后，两个孩子都是女孩的概率是多少？假设随机遇到两个孩子的可能性相同，且与性别无关。

解：

直观来看，结果应为 1/2：想象一下，我们随机碰到的孩子就在面前，而另一个孩子在家里。两个孩子都为女孩只是说明在家的那个孩子也是女孩，看起来与此时在我们面前的这个孩子的性别无关。但现在请仔细考虑这个问题，并运用条件概率来解决。这也是一个练习用集合符号来表达事件的好机会。

令 G_1、G_2、G_3 分别表示年长、年幼、随机的孩子是女孩这三个事件。由对称性可得 $P(G_1) = P(G_2) = P(G_3) = 1/2$（这里隐含的假设是，在不考虑其他任何信息时，任何一个特定的孩子是男孩还是女孩的可能性相同）。根据朴素概率的定义，或者由 2.5 节所述的独立性，可得 $P(G_1\cap G_2) = 1/4$。因此

$$P(G_1\cap G_2\mid G_3) = P(G_1\cap G_2\cap G_3)/P(G_3) = (1/4)/(1/2) = 1/2,$$

又因为 $G_1\cap G_2\cap G_3 = G_1\cap G_2$（如果两个都是女孩的话，随机选取的肯定是女孩），所以概率为 1/2，与我们的直觉一致。

⊖ 2.5 节将正式引入了独立性，但本例中可以只通过直觉进行思考：已知年长儿童的性别不会提供年幼孩子性别的信息，反之亦然。为简化问题，我们通常假设一个孩子性别为男的概率是 1/2，但是对于大多数国家来说，0.51 或许更为精确（每年出生的男孩略多于女孩；这以女性的平均寿命长于男性的平均寿命作为补偿）。参见 Matthews [20] 的一篇关于美国男女出生比例的报告。

请记住，为了得出 1/2 这个解，需要对如何随机选取这个孩子做出假设。在统计学语言中，称之为收集了一个随机样本；本例中的样本由两个孩子中的一个组成。统计学最重要的原则之一是必须仔细考虑样本是如何收集的，而不能是只盯着原始数据却不知道它们是如何来的。举一个简单且极端的情况，假设一个强制性法律规定：如果一个男孩有姐妹则禁止他走出家门。那么这时"随机遇到的孩子是女孩"就等价于"至少有一个孩子是女孩"，所以这个问题就变成了例 2.2.5 的第一问。□

例 2.2.7（冬天出生的女孩） 某家庭有两个孩子。给定条件至少一个是女孩且在冬天出生，求两个孩子都是女孩的概率。假设四个季节出生的可能性相同且性别和季节是相互独立的（这意味着已知性别并不会给出生季节的概率提供任何信息，反过来也一样；更多信息参见 2.5 节）。

解：

由条件概率的定义，可得

$$P(两个都是女孩 \mid 至少一个是在冬天出生的女孩) =$$
$$\frac{P(两个都是女孩 \mid 至少一个是在冬天出生的女孩)}{P(至少有一个是在冬天出生的女孩)}。$$

由于指定的孩子是在冬天出生的女孩的概率为 1/8，所以上式分母等于

$$P(至少有一个是在冬天出生的女孩) = 1 - (7/8)^2。$$

在计算分子时，注意到"两个都是女孩，至少有一个是在冬天出生的女孩"等价于"两个都是女孩，至少有一个孩子是在冬天出生的"；然后利用性别和季节是相互独立的假设，就得到

$$P(两个都是女孩 \mid 至少有一个是在冬天出生的女孩)$$
$$= P(两个都是女孩，至少有一个孩子是在冬天出生的)$$
$$= (1/4)P(至少有一个孩子是在冬天出生的)$$
$$= (1/4)(1 - P(所有孩子都不是在冬天出生的))$$
$$= (1/4)(1 - (3/4)^2)。$$

合到一起，可以得到

$$P(两个都是女孩 \mid 至少有一个是在冬天出生的女孩) = \frac{(1/4)(1 - (3/4)^2)}{1 - (7/8)^2} = \frac{7/64}{15/64} = 7/15。$$

一开始似乎觉得这个结果很荒谬，例 2.2.5 中已经看到在给定至少有一个是女孩的概率前提下，两个都是女孩的概率为 1/3；为什么当我们知道至少有一个是在冬天出生的女孩后，概率会有所不同？关键点在于，关于出生季节的信息使得"至少有一个是女孩"这个条件更接近于"指定的一个孩子是女孩"。条件中越来越多的指定信息使得概率越来越接近于 1/2。

例如，条件"至少有一个是女孩且在 3 月 31 日的晚上 8：20 出生"就非常接近于指定一个孩子，而且这个指定孩子的信息不会提供另一个的任何信息。看似不相关的信息（例如出生季节），使得概率处于例 2.2.5 的两个问题的概率之间。练习题 29 将这个例子推广为任意的与性别无关的特征。□

2.3 贝叶斯准则和全概率公式

条件概率的定义十分简单，就是两个概率的比值，但它却有着深远的影响。第一个结果

可以通过将定义中的分母移动到方程的另一侧得到。

定理 2.3.1 对任意两个概率为正的事件 A 和 B，有

$$P(A \cap B) = P(B)P(A \mid B) = P(A)P(B \mid A)。$$

这可以由定义 $P(A \mid B)$ 的两端都乘以 $P(B)$ 和定义 $P(B \mid A)$ 的两端都乘以 $P(A)$ 得到。我们在一开始可能会觉得这个定理没什么用：只是对条件概率的定义形式做了一点变化，无论如何就好像当 $P(A \mid B)$ 是根据 $P(A \cap B)$ 进行定义时，循环使用 $P(A \mid B)$ 来帮助找到 $P(A \cap B)$。实际上这个定理非常有用，它不需要通过定义就能求得条件概率，在这种情况下可以运用定理 2.3.1 来求得 $P(A \cap B)$。

重复运用定理 2.3.1，可以将其推广到 n 个事件的交集。

定理 2.3.2 对于任意的正概率事件 $A_1, A_2, \cdots, A_n$，有

$$P(A_1, A_2, \cdots, A_n) = P(A_1)P(A_2 \mid A_1)P(A_3 \mid A_1, A_2) \cdots P(A_n \mid A_1, \cdots, A_{n-1}),$$

式中的逗号代表交集。

事实上，这是将 $n!$ 个等式合一，因为我们可以任意排列 $A_1, \cdots, A_n$ 的顺序而不影响等式左边。通常等式右边存在某些顺序比其他顺序更容易的计算。例如，

$$P(A_1, A_2, A_3) = P(A_1)P(A_2 \mid A_1)P(A_3 \mid A_1, A_2) = P(A_2)P(A_3 \mid A_2)P(A_1 \mid A_2, A_3)。$$

除上式之外，还有 4 种等效的排列顺序。通常需要实践和思考才能知道哪种顺序更容易计算。

接下来将准备介绍本章的两大定理，贝叶斯准则和全概率公式，它们有助于在更多的问题中计算条件概率。贝叶斯准则是一个将 $P(A \mid B)$ 和 $P(B \mid A)$ 联系在一起的非常著名和有用的准则。

定理 2.3.3（贝叶斯准则）

$$P(A \mid B) = \frac{P(B \mid A)P(A)}{P(B)}。$$

上式可以由定理 2.3.1 直接得到，而定理 2.3.1 又可以直接从条件概率的定义中得到。然而，因为常常需要求条件概率，而求 $P(B \mid A)$ 比直接求 $P(A \mid B)$ 要简单很多（或反过来），因此贝叶斯准则在概率论和统计中具有重要的含义和应用。

另一种贝叶斯准则的表达方式是以几率（odds）的形式写出，而非概率形式。

定义 2.3.4（几率） 一个事件 A 的几率（odds）为

$$\text{odds}(A) = P(A)/P(A^c)。$$

例如，如果 $P(A) = 2/3$，就称支持 A 的几率为 2 比 1。（有时写成 2:1，也有时会说成反对 A 的几率为 1 比 2；当没说清楚到底是支持 A 的几率还是反对 A 的几率时要特别注意。）当然，几率也可以转换成概率形式：

$$P(A) = \text{odds}(A)/(1 + \text{odds}(A))。$$

通过将 $P(A \mid B)$ 的贝叶斯准则表达式除以 $P(A^c \mid B)$ 的贝叶斯准则表达式，就得到了贝叶斯准则的几率形式。

定理 2.3.5（贝叶斯准则的几率形式） 对任意两个正概率事件 A 和 B，给定以 B 为条件的情况下，A 的几率如下：

$$\frac{P(A \mid B)}{P(A^c \mid B)} = \frac{P(B \mid A)}{P(B \mid A^c)} \frac{P(A)}{P(A^c)}。$$

换句话说，就是后验几率 $P(A \mid B)/P(A^c \mid B)$ 等于先验几率 $P(A)/P(A^c)$ 乘以因子 $P(B \mid A)/P(B \mid A^c)$，这个因子就是统计学中很有名的似然比。有时候用上述形式的贝叶斯准则可以更方便地求出后验几率，如果需要的话还可以将几率形式转换成概率形式。

全概率公式能将条件概率和非条件概率联系到一起。它使得条件概率可以用于将复杂的概率问题分解为更简单的部分，并且它经常与贝叶斯准则一起使用。

定理 2.3.6（全概率公式） 设 $A_1, \cdots, A_n$ 为样本空间 S 的一个划分（也就是说，A_i 彼此不相交且它们的并为 S），且对所有的 i，有 $P(A_i) > 0$，则有

$$P(B) = \sum_{i=1}^{n} P(B \mid A_i) P(A_i)。$$

证明：因为 A_i 构成了 S 的一个划分，所以可以将 B 分解为

$$B = (B \cap A_1) \cup (B \cap A_2) \cup \cdots \cup (B \cap A_n)。$$

如图 2.3 所示，图中将 B 划分成从 $B \cap A_1$ 到 $B \cap A_n$ 的一个个小部分。由概率的第二条公理，因为这些小部分是不相交的，所以可以对它们的概率进行求和得到 $P(B)$：

$$P(B) = P(B \cap A_1) + P(B \cap A_2) + \cdots + P(B \cap A_n)。$$

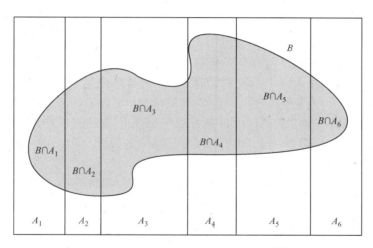

图 2.3 A_i 构成了样本空间的划分；$P(B)$ 等于 $\sum_i P(B \cap A_i)$。

现在我们将定理 2.3.1 应用到每一个 $P(B \cap A_i)$ 上，得到

$$P(B) = P(B \mid A_1) P(A_1) + \cdots + P(B \mid A_n) P(A_n)。 \quad ■$$

由全概率公式可知，为了取得 B 的无条件概率，可以先把样本空间划分为不相交的部分 A_i，并找出每一部分中 B 的条件概率，然后再以权重 $P(A_i)$ 加权求和。关键点在于如何划分样本空间：一个好的划分可以把复杂的问题简单化，不好的划分则会增加问题的复杂程度，导致需要计算 n 个复杂的概率而不仅仅是一个。

接下来的几个例子显示了如何综合使用贝叶斯准则和全概率公式，以及如何根据观察到的证据来更新确认程度。

例 2.3.7（随机抛硬币） 假设有一枚均匀的硬币和一枚以概率 3/4 正面朝上的不均匀硬币。随机选取一枚硬币掷 3 次。3 次都是正面朝上。给定该信息后，推断选取的硬币是均匀硬币的概率有多大？

解：

令 A 事件代表选取的硬币 3 次都是正面朝上，F 事件表示选取的硬币是均匀的。我们感兴趣的是 $P(F \mid A)$，但实际上更容易计算的是 $P(A \mid F)$ 和 $P(A \mid F^c)$，因为这有助于获知选取的是何种硬币；这也暗示此处可以使用贝叶斯准则和全概率公式，所以得到

$$
\begin{aligned}
P(F \mid A) &= \frac{P(A \mid F) P(F)}{P(A)} \\
&= \frac{P(A \mid F) P(F)}{P(A \mid F) P(F) + P(A \mid F^c) P(F^c)} \\
&= \frac{(1/2)^3 \cdot 1/2}{(1/2)^3 \cdot 1/2 + (3/4)^3 \cdot 1/2} \\
&\approx 0.23 。
\end{aligned}
$$

在掷硬币之前，选取硬币的概率被认为是等可能的，即 $P(F) = P(F^c) = 1/2$。当观察到 3 次正面朝上后，我们认为选取的硬币是不均匀的可能性更大，所以 $P(F \mid A)$ 只有 0.23。

⚠ 2.3.8（先验 vs 后验）。在上例第一步计算当中，认为"因为已知 A 已经发生了，所以 $P(A) = 1$"是不对的。正确的应该是 $P(A \mid A) = 1$，因为 $P(A)$ 是 A 的先验概率，$P(F)$ 是 F 的先验概率，两个都是在观察到任何新数据前的概率。这些不能与基于条件 A 的后验概率相混淆。

例 2.3.9（一种罕见疾病的检测）一位名叫 Fred 的患者正在检测是否患有一种叫作 conditionitis 的疾病。该疾病在人群中的发病率为 1%。检测结果显示为阳性，则说明检验结果认为 Fred 患有此病。令 D 为事件表示确认 Fred 有此病，T 为事件表示检测结果为阳性。

假设检测是"95% 准确的"；有很多种方法可以衡量检测的准确性，但在本题中假设"95% 准确的"意味着 $P(T \mid D) = 0.95$ 以及 $P(T^c \mid D^c) = 0.95$。$P(T \mid D)$ 也被叫作敏感度或真阳性率，$P(T^c \mid D^c)$ 被叫作特异性或真阴性率。

给定检测结果为阳性这一条件，求 Fred 确实患有该疾病的概率。

解：

运用贝叶斯准则和全概率公式，可以得到

$$
\begin{aligned}
P(D \mid T) &= \frac{P(T \mid D) P(D)}{P(T)} \\
&= \frac{P(T \mid D) P(D)}{P(T \mid D) P(D) + P(T \mid D^c) P(D^c)} \\
&= \frac{0.95 \cdot 0.01}{0.95 \cdot 0.01 + 0.05 \cdot 0.99} \\
&\approx 0.16 。
\end{aligned}
$$

因此，即使这种检测看上去可信度很高，但在给定检测结果是阳性的条件下，也只有 16% 的概率认为 Fred 确实患有该疾病。

包括医生在内的很多人都惊讶于这个结果，即使检测准确性高达 95%，在给定检测结果为阳性的情况下实际患有这种疾病的概率也仅为 16%（参见 Gigerenzer 和 Hoffrage [14]）。理解这个后验概率的关键点在于意识到这里有两个影响因素：检测结果和关于这种疾病的先验概率。虽然检测结果显示有这种疾病，但 conditionitis 毕竟是种罕见疾病！条件概率 $P(D \mid T)$ 反映的是对这两个影响因素的权衡，它恰当地衡量了疾病的罕见性与测试结

果错误的稀有性。

为进一步进行直观解释，如图 2.4 所示，考虑一个 10000 人组成的人群，其中有 100 人患有 conditionitis 疾病，另外的 9900 个人没有患病；这对应着 1% 的发病率。如果对每个人都检测，则有疾病的 100 个人中会有 95 个人的检测结果为阳性另外 5 个人的检测结果为阴性。9900 个健康人中会有 (0.95)(9900)≈9405 个人检测出阴性，另外 495 个人检测出阳性。

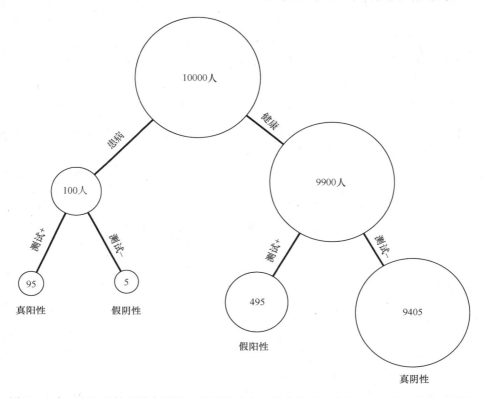

图 2.4　在 10000 人的人群中测试一种罕见疾病，疾病的发病率为 1%，真阳性和真阴性率均等于 95%。气泡大小与比例无关。

现在只关注那些检测结果为阳性的人；也就是说，我们以检测结果为条件。有 95 个人为真阳性，以及远远超出 95 的 495 个假阳性。所以大多数被检测出阳性的人其实并没有患病。　□

2.4　条件概率也是概率

当以事件 E 作为条件时，我们通过更新判断使得与该信息相一致，从而有效地置身于已知事件 E 已经发生的空间。在这个新空间下，概率法则和以前一样都是适用的。条件概率满足概率的所有特性！因此，如果用条件概率替换无条件概率，则前面所推导的所有有关概率的结果在以 E 为条件的条件概率中同样适用。特别地，有

- 条件概率在 0 和 1 之间。
- $P(S\mid E)=1,P(\varnothing\mid E)=0$。

概率论导论（翻译版）

- 如果 A_1，A_2，… 互不相交，则有 $P(\cup_{j=1}^{\infty}A_j \mid E) = \sum_{j=1}^{\infty}P(A_j \mid E)$。
- $P(A^c \mid E) = 1 - P(A \mid E)$。
- 容斥性：$P(A \cup B \mid E) = P(A \mid E) + P(B \mid E) - P(A \cap B \mid E)$。

注 2.4.1 当我们写下 $P(A \mid E)$ 时，并不意味着 $A \mid E$ 表示一个事件，也不说明此时要计算这个事件的概率；$A \mid E$ 不表示事件。更确切地说，$P(\cdot \mid E)$ 是一个概率函数，它基于 E 已经发生这一事实为事件分配概率，而 $P(\cdot)$ 是另一个函数，它在不知道事件 E 是否发生的情况下为事件分配概率。当一个事件 A 被放入函数 $P(\cdot)$ 中时，会得到一个数 $P(A)$；当它被放入函数 $P(\cdot \mid E)$ 时，会得到另一个数 $P(A \mid E)$，这个数包含着事件 E 已发生的信息。

为了从数学上证明条件概率也是概率，确定一个正概率事件 E，满足 $P(E) > 0$，然后对任意事件 A，定义 $\tilde{P}(A) = P(A \mid E)$。这个符号有助于强调将 $P(\cdot \mid E)$ 看作一个新的概率函数的事实。此时只需要检验概率的两个公理是否成立。首先，

$$\tilde{P}(\varnothing) = P(\varnothing \mid E) = \frac{P(\varnothing \cap E)}{P(E)} = 0, \tilde{P}(S) = P(S \mid E) = \frac{P(S \cap E)}{P(E)} = 1。$$

其次，如果 $A_1, A_2, \cdots$ 两两不相交，则有

$$\tilde{P}(A_1 \cup A_2 \cup \cdots) = \frac{P((A_1 \cap E) \cup (A_2 \cap E) \cup \cdots)}{P(E)}$$

$$= \frac{\sum_{j=1}^{\infty}P(A_j \cap E)}{P(E)} = \sum_{j=1}^{\infty}\tilde{P}(A_j \mid E),$$

所以 $\tilde{P}$ 满足概率的两条公理。

相反地，所有概率都可以看作是条件概率：当陈述一个概率时，即使没有明确说明，也总有一些条件化的背景信息。考虑本章开头提到过的下雨的例子。很自然地会将今天下雨的概率建立在过去下雨天数的比例上。但是要看过去几天的呢？如果今天是 11 月 1 日，可以只数秋天的下雨天数，也就是基于季节来看吗？还是基于某个月或者某一天？同样也需要确定地点：是只关注在确切位置上是否下雨，还是只要是附近某个地方下雨也算在内？为了确定一个看似无条件的概率 $P(R)$，实际上需要确定作为条件的背景信息！对这些选择需要进行仔细地思考且不同的人会有不同的先验概率 $P(R)$（虽然每个人对基于新证据如何更新概率的意见是统一的）。

因为所有的概率都是有背景信息的，因此可以设想概率一直都有一条竖直的条件线，竖线右侧是背景信息 K。这时无条件概率 $P(A)$ 只是 $P(A \mid K)$ 的简写；背景信息此时被字母 P 隐藏而没有被明确写出来。

总而言之就是：

条件概率也是概率，并且所有的概率都是有条件的。

现在写出有条件形式的贝叶斯准则和全概率公式。通过对贝叶斯准则和全概率公式中的每一处概率在竖线的右端加上 E 就可以得到。

定理 2.4.2（有额外条件的贝叶斯准则） 设 $P(A \cap E) > 0$ 且 $P(B \cap E) > 0$，则有

$$P(A \mid B, E) = \frac{P(B \mid A, E)P(A \mid E)}{P(B \mid E)}。$$

定理 2.4.3（有额外条件的全概率公式） 令 $A_1, \cdots, A_n$ 为 S 的一个划分。设对于所有的 i 满足 $P(A_i \cap E) > 0$，则

$$P(B \mid E) = \sum_{i=1}^{n} P(B \mid A_i, E) P(A_i \mid E)。$$

有额外条件形式的贝叶斯准则和全概率公式的证明过程与证明 $\tilde{P}$ 满足概率的两条公理的过程相似，它同样也可以直接由"条件概率也是概率"这一结论得出。

例 2.4.4（随机硬币续） 继续例 2.3.7 所述的问题，假设我们现在已经看见选取的硬币抛掷三次均正面朝上，那么接下去掷第四次时，仍是正面朝上的概率是多少？

解：

设 A 事件表示选取的硬币三次都是正面朝上，定义一个新的事件 H 代表第四次掷硬币结果为正面。本题感兴趣的是 $P(H \mid A)$。知道选取的硬币是否均匀可以简化计算过程。由带有额外条件的全概率公式可知 $P(H \mid A)$ 等于 $P(H \mid F, A)$ 与 $P(H \mid F^c, A)$ 的加权和，这两个概率因为给定了硬币的信息所以容易求：

$$P(H \mid A) = P(H \mid F, A) P(F \mid A) + P(H \mid F^c, A) P(F^c \mid A)$$

$$= \frac{1}{2} \cdot 0.23 + \frac{3}{4} \cdot (1 - 0.23)$$

$$\approx 0.69。$$

其中，后验概率 $P(F \mid A)$ 和 $P(F^c \mid A)$ 由例 2.3.7 的解可以得到。

解决这个问题的另一种方法是定义一个新的概率 $\tilde{P}$，对任意的事件 B，$\tilde{P}(B) = P(B \mid A)$。这个新函数在给定 A 发生的条件下分配更新的概率。由全概率公式可得

$$\tilde{P}(H) = \tilde{P}(H \mid F) \tilde{P}(F) + \tilde{P}(H \mid F^c) \tilde{P}(F^c)，$$

它与使用带有额外条件的全概率公式是一样的。这又一次证明了条件概率也是概率的原则。

□

我们经常希望可以有不止一个条件，而现在有很多种方法来实现。例如，下面是一些求解 $P(A \mid B, C)$ 的方法

1. 将这里的"B, C"看作是一个事件 $B \cap C$，然后应用条件概率的定义可得

$$P(A \mid B, C) = \frac{P(A, B, C)}{P(B, C)}。$$

如果最容易想到的是将 B 和 C 放在一起，则上述将是一个很自然的方法。然后再尝试对分子和分母进行评估。例如，对分子和分母均使用全概率公式，或者将分子写作 $P(B, C \mid A) P(A)$（这将提供一种贝叶斯准则的版本）再使用全概率公式计算分母。

2. 运用带有额外条件 C 的贝叶斯准则可以得到

$$P(A \mid B, C) = \frac{P(B \mid A, C) P(A \mid C)}{P(B \mid C)}。$$

如果把所有问题都看作基于条件 C，那么这就是一个很自然的结果。

3. 应用带有额外条件 B 的贝叶斯准则可以得到

$$P(A \mid B, C) = \frac{P(C \mid A, B) P(A \mid B)}{P(C \mid B)}。$$

该方法与上一个相同，只是 B 和 C 的角色换了。本书将它们分开介绍旨在强调在应用公式

前必须仔细考虑什么事件扮演什么角色。

有很多种方法可以处理这类问题，这也说明条件概率是很有挑战性且非常强大的。

2.5　事件的独立性

到目前为止，我们已经介绍了很多以某事件作为条件从而改变了对另一事件概率判断的例子。当事件彼此之间不提供任何信息时，称之为相互独立。

定义 2.5.1（两个事件相互独立）　称事件 A 和事件 B 是独立的，如果

$$P(A \cap B) = P(A)P(B)$$

若 $P(A) > 0$ 且 $P(B) > 0$，就等价于

$$P(A \mid B) = P(A)$$

同理，也等价于 $P(B \mid A) = P(B)$。

总之，如果可以通过两个单独事件的概率乘积得到它们的交的概率，则这两个事件是相互独立的。换句话说，如果给定事件 B 发生不会改变事件 A 发生的概率（反之亦然），则事件 A 和 B 是独立的。

注意到独立是一种对称关系：如果事件 A 独立于 B，则事件 B 也独立于 A。

⚠ 2.5.2　独立与不相交是完全不同的概念，如果 A 和 B 不相交，则 $P(A \cap B) = 0$，所以只有在 $P(A) = 0$ 或 $P(B) = 0$ 时，不相交的事件才会独立。知道 A 发生就可以推导出 B 肯定不发生，所以 A 明显是包含 B 发生这一信息的，这就意味着两个事件肯定是不独立的（除非 A 或 B 是零概率事件）。

直观上讲，如果 A 不提供 B 发生或不发生的任何信息，那么可以合理地推出 A 也不包含 B^c 发生或不发生的任何信息。下面我们证明一个可以简化问题的结论。

命题 2.5.3　如果 A 和 B 是相互独立的，则有 A 和 B^c 相互独立，A^c 和 B 相互独立，A^c 和 B^c 相互独立。

证明：设 A 和 B 相互独立，那么

$$P(B^c \mid A) = 1 - P(B \mid A) = 1 - P(B) = P(B^c),$$

所以 A 和 B^c 相互独立。将 A 和 B 的角色转换，就得到了 A^c 和 B 相互独立。利用"如果 A 和 B 是相互独立的，则 A 和 B^c 相互独立"这一结论，将其中的 A 替换为 A^c，就得到 A^c 和 B^c 相互独立的结论。

我们通常还需要讨论三个或更多事件的独立性问题。

定义 2.5.4（三事件独立性）　如果下面的等式都成立，则称事件 A、B 和 C 是独立的：

$$P(A \cap B) = P(A)P(B),$$
$$P(A \cap C) = P(A)P(C),$$
$$P(B \cap C) = P(B)P(C),$$
$$P(A \cap B \cap C) = P(A)P(B)P(C)。$$

如果前三个条件满足，则称 A、B 和 C 是两两独立的，但两两独立并不意味着独立：有可能只通过事件 A 或只通过事件 B 不能对 C 发生提供任何信息，但是如果 A 和 B 同时发生，这个信息可能会与 C 发生与否高度相关。这里有一个简单的例子。

例 2.5.5（两两独立并不意味着独立）　考虑两枚均匀的硬币，相互独立投掷，设事件 A

代表第一枚硬币正面朝上，事件 B 代表第二枚硬币正面朝上，事件 C 表示两枚硬币结果相同。这时 A、B 和 C 是两两独立的但不是独立的，因为 $P(A \cap B \cap C) = 1/4$，而 $P(A)P(B)P(C) = 1/8$。关键点就在于只知道事件 A 发生或只知道事件 B 发生不能提供任何关于事件 C 的信息，但是知道 A 和 B 都发生就可以提供给我们有关事件 C 的信息（事实上，在这种情况下它给出了 C 发生的完全信息）。 □

另一方面，$P(A \cap B \cap C) = P(A)P(B)P(C)$ 也不能说明就是两两独立；比如一个极端的例子假设 $P(A) = 0$，这时候等式就变成了 $0 = 0$，无论 B 和 C 是否独立都成立。

类似地，可以定义任意数量的事件间的独立性。直观上讲，就是在知道任意事件的子集发生的情况下，无法提供关于不在该子集中的事件的任何信息。

定义 2.5.6（多事件的独立性） 对于 n 个事件 $A_1, A_2, \cdots, A_n$ 的独立性，要求任意两个事件满足 $P(A_i \cap A_j) = P(A_i)P(A_j)$ $(i \neq j)$，任意三个事件满足 $P(A_i \cap A_j \cap A_k) = P(A_i)P(A_j)P(A_k)$（$i$、$j$、$k$ 两两不同），类似地，对所有四元组合、五元组合等也满足。这很快就会变得烦琐，之后将讨论考虑独立性的其他方法。对于不可数事件，称它们是独立的如果任意可数子集中的事件是独立的。

条件独立也用类似的方法定义。

定义 2.5.7（条件独立） 事件 A 和 B 称作是关于 E 条件独立的，如果
$$P(A \cap B \mid E) = P(A \mid E)P(B \mid E)。$$

☝ **2.5.8** 如果将独立和有条件的独立混淆，很容易造成糟糕的错误。两个事件可以在给定事件 E 的条件下是条件独立的，但它们不是独立的。两个事件可以是独立但却不是关于 E 条件独立的。两个事件可以关于 E 条件独立但关于 E^c 不存在条件独立。下面介绍一些说明的例子。在研究条件概率和条件独立时需要特别小心。

例 2.5.9（条件独立不意味着独立） 再一次回到例 2.3.7 中的问题，假设我们抽中的是一枚均匀的硬币或一枚正面朝上的概率为 3/4 的不均匀硬币，但不知道抽到的是哪一枚。多次投掷硬币。如果给定选取的硬币是均匀的这一条件，则硬币的投掷是独立的，则每次正面朝上的概率为 1/2。类似地，给定选取的硬币是不均匀的，则每次投掷相互独立，每次正面朝上的概率为 3/4。

然而，硬币投掷却不是无条件独立的，因为如果不知道选择的是哪一枚硬币，那么观察到投掷结果的序列会提供硬币均匀与否的信息，这将有助于预测下一次同一枚硬币投掷的结果。

令事件 F 为表示选取的硬币是均匀的，令 A_1 和 A_2 事件分别表示第一次和第二次投掷硬币正面朝上。给定 F 为条件，A_1 和 A_2 是相互独立的，但是 A_1 和 A_2 并不是无条件独立的，因为 A_1 会提供关于 A_2 的信息。 □

例 2.5.10（独立并不意味着条件独立） 假设只有我的朋友 Alice 和 Bob 给我打过电话。每天他俩都会相互独立地决定是否给我打电话：令 A 事件表示 Alice 给我打电话，令 B 事件表示 Bob 给我打电话，则 A 和 B 是无条件独立的。但假设我现在听到了一声电话铃响。基于这个事实，A 和 B 就不再独立了：如果这个电话不是 Alice 打的，那就肯定是 Bob 打的。换句话说，令 R 事件表示听到电话响，则有 $P(B \mid R) < 1 = P(B \mid A^c, R)$，所以 B 和 A^c 在给定 R 时不是条件独立的，对于 A 和 B 也是如此。 □

例 2.5.11（给定 E 条件独立 vs 给定 E^c 条件独立） 假设有两种课程：好的课程和坏的课程。在好的课上，如果你努力，就很有可能得到 A。在坏的课上，教授随机分配给学生分

数，而不管他们是否努力。令 G 事件表示这个课程是好的，W 事件表示你学习努力，A 事件表示你的得分为 A。这时，给定 G^c，A 和 W 是条件独立的，但给定 G，A 和 W 却不是条件独立的！　　　　　　　　　　　　　　　　　　□

2.6　贝叶斯准则的一致性

一个关于贝叶斯准则的重要性质是它是一致的：如果接收到多个信息并希望纳入所有的信息去更新之前的概率，不管按顺序更新，即一次接受一个信息，还是同时一次性将所有信息纳入，结果都是相同的。例如，假设正在进行一个为期一周的试验，在每天结束时生成数据。我们可以每天基于当天的数据利用贝叶斯准则更新之前的概率。或者也可以出去度假一周，然后周五下午回来，基于一周的数据进行更新。两种更新方法结果相同。

接下来介绍该原理的一个具体应用。

例 2.6.1（检测一种罕见疾病，续）　在例 2.3.9 中检测结果为阳性的 Fred，决定进行第二次检测。新的检测结果与之前的结果相互独立，且有相同的敏感性和特异性。不幸的是，第二次检测结果也为阳性。求 Fred 基于这些证据确认患有此病的概率，用两种方法：一种是同时考虑两个检测结果，另一种是先根据第一次检测结果更新概率，然后再根据第二次结果再次更新概率。

解：

令 D 事件表示他确实患有此病，T_1 为事件表示第一次检测结果为阳性，T_2 为事件表示第二次检测结果为阳性。例 2.3.9 中运用了贝叶斯准则和全概率公式求 $P(D \mid T_1)$。另一种更快速的方法是通过贝叶斯准则的几率形式，

$$\frac{P(D \mid T_1)}{P(D^c \mid T_1)} = \frac{P(D)}{P(D^c)} \frac{P(T_1 \mid D)}{P(T_1 \mid D^c)} = \frac{1}{99} \cdot \frac{0.95}{0.05} \approx 0.19。$$

因为 $P(D \mid T_1)/(1 - P(D \mid T_1)) = 0.19$，所以 $P(D \mid T_1) = 0.19/(1 + 0.19) \approx 0.16$，和例 2.3.9 中得到的结果一致。用几率形式的贝叶斯准则计算更迅速的原因是，此时不需要计算普通贝叶斯准则的分母，即无条件概率 $P(T_1)$。现在，依旧用贝叶斯准则的几率形式，看看如果第二次检测结果也为阳性会怎么样？

一步法（One-step method）：将两个检测结果一次性都考虑在内以进行概率更新，得到

$$\frac{P(D \mid T_1 \cap T_2)}{P(D^c \mid T_1 \cap T_2)} = \frac{P(D)}{P(D^c)} \frac{P(T_1 \cap T_2 \mid D)}{P(T_1 \cap T_2 \mid D^c)}$$

$$= \frac{1}{99} \cdot \frac{0.95^2}{0.05^2} = \frac{361}{99} \approx 3.646。$$

对应着 0.78 的概率。

两步法（Two-step method）：在完成第一次检测后，由上面结果可知 Fred 患有此病的后验几率为

$$\frac{P(D \mid T_1)}{P(D^c \mid T_1)} = \frac{1}{99} \cdot \frac{0.95}{0.05} \approx 0.19$$

这些后验几率成为新的先验几率，然后基于第二次检测结果将概率更新为

$$\frac{P(D\mid T_1\cap T_2)}{P(D^c\mid T_1\cap T_2)}=\frac{P(D\mid T_1)}{P(D^c\mid T_1)}\frac{P(T_2\mid D,T_1)}{P(T_2\mid D^c,T_1)}$$

$$=\left(\frac{1}{99}\cdot\frac{0.95}{0.05}\right)\frac{0.95}{0.05}=\frac{361}{99}\approx3.646,$$

这和一步法的结果一样。

由 $P(D\mid T_1\cap T_2)/(1-P(D\mid T_1\cap T_2))=3.646$ 求得 $P(D\mid T_1\cap T_2)=3.646/(1+3.646)\approx$ 0.78。

注意有了第二次检测结果后，使得 Fred 患有此病的概率一下子从 0.16 跃升到了 0.78，于是更加确定 Fred 确实是患有此病的。该示例说明了不要因为一次的结果就做结论，要参考多次的结果。 □

2.7 条件概率作为解决问题的工具

条件概率是解决问题的一种强有力的工具，因为它使得我们可以按照认定的条件进行思考：在遇到一个问题时，可能知道事件 E 是否发生会更容易进行求解，这样就能先以 E 为条件，再以 E^c 为条件，分别考虑概率，再用全概率公式求和。

2.7.1 策略：基于想知道的条件

例 2.7.1 （蒙提·霍尔问题） 假设在蒙提·霍尔（Monty Hall） 主持的一档电视节目 "Let's Make a Deal" 中，一位选手从三扇最近的门中选一扇，其中有两扇门后面是一只山羊，一扇门后面是一辆车（见下图）。Monty 知道车在哪扇门后，然后打开剩下两扇门中的一扇。他打开的门后面永远是山羊（他从不暴露车的位置！）。如果剩下的两扇门 Monty 都可以选的话，他会等可能地随机选取一扇门。然后 Monty 会让选手选择，是换另一扇没打开的门还是不换。如果选手的目标是得到车，她应该换吗？

解：

先将三扇门从 1 到 3 编号。不失一般性，可以假设选手选择的是 1 号门（如果她没有选 1 号门，此时可以重新编号，然后再利用新的排列解答）。Monty 打开一扇门，出现了一只羊。当选手决定要不要换另一扇还没开的门时，她希望可以知道的是什么？当然，如果她知道车在哪里这问题就简单多了。这暗示了我们可以将车的位置作为条件。令 C_i 为事件表示车在第 i 个门后，这里 $i=1,2,3$。由全概率公式

$$P(\text{得到车})=P(\text{得到车}\mid C_1)\cdot\frac{1}{3}+P(\text{得到车}\mid C_2)\cdot\frac{1}{3}+P(\text{得到车}\mid C_3)\cdot\frac{1}{3}。$$

假设选手选择换门。如果车在 1 号门后，则换门就输了，所以 $P(\text{得到车}\mid C_1)=0$。如

果车在 2 号门或 3 号门后，因为 Monty 肯定选的是山羊，所以最后剩下的那扇没有被打开的门后肯定是车，这时换门就能得到车。所以有

$$P(得到车) = 0 \cdot \frac{1}{3} + 1 \cdot \frac{1}{3} + 1 \cdot \frac{1}{3} = \frac{2}{3},$$

因此换门的话会有 2/3 的可能赢，所以应该换。

图 2.5 给出了上述讨论的树状图：只要车在 2 号门或 3 号门后，换门就会赢，所以概率为 2/3。同时也可以从频率角度直观地给出支持换门的论点：假设这个游戏进行 1000 次。通常情况下，有大约 333 次会选到有车的门，这时换门就会导致失败，但剩下的大约 667 次换门都会得到车。

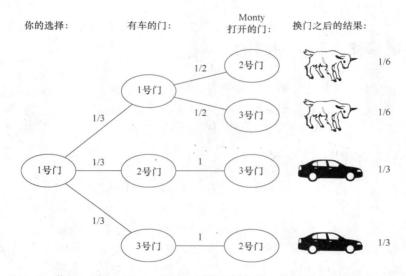

图 2.5　蒙提·霍尔（Monty Hall）问题的树状图，换门赢车的概率为 2/3。

存在一个奇怪的地方，当选手选择换门时，她已经知道了 Monty 打开的是哪扇门。所以赢得车的无条件概率为 2/3（当选择换门策略时），但是给定 Monty 开门的信息，赢得车的条件概率也是 2/3。

令 M_j 为事件代表 Monty 打开的第 $j(j=2,3)$ 号门，那么

$$P(得到车) = P(得到车 \mid M_2)P(M_2) + P(得到车 \mid M_3)P(M_3)。$$

由对称性得 $P(M_2) = P(M_3) = 1/2$ 且 $P(得到车 \mid M_2) = P(得到车 \mid M_3)$。这里的对称性是指问题的陈述中没有表现出 2 号门和 3 号门的任何不同；相反地，练习题 39 中讨论了 Monty 相比于 3 号门更喜欢打开 2 号门的情况。

令 $x = P(得到车 \mid M_2) = P(得到车 \mid M_3)$，把已知的信息代入，得到

$$\frac{2}{3} = P(得到车) = \frac{x}{2} + \frac{x}{2} = x$$

正如之前所料。

给定条件，贝叶斯准则也适用于计算使用换门策略时成功的条件概率。假设 Monty 打开了 2 号门。通过前面的结论可知，

$$P(C_1 \mid M_2) = \frac{P(M_2 \mid C_1)P(C_1)}{P(M_2)} = \frac{(1/2)(1/3)}{1/2} = \frac{1}{3}。$$

所以给定 Monty 打开 2 号门这一条件，选手一开始的选择是正确的概率为 1/3，也就意味着换门会赢得车的概率为 2/3。

许多人刚开始接触这个问题时都觉得换门并没有什么帮助，"还剩两扇门，其中一个有车，所以可能性是 50 比 50。"在介绍完最后一章之后，可以发现出现这一问题是因为错误地使用朴素概率的定义。然而，朴素定义即使在不恰当的时候也会对人的直觉起到强大的作用。当玛利莲·莎凡（Marilyn vos Savant）关于蒙提·霍尔问题在《美国大观》（Parade）杂志上的专栏里提出了正确的解决方法后，她收到了成千上万读者（甚至数学家）的来信坚称她是错的。

为构建正确的直觉，现在考虑一个极端的例子。假设一共有 100 万扇门，其中 999999 扇门后都是羊，只有 1 扇门后是车。在选手第一次选择完后，Monty 打开了 999998 扇后面都是羊的门，让选手选择是否换成另一扇还没开的门。在这个极端的问题中，很明显两扇没开的门的概率不是 50 比 50；少部分人还是会固执地坚持他们原来的想法。三扇门的情况也一样。

就像前面在例 2.2.6 中关于如何遇到随机女孩的假设一样，这里换门会有 2/3 的胜率也是基于有关 Monty 如何选择开门的假设。在练习题中，我们讨论了很多 Monty 问题的变化和推广，其中一些会改变换门策略的可取性。　　　　　　　　　　　　　　　□

2.7.2 策略：考虑第一步

在有递归结构的问题中，基于第一步的条件概率可以简化问题。下面两个例子就应用了这一策略，我们叫作一步分析（first- step analysis）。

例 2.7.2（分支过程）　池塘里只有一只变形虫叫作 Bobo。1min 后，Bobo 有三种结果：死去、分裂成两个或保持原状，三种结果出现的概率相同，而且此后所有活着的 Bobo 都将继续以这种方式相互独立地进行下去（见下图）。那么这个变形虫种族最终灭亡的概率是多少？

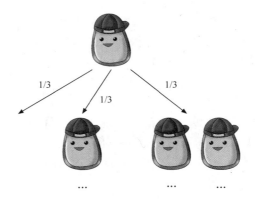

解：

令 D 为事件表示最终种族灭绝；本题希望求出 $P(D)$。我们在第一步结果的基础上进行调整：令 $B_i(i=0,1,2)$ 为事件表示在 1min 后由 Bobo 变成的变形虫个数，已知 $P(D \mid B_0) = 1$ 和 $P(D \mid B_1) = P(D)$（如果 Bobo 保持不变，则又回到了最初的起点）。如果 Bobo 分裂成两个，此时关于原始问题就只存在两个独立的复制。如果这两个后代都灭绝，则有 $P(D \mid B_2) = $

$P(D)^2$。现在我们已经考虑了问题所有的可能，可以利用全概率公式将它们结合起来，即

$$P(D) = P(D \mid B_0) \cdot \frac{1}{3} + P(D \mid B_1) \cdot \frac{1}{3} + P(D \mid B_2) \cdot \frac{1}{3}$$

$$= 1 \cdot \frac{1}{3} + P(D) \cdot \frac{1}{3} + P(D)^2 \cdot \frac{1}{3}。$$

上式解得 $P(D) = 1$，所以这个变形虫种族最终会以概率 1 灭绝。

一步分析策略在这里是适用的，因为这个问题在本质上是自相似的：当 Bobo 保持不变或是分裂成两个时，都只是原始问题的另一个或另两个复制而已。基于第一步我们得出了 $P(D)$ 关于自身的表达式。

例 2.7.3（赌徒输光问题） 有两个赌徒 A 和 B，进行一系列一美元的赌注，赌徒 A 赢的概率为 p，赌徒 B 赢的概率为 $q = 1 - p$。赌徒 A 初始资金为 i 美元，赌徒 B 的初始资金为 $N - i$ 美元；所以两个人的资金总和不变因为每一次 A 输一美元，B 就赢一美元，反之亦然。

可以将这个游戏看作是 0 至 N 之间整数的随机游走（random walk），设想一个人开始时站在位置 i，向右走一步的概率是 p，向左走一步的概率是 $q = 1 - p$。A 或者 B 破产则游戏结束，即当随机游走到了 0 或 N 的位置，游戏就结束（见下图）。那么 A 赢得比赛的概率是多少（带走所有的钱）？

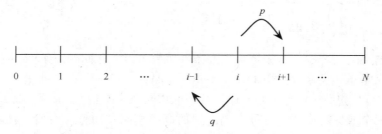

解：可以看出该问题就像 Bobo 的繁殖过程一样，存在一个递归的结构：在第一步以后，又变成了一模一样的问题，除了 A 的资金现在变为了 $i + 1$ 或 $i - 1$。令 p_i 表示 A 初始资金为 i 时最终赢得比赛的概率。这里将用到一步分析法求解 p_i。令 W 为事件表示 A 最终赢得比赛。由全概率公式，基于第一步的结果可以得到

$$p_i = P(W \mid \text{A 的初始资本为 } i, \text{第 1 轮赢}) \cdot p + P(W \mid \text{A 的初始资本为 } i, \text{第 1 轮输}) \cdot q$$

$$= P(W \mid \text{A 的初始资本为 } i+1) \cdot p + P(W \mid \text{A 的初始资本为 } i-1) \cdot q$$

$$= p_{i+1} \cdot p + p_{i-1} \cdot q,$$

上式对于取遍 1 到 $N - 1$ 的所有 i 都成立，同时又满足边界条件 $p_0 = 0$ 和 $p_N = 1$。现在为了求出 p_i 需求解这个差分方程。附录 A.4 讨论了如何求解差分方程，所以这里省略一些过程。

差分方程的特征多项式为 $px^2 - x + q = 0$，这个多项式有两个根，即 1 和 q/p。如果 $p \neq 1/2$，则有两个各不相同的根，此时通解为

$$p_i = a \cdot 1^i + b \cdot \left(\frac{q}{p} \right)^i。$$

利用边界条件 $p_0 = 0$ 和 $p_N = 1$ 可以得到

$$a = -b = \frac{1}{1 - \left(\dfrac{q}{p} \right)^N},$$

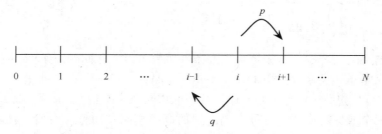

然后将其代入上式得到特殊解。如果 $p=1/2$，则特征多项式的两个根相同，这时通解为

$$p_i = a \cdot 1^i + b \cdot i \cdot 1^i \, .$$

边界条件给出了 $a=0$ 和 $b=1/N$。

综上所述，A 以初始资本 i 赢得游戏的概率为

$$p_i = \begin{cases} \dfrac{1-\left(\dfrac{q}{p}\right)^i}{1-\left(\dfrac{q}{p}\right)^N}, & p \neq =1/2, \\[4mm] \dfrac{i}{N}, & p=1/2 \, . \end{cases}$$

注意到

$$\lim_{p \to \frac{1}{2}} \frac{1-\left(\dfrac{q}{p}\right)^i}{1-\left(\dfrac{q}{p}\right)^N} = \frac{i}{N},$$

所以 $p=1/2$ 的情况和 $p \neq 1/2$ 的情况其实是一致的。

令 $x=q/p$ 且 x 趋于 1，由洛必达（L'Hôpital）法则可得

$$\lim_{x \to 1} \frac{1-x^i}{1-x^N} = \lim_{x \to 1} \frac{ix^{i-1}}{Nx^{N-1}} = \frac{i}{N} \, .$$

由对称性可知，B 以初始资金 $N-i$ 赢得游戏的概率可以通过转换 p 和 q，以及 i 和 $N-i$ 的作用得到。可以证明对所有的 i 和所有 p，有 $P(A \text{赢}) + P(B \text{赢}) = 1$，所以游戏必定会结束：永不结束地波动出现的概率为 0。

2.8 陷阱与悖论

接下来的两个例子是在法律背景下出现的条件性思维谬误。检察官的错误是混淆了 $P(A \mid B)$ 和 $P(B \mid A)$；辩护律师的错误则在于没有将所有的证据作为条件。

例 2.8.1（控方证人的错误） 1998 年，Sally Clark 由于她的两个孩子在出生不久便死亡，因而被指控谋杀幼童。在审讯期间，控方的一个专家证人证实新生儿死于婴儿猝死综合征（Sudden Infant Death Syndrome，SIDS）的概率为 1/8500，所以两个新生儿由于婴儿猝死综合征（SIDS）死亡的概率为 $(1/8500)^2$，大约为 7300 万分之一。因此，他认为 Clark 清白的概率仅为 7300 万分之一。

这个推理过程至少有两个问题。首先，专家证人求出"第一个孩子死于 SIDS"的概率，然后"第二个孩子也死于 SIDS"的概率直接是两个事件概率相乘；我们知道，只有当一个家庭内部成员之间死于 SIDS 是相互独立时才能这么做。如果遗传因素或其他家庭特有的风险因素导致某些家庭内的所有新生儿面临 SIDS 的风险增加，这种独立性就不再成立了。

其次，这个所谓的专家将两个不同的条件概率混淆了：

$P(\text{清白} \mid \text{证据})$ 和 $P(\text{证据} \mid \text{清白})$ 是不一样的。专家声称：如果在被告人是清白的情况下，两个孩子死亡的概率很低；那就是说 $P(\text{证据} \mid \text{清白})$ 非常小。但人们感兴趣的是，给定现在所有的证据（孩子均死）条件下，报告人仍清白的概率，即 $P(\text{清白} \mid \text{证据})$。由贝叶斯准则可知，

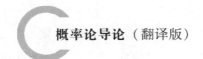

$$P(\text{清白}\,|\,\text{证据})\frac{P(\text{证据}\,|\,\text{清白})P(\text{清白})}{P(\text{证据})},$$

所以为了计算 $P(\text{清白}\,|\,\text{证据})$，这里需要考虑 $P(\text{清白})$，也就是被告清白的先验概率。这个概率是很高的：虽然 SIDS 造成两个婴儿死亡是很罕见的，但是蓄意杀害两个婴儿的情况也很少见！基于现有证据的后验概率是对很低的 $P(\text{证据}\,|\,\text{清白})$ 和很高的 $P(\text{清白})$ 的一个平衡。专家的结果 $(1/8500)^2$ 是有问题的，它只是整个计算式中的一部分。

遗憾的是，Clark 被判处谋杀罪并被送进监狱关押了三年直到翻案，其中一部分原因是专家的错误证词。人们对 Clark 案中滥用条件概率的强烈抗议导致重新审查了数百起控方使用类似错误概率的案件。

例 2.8.2（辩护律师的错误） 一个女人被谋杀了，她的丈夫因有谋杀嫌疑而被审问。证据显示被告人有家暴史。辩护律师认为，家暴的证据应该由于与罪行不相干而排除在外，因为在 10000 个虐待妻子的男子中只有一个后来会谋杀妻子。法官是否应该接受辩护律师的提议，将这项证据排除在外？

假设辩护律师的 1/10000 是准确的，进一步假设以下事实：10 个男子中有 1 人会对他们的妻子施暴，5 个被谋杀的已婚妇女中有 1 个是被丈夫杀害的，杀害妻子的丈夫中有 50% 以前都曾对妻子施实过家暴。

令 A 事件表示丈夫对妻子施暴，令 G 事件表示丈夫有罪，则辩护律师的论点为 $P(G\,|\,A)=1/10000$，因此即使基于以前有家暴史，丈夫有罪的概率也非常低。

然而，辩护律师没有以一个关键事实为条件：在这个案子中，我们已知妻子被谋杀了。因此，相关的概率不是 $P(G\,|\,A)$，而是 $P(G\,|\,A,M)$，其中 M 为事件表示妻子被谋杀。

由给定额外条件的贝叶斯准则，可得

$$P(G\,|\,A,M)=\frac{P(A\,|\,G,M)P(G\,|\,M)}{P(A\,|\,G,M)P(G\,|\,M)+P(A\,|\,G^c,M)P(G^c\,|\,M)}$$

$$=\frac{0.5\cdot0.2}{0.5\cdot0.2+0.1\cdot0.8}$$

$$=\frac{5}{9}。$$

家暴的证据将有罪的概率从 20% 提高到了 50% 以上，所以被告人有家暴历史给出了关于他有罪的概率的关键信息，反驳了辩护律师的论点。

注意到上述计算，根本没有用到辩护律师的 $P(G\,|\,A)$；它与我们的计算无关，因为其并没有考虑妻子被谋杀的事实。我们必须基于所有证据进行计算。

接下来以一个条件概率和数据聚合的悖论结束本章。

例 2.8.3（辛普森（Simpson）悖论） 有两个医生，Hibbert 和 Nick，每个人都能执行两种手术：心脏手术和创可贴移除手术。每个手术要么成功，要么失败。两个医生执行 100 次手术的相应记录见下表。

	心脏手术	创可贴移除			心脏手术	创可贴移除
成功	70	10		成功	2	81
失败	20	0		失败	8	9
	Hibbert 医生				Nick 医生	

Hibbert 医生在心脏手术方面比 Nick 医生的成功率高：70/90 ≈ 78% 的成功率对 2/10 = 20% 的成功率。Hibbert 医生在创可贴移除手术方面也比 Nick 医生的成功率高：10/10 = 100% 的成功率对 81/90 = 90% 的成功率。但是如果将两种手术的数据合并，Hibbert 医生的 100 次手术中有 80 次成功，但是 Nick 医生的 100 次手术中有 83 次成功：Nick 医生的手术成功率比 Hibbert 医生的还要高！如图 2.6 所示。

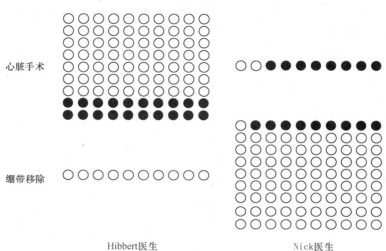

图 2.6　一个辛普森（Simpson）悖论的例子。白点代表成功的手术，黑点代表失败的手术。Hibbert 医生在两种类型手术中的成功率都较高，但是所有手术整体的成功率却较低，因为他执行高难度手术的次数比 Nick 医生多。

事实上，据推测，因为 Hibbert 医生是高级医师，所以会执行更多的心脏手术，这本质上比创可贴移除手术风险高很多。整体手术成功率比较低并不是由于在任何类型的手术中技术欠佳，而是他大部分手术风险比较高。

下面使用符号来详细进行解释。对于事件 A、B 和 C，我们说出现了辛普森悖论，如果有

$$P(A \mid B, C) < P(A \mid B^c, C),$$
$$P(A \mid B, C^c) < P(A \mid B^c, C^c),$$

但是
$$P(A \mid B) > P(A \mid B^c)。$$

在本例中，令事件 A 表示手术成功，事件 B 为 Nick 医生执行手术，事件 C 为手术是心脏手术。这时候辛普森悖论的条件全部满足，因为无论给定哪个手术，Nick 医生的手术成功率都低于 Hibbert 医生，但是 Nick 医生所有手术的总体成功率却较高。

全概率公式从数学角度解释了这一现象，即
$$P(A \mid B) = P(A \mid C, B)P(C \mid B) + P(A \mid C^c, B)P(C^c \mid B),$$
$$P(A \mid B^c) = P(A \mid C, B^c)P(C \mid B^c) + P(A \mid C^c, B^c)P(C^c \mid B^c),$$

虽然已知
$$P(A \mid C, B) < P(A \mid C, B^c)$$

和
$$P(A \mid C^c, B) < P(A \mid C^c, B^c),$$

权重 $P(C \mid B)$ 和 $P(C^c \mid B)$ 会改变总体的结果。在我们看来

$$P(C^c \mid B) > P(C^c \mid B^c)。$$

由于 Nick 医生更可能执行创可贴移除手术，而这个差别足够大，使得 $P(A \mid B)$ 大于 $P(A \mid B^c)$。

将不同类型的手术数据合并会造成对医生能力的误读，这是因为没有考虑不同医生倾向于执行的手术类型也不同。当我们在考虑类似于手术类型这种混杂的变量时，应该用分类的数据去了解真实情况。

辛普森悖论在现实生活中经常出现。请在以下几个例子中找出造成悖论的事件 A、B 和 C。

- 大学招生中的性别歧视：在 19 世纪 70 年代，美国加州大学伯克利分校研究生的录取比例中男性明显比女性有优势，因此受到了关于性别歧视的指控。然而在个别学院，女生的录取率比男生高。实际上是因为女生更倾向于申请竞争激烈的学院而男生更倾向于申请竞争压力小的学院。

- 棒球击球平均数：1 号球员在上半季和下半季棒球赛中的击球平均数都分别比 2 号球员高，但是整季比赛的平均击球数却比 2 号球员低，这种情况是有可能出现的，它取决于每半季比赛中球员轮到击球的次数是多少。（轮到击球就是指球员正在准备去击球；平均击球数是球员击中球的次数除以轮到击球的次数）

- 吸烟对健康的影响：Cochran [5] 发现在任意年龄组中吸香烟的死亡率都会超过吸雪茄的死亡率，但是因为吸香烟的人总体上比吸雪茄的人年轻，因此会造成整体的吸香烟的死亡率比吸雪茄的低。

2.9 要点重述

给定条件 B 时，A 的条件概率为

$$P(A \mid B) = \frac{P(A \cap B)}{P(B)}。$$

条件概率具有与概率完全相同的属性，但是 $P(\cdot \mid B)$ 更新了我们对事件的不确定性，从而反映出观察到的证据 B。在观察证据 B 之后概率保持不变的事件称为独立于 B。当给定第三个事件 E 时，两个事件也可以是条件独立的。已知条件独立成立不能推出非条件独立成立，同样地，非条件独立成立也不意味着条件独立成立。

贝叶斯准则和全概率公式是两个条件概率的重要结论。贝叶斯准则将 $P(A \mid B)$ 与 $P(B \mid A)$ 相关联，全概率公式通过分割样本空间并计算划分的每个部分的条件概率从而得到无条件概率。

条件思维对于解决问题非常有帮助，因为它允许我们将问题分解成更小的部分，分别考虑所有可能的情况，然后将它们重新组合。在使用该策略时，首先应该尝试将一些信息作为条件，这些信息的特征是如果知道后就会使问题简单化，也就是将希望知道的信息作为条件。当一个问题涉及多个阶段时，将第一步作为条件获得递归关系是有帮助的。

条件思维的常见错误包括：

1. 将先验概率 $P(A)$ 和后验概率 $P(A \mid B)$ 混淆；
2. 检察官的错误，将 $P(A \mid B)$ 和 $P(B \mid A)$ 混淆；
3. 辩护律师的错误，没有将所有证据条件化；
4. 没有意识到辛普森悖论以及忽略仔细思考是否应该合并数据的重要性。

图 2.7 说明了当新证据按顺序出现后，概率如何更新。假设我们对某事件 A 感兴趣。假设在周一早上，关于事件 A 的先验概率为 $P(A)$。如果在周一下午观察到了事件 B 发生，这时可以利用贝叶斯准则（或条件概率的定义）计算后验概率 $P(A \mid B)$。

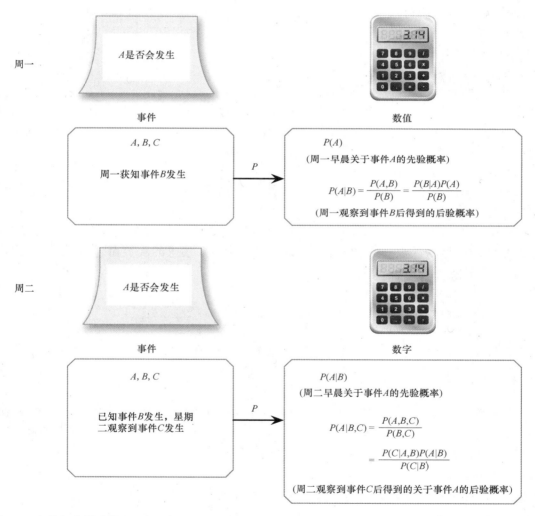

图 2.7　条件概率说明在出现新证据时如何更新概率。上图显示出了事件 A 最初先获得一个证据 B 之后再获得第二个证据 C 时的概率。观测到第一个证据后得到的后验概率在观测到第二个证据前变成了新的先验概率。当 B 和 C 都发生时，新的后验概率可通过很多方法得到。如果还有其他的证据出现，则这个后验概率又会变成新的先验概率。

在周二早上我们可以把上述求得的后验概率当作新的先验概率，然后继续收集证据。假设在周二观察到了新证据 C，这时就可以用不同方法计算新的后验概率 $P(A \mid B, C)$（在这里，最自然的方法应该是利用有额外条件的贝叶斯准则）。如果还需要继续收集证据，这个概率就会变成新的先验概率。

2.10 R 语言应用示例

模拟频率

前面已经介绍，基于大量重复试验的条件概率的频率可以解释为 $P(A \mid B) \approx n_{AB}/n_B$，其中，$n_{AB}$ 是 $A \cap B$ 发生的次数，n_B 是 B 发生的次数。本节通过模拟尝试并证实例 2.2.5 的结果。试验共模拟 n 个家庭，每个家庭有两个孩子。

```
n < -10^5
child1 < - sample(2,n,replace=TRUE)
child2 < - sample(2,n,replace=TRUE)
```

其中，chid1 表示一个长度为 n 的向量，每个分量为 1 或 2。令 1 代表女孩，2 代表男孩，则这个向量表示 n 个家庭中年长的孩子的性别。类似地，child2 表示每个家庭年幼的孩子的性别。

或者，我们也可以用

```
sample(c("girl","boy"),n,replace=TRUE)
```

但是还是使用数值更方便。

令事件 A 表示两个孩子都是女孩，事件 B 表示年长的是女孩。按照频率的解释方法，首先计算 B 发生的次数并命名为 n.b，然后计算 $A \cap B$ 发生的次数命名为 n.ab。最后用 n.ab 除以 n.b 近似估计出 $P(A \mid B)$。

```
n.b < - sum(child1 = =1)
n.ab < - sum(child1 = =1 & child2 = =1)
n.ab/n.b
```

符号 "&" 代表逻辑运算 AND，所以 n.ab 表示第一个孩子和第二个孩子都是女孩的次数。运行这段程序，得到结果为 0.5，因此证实了之前的答案 $P($ 都是女孩 $\mid$ 年长的是女孩 $)=1/2$。

现在令事件 A 表示两个孩子都是女孩，事件 B 表示至少有一个是女孩。这时 $A \cap B$ 保持不变，但是 n.b 需要对至少有一个孩子为女孩的家庭计数。这可以通过表示 OR 的逻辑运算符 "$\mid$" 来实现（这不是条件线；它是一个包容运算符，表示 OR，只要其中有一个元素为真则返回真）。

```
n.b < - sum(child1 = =1 | child2 = =1)
n.ab < - sum(child1 = =1 & child2 = =1)
n.ab/n.b
```

运行结果为 0.33，证实了之前的结果 $P($ 都是女孩 $\mid$ 至少有一个女孩 $)=1/3$。

蒙提·霍尔问题模拟

关于蒙提·霍尔问题（也叫三门问题）长久以来的激烈争论其实可以通过模拟试验来避免。为研究永远都不换门策略的表现情况，试验生成 105 次蒙提·霍尔游戏。首先，为简化符号，假设选手始终都选 1 号门。然后生成一个向量指定每次游戏中哪扇门后面有车。

```
n < -10^5
cardoor < - sample(3,n,replace =TRUE)
```

这里可以设置一个向量来指定每次游戏中 Monty 开的门。但其实并没有必要，因为永远不换门的策略只有在 1 号门后面是车的情况下才会赢。所以不换门策略成功的次数比例是 sum(cardoor = =1)/n，模拟结果为 0.334，与 1/3 非常接近。

如果我们想交互进行蒙提·霍尔游戏呢？此时可以编一个函数，在 R 中输入以下代码定义一个名为 monty 的函数，然后可以在任何想进行这个游戏的时候输入命令 monty() 来调用这个函数。

```
monty < - function(){
    doors < -1:3

    # randomly pick where the car is
    cardoor < - sample(doors,1)

    # prompt player
    print("Monty Hall says 'Pick a door,any door! '")

    # receive the player's choice of door(should be 1,2,or 3)
    chosen < - scan(what =integer(),nlines =1,quiet =TRUE)

    # pick Monty's door(can't be the player's door or the car door)
    if(chosen! =cardoor)montydoor < - doors[ -c(chosen,cardoor)]
else montydoor < - sample(doors[ -chosen],1)

# find out whether the player wants to switch doors
print(paste("Monty opens door",montydoor,"!",sep =""))
print("Would you like to switch(y/n)?")
reply < - scan(what =character(),nlines =1,quiet =TRUE)

# interpret what player wrote as "yes" if it starts with "y"
if(substr(reply,1,1) = =" y") chosen < - doors[ -c(chosen,mon-
tydoor)]

# announce the result of the game!
if(chosen = =cardoor)print("You won!")
else print("You lost!")

}
```

Print 命令是将它的参数输出到屏幕上。我们把这个命令和 paste 命令结合使用，因为 print ("Monty opens door montydoor") 会直接显示 "Monty opens door montydoor"。Scan 命令交互地向用户请求输入；可以用 what = integer() 请求用户输入一个数字，用 what = character() 请求用户输入一个文本。用 substr(reply,1,1) 来提取 reply 变量中的第一个字符，以此解决如果用户并非输入 "y"，而是输入 "yes" 或 "yep" 或 "yeah" 的情况。

2.11 练习题

以证据为条件

1. ⑤垃圾邮件过滤器是通过查看垃圾邮件中常用的短语来进行分类的。假设在所有邮件中有 80% 是垃圾邮件。这些垃圾邮件有 10% 都用了短语 "free money"，而在非垃圾邮件中只有 1% 用到了这个短语。现在有一封新邮件并且其中提到了 "free money"，那么它是垃圾邮件的概率是多少？

2. ⑤一位女士怀了双胞胎男孩。双胞胎可能是同卵或是异卵的。一般情况下，大概有 1/3 的双胞胎是同卵的。显然，同卵双胞胎的性别是一样的；异卵双胞胎的性别可能一样也可能不一样。假设同卵双胞胎是两个男孩和两个女孩的概率相同，异卵双胞胎各种情况的可能性相同。根据上述信息，这位女士怀的是同卵双胞胎的概率是多少？

3. 根据疾病控制与防御中心（Centers for Disease Control and Prevention，CDC）的有关结论，吸烟男性比不吸烟男性患肺癌的可能性高 23 倍。此外有报道称 21% 的美国男性都吸烟。现在已知一位美国男性肺癌患者，以此作为条件，推断他抽烟的概率为多少？

4. Fred 正在完成考试中的一道选择题，需要在 n 个选项中选出一个（只有一个是正确的）。令 K 事件表示他知道答案，R 事件表示他选择了正确答案（不管是他本来就知道答案还是运气好猜中了答案）。假设如果他知道答案，他肯定能选出正确答案，但是如果他不知道答案，他就会完全随机地猜测一个答案。令 $P(K) = p$。

(a) 求 $P(K|R)$（以 p 和 n 的形式）。

(b) 证明：$P(K|R) \geqslant p_1$ 并给出直观解释。什么有时候会出现 $P(K|R)$ 等于 p 的情况？

5. 从一副洗好的标准扑克牌中抽取三张牌。将前两张牌翻过来，看到第一张牌为黑桃 A，第二张牌为梅花 8。给定这些信息后，用两种方法求出第三张牌为 A 的概率。方法一：条件概率的定义；方法二：对称性。

6. 一个帽子里放着 100 枚硬币，其中 99 枚是均匀的，剩下一枚两面都是正面的（双正面），所以永远都是正面朝上。从帽子中随机选取一枚硬币。将选取的硬币投掷 7 次，7 次都是正面朝上。给定这一信息后，计算选出的这枚硬币是双正面的概率是多少？（当然另一种最为简单的办法是直接观察硬币的两面，但这里是个隐喻的硬币。）

7. 一个帽子里放着 100 枚硬币，其中至少有 99 枚是均匀的，可能有一枚硬币是双正面的；如果帽子里没有这种硬币，那么 100 枚硬币都是均匀的。令事件 D 表示存在这样一枚硬币并且假设 $P(D) = 1/2$。随机从 100 枚硬币中选出一枚。将选出的硬币投掷 7 次，7 次都是正面朝上。

(a) 给定这一信息，100 枚硬币中有一枚是双正面的概率是多少？

（b）给定这一信息，选出的硬币是双正面的概率是多少？

8. 某种型号手机的屏幕由三家公司制造，A、B 和 C。A、B、C 三家公司的屏幕供应比例分别为 0.5、0.3、和 0.2，且他们的次品率分别为 0.01、0.02 和 0.03。现在发现该型号手机有一个屏幕是次品，给定这一信息，那么这个屏幕是来自 A 公司的概率是多少？

9.（a）证明：如果事件 A_1 和 A_2 的先验概率相同 $P(A_1) = P(A_2)$，且 A_1 可以推出 B，A_2 也可以推出 B，那么给定 B 发生作为条件，A_1 和 A_2 有相同的后验概率，即 $P(A_1 \mid B) = P(A_2 \mid B)$。

（b）直观解释（a）的结论，并给出一个具体例子。

10. Fred 正在实施一个重大工程。在计划该项目时，设立了两个重要事件，并规定它们应该完成的日期。这相当于一个跟踪工程进度的方法。令事件 A_1 表示 Fred 按时完成了第一个重要任务，事件 A_2 表示他按时完成了第二个重要任务，事件 A_3 表示他按时完成了整个项目。

假设 $P(A_{j+1} \mid A_j) = 0.8$，其中（$j = 1, 2$），但是 $P(A_{j+1} \mid A_j^c) = 0.3$，这是因为如果 Fred 在前面耽误了进度，则后面也很难赶上进度。同时，假设第二个重要任务的完成情况可以取代第一个任务的完成情况，从某种意义上讲，一旦知道第二个任务是否可以按时完成，那么第一个任务的完成情况就完全不重要了。我们可以通过假设 A_1 和 A_3 在给定 A_2 的情况下条件独立来表达这一思想，当然在给定 A_2^c 的情况下 A_1 和 A_3 也条件独立。

（a）已知 Fred 按时完成了第一个重要任务，以此作为条件，求他最终按时完成整个项目的概率。再给出如果 Fred 没有按时完成第一个重要任务这一条件，计算他最终按时完成整个项目的概率。

（b）假设 $P(A_1) = 0.75$，求 Fred 最终能按时完成整个项目的概率。

11. 选举中的出票调查（exit poll）是在投票人刚投完票后对他们进行的一项调查。出票调查的主要作用之一是使新闻机构在官方正式公布投票结果前尽可能推测谁会赢得选举。众所周知，这在各种选举中都是很不准确的，有时是因为选举偏差：被邀请且愿意参加调查的样本与总体选民的结构相似度不高。

考虑有一场有两个候选人（候选人 A 和候选人 B）的选举。每个选民都会被邀请参加出票调查，调查时会询问他们投给哪位候选人；有些人会接受调查而有些人会拒绝。对于一个随机的选民，令 A 事件表示票投了 A，W 事件表示愿意参加出票调查。假设 $P(W \mid A) = 0.7$ 而 $P(W \mid A^c) = 0.3$。在出票调查中有 60% 的受访者说他们投给了 A（假设他们都是诚实的），这暗示着 A 选举胜出。求出 $P(A)$，即选民投票给 A 的真实比例。

12. Alice 试图和 Bob 通过发送信息（以二进制编码）进行交流。

（a）这里假设她只发一位（一个 0 或一个 1），且以相同的概率发送。如果她发了一个 0，那么就有 5% 的可能出错，导致 Bob 收到一个 1；如果她发了一个 1，就有 10% 的可能出错，导致 Bob 收到一个 0。现在假设 Bob 收到了一个 1，根据这一信息，实际上 Alice 发送了一个 1 的可能性为多少？

（b）为了减少错误沟通的情况，Alice 和 Bob 决定采用重复编码（repetition code）。Alice 还是想传达一个 0 或一个 1，不过这次她再重复发送两遍，所以她发送 000 传达 0，发送 111 传达 1。Bob 通过看大多数位是什么来进行解码。假设错误概率同（a），每个位上的数字错误相互独立，给定 Bob 收到的信息为 110，那么 Alice 想传达的是 1 的概率是多少？

13. A 公司刚刚研制出了针对某一疾病的诊断测试。该疾病患者数量占人口总数的 1%。根据例 2.3.9 中的定义，测试的敏感度为给定某个人患病、测试结果为阳性的概率，特异度为给定某个人不患此病、测试结果为阴性的概率。假设与例 2.3.9 一样。测试的敏感度和特异度都为 0.95。

B 公司是 A 公司的竞争对手，它提供了另一种与 A 公司竞争的测试，B 公司声称他们的测试比 A 公司的测试更快、更便宜，且测试时痛苦更少（A 公司的测试需要有切口），而且还有更高的总体成功率，这里总体成功率是指一个随机抽取的人被正确诊断的概率。

（a）事实证明 B 公司的测试方式可以很简单地描述和执行：不管被测试者是否患病，都诊断为没有患病。检查 B 公司对总体成功率的说法是否真实。

（b）解释为什么 A 公司的测试还是有用的。

（c）A 公司想要发展一项新测试，使得总体成功率比 B 公司的高。如果敏感度和特异度相等，敏感度需要达到多高才能实现他们的目标？如果（令人惊喜的）他们可以将敏感度达到 1，那么特异度需要到达多少才能实现目标？反之如果（令人惊喜的）他们可以将特异度达到 1，那么敏感度需要到达多少才能实现目标？

14. 考虑以下情况，参见 Tversky 和 Kahneman [30]：

令 A 事件表示在明年年底前，Peter 会在他的家里安装防盗报警系统。令事件 B 表示 Peter 家将在明年年底前被盗。

（a）直觉来看，你认为 $P(A \mid B)$ 和 $P(A \mid B^c)$ 哪个概率会大一点？给出解释。

（b）直觉来看，你认为 $P(B \mid A)$ 和 $P(B \mid A^c)$ 哪个概率会大一点？给出解释。

（c）证明对任意的事件 A 和 B（概率都不为 0 或 1），$P(A \mid B) > P(A \mid B^c)$ 等价于 $P(B \mid A) > P(B \mid A^c)$。

（d）Tversky 和 Kahneman 声称，针对（a）和（b）问题，162 人中有 131 人给出的答案是 $P(A \mid B) > P(A \mid B^c)$ 和 $P(B \mid A) < P(B \mid A^c)$。但（c）中结果却与这种普遍的观点相互矛盾，如何合理地解释这一现象呢？

15. 令 A 和 B 为事件，且满足 $0 < P(A \cap B) < P(A) < P(B) < P(A \cup B) < 1$。现在希望 A 和 B 同时发生。那么以下哪条信息是最想观测到的：A 发生，B 发生，还是 $A \cup B$ 发生？

16. 证明：由 $P(A \mid B) \leqslant P(A)$ 可以推出 $P(A \mid B^c) \geqslant P(A)$，给出直观解释。

17. 在确定性逻辑中，语句 "A 可以推出 B" 等价于其对立面 "非 B 可以推出非 A"。在这里我们考虑概率中的类似陈述，即不确定性逻辑。令 A 和 B 为事件，且概率都不为 0 或 1。

（a）证明：如果 $P(B \mid A) = 1$，那么 $P(A^c \mid B^c) = 1$。

提示：应用贝叶斯准则和全概率公式。

（b）证明：当把 "=" 换成 "≈" 后，（a）中的结果一般不成立。特别地，找出一个 $P(B \mid A)$ 非常接近于 1，但是 $P(A^c \mid B^c)$ 却接近于 0 的例子。

提示：如果 A 和 B 相互独立会怎么样？

18. 证明：如果 $P(A) = 1$，那么对任意满足 $P(B) > 0$ 的事件 B，有 $P(A \mid B) = 1$。直观上可以理解为：如果某人相信某件事情一定会发生，那么没有任何证据可以动摇他。避免为任何事件分配 0 或 1 概率的原则（除了数学上的确定性）称为克伦威尔（Cromwell）准则，它源于统计学家丹尼斯·林德利（Dennis Lindley）在苏格兰教堂说的 "相信可能是你错了"。

提示：先写出 $P(B)=P(B\cap A)+P(B\cap A^c)$，然后证明 $P(B\cap A^c)=0$。

19. 试解释以下夏洛克·福尔摩斯（Sherlock Holmes）关于条件概率的名言，注意认真区分先验和后验概率："有一句古老的格言，当你排除了所有的不可能后，不管剩下什么，不管它有多么不切实际，都肯定是真理。"

20. 从一副扑克牌中找出黑桃 J，红桃 J，黑桃 Q，红桃 Q，然后将这四张牌洗好，从中任意抽取两张。

（a）给定第一张牌为 Q，求两张牌都为 Q 的概率。

（b）给定至少有一张牌为 Q，求两张都为 Q 的概率。

（c）给定其中一张牌为红桃 Q，求两张都是 Q 的概率。

21. 将一枚均匀硬币投掷三次。将每次投掷的结果分别记录在单独的纸片上（如果是正面则记为 H。如果是反面则记为 T），然后将这三张纸扔进帽子里。

（a）给定至少有两次是正面朝上，求三次都是正面的概率。

（b）从帽子中随机抽取两张纸片，两张都是字母 H。给定这一信息，三次都是 H 面朝上的概率是多少？

22. ⑤一个袋子里有一块大理石，等可能的为蓝色或绿色的。这时候再将一块绿色大理石放进袋子里（现在袋子里有两块大理石），然后从中随机取出一块大理石，取出的是绿色的。给定这一信息，求剩下的那块也是绿色的概率为多少？

23. ⑤令事件 G 表示某嫌疑犯实施了某一抢劫案。在搜集证据的过程中，获知事件 E_1 发生了，然后不久获知事件 E_2 也发生了。有没有可能出现如下情况：这些证据单独会增加有罪的概率［因此 $P(G\mid E_1)>P(G)$，$P(G\mid E_2)>P(G)$］，但合起来反而会减少有罪的概率呢［$P(G\mid E_1,E_2)<P(G)$］？

24. 是否存在事件 A_1，A_2，B，C，使得 $P(A_1\mid B)>P(A_1\mid C)$ 且 $P(A_2\mid B)>P(A_2\mid C)$，但是 $P(A_1\cup A_2\mid B)<P(A_1\cup A_2\mid C)$？如果有，找出一个例子（用具体的"描述"来代表那些事件，同时给出具体的数字）；否则，证明这种现象不可能发生。

25. ⑤A 和 B 两个嫌疑人中有一个犯罪。一开始，针对两个人的证据是等量的。随着对案发现场的进一步调查，发现罪犯的血型在人口中出现的比例为 10%。嫌疑犯 A 确实是这个血型，然而嫌疑犯 B 的血型未知。

（a）给定这个新信息，A 是罪犯的概率是多少？

（b）给定这个新信息，B 的血型与案发现场发现的血型一致的概率是多少？

26. ⑤为了与垃圾邮件进行斗争，Bob 安装了两个反垃圾邮件程序。当新来一封邮件时，它要么是合法的（legitimate）用事件 L 表示，要么是垃圾邮件（spam）用事件 L^c 表示，然后用 M_j 表示第 j 个程序将邮件标记为合法邮件，M_j^c 表示第 j 个程序将邮件标记为垃圾邮件，$j\in\{1,2\}$。假设 Bob 的邮件中有 10% 是合法的，并且两个程序均有 90% 的正确率，即 $P(M_j\mid L)=P(M_j^c\mid L^c)=9/10$。同样假设无论邮件是否是垃圾邮件，两个程序的结果都是相互独立的。

（a）已知第一个程序将邮件标记为合法的，以此作为条件，求邮件是合法的概率。（简化结果）

（b）给定两个程序都将邮件标记为合法，求邮件是合法的概率。

（c）Bob 运行了第一个程序然后 M_1 发生。他更新概率之后又运行了第二个程序。令

$\tilde{P}(A) = P(A|M_1)$ 为运行第一个程序后的更新概率方程。试用文字简要解释 $\tilde{P}(L|M_2) = P(L|M_1 \cap M_2)$ 是否成立：直接只以 $M_1 \cap M_2$ 为条件一步到位是否等价于先以 M_1 为条件更新概率，再以 M_2 为条件？

27. 假设人群中共有 5 种血型，分别命名为 1 号血型到 5 号血型，概率分别为 $p_1, p_2, \cdots, p_5$。有两个人犯下一项罪行。嫌疑人 A 的血型为 1 号，犯罪的先验概率为 p。从犯罪现场搜集到的证据显示，其中一个罪犯的血型为 1 号，另一个血型为 2 号。

给定现有的证据，求嫌疑人有罪的概率。现有证据会增加嫌疑人的犯罪概率还是减少犯罪概率呢？或者结果是否取决于参数 $p, p_1, \cdots, p_5$？如果取决于参数，给出会使得犯罪可能性增加的简单的参数边界条件。

28. Fred 在某种疾病测试中呈阳性。

（a）给定这个信息，求他确实患有此疾病的后验发生几率（odd）。用先验发生几率、测试的敏感度和测试的特异度表示。

（b）不出所料的话，Fred 更感兴趣于 $P($患病|测试呈阳性$)$，称为阳性预测值（positive predictive value），而不是 $P($测试呈阳性|患病$)$。生物统计学和流行病学中有如下一个简单的经验准则：

对于罕见的疾病和相当好的测试，在决定阳性预测值方面，特异度比敏感度更重要。

直观上解释为什么这个经验准则是有效的。针对这部分可以编一些具体数字然后以频率学派的观点将概率解释为大群体中的比例，例如，假设这种疾病的感染者占 10000 个人口总数的 1%，然后考虑敏感度和特异度的各种可能性。

29. 某家庭有两个孩子。令 C 表示一个孩子可能会有的某种特点，假设每个孩子有特点 C 的概率为 p，每个人相互独立且与性别无关。例如，在例 2.2.7 中，C 可能是"冬天出生"。证明：在给定至少有一个孩子是有特点 C 的女孩的条件下，两个孩子都是女孩的概率为 $\dfrac{2-p}{4-p}$，当 $p=1$ 时，为 1/3（与例 2.2.5 中第一问的结果一致）。并且当 $p \to 0$ 时，趋近于 1/2（与例 2.2.7 结果相一致）。

独立和条件独立

30. Ⓢ某家庭有三个孩子，命名为 A、B 和 C。

（a）直观上说明"A 比 B 年龄大"与"A 比 C 年龄大"是否相互独立。

（b）给定 A 比 C 年龄大作为条件，求 A 比 B 年龄大的概率。

31. Ⓢ是否有可能存在一个事件与它本身独立？如果有，什么时候会出现这种情况？

32. Ⓢ考虑四个非标准骰子（Efron dice），它们的每一面分别如下标号（一个骰子的 6 个面是等可能的）：

A: 4, 4, 4, 4, 0, 0
B: 3, 3, 3, 3, 3, 3
C: 6, 6, 2, 2, 2, 2
D: 5, 5, 5, 1, 1, 1

将这四个骰子各掷一次。令 A 表示筛子 A 的结果，B 表示筛子 B 的结果，以此类推。

（a）求概率 $P(A > B), P(B > C), P(C > D), P(D > A)$。

（b）事件 $A > B$ 是否与事件 $B > C$ 相互独立？事件 $B > C$ 是否与事件 $C > D$ 相互独立？给

出解释。

33. Alice、Bob 和其他 100 个人住在一个小镇上。令 C 为包含其他 100 个人的集合，令 A 为 C 集合中是 Alice 的朋友的集合，令 B 为 C 集合中是 Bob 的朋友的集合。假设对于 C 中的每一个人，Alice 和他是朋友的概率为 1/2，Bob 也一样，这些朋友关系是相互独立的。

（a）令 $D \subseteq C$，求 $P(A = D)$。

（b）求 $P(A \subseteq B)$。

（c）求 $P(A \cup B = C)$。

34. 假设有两种司机：好司机和坏司机。令 G 为事件表示某人为好司机，事件 A 表示他明年会发生车祸，事件 B 为在接下来的一年中又发生车祸。令 $P(G) = g$ 且 $P(A \mid G) = P(B \mid G) = p_1$，$P(A \mid G^c) = P(B \mid G^c) = p_2$，其中 $p_1 < p_2$，假设不管给定的信息是这个人是好司机还是坏司机，事件 A 和 B 都是相互独立的（为了把事情简化且不至于太病态，假设事故是轻微的，不至于使司机无法继续开车）。

（a）凭直觉判断 A 和 B 是否独立。

（b）求 $P(G \mid A^c)$。

（c）求 $P(B \mid A^c)$。

35. ⑤假设你将要和一个你从来没有接触过的对手下两局棋。对手是一个初级、中级、高级选手的概率各为 1/3。根据他的等级水平，你赢得每一局的概率分别为 90%、50% 和 30%。

（a）你赢得第一局的概率为多少？

（b）恭喜你，你赢得了第一局！给定这个信息，你继续赢得第二局的概率是多少（假设给定对手的等级后，每一局的结果是相互独立的）？

（c）解释下面两者的区别：①假设每一局结果是相互独立的；②假设给定对手的等级后，每一局的结果是相互独立的。上述哪一种假设更合理，为什么？

36.（a）假设在大学的申请人中，擅长篮球和在一定的标准化考试中数学成绩优秀是相互独立的（对于优秀有一定的衡量标准）。某学校有个简单的录取程序：申请人将被录取，当且仅当申请人擅长篮球或者在考试中数学成绩优秀时。

为什么认为数学成绩好和擅长棒球是负相关的观点是合理的，即认为数学成绩好会降低擅长篮球的概率，请给出一个直观的解释。

（b）证明：如果 A 和 B 是独立的且 $C = A \cup B$，那么给定 C 作为条件，则 A 和 B 是条件独立的 [只要 $P(A \cap B) > 0$ 且 $P(A \cup B) < 1$]，并且
$$P(A \mid B, C) < P(A \mid C)。$$
这个现象叫作伯克森（Berkson）悖论，尤其容易出现在学校和医院等的录取当中。

37. 设计一个垃圾邮件过滤器。如练习题 1 中所提到，一种常见的策略就是找出垃圾邮件比普通邮件中出现可能性高很多的短语。本题中，我们综合考虑一个短语"免费"。更实际的情况，假设我们创建了一个垃圾邮件中 100 个常见单词和短语的列表。

令 W_j 表示这封邮件有列表中第 j 个单词或短语。设
$$p = P(\text{spam}), p_j = P(W_j \mid \text{spam}), r_j = P(W_j \mid \text{not spam}),$$
其中，"spam"代表邮件是垃圾邮件。

假设给定 M 或 M^c 条件下，$W_1, \cdots, W_{100}$ 是条件独立的。一个基于此类假设的分类方法叫

作朴素贝叶斯分类器。（这里"朴素"指实际中条件概率是一个很强的假设，这个假设有时在现实中不太容易成立，但是即使假设不现实，朴素贝叶斯分类器在实际中的分类效果依然很好。）

在这个假设下，有

$$P(W_1, W_2, W_3^c, W_4^c, \cdots, W_{100}^c \mid \text{spam}) = p_1 p_2 (1-p_3)(1-p_4) \cdots (1-p_{100})。$$

如果没有朴素贝叶斯假设，则会有大量统计和计算难题，因为这里我们需要考虑 $2^{100} \approx 1.3 \times 10^{30}$ 个事件（$A_1 \cap A_2 \cdots \cap A_{100}$，其中 A_j 为 W_j 或 W_j^c）。比如现在有一封新的邮件，其中包含了列表中第 23 个、第 64 个和第 65 个词或短语（但没有剩下的 97 个）。所以就要计算

$$P(\text{spam} \mid W_1^c, \cdots, W_{22}^c, W_{23}, W_{24}^c, \cdots, W_{63}^c, W_{64}, W_{65}, W_{66}^c, \cdots, W_{100}^c)。$$

注意到需要将所有的证据都作为条件，并不只是 $W_{23} \cap W_{64} \cap W_{65}$ 事件发生这一点。求新邮件是垃圾邮件的概率（写成 p、p_j 和 r_j 的形式）。

蒙提·霍尔问题

38. ⑤（a）考虑如下包含 7 扇门的蒙提·霍尔问题。现有 7 扇门，其中一扇门后是一辆我们想要的车，其他后面是我们不想要的山羊。一开始，车在哪扇门后的概率是相等的。首先，由你选择了一扇门，接着 Monty 打开三扇后面是山羊的门，然后让你选择是否换成剩下三扇门中的一个。

假设 Monty 知道哪扇门后面是车，所以永远都会打开三扇有山羊的门并给你一次换门的权利，且 Monty 等概率地选择打开那些有山羊的门。你应不应该换门？如果换了剩下三扇门中的一扇，那么成功的概率是多少？

（b）将上述问题的结论推广到门数为 $n(n \geqslant 3)$、Monty 打开的门数为 $m(1 \leqslant m \leqslant n-2)$ 的情形。

39. ⑤考虑蒙提·霍尔问题，假设 Monty 相比于打开 3 号门更喜欢打开 2 号门，如果他可以在这两扇门中做选择，他选择 2 号门的概率为 p，其中 $\frac{1}{2} \leqslant p \leqslant 1$。

简要地说：有三扇门，其中一扇门后是一辆我们想要的车，另外两扇门后是不想要的山羊。一开始，车在哪扇门后的概率是相等的。你选择了一扇门后，为简化问题，这里假设你选的是 1 号门，这时 Monty 将剩下的两扇门中的一扇有山羊的门打开，然后给你一个换门的权利。假设 Monty 知道哪扇门后有车，永远都只打开一扇有山羊的门并给你换门的机会，并且由上述假设可知，如果 Monty 需要在 2 号门和 3 号门中选择一扇打开，他打开 2 号门的概率为 $p(\frac{1}{2} \leqslant p \leqslant 1)$。

（a）求永远都采用换门策略，其成功的无条件概率（这里无条件是指不以 Monty 打开的门是 2 号门或 3 号门为条件）。

（b）给定 Monty 开的是 2 号门作为条件，求采取换门策略成功的概率。

（c）给定 Monty 开的是 3 号门作为条件，求采取换门策略成功的概率。

40. 由蒙提·霍尔主持的节目的收视率出现了小幅下滑，焦虑的节目制作人抱怨 Monty 开门这一环节缺少悬念：Monty 永远都只会打开后面是山羊的门。Monty 的解释是，这样该游戏才不会由于他暴露了汽车而失败，但是他决定将游戏更新如下：

在每一期节目之前，Monty 秘密地投掷一枚硬币，硬币出现正面的概率为 p。如果硬币

的正面朝上，Monty 就会打开一扇有山羊的门（如果存在选择，则打开每扇门的概率相等）。否则的话，Monty 就会等概率地随机打开一扇未打开着的门。游戏参与者知道概率 p，但却不知道掷硬币的结果。

当节目开始时，参与者选择一扇门。Monty 这时打开另一扇门。如果门后是车，游戏结束；如果门后是山羊，参与者有一次选择换门的权利。现在假设参与者选择 1 号门，然后 Monty 打开了 2 号门，门后是山羊。如果这个参与者换到 3 号门，他成功的概率是多少？

41. 假设你是一个蒙提·霍尔所主持节目的参与者。Monty 正在尝试一种游戏的新规则，规则如下：你要在三扇门中选择一扇门。其中有一扇门后面有一辆车，有一扇门后面是一台计算机，剩下一扇门后是山羊（所有情况概率相等）。Monty 知道每扇门后面是什么，他会为你打开一扇门（但不是你选的那扇门），然后给你一个机会选择是否换成那扇还没打开的门。

假设相比于计算机你更喜欢车，相比于山羊你更喜欢计算机，且（根据传递性）相比于山羊更喜欢车。

（a）这部分假设 Monty 总会选择暴露一个你更不喜欢的奖品，例如，如果他要在山羊和计算机中选择一扇门打开，他会选择山羊。假设 Monty 打开了一扇门，门后是山羊。给定这个信息后，你应不应该换门？如果你选择换门，那么你最终赢得汽车的概率是多少？

（b）现在假设 Monty 以概率 p 暴露一个你更不喜欢的奖品，那么就以概率 $1-p$ 暴露一个你更喜欢的奖品。Monty 打开了一扇门，门后是计算机。给定这个信息后，你应该换门吗？如果你选择换门，最终赢得汽车的概率是多少（用 p 表示）？

一步分析和赌博输光问题

42. Ⓢ掷一个均匀的骰子，每次都计算一下到此为止所有结果的总和。令 p_n 表示结果总和曾经恰好等于 n 的概率（假设掷骰子过程一直进行使得结果的总和总会大于 n，但不一定会等于 n）。

（a）写下 p_n 的递归等式（用一个简单的方式将 p_n 与之前某项 p_k 联系起来）。这个等式必须对所有的 p_n 成立，所以要给出 p_0 和 p_k 当 $k<0$ 时的定义。

（b）求 p_7。

（c）对于下述事实给出直观解释：随着 $n \to \infty$，$p_n \to 1/3.5 = 2/7$。

43. 进行一系列相互独立的试验，每一次试验的结果只有两个：成功或失败。对于 $i = 1, 2, \cdots, n$，令 p_i 为第 i 次试验成功的概率，$q_i = 1 - p_i$，$b_i = q_i - 1/2$。令 A_n 为事件表示成功试验个数为偶数。

（a）证明：对于 $n=2$，$P(A_2) = 1/2 + 2b_1 b_2$。

（b）用归纳法证明：

$$P(A_n) = 1/2 + 2^{n-1} b_1 b_2 \cdots b_n.$$

（这个结果在密码学中非常有用。同时，注意到它说明了如果掷 n 次硬币，那么只要硬币是均匀的，则正面朝上的次数为偶数的概率为 1/2。）提示：将一些小试验组合成一个大试验。

（c）直接验证上述（b）的结果在下列简单情形下是正确的：

① 对某些 i，$p_i = 1/2$。

② 对所有 i，$p_i = 0$。

③ 对所有 i，$p_i = 1$。

44. ⑤ Calvin 和 Hobbes 进行一个由一系列游戏构成的比赛，且对于每一场游戏 Calvin 赢的概率都为 p（每个游戏之间相互独立）。他们比赛的规则是：第一个领先对手两局的人获胜。用下面两种方法求 Calvin 赢得比赛的概率：

（a）应用全概率公式。

（b）将问题转化成赌徒问题解决。

45. 在一次赌博中，一个赌徒有 1/3 的概率赢得一美元，有 2/3 的概率输掉一美元，不断重复这个赌博。他的策略是"当他赢得的钱超过两美元时就退出"，所以从某个角度说他还是一个有赌瘾的人。假设他的起始资金是一百万美元。证明他会赢得两美元的概率小于 1/4。

46. 假设在赌徒输光问题中，A 和 B 两个赌徒一直赌博直到其中一个赌徒破产。设 A 的起始资金为 i 美元，B 的起始资金为 $N-i$ 美元，设 p 为 A 赢得赌博的概率，其中 $0 < p < \dfrac{1}{2}$。每次的赌注为 $1/k$ 美元，其中 k 为一个正整数，当 $k=1$ 时就是原始的赌徒输光问题。求出 A 最终赢得比赛的概率，并且判断当 $k \to \infty$ 时，结果会怎样。

47. 在圆周上有 100 个等间距的点。其中 99 个点上是羊，还有一个点上是狼。每一次，狼都会随机顺时针或逆时针移动一步。如果那个点上有羊，狼就会吃掉羊。羊是不会动的。那么一开始在狼对面的羊是最后一个被吃到的概率是多少？

48. 一个长生不死的酒鬼随机游走在整数坐标系上。他的起始位置在原点，每一步分别以概率 p 和 $q = 1 - p$ 向右和向左走一步，每一步之间相互独立，令 S_n 为 n 步后他所处的位置。

（a）对所有的 $k \geq 0$，令 p_k 表示这个酒鬼曾经到达过 k 点的概率。写出 p_k 的一个差分方程（在这里先不用解这个方程）。

（b）求出 p_k，给出一个充分简化的答案；考虑 $p < 1/2$、$p = 1/2$ 和 $p > 1/2$ 这三种情况。基于概率的连续性，假设 $A_1, A_2, \cdots,$ 为事件且对所有的 j 满足 $A_j \subseteq A_{j+1}$，那么随着 $n \to \infty$，就有 $P(A_n) \to P(\cup_{j=1}^{\infty} A_j)$。

辛普森悖论

49. ⑤（a）是否存在这样的事件：A、B、C 满足 $P(A \mid C) < P(B \mid C)$ 和 $P(A \mid C^c) < P(B \mid C^c)$，但是 $P(A) > P(B)$？也就是说，给定事件 C 为真，A 发生的概率比 B 小，同时在给定事件 C 为假的情况下，A 发生的概率也比 B 小。但是如果不提供任何 C 的信息，A 发生的概率却比 B 大。简单证明不存在这样的 A、B、C，或者举出一个存在的例子。

（b）如果（a）中的情况是存在的，是否就是一个等价于辛普森悖论的特殊情况？如果它是不存在的，直观解释为什么辛普森悖论可能会发生而（a）中的情况却是不可能发生的。

50. ⑤考虑下列来自《辛普森一家》[⊖]（The Simpsons）的对话：

Lisa（女儿）：爸爸，我认为他是一个象牙贩子！他的靴子是象牙做的，他的帽子也是象牙的，而且我很肯定连那张支票也是象牙的。

Homer（父亲）：Lisa，一个有很多象牙的人相比一个象牙用品很少的人伤害大象 Stampy

⊖ 一部由美国福克斯广播公司出品的动画情景喜剧。——编辑注

的可能性更低。

这里 Homer 和 Lisa 正在争论是否应该把 Stampy（一只象）卖给这个叫 Blackheart 的人。他们在如何通过对 Blackheart 进行观察来了解他伤害 Stampy 的可能性上产生了严重的分歧。

（a）用清晰的符号来定义这里需要讨论的每个事件。

（b）用（a）中定义的符号，以条件概率形式表达 Lisa 和 Homer 的论点。

（c）假设某种商品很充足的人对这种商品的需求会更小。解释 Homer 的逻辑存在什么错误。

51.（a）假设有两个红色的罐子（标记为 C_1 和 C_2）和两个紫色的罐子（标记为 M_1 和 M_2），每个罐子里都混装着绿色和红色两种颜色的橡皮糖。证明下述情况是可能发生的：假设 C_1 比 M_1 中的绿色橡皮糖比重大，C_2 比 M_2 中的绿色橡皮糖比重大，然而如果将 C_1 和 C_2 混合，同时将 M_1 和 M_2 混合，那么 C_1 和 C_2 组合起来的绿色橡皮糖的比重却会小于 M_1 和 M_2 的组合。

（b）解释（a）的结论与辛普森悖论的关系。既要从直观上解释，又要将辛普森悖论中的问题与（a）中问题的事件一一对应。

52. 正如本章所指出的，辛普森悖论说明存在事件 A、B、C 满足 $P(A\,|\,B,C) < P(A\,|\,B^c,C)$ 和 $P(A\,|\,B,C^c) < P(A\,|\,B^c,C^c)$，但是 $P(A\,|\,B) > P(A\,|\,B^c)$。

（a）如果 A 和 B 相互独立，会不会发生辛普森悖论？如果会，给出一个具体的例子（通过数字解释）；如果不会，证明它不可能发生。

（b）如果 A 和 C 相互独立，会不会发生辛普森悖论？如果会，给出一个具体的例子（通过数字解释）；如果不会，证明它不可能发生。

（c）如果 B 和 C 相互独立，会不会发生辛普森悖论？如果会，给出一个具体的例子（通过数字解释）；如果不会，证明它不可能发生。

53. Ⓢ安德鲁·格尔曼（Andrew Gelman）在其著作《Red State，Blue State，Rich State，Poor State》中讨论了一个选举现象：在美国任何一个州，一个富有的选民比贫穷的选民更倾向于投票给一位共和党候选人，然而一个富有的州更倾向于青睐一个民主党候选人！简单来说：单独的富有者（在每个州都是这样）倾向于给共和党投票，但是有钱人占比更高的州却更倾向于青睐民主党。

（a）假设只有两个州（称作红色州和蓝色州），每一个州都有 100 个人，每一个人要么贫穷要么富有，并且要么是支持共和党要么是支持民主党。构造上述数字，通过给出每个州的 2×2 二维列表（列出这个州富有的民主党支持者有多少人，等等），使得满足这一现象。

（b）在（a）中（不一定非要是你构造的数字），令 D 事件表示随机抽取一人恰好是民主党支持者（每个人可能性相同），B 事件表示这个人住在蓝色州。假设有 10 个人从蓝色州搬到了红色州。用 P_{old} 和 P_{new} 分别表示移民后和移民前的概率。假设人们不会改变自己支持的党派，所以就有 $P_{new}(D) = P_{old}(D)$。是否有可能 $P_{new}(D\,|\,B) > P_{old}(D\,|\,B)$ 和 $P_{new}(D\,|\,B^c) > P_{old}(D\,|\,B^c)$ 同时满足？如果可能，解释如何实现并且为什么没有违背全概率公式 $P(D) = P(D\,|\,B)P(B) + P(D\,|\,B^c)P(B^c)$；如果不可能，给出证明。

混合练习

54. Fred 决定做一系列共 n 次测试来诊断他是否患有某种疾病（每一个单独的测试都不是特别可信，所以他希望通过多次检测来减少多余的担忧）。令 D 事件表示他确实患有此病，$p = P(D)$ 为患病的先验概率，且设 $q = 1-p$。定义 T_j 为事件代表第 j 次检测为阳性。

（a）假设给定 Fred 的患病状态，检测的结果间是相互条件独立的。设 $a = P(T_j \mid D)$ 且 $b = P(T_j \mid D^c)$，其中 a 和 b 都与 j 无关。给定 Fred 在 n 次检测中结果都为阳性，求他患病的后验概率。

（b）假设 Fred 在所有检测中结果都呈阳性。然而，有一些人基因比较特殊使得他们永远都被检测为阳性。令 G 事件表示 Fred 有这种基因。假设 $P(G) = 1/2$ 且 D 和 G 相互独立。如果 Fred 没有这种基因，那么给定他的患病状态，检测结果是相互条件独立的。设 $a_0 = P(T_j \mid D, G^c)$ 且 $b_0 = P(T_j \mid D^c, G^c)$，其中 a_0 和 b_0 都与 j 无关。给定 Fred 的所有检测结果为阳性，求他患有此病的概率。

55. 某种遗传病可以由母亲传给她的下一代。若给定母亲患病，她的子女患此病的概率相互独立且都为 $1/2$；如果母亲没有此病，则她的子女也不会患有该疾病。假设有一位母亲，她患此病的概率为 $1/3$，并且她还有两个子女。

（a）求两个孩子都不患此病的概率。

（b）检查发现年长的孩子是否患此病与年幼的孩子是否患此病是相互独立的吗？请给出解释。

（c）发现年长的孩子并没有患此病，一周后，年幼的孩子也被发现并无此病。给定这两个信息，求出母亲患此病的概率。

56. 假设同时投掷三枚均匀的硬币。请解释以下论点的错误在哪里："三枚硬币落地方式相同的概率为 50%，因为肯定有两枚硬币的落地面是一样的，那么第三枚硬币就有 50% 的概率与那两枚相同。"

57. 一个坛子里放着红、绿、蓝三种颜色的球。令 r、g、b 分别表示红色球、绿色球和蓝色球的比例（$r + g + b = 1$）。

（a）有放回地随机从坛子里面拿球。求第一次取出绿色球早于第一次取出蓝色球的概率。

提示：给定取出的球不是绿色球就是蓝色球，根据这一条件，求取出来是绿色球的条件概率是多少？

（b）假设无放回地随机抽取球。求第一次取出绿色球早于第一次取出蓝色球的概率。答案与（a）一样吗？

提示：假设所有的球都是以它们被取出的顺序排列好的。注意红色球在队伍中的位置是不相关的。

（c）将（a）中的答案推广至如下问题。进行独立的试验，然后依据试验结果将其分为 n 个类别，概率分别为 $p_1, p_2, \cdots, p_n$。求分类 i 中第一个试验比分类 j 中的第一个试验出现早的概率（$i \neq j$）。

58. 玛利莲·莎凡曾在《美国大观》（Parade）杂志的专栏中被问到如下问题：

假如你正在参加一个聚会，跟你一起的还有 199 个客人。这时抢劫犯闯入并且宣称要抢劫你们之中的一个人。抢劫犯把 199 张空白的纸条和一张写着"you lose"的纸条一起放进一个帽子里。每一个客人必须从中抽取一张纸条，抽到"you lose"纸条的人将被抢劫。你可以选择第一个或者最后一个或者中间任意位置抽取纸条。你将怎样选择自己的抽取顺序？

假设抽取是无放回的，且对于（a）问是随机的。

（a）在第一个，最后一个，或者中间某个位置当中是否存在一个不被抢劫的概率最大的最佳选择？（或者完全与抽取顺序无关）。举一个清晰、简明，而又令人信服的解释。

（b）更一般地，假设"you lose"纸条的权重为 v，有 n 张空白的纸条，权重均为 w。在每一阶段，抽取的概率都以权重作为比例，也就是说，抽取一张纸条的概率等于这张纸条的权重除以剩下的所有纸条的权重和。确定应该第几个抽取纸条（或者完全与抽取顺序无关）；这里 $v>0$、$w>0$ 和 $n\geq 1$ 都为已知常数。

59. 设 D 表示某人患有某种疾病，C 代表这个人接触了某种物质（例如，D 可能为患有肺癌，而 C 可能为吸烟）。现在希望探索接触某项物质与患有这种疾病之间是否存在关联（如果有，又有怎样的关联）。

优势比（odds ratio，记作 OR）是广泛应用于流行病学中研究疾病和环境的关系的一种方法，其定义如下

$$\text{OR} = \frac{\text{odds}(D \mid C)}{\text{odds}(D \mid C^c)},$$

其中，条件优势（odds）的定义对应于非条件优势（odds）的定义：即 $\text{odds}(A \mid B) = \frac{P(A \mid B)}{P(A^c \mid B)}$。另一种广泛应用的方法为相对风险（relative risk，记作 RR）：

$$\text{RR} = \frac{P(D \mid C)}{P(D \mid C^c)},$$

其中，相对风险非常容易解释，例如，RR = 2 就表示接触某种物质的人患这种病的概率为不接触这种物质的人的两倍。〔虽然这不一定就意味着这种物质会导致患病概率的增加，同样地，优势（odds）比也无法给出这样的因果关系〕。

（a）证明：假设这种疾病很罕见，对于接触某种物质和不接触这种物质的人来说患病的概率都很小，那么这时候相对风险（relative risk）接近于优势比（odds ratio）。

（b）定义 $p_{ij}(i=0,1;j=0,1)$ 为如下概率：

	D	D^c
C	p_{11}	p_{10}
C^c	p_{01}	p_{00}

例如，$p_{10} = P(C, D^c)$。证明优势比（odds ratio）可以用如下交叉相乘形式表示

$$\text{OR} = \frac{p_{11}p_{00}}{p_{10}p_{01}}。$$

（c）证明：优势比（odds ratio）具有对称性，即在不改变其值的情况下，C 和 D 的角色可以互换，

$$\text{OR} = \frac{\text{odds}(C \mid D)}{\text{odds}(C \mid D^c)}。$$

这个对称性也是优势比（odds ratio）被广泛应用的原因，因为它可以估计一系列各种各样的问题，而这对于相对风险（relative risk）来说是很困难的。

60. 一位研究员想通过调查来估算某地人口中使用非法药物的人所占的比例。因为注意到当被问到一些敏感问题时，例如"你是否曾使用过非法药物"，许多人可能会撒谎，于是

这个研究员用了一种叫作随机反应的方法将一堆纸条放进一个帽子里，纸条上写着"我曾使用过非法药物"或者"我没有使用过非法药物"。设 p 表示写有"我曾使用过非法药物"的纸条在所有纸条中的比例。（p 事先由研究员选取）。

每一个参与者从中随机抽取一张纸条并且诚实地回答上面的问题。然后这张纸条再放回帽子中。研究员不知道每个参与者拿到的纸条是什么。设 y 为参与者回答"是"的概率，d 为一个参与者曾用过非法药物的概率。

（a）求 y（用 d 和 p 表示）。

（b）研究员在做这项调查时选择的最糟糕的 p 会是什么？请给出解释。

（c）现在考虑如下备选方案。假设写有"我曾经用过非法药物"纸条的比例为 p，但是剩下的 $1-p$ 写的是"我在冬天出生"而不是"我没有使用过非法药物"。假设有 $1/4$ 的人在冬天出生，并且每个人出生的季节和他是否用过非法药物无关。求 d（用 y 和 p 表示）。

61. 在汤姆·斯托帕德（Tom Stoppard）编排的话剧《君臣人子小命呜呼》(Rosencrantz and Guildenstern are Dead)[28]的一开始，其中一位主角 Guildenstern 正在掷硬币，而另一位主角 Rosencrantz 则在赌每一次的结果。硬币一直都是正面朝上，于是有了以下的谈话。

Guildenstern：一个弱者可能会动摇他的信念，即使不在别的方面至少也会在概率法则上。

这个硬币连续 92 次都正面朝上。

（a）Fred 和他的朋友在看话剧。看到了上述描述的情形后，他们进行了如下的对话。

Fred：这种结果对于均匀的硬币而言基本是不可能的，他们肯定用了假的硬币（可能是双面都是正面的硬币），或者这个试验是以某种方式进行的（比如用了磁铁）。

Fred 的朋友：虽然连续出现 92 个正面的概率很小；对于均匀硬币概率是 $1/2^{92} \approx 2 \times 10^{-28}$。但是任意其他的正面和反面组成的特定顺序的字符串出现的概率都是一样的！结果看似极不可能是因为随着掷硬币的次数增加可能出现的结果数呈指数增长，所以任何结果都是极不可能的。即使没有看到他们试验的结果，你也可以得出相同的论点，也就是说你没有证据证明硬币是不均匀的。

对这些观点进行评价，帮助 Fred 和他的朋友解决他们的争论。

（b）假设只有两种可能性：要么就是所有的硬币都是均匀的，要么这些硬币是双正面的（即正面朝上的概率为 1）。设 p 表示硬币是均匀的先验概率。给定条件 92 次试验中 92 次都是正面朝上，求硬币是均匀的后验概率。

（c）继续（b）问，当 p 等于多少时，硬币均匀的后验概率大于 0.5？当 p 为多少时小于 0.05？

62. 你正在一个一个地收集玩具（一共有 n 种）。每一次你买一个玩具，它都以相同的概率随机地成为其中的一种。设 p_{ij} 为概率，表示买完第 i 个玩具后正好收藏了 j 种玩具的概率，其中 $i \geq 1$ 且 $0 \leq j \leq n$。（这个问题也出现在了例 4.3.11 的优惠券收集问题中）

（a）用 $p_{i-1,j}$ 和 $p_{i-1,j-1}$ 表示 p_{ij} 的一个递归等式，其中 $i \geq 2$ 且 $1 \leq j \leq n$。

（b）描述如何利用（a）中的递归关系计算 p_{ij}。

63. A/B 检验是一种随机化试验，很多公司用它来了解顾客对于不同对待方式的反应。例如，公司希望观察到用户对于他们网站的新功能的反应（相比于现在的网站）或者比较两种不同广告的效果。

顾名思义，本题就是研究两个不同的方案，假设方案 A 和方案 B。用户逐一到达，然后随机分配两种方案中的一种。试验结果分为"成功"（例如：用户购买了产品）或"失败"。第 n 个用户分配到方案 A 的概率被允许由上一个用户的结果决定。这种设置叫作双臂赌博机（two-armed bandit）。

目前已经有很多研究如何随机化方案分配的算法。下面是一个较简单（但是多变）的算法，称为赢家同行（stay-with-a-winner）过程：

（ⅰ）对于第一个用户，以相同的概率随机分配给方案 A 或方案 B。

（ⅱ）如果第 n 个用户的试验结果为"成功"，则这个方案保留至第 $n+1$ 个用户；否则的话，换另一个方案提供给第 $n+1$ 个用户。

设 a 为方案 A 成功的概率，b 为方案 B 成功的概率。假设 $a \neq b$，但是 a 和 b 是未知的（所以才需要这个试验）。设 p_n 为第 n 次试验成功的概率，a_n 为第 n 次试验分配到方案 A 的概率。

（a）证明：

$$p_n = (a-b)a_n + b,$$
$$a_{n+1} = (a+b-1)a_n + 1 - b。$$

（b）用（a）中的结论证明 p_{n+1} 满足下面的递归方程：

$$p_{n+1} = (a+b-1)p_n + a + b - 2ab。$$

（c）用（b）中的结论计算这个算法的长期成功概率，$\lim_{n\to\infty} p_n$。假设极限存在。

64. 在人体中，基因都是成对出现的。某种基因有两种类型（等位基因）：类型 a 和类型 A。两个基因有如下几种不同组合：AA、Aa 或 aa（Aa 与 aA 等价）。假设将哈迪-温伯格（Hardy-Weinberg）定律应用于此，也就是说，人群中 AA、Aa 或 aa 出现的概率分别为 p^2、$2p(1-p)$ 和 $(1-p)^2$，其中 $0 < p < 1$。

当一个女人和一个男人创造了一个孩子时，这个孩子分别从父亲和母亲中集成一个基因组成基因对。假设母亲以相同的概率贡献出她的基因对中的一个基因，父亲也同理，且两者是相互独立的。同样假设双亲的基因型是相互独立的（概率满足哈迪-温伯格定律）。

（a）求一个孩子（父母都是随机的）所有可能的基因型（AA、Aa 和 aa）出现的概率。解释哈迪-温伯格定律关于遗传下一代的稳定性。

提示：以父母的基因型作为条件。

（b）我们把 AA 型或 aa 型基因的人称作这种基因的纯合子（homozygous），然后 Aa 型的人叫作杂合子（heterozygous）。求给定父母都是纯合子，孩子是纯合子的概率。同样，求父母都是杂合子，孩子是杂合子的概率。

（c）假设基因型 aa 会有独特的物理特征，所以很容易从外貌中辨别出一个人是不是这种基因型。母亲和父亲都不是 aa 基因型，他们的孩子也不会是 aa 基因型。给定这些信息，求这个孩子是杂合子的概率。

提示：应用条件概率的定义。然后用全概率公式以父母的基因型作为条件将分子和分母展开。

65. 一副标准扑克被充分打乱，然后依次翻转每一张牌直到出现第一张 A 牌。设 B 事件表示下一张牌也同样是一张 A。

（a）直观上，你认为 $P(B)$ 与 1/13（所有 A 牌在整副牌中的比例）哪一个大？给出解释。（给出一个直观的答案而不是数学计算；本问的目的是描述你的直觉。）

（b）设 C_j 事件表示第一张 A 在整副牌的第 j 个位置。求 $P(B\mid C_j)$（用 j 表示，答案应充分简化）。

（c）利用全概率公式求出 $P(B)$ 的一个和的表达式。（这个表达式可以是复杂的，但是必须可以利用 R 等软件轻易计算出来。）

（d）利用对称论证求出 $P(B)$ 的一个充分简化的表达式。

提示：在第一张 A 出现后，如果让你在下一张牌也是 A 和整副牌的最后一张是 A 中做选择，你会倾向哪一种？

第 3 章　随机变量及其分布

本章将介绍非常有用的概念——随机变量，随机变量可以简化概率表达，加强人们量化不确定现象和总结试验结果的能力。随机变量将贯穿本书剩余的整个内容，并贯穿整个统计学领域，因此无论从直观上还是数学上都需要深入理解什么是随机变量。

3.1　随机变量

为了认识到当前我们对不确定现象的表达是多么的不明智，首先再次回到第 2 章赌徒输光的例子。在这个问题中，人们对赌徒在任意时刻还剩多少财产更加感兴趣，因此补充以下表达式：假设事件 A_{jk} 表示赌徒 A 在 k 轮赌博之后恰好剩下 j 美元，类似地，定义事件 B_{jk}。

显然，上述表达过于复杂，更进一步讲，人们也会对其他问题感兴趣，例如在 k 轮赌博之后两个赌徒所剩财产的差额是多少，或者赌博的持续时间（指其中某个赌徒已经输光）。对于"这局赌博的持续时间"问题，如果用 A_{jk} 和 B_{jk} 来表示的话，会非常的冗杂。此外，如果想用等价值的欧元替代美元来表示赌徒 A 的财产又将会怎么样？美元可以根据货币汇率乘以一个数字进行转换，然而事件却没有类似的转换比例可以相乘。

如果用以下的描述方式来代替上述复杂符号，可能会得到更好的效果。

设 X_k 表示赌徒 A 在 k 轮赌博之后剩余的财产。那么 $Y_k = N - X_k$ 可以表示赌徒 B 剩余的财产（其中 N 是固定值，表示两个赌徒财产的总和），$Y_k - X_k = N - 2X_k$ 表示在 k 轮赌博之后两个赌徒的所剩财产的差额，$c_k X_k$ 指用等价值的欧元来表示赌徒 A 的财产，其中 c_k 是欧元对美元的汇率，此外 $R = \min\{n : X_n = 0$ 或 $Y_n = 0\}$ 可以表示赌博的持续时间。

而随机变量就能描述以上的问题！在掌握随机变量时需要仔细地介绍其定义，保证概念和技术上的正确性。有时随机变量的定义是给定的，一般定义为带有随机性质的变量，然而却不能解释出随机性从哪里来，也没有得到随机变量的性质，比如我们熟悉的代数方程 $x^2 + y^2 = 1$，如果 x 和 y 都是随机变量的话，又该如何进行数学运算。为满足定义的准确性，我们将随机变量定义为样本空间到实数轴上的函数映射（参考附录中有关函数的相关内容）。

定义 3.1.1（随机变量）　给定样本空间 S 上的一个试验，随机变量（random variable，记作 r. v.）是从样本空间 S 到实数轴 R 上的函数，通常用大写字母表示随机变量，但不是必须如此表示。

因此，一个随机变量 X 为试验的每一个可能的结果 s 分配数值 $X(s)$。随机性来源于有一个随机试验（概率函数 P 所描述的概率）；如图 3.1 所示，映射本身却是确定的。针对同一个随机变量，可以使用更加简单的方式来表示，就像图 3.2 左图展示的一样，将数值直接记在鹅卵石上。

上述定义较为抽象但却是十分基础的；在学习概率论与数理统计的过程中，最重要的技

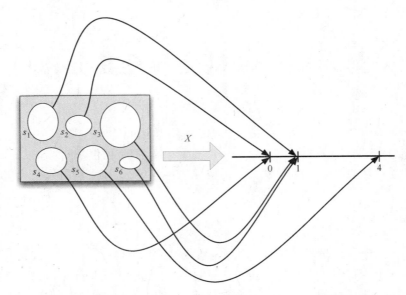

图 3.1 该随机变量是从样本空间到实数轴的映射，样本空间中含有 6 个元素（鹅卵石），通过随机变量将其映射到 $\{0,1,4\}$ 其中随机性来源于根据样本空间的概率函数 P 所随机选择的元素。

能之一就是有能力在抽象观念与具体实例之间进行来回转换。与此相关的是，它对于帮助了解问题的基本模式或结构，以及它是如何与所研究问题进行连接是很重要的。因为许多问题是同构的，本书中会经常讨论类似抛硬币这样简单的情形来解释一些稍显复杂的问题。许多问题其实具有相同的基本结构，仅仅是因为伪装不同才显现的不一样。

首先，考虑一个抛硬币的例子。问题的结构是：做一系列试验，每次试验都有两种可能的结果，这里认为可能的结果包括 H（正面朝上）和 T（反面朝上），同样地，也可以把它们看作是"成功"和"失败"，或者是 1 和 0。

例 3.1.2（抛硬币）　考虑一个试验：随机地抛掷两次硬币。此时样本空间由 4 个可能的结果组成：$S = \{HH, HT, TH, TT\}$。这里存在该空间上的一些随机变量（用于实践，你也可以想出一些自己的随机变量）。每一个随机变量都是试验在某方面的数值表示。

- 设 X 表示正面朝上的次数。X 是一个随机变量，其可能的取值为 0、1、2。将其看作是一个函数，X 作用在 HH 上的值为 2，X 作用在 TH 或者 HT 上的值为 1，X 作用在 TT 上的值为 0，即 $X(HH) = 2$，$X(HT) = X(TH) = 1$，$X(TT) = 0$。

- 设 Y 表示反面朝上的次数。对于 X，存在 $Y = 2 - X$。也就是说，Y 和 $2 - X$ 是相同的 r.v.（随机变量）：对于任意的 s，有 $Y(s) = 2 - X(s)$。

- 设 I 是随机变量，如果第一次硬币正面朝上则取 I 的值为 1，反之为 0。那么当出现 HH 或者 HT 的情况的时候，I 为 1；当出现 TH 或者 TT 的情况的时候，I 为 0。由于该随机变量表示硬币是否第一次投掷正面朝上（用 1 表示"是"，用 0 表示"否"），因此随机变量 I 也叫作示性随机变量。

样本空间也可以被重新标注为 $S = \{(1,1), (1,0), (0,1), (0,0)\}$，其中 1 表示正面朝上，0 表示反面朝上。此时可以给出 X、Y 和 I 的确切表达式：

$$X(s_1, s_2) = s_1 + s_2, Y(s_1, s_2) = 2 - s_1 - s_2, I(s_1, s_2) = s_1,$$

其中，为使符号简便，将 $X((s_1, s_2))$ 标记为 $X(s_1, s_2)$ ，以此类推。

对于今后将考虑的大多数随机变量而言，这样写出一个明确的公式往往是冗长的甚至是不可行的。幸运的是，通常并没有必要如此操作，因为（正如在这个例子中所看到的）还可以通过其他的方法来定义一个随机变量，并且除了通过使用显式的公式来计算得到其对每个试验结果的映射外，还有许多学习方法来研究随机变量的性质（我们将在本书的其余部分看到）。　　　　　　　　　　　　　　　　　　　　　　　　　　　□

正如在前面的章节中所讲到的，对于包含有限个结果的样本空间，可以将每个结果看作一个鹅卵石（或圆点），相应的概率可以表示成鹅卵石的质量，这样的鹅卵石总的质量为1。随机变量可以简单地表示成每个卵石上标记的值。图 3.2 显示了定义在样本空间的两个随机变量：虽然这些鹅卵石或者说结果是相同的，但实际分配的数值却是不同的。

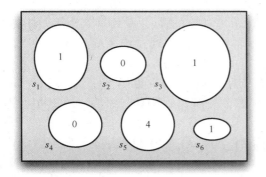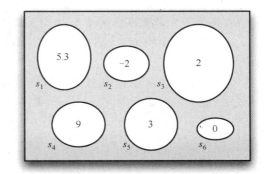

图 3.2　定义在样本空间中的两个随机变量。

正如前面所提到的，随机变量中的随机性来源于试验本身。在试验中，样本结果 $s \in S$ 是根据一个概率函数 P 进行选择的。在进行试验之前，试验结果是未知的，因此我们不知道随机变量 X 的取值，尽管可以计算随机变量 X 在给定值或取值范围内的概率。当执行完试验并实现了结果之后，随机变量就可以具体化为数值形式 $X(s)$ 。

随机变量提供了有关试验的数值摘要。这是非常方便的，因为一个试验的样本空间通常是非常复杂的或者是高维的，且试验结果 $s \in S$ 还有可能是非数值的。例如，某试验可能是在某个特定城市人群中随机抽取样本，然后向他们询问各种问题，问题的结果可能是数字（例如，年龄或身高）或非数字（例如，支持的政党或喜爱的电影）形式的。事实上，相比于需要始终处理非常复杂的样本空间 S ，以数值形式呈现的随机变量是一种非常方便的简化。

3.2　随机变量的分布与概率质量函数

在工程实践中，常用的随机变量主要有两种类型，分别是离散型随机变量和连续型随机变量。本章和下一章重点介绍离散型随机变量，连续随型机变量将在第 5 章中详细介绍。

定义 3.2.1（离散型随机变量）　如果存在一个有限的离散值列表 $a_1, a_2, \cdots, a_n$ 或是一个无限的离散值列表 $a_1, a_2, \cdots$ ，使得 P（对于某个 j ， $X = a_j$ ）$= 1$ ，则称随机变量 X 为离散的。

如果 X 是一个离散的随机变量，然后存在关于 x 值的有限或者可数无穷集合 $\{x\}$，使得 $P(X=x)>0$，则称该集合为 X 的支撑（support）或支撑集。

实际应用中最为常见的是，一个离散型随机变量的支撑是一个整数集。相反，一个连续的随机变量的定义域可以是一个区间（甚至整个实数轴）上的任何值；这样的随机变量将在第 5 章详细介绍。此外还存在混合型随机变量，它由连续和离散组合而成的，例如抛一枚硬币，规定如果硬币正面朝上则生成一个离散型随机变量，如果硬币反面朝上则生成一个连续型随机变量。但对其了解的出发点还是在于加强理解离散型和连续型随机变量。

给定一个随机变量，通常人们希望能够用概率语言来描述它的表现。例如，我们可能想知道"随机变量将落在一个给定范围内的概率"的问题：假设随机变量 L 表示随机选择的一名美国大学毕业生一生的收入，那么 L 超过一百万美元概率是多少？假设随机变量 M 是未来五年内发生在加利福尼亚州的大地震的数量，那么 M 等于 0 的概率又是多少呢？

一个随机变量的分布可以给出这些问题的答案。它可以给出与之相关的所有事件的概率，比如 M 等于 3 的概率或者 L 至少为 110 万美元的概率。之后会看到有几个等效的方法来表示一个离散型随机变量的分布，最常用也是最自然的方法是通过概率质量函数，接下来将给出它的定义。

定义 3.2.2（概率质量函数） 离散型随机变量 X 的概率质量函数（probability mass function，PMF）是一个形如 $p_X(x)=P(X=x)$ 的函数，写作 p_X，注意，如果 x 是随机变量 X 的支撑，那么 p_X 是正的，反之 p_X 是 0。

注 3.2.3 在书写 $P(X=x)$ 时，用 $X=x$ 表示一个事件，它由 X 分配给 x 的所有结果 s 组成。这个事件也可以写成 $\{X=x\}$，正式地讲，$\{X=x\}$ 应该定义成 $\{s \in S, X(s)=x\}$，但是 $\{X=x\}$ 的写法更简洁、更直观。回到例 3.1.2（随机抛掷两次硬币），如果随机变量 X 表示正面朝上的次数，那么 $\{X=1\}$ 由样本结果 $\{TH,HT\}$ 组成，X 作用到 $\{TH,HT\}$ 的值就是 1。因为 $\{TH,HT\}$ 是样本空间的子集，所以是一个事件。因此讨论 $P(X=1)$ 或者更为一般的 $P(X=x)$ 是有意义的。如果 $\{X=x\}$ 不是一个事件，那么计算 $P(X=x)$ 就会变得没有意义，并且写成 "$P(X)$" 也是没有意义的。我们只能对一个事件的概率进行计算，而非随机变量的概率。

接下来介绍几个关于概率质量函数（PMF）的例子。

例 3.2.4（抛硬币续） 本例将求出例 3.1.2 中的所有随机变量的概率质量函数，例 3.1.2 已知抛掷两枚均匀硬币。下面是我们定义的随机变量还有它们的概率质量函数：

• X 表示正面朝上的次数。因为当 TT 出现的时候 X 是 0，当 HT 或者 TH 出现的时候 X 是 1，当 HH 出现的时候 X 是 2，所以随机变量 X 的概率质量函数 p_X 定义如下：

$$p_X(0)=P(X=0)=1/4,$$
$$p_X(1)=P(X=1)=1/2,$$
$$p_X(2)=P(X=2)=1/4,$$

并且如果 x 取其他值，则 $p_X=0$。

• $Y=2-X$，表示反面朝上的次数。由上述讨论可以得到如下事实：

$$P(Y=y)=P(2-X=y)=P(X=2-y)=p_X(2-y),$$

那么随机变量 Y 的概率质量函数为

$$p_Y(0)=P(Y=0)=1/4,$$

$$p_Y(1) = P(Y=1) = 1/2,$$
$$p_Y(2) = P(Y=2) = 1/4,$$

并且如果 y 取其他值，则 $p_Y = 0$。

注意，即使随机变量 X 和随机变量 Y 是不同的（即随机变量 X 和随机变量 Y 是从 $\{HH, HT, TH, TT\}$ 映射到实数轴上的不同函数），但是它们的确有相同的概率质量函数（即 p_Y 和 p_X 是相同的）。

- I，表示第一次是否正面朝上的示性随机变量。因为当 TH 或者 TT 出现的时候 I 是 0，当 HH 或者 HT 出现的时候，则 X 是 1，因此随机变量 I 的概率质量函数为

$$p_I(0) = P(I=0) = 1/2,$$
$$p_I(1) = P(I=1) = 1/2,$$

并且如果 I 取其他值，那么 $p_I(i) = 0$。

X、Y 和 I 的概率质量函数如图 3.3 所示，画成垂直点形状可以更容易地比较出不同点的高度。

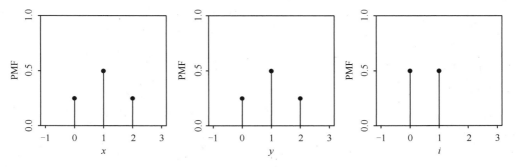

图 3.3　从左到右依次为：X、Y 和 I 的概率质量函数（PMF），其中 X 表示正面朝上的次数，Y 表示反面朝上的次数，I 表示第一次是否正面朝上。

例 3.2.5（骰子点数之和）　随机投掷两个 6 面骰子。令 $T = X + Y$ 表示两个骰子出现的点数之和，其中 X 和 Y 是每个骰子分别出现的点数。该试验的样本空间由 36 个等可能的结果组成：

$$S = \{(1,1),(1,2),\cdots,(6,5),(6,6)\}。$$

例如，下表列出了 36 个结果中选取的 7 个结果，以及对应的 X、Y 和 T 的取值，在试验完成后，首先观察 X 和 Y 的值，然后得到 T 的观测值等于 X 与 Y 的总和。

s	X	Y	$X+Y$
$(1,2)$	1	2	3
$(1,6)$	1	6	7
$(2,5)$	2	5	7
$(3,1)$	3	1	4
$(4,3)$	4	3	7
$(5,4)$	5	4	9
$(6,6)$	6	6	12

因为骰子的每个面都是均匀的，因此随机变量 Y 的概率质量函数为
$$P(X=j)=1/6,$$
其中，$j=1,2,\cdots,6$［若 X 取其他值，则 $P(X=j)=0$］。我们称 X 在 $1,2,\cdots,6$ 上存在一个离散均匀分布。类似地，Y 在 $1,2,\cdots,6$ 上也服从离散均匀分布。

注意，X 和 Y 虽然具有相同的分布，但它们并不是相同的随机变量。事实上，可以得到
$$P(X=Y)=6/36=1/6。$$

实际上，同 X 具有相同分布的随机变量不止一个，比如 $7-X$ 和 $7-Y$。为了证明这一点，这里可以使用标准骰子来说明问题。如果 X 是骰子的顶面的话，那么 $7-X$ 便是骰子的底面，因为顶面能以均等的机会取到值 $1,2,\cdots,6$，那么 $7-X$ 也能够以均等的机会取到值 $1,2,\cdots,6$。需要注意的是，X 和 $7-X$ 虽然具有相同的分布，但它们并不是相同的随机变量。

接下来计算 T 的概率质量函数（PMF）。根据概率的朴素定义可得：
$$P(T=2)=P(T=12)=1/36,$$
$$P(T=3)=P(T=11)=2/36,$$
$$P(T=4)=P(T=10)=3/36,$$
$$P(T=5)=P(T=9)=4/36,$$
$$P(T=6)=P(T=8)=5/36,$$
$$P(T=7)=6/36。$$
如果 t 取其他值，那么 $P(T=t)=0$。通过观察两个骰子的点数之和可以直接得到 T 的支撑是 $\{2,3,\cdots,12\}$，但作为检验，注意有
$$P(T=2)+P(T=3)+\cdots+P(T=12)=1,$$
这说明考虑到了所有的可能性。此例中 T 具有对称性，即 $P(T=t)=P(T=14-t)$，这种对称性的存在是有道理的，因为 X 和 $7-X$ 具有相同的分布，Y 和 $7-Y$ 具有相同的分布，因此 T 和 $14-T$ 也应具有相同的分布。

随机变量 T 的概率质量函数如图 3.4 所示，它呈现三角形状，且上述所说的对称性在图中非常明显。

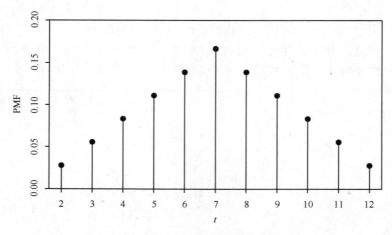

图 3.4　两个骰子的点数之和的概率质量函数。

例 3.2.6（美国家庭的孩子）　假设在美国随机选择一个家庭。设 X 为被选家庭中孩子的数量。由于 X 只能取整数值，因此它是一个离散型随机变量 X。X 取 x 值的概率与拥有 x 个孩子的美国家庭数量成比例。

这里采用从 2010 年综合社会调查［26］中得到的数据，可以近似得到有 0 个孩子，1 个孩子，2 个孩子……的家庭的比例，从而近似得到 X 的概率密度函数（见图 3.5）。　　□

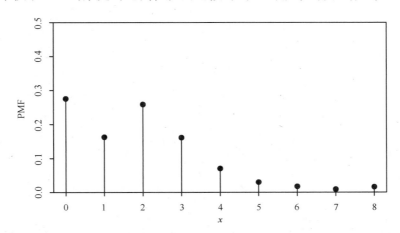

图 3.5　随机选择美国一个家庭其拥有孩子数量的概率质量函数。

接下来将会介绍一个与有效概率质量函数相关的性质。

定理 3.2.7（有效概率质量函数）　设 X 是一个离散型随机变量，且具有支持 $x_1, x_2, \cdots$（假设这些 x_i 的值是不同的，并且为表述简单，X 的支撑是可数无穷的；如果支撑是有限的，则类似的结果也成立）。那么 X 的概率质量函数 p_X 必须满足以下两个标准：

- 非负性：对于 j，如果有 $x = x_j$，则 $p_X(x) > 0$；否则，$p_X(x) = 0$。

- 归一性：$\sum_{j=1}^{\infty} p_X(x_j) = 1$。

证明： 由于概率是非负的，因此第一个准则显然成立。由于 X 必须在非负整数中取值并且事件 $\{X = x_j\}$ 之间是独立的，因此有

$$\sum_{j=1}^{\infty} P(X = x_j) = P\left(\bigcup_{j=1}^{\infty} \{X = x_j\}\right) = P(X = x_1 \text{ 或 } X = x_2 \text{ 或 } \cdots) = 1,$$

即第二个准则成立。　　■

相反地，如果给定不同的值 x_1，x_2，$\cdots$，并且有一个函数满足以上两条准则，则这个函数是某个随机变量的概率质量函数。本书将在第 5 章介绍如何建立这样的随机变量。

前面提到过，概率质量函数只是表达一个随机变量分布的方法之一。这是因为一旦知道了 X 的概率质量函数，就可以通过对 x 的适当值进行求和来计算 X 落入实数集中给定子集的概率，例如下面几个例子。

例 3.2.8　回顾例 3.2.5，设 T 表示两个骰子出现的点数之和。前面已经计算了 T 的概率质量函数。现在假设我们对 T 落入区间 $[1,4]$ 的概率很感兴趣，由 T 的定义可知，T 只能取 2、3、4。根据 T 的概率质量函数可以得到 T 取上述三个值的概率，因此有

$$P(1 \leqslant T \leqslant 4) = P(T = 2) + P(T = 3) + P(T = 4) = 6/36。$$　　□

　　一般地，给定一个离散型随机变量 X 和一个实数集 B，如果知道 X 的概率质量函数，则通过对 X 的概率质量函数图像在 B 中垂直点的高度进行求和，可以得到 $P(X \in B)$，即 X 在 B 中的概率。根据一个随机变量的概率密度函数，可以确定出它的分布。

3.3　伯努利分布及二项分布

　　在概率论与数理统计中，一些分布是随处可见的，以至于它们有固定的名称。接下来将集中介绍有命名的分布，这些分布在本书中贯穿始终，从一个非常简单但有用的例子开始：一个随机变量，它只能取两个可能的值，0 或 1。

　　定义 3.3.1（伯努利分布）　设 X 是一个随机变量，如果满足 $P(X=1)=p$ 且 $P(X=0)=1-p$，其中 $0 < p < 1$，则称 X 是服从参数为 p 的伯努利分布。记作 $X \sim \mathrm{Bern}(p)$。符号"$\sim$"读作"服从于"。

　　任何可能取值是 0 和 1 的随机变量都服从一个 $\mathrm{Bern}(p)$ 分布，其中 p 为随机变量取值为 1 的概率。$\mathrm{Bern}(p)$ 中的 p 称为分布的参数；它可以确定出具体的伯努利分布。因此，伯努利分布并不是唯一的，而是存在由参数 p 所标记的伯努利分布族。例如，假设 $X \sim \mathrm{Bern}(1/3)$，"$X$ 服从伯努利分布"这种说法虽然是正确的，但却是不完整的。为了完整描述 X 的分布，需要同时说明分布的名称（伯努利分布）以及它的参数值 $(1/3)$，二者均为符号 $X \sim \mathrm{Bern}(1/3)$ 所包含的要点。

　　任何事件都会有一个伯努利随机变量，因为这种随机变量是自然而然地存在于其中的，如果事件发生则取值为 1，否则为 0。这种随机变量被称作示性随机变量。在后面我们将会看到，这种随机变量是非常有用的。

　　定义 3.3.2（示性随机变量）　设 X 为随机变量，如果事件 A 发生时取 $X=1$，事件 A 不发生时取 $X=0$，则称随机变量 X 为示性随机变量。一般用符号 I_A 或者 $I(A)$ 表示事件 A 的示性随机变量。注意有 $I_A \sim \mathrm{Bern}(p)$，其中 $p=P(A)$。

　　人们经常用抛硬币的例子来想象伯努利随机变量，但这仅是作为讨论下述一般性案例的一种简便语言。

　　案例 3.3.3（伯努利试验）　进行一项随机试验，若试验的结果只有"成功"或者"失败"，则称该试验为伯努利试验。伯努利随机变量可以看作是伯努利试验成功的标志：如果成功，则伯努利随机变量等于 1，否则为 0。　　　　　　　　　　　　　　　　　　　　□

　　根据此试验，参数 p 通常叫作伯努利分布的成功概率。一旦开始考虑伯努利试验，那么会很自然地考虑到进行多个伯努利试验的情形。

　　案例 3.3.4（二项分布）　假设进行 n 次独立的伯努利试验，每次试验具有相同的成功概率 p。设随机变量 X 表示试验成功的数量。称 X 的分布为具有参数 n 和 p 的二项分布。符号 $X \sim \mathrm{Bin}(n,p)$ 表示 X 服从参数为 n 和 p 的二项分布，其中 n 为正整数且 $0 < p < 1$。　　　□

　　需要注意的是，这里没有用概率质量函数来定义二项分布，而是通过案例描述了一种能产生服从二项分布的随机变量的试验类型。在统计学中，最著名的那些分布都是有案例的，这些案例也解释了为什么它们经常被用来当作数据模型，或作为建立更复杂的分布的基础。

　　关于命名分布，首先思考与它们相关的案例，这样会具有诸多好处。它有助于模式识别，使人们看清楚两个问题在本质上其实是同构的；它还可以避免进行复杂的概率质量函数计算，从而给出更简洁的解决方法。此外，它还能帮助我们了解分布之间是如何联系的。很显然，上面所述的 Bern(p) 和 Bin(1,p) 是一样的：伯努利分布是二项分布的特例。

定理 3.3.5（二项分布的概率质量函数）　如果 $X \sim$ Bin(p)，则 X 的概率质量函数为

$$P(X = k) = \binom{n}{k} p^k (1-p)^{n-k},$$

其中，$k = 0, 1, \cdots, n$。当 k 取其他值时，$P(X = k) = 0$。

❀ 3.3.6　为了节省篇幅，在不指定非零的情况下，概率质量函数通常为零。但在任何情形中，了解一个随机变量的支撑是什么并且检验概率质量函数的有效性是非常重要的。如果两个离散型随机变量具有相同的概率质量函数，则它们也必须要有相同的支撑。因此，有时说一个离散分布的支撑，其实就是指服从这种分布的任何随机变量的支撑。

证明：由 n 个相互独立的伯努利试验所组成的试验，其结果也会由一系列成功和失败组成。包含 k 次成功和 $n-k$ 次失败的任意序列的概率为 $p^k(1-p)^{n-k}$，由于需要选择出哪几次试验是成功的，这样的试验序列会有 $\binom{n}{k}$ 个。因此，假设 X 为试验成功的次数，那么有

$$P(X = k) = \binom{n}{k} p^k (1-p)^{n-k},$$

其中，$k = 0, 1, \cdots, n$，并且当 k 取其他值时，$P(X = k) = 0$。由于所有的概率都是非负的，且由二项式定理可知，对所有的情况求和为 1，因而该概率质量函数是有效的。　∎

图 3.6 展示了不同参数 n 和 p 时二项分布的概率质量函数图。注意 Bin(10, 1/2) 分布的概率质量函数是关于 5 对称的，但是如果 p 不等于 1/2，则此时概率质量函数是倾斜的。当试验次数 n 固定时，X 会随着成功概率 p 的增大而增大。对于所有的概率质量函数图像，所有垂直点的高度之和都为 1。

之前已经介绍了由案例 3.3.4 得到 Bin(n, p) 的概率质量函数。这也说明了一个简单的事实：如果 X 服从二项分布，则 $n-X$ 也服从二项分布。

定理 3.3.7　设 $X \sim$ Bin(n,p)，且 $q = 1-p$（通常用 q 表示伯努利试验失败的概率），则有 $n - X \sim$ Bin(n, q)。

证明：借用二项分布的案例，将 X 解释为进行 n 次独立伯努利试验，其成功的次数，则 $n-X$ 就表示这些试验中失败的次数。类似于对称性，互相交换成功与失败的角色，可以得到 $n - X \sim$ Bin(n,q)。或者从概率质量函数的角度出发，可以看出 $n-X$ 具有服从 Bin(n,q) 的概率质量函数。设 $Y = n - X$，则 Y 的概率质量函数为

$$P(Y = k) = P(n - X = k) = P(X = n - k) = \binom{n}{n-k} p^{n-k} q^k = \binom{n}{k} q^k p^{n-k},$$

其中，$k = 0, 1, \cdots, n$。　∎

推论 3.3.8　设 $X \sim$ Bin(n,p)，其中 n 为偶数，$p = 1/2$，则 X 的分布是关于 $n/2$ 对称的，也就是说对于所有的非负整数 j，都有 $P\left(X = \dfrac{n}{2} + j\right) = P\left(X = \dfrac{n}{2} - j\right)$。

证明：由定理 3.3.7 可知，$n - X$ 同样服从 Bin(n,1/2)，因此对于所有的非负整数 k，有

$$P(X = k) = P(n - X = k) = P(X = n - k),$$

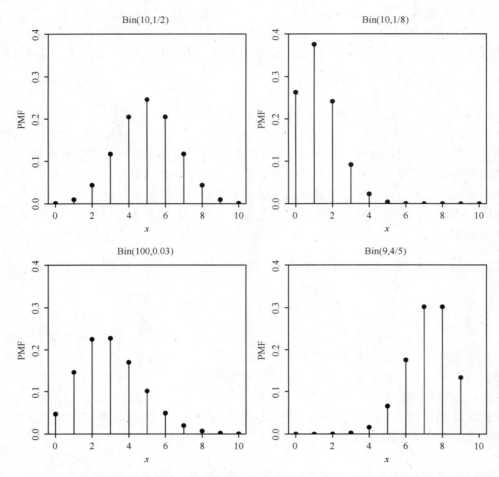

图 3.6　一些二项分布的概率质量函数图像。在左下图中，由于试验成功超过 10 次的概率接近于 0，因此只画了 Bin(100，0.03) 在 0 到 10 之间的概率质量函数。

令 $k = n/2 + j$，即可证得推论 3.3.8 的结果。该推论也解释了为什么图 3.6 中 Bin(10，1/2) 是关于 5 对称的。∎

　　例 3.3.9（掷硬币续）　回顾例 3.1.2，现在已经知道 $X \sim \text{Bin}(2, 1/2)$，$Y \sim \text{Bin}(2, 1/2)$ 和 $I \sim \text{Bern}(1/2)$。由定理 3.3.7 可知，X 和 $Y = 2 - X$ 具有相同的分布。再根据推论 3.3.8，得到 X 的分布（以及 Y 的分布）是关于 1 对称的。□

3.4　超几何分布

　　假设有一个由 w 个白球和 b 个黑球充满的罐子，然后有放回地从罐子里随机抓取 n 个球，以 n 个球中白球的数量作为随机变量，由于每次抓取的过程相当于独立的伯努利试验 [试验成功的概率为 $w/(w+b)$]，因此该变量会服从参数为 n 和 $w/(w+b)$ 的二项分布。如果现在改成不放回地从罐子里抓取 n 个球，如图 3.7 所示，则白球的数量会服从超几何分布。

案例 3. 4. 1（超几何分布）　考虑一个由 w 个白球和 b 个黑球充满的罐子。现在随机不放回地从罐中抓取 n 个球，总共有 $\binom{w+b}{n}$ 种不同的方案，且为等可能的。设 X 表示 n 个球中白球的数量，则称 X 服从参数为 w、b 和 n 的超几何分布。记为 $X \sim \text{HGeom}(w,b,n)$。　　　□

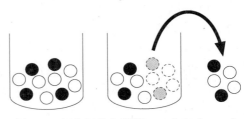

图 3.7　超几何分布案例。一个包含 $w=6$ 个白球和 $b=4$ 个黑球的罐子。不放回地取出 $n=5$ 个球，样本中白球的数量 X 服从超几何分布。图中观察 $X=3$ 的情况。

如同二项分布，同样可以从案例中得到超几何分布的概率质量函数。

定理 3. 4. 2（超几何分布的概率质量函数）如果 $X \sim \text{HGeom}(w,b,n)$，那么 X 的概率质量函数为

$$P(X=k) = \frac{\binom{w}{k}\binom{b}{n-k}}{\binom{w+b}{n}},$$

对于满足 $0 \leqslant k \leqslant w$ 且 $0 \leqslant n-k \leqslant b$ 的所有正整数 k 均成立，并且当 k 取其他值时，$P(X=k)=0$。

证明： 为了得到 $P(X=k)$，首先要计算出恰好取出 k 个白球和 $n-k$ 个黑球的方法数量（不区分以不同顺序得到相同数量的球）。如果 $k > w$ 或者 $n-k > b$，则该情况不成立。除此之外，根据乘法规则，恰好取出 k 个白球和 $n-k$ 个黑球的方法有 $\binom{w}{k}\binom{b}{n-k}$ 种，而从罐子中取出 n 个球的方法有 $\binom{w+b}{n}$ 种。由于所有的样本都是等可能的，由概率的原始定义可以得到：

$$P(X=k) = \frac{\binom{w}{k}\binom{b}{n-k}}{\binom{w+b}{n}},$$

上式对于满足 $0 \leqslant k \leqslant w$ 且 $0 \leqslant n-k \leqslant b$ 的所有正整数 k 均成立。根据范德蒙（Vandermonde）恒等式（见例 1.5.3），有 $\sum_{k=1}^{n} \binom{w}{k}\binom{b}{n-k} = \binom{w+b}{n}$，故概率质量函数之和为 1，因此 X 的概率质量函数是有效的。　　　■

超几何分布出现在许多情况下，通常从表面上来看，罐子里的黑球与白球几乎没有什么共同之处。超几何分布的适用基础是总体根据两套标签进行分类：在罐子的示例中，每个球不是白色就是黑色（第一套标签），每个球要么是样本要么不是样本（第二套标签）。此外，这些标签中至少有一个是被完全随机分配的（在罐子的例子中，球是随机抽样的）。那么 $X \sim \text{HGeom}(w,b,n)$ 代表被两套标签都标记的数量：在罐子的例子中，关注的是既被抽样又是白色的球。

接下来介绍的两个例子看似是在不同的场景中，但本质上它们与罐子示例是同构的。

例 3. 4. 3（麋鹿的捕获-再捕获）　森林中有 N 头麋鹿。某天，共捕获了 m 头麋鹿，做

标记后将这 m 头麋鹿同时释放回野外。几天后，又重新随机地捕获 n 头麋鹿。假设重新捕获的麋鹿也同样可能是之前捕获的麋鹿。例如，第一次被抓获的麋鹿并没有学会如何避免再次被抓获。

由前面介绍的超几何分布的案例可知，再次被捕获的麋鹿的数量服从参数为 m、$N-m$ 和 n 的超几何分布 $\mathrm{HGeom}(m,N-m,n)$。第一次捕获的 m 头麋鹿相当于前一个例子中白球的总数，第一次未捕获的 $N-m$ 头麋鹿相当于前一个例子中黑球的总数，再次被捕获的 n 头麋鹿相当于前一个例子中抽样的数量。□

例 3.4.4（扑克牌中的老 A 数）　从一副充分洗好的标准扑克牌中随机抽取 5 张，在抽取的牌中，A 牌的数量服从参数为 4、48 和 5 的超几何分布 $\mathrm{HGeom}(4,48,5)$，这里可以把 A 牌看成是白球，其他的牌看成是黑球。

由超几何分布的概率质量函数可知，恰好有三张 A 牌的概率为

$$\frac{\binom{4}{3}\binom{48}{2}}{\binom{52}{5}}=0.0017\%。$$ □

下表对上述几个示例如何看作是"总体按照两套标签进行区分"进行了总结。在每个例子中，我们所感兴趣的随机变量是落入表中第二列和第四列的数：白球且被抽到、标记且被再次捕获，A 牌且在手中。

示例	第一套标签		第二套标签	
罐子	白色	黑色	抽到	未抽到
麋鹿	标记	未标记	被再次捕获	未被再次捕获
扑克	A 牌	不是 A 牌	在手中	不存手中

下面的定理描述了在不同参数下两个超几何分布之间的对称性；证明的原理是将介绍超几何案例中的两套标签进行交换。

定理 3.4.5　超几何分布 $\mathrm{HGeom}(w,b,n)$ 和 $\mathrm{HGeom}(n,w+b-n,w)$ 是等价的，换句话说，如果 $X\sim\mathrm{HGeom}(w,b,n)$ 且 $Y\sim\mathrm{HGeom}(n,w+b-n,w)$，那么 X 和 Y 是同分布的。

证明：借用前面所提到的超几何分布的例子，考虑一个由 w 个白球和 b 个黑球充满的罐子。现在随机不放回地从罐子里抓取 n 个球。假设 $X\sim\mathrm{HGeom}(w,b,n)$ 表示抽取的样本球中白球的数量，在这个例子中，白球或者黑球看作是第一套标签，有没有被抽取看作是第二套标签；类似地，假设 $Y\sim\mathrm{HGeom}(n,w+b-n,w)$ 表示所有白球中被抽样的数量，此时，是否被抽取可以看作是第一套标签，白球或者黑球看作是第二套标签。X 和 Y 都是表示被抽取的白球数量，所以它们有相同的分布。

或者也可以使用代数的方法来检查 X 和 Y 是否具有相同的概率质量函数：

$$P(X=k)=\frac{\binom{w}{k}\binom{b}{n-k}}{\binom{w+b}{n}}=\frac{\dfrac{w!}{k!\,(w-k)!}\dfrac{b!}{(n-k)!\,(b-n+k)!}}{\dfrac{(w+b)!}{n!\,(w+b-n)!}}$$

$$= \frac{w!\ b!\ n!\ (w+b-n)!}{k!\ (w-k)!\ (n-k)!\ (b-n+k)!\ (w+b)!}$$

$$P(Y=k) = \frac{\binom{n}{k}\binom{w+b-n}{w-k}}{\binom{w+b}{w}} = \frac{\dfrac{n!}{k!\ (n-k)!}\dfrac{(w+b-n)!}{(w-k)!\ (b-n+k)!}}{\dfrac{(w+b)!}{w!\ b!}}$$

$$= \frac{w!\ b!\ n!\ (w+b-n)!}{k!\ (w-k)!\ (n-k)!\ (b-n+k)!\ (w+b)!}$$

我们更倾向于用前一种证明方法，毕竟前一种方法不会过于烦琐而且易于记忆。

3.4.6（二项分布 vs 超几何分布）　二项分布和超几何分布往往容易令人混淆。它们都是在整数 0 和 N 之间取值的离散型分布，并且它们都可以解释为伯努利试验成功的次数（对于超几何分布来说，每头再次被捕获的麋鹿可以看作是一次成功，每头没有被再次捕获的麋鹿可以看作是一次失败）。然而，一个关键点在于，二项分布例子中每次伯努利试验都是独立进行的，而超几何分布例子中伯努利试验并不是相互独立的，这是由不放回抽样所引起的：第一次捕获标记的麋鹿第二次又被捕获的概率是减少的。当已知样本中的一头麋鹿是被标记的，则另一头麋鹿也被标记的概率会减小。

3.5　离散型均匀分布

接下来将介绍一个很简单的案例，这个案例和概率的原始定义紧密相关，就是从有限集里选择一个随机数。

案例 3.5.1（离散均匀分布）　设 C 是一个非空且有限的数字集合。随机且均匀地从 C 中选择一个数（即 C 中所有数有同等机会被抽取）。将被抽取的数记为 X，则称 X 服从参数为 C 的离散均匀分布，记为 $X \sim \text{DUnif}(C)$。X 的概率质量函数为

$$P(X=x) = \frac{1}{|C|},$$

因为一个概率质量函数的总和必须为 1，所以上式中 $x \in C$（否则为 0）。和基于概率原始定义的问题一样，基于离散型均匀分布这样的问题能够减轻计数负担。特别地，对于 $X \sim \text{DUnif}(C)$ 以及任意 $A \subseteq C$，有

$$P(X \in A) = \frac{|A|}{|C|}。$$

例 3.5.2（随机纸条）　一项帽子中放有 100 张纸条，每张纸条都由数字 1，2，$\cdots$，100 中的一个数字进行标记并且每张纸条上的数字不重复。现在抽取 5 张纸条。

首先考虑放回抽样（等概率）。

（a）抽取的纸条中，标记数字大于等于 80 的纸条个数的分布是什么？

（b）第 j 张纸条上标记的数字的分布是什么？（$1 \leqslant j \leqslant 5$）

（c）数字 100 至少被抽中一次的概率是多少？

现在考虑不放回抽样（5 张牌的各种组合是等可能出现的）。

（d）抽取的纸条中，标记数字大于等于 80 的纸条个数的分布是什么？

（e）第 j 张纸条上标记的数字的分布是什么？（$1 \leqslant j \leqslant 5$）

（f）数字 100 至少被抽中一次的概率是多少？

解：

（a）由二项分布的案例（story）可知，该问题的分布是 Bin(5, 0.21)。

（b）设 X_j 为第 j 张纸条上标记的数字，由对称性可知，$X_j \sim$ DUnif(1, 2, …, 100)。

（c）考虑该事件的对立事件，有

$$P(X_j = 100 \text{ 中至少有一个 } j) = 1 - P(X_1 \neq 100, X_2 \neq 100, \cdots, X_5 \neq 100)。$$

由概率的原始定义可知，上式等于

$$1 - (99/100)^5 \approx 0.049。$$

该解法只是使用了新符号来表示第 1 章中的概念。这种新的符号可以使表达更加紧凑和灵活。在上面的计算中，必须清楚为什么

$$P(X_1 \neq 100, X_2 \neq 100, \cdots, X_5 \neq 100) = P(X_1 \neq 100) \cdots P(X_5 \neq 100)。$$

在本例中根据概率的原始定义即可导出，但一种更为一般化的方法是通过随机变量的独立性进行推导，这个概念将在 3.8 节中详细介绍。

（d）由超几何分布的案例可知，该问题的分布是 HGeom(21, 79, 5)。

（e）设 Y_j 为第 j 张纸条上标记的数字，由对称性可知，$Y_j \sim$ DUnif(1, 2, …, 100)。

其中，Y_j 之间不是相互独立的（第 3.8 节将会介绍）但由于在无条件情况下，对于所有纸条而言，第 j 个被抽中的可能性相等，因此对称性依然成立。

（f）由于现在是不放回抽样，因此事件 $Y_1 = 100$，…，$Y_5 = 100$ 是不独立的，所以有

$$P(Y_j = 100 \text{ 中至少有一个 } j) = P(Y_1 = 100) + \cdots + P(Y_5 = 100) = 0.05。$$

完整性检查： 直观上，该答案是合理的，这是因为我们也可以认为，先从 100 张空白的纸条中随机选择 5 张，然后在这些纸条上从 1 到 100 随机写一个数字，因此会有 5/100 的可能性在这 5 张纸条中出现数字 100。

如果（c）的答案大于等于（f）的答案将会是非常奇怪的，这是因为在不放回抽样抽中标记数字 100 的纸条更容易些（出于同样的道理，在寻找遗失物品时，对于抽取寻找遗失物品的地点，我们会很自然地选择不放回抽样而不是放回抽样）。但有意思的是，（c）的答案只是比（f）的答案稍微小了一点，这是由于同样的纸条被抽中超过一次的可能性是非常小的（这个和大部分人猜测的结果不相同）。 □

3.6 累积分布函数

在概率论中，用于描述随机变量分布的另一种函数是累积分布函数（Cumulative Distribution Function，CDF），不同于概率质量函数只针对离散型随机变量，累积分布函数是针对所有类型的随机变量进行定义的。

定义 3.6.1 随机变量 X 的累积分布函数（CDF）是一个函数 F_X，其中 $F_X(x) = P(X \leq x)$。当不存在模糊概念的风险时，书写上有时会把下标 X 去掉，只用 F（或其他字母）表示一个累积分布函数。

下面的例子说明了：对于离散型随机变量，累积分布函数和概率质量函数（PMF）之间很容易进行相互转换。

例 3.6.2 设 $X \sim$ Bin(4, 1/2)，图 3.8 展示了 X 的累积分布函数（CDF）和概率质量函

数（PMF）。

● 从 PMF 到 CDF：为求出 $P(X \leqslant 1.5)$，即 X 的累积分布函数在 $x=1.5$ 的值，在小于等于 1.5 的所有取值范围上对概率质量函数求和：

$$P(X \leqslant 1.5) = P(X=0) + P(X=1) = (1/2)^4 + 4(1/2)^4 = 5/16。$$

同样地，任意一点 x 的累积分布函数值等于：X 的概率质量函数图形中，小于或等于 x 的所有取值范围上的垂直点高度的总和。

● 从 CDF 到 PMF：一个离散型随机变量的累积分布函数呈阶梯形状，在 x 两侧阶梯之间的差等于概率质量函数在 x 的值。例如，如图 3.8 所示，累积分布函数在 $x=2$ 跳跃的高度（$x=2$ 两侧阶梯之间的差）等于概率质量函数在 $x=2$ 处垂直点的高度。图中用花括号进行标记。

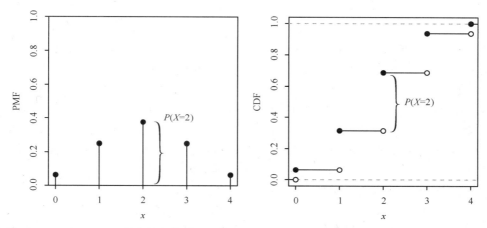

图 3.8 Bin(4，1/2) 分布的概率质量函数（PMF）和累积分布函数（CDF）。PMF 在 $x=2$ 处垂直点的高度等于 CDF 在 $x=2$ 处跳跃的高度。

累积分布函数（CDF）图中的平坦区域对应于除 X 的支撑（取值范围）以外的值，所以在这些地区上的概率质量函数（PMF）等于 0。

有效的累积分布函数应该满足以下准则。

定理 3.6.3（累积分布函数的有效性） 任意累积分布函数 F 都具有以下特性：

● 单调性：如果 $x_1 \leqslant x_2$，则 $F(x_1) \leqslant F(x_2)$。

● 右连续性：如图 3.8 所示，除去有限个跳跃点外，累积分布函数是连续的。无论是否存在跳跃点，累积分布函数都是右连续的，即对于任意的 a，都有

$$F(a) = \lim_{x \to a^+} F(x)。$$

● 收敛性：

$$\lim_{x \to -\infty} F(x) = 0 \text{ 且 } \lim_{x \to +\infty} F(x) = 1。$$

证明：上述准则针对所有累积分布函数，但为简单起见（因为本章重点关注离散型随机变量），这里只对 F 是一个离散型随机变量 X 的累积分布函数的情况进行证明。作为一个实现可视化标准的例子，考虑图 3.8：累积分布函数是单调的，右连续（除一些跳跃点外，均是连续的，并且每个跳跃点在底部都有一个空心圆，顶部都有一个实心圆），且当 $x \to -\infty$ 时，累积分布函数收敛于 0，当 $x \to +\infty$ 时，累积分布函数收敛于 1（本例实际上是直接到达

0 和 1，但还有一些例子可能非常接近边界但是却永远达不到）。

由于事件 $\{X \le x_1\}$ 是事件 $\{X \le x_2\}$ 的子集，因此 $P(X \le x_1) \le P(X \le x_2)$（无论 X 是离散型变量还是连续型变量），即第一条准则成立。

对于第二条准则，注意

$$P(X \le x) = P(X \le \lfloor x \rfloor)$$

其中，$\lfloor x \rfloor$ 指不大于 x 的最大整数。例如，$P(X \le 4.9) = P(X \le 4)$。对于任意足够小的 $b > 0$，可以使得 $a + b < \lfloor a \rfloor + 1$ 成立，因此可以有 $F(a + b) = F(a)$。例如，当 $a = 4.9$ 时，对于 $0 < b < 1$ 都是成立的。上述等式也意味着 $F(a) = \lim_{x \to a^+} F(x)$ [事实上，当 x 从右边无限接近 a 的时候，$F(x) = F(a)$]。

关于第三条准则，对于所有的 $x < 0$ 都有 $F(x) = 0$，且

$$\lim_{x \to +\infty} F(x) = \lim_{x \to +\infty} P(X \le \lfloor x \rfloor) = \lim_{x \to +\infty} \sum_{n=0}^{\lfloor x \rfloor} P(X = n) = \sum_{n=0}^{\infty} P(X = n) = 1 \, 。 \blacksquare$$

反之也是正确的：我们在第 5 章中将会介绍，任何一个函数 F 如果满足这三条准则，则可以建立相对应的随机变量 X，使得 X 的累积分布函数恰好为 F。

总的来说，现在已经介绍了表示随机变量分布的三种等效的方法。其中两种方法是采用概率质量函数和累积分布函数：因为我们总是可以根据概率质量函数推导出累积分布函数（反之亦然），所以这两个函数实际上包含着相同的信息。一般来说，对于离散型随机变量来说，由于计算累积分布函数需要进行累加求和，因此更多采用较便捷的概率质量函数来表示 X 的分布。

第三种描述分布的方式是通过一个案例（讲述证明）来解释（用一种精确的方法）随机变量的分布是如何求得的。前面已经用二项分布和超几何分布的案例推导出了相应的概率质量函数。虽然我们可以通过案例而不是通过计算概率质量函数来实现更直观的证明，但实际上这样的案例和概率质量函数也包含着相同的信息。

3.7　随机变量的函数

本节将讨论什么是一个随机变量的函数并且建立对"一个随机变量的函数也是随机变量"的理解。也就是说，如果 X 是一个随机变量，则 X^2、e^X 和 $\sin X$ 也都是随机变量，对于任意的函数 $g(X)$：$\mathbf{R} \to \mathbf{R}$ 也是随机变量。

例如，两支篮球队（A 和 B）正在进行七局四胜制比赛，令 X 表示 A 篮球队获胜的次数 [如果 7 场比赛全部进行完并且比赛之间是独立的话，会有 $X \sim \mathrm{Bin}(7, 1/2)$]。设 $g(X) = 7 - X$ 表示 B 篮球队获胜的次数，$h(X)$ 表示 A 篮球队是否获得大部分次数的比赛胜利，即 $h(X)$ 是示性函数。由于 X 是随机变量，那么 $g(X)$ 和 $h(X)$ 也是随机变量。

为了解如何正式定义随机变量的函数，回顾本章的开始，现在考虑一个定义在含有 6 个元素的样本空间上的随机变量 X。图 3.1 用箭头来说明 X 是如何将样本空间中的每块鹅卵石映射到实数上的。图 3.2 的左半部分展示了 X 能够把映射的结果（即一个实数）等价地刻在每块鹅卵石上。

现在我们可以将同一个函数 g 应用于鹅卵石上的每个数字，用 $g(X(s_1)), \cdots, g(X(s_6))$ 来替代原来的 $X(s_1), \cdots, X(s_6)$，此时就得到了从样本空间到实数轴上的新映射。事实上，此

时已经创造出了一种新的随机变量——$g(X)$。

定义 3.7.1（随机变量的函数）　对于样本空间为 S 的一个试验，设 X 是 S 上的一个随机变量，定义一个函数 $g: S \rightarrow \mathbf{R}$，对于任意的 $s \in S$，将 s 映射到 $g(X(s))$。那么 $g(X)$ 也是一个随机变量。

为解释得更为形象具体，这里取 $g(x) = \sqrt{x}$，图 3.9 说明了 $g(X)$ 是函数 g 和 X 的复合函数，通常称作"先应用 X，再应用 g"。图 3.10 表明了通过直接标记样本结果可以更简洁地表示出 $g(X)$。这两个图均说明了 $g(X)$ 是一个随机变量。如果 X 映射结果为 4，那么 $g(X)$ 的映射结果为 2。

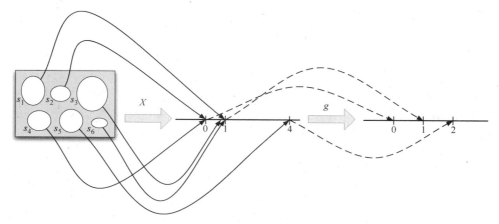

图 3.9　在一个包含 6 个元素的样本空间中定义一随机变量 X，且其可能的取值为 0、1、4。令函数 g 是平方根函数。将函数 g 和 X 复合，给出了新的随机变量 $g(X) = \sqrt{X}$，它的可能取值为 0、1、2。

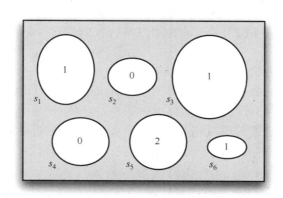

图 3.10　由于 $g(X) = \sqrt{X}$ 将每块鹅卵石用一个数字进行标记，因而它是一个随机变量。

给定一个已知概率质量函数（PMF）的离散型随机变量 X，应如何求出 $Y = g(X)$ 的概率质量函数？如果 g 是一对一函数，则结果就很明显：Y 的支撑就是所有的 $g(x)$ 组成的集合，其中 x 是 X 的支撑，并且

$$P(Y = g(x)) = P(g(X) = g(x)) = P(X = x)。$$

下表给出了在 g 是一对一函数的情况下，$Y = g(X)$ 的具体案例：如果随机变量 X 取不同

值 $x_1, \cdots, x_n$ 所对应的概率分别为 $p_1, \cdots, p_n$，则 Y 取不同的值 $g(x_1), \cdots, g(x_n)$ 所对应的概率也为 $p_1, \cdots, p_n$。

x	$P(X = x)$	y	$P(Y = y)$
x_1	p_1	$g(x_1)$	p_1
x_2	p_2	$g(x_2)$	p_2
x_3	p_3	$g(x_3)$	p_3
$\vdots$	$\vdots$	$\vdots$	$\vdots$

表格形式的 X 的概率质量函数   表格形式的 Y 的概率质量函数

上述方法也提出了一种寻找服从陌生分布的随机变量概率质量函数的策略：尝试用已知分布的随机变量构造出一对一函数，并用此函数来表示该随机变量。下面的例子将说明这种方法。

例 3. 7. 2（随机游走） 粒子在一数轴上移动 n 步。粒子从 0 点开始，每移动一步，只能以相等的概率移动到右边或左边的 1 个单位。假设每一步移动之间都是相互独立的。设 Y 是移动 n 步后粒子所在的位置。求 Y 的概率质量函数。

解：

将每一步移动都看作是伯努利试验，其中向右移动看作是"成功"，向左移动看作是"失败"。粒子向右移动的次数是服从参数为 n 和 $1/2$ 的伯努利分布的随机变量，这里将其记为 X。如果 $X = j$，则粒子向右移动了 j 次，向左移动了 $n - j$ 次，最后的位置为 $j - (n - j) = 2j - n$。因此可以用 X 构造 X 的一对一函数 $Y = 2X - n$。由于 X 的取值为 $\{0, 1, \cdots, n\}$，故 Y 的取值为 $\{-n, 2 - n, 4 - n, \cdots, n\}$。

因此，Y 的概率质量函数可以由 X 的概率质量函数得到

$$P(Y = k) = P(2X - n = k) = P(X = (n + k)/2) = \binom{n}{\dfrac{n+k}{2}}\left(\dfrac{1}{2}\right)^n \qquad \Box$$

其中，k 是 $-n$ 到 n 之间的整数，且 $n + k$ 是偶数。

如果 g 不是一对一函数，则当给定一个 y 时，会存在多个 x 使得 $g(x) = y$。为求得 $P(g(x) = y)$，需要把这些 x 找出来然后再求和。

定理 3. 7. 3（$g(X)$ 的概率质量函数） 设 X 是一个离散随机变量，且 $g: \mathbf{R} \to \mathbf{R}$，则 $g(X)$ 的支撑就是所有的 y 组成的集合，其中 $g(x) = y$ 并且至少有一个 x 在 X 的支撑中，$g(X)$ 的概率质量函数为

$$P(g(X) = y) = \sum_{x: g(x) = y} P(X = x),$$

上式对于 $g(X)$ 所有的支撑 y 均成立。

例 3. 7. 4 继续前面的例子，设 D 表示粒子在移动 n 步后距离原点的距离。假设 n 是偶数，求 D 的概率质量函数。

解：

我们可以写出 $D = |Y|$，D 是 Y 的函数，但却不是一对一函数。事件 $D = 0$ 和事件 $Y = 0$ 是等同的。对于 $k = 2, 4, \cdots, n$，事件 $D = k$ 和事件 $\{Y = k\} \cup \{Y = -k\}$ 是等同的，故 D 的概

率质量函数为

$$P(D=0)=P(Y=0)=\binom{n}{\frac{n}{2}}\left(\frac{1}{2}\right)^n,$$

$$P(D=k)=P(Y=k)+P(Y=-k)=2\binom{n}{\frac{n+k}{2}}\left(\frac{1}{2}\right)^n,$$

其中，$k=2,4,\cdots,n$。在最后一步的等式中，由对称性可知 $P(Y=k)=P(Y=-k)$。　□

　　我们用于处理一个随机变量的函数的相同推理可以推广至处理多个随机变量的函数的情况。前面已经看到了一个加法函数的例子（将两个数 x,y 映射到它们的和 $x+y$）：在例 3.2.5 掷骰子问题中，已经介绍了如何将 $T=X+Y$ 当作随机变量，其中 X 和 Y 是每个骰子得到的相应点数。

　　定义 3.7.5（两个随机变量的函数）　对于样本空间为 S 的一个试验，设 X,Y 分别是从 S 到 $X(s)$ 和 $Y(s)$ 上的随机变量，定义一个函数 $g(X,Y):S\to R$，对于任意的 $s\in S$，可以将 s 映射到 $g(X(s),Y(s))$，则 $g(X,Y)$ 也是一个随机变量。

　　理解上述定义中映射的一种方法是画一张表，分别取不同 S 中的值，并观察 X,Y 和 $g(X,Y)$ 的取值。将 $X+Y$ 解释为一个随机变量是很直观的：如果观察到 $X=x$ 且 $Y=y$，那么 $X+Y$ 就等于 $x+y$。对于像 $\max(X,Y)$ 这种不熟悉的例子，学生们往往不知道如何解释它是一个随机变量。道理都是相通的：如果观察到 $X=x$ 且 $Y=y$，那么 $\max(X,Y)$ 就等于 $\max(x,y)$。

　　例 3.7.6（掷两个骰子出现点数的最大值）　抛掷两个均匀且标准的 6 面骰子。设 X 为第一个骰子出现的点数，Y 为第二个骰子出现的点数。下表给出了与样本空间（36 种结果）中的 7 个结果相对应的 X、Y 和 $\max(X,Y)$ 的值，类似于例 3.2.5 的表中的结果。

s	X	Y	$\max(X,Y)$
(1,2)	1	2	2
(1,6)	1	6	6
(2,5)	2	5	5
(3,1)	3	1	3
(4,3)	4	3	4
(5,4)	5	4	5
(6,6)	6	6	6

所以 $\max(X,Y)$ 确实为每个样本结果分配了一个数值，那么相应的概率质量函数为

$$P(\max(X,Y)=1)=1/36,$$
$$P(\max(X,Y)=2)=3/36,$$
$$P(\max(X,Y)=3)=5/36,$$
$$P(\max(X,Y)=4)=7/36,$$
$$P(\max(X,Y)=5)=9/36,$$
$$P(\max(X,Y)=6)=11/36。$$

这些值可以通过一个一个罗列，然后计数得到相应的概率。但实际上并不需要这么烦琐，它们具有更普遍性的计算，例如：

$$P(\max(X,Y)=5) = P(X=5,Y\leq4) + P(X\leq4,Y=5) + P(X=5,Y=5)$$
$$=2P(X=5,Y\leq4)+1/36$$
$$=2(4/36)+1/36$$
$$=9/36。$$

⚠ **3.7.7** （范畴错误和交感术） 在概率论中许多常见的错误可以追溯到互相混淆以下基本对象：分布、随机变量、事件和数字。这些属于范畴错误（category errors）。一般来说，范畴错误不单纯是碰巧发生的错误，实际上是必然性错误，这是因为它是基于错误的对象类别。例如，回答"有多少人住在波士顿？"这样的问题，如果回答"–42"或"π"或"粉红大象"，这就是一个范畴错误。我们可能不知道一个城市的人口规模，但一定知道在任何情况下它都是一个非负整数。为避免犯这样的范畴错误，必须时刻思考答案应该是什么类型的。事情本身还得经过仔细求证方可得知，纸上得来终觉浅，绝知此事须躬行。

一种特别常见的范畴错误是把一个随机变量与它的分布相混淆。通常称这种错误为交感术（sympathetic magic）。这个术语来自人类学，在人类学研究中，它常常被用来证明一个人可以通过操纵实验对象的表达来影响实验对象。下面这句话揭示了随机变量与分布之间的区别：

语言从来就不是真实的事物，地图也从来不代表实际的疆域。——阿尔弗雷德·科尔兹布斯基（Alfred Korzybski）

我们可以把一个随机变量的分布看作是用于描述随机变量的地图或蓝图。就像不同的房子可以出自同一张设计蓝图，不同的随机变量也可以有相同的分布，即使试验和样本空间是不一样的。

以下是两个交感术的例子：

- 给定一个随机变量 X，尝试通过将 X 的概率质量函数（PMF）乘以 2 来求得 $2X$ 的概率质量函数。概率质量函数乘以 2 是没有意义的，因为此时概率质量函数的归一性（总和为 1）不再满足。正如所看到的，如果 p_j 是 X 在 x_j 的概率值，那么 p_j 是 $2X$ 在 $2x_j$ 的概率值。因此，$2X$ 的概率质量函数是 X 的概率质量函数在水平方向的拉伸；它不是垂直方向上的延伸，这是由概率质量函数乘以 2 所引起的。图 3.11 显示了支撑为 $\{0,1,2,3,4\}$ 的离散型随机变量 X 的概率质量函数（PMF of X），以及支撑为 $\{0,2,4,6,8\}$ 的离散型随机变量 $2X$ 的概率质量函数（PMF of $2X$）。注意，X 可以取奇数整数值，但 $2X$ 必须是偶数值。

- 声明一点：因为 X 和 Y 具有相同的分布，所以 X 必须总是等于 Y，即 $P(X=Y)=1$。仅仅因为两个随机变量有着相同的分布并不能说明它们总是相等的或永远相等。这可以由例 3.2.5 看出。另一个例子，考虑抛一枚均匀的硬币。设 X 表示是否正面朝上，$Y=1-X$ 表示是否反面朝上，两者都是示性变量并且都服从参数为 1/2 的伯努利分布。但是事件 $\{X=Y\}$ 是不可能发生的。虽然 X 和 Y 的概率质量函数是相等的，但 X 和 Y 是从样本空间到实数轴的不同映射。

设 Z 表示第二次抛硬币是否正面朝上（与第一次抛掷结果相互独立），则 $Z \sim \text{Bern}(1/2)$，但是 Z 和 X 是不相等的，这是因为

$$P(Z=X) = P(HH \text{ 或 } TT) = 1/2$$

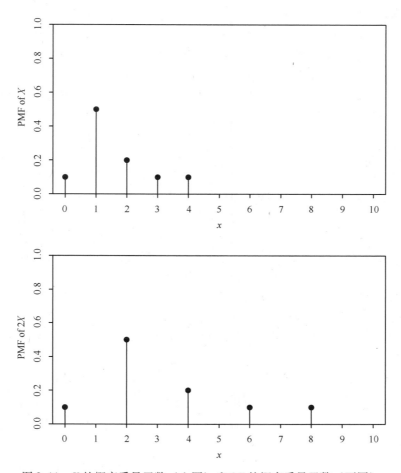

图 3.11　X 的概率质量函数（上图）和 $2X$ 的概率质量函数（下图）。

3.8　随机变量的独立性

正如前面介绍过事件之间独立性的概念，也可以定义随机变量之间的独立性。直观地说，如果两个随机变量 X 和 Y 是独立的，则 X 的值没有给出关于 Y 的值的信息，反之亦然。按照该想法进行延伸从而得到随机变量独立性的定义。

定义 3.8.1（两个随机变量的独立性）　对于任意的 $x,y \in \mathbf{R}$，如果随机变量 X 和 Y 满足：

$$P(X \leqslant x, Y \leqslant y) = P(X \leqslant x)P(Y \leqslant y),$$

那么称 X 和 Y 是相互独立的。特别地，对于离散的情况，以上条件与

$$P(X = x, Y = y) = P(X = x)P(Y = y)$$

等价。其中，x 是 X 的支撑；y 是 Y 的支撑。

此定义对于两个以上随机变量之间的独立性也是类似的。

定义 3.8.2（多个随机变量的独立性）　对于任意 $x_1, x_2, \cdots, x_n \in \mathbf{R}$，如果随机变量序列

$X_1, X_2, \cdots, X_n$ 满足：

$$P(X_1 \leqslant x_1, \cdots, X_n \leqslant x_n) = P(X_1 \leqslant x_1) \cdots P(X_n \leqslant x_n),$$

则称 $X_1, X_2, \cdots, X_n$ 是独立的。对于无穷多个随机变量的情况，如果这些随机变量中的任意一个有限集是独立的，则称它们是独立的。

与 n 个事件之间的独立性准则进行比较，二者似乎是不同的。随机变量间的独立性只需要满足一个等式，而事件之间的独立性需要满足多个条件，如任意两个事件$\left(\binom{n}{2}\right)$之间是独立的，任意三个事件$\left(\binom{n}{3}\right)$之间是独立的，等等。然而，仔细观察独立性的定义，可以看到随机变量间的独立性要求对于 $x_1, x_2, \cdots, x_n$ 所有可能的情况都要成立。如果可以找到至少一组观察值 $x_1, x_2, \cdots, x_n$ 使得上述等式不成立，那么随机变量序列之间就不是独立的。

💬 **3.8.3** 如果 $X_1, X_2, \cdots, X_n$ 是独立的，那么这些随机变量之间相互独立，即 X_i 和 X_j 是相互独立的（$i \neq j$）。证明 X_i 和 X_j 独立的方法是：令除了 x_i、x_j 以外令其他的 x_k 趋于 ∞，并代入随机变量序列独立性的等式条件中去，即可证明 X_i 和 X_j 是独立的。但成对独立并不意味着一般的独立，可以回顾第 2 章中关于事件独立的讨论。一个简单的反例是（例 2.5.5）使用示性随机变量对应于两两之间相互独立而整体不独立的事件 A、B 和 C。

例 3.8.4 在掷两个骰子的例子中，如果 X 是第一个骰子的点数，Y 是第二个骰子的点数，那么 $X + Y$ 和 $X - Y$ 是不独立的。说明这一点，可以注意到：

$$0 = P(X + Y = 12, X - Y = 1) \neq P(X + Y = 12)P(X - Y = 1) = \frac{1}{36} \cdot \frac{5}{36},$$

在这里我们找到了一组序列 (s, d) 即 $(12, 1)$ 使得

$$P(X + Y = s, X - Y = d) \neq P(X + Y = s)P(X - Y = d),$$

因此，$X + Y$ 和 $X - Y$ 是不独立的。这从直觉上来看也是成立的：若知道两个骰子的点数的总和是 12，则说明其差异必须是 0，这样的随机变量之间能够提供与对方相关的信息。因此它们不是独立的。 □

如果 X 和 Y 是独立的，则 X^2 和 Y^3 也是独立的，因为如果 X^2 能提供 Y^3 的信息，那么 X 也会提供 Y 的信息（以 X^2 和 Y^3 为中介）。一般来说，如果 X 和 Y 是独立的，则 X 的任何函数都与 Y 的任何函数是独立的；这里不再给出形式上的证明，但根据信息从直觉上来看它应该是成立的。

定义 3.8.5（独立同分布） 我们将经常与相互独立且有相同分布的随机变量打交道。称这样的随机变量序列为独立同分布（independent and identically distributed），或简写作 i. i. d. 。

💬 **3.8.6**（独立 vs 同分布） 独立（independent，简写作 i.）和同分布（identically distributed，简写作 i. d.）这两个概念经常被混淆，事实上它们是完全不同的概念。如果随机变量之间不提供有关对方的信息，则它们是独立的；如果随机变量之间有相同的概率质量函数（等价地，若有同样的累积分布函数），则随机变量是同分布的。两个随机变量是否相互独立与它们是否同分布是有没关系的。随机变量之间可以出现以下几种情况：

- 独立同分布：如果 X 是第一个骰子的点数，Y 是第二个骰子的点数，两次掷骰子的结果是相互独立的，则 X 和 Y 是独立同分布的（i. i. d.）。

- 独立但不同分布：设 X 是第一个骰子的点数，Y 为从现在起一个月内的道琼斯指数（股市指数）的收盘价。显然，X 和 Y 不提供有关对方的信息所以 X 和 Y 是独立的，且 X 和 Y 不具有相同的分布。

- 不独立但同分布：设 X 是独立抛掷 n 次硬币试验中正面朝上的次数，Y 为相同试验下反面朝上的次数。那么 X 和 Y 都服从参数为 n 和 $1/2$ 的二项分布，但是 X 和 Y 不是相互独立的，因为如果已知 X 的信息，也就知道了 Y 的信息。

- 不独立且不同分布：设 X 为多数党在下次美国大选后是否能够继续掌控美国众议院的指标，Y 为在这一个月内多数党的平均支持率。显然，X 和 Y 是相互依赖的，即不是独立的，同时 X 和 Y 也不具有相同的分布。

通过对独立同分布于伯努利分布的随机变量进行求和，可以将前面介绍的二项分布的案例写成一个代数形式。

定理 3.8.7　若 $X \sim \text{Bin}(n, p)$，将其看作是 n 次相互独立的伯努利试验中成功的次数（每次试验成功的概率为 p），则可以把 X 写成 $X = X_1 + \cdots + X_n$，其中 X_i 独立同分布于参数为 p 的伯努利分布。

证明： 如果第 i 次试验成功，则设 $X_i = 1$，否则 $X_i = 0$。这就好比将一个人送到法庭进行审判，要求如果他打赢一场官司就举一次手，如果我们计算他在每次审判中的举手次数（这里与计算 X_i 的和是一个道理），就能得到他在 n 次审判中打赢官司的总次数，也就是 X。

关于二项分布的另一个重要事实是，独立同分布于二项分布（具有相同的成功概率）的随机变量之和也是一个服从二项分布的随机变量。前面的定理给出了一个简单证明，这里再介绍两个定理用于比较。

定理 3.8.8　设 $X \sim \text{Bin}(n, p)$，$Y \sim \text{Bin}(m, p)$，且 X 和 Y 是独立的，则 $X + Y \sim \text{Bin}(n + m, p)$。

证明： 下面给出三种证明方法，且每种证明方法都暗含一种有用的技巧。

1. 全概率公式：通过有关 X（或者 Y）的条件，利用全概率公式直接计算出 $X + Y$ 的概率质量函数：

$$
\begin{aligned}
P(X + Y = k) &= \sum_{j=0}^{k} P(X + Y = k \mid X = j) P(X = j) \\
&= \sum_{j=0}^{k} P(Y = k - j) P(X = j) \\
&= \sum_{j=0}^{k} \binom{m}{k-j} p^{k-j} q^{m-k+j} \binom{n}{j} p^{j} q^{n-j} \\
&= p^{k} q^{n+m-k} \sum_{j=0}^{k} \binom{m}{k-j} \binom{n}{j} \\
&= \binom{n+m}{k} p^{k} q^{n+m-k} \text{。}
\end{aligned}
$$

其中，上式的第二行是利用了 X 和 Y 的独立性而简化的，因为

$$P(X+Y=k \mid X=j) = P(Y=k-j \mid X=j) = P(Y=k-j)$$

最后一行的结果是利用范德蒙德恒等式得到的，即

$$\sum_{j=0}^{k} \binom{m}{k-j}\binom{n}{j} = \binom{n+m}{k}$$

上述结果就是 $\text{Bin}(n+m,p)$ 的概率质量函数，因此 $X+Y \sim \text{Bin}(n+m,p)$。

2. 表示：一种更为简单的证明方法是将 X 和 Y 均表示成由独立同伯努利分布的随机变量之和：$X=X_1+\cdots+X_n$，$Y=Y_1+\cdots+Y_m$，其中 X_i 和 Y_j 都是独立同伯努利分布（参数为 p）的随机变量，则 $X+Y$ 也是由 $n+m$ 个独立同伯努利分布（参数为 p）的随机变量序列之和构成的，根据前面的定理可得，$X+Y \sim \text{Bin}(n+m,p)$。

3. 讲述证明：由二项分布的案例可知，X 是 n 次独立试验中成功的次数，Y 是额外增加的 m 次独立试验中成功的次数，其中所有试验成功概率相同，因此，$X+Y$ 就表示 $n+m$ 次独立试验中成功的总次数，这就是 $\text{Bin}(n+m,p)$ 的讲述证明。

当然，如果存在一个关于随机变量独立性的定义，则类似地也应该存在一个关于随机变量条件独立性的定义。

定义 3.8.9（随机变量序列的条件独立性） 给定一个随机变量 Z，如果对于所有的 x，$y \in \mathbf{R}$ 及 Z 的支撑中的所有 z，随机变量 X 和 Y 满足：

$$P(X \leq x, Y \leq y \mid Z \leq z) = P(X \leq x \mid Z \leq z)P(Y \leq y \mid Z \leq z),$$

则称随机变量 X 和 Y 是条件独立的。特别地，对于离散的情况，以上条件与

$$P(X=x, Y=y \mid Z \leq z) = P(X=x \mid Z \leq z)P(Y=y \mid Z \leq z)$$

是等价的。

正如从名称中所预期的一样，除了式中伴随的条件 $Z=z$ 以及 z 是 Z 的支撑之外，实际上这就是独立性的定义。

定义 3.8.10（条件概率质量函数） 对于离散型随机变量 X 和 Z，称函数 $P(X=x \mid Z=z)$ 为给定条件 $Z=z$ 下，关于 X 的条件概率质量函数。一般来说，函数 $P(X=x \mid Z=z)$ 被认为是关于 x 的在固定 z 时的函数。

随机变量之间独立并不意味着条件独立，反之亦然。首先，解释为什么独立并不意味着条件独立。

例 3.8.11（匹配硬币） 考虑一个被称为匹配硬币的简单游戏。A 和 B 两个玩家都有一枚相同的硬币。他们独立地抛掷硬币。如果硬币成功匹配，则 A 获胜；否则 B 获胜。设：若 A 的硬币正面朝上，则 X 取 1，反面朝上则取 -1。同样，为 B 玩家类似地定义随机变量 Y（随机变量 X 和 Y 也被称为随机信号）。

设 $Z=XY$，当 A 获胜的时候 $Z=1$，否则 $Z=-1$（即 B 获胜）。这里 X 和 Y 是无条件独立的。但当给定 $Z=1$ 时，我们知道 $X=Y$（硬币匹配成功），因此在给定条件 Z 下 X 和 Y 是条件独立的。 □

例 3.8.12（火灾报警的两个原因） 举另一个例子，考虑只有两种情况可以触发火灾警报：发生一场火灾或者爆米花放在微波炉里加热时间超时。假设火灾事件与爆米花事件无关。设 X 表示是否发生了火灾，Y 表示是否爆米花加热超时，以及 Z 表示是否触发了火灾警报。在数学上，可以得到 $Z=\max(X,Y)$。

根据假设，X 和 Y 是独立的，但是当给定条件 Z 时，X 和 Y 却是不独立的。这是因为如

果听到警报且知道不是因为爆米花加热超时所致，那一定是发生了火灾。这个例子和例 2.5.10 中"只有两个朋友会给我打电话"的情况是同构的。　　　□

接下来我们将解释为什么条件独立不意味着独立。

例 3.8.13（神秘对手）　假设你将要进行两场网球比赛，对手正好是两个相同的双胞胎。双胞胎对手中有一人，你和他势均力敌，而对于另一个你将有 3/4 的概率击败他。假设直到两场比赛结束你都不知道对手是其中的哪一个。设 Z 表示你是否正在和势均力敌的那个人比赛，X 和 Y 分别表示你在第一场比赛和第二场比赛中是否获得了胜利。

给定条件 $Z=1$，X 和 Y 是条件独立且同分布于 $\text{Bern}(1/2)$ 的随机变量。给定条件 $Z=0$，X 和 Y 是条件独立且同分布于 $\text{Bern}(3/4)$ 的随机变量。所以给定条件 Z，X 和 Y 是条件独立的。在无条件情况下，X 和 Y 不是独立的，这是因为当观察到 $X=1$ 时，与双胞胎中实力较弱的对手比赛的可能性较大，即 $P(Y=1\mid X=1)>P(Y=1)$。已经进行完的比赛可以提供信息，以帮助你推断对手是谁，这反过来又有助于预测未来的比赛。这个例子和例 2.3.7 中"随机抛硬币"的情况是同构的。　　　□

3.9　二项分布与超几何分布之间的联系

二项分布和超几何分布在两个重要方面存在紧密联系。正如本章将要介绍的，将二项分布加以限制就可以得到超几何分布。接下来由一个例子展示。

例 3.9.1 费希尔（Fisher）精确检验　一位科学家打算研究对于一种特定疾病，什么性别的人患病概率更大，或者对于男性和女性而言是等可能的。随机抽取 n 名女性和 m 名男性，并对每个人进行测试（假设这个检测是完全准确的）。假设患这种疾病的女性和男性的数量分别是 X 和 Y，且 $X\sim\text{Bin}(n,p_1)$ 和 $Y\sim\text{Bin}(m,p_2)$ 互相独立，其中 p_1 和 p_2 是未知的。现在想知道 p_1 是否等于 p_2（在统计学中称为原假设）。

考虑一个 2×2 的表格，行表示是否患有疾病，列表示性别。每个单元格中的内容表示对应疾病状态以及性别的人数，故总共加起来应该等于 $n+m$。假设可以观测到 $X+Y=r$。

费希尔（Fisher）精确检验基于对行和与列和的条件化。所以 n、m、r 均视为固定的值，然后观察 X 观测值和相应的条件分布相比是否是极端的。假设在原假设成立的情况下，求给定条件 $X+Y=r$ 下 X 的概率质量函数。

解：

首先，建立 2×2 的表格，将 n、m、r 均视为固定值。

	女性	男性	合计
患病	x	$r-x$	r
未患病	$n-x$	$m-r+x$	$n+m-r$
合计	n	m	$n+m$

接下来，计算 $P(X=x\mid X+Y=r)$。由贝叶斯准则可得

$$P(X=x\mid X+Y=r)=\frac{P(X+Y=r\mid X=x)P(X=x)}{P(X+Y=r)}=\frac{P(Y=r-x)P(X=x)}{P(X+Y=r)}。$$

其中，$P(X+Y=r \mid X=x) = P(Y=r-x)$ 这一步是由 X 和 Y 相互独立得到的。假设在原假设成立的情况下，设 $p=p_1=p_2$，则有 $X \sim \text{Bin}(n,p)$，$Y \sim \text{Bin}(m,p)$ 且互相独立，故 $X+Y \sim \text{Bin}(n+m,p)$。所以

$$P(X=x \mid X+Y=r) = \frac{\binom{m}{r-x}p^{r-x}(1-p)^{m-r+x}\binom{n}{x}p^{x}(1-p)^{n-x}}{\binom{n+m}{r}p^{r}(1-p)^{n+m-r}}$$

$$= \frac{\binom{n}{x}\binom{m}{r-x}}{\binom{n+m}{r}} 。$$

因此，X 的条件分布是参数为 n、m、r 的超几何分布。

为了理解为什么会得到超几何分布（似乎这里并没有理由出现这样的分布），现在把这个问题和超几何分布中麋鹿的例子联系起来。在麋鹿的例子里，我们感兴趣的是再次被捕获的麋鹿中已被标记的数量。通过类比，可以将女性看作是被标记的麋鹿，男性看作是未被标记的麋鹿。然后将感染疾病的人 $X+Y=r$ 看作是再次被捕获的麋鹿的数量。在零假设成立的前提下，患病人群等可能地是由 r 个人组成的任何子集。因此，在给定条件 $X+Y=r$ 下，X 表示在 r 个患病人群中女性的数量，这也和再次被捕获的麋鹿中已被标记的麋鹿数量是一样的，即服从参数为 n、m、r 的超几何分布。

作为一个已经被证实在统计学中非常有用并且有趣的事实是——X 的条件分布不依赖于参数 p：在不给定条件的情况下，$X \sim \text{Bin}(n,p)$，但是 p 会从条件分布的参数中消失！这值得进行反思，因为一旦知道 $X+Y=r$，就可以直接认为有 r 个患病的人和 $n+m-r$ 个未患病的人，不必担心最初的 p 会造成影响。 □

这个例子为以下定理提供了证明。

定理 3.9.2 如果 $X \sim \text{Bin}(n,p_1)$，$Y \sim \text{Bin}(m,p_2)$，且 X 和 Y 互相独立，则当给定条件 $X+Y=r$ 时，X 的条件分布为超几何分布 $\text{HGeom}(n,m,p)$。

从另一个角度，二项分布可以看作是超几何分布的极端情况。

定理 3.9.3 如果 $X \sim \text{HGeom}(n,m,p)$ 且 $N=w+b \to \infty$，使得 $p=w/(w+b)$ 保持固定，则 X 的概率质量函数将收敛到 $\text{Bin}(n,p)$ 的概率质量函数。

证明：将 $\text{HGeom}(n,m,p)$ 的表达式展开：

$$P(X=k) = \frac{\binom{w}{k}\binom{b}{n-k}}{\binom{w+b}{n}}$$

$$= \binom{n}{k}\frac{\binom{w+b-n}{w-k}}{\binom{w+b}{w}} \quad \text{（由定理 3.4.5 得到）}$$

$$= \binom{n}{k}\frac{w!}{(w-k)!}\frac{b!}{(b-n+k)!}\frac{(w+b-n)!}{(w+b)!}$$

$$= \binom{n}{k} \frac{w(w-1)\cdots(w-k+1)b(b-1)\cdots(b-n+k+1)}{(w+b)(w+b-1)\cdots(w+b-n+1)}$$

$$= \binom{n}{k} \frac{p\left(p-\dfrac{1}{N}\right)\cdots\left(p-\dfrac{k-1}{N}\right)q\left(q-\dfrac{1}{N}\right)\cdots\left(q-\dfrac{n-k-1}{N}\right)}{\left(1-\dfrac{1}{N}\right)\left(1-\dfrac{2}{N}\right)\cdots\left(1-\dfrac{n-1}{N}\right)}。$$

令 $N\to\infty$，则分母趋向于 1，分子趋向于 $p^k q^{n-k}$，故

$$P(X=k)\to\binom{n}{k}p^k q^{n-k},$$

而这恰好是 $\mathrm{Bin}(n,p)$ 的概率质量函数。 ■

由二项分布和超几何分布的例子会对以下结果产生一种直觉：给定一个包含 w 个白球和 b 个黑球的罐子，二项分布的产生来自于有放回地随机抽取 n 个球，而超几何分布的产生则来自于无放回地随机抽样。由于罐子里球的数量比抽取的球的数量要大得多，所以有放回抽样和无放回抽样结果基本相当。从实践的角度出发，上述定理说明，如果 $N=w+b$ 远比 n 要大的话，可以使用 $\mathrm{Bin}\left(n,\dfrac{w}{w+b}\right)$ 来近似代替 $\mathrm{HGeom}(w,b,n)$。

生日问题说明了如果采用有放回抽样，极可能会存在一些采样超过一次的球；例如，如果 1000000 个球里面有放回地随机抽取 1200 个球，然后大约有 51% 的可能性存在某个球被采样超过一次。但是，随着 N 的增大这种可能性会变得越来越小。即很可能出现同一球重复抽样的可能，但如果对于绝大多数的样本最多只能被抽取一次，那这种近似仍然是合理的。

3.10　要点重述

随机变量实质上是一种从样本空间到实数域上的映射，而随机变量 X 的分布是对与 X 有关事件相对应的概率的详细描述，例如 $\{X=3\}$ 和 $\{1\leqslant X\leqslant 5\}$。一个离散型随机变量的分布可以用概率质量函数、累积分布函数或者案例来定义。X 的概率质量函数形如 $P(X=x)$，其中 $x\in\mathbf{R}$。X 的累积分布函数形如 $P(X\leqslant x)$，其中 $x\in\mathbf{R}$。X 的案例则是描述了一个可以产生与 X 具有相同分布的随机变量的试验。

明确随机变量和随机变量的分布二者在概念上的区别是非常重要的：分布是建立随机变量的蓝图，但不同的随机变量可以有相同的分布，就像不同的房子可以由相同的设计蓝图来建造。

四个很著名的离散型分布分别是：伯努利分布、二项分布、超几何分布和离散均匀分布。实际上这些分布中的每一种都是一个由参数作为索引的分布族，为了完全指定这些分布，需要同时给出分布名称和参数值。

- 服从参数为 p 的伯努利分布［$\mathrm{Bern}(p)$］的随机变量 X 表示在伯努利试验中成功与否，其中 p 是指成功的概率。

- 服从参数为 n、p 的二项分布［$\mathrm{Bin}(n,p)$］的随机变量 X 表示在 n 次独立伯努利试验中试验成功的次数，每次试验成功的概率均为 p。

- 服从参数为 w、b、n 的超几何分布（$\mathrm{HGeom}(w,b,n)$）的随机变量 X 表示从包含 w

个白球和 b 个黑球的罐子里无放回地抽取的 n 个球中白球的数量。

- 服从参数为 C 的离散均匀分布 [DUnif(C)] 的随机变量 X 表示从有限集 C 中随机获取一个元素，每一个元素被抽取的概率都是相等的。

一个随机变量的函数仍是一个随机变量。如果知道 X 的概率质量函数，通过将事件 $\{g(X) = k\}$ 转化为用 X 表示的等价事件，再根据 X 的概率质量函数，可以求得 $P(g(x) = k)$，即 $g(X)$ 的概率质量函数。

如果已知一个随机变量的取值，但该取值并没有提供关于另一个随机变量的信息，则这两个随机变量是相互独立的。它与两个随机变量是否同分布是无关。在第 7 章中，我们将介绍如何通过建立随机变量间的联合分布来处理不独立随机变量的问题。

前面已经介绍了在概率论中研究对象的四种基本类型：分布、随机变量、事件和数字。图 3.12 展示了这四种基本对象间的联系。一个累积分布函数可以作为产生随机变量的蓝图，然后存在不同的事件来描述随机变量的行为，例如：对于所有的 x，有事件 $\{X \le x\}$。已知这些事件的概率可以求出累积分布函数。对于离散型随机变量来说，也可以将概率质量函数看作蓝图，进而在随机变量的分布和事件之间来回转换。

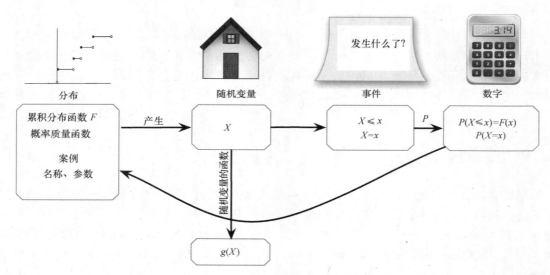

图 3.12　概率论中的四个基本对象：分布（蓝图）、随机变量、事件和数字。从一个累积分布函数 F 出发，可以产生一个随机变量。从随机变量 X 出发，可以通过构造 X 的函数生成许多新的随机变量。有许多不同的事件来描述随机变量的行为，最值得注意的是：对于任意常数 x，事件 $\{X \le x\}$ 和 $\{X = x\}$ 是我们最感兴趣的。对于所有的 x，知道这些事件的概率就能求出 X 的累积分布函数，以上过程循环往复就能形成图中所示的过程。

3.11　R 语言应用示例

R 中随机变量的分布

本书中包含的所有已命名分布都可以在 R 中实现。本节将给出如何在 R 中处理二项分布和超几何分布。此外还将给出如何在任意具有有限支撑的离散分布中产生随机变量序列。命令 Help(distributions) 提供了一个内置随机变量分布的列表；许多其他的分布可以通过下载相应的 R 包得以实现。

一般来说，对于许多已命名的离散分布，由 d、p、r 三个字母开头的三个函数可以分别给出概率质量函数、累积分布函数和生成随机数。注意：在 R 中函数以字母 p 开头的并不是指概率质量函数（PMF），而是表示累积分布函数（CDF）。

二项分布

二项分布与 R 中的以下三个函数有关：dbinom, pbinom 和 rbinom。对于伯努利分布，可以将二项分布中的函数设为 $n=1$ 进行使用。

- dbinom 是二项分布的概率质量函数。它需要输入三个参数：第一个参数代表计算概率质量函数的位置，第二个参数和第三个参数是 n 和 p。例如，Dbinom(3,5,0.2)返回的是 $P(X=3)$，其中 $X \sim \mathrm{Bin}(5,0.2)$。换言之，

$$\mathrm{dbinom}(3,5,0.2) = \binom{5}{3}0.2^3 0.8^2 = 0.0512。$$

- pbinom 是二项分布的累积分布函数。它需要输入三个参数：第一个参数表示计算累积分布函数的位置，第二个参数和第三个参数是 n 和 p。pbinom(3,5,0.2)返回的是 $P(X \leq 3)$，其中 $X \sim \mathrm{Bin}(5,0.2)$。所以

$$\mathrm{pbinom}(3,5,0.2) = \sum_{k=0}^{3}\binom{5}{k}0.2^k 0.8^{5-k} = 0.9933。$$

- rbinom 用于生成服从二项分布的随机变量。它需要输入三个参数：对于 rbinom，第一个参数是需要生成随机变量的个数，第二个参数和第三个参数仍然是 n 和 p。所以命令 rbinom(7,5,0.2)返回的 7 个独立同分布的随机变量，每个变量均服从参数为 5 和 0.2 的二项分布。运行该命令，可以得到

2 1 0 0 1 0 0

但如果再次运行此命令的话可能会得到不同的结果!

同样也可以在向量上产生相应的概率质量函数和累积分布函数。例如，回想一下命令 0:n 可以快速地产生一组 0 到 n 的 n 维向量，命令 dbinom(0:5,5,0.2)会返回 6 个值，分别为 $P(X=0)$，$P(X=1)$，$\cdots$，$P(X=5)$，其中 $X \sim \mathrm{Bin}(5,0.2)$。

超几何分布

针对超几何分布也有三大函数：dhyper、phyper 和 rhyper。同二项分布一样，dhyper 可以产生超几何分布的概率质量函数，phyper 可以产生超几何分布的累积分布函数，rhyper 生成服从超几何分布的随机变量。由于超几何分布本身有三个参数，所以每个函数需要输入四个参数。对于 dhyper 和 phyper，第一个输入的参数表示需要计算概率质量函数或者累积分布函数相应的位置，剩下的参数就是超几何分布本身自带的参数。

所以命令 dhyper(k,w,b,n)返回 $P(X=k)$，其中 $X \sim \mathrm{HGeom}(w,b,n)$。命令 phyper(k,w,b,n)返回 $P(X \leq k)$。对于 rhyper(k,w,b,n)，第一个输入参数是生成随机变量的个数，剩下的参数就是超几何分布本身自带的参数。例如，命令 rhyper(100,w,b,n)返回的是生成 100 个独立同分布的随机变量，每个变量均服从参数为 w、b 和 n 的超几何分布。

具有有限支撑的离散均匀分布

R 可以在任意具有有限支撑的离散分布中通过 sample 命令产生随机变量序列。这里首先介绍一下 sample 命令，命令 sample(n,k)指的是从整数 1 到 n 里面无放回地进行 k 次

抽样，命令 sample(n,k,replace = TRUE)指的是从整数 1 到 n 里面有放回地进行 k 次抽样。例如，为了生成 5 个独立的 DUnif(1，2，$\cdots$，100) 随机变量，可以使用命令 sample(100,5,replace = TRUE)。

事实证明，sample 命令实际上更为灵活。如果我们想从 x_1，x_2，$\cdots$，x_n 中进行抽样，每个值 x_1，x_2，$\cdots$，x_n 被抽到的概率分别为 p_1，p_2，$\cdots$，p_n。可以先建立向量 $\boldsymbol{x} = (x_1, x_2, \cdots, x_n)$ 和 $\boldsymbol{p} = (p_1, p_2, \cdots, p_n)$，再将 x 和 p 代入到 sample 命令中即可。例如，现在想生成 100 个独立同分布的随机变量 X_1，X_2，$\cdots$，X_{100}，其对应的概率质量函数如下：

$$P(X_j = 0) = 0.25,$$
$$P(X_j = 1) = 0.5,$$
$$P(X_j = 5) = 0.1,$$
$$P(X_j = 10) = 0.15,$$

其余的情况下 $P(X_j = x) = 0$。首先，用命令 c()生成一个向量，用于存放该分布的支撑以及相应的概率质量函数值。

x < -c(0,1,5,10)
p < -c(0.25,0.5,0.1,0.15)

接下来用 sample 命令产生以上概率质量函数的 100 个样本：

sample(x,100,prob = p,replace = TRUE)

其中，参数 x 表示随机变量可能的取值（支撑）；100 表示需要生成 100 个独立同分布的变量个数；p 表示取值所对应的概率（若忽略此项，则认为所有概率均相等）；最后一个参数表示有放回地抽样。

3.12　练习题

累积分布函数和概率质量函数

1. 某聚会上，被邀请的人逐一到达。在等待其他人到达时，已到达的人们通过互相对比自己的生日来自娱自乐。设 X 表示生日匹配成功所需的人数，即在第 X 个人到达之前，没有两个人的生日相同，但当第 X 个人到达时正好有一对生日相匹配。求 X 的概率质量函数。

2. （a）独立地进行伯努利试验（试验成功的概率为 1/2），直到至少有一次试验成功。求试验实施次数的概率质量函数。

（b）独立地进行伯努利试验（试验成功的概率为 1/2），直到至少有一次试验成功且至少有一次试验失败。求试验实施次数的概率质量函数。

3. 设 X 是一个随机变量，且 X 的累积分布函数为 F，再设 $Y = \mu + \sigma X$，其中 μ 和 σ 均为实数，且 $\sigma > 0$。（Y 称作 X 的位置尺度变换，在第 5 章及本书其他地方将会多次提到这一概念。）利用 F 求 Y 的概率质量函数。

4. 设 n 是正整数，当 $0 \leqslant x \leqslant n$ 时，$F(x) = \lfloor x \rfloor / n$；当 $x < 0$ 时，$F(x) = 0$；当 $x > n$ 时，$F(x) = 1$。其中，$\lfloor x \rfloor$ 表示不大于 x 的最大整数。证明：F 是一个累积分布函数并计算它所对应的概率质量函数。

5. （a）证明：对于离散型随机变量，$p(n) = (1/2)^{n+1}$（$n = 0,1,2,\cdots$）是一个有效的概

率质量函数。

（b）利用（a）中得到概率质量函数计算相应的累积分布函数。

6. ⑤本福特（Benford）定律又称本福德法则，它的意思是，在一堆从实际生活得出的数据中，以 1 为首位数字的数，其出现的可能性约为总个数的 30%，以 2 为首位数字的数，其出现的可能性约为总数的 18%，一般地，对于 $j \in \{1, 2, 3, \cdots, 9\}$，以 $D = j$ 为首位数字的数其出现的可能性约为总数的

$$P(D = j) = \lg\left(\frac{j+1}{j}\right)_\circ$$

证明：$P(D = j)$ 是一个有效的概率质量函数。（使用对数的性质，不需要直接进行计算）。

7. Bob 正在玩一个电子游戏，该游戏共包含 7 个游戏关卡，他从第 1 关开始，以 p_1 的概率升到第 2 关。一般来说，当已知他现在在第 j 关时，他会有 p_j 的概率升到第 $j+1$ 关，其中 $1 \leqslant j \leqslant 6$。设 X 表示 Bob 能到达的最高关数，求 X 的概率质量函数。（用 $p_1, p_2, \cdots, p_6$ 表示）。

8. 假设共有 100 份奖品，其中一份为 1 美元，一份为 2 美元，$\cdots$，一份为 100 美元。有 100 个箱子，每个箱子包含一份奖品。现在你被允许每次不放回地从箱子里抽取 5 份奖品，设 X 为抽取的奖品中最贵的一份所对应的奖金金额，求 X 的概率质量函数（作为二项式系数的一个简单表达式）。

9. 设 F_1 和 F_2 是累积分布函数，对于所有的 x，都有 $F(x) = pF_1(x) + (1-p)F_2(x)$。

（a）直接证明：F 满足累积分布函数有效性的所有性质（参考定理 3.6.3）。由 F 定义的分布称为由 F_1 和 F_2 定义的分布的混合分布。

（b）考虑用下面的方式生成随机变量。回到抛硬币的情形，正面朝上的概率为 p。如果正面朝上，根据 F_1 生成一个随机变量；如果反面朝上，根据 F_2 生成一个随机变量。证明：用这种方式生成的随机变量，其累积分布函数为 F。

10. （a）是否存在支撑为 $\{1,2,3,\cdots\}$ 的离散型随机变量，使得它所对应的概率质量函数在 n 处的值为 $1/n$（提示：参考数学附录中与级数相关的知识）。

（b）是否存在支撑为 $\{1,2,3,\cdots\}$ 的离散型随机变量，使得它所对应的概率质量函数在 n 处的值为 $1/n^2$。

11. ⑤设 X 是一个离散型随机变量，其可能的取值为 0，1，2，$\cdots$，且它的累积分布函数为 F。在某些国家，往往不是用累积分布函数，而是约定用函数 G 来确定 X 的分布，其中 $G(x) = P(X < x)$。寻找一种方法可以从 F 转化到 G，即假设 F 是已知的，对于所有的 x 如何求得 $G(x)$。

12. （a）构造这样的一个例子："假设随机变量 X 和 Y 所对应的累积分布函数分别为 $F_X(x)$ 和 $F_Y(x)$，并且对于某些 x 来说，不等式是严格成立的"。在所构造的这个例子中，将 X 和 Y 的累积分布函数构造在同一个轴线上，然后在第二套轴线上描述 X 和 Y 的概率质量函数。

（b）在（a）小题中，两个随机变量所对应的累积分布函数，第一个小于等于第二个。能否寻找到两个不同的概率质量函数同样使得第一个小于等于第二个？换句话说，寻找这样的随机变量 X 和 Y，使得对于所有的 x，有 $P(X = x) \leqslant P(Y = x)$，且对于某些 x，不等式是

严格成立的。若找不到，请证明这样的随机变量 X 和 Y 是不存在的。

13. 设 X、Y 和 Z 为离散随机变量且在 Z 给定的情况下，X 和 Y 有相同的条件分布，即对于任意的 a 和 z，有 $P(X=a \mid Z=z)=P(Y=a \mid Z=z)$。证明：在无条件的情况下，$X$ 和 Y 也具有相同的分布。

14. Fred 在网上购买某特定公司的产品，设 X 为在特定时间段内购买的数量。假设 X 的概率质量函数为 $P(X=k)=e^{-\lambda}\lambda^k/k!$，其中 k 是非负整数。这个分布在统计中称为参数为 λ 的泊松分布，在之后的章节中会重点介绍。

（a）求 $P(X\geqslant 1)$ 和 $P(X\geqslant 2)$（不要通过对无穷级数求和来解）。

（b）假设公司只知道有哪些人在网站上至少购买过一次产品（用户注册账户进行购买，但那些从来没有买过产品的用户不会在顾客数据库里出现）。对于在顾客数据库中的用户，如果公司准备计算他们的购买次数，则这些数据将从购买次数的条件分布中抽取出来，其中给定每个用户至少购买过一次产品。求在给定条件 $X\geqslant 1$ 下，X 的条件概率质量函数（该条件分布称为截断泊松分布）。

已命名分布

15. 设 $X \sim \text{DUnif}(1,2,\cdots,n)$，求 X 的累积分布函数。

16. 设 $X \sim \text{DUnif}(C)$，B 为 C 的非空子集。求给定条件 $X \in B$ 下，X 的条件分布。

17. 一家航空公司的航班被超额预订，即售出的票数超过飞机上的座位数（注意，很可能有些人不会来乘坐飞机）。这架飞机有 100 个座位，但有 110 人预订了航班。每个人前来乘坐飞机的概率为 0.9，每个人在是否有乘坐飞机的意愿之间是相互独立的。计算对于前来乘坐飞机的乘客来说，每个人都有座位的概率。

18. Ⓢ（a）在世界棒球系列赛中，有两支球队（称之为 A 和 B）正在进行一系列的对抗赛，率先赢得四局胜利的队伍将赢得整场比赛。令 p 表示球队 A 获得一局比赛胜利的概率，假设一局比赛与另一局比赛的结果之间是相互独立的，则 A 队获得整场比赛的概率是多少？

（b）给出一个明确且直观的解释：（a）的答案是否取决于球队总是打满 7 场比赛（此时赢得局数最多的队伍赢得整场比赛），还是只要有一队赢了 4 场比赛就停止（就和真实的比赛一样：一旦输赢已定，两队都不会再继续进行剩余的比赛）。

19. 在一次国际象棋比赛中，n 场比赛正在独立地进行中。每场比赛以一人胜利告终的概率为 0.4，比赛以平局告终的概率为 0.6。设 X 为平局比赛的场数，Y 为获得平局的选手的总人数。求 X 和 Y 的概率质量函数。

20. 假设一张彩票的中奖概率为 p，且各彩票中奖结果之间相互独立。一个人买了 3 张彩票，希望使得至少有一张彩票中奖的概率是原来的 3 倍。

（a）设 X 为 3 张彩票中奖的数量，求 X 的概率质量函数。

（b）证明 3 张彩票中至少有一张中奖的概率为 $3p-3p^2+p^3$，尝试用两种不同的方法：第一种方法是利用包含与不包含，第二种方法是取期望事件的补集，然后再使用某已命名分布的概率质量函数进行求解。

（c）证明 3 张彩票中至少有一张中奖的概率并不是只买一张彩票就中奖的概率的 3 倍。但如果 p 很小的话，确实接近于 3 倍。

21. Ⓢ设 $X \sim \text{Bin}(n,p)$，$Y \sim \text{Bin}(m,p)$ 且 X 和 Y 是互相独立的。证明：$X-Y$ 不服从于

二项分布。

22. 有两枚硬币，其中一枚硬币正面朝上的概率为 p_1，而另一枚硬币正面朝上的概率为 p_2。随机选一枚硬币（两枚硬币被选取的概率相等），然后抛掷 n 次（$n \geq 2$）。设 X 为正面朝上的次数。

（a）求 X 的概率质量函数。

（b）如果 $p_1 = p_2$，求 X 的概率质量函数。

（c）给出一个直观的解释：为什么当 $p_1 \neq p_2$ 时 X 不服从二项分布（此时 X 的分布被称为混合分布）。这里可以假设 n 非常大，此时可以用频率近似代替概率。

23. 假设有 n 个人有资格在某场选举中进行投票。投票过程需要预先注册。投票者做出的决定相互独立。每个人会预先注册的概率为 p_1。假设一个人已经注册，他将会投票的概率为 p_2。假设一个人已经投票，他或她会投票给 Kodos（候选人之一）的概率为 p_3。设 X 是投票给 Kodos 的人数，求 X 的分布。（给出 X 的概率质量函数，尽量以简洁的形式，或给出 X 服从什么分布，并给出相应的参数）。

24. 独立地进行 10 次抛硬币试验，设 X 为正面朝上的次数。

（a）假设第一次和第二次抛硬币结果都是正面朝上，求 X 的概率质量函数。

（b）假设结果至少出现两次正面朝上，求 X 的概率质量函数。

25. Ⓢ Alice 进行 n 次抛硬币试验，且试验之间相互独立。Bob 进行 $n+1$ 次独立抛硬币实验，且独立进行。假设 X 和 Y 分别是 Alice 和 Bob 试验结果中正面朝上的次数，$X \sim \mathrm{Bin}(n, p)$，$Y \sim \mathrm{Bin}(n+1, p)$。

（a）证明：$P(X < Y) = P(n - X < n + 1 - Y)$。

（b）计算 $P(X < Y)$。

提示：X 和 Y 都取整数。

26. 设 $X \sim \mathrm{HGeom}(w, b, n)$，求 $n - X$ 的分布，并简要证明。

27. 回忆第 1 章中的蒙特莫特匹配问题：桌子上有 n 张卡片，并且用 $1, 2, \cdots, n$ 的数字随机标记，如果卡片的位置和卡片上标记的数字正好相等，则称匹配成功。设 X 为匹配成功的次数。试问 X 服从二项分布吗？X 服从超几何分布吗？

28. Ⓢ有 n 个鸡蛋，每个鸡蛋孵化出小鸡的概率为 p，鸡蛋之间互不影响。每个小鸡存活的概率为 r，小鸡之间也互不影响。设 X 为孵化出小鸡的数量，Y 为存活的小鸡的数量，求 X 和 Y 的分布。（给出概率质量函数，或给出 X 服从什么分布，并给出相应的参数。）

29. Ⓢ进行 n 次独立试验，每次试验成功的概率为 p，失败的概率为 $q = 1 - p$。证明：在试验成功的次数一定的条件下，各种试验结果出现的可能性是相等的。

30. 一家公司有 n 个女职员和 m 个男职员，公司正在研究哪些员工可以晋升岗位。

（a）假设公司准备给 t 个员工晋升岗位，其中 $1 \leq t \leq n + m$。这 t 个员工是随机挑选的（每个职员被选中的概率相等），设 X 为 t 个晋升职员中女职员的人数，求 X 的分布。

（b）现在假设不再预先设定晋升人数，而是准备独立地考核每一个员工，且每一个员工晋升的概率为 p。设 X、Y、Z 分别表示晋升的女职员人数、没有晋升的女职员人数和晋升的职员总数，求 X、Y 和 Z 的分布。

（c）在（b）中，假设恰好有 t 个职员被提拔，那么在这个前提下，求 X 的条件分布。

31. 从前，一位著名的统计学家给一位女士提供了一杯奶茶。这位女士声称她能分辨出牛奶和茶加入杯中的先后顺序。统计学家决定做一些试验来检验她的判断是否正确。

（a）给这位女士提供6杯奶茶，事先已经知道3杯奶茶是先加牛奶后加茶，另外3杯是先加茶后加牛奶。女士品尝完之后要指出哪3杯奶茶是先加的牛奶。假设她根本没能力分辨出来，求3杯先加牛奶的奶茶中至少有两杯被她猜中的概率。

（b）假设给女士一杯奶茶，这杯奶茶先加牛奶的概率为1/2，女士品尝后需指出她是否认为这杯奶茶是先加的牛奶。对于先加牛奶后加茶的奶茶，假设她能分辨出来的概率为p_1；对于先加茶后加牛奶的奶茶，假设她能分辨出来的概率为p_2。女士声称这杯奶茶是先加的牛奶。鉴于此，给出"该奶茶是否是先加的牛奶"的后验几率（posterior odds）。

32. 在 Evan 所学习的历史课上，100 个知识点中会随机选出 10 个知识点出现在期末考试卷上。则 Evan 必须从 10 个知识点中选 7 个知识点来作答。由于 Evan 事先知道期末考试的形式，因此他正在决定需要复习多少个知识点。

（a）假设 Evan 决定复习 s 个知识点，其中 $0 \leqslant s \leqslant 100$ 且为整数。设 X 为它所复习到的知识点中最终出现在期末考试中的个数，求 X 的分布并给出参数（用 s 来表示）。

（b）用 R 或者其他软件，假设 Evan 总共复习了 $s=75$ 个知识点，计算 Evan 在试卷上出现的 10 个知识点中复习到至少 7 个的概率。

33. 假设一本书中共有 n 个错别字，由两个校对员 Prue 和 Frida 独立地进行校对。假设 Prue 能够查出每个错别字的概率为 p_1，漏查的概率为 $q_1 = 1 - p_1$；Frida 能够查出每个错别字的概率为 p_2，漏查的概率为 $q_2 = 1 - p_2$。设 X_1 为 Prue 查出错别字的个数，X_2 为 Frida 查出错别字的个数，$X = \min(X_1, X_2)$。

（a）求 X 的分布。

（b）假设 $p_1 = p_2$，给定条件 $X_1 + X_2 = t$，求 X_1 在此条件下的条件分布。

34. 假设某校共有 n 个学生，其中有 $X \sim \text{Bin}(n, p)$ 个统计学专业的学生，通过简单随机抽样获得了 m 个样本（简单随机抽样是指无放回抽样，并且每个样本被抽中的可能性相等）。

（a）设 Y 为抽取的样本中是统计学专业学生的人数，用全概率公式（注意指出其支撑集）计算 Y 的概率质量函数。可以把答案保留成求和的形式（尽管可以利用二项式公式进行化简）。

（b）对于 Y 进行讲述证明，且尽可能的简洁。

提示：考虑学生在抽样之前或之后声明他们属于哪个专业是否会对结果造成影响。

35. ⑤选手 A 和 B 在轮流回答一些小问题，先由 A 开始回答。对于每个问题，A 回答正确的概率为 p_1，B 回答正确的概率为 p_2。

（a）假设 A 回答了 m 道小问题，求答对个数的概率质量函数。

（b）假设 A 和 B 分别回答了 m 和 n 个小问题，求总共答对个数的概率质量函数（可以将答案保留为求和的形式）。试问总的答对题目个数是否服从二项分布？若服从，其条件是什么？

（c）假设第一个回答正确的选手可以赢得比赛（没有预设最大的提问个数限制）。求 A 赢得比赛的概率。

36. 某国即将举行一场大选，该国共有 n 个选民，且 n 很大。有两名候选人：候选人 A 和候选人 B。设 X 为投票给候选人 A 的人数。假设每个选民独立且随机地进行投票，且每个选民投票给两个候选人的可能性相等。

（a）求两名候选人得票数相等的概率的精确表达式。

（b）利用斯特林（Stirling）公式：$n! \approx \sqrt{2\pi n}\left(\dfrac{n}{e}\right)^n$，求两名候选人打成平手的概率（近似结果）。答案应该写作 $1/\sqrt{cn}$ 的形式，其中 c 是常数（需要指定）。

37. Ⓢ在噪声信道上传送消息时，消息是由一个 x_1，x_2，$\cdots$，x_n 的 n 维序列构成的，其中 $x_i \in \{0,1\}$。由于信道是有噪声的，n 维序列中任何一个元素都有可能被损坏从而造成错误（比如值由 0 变成 1）。假设这样的错误事件之间是独立发生的。设 n 维序列中任何一个元素发生错误的概率为 p（$0 < p < 1/2$）。令 y_1，y_2，$\cdots$，y_n 表示接收的信号。（若信号没有发生错误，则 $y_i = x_i$；否则，有错误时 $y_i = 1 - x_i$。）

为检验错误，将 n 维序列中第 n 位设置为奇偶校验位：如果 $x_1 + x_2 + \cdots + x_{n-1}$ 是偶数，则 x_n 定义为 0；如果 $x_1 + x_2 + \cdots + x_{n-1}$ 是奇数，则 x_n 定义为 1。当信号被接收时，需要检查 y_n 和 $y_1 + y_2 + \cdots + y_{n-1}$ 的奇偶性是否一致。如果奇偶性不一致，那么 n 维序列中至少发生一处错误；否则，认为没有发生错误。

（a）令 $n = 5$，$p = 0.1$，求发现信息有错误的概率是多少？

（b）对于一般的 n 和 p，求发现信息有错误的概率，给出概率的表达式（求和的形式）。

（c）简化（b）的结果，不要出现大量元素求和的形式，因为接收到的信号存在未被发现的错误的概率。

提示：令

$$a = \sum_{k \geqslant 0 \text{且} k \text{是偶数}} \binom{n}{k} p^k (1-p)^{n-k},$$

$$b = \sum_{k \geqslant 0 \text{且} k \text{是奇数}} \binom{n}{k} p^k (1-p)^{n-k},$$

利用二项式定理对 $a + b$ 和 $a - b$ 进行化简，最终得到 a 和 b。

随机变量的独立性

38.（a）给出一个这样的例子：两个不互相独立的随机变量 X 和 Y，并且满足 $P(X < Y) = 1$。

（b）给一个这样的例子：两个互相独立的随机变量 X 和 Y，并且满足 $P(X < Y) = 1$。

39. 给出一个这样的例子：定义在相同样本空间上的两个离散型随机变量 X 和 Y 有相同的分布，其中支持集为 $\{0, 1, 2, \cdots, 10\}$。但是事件 $\{X = Y\}$ 从不发生。若 X 和 Y 是互相独立的，是否还可以构造出这样的例子？

40. 假设 X 和 Y 是离散型随机变量，且 $P(X = Y) = 1$，即 X 和 Y 总是取值相等。

（a）试问 X 和 Y 是否有相同的概率质量函数？

（b）试问 X 和 Y 有可能是互相独立的吗？

41. 假设 X、Y 和 Z 是离散型随机变量，X 和 Y 互相独立，且 Y 和 Z 互相独立，能否推出 X 和 Z 互相独立？

提示：考虑简单且极端的例子。

42. Ⓢ设 X 表示一周中随机的一天，$X = 1$ 表示周一，$X = 2$ 表示周二，$\cdots$，$X = 7$ 表示周日（X 的取值范围是 1，2，$\cdots$，7 且可能性相等）。设 Y 表示 X 的后一天，取值范围也是在

1，2，…，7 且等概率。那么 X 和 Y 是否有相同的分布？并计算 $P(X < Y)$。

43. （a）有两个随机变量 X 和 Y，它们有相同的分布且 $P(X < Y) \geq p$，其中 p 可以取 0.9、0.99、0.999999999999 和 1。对于上述每一种情况，如果可能出现则给出一个例子；如果不可能出现，试证明。

（b）考虑和（a）相同的问题，现在假设 X 和 Y 是互相独立的，那么这四种情况可能出现吗？对于每种情况，如果可能出现则给出一个例子；如果不可能，请证明。

44. 对于二进制数字 x 和 y，如果 $x = y$，则设 $x \oplus y$ 为 0，否则 $x \oplus y$ 为 1（运算符 $\oplus$ 被称为异或运算，简写为 XOR，通过模 2 加法运算）。

（a）设 $X \sim \mathrm{Bern}(p)$，$Y \sim \mathrm{Bern}(1/2)$ 且互相独立，求 $X \oplus Y$ 的分布。

（b）沿用（a）中的符号，考虑 $p = 1/2$ 和 $p \neq 1/2$ 两种情况，试问 $X \oplus Y$ 和 X 是否互相独立？$X \oplus Y$ 和 Y 是否互相独立？

（c）设 $X_1 X_2$，…，X_n 是独立同分布于 $\mathrm{Bern}(1/2)$ 的随机变量。对于 $\{1, 2, \cdots, n\}$ 的每一个非空子集 J，令 $Y_J = \bigoplus_{j \in J} X_j$，该表达式是指的对所有 J 中的元素 j 按照运算符 $\oplus$ 做"加法"运算。由于 $x \oplus y = y \oplus x$，且 $(x \oplus y) \oplus z = x \oplus (y \oplus z)$，因此对于这样的运算，其先后顺序是无关紧要的。证明：$Y_J \sim \mathrm{Bern}(1/2)$，并且这 $2^n - 1$ 个随机变量两两互相独立，但整个随机变量序列不是独立的。例如，我们可以用 10 个质地均匀的硬币来模拟 1023 个两两独立的抛硬币试验。

提示：应用（b）中 $p = 1/2$ 的结果。证明如果 J 和 K 是 $\{1, 2, \cdots, n\}$ 的两个不同非空子集，令 $Y_J = A + B$，$Y_K = A + C$，其中 $A = \{X_i : i \in J \cap K\}$，$B = \{X_i : i \in J \cap K^c\}$ 且 $C = \{X_i : i \in J^c \cap K\}$。由于 A、B、C 的定义域是不相交的，故 A、B 和 C 是互相独立的。而且这些集合最多一个为空。若 $J \cap K = \varnothing$，则 $Y_J = B$，$Y_K = C$。否则，通过以 A 是否等于 1 作为条件来计算 $P(Y_J = y, Y_K = y)$。

混合练习

45. Ⓢ 一种针对某疾病的新疗法正在测试中，目标是观察它是否优于标准疗法。现有的治疗对 50% 的患者有效。初步认为新的疗法有 2/3 的可能性会对 60% 的患者有效，1/3 的可能性会对 50% 的患者有效。在试点研究中，给 20 位随机患者实施新的治疗方案，其中对 15 位患者起到了效果。

（a）鉴于以上信息，求新的疗法优于标准疗法的概率。

（b）随后进行了第二项研究，给 20 名新的随机患者实施该新疗法。在给定第一次试验结果的条件下，设 X 为 20 位新的随机患者在接受新疗法后起到疗效的人数，求 X 的概率质量函数。[假设（a）的结果为 p，则本小题的结果会含有 p。]

46. 独立地进行伯努利试验，其中每次试验成功的概率为 p。一个很重要的问题是，一般这样的设置都会告知进行多少次试验。在统计学中关于此问题出现了许多争论：如何分析这样的数据？这些数据来自一个试验中，试验的次数依赖于迄今收集到的数据。

例如，如果按照"继续进行试验直到失败的次数是成功的两倍及以上，然后停止"的规则进行，则会错误地认为失败与成功之比（如果进程停止）将会超过 2:1，而不是真正的理论比例 1:1。这一结果可能会带来一个很大的误导！事实上，可能永远不会发生失败的次数是成功的两倍及以上的情况，在这个问题中，你将计算其发生的概率。

（a）有两个赌徒 A 和 B 正在进行赌博，其中每个人都有 1/2 的概率赢得比赛。然而，每次如果 A 赢就会得到 2 美元，如果 A 输就会倒扣 1 美元（非常有利于 A 的游戏）。假设赌徒没钱时允许借钱，则赌局可以一直进行下去。设 A 开有 k 美元，最终剩 0 美元的概率为 p_k。试解释这个问题和我们的原始问题有怎样的联系？假设可以求出 p_k，则该怎样解决最初的原始问题？

（b）求 p_k。

提示：假设赌徒破产，据此建立并求解关于 p_k 的微分方程。当 $k \to \infty$ 时，有 $p_k \to 0$（这个不必证明，但它确实是有意义的。这是因为该赌局完全有利于 A，A 最终剩余的钱会趋于无穷大。利用大数定律（第 10 章会介绍）可以严格证明该结论。）该结果可以根据黄金比例整齐地写出。

（c）对于原始问题，假设在伯努利试验中每次试验成功的概率为 $1/2$，求试验失败的次数是成功的两倍及以上的概率。

47. 复印机每天复印 n 张复印件。复印机有两个托盘来装载纸张，每张纸随机地从其中一个托盘被抽出使用且每张纸之间互不影响。每天开始复印之前，每个托盘都被填装 m 张纸。

（a）设 $X \sim \mathrm{Bin}(n,p)$，$\mathrm{pbinom}(x,n,p)$ 为 X 的累积分布函数在 x 处的值。求在任何特定的一天里每个托盘里有足够的纸的概率，这个概率严格大于 0 小于 1，并利用 $\mathrm{pbinom}(x,n,p)$ 给出这个概率的简洁形式。

提示：由于二项分布是离散的，要注意不等式是否严格。

（b）利用计算机，分别在 $n = 10$，100，1000，10000 的条件下，求出满足每个托盘里有足够的纸的概率最少为 95% 的最小 m 值。

提示：如果使用 R，可能会用到下列命令。

`g < - function(m,n)` 定义了一个函数 g，使得 $g(m,n)$ 是从（a）得到的结果。

`g(1:100,100)` 返回一个结果向量 $(g(1,100),g(2,100),\cdots,g(100,100))$。

`which(v > 0.95)` 返回 0 或者 1 组成的向量，表示向量 v 中的元素是否大于 0.95。

`min(w)` 返回向量 w 中的最小元素。

第4章 期 望

4.1 期望的定义

上一章介绍了随机变量的分布，它能够详细地描述出所给随机变量落入到某个集合的概率。例如，可以根据分布计算出随机变量 X 大于 100 的可能性、等于 5 的可能性，以及落入到区间 [0，7] 的可能性。尽管如此，采用随机变量的分布来描述众多的概率依旧是一个烦琐的过程。因此，人们希望可以用一个数来描述随机变量的"均值"。

"均值"这个词常用的意思有多个，但迄今为止最常用的是作为随机变量的期望值。此外，许多统计学的内容是关于如何了解世界的易变性，因此如何对随机变量的分布进行"延伸"就显得十分重要。之后将会正式给出方差和标准差的有关内容，并且方差和标准差是根据期望值来定义的，所以期望值的用途不仅仅只有计算平均值。

给定一组数 x_1，x_2，$\cdots$，x_n，这组数的均值是对这些数求和再除以 n，即 $\bar{x} = \dfrac{1}{n}\sum_{j=1}^{n} x_j$，该均值被称为算术平均值。更一般地，可以定义 x_1，x_2，$\cdots$，x_n 的加权平均值（weighted-mean）如下：

$$\text{加权平均}(x) = \sum_{j=1}^{n} x_j p_j,$$

其中，p_1，p_2，$\cdots$，p_n 是预先指定的非负数，且 $\sum_{j=1}^{n} p_j = 1$。可以很容易看出，当 $p_1 = p_2 = \cdots = p_n = 1/n$ 时，加权平均等于算术平均。

离散型随机变量期望的定义是受到了加权平均定义的启发，相应的概率值实际上相当于权重。

定义 4.1.1（离散型随机变量的期望） 一个离散型随机变量 X，其不同可能的取值为 x_1，x_2，$\cdots$，x_n，$\cdots$，定义 X 的期望值（也称期望或者均值）如下：

$$E(X) = \sum_{j=1}^{\infty} x_j P(X = x_j)。$$

如果 X 的支撑是一个有限集，则可将上式替换成一个有限的求和形式，也可以写为

$$E(X) = \sum_{x} \underbrace{x}_{\text{值}} \underbrace{P(X = x)}_{x\text{处的PMF}},$$

其中 x 为 X 的支撑，否则 $xP(X = x) = 0$。如果 $\sum_{j=1}^{\infty} |x_j| P(X = x_j)$ 是发散的，则 X 的期望是无定义的。

总之，X 的期望就是 X 可能取值的加权平均值，权重就是对应的概率值。接下来通过两个简单的例子体会一下期望的定义。

1. 设 X 为掷一颗骰子出现的点数，X 可能的取值为 1，2，3，4，5，6 且每个值出现的概率相等。从直觉上，将这些数加起来再除以 6 就可以得到期望。利用前面介绍的期望的定义，有

$$E(X) = \frac{1}{6}(1 + 2 + \cdots + 6) = 3.5,$$

该结果和我们所预想的一样。尽管 X 的取值永远不可能取到 3.5，类似于前面提到的例子"某个国家每户家庭孩子的平均数量为 1.8"，家庭中孩子的数量是不可能等于 1.8 的。

2. 设 $X \sim \text{Bern}(p)$ 且 $q = 1 - p$，则

$$E(X) = 1 \cdot p + 0 \cdot q = p,$$

直观来看，该等式是有意义的，这是因为 X 的取值只有两种情况，且需要根据每种情况的可能性在 0 和 1 之间妥协。图 4.1 展示 $p < 1/2$ 的情况：两枚鹅卵石放在跷跷板上，为使跷跷板保持平衡，支点（图中三角形显示的地方）必须放在 p 点，这个点在物理上被称为质心。

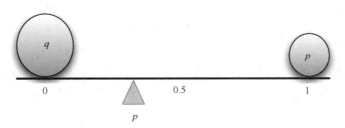

图 4.1　用两块鹅卵石的质心描述了当 $X \sim \text{Bern}(p)$ 时，$E(X) = p$。其中，p 和 q 表示两块鹅卵石的质量。

采用频率学进行解释的方法是：考虑独立地实施大量伯努利试验，其中每次试验成功的概率为 p。如果试验"成功"则记为 1，否则记为 0。归根到底，我们希望数据是由一列数字组成的列表，且 1 出现的比例非常接近于 p。列表中 0 和 1 的均值也非常接近于 p。

注意，$E(X)$ 只取决于 X 的分布。这从 $E(X)$ 的定义中可以很容易地看出，但它却是极其基础的，因此需要牢记。

命题 4.1.2　如果 X 和 Y 是具有相同分布的离散型随机变量，那么

$$E(X) = E(Y) [\text{如果 } E(X) \text{ 或者 } E(Y) \text{ 中至少有一个存在}]。$$

证明：　由期望的定义可知，只需要知道 X 的概率质量函数即可。　∎

上述命题的逆命题是不成立的。因为期望值仅仅是一个数字总结，而不足以描述整个分布；它只能测量出"中心"的位置但不能决定这个位置。例如，分布如何延伸或者随机变量取正数的可能性有多大。图 4.2 展示了一个这样的例子，它说明两种不同的概率质量函数却都可以有一个值为 2 的平衡点或者期望。

⚠ 4.1.3（用随机变量的期望代替其本身）　对于任意的离散型随机变量 X，如果 $E(X)$ 存在，则 $E(X)$ 是一个实数值。一种常见的错误是不加以判断就用随机变量的期望来代替其本身，这在数学上［X 是一个函数而 $E(X)$ 只是一个实数］和统计学上（忽视了 X 的易变性）都是错误的。当然除了 X 是常数的情况。

符号 4.1.4　我们习惯上把 $E(X)$ 简写成 EX。类似地，可以把 $E(X^2)$ 简写成 EX^2。因此 EX^2 是随机变量 X^2 的期望，而并不是 EX 的平方。一般来说，除非是用括号明确地表示，否

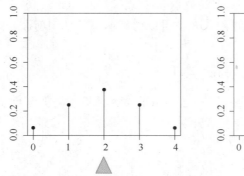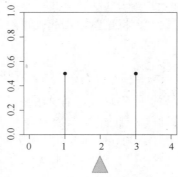

图 4.2　期望不能决定分布：不同的概率质量函数也可能会有相同的平衡点或期望值。

则期望将放在最后。例如，$E(X-3)^2$ 表示 $E((X-3)^2)$，而不是 $(E(X-3))^2$。正如所看到的，运算符的顺序非常重要！

4.2　期望的线性性质

期望最重要的性质是线性性质：随机变量之和的期望等于每个随机变量期望的和。

定理 4.2.1（期望的线性性质）　对于随机变量 X、Y 和任意的常数 c，有
$$E(X+Y) = E(X) + E(Y),$$
$$E(cX) = cE(X)。$$

其中，第二个等式说明了可以从期望中提取出常数因子，这很容易从定义中直观地看出来。对于第一个等式 $E(X+Y) = E(X) + E(Y)$，当 X 和 Y 互相独立时似乎也是合情合理的。但令人感到吃惊的是当 X 和 Y 不独立时该等式也同样成立。为给出一个直观的解释，考虑 X 总是与 Y 相等这种极端情况，由于 $X + Y = 2X$，因此 $E(X+Y)$ 和 $E(X) + E(Y)$ 都等于 $2E(X)$。因此，即使对于不独立情况最极端的例子，期望也是满足线性性质的。

线性性质不仅对于离散型随机变量是成立的，实际上对于所有的变量都成立。在证明线性性质之前，有必要回忆一下关于均值的基本结论。如果现在有一组数，不妨设为（1，1，1，1，1，3，3，5），则可以通过求和然后除以该数列的长度得到均值，每个元素的权重是 1/8，因此均值为
$$\frac{1}{8}(1+1+1+1+1+3+3+5) = 2。$$

但还有另一种计算均值的方法：将相同元素分成一组，即把所有的 1 放在一组，3 放在一组，5 放在一组，给予 1、3、5 对应的权重分别为 5/8、2/8 和 1/8，然后采用加权平均的方法得到：
$$\frac{5}{8} \cdot 1 + \frac{2}{8} \cdot 3 + \frac{1}{8} \cdot 5 = 2。$$

由此可知，计算均值实际上有分组和不分组两种方法，这两种方法也是证明线性性质所必不可少的。回顾随机变量 X 的定义，X 是从样本空间中一个样本点 s 到实数轴上的映射。离散型随机变量可能将多个样本点映射到同一个实数。当这种情况发生时，期望的定义就是

将样本空间中所有的元素根据对应的映射值分组，映射值相等的归为一组，这样就组成了"超级鹅卵石"（每个超级鹅卵石就是一个组），其中超级鹅卵石的重量 $P(X=x)$ 对应于组内鹅卵石的总质量。图 4.3 展示了分组的过程：假设随机变量的可能取值为 0、1、2，将标记（映射值）为 0、1、2 的鹅卵石分别放在一组，然后再利用分组的方法计算期望。

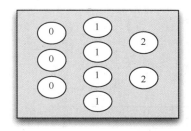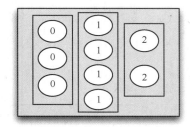

图 4.3　左图：X 为样本空间中每个鹅卵石（样本）分配一个数字（映射的结果）。右图：根据 X 分配的数字进行分组，9 个鹅卵石一共分成了 3 组。每个超级鹅卵石的权重为组内所有鹅卵石权重之和。

利用分组的方法定义期望，其优势在于可以直接利用 X 的分布而不用像之前那样再返回到样本空间。如果 Y 为定义在相同样本空间上的另一个随机变量，由 Y 产生的超级鹅卵石和 X 可能不一样，并且权重 $P(Y=y)$ 可能也不同，所以合并 $\sum_x xP(X=x)$ 和 $\sum_y yP(Y=y)$ 会变得很困难。因此，在证明定理 4.2.1 的时候该方法的劣势就显现了。

幸运的是，现在已经知道还有一种计算期望的方法——对每个鹅卵石加权平均。换句话说，如果 $X(s)$ 是 X 将样本点 s 映射到实数轴上的值，则我们可以取加权平均：

$$E(X) = \sum_s X(s)P(\{s\}),$$

其中 $P(\{s\})$ 是鹅卵石（样本点）s 的权重。上述就是不分组求解期望的方法。这种方法的优势在于将样本空间拆分成尽可能小的单位，此时对于定义在相同样本空间上的随机变量可以用相同的权重。如果 Y 为定义在相同样本空间上的另一个随机变量，则有 $E(Y) = \sum_s Y(s)P(\{s\})$，现在就可以将 $\sum_x xP(X=x)$ 和 $\sum_y yP(Y=y)$ 进行合并了。由此可以得到 $E(X+Y)$ 如下：

$$E(X) + E(Y) = \sum_s X(s)P(\{s\}) + \sum_s Y(s)P(\{s\})$$
$$= \sum_s (X+Y)(s)P(\{s\}) = E(X+Y)。$$

对于线性性质的另一种直观解释是通过"模拟"。如果根据 X 的分布对 X 可能的取值进行大量的模拟，则这些模拟值的直方图会非常接近于真实的 X 的概率质量函数。特别地，这些模拟值的算术平均值与真实的 $E(X)$ 将会非常接近（这种收敛的精确性质由大数定律给出，该定律非常重要，将在第 10 章中介绍）。

设 X 和 Y 是随机变量，它们用来总结某个特定的试验。假设进行 n 次试验，其中 n 是一个非常大的数，并且根据每次试验的观察结果纪录 X 和 Y 相应的值。对于每一次重复试验，当获得 X 和 Y 的值之后，将 X 和 Y 相加得到 $X+Y$ 的值。图 4.4 中，每一行表示重复实验得到的数据，左边列表示 X 的值，中间列表示 Y 的值，右边列表示 $X+Y$ 的值。

X	Y	$X+Y$
3	4	7
2	2	4
6	8	14
10	23	33
1	−3	−2
1	0	1
5	9	14
4	1	5
⋮	⋮	⋮

$$\frac{1}{n}\sum_{i=1}^{n} x_i \quad + \quad \frac{1}{n}\sum_{i=1}^{n} y_i \quad = \quad \frac{1}{n}\sum_{i=1}^{n}(x_i+y_i)$$

$$E(X) \quad + \quad E(Y) \quad = \quad E(X+Y)$$

图 4.4　对期望的线性性质的直观展示。每一行表示一次重复试验所得到的数据，第一列表示 X 的值，第二列表示 Y 的值，最后一列表示 $X+Y$ 的值。最后一列中所有的数字之和等于第一列中所有数的相加结果和第二列中所有数的相加结果的求和。因此，第三列的期望等于第一列的期望加上第二列的期望，这就是期望的线性性质。

有两种方法可以计算出最后一列中所有数字之和。最直接的方法是将最后一列中所有的数加起来。还有一种等效的方法是先把第一列中所有的数加起来，再把第二列中所有的数加起来，最后再把两列的和相加。

列表中每个值均除以 n，接下来将要对以下几个问题的等价性进行讨论：

- 取最后一列所有数字的算术平均值，利用大数定律，得到该算术平均值接近于 $E(X+Y)$。

- 先取第一列所有数的算术平均值，再取第二列所有数的算术平均值，然后把两个算术平均值相加。利用大数定律，这个结果和 $E(X)+E(Y)$ 非常接近。

由期望的线性性质也可推出关于算术运算的一个事实：用两种不同的顺序进行求和，其结果是等价的。请注意在上述论点中不需要考虑 X 和 Y 是否相互独立。事实上，在图 4.4 中，X 和 Y 似乎是相互依赖的：Y 随着 X 的增大而增大，随着 X 的减小而减小。（在第 7 章中会涉及，X 和 Y 称为正相关的。）但是这种依赖性是不相关的：重新把 Y 的值打乱会改变 X 和 Y 的关系模式，但是不会影响每一列的总和。

线性性质是计算期望的一种非常有用的工具，可以完全避开期望值的定义。下面将利用期望的线性性质计算二项分布和伯努利分布的期望。

例 4.2.2（二项分布的期望）　对于 $X \sim \mathrm{Bin}(n,p)$，试通过两种方法求 $E(X)$。根据期望的定义，有

$$E(X) = \sum_{k=0}^{n} kP(X=k) = \sum_{k=0}^{n} k\binom{n}{k}p^k q^{n-k},$$

由例 1.5.2，可以知道 $k\binom{n}{k}=n\binom{n-1}{k-1}$，所以

$$\sum_{k=0}^{n}k\binom{n}{k}p^{k}q^{n-k}=n\sum_{k=0}^{n}\binom{n-1}{k-1}p^{k}q^{n-k}$$

$$=np\sum_{k=1}^{n}\binom{n-1}{k-1}p^{k-1}q^{n-k}$$

$$=np\sum_{j=0}^{n-1}\binom{n-1}{j}p^{j}q^{n-1-j}$$

$$=np。$$

倒数第二行中求和号后面的结果等于 1，这是因为它是 $\mathrm{Bin}(n-1,p)$ 分布的概率质量函数的求和（或者根据二项式定理）。因此，$E(X)=np$。

上述证明过程需要我们记住组合恒等式并调整二项式系数。而利用期望的线性性质却可以使用更加简单的方法获得相同的期望。设 X 为 n 个相互独立且服从参数为 p 的伯努利随机变量之和：

$$X=I_{1}+\cdots+I_{n},$$

其中，I_{j} 的期望为 $E(I_{j})=1\cdot p+0\cdot q=p$。由线性性质，可得

$$E(X)=E(I_{1})+\cdots+E(I_{n})=np。\qquad\square$$

例 4.2.3（超几何分布的期望）　对于 $X\sim\mathrm{HGeom}(n,p)$，它表示从包含 w 个白球和 b 个黑球的罐子里无放回地抽取的 n 个球中白球的个数。同二项分布的情况一样，这里把 X 写成：

$$X=I_{1}+\cdots+I_{n},$$

如果样本中第 j 个球是白球，则 $I_{j}=1$，否则 $I_{j}=0$。由对称性，$I_{j}\sim\mathrm{Bin}(1,p)$，其中，$p=w/(w+b)$。由于是在无条件下给出的，所以第 j 个球是白球或是黑球的可能性相等。

与上一个例子的区别在于，由于是无放回抽样：给定样本中的一个球是白球，则在样本中的另一个球也是白球的概率就很小，所以 I_{j} 之间不是相互独立的。然而，对于互相依赖的随机变量，线性性质仍然成立。因此

$$E(X)=nw/(w+b)。\qquad\square$$

另一个有关期望的线性性质的例子是："随机变量越大它的期望就越大"，接下来将会给出一个简单的证明。

命题 4.2.4（期望的单调性）　设 X 和 Y 是离散型随机变量且 $P(X\geqslant Y)=1$，则能推出 $E(X)\geqslant E(Y)$，当且仅当 $P(X=Y)=1$ 成立时等式成立。

证明：这个结果对于所有的随机变量都成立，由于本章主要介绍离散型随机变量，故这里只对离散型随机变量的情况进行证明。随机变量 $Z=X-Y$ 是非负的［依概率 1 成立，即 $P(Z=X-Y\geqslant0)=1$］。根据期望的定义，$E(Z)$ 是非负项之和，所以 $E(Z)\geqslant0$。由线性性质，可得

$$E(X)-E(Y)=E(X-Y)\geqslant0,$$

上式成立。如果 $E(x)=E(Y)$，同样根据线性性质可得 $E(Z)=0$，从而得到 $P(X=Y)=P(Z=0)=1$。这是因为按照 $E(Z)$ 的定义，只要其中有一项取正，那么 $E(Z)$ 也是正的。

4.3 几何分布与负二项分布

现在将要介绍另外两种非常著名的离散分布：几何分布和负二项分布，并且计算它们的期望值。

案例 4.3.1（几何分布） 考虑一系列独立的伯努利试验，其中每次试验成功的概率都为 $p \in (0,1)$，试验持续进行直到有一次试验成功才停止。设 X 表示在试验成功之前试验失败的次数，则称 X 服从参数为 p 的几何分布，记为 $X \sim \text{Geom}(p)$。 □

例如，我们持续抛硬币直到第一次出现正面朝上，然后试验停止，那么在第一次出现硬币正面朝上之前，反面朝上的次数就服从参数为 1/2 的几何分布 $\text{Geom}\left(\frac{1}{2}\right)$。

为了根据上述案例求出几何分布的概率质量函数（PMF），这里将一系列的伯努利试验想象成由 0、1 构成的一个字符串，0 表示试验失败，1 表示试验成功（1 在数字串的末尾，其余位置为 0）。每个 0 出现的概率为 $q = 1 - p$，最后末尾处 1 出现的概率为 p，所以在一次试验成功之前有 k 次试验失败的概率为 $q^k p$。

定理 4.3.2（几何分布的概率质量函数） 如果 $X \sim \text{Geom}(p)$，则 X 的概率质量函数为
$$P(X = k) = q^k p,$$
其中，k 为非负整数，$q = 1 - p$。

由于 $\sum_{k=0}^{\infty} q^k p = p \sum_{k=0}^{\infty} q^k = p \cdot \frac{1}{1-q} = 1$，所以这个概率质量函数是有效的。正如利用二项式定理证明了二项分布的概率质量函数是有效的，通过一个几何级数也可以证明几何分布的概率质量函数的有效性。

图 4.5 展示了几何分布 $\text{Geom}(0.5)$ 的概率质量函数（PMF）和累积分布函数（CDF），其中 $k = 0, 1, 2, 3, 4, 5, 6$。对于所有服从几何分布的随机变量，其对应的概率质量函数都有相似的形状：试验成功的概率 p 越大，概率质量函数衰减至 0 的速度越快。

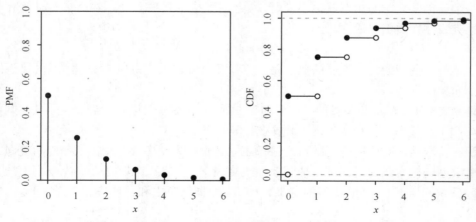

图 4.5 几何分布 $\text{Geom}(0.5)$ 的概率质量函数（PMF）和累积分布函数（CDF）。

♫ 4.3.3（关于几何分布的约定） 关于几何分布的定义存在几种不同的约定；有些书中将几何分布定义为直到出现一次试验成功时总共的试验次数，它包括成功的试验在内。在

本书中，在几何分布的定义中，总试验数不包含成功的试验，而另一种命名为"第一次成功"的分布，则将成功试验计入总次数。

定义 4.3.4（第一次成功的分布）　进行一系列相互独立的伯努利试验，其中每次试验成功的概率为 p。设 Y 表示直到有一次试验成功时，总共的试验次数（包含这一次成功的试验），则称 Y 服从参数为 p 的第一次成功的分布，记为 $X \sim \mathrm{FS}(p)$。

这两种分布之间的转换是非常容易的，但需要注意使用的是哪一种约定。根据定义，如果 $Y \sim \mathrm{FS}(p)$，则 $Y - 1 \sim \mathrm{Geom}(p)$。此时可以通过 $P(Y = k) = P(Y - 1 = k - 1)$ 在 Y 的概率质量函数和 $Y - 1$ 的概率质量函数之间进行转换。反之，如果 $X \sim \mathrm{Geom}(p)$，则有 $X + 1 \sim \mathrm{FS}(p)$。

例 4.3.5（几何分布的期望）　设 $X \sim \mathrm{Geom}(p)$，根据期望的定义，有

$$E(X) = \sum_{k=0}^{\infty} kq^k p,$$

其中，$q = 1 - p$。这个求和公式看似很让人头疼：由于有一个额外的 k，所以 $\sum_{k=0}^{\infty} kq^k p$ 不是几何级数。但注意到 kq^k 和 kq^{k-1} 是很相似的，而 kq^{k-1} 又正好是 q^k 对 q 的一阶导数，所以可以从以下开始：

$$\sum_{k=0}^{\infty} q^k = \frac{1}{1 - q},$$

由于 $0 < q < 1$，故该几何级数是收敛的。两边同时对 q 求导，得

$$\sum_{k=0}^{\infty} kq^{k-1} = \frac{1}{(1 - q)^2}。$$

最后，在上述等式两边同时乘以 pq，则会得到原始问题的解：

$$E(X) = \sum_{k=0}^{\infty} kq^k p = pq \sum_{k=0}^{\infty} kq^{k-1} = pq \frac{1}{(1 - q)^2} = \frac{q}{p}。$$

在第 9 章的例 9.1.8 中，我们将基于一步分析法，对同样的结果给出一个讲述证明：在给定第一次试验结果（定义成 X）的条件下，如果第一次试验成功，则 $X = 0$，否则认为试验是失败的，并重新开始试验。　　　　□

例 4.3.6（第一次成功的期望）　前面已经知道几何分布和第一次成功的分布间可以相互转换，设 $X \sim \mathrm{Geom}(p)$，则有 $Y = X + 1 \sim \mathrm{FS}(p)$，可得到

$$E(Y) = E(X + 1) = \frac{q}{p} + 1 = \frac{1}{p}。$$ □

负二项分布是几何分布的一种推广：在负二项分布中，不仅仅只试验成功一次就停止试验，而是可以令试验成功 r 次再停止试验。

案例 4.3.7（负二项分布）　考虑一系列独立的伯努利试验，其中每次试验成功的概率都为 $p \in (0,1)$。设 X 为在试验成功 r 次之前试验失败的次数，那么称 X 服从参数为 r 和 p 的负二项分布，记为 $X \sim \mathrm{NBin}(r,p)$。

二项分布和负二项分布都是基于独立的伯努利试验，但它们在停止试验的规则以及计数上存在区别：二项分布是在一定数量的试验中计算成功的次数，而负二项分布则是直到指定次数的试验成功时计算试验失败的次数。

鉴于这些相似之处，负二项分布的概率质量函数的推导过程类似二项分布的概率质量函数的推导过程也就不会显得那么令人惊讶了。

定理 4.3.8（负二项分布的概率质量函数） 如果 $X \sim \mathrm{NBin}(r,p)$，则 X 的概率质量函数为

$$P(X=n) = \binom{n+r-1}{r-1} p^r q^n,$$

其中，n 是非负整数，$q=1-p$。

证明：想象由 0 和 1 组成的字符串，1 表示试验成功，0 表示试验失败。任何由 n 个 0 和 r 个 1 组成的具体的字符串，其对应的概率都是 $p^r q^n$。现在有多少种这样的字符串呢？因为一旦观测到第 r 次试验成功就停止试验，则字符串末尾处的数字必须是 1，因此需要在其他 $n+r-1$ 个位置上摆放 $r-1$ 个 1 和 n 个 0。在试验成功 r 次之前试验失败的次数为 n 的概率为

$$P(X=n) = \binom{n+r-1}{r-1} p^r q^n \qquad (n=0,1,2\cdots)。$$

正如一个服从二项分布的随机变量可以表示为几个独立同伯努利分布的随机变量之和，一个服从负二项分布的随机变量也可以表示为几个独立同几何分布的随机变量之和。

定理 4.3.9 设 $X \sim \mathrm{NBin}(r,p)$，将其看作是在试验成功 r 次之前试验失败的次数（试验由一系列独立的伯努利试验组成，其中每次试验成功的概率都为 p）。此时可以将 X 表示为 $X=X_1+\cdots+X_r$，其中 X_i 独立同分布于 $\mathrm{Geom}(p)$。

证明：设 X_1 为直到第一次试验成功时试验失败的次数，X_2 表示在第一次试验成功和第二次试验成功之间试验失败的次数，X_i 表示在第 $i-1$ 次试验成功和第 i 次试验成功之间试验失败的次数。那么根据案例 4.3.1 可以得到：$X_1 \sim \mathrm{Geom}(p)$。第一次试验成功之后直到第二次试验成功的这段时间内试验失败的次数也服从几何分布，故 $X_2 \sim \mathrm{Geom}(p)$。类似地，$X_i \sim \mathrm{Geom}(p)$。由于每个伯努利事件之间是相互独立的，所以 X_i 之间也是相互独立的。将所有的 X_i 相加，就可以得到直到第 r 次试验成功时，试验失败的总次数，即 X。

利用期望的线性性质，可以很容易地计算出负二项分布的期望。

例 4.3.10（负二项分布的期望） 设 $X \sim \mathrm{NBin}(r,p)$。根据前面的定理可以得到：$X=X_1+\cdots+X_r$，其中 X_i 独立同分布于 $\mathrm{Geom}(p)$。由线性性质，可得

$$E(X) = E(X_1)+\cdots+E(X_r) = r \cdot \frac{q}{p}。$$

接下来将介绍一个著名的概率问题，且它可以看作是几何分布和第一次成功分布的指导性应用示例。通常称之为收集优惠券的问题，但这里将使用玩具来代替优惠券。

例 4.3.11（优惠券的收集） 假设有 n 种玩具，你正在一个接一个地收集它们，目标是得到一套完整的玩具组合。在收集玩具时，玩具的类型是随机的（例如，有时候，这些玩具是麦片盒里附赠的或是快餐店儿童套餐中所附带的）。假设每次收集玩具时收集到 n 种类型中任意一种的概率相同。直到收集到一套完整的玩具，其所需收集的玩具总数量的期望是多少？

解：

设 N 是所需要的玩具数量，现在想求出 $E(X)$。我们的策略是将 N 拆分成一些更简单的随机变量之和，如此就可以应用到线性性质。因此，写作

$$N = N_1+N_2+\cdots N_n,$$

其中，N_1 表示直到第一个你没见过的玩具类型出现时所挑选过的玩具数量（它总等于 1，因为第一个玩具总是一个新类型）；N_2 表示挑选完第一个玩具之后直到第二个没见过的玩具类

型出现时所需要的玩具数量，以此类推。图 4.6 展示了当 $n=3$ 时的定义。

由第一次成功分布的案例可知，$N_2 \sim \mathrm{FS}((n-1)/n)$：在第一个玩具类型被确定之后；将会有 $1/n$ 的概率得到和已有玩具相同类型的玩具（失败），有 $(n-1)/n$ 的概率会得到一个新类型的玩具（成功）。类似地，N_3 表示挑选完第二个玩具之后直到出现第三个还没见过的玩具类型时所需要的玩具数量，此时 $N_3 \sim \mathrm{FS}((n-2)/n)$。以此类推，

$$N_j \sim \mathrm{FS}((n-j+1)/n)。$$

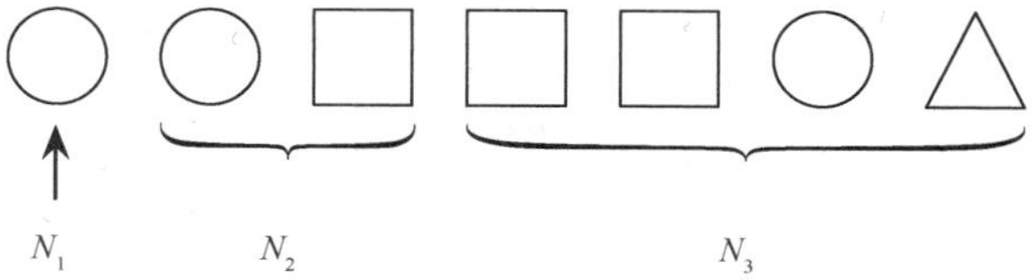

图 4.6 玩具的收集（$n=3$）。这里 N_1 表示直到出现第一个新类型玩具时所收集到的玩具数量，N_2 表示挑选完第一个玩具之后直到出现第二个新类型时所需要的玩具数量，N_3 表示挑选完第二个玩具之后直到出现第三个新类型时所需要的玩具数量。总共所需的玩具数量为 $N_1 + N_2 + N_3$。

由线性性质，可得

$$E(N) = E(N_1) + E(N_2) + E(N_3) + \cdots + E(N_n)$$
$$= 1 + \frac{n}{n-1} + \frac{n}{n-2} + \cdots + n$$
$$= n \sum_{j=1}^{n} \frac{1}{j}。$$

当 n 很大时，这个结果接近于 $n(\ln n + 0.577)$。

在结束这个例子之前，我们再花一点时间将本例与定理 4.3.9 的证明过程进行比较。定理 4.3.9 将服从负二项分布的随机变量表示为独立同分布于几何分布的随机变量序列之和。在这两个问题中，我们都在等待一个指定试验成功的数量，并且考虑利用成功次数之间的间隔来处理这个问题。二者存在以下两个主要的差异：

• 定理 4.3.9 排除了成功的试验本身，因此在两次试验成功之间的试验失败次数是服从几何分布的。在优惠券收集的问题中，由于想要计算玩具的总数，因此包括了成功试验，所以此时服从第一次成功分布而不是几何分布。

• 在定理 4.3.9 中，每次试验成功的概率不会改变，所以失败的总数是独立同分布于几何分布的随机变量之和。在优惠券收集的问题中，之后的每一次试验成功的概率都在逐渐降低，因为收集到一个新玩具类型的难度在逐渐增加，所以 N_j 的分布不相同，但它们仍然是相互独立的。

☝ 4.3.12（随机变量的非线性函数的期望） 期望具有线性性质，但通常对于任意给定的函数 g 而言，并不会出现 $E(g(x)) = g(E(X))$。当 g 不是线性时，移动 E 和 g 的位置时需要格外小心。下面的例子展示了一种 $E(g(x))$ 和 $g(E(X))$ 差异非常大的情况。

例 4.3.13（圣彼得堡悖论） 假设一个富有的陌生人提出和你进行以下游戏。你需要连续抛一枚硬币直到第一次出现正面朝上，如果游戏进行一轮则你将会得到 2 美元，游戏持续两轮你将会得到 4 美元，持续 n 轮你将会得到 2^n 美元。那么你最终所得奖金的期望是多少？你愿意花多少钱玩这个游戏？

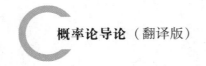

解：

设 X 为玩这个游戏得到的钱。根据定义，$X = 2^N$，其中 N 为游戏持续的轮数，那么 X 等于 2，4，8，$\cdots$ 的概率分别为 $1/2$，$1/4$，$1/8$，$\cdots$。所以

$$E(X) = 2 \cdot \frac{1}{2} + 4 \cdot \frac{1}{4} + 8 \cdot \frac{1}{8} + \cdots = \infty。$$

期望值是无穷大！另一方面，游戏持续的轮数 N 是抛硬币直到第一次正面朝上的试验次数，故 $N \sim \mathrm{FS}\left(\frac{1}{2}\right)$ 且 $E(N) = 2$。尽管 $2^{E(N)} = 4$，但 $E(2^N) = \infty$。无穷当然不等于 4，这也说明了当 g 不是线性的时候，$E(g(x))$ 和 $g(E(X))$ 的差别会非常大。

这个问题通常被认为是一个悖论，因为虽然游戏的期望收益是无限的，但大多数人都不愿意付很多钱玩这个游戏（即使他们可以负担得起所输的钱）。一种解释是说：在现实世界之中，钱的数量是有限的。假设游戏持续超过 40 轮，富有的陌生人逃离这个国家，你将什么也得不到。由于 $2^{40} \approx 1.1 \times 10^{12}$，此时你可能得到超过 100 亿美元的奖金，但是超过 40 轮比赛几乎是不可能的。但在此设置中，你的期望收益为

$$E(X) = \sum_{n=1}^{40} \frac{1}{2^n} \cdot 2^n + \sum_{n=41}^{\infty} \frac{1}{2^n} \cdot 0 = 40。$$

难道是因为富有的陌生人逃离这个国家就会导致期望收益显著减少么？现在假设富有的陌生人设定游戏中你最多能赚 2^{40}。这样如果游戏持续超过 40 轮你将会得到相应的钱而不至于两手空空，则现在期望值为

$$E(X) = \sum_{n=1}^{40} \frac{1}{2^n} \cdot 2^n + \sum_{n=41}^{\infty} \frac{1}{2^n} \cdot 2^{40} = 40 + 1 = 41。$$

仅仅增加了 1 美元。在圣彼得堡悖论中的 ∞ 是由极为罕见的事件（获得非常大的收益）的无限"尾部"所驱动的。在某个点将该尾部截断，这在现实世界中也具有意义，它将会大大降低游戏奖金额的预期值。 □

4.4　示性随机变量与基本桥梁

本节主要介绍示性随机变量，事实上在前面的章节中我们已经遇到过示性随机变量，但本节中将对其进行更加深入地讲解。特别地，这里还将说明：示性随机变量在计算期望值方面可作为一种非常有用的工具。

回忆之前介绍过的内容，一个示性随机变量 I_A［或者 $I(A)$］被定义为：如果事件 A 发生则定义成 1，否则定义为 0。所以 I_A 服从伯努利分布，其中"事件 A 发生"相当于伯努利试验中的成功，"事件 A 没有发生"相当于伯努利试验中的失败。接下来介绍几个与示性随机变量有关的性质。

定理 4.4.1（示性随机变量的一些性质）　设 A 和 B 是两个事件，有如下几个性质成立：
1. $(I_A)^k = I_A$，其中 k 为任意正整数。
2. $I_{A^c} = 1 - I_A$。
3. $I_{A \cap B} = I_A I_B$。
4. $I_{A \cup B} = I_A + I_B - I_A I_B$。

证明：因为对于所有正整数 k 而言，$0^k=0$，$1^k=1$，所以性质 1 成立。由于事件 A 没有发生，所以 $1-I_A=1$，否则 $1-I_A=0$，因此性质 2 成立。如果 I_A 和 I_B 都是 1，则 $I_AI_B=1$，否则 $I_AI_B=0$，所以性质 3 成立。对于性质 4，由于

$$I_{A\cup B}=1-I_{A^c\cap B^c}=1-I_{A^c}I_{B^c}=1-(1-I_A)(1-I_B)=I_A+I_B-I_AI_B,$$

因而性质 4 也成立。 ■

示性随机变量提供了一种连接概率和期望的方法，通常称之为基本桥梁。

定理 4.4.2（概率和期望间的基本桥梁） 事件和示性随机变量之间是一一对应的，事件 A 的概率就等于示性随机变量 I_A 的期望：

$$P(A)=E(I_A)。$$

证明：对于任意的事件 A，存在一个示性随机变量 I_A。由于 A 可以唯一确定 I_A，反之亦然（为了从 I_A 回到 A，定义 $A=\{s:I_A(s)=1\}$），因此事件 A 和 I_A 是一一对应的。因为 $I_A\sim$ Bern(p)，其中 $p=P(A)$，所以有 $E(I_A)=P(A)$。 ■

这个基本桥梁连接起了事件和它所对应的示性随机变量，能够使得将任何事件的概率表示成期望。例如，可以利用示性随机变量证明容斥原理，以及著名的布尔（Boole）不等式或者邦弗朗尼（Bonferroni）不等式。

例 4.4.3（布尔不等式、邦弗朗尼不等式和容斥定理） 设 A_1，A_2，$\cdots$，A_n 为一系列事件。需要注意的是

$$I(A_1\cup A_2\cup\cdots\cup A_n)\leqslant I(A_1)+I(A_2)+\cdots+I(A_n)，$$

这是由于如果左边式子为 0，上式显然成立，如果左边式子等于 1，则右边式子必须至少有一项为 1。两边取期望，利用期望的线性性质以及前边介绍的基本桥梁，可得

$$P(A_1\cup A_2\cup\cdots\cup A_n)\leqslant P(A_1)+P(A_2)+\cdots+P(A_n)，$$

这就是著名的布尔（Boole）不等式或邦弗朗尼（Bonferroni）不等式。为了证明容斥原理（当 $n=2$），可以将定理 4.4.1 中的性质 4（$I_{A\cup B}=I_A+I_B-I_AI_B$）两边同时取期望。对于一般的 n，可以利用示性随机变量的以下性质：

$$\begin{aligned}1-I(A_1\cup\cdots\cup A_n)&=I(A_1^c\cap\cdots\cap A_n^c)\\&=(1-I(A_1))\cdots(1-I(A_n))\\&=1-\sum_i I(A_i)+\sum_{i<j}I(A_i)I(A_j)-\cdots+(-1)^nI(A_1)\cdots I(A_n)。\end{aligned}$$

利用事件和示性随机变量的基本桥梁，两边同时取期望即可证明容斥原理。 □

反过来，这个基本桥梁在许多涉及期望的问题上也可看作是非常有用的工具。人们经常将分布未知的复杂随机变量表示成一些非常简单的随机变量之和，基本桥梁能够求出示性随机变量的期望，然后通过期望的线性性质，最终得到原始随机变量的期望。这个策略非常有用，且具有多用途。事实上，在前面求二项分布和超几何分布的期望的过程中，早已使用过这一策略了。

识别出适合使用这种策略的问题，并定义相应的示性随机变量，因此研究类似的大量实例并解决一些问题是很有必要的。在将该策略应用到一个用来统计［名词］数量的随机变量时，此时应该为每个潜在的［名词］定义一个示性随机变量。这个［名词］可以是人、地方或事物，接下来将介绍这三种类型的例子。

重新考虑第 1 章中的两个问题，蒙特莫特匹配问题与生日问题。

例 4.4.4（匹配问题续） 桌子上有 n 张卡片，并且用 1，2，$\cdots$，n 的数字随机标记，如果卡片的位置和卡片上标记的数字正好相同，则称匹配成功。设 X 为匹配成功的次数，求 $E(X)$。

解：

先检查一下 X 是否服从以前介绍过的已命名的分布，比如二项分布、超几何分布、负二项分布等。由于 X 取值必须是在 0 到 n 之间的整数，所以二项分布和超几何分布是其仅有的两种可能。但因为 X 不能取 $n-1$，故这两个分布都没有右支撑：如果 $n-1$ 张卡片搭配成功的话，那么第 n 张卡片也是搭配成功的。所以 X 也不服从二项分布或者超几何分布，也就是说 X 不服从我们已命名的任何一种分布。但是可以利用示性随机变量计算 X 的均值。记 $X = I_1 + I_2 + \cdots + I_n$，其中

$$I_j = \begin{cases} 1, & \text{当 } j \text{ 个卡片搭配成功,} \\ 0, & \text{其他.} \end{cases}$$

换句话说，I_j 是 A_j（第 j 张卡片匹配成功）的示性随机变量。如果卡片匹配成功则可以将其想象为"举起手来"。把举起的手都加起来，就可以得到卡片匹配成功的总张数，即 X。

通过基本桥梁，对于所有的 j，得

$$E(I_j) = P(A_j) = \frac{1}{n}.$$

根据期望的线性性质，有

$$E(X) = E(I_1) + \cdots + E(I_n) = n \cdot \frac{1}{n} = 1.$$

不管 n 是多少，对匹配成功的卡片数量而言，其期望都是 1。尽管由于 I_j 之间不是独立的，使得 X 的分布既不是二项分布也不是超几何分布，但期望的线性性质依旧是满足的。 □

例 4.4.5（不同的生日日期，生日搭配） 某小组共有 n 个人，想知道关于生日的一般假设——n 个人中不同出生日期的个数的期望是多少？即，当天至少有一人出生的日期的期望。关于生日搭配成功的数量（即生日相同的人组成的配对数）的期望是多少？

解：

设 X 为 n 个人之中不同出生日期的个数，并且记 $X = I_1 + \cdots + I_{365}$，其中

$$I_j = \begin{cases} 1, & \text{当 } j \text{ 天是某人的生日,} \\ 0, & \text{其他.} \end{cases}$$

因为 X 为 n 个人之中不同出生日期的个数，所以为一年当中的每一天都设置一个示性随机变量。由基本桥梁，可得

$$E(I_j) = P(\text{第 } j \text{ 天正好是某人的生日}) = 1 - P(\text{第 } j \text{ 天没人过生日}) = 1 - \left(\frac{364}{365}\right)^2$$

对于所有的 j 都成立。根据期望的线性性质，有

$$E(X) = 365\left[1 - \left(\frac{364}{365}\right)^n\right].$$

现在设 Y 为生日搭配成功的数量。将 n 个人依次贴上 1，2，$\cdots$，n 的标签，以一定的方式将 $\binom{n}{2}$ 对人进行排列，则可以将 Y 表示为 $Y = J_1 + \cdots + J_{\binom{n}{2}}$，其中 J_i 表示第 j 对人是否恰好生日相同，它是一个示性随机变量。由于 Y 是生日搭配成功的数量，即有多少对人正好有相

同的生日，因此对于每一对人，都可以为其设置一个示性随机变量。任意两个人恰好生日相同的概率为 1/365，因此同样根据基本桥梁，可得

$$E(Y) = \frac{\dbinom{n}{2}}{365}$$ □

除了使用基本桥梁和线性性质外，最后的两个例子运用对称性极大地简化了计算：当计算示性随机变量之和时，每个示性随机变量具有相同的期望。例如，在匹配问题中，第 j 张卡片匹配成功的概率不依赖于 j，因此直接将第一个示性随机变量的期望值乘以 n 即可。

其他的对称形式有时候也是非常有用的。下面的两个例子介绍了一种新的对称形式，这种形式源于一些等可能的排列。需要注意的是，应如何联合使用对称性、线性性质以及基本桥梁，才能使看似很难解决的问题简单化。

例 4.4.6（帕特南（Putnam）问题）　1，2，$\cdots$，n 的一组置换序列 a_1，a_2，$\cdots$，a_n，如果对于任意的 $2 \leqslant j \leqslant n-1$，有 $a_j > a_{j-1}$ 且 $a_j > a_{j+1}$（当 $j=1$ 时，$a_1 > a_2$；当 $j=n$ 时，$a_n > a_{n-1}$），则称序列在 j 处取得局部最大值。例如，4，2，5，3，6，1 有 3 个局部最大值，分别在第一、三、五这三个位置上。帕特南竞赛（一项著名的高难度数学竞赛，这项比赛的平均分数一般为 0。）在 2006 年给出这样一道题：对于 1，2，$\cdots$，$n(n \geqslant 2)$ 的一个随机置换，其中所有的 $n!$ 种置换出现的可能性相等，则局部最大值的均值是多少？

解：

利用线性性质、对称性以及基本桥梁可以快速地解决本题。设 I_1，I_2，$\cdots$，I_n 是示性随机变量序列，其中 I_j 表示如果在 j 位置能取得局部最大值，则 $I_j = 1$，否则 $I_j = 0$。现在想求出 $\sum\limits_{j=1}^{n} I_j$ 的期望值。对于 $1 < j < n$，由于在 j 处取得局部最大值等价于 a_j 在 a_{j-1}、a_j、a_{j+1} 中最大（由于所有顺序是等可能的，因此概率为 1/3），所以 $E(I_j) = 1/3$。对于 $j = 1$ 或 $j = n$，由于只有一个"邻居"，故 $E(I_j) = 1/2$。因此，根据期望的线性性质，得

$$E\left(\sum_{j=1}^{n} I_j\right) = 2 \cdot \frac{1}{2} + (n-2) \cdot \frac{1}{3} = \frac{n+1}{3}。$$ □

接下来的例子将介绍负超几何分布，从而使下面的表格变得完整起来。该表格展示了四种抽样类型及其对应的分布：抽样类型分为有放回抽样和无放回抽样，抽样停止的规则是要求样本数量固定或者成功试验数量固定。

	有放回抽样	无放回抽样
样本数量固定	二项分布	超几何分布
成功试验数量固定	负二项分布	负超几何分布

例 4.4.7（负超几何分布）　现在有一个装有 w 个白球和 b 个黑球的罐子，采用无放回抽样从罐子里依次随机抽取这些球，在抓取到第一个白球之前抓取到的黑球个数服从负超几何分布。例如，我们将桌子上的扑克牌重新洗牌，然后每次抽取一张，在抽到第一张 A 之前抽取的张数服从参数为 $w = 4$、$b = 48$ 的负超几何分布。如果直接求服从负超几何分布的随机变量序列的期望会导致非常复杂的乘积求和计算。但是最终的答案形式却非常简单：$b/(w+1)$。

这里通过示性随机变量进行证明。用 1，2，$\cdots$，b 将所有的黑球贴上标签，设 I_j 为示性随机变量，表示黑球 j 在抽到第一个白球之前是否已经被抽到。列出黑球 j 和白球都被抽中的所有序列（忽略其他的球），根据对称性可知，这些序列出现的概率相等，所以 $P(I_j = 1) = 1/(w+1)$。由期望的线性性质，可得

$$E\left(\sum_{j=1}^{b} I_j\right) = \sum_{j=1}^{b} E(I_j) = b/(w+1)。$$

完整性检查：由于结果随着 b 的增加而增加，随着 w 的增加而减少，因此该结果是有意义的。在 $b=0$ 和 $w=0$ 这两种极端情况下，结果也是成立的。 □

与示性随机变量密切相关的是取非负整数值的随机变量 X 的期望的另一种表达形式。不同于将 X 乘以 X 的概率质量函数然后再求和，对于每个非负整数 n，可以将 $P(X>n)$（称为尾概率）的概率进行求和。

定理 4.4.8（通过生存函数求期望） 设 X 是取值为非负整数的随机变量。设 F 为 X 的累积分布函数，且 $G(x) = 1 - F(x) = P(X>x)$。函数 G 叫作 X 的生存函数。则有

$$E(X) = \sum_{n=0}^{\infty} G(n)，$$

即可以通过对生存函数求和来得到期望（或者说对分布的尾概率求和）。

证明：为简单起见，这里只证明当 X 有界的情况，即存在一个非负整数 b，使得 $X \leqslant b$。将 X 表示成 $X = I_1 + \cdots + I_b$，其中 $I_n = I(X \geqslant n)$。例如，如果 $X=7$ 出现，则 $I_1, \cdots, I_7$ 都是 1，其他均为 0。

显然，事件 $\{X \geqslant k\}$ 和事件 $\{X>k-1\}$ 是相等的，且根据期望的线性性质和基本桥梁，可以得到

$$E(X) = \sum_{k=1}^{b} E(I_k) = \sum_{k=1}^{b} P(X \geqslant k) = \sum_{n=0}^{b-1} P(X>n) = \sum_{n=0}^{\infty} G(n)。 ∎$$

接下来借助上述结果，给出服从几何分布的随机变量的期望的另一种表达式。

例 4.4.9（几何分布期望的终极版本） 设 $X \sim \text{Geom}(p)$，且 $q = 1-p$。根据几何分布的案例，可得事件 $\{X>n\}$ 表示前 $n+1$ 次试验都是失败的。因此，由定理 4.4.8，得

$$E(X) = \sum_{n=0}^{\infty} P(X>n) = \sum_{n=0}^{\infty} q^{n+1} = \frac{q}{1-q} = \frac{q}{p}，$$

这也证实了我们先前所得到的关于几何分布均值的结果。 □

4.5 无意识的统计规律

正如我们在圣彼得堡悖论中所介绍的，如果 g 是非线性的，则 $E(g(x))$ 在一般情况下不等于 $g(E(X))$。那么应该如何计算 $E(g(X))$ 呢？由于 $g(X)$ 是一个随机变量，一种方法是先求出 $g(X)$ 的分布，然后利用期望的定义计算 $E(g(x))$。但令人惊讶的是，事实证明可以直接利用 X 的分布计算出 $E(g(x))$，这样就不需要先得到 $g(X)$ 的分布。这样的做法是通过无意识的统计规律（law of the unconscious statistician，**LOTUS**）实现的。

定理 4.5.1（LOTUS） 如果 X 是一个离散型随机变量，g 是一个从 **R** 到 **R** 的函数，则有

$$E(g(x)) = \sum_x g(x) P(X = x),$$

其中，求和符号表示取遍 X 所有可能的值。

这个定理说明：仅需知道 $P(X=x)$，即 X 的概率质量函数，就可以求出 $g(X)$ 的期望；而且没有必要知道 $g(X)$ 的概率质量函数。该命名来自这样一个事实：从 $E(X)$ 到 $E(g(x))$，只需要在定义中将 x 换为 $g(x)$，这很容易做到，且十分机械化，也许只要在一种无意识的状态中即可完成，而且这种想法是非常诱人的。不需要先求 $g(X)$ 的分布，这听起来似乎完美得不真实，但 LOTUS 说明这确实是可行的。

在证明 LOTUS 之前，首先通过几个特殊的例子看一下为什么 LOTUS 是可行的。设 X 的支撑 0，1，2，$\cdots$ 所对应的概率分别为 p_0，p_1，p_2，$\cdots$，则 X 的概率质量函数为 $P(x=n) = p_n$。那么 X^3 的支撑为 0^3，1^3，2^3，$\cdots$，其对应的概率分别为 p_0，p_1，p_2，$\cdots$。所以

$$E(X) = \sum_{n=0}^{\infty} n p_n,$$

$$E(X^3) = \sum_{n=0}^{\infty} n^3 p_n。$$

同 LOTUS 所描述的一样，为了能够从 $E(X)$ 编辑得到 $E(X^3)$，只需将 p_n 前面的 n 改成 n^3 即可。p_n 是不变的，计算时仍然可以使用 X 的概率质量函数。由于 $g(x) = x^3$ 是一一映射，所以这个例子比较简单。但 LOTUS 描述的是更一般的情况。对于一般的 g，若想证明 LOTUS，可以借鉴证明期望的线性性质的方法：将 $g(X)$ 的期望写成无分组的形式

$$E(g(X)) = \sum_s g(X(s)) P(\{s\}),$$

其中，求和符号表示：对样本空间中所有的鹅卵石（样本点）求和。但是，也可以根据 X 赋予这些鹅卵石的值，将它们组合成"超级鹅卵石"。在超级鹅卵石 $X=x$ 中，$g(X)$ 的值总取 $g(x)$。因此，有

$$\begin{aligned}
E(g(X)) &= \sum_s g(X(s)) P(\{s\}) \\
&= \sum_x \sum_{s:X(s)=x} g(X(s)) P(\{s\}) \\
&= \sum_x g(x) \sum_{s:X(s)=x} P(\{s\}) \\
&= \sum_x g(x) P(X=x)。
\end{aligned}$$

在等式最后一步，用到了以下事实：$\sum_{s:X(s)=x} P(\{s\})$ 是超级鹅卵石 $X=x$ 的权重。

4.6　方差

LOTUS 的一个重要应用就是计算随机变量的*方差*。和期望一样，方差是对一个随机变量的分布的单值总结。期望描述了一个分布的质心所在的位置，而方差则描述了一个分布延伸的扩散程度。

定义 4.6.1（方差和标准差）　一个随机变量 X 的方差的定义为

$$\text{Var}(X) = E(X - EX)^2,$$

方差的平方根称为标准差（standard deviation，SD）：

$$\mathrm{SD}(X) = \sqrt{\mathrm{Var}(X)}\,。$$

$E(X-EX)^2$ 表示随机变量 $(X-EX)^2$ 的期望，而不是 $(E(X-EX))^2$（由线性性质可知该结果始终为 0）。

X 的方差刻画了 X 与期望的平均距离，但它并不是仅仅求出 X 和 EX 差的平均值（偏差），而是采用了 X 和 EX 差的平方的均值（均方偏差）。为探寻这样定义的原因，先考虑 X 和 EX 差的平均值（偏差），即 $E(X-EX)$，根据期望的线性性质可知 $E(X-EX)$ 始终为 0；偏差有正有负，正、负项互相抵消。而均方偏差能够确保正、负偏差都能对最后的结果起到作用。然而，因为方差是均方距离，因此它的单位存在问题：如果 X 的单位是美元，则 $\mathrm{Var}(X)$ 的单位会是美元的平方。为了回归到原来的单位，对方差取平方根，这就是标准差。

有人可能会提出将方差定义为 $E|X-EX|$，这样既可以保持与 X 单位相同，还能达到计算正、负偏差的目的。但出于种种原因，这样的定义和 $E(X-EX)^2$ 相比几乎是不受欢迎的。这种绝对值函数在 0 处是不可微的，因此它没有像平方函数一样的优良性质。通过距离公式和勾股定理，平方距离还可以和几何紧密联系，使其具有相应的统计学解释。

关于方差有一个等价的表达式：$\mathrm{Var}(X) = E(X^2) - (EX)^2$，这个公式在实际计算中更容易操作。由于该公式在以后会频繁用到，因此下面将以定理的形式对其进行阐述。

定理 4.6.2 对于任意的随机变量 X，有

$$\mathrm{Var}(X) = E(X^2) - (EX)^2\,。$$

证明：令 $\mu = EX$，将 $(X-\mu)^2$ 展开，再利用期望的线性性质，得

$$\begin{aligned}
\mathrm{Var}(X) = E(X-\mu)^2 &= E(X^2 - 2\mu X + \mu^2)\\
&= E(X^2) - 2\mu EX + \mu^2\\
&= E(X^2) - \mu^2\,。
\end{aligned}$$

■

方差有如下几个性质。第一个性质和第二个性质根据定义能很容易证明，第三个性质在之后的章节中会提到，最后一个性质在陈述完后就已经得到了证明。

- 对于任意常数 c，有 $\mathrm{Var}(X+c) = \mathrm{Var}(X)$。从直观上看，如果将一个分布向左边或右边进行平移，只会影响到质心，而不会影响它的展形。

- 对于任意常数 c，$\mathrm{Var}(cX) = c^2\mathrm{Var}(X)$。

- 如果 X 和 Y 是互相独立的，则有 $\mathrm{Var}(X+Y) = \mathrm{Var}(X) + \mathrm{Var}(Y)$。这个性质将会在第 7 章进行讨论和证明。通常如果 X 和 Y 是不独立的，则 $\mathrm{Var}(X+Y) = \mathrm{Var}(X) + \mathrm{Var}(Y)$ 不成立。例如，考虑一种极端情况，即 X 总是等于 Y，如果 $\mathrm{Var}(X) > 0$，则会有

$$\mathrm{Var}(X+Y) = \mathrm{Var}(2X) = 4\mathrm{Var}(X) > 2\mathrm{Var}(X) = \mathrm{Var}(X) + \mathrm{Var}(Y)\,。$$

（如果 X 不是常数那么上式就是正确的，就像接下来介绍的性质一样。）

- $\mathrm{Var}(X) \geqslant 0$，当且仅当 $P(X=a) = 1$ 时等式成立，即当 X 是常数时方差为 0，否则方差均为正数。

为证明最后一个性质，需要注意 $\mathrm{Var}(X)$ 是非负随机变量 $(X-EX)^2$ 的期望，所以 $\mathrm{Var}(X) \geqslant 0$。如果存在常数 a 使得 $P(X=a) = 1$，则 $E(X) = a$ 且 $E(X^2) = a^2$，故而 $\mathrm{Var}(X) = 0$。反过来，假设 $\mathrm{Var}(X) = 0$，则 $E(X-EX)^2 = 0$，故 $P((X-EX)^2 = 0) = 1$，也就是说 X 依概率 1 等于其平均值。

例 4.6.3（方差不具有线性性质） 与期望不同，方差不具有线性性质。由方差的第二

个性质就能看到，对于任意常数 c，$\mathrm{Var}(cX) = c^2\,\mathrm{Var}(X)$，原先的常数 c 变成了平方。随机变量序列之和的方差可能并不等于这些随机变量序列的方差之和。

例 4.6.4（几何分布和负二项分布） 本例中将会使用 LOTUS 来计算几何分布的方差。

设 $X \sim \mathrm{Geom}(p)$，由所学知识已经知道了 $E(X) = q/p$。根据 LOTUS，可得

$$E(X^2) = \sum_{k=0}^{\infty} k^2 P(X=k) = \sum_{k=0}^{\infty} k^2 p\,q^k = \sum_{k=1}^{\infty} k^2 p\,q^k。$$

接下来将会采用一种类似于求期望的方法来计算 $E(X^2)$，首先根据几何级数可得

$$\sum_{k=0}^{\infty} q^k = \frac{1}{1-q},$$

然后两边同时对 q 求导，得到

$$\sum_{k=1}^{\infty} kq^{k-1} = \frac{1}{(1-q)^2}。$$

由于 $k=0$ 时 $kq^{k-1}=0$，所以在上式中求和是从 1 开始的。如果再进行一次求导则将会得到 $k(k-1)$，而非我们想要的 k^2，因此先将等式两边同时乘以 q 已对其进行补充，此时得到

$$\sum_{k=1}^{\infty} kq^k = \frac{q}{(1-q)^2}。$$

再两边同时对 q 求导，得

$$\sum_{k=1}^{\infty} k^2 q^{k-1} = \frac{1+q}{(1-q)^3},$$

所以

$$E(X^2) = \sum_{k=1}^{\infty} k^2 p\,q^k = pq\,\frac{1+q}{(1-q)^3} = \frac{q(1+q)}{p^2}。$$

最后，

$$\mathrm{Var}(X) = E(X^2) - (EX)^2 = \frac{q(1+q)}{p^2} - \left(\frac{q}{p}\right)^2 = \frac{q}{p^2}。$$

这个结果同样也是第一次成功分布的方差，因为平移一个分布并不会影响它的方差。

由定理 4.3.9 可知，一个服从 $\mathrm{NBin}(r,p)$ 的随机变量可以表示为 r 个独立同分布于参数为 p 的几何分布的随机变量序列之和，并且对于相互独立的随机变量，其方差是可加的，因此 $\mathrm{NBin}(r,p)$ 分布的方差为 $r\cdot\dfrac{q}{p^2}$。 $\square$

LOTUS 在计算 $E(g(X))$ 方面（对于任意的 g）是一种通用的工具，但通常会导致复杂的计算，因此只有在没有其他方法时才会使用。对于方差的求解而言，有时候可以用示性随机变量取代 LOTUS，如同下面一个例子。

例 4.6.5（二项分布的方差） 这里利用示性随机变量计算 $X \sim \mathrm{Bin}(n,p)$ 的方差。将 X 表示为 $X = I_1 + I_2 + \cdots + I_n$，其中 I_j 表示第 j 次试验是否成功。每个 I_j 的方差为

$$\mathrm{Var}(I_j) = E(I_j^2) - (E(I_j))^2 = p - p^2 = p(1-p),$$

这是由于 $I_j^2 = I_j$，所以 $E(I_j^2) = E(I_j) = p$。

因为 I_j 之间是独立的，所以将每个 I_j 的方差相加就得到 X 的方差。

$$\mathrm{Var}(X) = \mathrm{Var}(I_1) + \cdots + \mathrm{Var}(I_n) = np(1-p)。$$

另外，可以通过先求出 $E\binom{X}{2}$ 再得到 $E(X^2)$，$E\binom{X}{2}$ 的计算看上去似乎更为复杂，但事实上由于 $\binom{X}{2}$ 表示试验成功的对数，即有 $\binom{X}{2}$ 对试验成功，因此 $E\binom{X}{2}$ 的计算实则更为简单。为每一对试验创建一个示性随机变量，得

$$E\binom{X}{2} = \binom{n}{2}p^2 \text{。}$$

所以，

$$np(1-p) = E(X(X-1)) = E(X^2) - E(X) = E(X^2) - np$$

它同样可以得到

$$\mathrm{Var}(X) = E(X^2) - (EX)^2 = (n(n-1)p^2 + np) - (np)^2 = np(1-p) \text{。}$$

练习题 44 就是利用这种策略计算超几何分布的方差。 □

4.7 泊松分布

本章将要介绍的最后一个离散型分布是泊松分布，它在离散型数据建模中非常的有名。本节首先介绍泊松分布的概率质量函数、期望和方差，然后更详细地介绍有关泊松分布的案例。

定义 4.7.1（泊松分布） 若一个随机变量 X 的概率质量函数（PMF）形如

$$P(X=k) = \frac{\mathrm{e}^{-\lambda}\lambda^k}{k!}, k = 0,1,2,\cdots,$$

则称 X 服从参数为 λ 的泊松分布，记为 $X \sim \mathrm{Pois}(\lambda)$。由泰勒级数 $\sum_{k=0}^{\infty} \frac{\lambda^k}{k!} = \mathrm{e}^{\lambda}$，可得上述 X 的概率质量函数是有效的。

例 4.7.2（泊松分布的期望和方差） 设 $X \sim \mathrm{Pois}(\lambda)$，接下来将证明 X 的期望和方差都等于 λ。对于期望，有

$$
\begin{aligned}
E(X) &= \mathrm{e}^{-\lambda} \sum_{k=0}^{\infty} k \frac{\lambda^k}{k!} \\
&= \mathrm{e}^{-\lambda} \sum_{k=1}^{\infty} k \frac{\lambda^k}{k!} \\
&= \lambda \mathrm{e}^{-\lambda} \sum_{k=1}^{\infty} \frac{\lambda^{k-1}}{(k-1)!} \\
&= \lambda \mathrm{e}^{-\lambda} \mathrm{e}^{\lambda} = \lambda \text{。}
\end{aligned}
$$

首先，由于 $k=0$ 时整个式子恒为 0，因此在式中可以去掉 $k=0$ 的情形，然后从求和号中提出一个 λ，此时剩下的部分就等于 e^{λ} 的泰勒级数。

为了求 X 的方差，首先计算 $E(X^2)$。利用 LOTUS，可得

$$E(X^2) = \sum_{k=0}^{\infty} k^2 P(X=k) = \mathrm{e}^{-\lambda} \sum_{k=0}^{\infty} k^2 \frac{\lambda^k}{k!} \text{。}$$

接下来的步骤就和求几何分布的方差的过程相类似，对于级数

$$\sum_{k=0}^{\infty} \frac{\lambda^k}{k!} = \mathrm{e}^{\lambda}$$

两边同时对 λ 求导且补充求和项（由于当 $k=0$ 时求和项始终为 0，因此求和是从 $k=1$ 开始的），得

$$\sum_{k=1}^{\infty} k \frac{\lambda^{k-1}}{k!} = \mathrm{e}^{\lambda},$$

$$\sum_{k=1}^{\infty} k \frac{\lambda^{k}}{k!} = \lambda \mathrm{e}^{\lambda}$$

重复上述过程，两边再次同时对 λ 求导，得

$$\sum_{k=1}^{\infty} k^2 \frac{\lambda^{k-1}}{k!} = \mathrm{e}^{\lambda} + \lambda \mathrm{e}^{\lambda} = (1+\lambda) \mathrm{e}^{\lambda},$$

$$\sum_{k=1}^{\infty} k^2 \frac{\lambda^{k}}{k!} = \lambda(1+\lambda) \mathrm{e}^{\lambda}。$$

最后，有

$$E(X^2) = \mathrm{e}^{-\lambda} \sum_{k=1}^{\infty} k^2 \frac{\lambda^{k}}{k!} = \mathrm{e}^{-\lambda} \lambda(1+\lambda) \mathrm{e}^{\lambda} = \lambda(1+\lambda),$$

因此
$$\mathrm{Var}(X) = E(X^2) - (EX)^2 = \lambda(1+\lambda) - \lambda^2 = \lambda,$$

故 X 的期望和方差都等于 λ。 □

图 4.7 展示了服从 Pois(2) 和 Pois(5) 的随机变量所对应的概率质量函数（PMF）和累

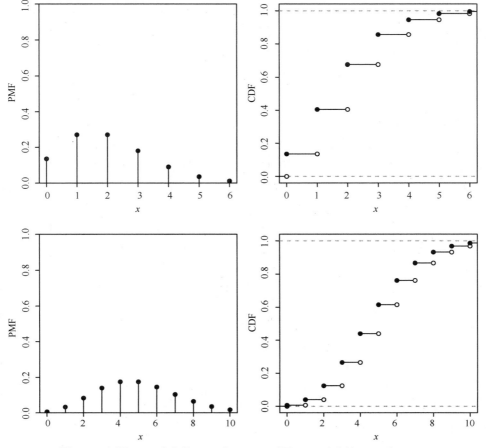

图 4.7　上图：Pois(2) 的 PMF 和 CDF。下图：Pois(5) 的 PMF 和 CDF。

积分布函数（CDF），其中 $k=0$，1，$\cdots$，10。Pois(2)的期望在 2 附近，Pois(5)的期望在 5 附近，这与此前证明的结论一致。Pois(2)的累积分布函数有很高的偏度，但随着 λ 的增大偏度在逐渐减小，且概率质量函数的形状呈现更明显的钟形。

泊松分布主要被应用于计算在一定区域或时间间隔内"成功"的数量，以及进行大量的试验且试验成功的概率很小时，计算成功次数的情况。例如，下列所示的随机变量接近服从于泊松分布。

- 你在 1h 内收到的电子邮件数量。在这 1h 内可能会有很多人发邮件给你，但不可能肯定某特定的人一定会在该时间段内发送给你邮件。另外，想象一下将小时（h）细分成毫秒（ms）。则 1h 共有 3.6×10^6 ms，但在任何特定的毫秒你不太可能确定会收到一封电子邮件。

- 巧克力曲奇饼干中的巧克力碎块数量。想象一下，将饼干切成小块；在一个饼干小块中含有巧克力的概率很小，但小块的总数却非常多。

- 世界某地区一年内的地震次数。在任何给定的时间和地点，发生地震的概率很小，但是在一年中存在大量可能会发生地震的时间和地点。

参数 λ 被解释成这些罕见事件的发生率：在以上三个例子中，λ 可能等于 20（每小时收到的邮件数）、10（每块饼干中带有巧克力的碎块数）或者 2（每年地震的次数）。泊松范式说明：在类似于上述几种情况的应用中，可以使用泊松分布来近似刻画事件出现的次数。

近似 4.7.3（泊松范式） 设 A_1，A_2，$\cdots$，A_n 为事件，其中 $p_j = P(A_j)$，p_j 非常小，n 非常大，并且 A_j 之间互相独立或者弱相关。设

$$X = \sum_{j=1}^n I(A_j)$$

表示 A_j 出现的次数，则 X 近似服从于参数为 λ 的泊松分布，其中 $\lambda = \sum_{j=1}^n p_j$。

证明上述近似是一种好的近似是很困难的，首先需要给出弱相关性（有很多种测量随机变量之间相关性的方法）的精确定义并且给出什么是好的近似（有很多种方法测量近似的好坏程度）。沿用上面的记号，有一个著名的定理：如果 A_j 之间是相互独立的，$N \sim \text{Pois}(\lambda)$ 且 B 是任意非负整数集，则有

$$|P(X \in B) - P(N \in B)| \leq \min\left(1, \frac{1}{\lambda}\right) \sum_{j=1}^n p_j^2 。$$

上述定理给出了使用泊松分布近似时误差的上确界，该泊松分布近似不仅是对 X 的概率质量函数的近似，也是对 X 为任意集合的概率的近似。此外，该定理更为精确地指出了 p_j 应该有多小：我们希望 $\sum_{j=1}^n p_j^2$ 非常小，或者与 λ 相比非常小。这一结果可以通过著名的 Stein-Chen 方法进行证明。

泊松范式也叫作稀有事件定律（law of rare events）。"稀有"指的是 p_j 很小，并不是指 λ 很小。例如，在邮件的例子中，在某个特定时刻收到一封由特定的人发来的电子邮件的概率

⊖ "Stein-Chen"方法是著名的用于研究分布近似的工具，其中"Chen"代表 Stein 的博士生陈晓云。——译者注

虽然很低，但这个小概率却被在那一小时内大量的给你发电子邮件的人数所抵消。

在以上给出的例子中，事件出现的次数并非恰好服从泊松分布的，这是因为服从泊松分布的随机变量没有上确界，然而 $A_1, A_2, \cdots, A_n$ 发生的次数最多是 n，每块饼干上的巧克力碎块个数也是有限的。但是利用泊松分布经常可以给出一个很好的近似。并且泊松范式中要求的条件也是很灵活的：n 次试验中，试验成功的概率可以不同，试验也不必是独立的试验，尽管它们之间不应该是相关的。所以泊松范式具有很广的应用领域。这会使得泊松分布变得很受欢迎，至少对于非负整数数据的建模来说很有吸引力。

对于在第 1 章中讨论过的生日问题，采用泊松近似可以大大简化解决过程，并且对各种随机变量能够很好地求出近似解，而这些变量的准确值是很难精确计算的。

例 4.7.4（生日问题续）　假设现在有 m 个人并对他们的生日做出一般性假设，则每一对组合中生日相同的概率是 $1/365$，并且一共有 $\binom{m}{2}$ 对。通过泊松范式，生日匹配成功的数量 X 近似服从参数为 λ 的泊松分布，其中 $\lambda = \binom{m}{2}\dfrac{1}{365}$，则至少有一对匹配成功的概率为

$$P(X \geqslant 1) = 1 - P(X = 0) \approx 1 - e^{-\lambda}。$$

当 $m = 23$ 时，$\lambda = 253/365$ 且 $e^{-\lambda} \approx 0.500002$，这个结果和第 1 章中得到的结果非常近似。

尽管 $m = 23$ 是非常小的，但这个问题中相对数量是 $\binom{m}{2}$，它相当于试验中试验成功（匹配成功）的总次数，所以泊松近似表现得也很好。

例 4.7.5（和生日问题很接近的问题）　如果现在想要知道为使得有 $50 - 50$ 的机会两个人在同一天内过生日（即，在同一天或者间隔一天）所需的总人数。这个问题不同于初始的生日问题，虽然很难获得精确的解，但仍然可以使用泊松近似。任何两个人在一天之内都过生日的概率为 $3/365$（给定第一个人的生日，第二个人的生日可以在这一天、前一天或者后一天），同样这里也有 $\binom{m}{2}$ 个可能的对。所以匹配成功的配对数近似服从参数为 λ 的泊松分布，其中 $\lambda = \binom{m}{2}\dfrac{3}{365}$。如果想要得到和上一个例子相同的结果，需要 $m \geqslant 14$。这是一个快速的近似，但已证实当 $m = 14$ 时得到的是一个精确解。

4.8　泊松分布和二项分布之间的联系

泊松分布和二项分布有着紧密联系，并且它们之间的关系和前面所介绍的超几何分布与二项分布的关系是完全平行的：可以通过条件作用将泊松分布转换成二项分布，也可以通过取极限使二项分布转换成泊松分布。

以上的结果依赖于一个事实：如同二项分布具有可加性一样，泊松分布也具有可加性，即独立的泊松分布之和还是泊松分布，这里将利用全概率公式证明。在第 6 章会介绍一种使用矩母函数的快速证法。第 13 章会给出有关这个结果更深入的思考。

定理 4.8.1（独立泊松分布之和）　如果 $X \sim \text{Pois}(\lambda_1)$，$Y \sim \text{Pois}(\lambda_2)$，且 X 和 Y 互相独立，则有 $X + Y \sim \text{Pois}(\lambda_1 + \lambda_2)$。

证明：为得到 $X + Y$ 的概率质量函数，在给定 X 的条件下使用全概率公式，得

$$
\begin{aligned}
P(X + Y = k) &= \sum_{j=0}^{k} P(X + Y = k \mid X = j) P(X = j) \\
&= \sum_{j=0}^{k} P(Y = k - j) P(X = j) \\
&= \sum_{j=0}^{k} \frac{\mathrm{e}^{-\lambda_2} \lambda_2^{k-j}}{(k - j)!} \frac{\mathrm{e}^{-\lambda_1} \lambda_1^{j}}{j!} \\
&= \frac{\mathrm{e}^{-(\lambda_1 + \lambda_2)}}{k!} \sum_{j=0}^{k} \binom{k}{j} \lambda_1^{j} \lambda_2^{k-j} \\
&= \frac{\mathrm{e}^{-(\lambda_1 + \lambda_2)} (\lambda_1 + \lambda_2)^{k}}{k!}。
\end{aligned}
$$

式中最后一步使用了二项式定理。由于已经得到了 $\mathrm{Pois}(\lambda_1 + \lambda_2)$ 的概率质量函数，因此 $X + Y \sim \mathrm{Pois}(\lambda_1 + \lambda_2)$。

泊松分布的案例给出了关于这个结果的直观解释。如果有两种不同的事件，它们出现的概率分别为 λ_1 和 λ_2，并且互相独立，则总的事件发生概率等于 $\lambda_1 + \lambda_2$。

定理 4.8.2（给定泊松分布之和条件下的泊松分布）　如果 $X \sim \mathrm{Pois}(\lambda_1)$，$Y \sim \mathrm{Pois}(\lambda_2)$ 且 X 和 Y 互相独立，则给定 $X + Y = n$ 条件下，X 的条件分布为 $\mathrm{Bin}\left(n, \dfrac{\lambda_1}{\lambda_1 + \lambda_2}\right)$。

证明：本例的证明和前面介绍的二项分布与超几何分布关系的证明类似。利用贝叶斯准则计算 X 的条件概率质量函数为

$$
\begin{aligned}
P(X = k \mid X + Y = n) &= \frac{P(X + Y = n \mid X = k) P(X = k)}{P(X + Y = n)} \\
&= \frac{P(Y = n - k) P(X = k)}{P(X + Y = n)}。
\end{aligned}
$$

根据之前的定理可知，$X + Y$ 的概率质量函数是 $\mathrm{Pois}(\lambda_1 + \lambda_2)$，将 X、Y 和 $X + Y$ 的概率质量函数代入上式，得

$$
\begin{aligned}
P(X = k \mid X + Y = n) &= \frac{\left(\dfrac{\mathrm{e}^{-\lambda_2} \lambda_2^{n-k}}{(n - k)!}\right)\left(\dfrac{\mathrm{e}^{-\lambda_1} \lambda_1^{k}}{k!}\right)}{\dfrac{\mathrm{e}^{-(\lambda_1 + \lambda_2)} (\lambda_1 + \lambda_2)^{n}}{k!}} \\
&= \binom{n}{k} \frac{\lambda_1^{k} \lambda_2^{n-k}}{(\lambda_1 + \lambda_2)^{n}} \\
&= \binom{n}{k} \left(\frac{\lambda_1}{\lambda_1 + \lambda_2}\right)^{k} \left(\frac{\lambda_2}{\lambda_1 + \lambda_2}\right)^{n-k},
\end{aligned}
$$

即 X 的条件分布为 $\mathrm{Bin}\left(n, \dfrac{\lambda_1}{\lambda_1 + \lambda_2}\right)$。　■

反过来，当 $n \to \infty$，$p \to 0$ 时，对 $\mathrm{Bin}(n,p)$ 取极限，会得到一个泊松分布，这也提供了用泊松分布近似计算二项分布的基础。

定理 4.8.3（用泊松分布近似二项分布）　如果 $X \sim \mathrm{Bin}(n,p)$，并令 $n \to \infty$，$p \to 0$，使得 $\lambda = np$ 固定，则 X 的概率质量函数收敛于 $\mathrm{Pois}(\lambda)$ 的概率质量函数。更一般地，如果 $n \to$

∞ ，$p \to 0$，使得 $np \to \lambda$，则有相同的结论成立。

这是泊松范式的一种特殊情况，其中 A_j 相互独立且具有相同的概率，因此 $\sum_{j=1}^{n} I(A_j)$ 服从一个二项分布。在这种特殊情况下，可以通过对二项分布的概率质量函数取极限，以证明泊松近似是有意义的。

证明：在 $n \to \infty$，$p \to 0$，且 $\lambda = np$ 保持固定的情况下，我们将通过 $\text{Bin}(n,p)$ 的概率质量函数收敛到 $\text{Pois}(\lambda)$ 的概率质量函数来对上述定理进行证明。

$$P(X=k) = \binom{n}{k} p^k (1-p)^{n-k}$$

$$= \frac{n(n-1)\cdots(n-k+1)}{k!} \left(\frac{\lambda}{n}\right)^k \left(1-\frac{\lambda}{n}\right)^n \left(1-\frac{\lambda}{n}\right)^{-k}$$

$$= \frac{\lambda^k}{k!} \frac{n(n-1)\cdots(n-k+1)}{n^k} \left(1-\frac{\lambda}{n}\right)^n \left(1-\frac{\lambda}{n}\right)^{-k} 。$$

k 固定，令 $n \to \infty$，有

$$\frac{n(n-1)\cdots(n-k+1)}{n^k} \to 1,$$

$$\left(1-\frac{\lambda}{n}\right)^n \to e^{-\lambda},$$

$$\left(1-\frac{\lambda}{n}\right)^{-k} \to 1,$$

其中，$e^{-\lambda}$ 的结果来自数学附录中的复利公式。所以有

$$P(X=k) \to \frac{e^{-\lambda}\lambda^k}{k!},$$

它就是 $\text{Pois}(\lambda)$ 的概率质量函数。 □

此定理也说明了：如果 n 很大，p 很小，且 np 适中，则可以用泊松分布 $\text{Pois}(np)$ 来近似 $\text{Bin}(n,p)$。这里需要注意的是 p 必须很小。事实上，泊松范式提到了在这样的情况下，$P(X \in B) \approx P(N \in B)$ 的误差至多为 $\min(p, np^2)$，其中 $X \sim \text{Bin}(n,p)$，$N \sim \text{Pois}(np)$。

例 4.8.4（网站的访客） 某网站的所有者正在研究网站访问者数量的分布情况。每天约有一百万人自主决定是否访问该网站，访问的概率为 $p = 2 \times 10^{-6}$，在某特定的一天中至少有 3 个人访问该网站的概率是多少？对该概率给出一个好的近似解。

解：

设 $X \sim \text{Bin}(n,p)$ 是访问者的数量，其中 $p = 2 \times 10^{-6}$，$n = 10^6$。由于 n 很大，p 很小，如果求精确解则计算会非常困难。但正是由于 n 很大，p 很小，且 $np = 2$ 的大小适当，此时 $\text{Pois}(2)$ 是一个非常好的近似。可以得到

$$P(X \geqslant 3) = 1 - P(X < 3) \approx 1 - e^{-2} - 2 \cdot e^{-2} - \frac{2^2}{2!}e^{-2} = 1 - 5 e^{-2} \approx 0.3233,$$

此时该结果已经非常准确了。 □

4.9* 用概率与期望证明存在性

一个惊人且极好的事实是：可以使用概率和期望来证明伴随我们所关心的性质的一些对

象的存在性。称这种技术为概率方法，它基于两个简单但令人惊讶的强大思想。假设想证明一个集合中存在具有某一特定性质的对象。这看似和概率没有关系；可以简单地对集合中的对象一个一个地检查直到找到一个具有所需属性的对象。

概率方法拒绝逐个检查这种辛苦的方法，它更倾向于随机选择：其策略是从集合中随机选择一个对象，并证明随机选择的对象具有所需属性的概率为正数。注意这里不需计算精确的概率，仅证明其大于 0 即可。如果可以证明具有这种性质的概率为正，就能知道一定存在具有这种性质的对象，即使我们不知道如何明确构建这样的一个对象。

类似地，假设每个对象都有一个对应的得分，现在想证明存在一个有"好分数"的对象——分数超出了某个阈值就称为好分数。再次选择一个随机对象并考虑其得分 X。我们知道集合中存在这样的一个对象，它的分数不低于 $E(X)$，这是因为不可能所有对象的分数全都低于平均水平！如果 $E(X)$ 已经是一个好分数，则集合中一定存在一个具有好分数的对象。因此，可以通过证明平均值是否是好分数来证明一个具有好分数的对象的存在性。

接下来正式地描述这两个关键思想。

- 可能性原则：设 A 为一个事件表示在集合中随机选择的某个对象具有某特定的性质。如果 $P(A) > 0$，则存在具有这种性质的对象。
- 好分数原则：设 X 为随机选择的某个对象的得分。如果 $E(X) \geq c$，则存在一个得分不小于 c 的对象。

为检验可能性准则是否正确，考虑它的逆命题：如果集合中不存在具有所需性质的对象，则随机选择的变量具有该性质的概率为 0。类似地，好分数准则的对照组：如果全部的对象所对应的分数都低于 c，则它们的平均值也低于 c。这是由于低于 c 的一组数的加权平均也低于 c，因此该说法成立。

概率方法只说明了存在具有所需性质的对象，但并没有告诉人们怎样去寻找这样的对象。

例 4.9.1 某小组有 100 个人，将他们分配到 15 个规模为 20 人的委员会中，使得每个人服务于 3 个委员会。证明：存在两个委员会，使得它们至少有 3 个公共的委员。

证明：

此处直接证明是不可取的：必须对每个人列出所有可能所属的委员会，然后对于每两个委员会，计算它们有共同委员的数量。概率方法可以绕过这些烦琐的计算。为证明存在两个至少有 3 个共同委员的委员会，我们将计算两个随机选择的委员会中，委员的平均重叠数。所以随机选择两个委员会，设 X 为两个委员会共有的委员数。可以将 X 表示成 $X = I_1 + \cdots + I_{100}$，其中 $I_j = 1$ 表示第 j 个人同时在这两个委员会中，否则 $I_j = 0$。根据对称性，所有示性随机变量具有相同的均值，所以 $E(X) = 100 E(I_1)$，因此只需计算 $E(I_1)$。

由基本桥梁可知，$E(I_1)$ 表示第一个人（命名为 Bob）同时在两个委员会（不妨叫作 A 和 B）中的概率。有很多方法可以计算出这个概率；一种方法是把 Bob 所在的委员会看作 15 头麋鹿中的 3 头被标记的麋鹿，则 A 和 B 就是两头再次被捕获的麋鹿（无放回抽样），根据 HGeom(3，12，2) 的概率质量函数，这两头麋鹿都是被标记的概率（两个委员会都有

Bob 的概率）为 $\dfrac{\binom{3}{2}\binom{12}{0}}{\binom{15}{2}} = 1/35$。所以

$$E(X) = 100/35 = 20/7,$$

这个结果虽然未达到"好分数"为 3 的要求,但并不是没有希望的。好分数准则说明:存在两个重叠数不低于 20/7 的委员会,然而两个委员会的重叠数必须是整数,故该重叠数至少为 3。因此,存在两个至少有 3 个公共委员的委员会。

通过一个噪声信道沟通信息

概率方法的另一个主要应用是在信息论中。研究(其中包括)如何通过噪声信道获得可靠的通信。考虑在有噪声时发送消息的困难性。这是许多人每天都会遇到的问题,例如在电话交谈时可能会串线。假设现在将所需发送的消息表示成一个二进制向量 $x \in \{0, 1\}^k$ 的形式,并且想使用一种编码来提高信息传递成功的概率。

定义 4.9.2(编码和编码率)　给定正整数 k 和 n,编码是一个函数 c,它将每一个输入信息 $x \in \{0, 1\}^k$ 编码成一个码字 $c(x) \in \{0,1\}^n$。这种编码的编码率等于 k/n(每一个输出位所对应的输入位数)。当发送 $c(x)$ 后,解码器接收到消息,该信息可能是 $c(x)$ 的一个受损坏的版本,解码器试图恢复正确的 x。

例如,一种明显的编码是重复发送,即连续将 x 发送多次,比如 m 次(m 为奇数);这种编码叫作重复编码。然后接收器可以依据主要的信息进行解码。例如,如果 x 的第一个二进制位上的数字 1 比 0 多,则 x 的第一位解码为 1。但这种编码可能非常低效:为了让失败的可能性变小,需要重复数字多次,这导致了一个非常低的编码率:$1/m$。

信息理论的创始人克劳德·香农(Claude Shannon)给出了一些惊人的结论:随着我们要求其传送失败的概率越来越低,即使在一个非常嘈杂的信道上,仍然存在一个编码,可以实现可靠通信且编码率不为 0。他的证明过程更为惊人:他研究了一种完全随机码的表现。曾在贝尔实验室与香农合作过的理查德·汉明(Richard Hamming)对香农的方法描述如下:

勇气是成大事者的另一品质。香农就是一个很好的例子。有一段时间,他会在早上 10∶00 左右才开始工作,然后就开始下国际象棋直到下午 2∶00 回家。

重点是他下象棋的玩法。当受到攻击时,他很少会防守自己的位置,而是选择反击。这种玩法很快就产生了一个相互关联的棋局。然后他会停顿一下,思考一会儿并推进他的王后(国际象棋中的一颗棋子),说"我肚子里可没有什么蛔虫"。我花了一段时间才意识到这就是为什么他能够证明出存在一些好的编码方法。除了香农,有谁会想到将所有随机编码进行平均,并期望找出理想的平均值?我从他那里学会了当自己被一些东西纠结时也要对自己说同样的话,并且有时他的做法使我获得了重要的结果。[16]

下面将证明香农结论的一种版本:有这样一个通道,其中发送的每一位数字进行翻转(将 0 变成 1,或从 1 变成 0)的概率为 p,每一位之间互相独立。首先需要两个定义。对两个二进制向量之间距离的一种自然度量如下。

定义 4.9.3(汉明(Hamming)距离)　对于两个具有相同长度的二进制向量 v 和 w,汉明距离 $d(v, w)$ 表示向量 v 和 w 对应位置不同的数量。可以写作:

$$d(v,w) = \sum_i |v_i - w_i|。$$

在信息论中,下列函数会经常出现。

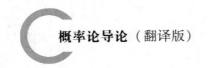

定义 4.9.4（二元熵函数） 对于 $0 < p < 1$，二元熵函数 H 的定义如下：

$$H(p) = -p\log_2(p) - (1-p)\log_2(1-p)。$$

同时，定义 $H(0) = H(1) = 0$。

在信息论中，$H(p)$ 的解释为：对于从一个观测到的 Bern(p) 随机变量中得到的信息量的一种度量；$H\left(\dfrac{1}{2}\right) = 1$ 表示抛一枚均匀的硬币能提供 1bit$^\ominus$的信息，$H(1) = 0$ 说明若抛一枚永远正面朝上的硬币，由于我们事先已经知道了结果，因此不会再得到任何信息。

考虑这么一个通道：每个发送的二进制数字中的位被翻转（从 0 变到 1，或从 1 变到 0）的概率为 p，每个位之间互相独立。从直观上看，似乎 p 越小越好，但实际上 $p = 1/2$ 是最坏的情况。这种情况下在技术上称为无用信道，不可能通过这种信道发送信息：输出和输入是互相独立的！类似地，在决定是否去看电影时，你是愿意听那些总是和你意见相悖的人的意见，还是听那些有一半的时间都同意你的人的意见呢？现在证明对于 $0 < p < 1/2$，在非常接近于 $1 - H(p)$ 的编码率条件下实现可靠通信是可能的。

定理 4.9.5（香农理论） 考虑这样一个通道：每个发送的位被翻转（从 0 变到 1，或从 1 变到 0）的概率为 p，每个位之间互相独立。设 $0 < p < 1/2$，$\varepsilon > 0$。存在编码率不低于 $1 - H(p) - \varepsilon$ 的编码使得解码误差的概率低于 ε。

证明： 可以假设 $1 - H(p) - \varepsilon > 0$，否则对编码率没有约束。设 n 是一个很大的正整数（根据下面给定的条件进行选择），有

$$k = \lceil n(1 - H(p) - \varepsilon) \rceil + 1。$$

由于 k 必须是整数，因此它是一个取顶函数（ceiling function）。取 $p' \in \left(p, \dfrac{1}{2}\right)$ 使得 $|H(p)' - H(p)| < \varepsilon/2$（由于 H 是连续的，因此可以做到）。现在研究一个随机编码 C 的表现。为生成随机编码，首先需要生成一个随机编码函数 $C(x)$，其中 x 是所有可能的输入信息。

对于每一个 $x \in \{0, 1\}^k$，选择 $C(x)$ 使其在空间 $\{0, 1\}^n$ 中是一个均匀随机向量（这些选择是随机的）。所以可以将 $C(x)$ 看作一个向量，且该向量是由 n 个独立同分布的随机变量 Bern$\left(\dfrac{1}{2}\right)$ 所构成的。根据定义可知编码率 k/n 大于 $1 - H(p) - \varepsilon$，接下来研究怎样才能更好地为收到的信息进行解码。

设 $x \in \{0, 1\}^k$ 是一个输入消息，$C(x)$ 是编码消息，$Y \in \{0, 1\}^n$ 是接收到的消息。现在，将 x 视为已知的。由于编码词是随机选择的，所以 $C(x)$ 是随机的，并且由 $C(x)$ 是随机的且信道中存在随机噪声，可知 Y 也是随机的。从直观上来看，希望 $C(x)$ 尽可能地接近 Y（汉明距离），对于所有的 $z \neq x$，$C(z)$ 尽可能地远离 Y，在这种情况下可以很清楚地知道如何进行解码并且解码会成功。为使结果更为精确，用以下方式对 Y 进行解码：

如果存在一个唯一的 $z \in \{0,1\}^k$，使得 $d(C(z), Y) \leq np'$，则将 Y 解码成 z；否则宣布解码失败。

接下来将证明当 n 足够大的时候，解码器解码失败的概率小于 ε。有两种情况会导致解码器失败：

（a）$d(C(x),Y) \geqslant n\,p'$；

（b）存在 $z \neq x$，使得 $d(C(x),Y) \leqslant n\,p'$。

注意 $d(C(x),Y)$ 是一个随机变量，故 $d(C(x),Y) > n\,p'$ 表示一个事件。为了解决（a）情况，将 $d(C(x),Y)$ 表示成

$$d(C(x),Y) = B_1 + \cdots + B_n \sim \mathrm{Bin}(n,p),$$

其中，B_i 是一个示性随机变量，表示第 i 位是否被翻转。大数定律（第 10 章中会讲到）说明随着 n 的增大，随机变量 $d(C(x),Y)/n$ 会收敛到它的期望值 p，因此，几乎不可能大于 p'：

$$P(d(C(x),Y) > n\,p') = P\!\left(\frac{B_1 + \cdots + B_n}{n} > p'\right) \to 0$$

所以通过取足够大的 n，可以得到

$$P(d(C(x),Y) > n\,p') < \varepsilon/4。$$

为解决（b）情况，首先要注意当 $z \neq x$ 时，由于 $C(z)$ 中的 n 个位独立同分布于 $\mathrm{Bern}\!\left(\frac{1}{2}\right)$，且与 Y 互相独立（如需更详细地证明，可以在给定 Y 的条件下使用 LOTUS），因此 $d(C(z),Y) \sim \mathrm{Bin}\!\left(n,\frac{1}{2}\right)$。设 $B \sim \mathrm{Bin}\!\left(n,\frac{1}{2}\right)$，根据布尔（Boole）不等式，可得

$$P(d(C(z),Y) \leqslant n\,p' : z \neq x) \leqslant (2^k - 1)P(B \leqslant n\,p')。$$

为简化符号，假设 $n\,p'$ 是整数。一种求 m 项之和的上确界的粗糙方法是取 m 项中最大值的 m 倍。此外，一种求二项式系数 $\binom{n}{j}$ 的上确界的粗糙方法是对于任意 $r \in (0,1)$ 使用 $r^{-j}(1-r)^{-(n-j)}$。将这两种方法相结合，得到

$$P(B \leqslant n\,p') = \frac{1}{2^n}\sum_{j=0}^{np'}\binom{n}{j} \leqslant \frac{1+n\,p'}{2^n}\binom{n}{n\,p'} \leqslant (n\,p'+1)\,2^{nH(p')-n},$$

再利用以下事实：$(p')^{-np'}(q')^{-nq'} = 2^{nH(p')}$，其中 $q' = 1 - p'$。因此，可得

$$2^k P(B \leqslant np') \leqslant (np'+1)2^{n(1-H(p)-\varepsilon)+2+n(H(p)+\varepsilon/2)-n} = 4(np'+1)2^{-n\varepsilon/2} \to 0,$$

因此可以选择 n，使得 $P(d(C(z),Y) \leqslant n\,p' : z \neq x) < \varepsilon/4$。

假设 n 和 k 根据上述内容已经确定，设 $F(c,x)$ 是一个事件，表示通信失败，其中编码 c 对应输入信息 x。将以上所有的结果整合到一起，对于一个随机向量 C 和任意固定的 x，有

$$P(F(C,x)) < \varepsilon/2。$$

该式说明对于每一个 x，都存在一编码 c，使得 $P(F(c,x)) < \varepsilon/2$，但这个结果还是不够好：如果想找到一个编码 c，使得对所有的输入信息 x 都起作用，即 $P(F(c,x)) < \varepsilon/2$。设 X 是一个均匀随机的输入信息（在 $\{0,1\}^k$ 中），并且 X 和 C 互相独立。根据 LOTUS（无意识的统计规律），可以得到

$$P(F(C,X)) = \sum_{x} P(F(C,x))P(X=x) < \varepsilon/2。$$

再次利用 LOTUS，但这一次给定条件 $C = c$，可以得到

$$\sum_c P(F(c,X))P(C=c) = P(F(C,X)) < \varepsilon/2$$

因此，存在一个使得 $P(F(c,X)) < \varepsilon/2$ 的编码 c，即，对一个随机输入信息 X 进行编码，其失败的概率小于 $\varepsilon/2$。最后我们将对 c 进行改进以得到新的编码，使其对于所有的输入信息 x 都能起到很好的作用，而不是仅针对一个随机选择的 x。这种改进是通过删除 x 中最糟糕的 50%，即移除掉对于编码 c 失败概率最高的 2^{k-1} 个输入信息 x 的值。对于所有保留的 x，有 $P(F(c,x)) < \varepsilon$，不然会存在超过一半的 $x \in \{0,1\}^k$，其失败概率高于平均失败概率两倍以上 [参见第 10 章中马尔可夫（Markov）不等式]。使用 $\{0,1\}^{k-1}$ 中的向量重新标记剩余的 x，由此获得新的编码 $c':\{0,1\}^{k-1} \to \{0,1\}^n$，编码率为 $\dfrac{k-1}{n} \geq 1 - H(p) - \varepsilon$，并且对于 $\{0,1\}^{k-1}$ 中所有的输入信息 x，其失败的概率小于 ε。 ■

关于上述定理还存在逆定理：如果要求通信率不低于 $1 - H(p) + \varepsilon$，则不存在编码 c 使得发生错误的概率任意小。这就是为什么 $1 - H(p)$ 被称为信道容量。对于更一般的渠道，香农也获得了类似的结果。这些结果给出了可以实现的理论范围，而没有明确说明使用哪些编码。后续几十年来，人们一直致力于开发在实践中工作性能良好的特定编码器，其主要是通过接近香农界限并允许进行高效的编码和解码来实现的。

4.10 要点重述

一个离散型随机变量的期望为

$$E(X) = \sum_x x P(X = x)。$$

一种等价的"无分组"计算期望的方法如下：

$$E(X) = \sum_s X(s) P(\{s\}),$$

其中，求和符号是指：对样本空间中的鹅卵石（样本）进行求和。期望是一种单值总结，用于描述一个分布的质心。而另外一种表示一个分布的扩散程度的单值总结，叫作方差。其定义如下：

$$\mathrm{Var}(X) = E(X - EX)^2 = E(X^2) - (EX)^2。$$

方差的平方根称为标准差。

期望具有线性性质：

$$E(cX) = cE(X) \text{ 且 } E(X+Y) = E(X) + E(Y),$$

不管 X 和 Y 是否互相独立，线性性质都成立。方差不具有线性性质：

$$\mathrm{Var}(cX) = c^2 \mathrm{Var}(X),$$

并且一般地，$\mathrm{Var}(X+Y) \neq \mathrm{Var}(X) + \mathrm{Var}(Y)$（仅当 X 和 Y 互相独立时等式成立）。

一种计算离散型随机变量期望的常用策略是将随机变量表示为示性随机变量之和的形式，再运用线性性质和基本桥梁进行求解。这种策略非常有用，因为此时示性随机变量不需要是独立的，对于非独立随机变量线性，该性质仍然成立。此策略可以总结为以下三步：

1. 将随机变量 X 表示成一系列示性随机变量求和的形式。为决定如何定义示性随机变量，需考虑 X 计数的内容。例如，如果 X 表示局部最大值的个数［如在帕特南（Putnam）问题中］，则应该为每个可能出现的局部最大值定义示性随机变量。

2. 利用基本桥梁计算每一个示性随机变量的期望。实际应用中，对称性在这一步骤可能非常有用。

3. 利用期望的线性性质，$E(X)$ 的期望等于每个示性随机变量期望的和。

另一种计算期望的常用的工具是无意识的统计法（LOTUS），该方法说明仅通过 X 的概率质量函数就可以计算出 $g(X)$ 的期望，即 $E(g(X)) = \sum_x g(x)P(X = x)$。如果 g 不是线性的，则不能通过对 E 和 g 进行交换以计算 $E(g(X))$，这将导致严重的错误。

本章还介绍了三种新的离散分布：几何分布、负二项分布和泊松分布。一个服从几何分布 $\mathrm{Geom}(p)$ 的随机变量表示在一系列成功概率为 p 的独立伯努利试验中，出现第一次成功试验之前试验失败的次数。而一个服从负二项分布 $\mathrm{NBin}(r,p)$ 的随机变量表示出现第 r 次成功试验之前试验失败的总次数。（此外还介绍了第一次成功分布，它相当于是对几何分布的平移，使得成功试验在计数时被考虑）。

一个服从泊松分布的随机变量经常用来近似求解事件成功的次数（要求每个试验之间相互独立或者弱相关，且试验成功的概率非常小）。在二项分布的案例中，所有的试验都有相同的成功概率 p，但是在泊松分布近似中，不同的试验可以允许有不同（差距很小）的成功概率 p_j。

如图 4.8 所示，泊松分布（Pois）、二项分布（Bin）和超几何分布（HGeom）之间可以通过给定条件以及取极限运算进行相互联系和转化。本书后面的部分将继续介绍新的分布，并把这些分布加入"分布族树"，直到所有的分布都联系起来。

图 4.9 扩展了上一章中相应的图，进一步探究了四种基本对象（分布、随机变量、事件和数字）之间的联系。

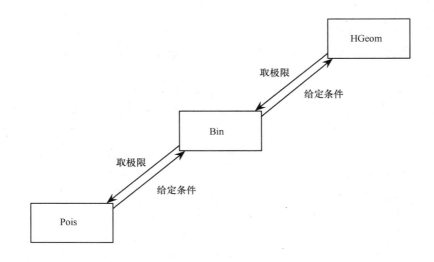

图 4.8　泊松分布（Pois）、二项分布（Bin）和超几何分布（HGeom）之间的关系。

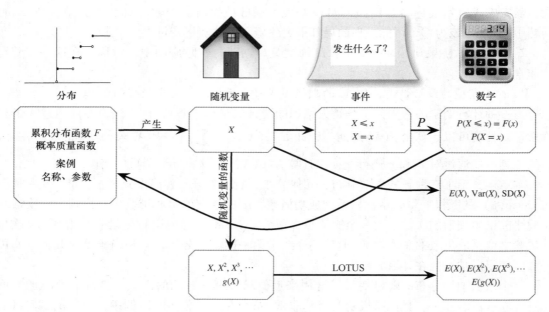

图4.9　概率论中四个基本对象：分布、随机变量、事件和数字。从一个随机变量 X 出发，通过取 X 的函数可以生成其他随机变量，并且可以使用无意识统计法（LOTUS）计算它们的期望。X 的期望、方差和标准差分别表示了 X 分布的质心和扩散程度（特别地，它们只依赖于 X 的分布 F，而不直接依赖于 X 本身）。

4.11　R 语言应用示例

几何分布、负二项分布和泊松分布

在 R 中关于几何分布有三个函数：dgeom、pgeom 和 rgeom，分别对应于概率质量函数、累积分布函数以及随机数的生成。对于 dgeom 和 pgeom，需要提供以下信息作为输入参数：（1）计算概率质量函数和累积分布函数的位置；（2）参数 p。对于 rgeom，需要输入：（1）生成随机变量的数量；（2）参数 p。

例如，为计算 $P(X=3)$ 和 $P(X\leqslant3)$，其中 $X \sim \text{Geom}(0.5)$。分别使用命令 dgeom(3, 0.5)和 pgeom(0.5)。为生成100个独立同分布于参数为0.8的几何分布的随机变量，使用命令 rgeom(100,0.8)。如果想生成100个独立同分布于参数为0.8的第一次成功分布的随机变量，只需要在结果后面加1，以包含成功试验：rgeom(100,0.8)+1。

在 R 中关于负二项分布有三个函数：dnbinom、pnbinom 和 rnbinom，分别对应于概率质量函数、累积分布函数以及随机数的生成。它们需要提供3个输入参数。例如，为计算 NBin(5，0.5)的概率质量函数在3时的值，输入命令：dnbinom(3,5,0.5)。

最后，在 R 中关于泊松分布也有三个函数：dpois、ppois 和 rpois，分别对应于概率质量函数、累积分布函数和随机数的生成。它们需要输入两个参数。例如，为计算 Pois(10)的累积分布函数在2时的值，输入命令：ppois(2,10)。

匹配问题的模拟

延续例4.4.4，接下来用模拟的方法计算一副牌卡片中匹配成功卡片数量的期望。同第

1 章，设 n 为卡片的总数量，利用 replicate 函数通过重复抽样的方法，进行 10^4 次模拟试验。

```
n < -100
r < - replicate(10000,sum(sample(n) = =(1:n)))
```

现在向量 r 包含 10000 次模拟试验中，每次试验卡片匹配成功的数量，与第 1 章关注"至少有 1 张匹配成功的概率是多少"不同，现在我们想求出匹配成功的卡片数量的期望。可以用所有模拟结果的均值来近似该结果，即用向量 r 中每个元素的算术平均值来近似。该想法可通过 R 中的 mean 函数实现：

```
mean(r)
```

命令 mean(r) 和 sum(r)/length(r) 是等价的。此时得到的结果非常接近于 1，与例 4.4.4 中利用示性随机变量所得到的结果相一致。可以核实：无论 n 取什么数，mean(r) 都会非常接近于 1。

不同生日问题的模拟

现在采用模拟的方法计算 k 个人中具有不同的生日天数的期望。首先，设 $k = 20$，但实际上这里可以按需要设置 k 取任何值。

```
k < -20
r < - replicate(10000,{bdays < - sample(365,k,replace =TRUE);
                        length(unique(bdays))})
```

在第二行命令中，命令 replicate 表示重复表达 10000 次大括号中的内容，因此只需理解大括号里面的命令。首先，从数字 1 到 365 中采用有放回抽样随机抽取 k 个样本，将这些数字看作是这 k 个人的生日，结果记入向量 bdays。然后命令 unique(bdays) 表示从向量 bdays 中去除重复值，命令 length(unique(bdays)) 用于计算去重后的向量长度，两个命令需要用分号隔开。

现在向量 r 包含 10000 次模拟试验中，每次试验所观察到的不同生日的数量，10000 次模拟中不同生日数量的算术平均值是 mean(r)。可以将此模拟结果与前面例 4.4.5 中使用示性随机变量计算得到的理论值进行比较：

```
mean(r)
365 * (1 -(364/365)^k)
```

运行此代码后，R 会同时给出模拟值和理论值，它们都接近 19.5。

4.12 练习题

期望和方差

1. 第 2 章中提到的变形虫 Bobo 现在独自生活在一个湖里。1min 后，Bobo 将会有三种可能：死亡、分裂成两条变形虫，或者保持现状，且这三种可能情况出现的概率相等。计算 1min 后湖中变形虫数量的期望和方差。

2. 在公历中，每年有 365 天（正常年）或 366 天（闰年）。随机选取一个年份，它有 3/4 的概率是正常年，有 1/4 的概率是闰年。求被选取年份天数的均值和方差。

3. （a）掷一个均匀骰子，求投掷结果的期望值。

（b）掷四个均匀骰子，求骰子点数之和的期望值。

4. 将一个均匀的骰子投掷多次。你可以选择是否在掷一次、两次或三次骰子后停止，且可以基于目前已出现的值进行决策。根据最后一次掷出的点数，你可以获得等值的美元，那么最佳策略（最大化奖金期望值）是什么？试求出该策略的奖金期望值。

提示：首先考虑该问题的一个简化版本，最多只能掷两次骰子的情况。第一次掷出怎样的点数时，你才会需要继续掷第二次？

5. 求一个离散型均匀分布随机变量（定义在 1，2，$\cdots$，n 上）的均值和方差。

提示：参考数学附录中有关总数的一些有用性质。

6. 两支队伍将要进行 7 局比赛（当有队伍赢得 4 局比赛时，整场比赛结束）。每局游戏以一方胜利和另一方失败结束。假设每支队伍以等可能性赢得每局比赛，且各局比赛间相互独立。求比赛局数的均值和方差。

7. 一个小城镇有 100 户家庭，其中 30 户家庭有一个孩子，50 个家庭有两个孩子，20 户家庭有三个孩子。孩子的出生顺序定义为：第一个出生的孩子，出生顺序记为 1；第二个出生的孩子，出生顺序记为 2；第三个出生的孩子，出生顺序记为 3。

（a）随机抽取一个家庭（等概率抽取），然后从该家庭中随机抽取一个孩子（等概率抽取）。求该孩子出生顺序的概率质量函数、均值和方差。

（b）在该城镇中随机抽取一个孩子（等概率抽取），求孩子出生顺序的概率质量函数、均值和方差。

8. 某个国家有四个区域：北、东、南和西。每个区域的人口分别为 300 万、400 万、500 万和 800 万。其中，北边有四个城市，东边有三个城市，南边有两个城市，西边只有一个城市。该国家中的每个人都恰好住在这些城市中的一个。

（a）该国城市的平均规模是多少？（这既是城市人口的算术平均值，也是随机均匀选出的城市其人口的期望值）

提示：给每个城市命名（加标签）。

（b）试说明：当没有提供更多的信息时，不能求出随机均匀选择出的城市其人口数的方差。即，方差取决于每个区域的人数在该区域城市间的分配。

（c）随机均匀地选取该国的一个区域，然后随机均匀地选取该区域中的一个城市。请问这个随机选取的城市的期望人口数量是多少？

提示：为便于计算，先求出城市人口数的概率质量函数。

（d）直观地解释一下为什么（c）的答案会比（a）的大。

9. 考虑一个基于"谁想成为百万富翁"的简化场景，在该游戏中选手回答多项选择题，每个问题有 4 个选择。选手（Fred）已经正确地回答出 9 个问题，现在正在回答第 10 个问题。他对第 10 个问题和第 11 个问题的正确答案不是很确定。他有一次"生存卡"可以用，该卡可以用于任意一个问题，"生存卡"可以排除掉两个错误的选项，剩下两个待选选项。Fred 有下面几种选择：

（a）带着 16000 美元离开。

（b）对第 10 个问题使用"生存卡"，然后回答它。如果答错，则带着 1000 美元离开。如果答对，则继续回答第 11 个问题。如果答错第 11 题，则带着 32000 美元离开；如果答对，则带走 64000 美元。

（c）同上述选项，假设没有对第 10 个问题使用"生存卡"，而是对第 11 个问题使用（假设他答对第 10 个问题了）。

计算这些选项的期望值。哪个选项的期望值最高？哪个选项的方差最低？

10. 考虑圣彼得堡悖论（例 4.3.13），假设如果游戏持续了 n 轮，你将得到 n 美元而不是 2^n 美元，那么则在这个游戏中获得奖金数额的期望是多少？如果当回报是 n^2 美元时呢？

11. Martin 刚听说以下令人兴奋的赌博策略：以 1 美元赌一枚均匀的硬币落地时正面朝上。如果确实是这样，则停止。如果硬币落地时反面朝上，则下次赌金增加两倍，即，赌 2 美元硬币会正面朝上落地。如果结果确实如此，则停止。否则赌金增加到 4 美元。以这种方式继续，每次赌金翻倍，并且如果赌赢，则赌博停止。假设每个赌注都是公平的，即净奖金的期望为 0。该思想为

$$1 + 2 + 2^2 + 2^3 + \cdots + + 2^n = 2^{n+1} - 1,$$

所以赌徒赢得一场赌局后会得到 1 美元，然后可以带着奖金离开。
Martin 打算尝试，然而，他仅有 31 美元，所以他可能会破产离开，而不是继续以双倍的方式增加他的赌注。请问他平均会赢得多少钱？

12. 设 X 是离散随机变量，其支撑为 $-n$，$-n+1$，$\cdots$，0，$\cdots$，$n-1$，n，其中 n 是正整数。假设对于所有整数 k，X 的概率质量函数都满足对称性 $P(X=-k)=P(X=k)$。计算 $E(X)$。

13. Ⓢ是否存在这样的离散型随机变量 X 和 Y：满足 $E(X) > 100E(Y)$，但 Y 以至少 0.99 的概率大于 X？

14. 设 X 的概率质量函数如下：

$$P(X=k) = \frac{c\, p^k}{k}, k = 1, 2, \cdots,$$

其中 p 为参数，且 $0 < p < 1$，c 是一个标准化常数。根据如下泰勒级数：

$$-\ln(1-p) = p + \frac{p^2}{2} + \frac{p^3}{3} + \cdots$$

可以得到 $$c = -1/\ln(1-p)。$$

这个分布称作对数分布（因为上面的泰勒级数中有 ln 函数），且该分布经常被用于生态学中。试求 X 的均值和方差。

15. 玩家 A 从 1 到 100 的整数中随机选取一个，选择第 j 个数的概率为 p_j（$j = 1, 2, \cdots, 100$）。玩家 B 猜测玩家 A 选择的数字，若猜测正确则能获得相应金额的美元（否则没有奖金）。

（a）假设玩家 B 知道概率 p_j 的值，则玩家 B 的最优策略（最大化期望收益）是什么？

（b）试证明：如果两个玩家都选取他们的数字，则选中 j 的概率与 $1/j$ 成比例，假设对手的策略是固定的，那么两个玩家都没有动机去改变策略。（在博弈论术语中称之为找到了一个纳什均衡。）

（c）按照（b）的策略，试求玩家 B 的期望收益。分别用简单术语和数值近似来表达你的答案。该数值是否与玩家 A 采用的策略有关？

16. Blotchville 大学的校长扬言学校班级平均规模为 20。但是该大学多数学生的实际经验却与此有很大不同：他们发现即使在大型演讲厅上的大课，也很难使每个人都有座位和金

熊软糖。这个问题的目标是要阐明形势。简单来说，假设该校的每个学生每学期仅有一门课。

（a）假设有 16 门主修课程，每门课有 10 个学生；有 2 个大规模的学术课，每门课有 100 个学生。试从校长角度求出平均班级规模（简单平均）以及从学生角度求出平均班级规模（可调查学生，通过询问他们班级规模大小来获得学生经验中的平均班级规模）。请直观地解释差异。

（b）给出简短证明：对于任意一组班级规模（不仅是上面提到的），从校长角度得到的平均班级规模会严格小于从学生角度得到的平均班级规模，除非所有班级恰好有相同的规模。

提示：将其与方差的非负性联系起来。

指定分布

17. ⑤一对夫妻决定一直生孩子，直到他们至少有一个男孩和至少有一个女孩为止。假设他们不会有双胞胎，即"试验"相互独立且得到男孩的概率为 1/2，并且他们有足够的生育能力可以无限期地生孩子。孩子数量的期望值是多少？

18. ⑤反复投掷一枚硬币直到出现首次正面向上为止。设 X 是需要的投掷次数（包括背面朝上的投掷次数），再设 p 是正面朝上的概率，因此有 $X \sim FS(p)$。求 X 的累积分布函数，并以 $p = 1/2$ 画图。

19. 令 $X \sim \text{Bin}(100, 0.9)$。对于下面每个小问，构造一个例子说明该情况是可能的，若不可能则解释为什么。在这个问题中，Y 是一个随机变量，其概率空间与 X 相同。注意 X 和 Y 不需要相互独立。

（a）是否可能存在 $Y \sim \text{Pois}(0.01)$ 且 $P(X \geqslant Y) = 1$？

（b）是否可能存在 $Y \sim \text{Bin}(100, 0.5)$ 且 $P(X \geqslant Y) = 1$？

（c）是否可能存在 $Y \sim \text{Bin}(100, 0.5)$ 且 $P(X \leqslant Y) = 1$？

20. ⑤Alice 投掷一枚均匀的硬币 n 次，Bob 投掷另一枚均匀的硬币 $n + 1$ 次，这产生了两个相互独立的随机变量 $X \sim \text{Bin}\left(n, \frac{1}{2}\right)$ 和 $Y \sim \text{Bin}\left(n + 1, \frac{1}{2}\right)$。

（a）设 $V = \min(X, Y)$，它表示 X 和 Y 中较小的一个，设 $W = \max(X, Y)$，它表示 X 和 Y 中较大的一个。（如果 $X = Y$，则有 $V = W = X = Y$。）试求 $E(V) + E(W)$。

（b）试证明：$P(X < Y) = P(n - X < n + 1 - Y)$。

（c）计算 $P(X < Y)$。提示：使用（b）中结论，以及 X 和 Y 是整数值的事实。

21. ⑤降雨落下的平均速率为每分钟每平方厘米 20 滴。试寻找在 $t\,\text{min}$ 内落在一个面积为 $5\,\text{cm}^2$ 的区域内的降雨滴数的一个合理分布。为什么？使用你选择的分布，计算在给定的 $3\,\text{min}$ 时间段内没有降雨的概率。

22. ⑤Alice 和 Bob 刚刚认识，并且想知道他们之间是否有共同的朋友。他们的城镇中居住着 1000 个居民（Alice 和 Bob 除外），且 Alice 和 Bob 每人都有其中的 50 人作为朋友。他们认为彼此不可能有共同的朋友，声称"我们每个人的朋友数量仅占居民数的 5%，所以我们这两个 5% 重叠的可能性非常小。"

假设 Alice 的 50 个朋友是 1000 个居民中的一个随机样本（相当于 1000 人中的任意 50 个人），Bob 的情况也相似。并假设 Alice 的朋友与鲍勃的朋友之间相互独立。

（a）计算 Alice 和 Bob 共同朋友数的期望值。

（b）设 X 是他们共同朋友的数量，试求 X 的概率质量函数。

（c）X 的分布是否为学过的重要分布之一？如果是，请问是哪一个？

23. 设 $X \sim \text{Bin}(n,p)$，$Y \sim \text{NBin}(r,p)$。利用一个伯努利试验序列的案例，证明：$P(X<r)=P(Y>n-r)$。

24. ⑤ Calvin 和 Hobbes 进行一个由一系列游戏组成的比赛，其中 Calvin 赢得每场游戏（相互独立地）的概率为 p。他们比赛的规则为：首先比对手多赢得两场的人胜出。计算他们进行的游戏场数的期望值。

提示：将前两场游戏视作一对，然后将接下来的两场视作一对，以此类推。

25. Nick 和 Penny 分别独立地进行伯努利试验。为将问题具体化，假设 Nick 正在抛一枚 5 美分的硬币，且硬币正面朝上的概率为 p_1，而 Penny 正在抛一枚 1 便士的硬币，且该硬币正面朝上的概率为 p_2。设 X_1，X_2，$\cdots$ 表示 Nick 的结果，而 Y_1，Y_2，$\cdots$ 表示 Penny 的结果，其中 $X_i \sim \text{Bern}(p_1)$，$Y_j \sim \text{Bern}(p_2)$。

（a）求他们首次同时成功的时间的分布和期望值，即，使得 $X_n = Y_n = 1$ 的最小值 n。

提示：定义一个新的伯努利试验序列，并利用几何分布的案例。

（b）试求至少有一个人出现成功所需的次数的期望值（该成功计入次数）。

提示：定义一个新的伯努利试验序列，并利用几何分布的案例。

（c）当 $p_1 = p_2$ 时，求他们同时出现首次成功的概率，并根据此结果求出 Nick 早于 Penny 出现首次成功的概率。

26. ⑤ 设 X 和 Y 是服从 $\text{Pois}(\lambda)$ 的随机变量，并且 $T = X + Y$。假设 X 和 Y 不独立，并且实际上有 $X = Y$。证明或反驳在该情况中 $T \sim \text{Pois}(2\lambda)$ 的说法。

27. （a）采用无意识统计法（LOTUS）证明：对 $X \sim \text{Pois}(\lambda)$ 和任意函数 g，有
$$E(Xg(x)) = \lambda E(g(X+1)),$$
上式称为泊松的 Stein-Chen 恒等式。

（b）求随机变量 $X \sim \text{Pois}(\lambda)$ 的三阶矩 $E(X^3)$，使用（a）中的性质以及一些代数性质简化计算，直到得到 X 有均值 λ 和方差 λ 的结论。

28. 人们在很多关于计数数据建模的问题中发现，数据中零的值远比用泊松模型所解释的更为普遍（我们可以通过让 λ 变小，使得 $P(X=0)$ 对于 $X \sim \text{Pois}(\lambda)$ 而言较大，但这样也会使 X 的均值和方差变小，因为 X 的均值和方差均为 λ）。归零校正泊松分布是对泊松分布的一种校正，用它来解决这一问题，使得更容易处理频繁的零值。

可以按如下方法生成一个归零校正泊松分布随机变量 X，且其参数为 p 和 λ。首先抛一个硬币，出现正面朝上的概率为 p。给定当硬币正面朝上时，$X = 0$。当硬币反面朝上时，X 服从 $\text{Pois}(\lambda)$ 分布。注意到如果出现 $X = 0$，有两种可能的解释：硬币可能正面朝上（此时的零值称为结构零值），也可能反面朝上，但泊松随机变量的结果在任何情况下都为零。

例如，如果 X 是在一个星期中一位随机客户消费的炸鸡三明治的数量，那么对于素食者而言，$X = 0$（这是个结构零值），但对一个吃炸鸡的人来说也可能会出现 $X = 0$（因为他可能在这一周中没吃过任何炸鸡）。

（a）求归零校正泊松分布随机变量 X 的概率质量函数。

（b）解释为什么 X 和 $(1-I)Y$ 具有相同的分布，其中 $I \sim \text{Bern}(p)$ 独立于 $Y \sim \text{Pois}(\lambda)$。

（c）用两种方法计算 X 的均值：直接使用 X 的概率质量函数，或者使用（b）中的表示方法。对于后者，可以用到下述事实（在第 7 章证明），当随机变量序列 Z 和 W 相互独立时，有 $E(ZW) = E(Z)E(W)$。

（d）计算 X 的方差。

29. Ⓢ如果对随机变量 X 存在分布 $P(X \geqslant j+k \mid X \geqslant j) = P(X \geqslant k)$ 对所有非负整数 j 和 k 均成立，则称该离散分布具有"无记忆性"。

（a）如果 X 存在一个无记忆分布，该分布的累计分布函数为 F，概率质量函数为 $p_i = P(X = i)$。试找出一个用 $F(j)$、$F(k)$、p_j、p_k 表示的 $P(X \geqslant j+k)$。

（b）说出一个具有无记忆性质的离散分布。通过清晰的语言解释或计算来证明你的答案。

示性随机变量序列

30. Ⓢ随机地将 k 个可区分的球放在 n 个可区分的盒子中，且所有可能性出现的概率相等。求出现空盒子数量的期望值。

31. Ⓢ有 50 个人正在比较他们彼此的生日。（一般地，假设他们的生日是相互独立的，且没有 2 月 29 号的生日，等等。）求具有相同生日的人组成的对数的期望值，以及一年中至少有两个人在同一天出生的天数的期望值。

32. Ⓢ有 $n(\geqslant 4)$ 个人正在比较他们的生日。（一般地，假设他们的生日是相互独立的，并且没有 2 月 29 号的生日，等等。）设 I_{ij} 是表示 i 和 j 有相同生日的示性随机变量（其中 $i < j$）。试问 I_{12} 是否独立于 I_{34}？I_{12} 是否独立于 I_{13}？I_{ij} 是否独立？

33. Ⓢ现将 20 包的金熊软糖随机分发给 20 个学生。每包糖由一个随机的学生所获得，谁得到哪一包软糖的结果是相互独立的。计算前三名学生得到金熊软糖总包数的平均值，以及求至少得到一包糖的学生人数的平均值。

34. $n(\geqslant 2)$ 个人中的每个人均将自己的名字写在一张纸上（不存在重名的情况），将这些纸藏在帽子中，然后每个人抽一张（在每个阶段均是均匀随机且无放回地抽样）。求抽到自己名字的人数的平均数。

35. 两个研究者独立地从大小为 N 的总体中抽取简单随机样本，样本数量分别为 m 和 n（对于每个研究者，抽样是无放回的，且所有样本的规定大小都是等可能的）。求两个样本重复数量的期望值。

36. 在 n 个独立的抛硬币试验序列中，求模式 HTH（正反正）出现（连续地）次数的期望值。注意到模式可以重叠，例如，$HTHTH$ 包含了两个重叠的 HTH 模式。

37. 现在有一副充分洗好的 52 张扑克牌。一般地，有多少对相邻且两张牌都为红色的牌呢？

38. 假设有 n 种类型的玩具，现在你一个一个地收集。每一次你收集到一个玩具，它都等概率地成为 n 种玩具类型中的一种。试求：当已经收集了 t 个玩具后，不同玩具类型的期望值。（假设一定要收集 t 个玩具，无论在这之前是否已集齐了玩具类型。）

39. 一栋建筑有 n 层，标为 1，2，…，n。在第一层，有 k 个人进入了电梯，在他们进入电梯前，电梯为上行状态且为空的。每个人都可以独立地决定要去的层数 2，…，n，并且按下相应的楼层按钮（除非某人已经按过了）。

（a）假设要去楼层 2，$\cdots$，n 的概率是相等的。

（b）对（a）进行推广，假设要去楼层 2，$\cdots$，n 的概率分别为 p_2，$\cdots$，p_n；求电梯停在层数 2，$\cdots$，n 的期望值，可以将答案写成有限和的形式。

40. ⑤已知一个盒子中有 100 根鞋带。在每一步骤中，随机选取两根鞋带末端并将它们连接起来。结果会变成一根更长的鞋带（如果两根末端来自于不同的鞋带），或者会变成一个环（如果两个末端来自同一根鞋带）。试求所有鞋带都变成圆环所需步骤数的期望值，以及此时组成圆环的个数的期望值。（这是一个著名的面试问题，将后者的答案当作一个总数）

提示：在进行每一步时，创建一个示性随机变量来表示是否生成一个圆环，并且注意每进行一步，可用的末端数会减少两个。

41. 证明：对任意事件 A_1，$\cdots$，A_n，有

$$P(A_1 \cap A_2 \cdots A_n) \geqslant \sum_{j=1}^{n} P(A_j) - n + 1。$$

提示：首先证明关于示性随机变量的一个相似的结论，可以通过解释事件 $I(A_1 \cap A_2 \cap \cdots \cap A_n) = 1$ 和 $I(A_1 \cap A_2 \cap \cdots \cap A_n) = 0$ 的含义来证明。

42. 有一副充分洗好的 52 张扑克牌。现在你将牌无放回地一张一张地翻转为正面朝上。试问在第一张 A 牌出现前非 A 牌张数的期望？以及第一张 A 牌和第二张 A 牌出现间隔数的期望？

43. 你正在接受"灵力"测试。假设你没有"灵力"。充分洗好一副标准的扑克牌，且纸牌一张一张地背面朝上放置。当每张纸牌都放置完毕后，你要说出任意纸牌的名称（按照你的预测）。设 X 为你预测正确的纸牌数量。（见 Diaconis[6] 获得更多测试灵力的统计数据。）

（a）假设你没有得到关于你的预测的反馈。试说明：无论你使用什么样的策略，X 的期望值保持不变；计算这个期望值。（另一方面，不同策略产生的方差可能有非常大的不同。例如，每次都说"黑桃 A"得到的方差为 0）。

提示：示性随机变量。

（b）现在假设你得到部分反馈：每次预测后，你立即被告知预测是否正确（但不翻开纸牌正面）。假设你采用以下策略：一直说某特定纸牌的名字（如"黑桃 A"）直到你听到猜测结果正确为止。然后再一直说另一张纸牌的名字（如"黑桃 2"），直到你听到猜测正确（如果存在的话）为止。以这种方式继续，一遍又一遍地重复同一张纸牌的名称，直到猜测正确为止，然后切换到另一张新的纸牌，直到猜完所有的牌。计算 X 的期望值，并证明它非常接近 $e - 1$。

提示：示性随机变数。

（c）现在假设可以得到完整的反馈：每次预测后，纸牌被翻开。如果出现以下的情况则称该策略是"愚蠢的"，例如，在黑桃 A 已经被翻开后，仍然猜测某张牌是"黑桃 A"。试说明：任意"不愚蠢"的策略对于 X 有相同的期望值；计算这个值。

提示：示性随机变量。

44. ⑤设 X 服从参数为 w、b、n 的超几何分布。

（a）思考 $E\binom{X}{2}$ 的值，不需要进行任何复杂的计算

（b）采用（a）中结果计算 X 的方差，应该得到

$$\mathrm{Var}(X) = \frac{N-n}{N-1}npq,$$

其中，$N = w + b$，$p = w/N$，$q = 1 - p$。

45. 假设有 n 个奖品，其价值分别为 1，2，$\cdots$，n。现在随机且无放回地选择 k 个奖品。试问得到的奖品价值总额的期望是多少？

提示：将奖品总额表达成 $a_1 I_1 + \cdots + a_n I_n$ 的形式，其中 a_j 是常数，I_j 是示性随机变量。

46. 在一个圆上随机且独立地选取 10 条弦。为生成每个弦，从圆上选取两条相互独立的均匀分布的点（直观而言，"均匀"意味着选择是完全随机的，不存在对任意角度的偏好；形式上，这意味着任意弧度出现的概率与弧度的长度成比例）。平均而言，求有多少对弦相交？

提示：考虑两条随机弦。一种生成方式是选择圆上 4 个独立均匀随机点，然后随机组对。

47. ⑤用一张哈希表存储 k 个人的电话号码，并将每个人的电话号码存储到一个均匀且随机的位置上，这些位置用整数 1 到 n 表示（参见第 1 章习题 25 中对哈希表的描述）。计算没有存储电话号码的位置个数的期望，以及恰好存储有一个电话号码的位置个数的期望，以及存储多于一个电话号码的位置个数的期望（请问这些位置可以达到 n 吗？）

48. 一枚硬币其正面朝上的概率为 p，抛掷该硬币 n 次。结果序列可以被划分为多个小块（H 块或者 T 块），例如，$HHHTTHTTTH$ 可被划分为 $HHH \mid TT \mid H \mid TTT \mid H$，这有 5 个小块。求小块数的期望值。

提示：首先找到投掷结果不同于上一次结果（第一次结果除外）的个数的期望值。

49. 一个群体有 N 个人，他们的 ID 号从 1 到 N。令 y_j 是第 j 个人的某种数值变量的取值，且

$$\bar{y} = \frac{1}{N}\sum_{j=1}^{N} y_j$$

是数量的总体平均数。例如，如果 y_j 表示第 j 个人的身高，那么 $\bar{y}$ 就是身高的总体平均数。再例如，如果第 j 个人持有某一信念，则 y_j 记为 1，否则 y_j 为 0，则 $\bar{y}$ 就是该人群中持有此信念的人口比例。在这个问题中，y_1，$\cdots$，y_n 被认为是常数而不是随机变量。

一个研究者想要研究 $\bar{y}$，但对所有 j 的 y_j 进行测量是不可行的。取而代之，研究者通过每次等概率且无放回地抽取一个人从而获得 n 个随机样本。令 W_j 表示样本中第 j 个人的某种数值变量（例如：身高）。尽管 y_1，$\cdots$，y_n 是常数，但由于是随机抽样，因此 W_j 是一个随机变量。一种估计未知数量 $\bar{y}$ 的自然方式是使用

$$\bar{W} = \frac{1}{n}\sum_{j=1}^{n} W_j$$

试使用两种方法证明 $E(\bar{W}) = \bar{y}$：

（a）采用对称性直接估计 $E(W_j)$。

（b）证明 $\bar{W}$ 可被表达为总体求和形式，表示如下：

$$\overline{W} = \frac{1}{n} \sum_{j=1}^{N} I_j y_j,$$

其中，I_j 是样本中第 j 个人的示性指标，然后采用线性性质和基本桥梁求解。

50. ⑤考虑下面称为冒泡排序的算法，将一个由 n 个不同数字组成的列表整理为递增顺序。起初，它们有一个随机的顺序，且各顺序是等可能出现的。该算法对位置 1 和 2 的数字进行比较，如有需要则进行互换，然后比较新的数字位置 2 和 3，如有需要则互换，直到遍历整个列表。称为一次对全列表的"扫描"。第一次扫描过后，最大的数排在最后，所以第二次扫描（如果需要）只需要在前 $n-1$ 个位置中进行比较。同样，第三次扫描（如果需要）只需要在前 $n-2$ 个位置中比较，以此类推。直到 $n-1$ 次扫描完成，或者不用继续扫描时，扫描终止。

例如，如果初始列表是 53241（省略逗号），下面需要执行 4 次扫描来列表进行排序，总共有 10 次比较：

$$53241 \rightarrow 35241 \rightarrow 32541 \rightarrow 32451 \rightarrow 32415。$$
$$32415 \rightarrow 23415 \rightarrow 23415 \rightarrow 23145。$$
$$23145 \rightarrow 23145 \rightarrow 21345。$$
$$21345 \rightarrow 12345。$$

（a）一个逆序是指一对数字的先后顺序与标准顺序不同（这里标准顺序为递增顺序，如 12345 中没有逆序，而 53241 中包含 8 个逆序数）。求原列表中逆序数的期望数。

（b）证明：比较次数的期望值在 $\frac{1}{2}\binom{n}{2}$ 和 $\binom{n}{2}$ 之间。

提示：在某个范围，思考在 $n-1$ 次扫描后还需要进行多少次比较；对其他范围，使用（a）中结论。

51. 某位篮球运动员一次又一次地练习罚球。投篮是相互独立的，且成功投中的概率为 p。

（a）在 n 次罚球中，求连续成功投入 7 个球的次数的期望（注意，例如，若连续投中 9 个球，则次数算作 3）。

（b）现假设运动员持续投篮直到第一次出现连续 7 个球投中。设 X 是投球数。证明：$E(X) \leqslant 7/p^7$。

提示：将前 7 次投球看作一个小块，紧接着的 7 次投球看作一个小块，以此类推。

52. ⑤一个罐中装有红色、绿色和蓝色的球。现在有放回地随机取出这些球（每一次取出球后纪录其颜色，然后将球放回）。设 r、g、b 分别表示抽到红色、绿色和蓝色球的概率（$r+g+b=1$）。

（a）求得到第一个红球之前抽取球数的期望值（不包括该红球）

（b）求得到第一个红球之前抽取的球的不同颜色数的期望。

（c）求抽出的 n 个球中至少有两个是红色球的概率，已知其中至少有一个球是红色的。

53. 求职候选人 C_1，C_2，…依次轮流参加面试，面试官对他们进行比较并更新他们的排名顺序（如果已经面试了 n 个人，则面试官就有了一份列有 n 位候选人的名单，并且从好到差排列）。假设对候选人数没有限制，候选人 C_1，C_2，…的到达顺序任意且等可能，并且与面试结果排名无关。

设 X 是最优候选人的指标，用来标记比第一个候选人更优秀的人（因此 C_X 比 C_1 好，但排列在 1 后与 X 前的候选人要比 C_1 差。例如，如果 C_2 和 C_3 比 C_1 差，但是 C_4 比 C_1 好，那么 $X=4$，关于前四个候选人的所有 4! 种的排序是等可能出现的，所以可能碰巧出现第一个候选人是前四个候选人中最好的，则在这种情况下 $X>4$）。

试计算 $E(X)$（它表示面试官等待直到找到比目前第一个候选人 C_1 更优秀的候选人所需的平均时长）。

提示：解释 $X>n$ 是如何说明 C_1 与其他候选人的比较结果的，据此求出 $P(X>n)$，然后应用定理 4.4.8 的结果。

54. 人们一个一个地到达聚会场所。在等待其他人到来时，他们通过比较各自生日进行娱乐。设 X 是出现一个匹配生日所需的人数，例如，当第 X 个人来之前，没有两个人生日相同，但是当第 X 个人来之后就出现了生日匹配。

对于该问题假设一年有 365 天，且以等概率成为生日。由第 1 章中生日问题的结果可知，对 23 个人而言，有 50.7% 的可能性成功匹配生日（若 22 人则成功率低于 50%）。但这需要通过 X 的中位数（下面定义）来体现；现在也想知道 X 的均值。在本问题中我们将会求出这个均值，并将其与 23 进行对比。

（a）随机变量 Y 的中位数是一个值 m，它具有性质 $P(Y \leqslant m) \geqslant 1/2$ 以及 $P(Y \geqslant m) \geqslant 1/2$（这也称为 Y 分布的中位数；注意到这个概念完全由 Y 的累计分布函数来决定）。每个分布都有一个中位数，但对某些分布而言，中位数不是唯一的。证明：23 是 X 的唯一中位数。

（b）证明：$X = I_1 + I_2 + \cdots + I_{366}$，其中 I_j 是事件 $X \geqslant j$ 的示性随机变量。然后根据 p_j 的定义计算 $E(X)$，p_j 的定义如下：$p_1 = p_2 = 1$，且对于 $3 \leqslant j \leqslant 366$，有

$$p_j = \left(1 - \frac{1}{365}\right)\left(1 - \frac{2}{365}\right) \cdots \left(1 - \frac{j-2}{365}\right)。$$

（c）数值计算 $E(X)$。在 R 中，使用命令 cumprod(1 - (0:364)/365) 生成向量 $(p_2, \cdots, p_{366})$。

（d）计算 X 的方差，既要用 p_j 表示，还要将其数值化。

提示：I_i^2 表示什么？当 $i<j$ 时，$I_i I_j$ 表示什么？用它们来简化以下展开式

$$X^2 = I_1^2 + \cdots + I_{366}^2 + 2\sum_{j=2}^{366}\sum_{i=1}^{j-1} I_i I_j。$$

注意：除了作为一个聚会上的娱乐游戏外，生日问题在计算科学中也有很多应用，例如密码学上有一种方法称为生日攻击。它证明了如果一年有 n 天，并且 n 很大，则 $E(X) \approx \sqrt{\pi n/2}$。在《计算机程序的艺术》这本著作的第一卷中，Don Knuth 证明了一个更好的近似如下

$$E(X) \approx \sqrt{\frac{\pi n}{2}} + \frac{2}{3} + \sqrt{\frac{\pi}{288n}}。$$

55. 森林中生活着一群麋鹿。总共有 N 头麋鹿，其中捕获并标记了 n 头麋鹿作为一个简单随机样本（因此所有的 $\binom{N}{n}$ 种 n 头麋鹿的集合出现的可能性相等）。被捕获的麋鹿又被放回到群体中，接着再重新抽取一个新的样本。这是一种在生态学上广泛使用的方法，称为"捕获-再捕获方法"。如果这个新样本同样也是简单随机样本，具有固定的样本规模，则在

新样本中被标记的麋鹿是服从超几何分布的。

对于本题，假设现在不再设置固定的样本数量，而是将麋鹿无放回地一个一个抽样，直到捕获到 m 头被标记的麋鹿被为止，其中 m 是事先确定的（当然，假设 $1 \leq m \leq n \leq N$）。这种抽样方法的优点之一是可以避免样本中被标记麋鹿的数量很小的情况（有时甚至可能为 0），许多捕获-再捕获方法的应用中都会出现这个问题。而它也有一个缺点是不知道样本数量将有多大。

（a）求在这个新样本中未被标记的麋鹿数量（称为 X）的概率质量函数，以及在新样本中麋鹿的总数量（把它称为 Y）。

（b）利用对称性、线性性质以及示性随机变量来计算样本个数的期望值 $E(Y)$。

提示：可以假设即使已经得到 m 头被标记的麋鹿，仍然继续捕获麋鹿直到得到所有的 N 头为止；简洁地解释为什么可以这样进行假设。表达式为 $X = X_1 + X_2 + \cdots + X_m$，其中，$X_1$ 表示在捕获到第一头被标记的麋鹿之前捕获到的未标记麋鹿的个数，X_2 表示在捕获到第一头被标记麋鹿和第二头被标记麋鹿之间捕获的未标记麋鹿数，以此类推。然后通过为群体中每个未被标记的麋鹿设置一个相关的示性随机变量，求出 $E(X_j)$。

（c）假设 m、n、N 使得 $E(Y)$ 是一个整数。如果抽样过程是根据一个等于 $E(Y)$ 的固定样本大小进行抽样，而不是连续抽样直到获得 m 头被标记麋鹿后停止，求样本中被标记麋鹿数量的期望值。这个值比 m 小，比 m 大，还是等于 m（对 $n < N$）？

无意识的统计规律（LOTUS）

56. ⑤对 $X \sim \text{Pois}(\lambda)$，求 $E(X!)$（X 阶乘的平均），如果它是有限值。

57. 对 $X \sim \text{Pois}(\lambda)$，求 $E(2^X)$，如果它是有限值。

58. 对 $X \sim \text{Geom}(p)$，求 $E(2^X)$（如果是有限值）以及 $E(2^{-X})$（如果是有限值）。对每一个结果，确保能清楚说明 p 取什么样的值时它是有限的。

59. ⑤设 $X \sim \text{Geom}(p)$，并令 t 为一个常数。求 $E(2^{tX})$，它是 t 的一个函数（称为矩量母函数，在第 6 章中将会看到这个函数非常有用）。

60. ⑤某湖中鱼的数量是一个服从 $\text{Pois}(\lambda)$ 分布的随机变量。由于担心湖里可能根本没有鱼，因此一位统计学家向湖里投入一条鱼。设 Y 表示此时鱼的总数（因此 Y 等于 1 加上一个 $\text{Pois}(\lambda)$ 随机变量）。

（a）求 $E(Y^2)$。

（b）求 $E(1/Y)$。

61. ⑤设 X 是服从 $\text{Pois}(\lambda)$ 的随机变量，其中 λ 固定但取值未知。设 $\theta = e^{-3\lambda}$，并假设现在想基于数据对 θ 进行估计。因为 X 是我们的观察量，估计量是 X 的一个函数，称为 $g(X)$。估计量 $g(X)$ 的偏差定义为 $E(g(X)) - \theta$，即，估计量与真值间的平均距离；如果它的偏差是 0，则估计量是无偏的。

（a）在估计 λ 时，随机变量 X 本身就是一个无偏估计量。计算估计量 $T = e^{-3X}$ 的偏差。在估计 θ 时它是否为无偏的？

（b）证明：$g(x) = (-2)^X$ 是关于 θ 的一个无偏估计量。（事实上，它是 θ 的唯一一个无偏估计量。）

（c）直观地解释为什么用 $g(X)$ 估计 θ 是一个糟糕的选择，尽管有（b）的相关结论。并证明如何找到一个 θ 的估计量 $h(X)$ 来改善这一情况，$h(X)$ 至少跟 $g(X)$ 一样好，并且有

时可以严格好于 $g(X)$, 即

$$|h(X) - \theta| \leq |g(X) - \theta|$$

不等式有时严格成立。

泊松近似

62. ⑤法学院的课程上经常会给学生安排座位来进行苏格拉底问答。假设有 100 个法学一年级学生，每个人选两门相同的课程：侵权法和合同法。两门课都在同一个学术厅上课（有 100 个座位），这些座位的安排是均匀且随机的，且关于两门课程是相互独立的。

（a）求两门课上没有人有相同座位的概率（精确解；应该将答案写成求和的形式）。

（b）求两门课上没有人有相同位置的概率的一个简单但是准确的近似值。

（c）求两门课上至少有两个学生有相同位置的概率的一个简单但是准确的近似值。

63. ⑤有 n 个人玩"秘密圣诞老人"的游戏：每个人将自己的名字写在一张纸上并放在一顶帽子中，随机从帽子中抽取名字（无放回），然后给这个人买礼物。遗憾的是，他们忽略了会抽到自己名字的可能性，一些人因此会给自己买礼物（往好的方面说，一些人也许更喜欢自己给自己挑礼物），假设 $n \geq 2$。

（a）求抽到自己名字的人数的期望值。

（b）求相互交换礼物的配对数的期望值，例如 A 和 B，A 抽到 B 的名字，B 抽到 A 的名字（此处 $A \neq B$，且不考虑顺序）。

（c）如果 n 足够大（指定参数值），则 X 的近似分布是什么？试问当 $n \to \infty$ 时，$P(X = 0)$ 是否收敛？

64. 在一个有一百万（10^6）居民的城市中进行一项调查。通过随机抽取城市中的居民，从而获得一个大小为 1000 的样本，抽样是有放回的且每个人被抽到的概率相同。求出至少存在一个人被抽中不止一次的概率的一个简单但准确的概率近似。（相反地，在第 1 章的习题 24 中要求找到一个精确解）。

提示：示性随机变量在本题中是有用的，但不建议对百万人群中的每个人都设置一个示性随机变量，因为这会导致计算混乱。可应用 $999 \approx 1000$ 的事实。

65. 有一千万人参与某一抽奖游戏。对于每个人，赢的概率是一千万分之一，且抽奖结果相互独立。

（a）求中奖人数的概率质量函数的一个简单且好的近似值。

（b）恭喜！你赢得了彩票。然而，也许还有其他的赢家。假设除你之外的赢家数量为 $W \sim \text{Pois}(1)$，并且如果有不止一个赢家，则奖品将会被随机分发给一个赢家。给定这一信息，计算你赢得奖品的概率（化简）。

66. 采用泊松近似来研究下面类型的巧合问题。这里应用生日问题中的常见假设，例如，一年中有 365 天，生日出现在每天的可能性相等。

（a）为了有 50% 的概率使得他们当中至少有一人与你的生日相同，此时需要多少人？

（b）为了有 50% 的概率使得存在两个人不仅在同一天出生，并且在同一个小时段出生（例如，两个人在下午 2:00 到下午 3:00 之间出生则被认为是在同一个小时段），此时需要多少人？

（c）考虑到所有成对的人中仅有 1/24 是在同一天的同一小时段内出生，为什么不是（b）小问中近似等于 24·23 的答案？对其进行直观的解释，并且给出因子的一个简单近似，通过该因子，可以将"为得到生日匹配的概率为 p 所需的人数"按比例扩展到"为得到生日且出生小时段均匹配的概率为 p 所需的人数"。

（d）对于 100 个人，有 64% 的概率使得存在 3 个人生日相同［在 R 中，使用 pbirthday(100, classes = 365, coincident = 3) 来计算］。为这个值提供两种不同的泊松近似值，一种是基于对每一个三人组设立一个示性随机变量，另一种是基于对每年的每一天均设立一个示性随机变量。哪种方法更为精确？

67. 一届国际象棋比赛共有 100 个选手。在第一轮，他们随机匹配来决定谁与谁对战（因此共有 50 局比赛）。在第二轮，他们同样随机匹配，且与第一轮相互独立。在两轮中，所有组对都是等可能出现的。设 X 代表两次遇到相同对手的人的数量。

（a）求 X 的期望值。

（b）解释为什么 X 不是近似泊松分布。

（c）通过对第二轮比赛进行思考，使得在第一轮中相遇的对手在第二轮中再次相遇，从而为 $P(X = 0)$ 和 $P(X = 2)$ 找到好的近似。

*存在性

68. Ⓢ现在有 111 部人，每个人都从一个包含 11 部电影的列表中，说出自己喜欢的 5 部电影。

（a）Alice 和 Bob 是这 111 个人中的两个。假设 Alice 喜欢的 5 部电影是从这 11 个电影中随机且等可能抽取的。Bob 也是一样，并且两个人的选择是相互独立的。求 Alice 和 Bob 共同喜欢的电影数量的期望。

（b）证明：存在这样两部电影，至少有 21 个人将它们同时选为喜爱的电影。

69. Ⓢ一个圆的圆周用红色和蓝色两种墨水染色，其中 2/3 圆周染上红色，1/3 染上蓝色。试证明：无论染色方案如何复杂，都存在一种方法可以在内切圆中构造出一个正方形，使得该正方形的 4 个顶点中至少有 3 个会碰到红色墨水。

70. Ⓢ有 100 名学生参加了一项包含 8 个问题的测验，每道问题都至少有 65 个学生答对。试证明：存在两名学生联合答对了所有问题，也就是说，对于每道问题，他们两人中至少有一人答对了该题目。

71. Ⓢ指定平面上的 10 个点。现在你有 10 个圆硬币（半径相同）。试证明：你能将这些圆硬币放在平面上（不堆放）使得 10 个点全部被覆盖。

提示：考虑平面的蜂巢式分布（这种方法可以将平面划分为六角形区域）。你可以利用几何学知识说明，如果一个圆内接于一个六角形中，那么圆面积和六角形面积的比率为 $\frac{\pi}{2\sqrt{3}} > 0.9$。

72. Ⓢ设 S 是长度为 n 的二进制字符串 $a_1, \cdots, a_n$ 的集合（此处并列意味着串联）。我们称 S 为 "k-完全"的，如果对任意指标 $1 \leqslant i_1 \leqslant \cdots \leqslant i_k \leqslant n$，以及任意长度为 k 的二进制字符串 $b_1, \cdots, b_k$，存在 S 中的字符串 $s_1, \cdots, s_n$，使得 $s_{i1}, s_{i2}, \cdots, s_{ik} = b_1, \cdots, b_k$。例如，对于 $n = 3$，集合 $S = \{001, 010, 011, 100, 101, 110\}$ 是 2-完全的，这是因为由 0 和 1 所组成的长度为 2 的所有模式（共 4 种）可以在任何两个位置找到。试证明：如果 $\binom{n}{k} 2^k (1 - 2^{-k})^m < 1$，那么存在一个 k-完全的集合，其长度最多为 m。

混合练习

73. 一个黑客试图通过随机猜测密码闯入一个有密码保护的网站。设 m 为可能的密码数量。

（a）假设黑客随机（等概率）且有放回地猜测密码。求黑客猜出正确密码需要的平均猜测次数（包括成功的猜测）。

（b）现假设黑客随机且无放回地进行猜测。求黑客猜出正确密码需要的平均猜测次数（包括成功的猜测）。

提示：利用猜测次数的概率质量函数的对称性。

（c）证明（a）的结果大于（b）（除了退化的案例 $m=1$），并直观解释为什么会出现这样的结果。

（d）现假设网站在输入 n 次错误密码后就关闭账号，因此黑客最多能猜 n 次。求猜测次数的概率质量函数，包括有放回抽样和无放回抽样。

74. 重复抛一枚均匀的 20 面-骰子，直到有一个赌徒打算停止为止。当赌徒停止的时候，得到骰子上显示的金额。赌徒决定继续抛骰子直到得到 m 值或大于 m 的值，然后停止游戏（m 是一个固定的整数，$1 \leqslant m \leqslant 20$）。

（a）求抛骰子次数的期望（简化）。

（b）求抛骰子次数的平方根的期望（作为概况）。

75. Ⓢ将 360 个人分成 120 个三人小组（不关心小组间的次序以及小组内的次序）。

（a）划分的方法有多少种？

（b）这些人为 180 对已婚夫妇。将所有人随机地划分为三人小组，划分概率相同。求划分后包含已婚夫妇的小组数的期望值。

76. Ⓢ赌徒 de Méré 询问帕斯卡，以下两种情况：抛 4 次骰子得到至少一次 6 点，或者抛 24 次成对的骰子至少得到一次双 6 点，哪一种情况出现的可能性更大？继续这种模式，假设将一组 n 个的骰子抛了 $4 \cdot 6^{n-1}$ 次。

（a）求得到所有骰子点数均为 6 的试验次数的期望值（例如，在 $4 \cdot 6^{n-1}$ 次抛骰子的过程中同组的 n 个骰子同时出现 6 点这一事件出现的频率）。

（b）对抛 n 次至少有一次出现"都抛到 6 点"的概率，给出一个简单但是准确的概率估计。

（c）de Méré 认为重复多次投掷骰子很复杂。所以在完成一次正常的抛 n 枚骰子后，在抛下一次时，他有 6/7 的概率保留相同的抛掷结果，有 1/7 的概率重新投掷骰子。例如，如果 $n=3$，并且第 7 次抛的结果为（3，1，4），那么有 6/7 的概率使第 8 次抛的结果仍然为（3，1，4），有 1/7 的概率使第 8 次抛到一个新的随机结果。试问：抛到"都是 6"的次数的期望是保持不变，上升还是下降［对比于（a）结果］？给出一个简短而清晰的解释。

77. Ⓢ有 5 个人刚获得了一个 100 美元的奖励，正在打算如何分配这 100 美元。假设奖金分配是以美元为单位，而不是美分。并且与排列次序有关，例如，给第一个人 50 美元和给第二个人 10 美元与交换过来的结果视作是不相同的。

（a）有多少种方式去分配这 100 美元，使得每个人至少获得 10 美元。

（b）假设这 100 美元被随机分配，且等可能地采用（a）中所有方法。求第一个人获得的奖金数额的期望值。

（c）设 A_j 表示"第 j 个人获得的奖金多于第一个人（对 $2 \leqslant j \leqslant 5$）获得的奖金"的事件，现将 100 美元按照（b）的方式进行随机分配。此时 A_2 和 A_3 相互独立吗？

78. Joe 的 iPod 中存有 500 首不同的歌曲，它们由 50 个专辑组成，每个专辑中有 10 首歌。他在 iPod 上随机听 11 首歌曲，这些歌曲以等概率且相互独立地方式被选出（因此可能出现重复歌曲）。

（a）求这 11 首歌中涉及的专辑数量的概率质量函数。

（b）求在 Joe 听过的 11 首歌曲中，至少有两首歌曲来自同一个专辑的概率。

（c）如果有两首歌来自相同专辑，则称这两首歌是匹配的。如果说，第 1 首、第 3 首和第 7 首歌来自相同专辑，就将其算作是 3 个匹配。那么在他听过的 11 首歌中，平均有多少个匹配？

79. Ⓢ Mass Cash 彩票每天都会在马萨诸塞州开奖，摇奖规则是：从 1 到 35 个数字中抽出 5 个数（随机且无放回地）。

（a）在进行猜奖时，求出正好猜对 3 个数字的概率，给定你至少已经猜对了 1 个数字。

（b）为了能够使 $\binom{35}{5}$ 个可能的彩票结果全部都出现所需的天数的期望值找到一个精确的表达式。

（c）求在游戏开始后的 50 天内，从 1 到 35 中每个数字至少被抽到一次的概率的近似值。

80. 美国参议院包括 100 名议员，他们分别来自美国的 50 个州，每个州有两名议员。在参议院中有 d 个民主党人。现参议院通过随机地等可能地从全体议员中选取一组人数为 c 的参议员，组成规模为 c 的委员会。

（a）求委员会中民主党人数的期望值。

（b）求委员会中委员所代表的州的数量的期望值（至少有 1 名议员才可以代表这个州）。

（c）求两个议员都在委员会中的州的数量的期望值。

81. 某大学有 g 门好课程和 b 门坏课程。Alice 想找一门好课程，每次随机选取一门课程（无放回）直到她找到一门好课程为止。

（a）求 Alice 找到一门好课程前，选取到的坏课程数量的期望值（用 g 和 b 形式进行简化表达）。

（b）请问（a）中答案是小于、等于还是大于 b/g？用几何分布的性质来解释。

82. 威尔科克森秩和检验（Wilcoxon rank sum test）是一种广泛地用于评估两组观察值是否来自同一分布的方法。设第 1 组由独立同分布随机变量 X_1，$\cdots$，X_m 组成，累计分布函数为 F，第 2 组由独立同分布随机变量 Y_1，$\cdots$，Y_n 组成，累计分布函数为 G，这些随机变量都是相互独立的。假设第 2 组观测值的概率都为 0（当分布是连续时成立）。

在得到 $m+n$ 个观测值后，将它们按升序方式排列，这样每个观测值获得了一个大小从 1 到 $m+n$ 的秩，排列中最小的秩为 1，第二小的秩为 2，以此类推。设 R_j 是观察值中 X_j 的秩，其中 $1 \leqslant j \leqslant m$，并设 $R = \sum_{j=1}^{m} R_j$ 为组 1 中各观测值的秩之和。

直观上，威尔科克森秩和检验基于以下观点，即 R 中一个非常大的值可以作为组 1 中的观察值总是大于组 2 中的观察值的证据（反之亦然，当 R 非常小时）。但是"很大"有多大，"很小"又有多小呢？要准确地回答这个问题需要了解检验统计量 R 的分布。

（a）设原假设为 $F = G$。证明：若原假设为真，那么有 $E(R) = m(m + n + 1)/2$。

（b）检验的势是一个用于测量检验有多好的重要测量依据，它表示当原假设为假时拒绝原假设。为研究威尔科克森秩和检验的势，我们需要了解一般情况下 R 的分布。这里不假设 $F = G$。令 $p = P(X_1 > Y_1)$。求 $E(R)$，并用 m、n、p 的形式表示。

提示：将 R_j 写成关于 X_j 是否大于其他随机变量序列的示性随机变量序列的形式。

83. 传奇的加州理工学院物理学家理查德·费曼（Richard Feynman）和两名负责《费曼物理学讲义》的编辑提出了以下问题：如何决定在餐厅里点什么？你打算在某一个固定的餐馆吃 m 次饭，可是你此前并没有光顾过这家餐馆。每顿饭你只点一道菜。该餐馆的菜单里总共列有 n 道菜，其中 $n \geq m$。假设如果你尝试了所有菜，就可以从 1（你最不喜欢）到 n（你最喜欢）列出你心目中的菜品排名。如果你知道哪道菜是你最喜欢的，每次你都会喜欢点这道菜而且百吃不厌。

在你来这家饭店吃饭之前，事先并不知道菜品排名。在尝试了一些菜之后，你可以对这些菜品给出一个排名，但是不知道怎么将它们和没有尝试过的菜品进行比较，因此这时存在一个探索-开发的权衡问题：你应该尝试新的菜肴，还是从你以前试过的菜品中点你最爱吃的那些菜？

一个自然的战略是将你来该饭馆就餐的一系列经过分为两个阶段：第一个阶段是探索阶段，你每次尝试不同的菜；第二个阶段是开发阶段，你总是从以前试过的菜中预定自己最爱吃的那些菜。设 k 是探索阶段的长度（即尝试新菜的次数），因此 $m - k$ 就是开发阶段的长度。你的目标是得到你在此吃到的菜品，其排名之和的最大期望值（这里菜品排名是指从 1 到 n 的一个"真排名"，即假设你尝遍所有菜品后给出的最终排名）。证明最优的选择是 $k = \sqrt{2(m + 1)} - 1$，如果需要，则将该结果四舍五入成整数。可以按下列步骤证明：

（a）设 X 为在探索阶段中你品尝的菜中最好吃的菜的排名。求在你品尝过的菜中对菜品排名之和的期望，并将表达式用 $E(X)$ 表示。

（b）求 X 的概率质量函数，利用二项式系数给出一个概率质量函数的表达式。

（c）证明：

$$E(X) = \frac{k(n + 1)}{k + 1}。$$

提示：参考例 1.5.2 和第 1 章的练习题 18。

（d）使用微积分找到 k 的最佳值。

第 5 章　连续型随机变量

到目前为止，前面章节一直在研究离散型随机变量，其可能取值可以用一个列表表示。在本章中，将讨论连续型随机变量，它可以取一个区间中的任何实数值［该区间的长度可能是无穷的，比如 $(0, +\infty)$，或者是完整的实数轴］。首先，将讨论一般连续型随机变量的性质。然后介绍三个著名的连续分布——均匀分布、正态分布和指数分布——这三个分布除了各自具有非常有用的应用示例外，它们还可以作为构造其他很多有用的连续分布的基础。

5.1　概率密度函数

回顾离散型随机变量，其累积分布函数的图形在每一个可能取值点都有跳跃，而在其他点是水平的（值保持不变）。相反，对于连续型随机变量，累积分布函数是平稳增加的；离散型随机变量和连续型随机变量的比较如图 5.1 所示。

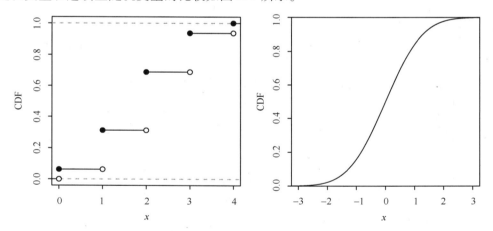

图 5.1　离散型随机变量与连续型随机变量的累积分布函数。左图：离散型随机变量的累积分布函数（CDF）在每一个取值点都有一个跳跃。右图：连续型随机变量的累积分布函数（CDF）平稳增加。

定义 5.1.1（连续型随机变量）　如果一个随机变量的累计分布函数是可微的，则可以称该随机变量服从一个连续分布。此外还允许存在这样的端点（或者是有限多个点），即在这些点处，累积分布函数（CDF）是连续不可微的，而在其他点处是可微的。连续随机变量是一个服从连续分布的随机变量。

对于离散型随机变量序列，由于累积分布函数存在跳跃点，且其导数在跳跃点无定义，而在其他点的导数值为 0，因此其导数几乎是无用的，从而累积分布函数使用起来不是那么方便。但是对于连续型随机变量序列，通常其累积分布函数使用起来比较方便，且其导数是非常有用的函数，将该函数称为概率密度函数。

定义 5.1.2（概率密度函数） 对于连续型随机变量 X，其累积分布函数为 F，累积分布函数的导数 f 为 X 的概率密度函数（probability density function，PDF），即 $f(x) = F'(x)$。X 及其分布的支撑是使 $f(x) > 0$ 成立的所有 x 的集合。

区分离散型随机变量序列与连续型随机变量序列的一个重要方法是，对于连续型随机变量 X 的所有取值 x，都有 $P(X = x) = 0$。这是因为 $P(X = x)$ 是累积分布函数在 x 处的一个跳跃，但是 X 的累积分布函数没有跳跃点！因为连续型随机变量的概率质量函数（PMF）处处为 0，因此可以转而对概率密度函数进行研究。

概率密度函数（PDF）在许多方面类似于概率质量函数（PMF），但是它们之间的一个重要的不同在于，对于一个概率密度函数 f 而言，$f(x)$ 的取值不是概率，事实上 $f(x)$ 在一些 x 点的取值很有可能大于 1。为了得到对应的概率，需要对概率密度函数进行积分。微积分基本定理说明了如何由概率密度函数（PDF）得到累积分布函数（CDF）。

命题 5.1.3（PDF 到 CDF） 设连续型随机变量 X 的概率密度函数（PDF）为 f，则 X 的累积分布函数（CDF）为

$$F(x) = \int_{-\infty}^{x} f(t)\, dt。$$

证明：由概率密度函数的定义，F 是 f 的原函数，所以由微积分基本定理，有

$$\int_{-\infty}^{x} f(t)\, dt = F(x) - F(-\infty) = F(x)。$$

上述结果类似于通过把概率质量函数（PMF）在所有小于等于 x 的点处的取值求和而得到离散累积分布函数（CDF）在 x 点处的值的过程，而这里，通过将概率密度函数在 $-\infty$ 到 x 上进行积分得到累积分布函数，因此连续累积分布函数是概率密度函数下的累积面积。由于可以使用积分和微分的逆运算在概率密度函数和累积分布函数之间自由转换，所以概率密度函数和累积分布函数都包含关于连续型随机变量的分布的完整信息。

因为概率密度函数决定分布，所以可由此求出 x 落在区间 (a, b) 的概率。事实上，因为连续随机变量 X 取端点的概率恒为 0，所以在包括或剔除端点时，不影响其概率：

$$P(a < x < b) = P(a < x \leqslant b) = P(a \leqslant x < b) = P(a \leqslant x \leqslant b)。$$

⚠ **5.1.4**（包括或剔去端点） 对于连续型随机变量序列，可以不关心是否包括或剔除端点，但是对于离散型随机变量序列，却不能忽略端点处的情况。

由累积分布函数的定义和微积分的基本定理，可得

$$P(a < X \leqslant b) = F(b) - F(a) = \int_{a}^{b} f(x)\, dx。$$

因此，为了用概率密度函数得到 X 落在区间 $(a, b]$，或 (a, b)，或 $[a, b)$，或 $[a, b]$ 的概率，可简单地将概率密度函数从 a 到 b 进行积分。一般而言，对于 $\mathbf{R}$ 中的任何一个集合 A，有

$$P(x \in A) = \int_{A} f(x)\, dx。$$

综上所述：

为得到所需概率，可以将概率密度函数在特定的范围内进行积分。

正如一个有效的概率质量函数必须是非负的且总和为 1，一个有效的概率密度函数也必须是非负的且积分为 1。

定理 5.1.5（有效的概率密度函数）　一个连续型随机变量的概率密度函数 f 必须满足以下两条基本准则：

(1) 非负性：$f(x) > 0$；

(2) 积分为 1：$\int_{-\infty}^{+\infty} f(x)\,\mathrm{d}x = 1$。

证明：第一条准则是成立的，因为概率是非负的；如果 $f(x_0)$ 是负的，则可以在 x_0 附近的一个小邻域上进行积分从而得到一个负的概率值。换句话说，可以看出概率密度函数在 x_0 处的值是累积分布函数在 x_0 处的斜率，因此，$f(x_0) < 0$ 就意味着累积分布函数在 x_0 处是递减的，但这种情况是不允许出现的。第二条准则也是成立的，因为 $\int_{-\infty}^{+\infty} f(x)\,\mathrm{d}x$ 是 X 落到实数轴上的概率，其值为 1。∎

相反地，任何一个满足上述两条基本准则的函数 f 都是某随机变量的概率密度函数。这是因为如果 f 满足这些性质，就可以将其按照命题 5.1.3 那样进行积分，以得到满足累积分布函数性质的函数 F。然后可以用均匀分布的一个普遍性版本（5.3 节中的主要概念）来产生一个累积分布函数为 F 的随机变量。

现在介绍一些特殊概率密度函数的例子。下面两个分布分别是逻辑斯谛（Logistic）分布和瑞利（Rayleigh）分布，但这里不对它们进行详细讨论；此时介绍它们主要是为了熟悉 PDF 的概念。

例 5.1.6（逻辑斯谛分布）　逻辑斯谛分布的累积分布函数为

$$F(x) = \frac{\mathrm{e}^x}{1 + \mathrm{e}^x}, x \in \mathbf{R}。$$

为得到概率密度函数，需对累积分布函数进行微分，得到

$$f(x) = \frac{\mathrm{e}^x}{(1 + \mathrm{e}^x)^2}, x \in \mathbf{R}。$$

记为 $X \sim \text{Logistic}$。为计算 $P(-2 < X < 2)$，我们需要对概率密度函数从 -2 到 2 进行积分。

$$P(-2 < X < 2) = \int_{-2}^{2} \frac{\mathrm{e}^x}{(1 + \mathrm{e}^x)^2}\mathrm{d}x = F(2) - F(-2) \approx 0.76。$$

这个积分值是很容易计算的，因为总可以知道 F 是 f 的一个原函数。而且总可以得到 F 的一个很好的表达式。否则，可以进行换元，令 $u = 1 + \mathrm{e}^x$，从而 $\mathrm{d}u = \mathrm{e}^x\mathrm{d}x$，即

$$\int_{-2}^{2} \frac{\mathrm{e}^x}{(1 + \mathrm{e}^x)^2}\mathrm{d}x = \int_{1+\mathrm{e}^{-2}}^{1+\mathrm{e}^2} \frac{1}{u^2}\mathrm{d}u = \left(-\frac{1}{u}\right)\Big|_{1+\mathrm{e}^{-2}}^{1+\mathrm{e}^2} \approx 0.76。$$

图 5.2 左图是逻辑斯谛分布的概率密度函数，右图是其累积分布函数。在概率密度函数中，阴影区域的面积代表 $P(-2 < X < 2)$，在累积分布函数中，花括号的高度代表 $P(-2 < X < 2)$。你可以对概率密度函数的有效性和累积分布函数的有效性进行验证。

例 5.1.7（瑞利分布）　瑞利分布的累积分布函数为 □

$$F(x) = 1 - \mathrm{e}^{-x^2/2}, x > 0。$$

为了得到概率密度函数，我们对累积分布函数进行微分，得到

$$f(x) = x\mathrm{e}^{-x^2/2}, x > 0。$$

当 $x \leq 0$ 时，累积分布函数和概率密度函数都为 0。记为 $X \sim \text{Rayleigh}$。为了得到 $P(X > 2)$，需要对概率密度函数从 2 到 ∞ 进行积分。对此，可以进行换元，令 $u = -x^2/2$，但是因为累

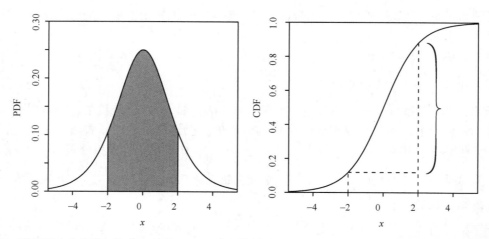

图 5.2　逻辑斯谛分布的概率密度函数（PDF）和累积分布函数（CDF）。概率密度函数图中的阴影部分的面积和累积分布函数中花括号的高度代表概率 $P(-2<X<2)$。

积分布函数已经有了一个很好的形式，所以积分值等于 $F(\infty)-F(2)=1-F(2)$：

$$P(X>2)=\int_2^\infty xe^{-x^2/2}\mathrm{d}x=1-F(2)\approx 0.14。$$

瑞利分布的概率密度函数和累积分布函数如图 5.3 所示。同样地，概率密度函数中的阴影部分面积和累积分布函数中的垂直高度代表概率。

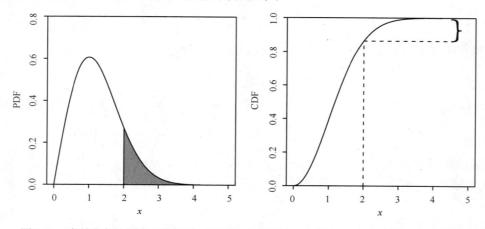

图 5.3　瑞利分布的概率密度函数（PDF）和累积分布函数（CDF）。概率密度函数图中的阴影部分的面积和累积分布函数中括号的高度代表概率 $P(X>2)$。

虽然概率密度函数在 x 点的高度不代表概率，但是它与落入 x 周围的微小区间的概率密切相关，如下面的直观解释所述。

直观解释 5.1.8　设连续型随机变量 X 的累积分布函数为 F，概率密度函数为 f。如前所述，$f(x)$ 不是概率；例如，可以有 $f(3)>1$ 和 $P(X=3)=0$。但是考虑到 X 的概率非常接近 3，这可作为解释 $f(3)$ 的一种方法，具体来说，X 在以 3 为中心、半径为 ε 的微小邻域内的概率近似为 $f(3)\varepsilon$。这是因为

$$P(3 - \varepsilon/2 < X < 3 + \varepsilon/2) = \int_{3-\varepsilon/2}^{3+\varepsilon/2} f(x)\,\mathrm{d}x \approx f(3)\varepsilon。$$

如果间隔足够小，则 f 在此邻域内近似为一个常数 $f(3)$。一般来说，可将 $f(x)\,\mathrm{d}x$ 看作是 X 落在包含 x、长度为 $\mathrm{d}x$ 的非常小的间隔中的概率。

在实际中，X 在一些测量系统中是有单位的，比如距离、时间、面积或质量。考虑单位问题不仅在应用中很重要，而且通常有助于验证答案是否有意义。具体来说，假设 X 是一个长度变量，单位为 cm。那么 $f(x) = \mathrm{d}F(x)/\mathrm{d}x$ 是每厘米在 x 处的概率，这就解释了 $f(x)$ 是概率密度的合理性。概率是一个无量纲的量（无物理单位的量），所以 $f(x)$ 的单位是 cm^{-1}。因此，如前所述，为了得到概率，需要将 $f(x)$ 乘以长度。当我们在计算一个类似于 $\int_0^5 f(x)\,\mathrm{d}x$ 的积分时，主要是根据经常被忽视的 $\mathrm{d}x$ 来实现的。

连续型随机变量期望的定义类似于离散型随机变量期望的定义；只是用积分来代替求和，用概率密度函数代替概率质量函数。

定义 5.1.9（连续型随机变量的期望）　设连续随机变量 X 的概率密度函数是 f，那么其期望值（也称为期望或均值）为

$$E(X) = \int_{-\infty}^{+\infty} xf(x)\,\mathrm{d}x。$$

与离散的情形一样，连续型随机变量的期望可能存在也可能不存在。当讨论期望时，在每一次提到期望而没有显示其存在性时加上"如果期望存在"这一说明会显得十分烦琐，因此通常忽略这一隐含条件。

上述积分是在整个实数轴上的积分，但是如果 X 的取值不是整个实数轴时，可以只在其取值区间上进行积分。在这种定义下，单位是有意义的：如果 X 的测量单位为 cm，那么 $E(X)$ 有同样的单位，这是因为 $xf(x)\,\mathrm{d}x$ 的单位为 $\mathrm{cm}\cdot\mathrm{cm}^{-1}\cdot\mathrm{cm} = \mathrm{cm}$。

根据以上定义，期望值保留了它作为质心的解释。如图 5.4 所示，使用瑞利分布的概率密度函数加以解释，期望值是概率密度函数的平衡点，就像它是离散情况下概率质量函数的平衡点一样。

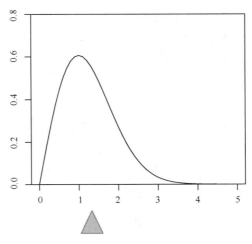

图 5.4　连续型随机变量的期望值是概率密度函数的平衡点。

对于连续型随机变量，期望的线性性质是成立的，正如它对于离散随机变量序列是成立的（稍后将会在例 7.2.4 中进行讨论）一样。用积分代替求和，用概率密度函数代替概率质量函数，那么无意识统计规律（LOTUS）也是成立的。

定理 5.1.10（连续型随机变量的 LOTUS） 设 X 是一个连续型随机变量，f 是其概率密度函数，g 是从 $\mathbf{R}$ 到 $\mathbf{R}$ 的一个函数，则有

$$E(g(X)) = \int_{-\infty}^{+\infty} g(x)f(x)\,\mathrm{d}x。$$

到目前为止，我们已经介绍了所有用于处理本章命名分布的工具，对这些分布的讨论将从均匀分布开始。

5.2 均匀分布

直观上，一个服从区间 (a,b) 均匀分布的随机变量 X 是 a 和 b 之间的一个完全随机数。通过指定概率密度函数在该区间上是常数来规定区间上的"完全随机性"。

定义 5.2.1（均匀分布） 如果连续型随机变量 U 的概率密度函数为

$$f(x) = \begin{cases} \dfrac{1}{b-a}, & a < x < b, \\ 0, & \text{其他,} \end{cases}$$

则称 U 服从区间 (a,b) 上的均匀分布。记作 $U \sim \text{Unif}(a,b)$。

这是一个有效的概率密度函数，因为曲线下方的面积是一个宽为 $b-a$，高为 $1/(b-a)$ 的矩形的面积。累积分布函数是概率密度函数下的累积面积：

$$F(x) = \begin{cases} 0, & x \leqslant a, \\ \dfrac{x-a}{b-a}, & a < x < b, \\ 1, & x \geqslant b。 \end{cases}$$

最常用的均匀分布是 $\text{Unif}(0,1)$ 分布，也称为标准分布。$\text{Unif}(0,1)$ 分布的概率密度函数和累积分布函数形式都特别简单，分别为 $f(x) = 1$ 和 $F(x) = x$，其中 $0 < x < 1$。图 5.5 是 $\text{Unif}(0,1)$ 的概率密度函数和累积分布函数。

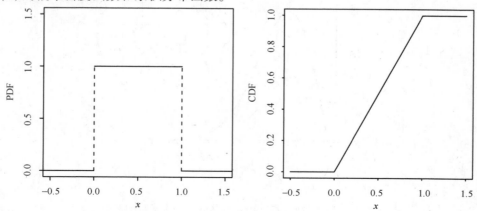

图 5.5 $\text{Unif}(0,1)$ 的概率密度函数（PDF）和累积分布函数（CDF）。

对于一般的 Unif(a,b) 分布，概率密度函数是 (a,b) 上的常数，并且随着 x 从 a 到 b 的变化，累积分布函数从 0 到 1 是线性增加。

对于均匀分布，概率与区间长度成比例。

命题 5.2.2　设 $U \sim \text{Unif}(a,b)$，令 (c,d) 是 (a,b) 上的一个子区间，则其长度为 $l = d - c$。那么 U 落在区间 (c,d) 内的概率与 l 成比例。例如，两倍的子区间包含 U 的概率是该区间包含 U 的概率的两倍，并且相同长度子区间包含 U 的概率相同。

证明：因为随机变量 U 的概率密度函数在区间 (a,b) 内是常数 $\dfrac{1}{b-a}$，概率密度函数下方从 c 到 d 的面积是 $\dfrac{l}{b-a}$，它是 l 的常数倍。■

上述命题是均匀分布的一个非常特殊的性质；对于其他任何分布，随机变量落入具有相同长度的子区间的概率是不同的。即使对均匀随机变量加以条件，在某个子区间里，仍然可以得到一个均匀分布，因此概率依旧与长度成比例（在该子区间内）。下面将对该性质进行研究。

命题 5.2.3　设 $U \sim \text{Unif}(a,b)$，令 (c,d) 是 (a,b) 的一个子区间。那么给定 $U \in (c,d)$ 时，U 的条件分布是 Unif(c,d)。

证明：因为 u 属于 (c,d)，所以 u 的条件累积分布函数是

$$P(U \leq u \mid U \in (c,d)) = \frac{P(U \leq u, c < U < d)}{P(U \in (c,d))} = \frac{P(U \in (c,u])}{P(U \in (c,d))} = \frac{u-c}{d-c}。$$

当 $u \leq c$ 时，条件累积分布函数为 0；当 $u \geq d$ 时，条件累积分布函数为 1。所以 U 的条件分布正如命题所述。■

例 5.2.4　现在用 $U \sim \text{Unif}(0,1)$ 来说明上述命题。在这种特殊情况下，支撑的长度为 1，因此概率是长度，U 落入区间 $(0, 0.3)$ 的概率为 0.3，以及落入区间 $(0.3, 0.6)$、$(0.4, 0.7)$，或落入其他任何属于 $(0, 1)$ 且长度为 0.3 的区间的概率也为 0.3。

现在假设已经知道 $U \in (0.4, 0.7)$。给定这一信息后，U 的条件分布是 $\text{Unif}(0.4, 0.7)$。由于 $(0.4, 0.6)$ 是区间 $(0.4, 0.7)$ 长度的 2/3，所以 $U \in (0.4, 0.6)$ 的条件概率为 2/3。$U \in (0, 0.6)$ 的条件概率也是 2/3，这是因为当给定 $U \in (0.4, 0.7)$ 时，相当于丢弃了 0.4 左边的点。□

接下来将推导出当 $U \sim \text{Unif}(a,b)$ 时，U 的均值和方差。其期望是非常直观的，由于概率密度函数是常数，所以其平衡点应该是区间 (a,b) 的中点。这正是通过使用连续型随机变量的定义得到的：

$$E(U) = \int_a^b x \cdot \frac{1}{b-a}dx = \frac{1}{b-a}\left(\frac{b^2}{2} - \frac{a^2}{2}\right) = \frac{a+b}{2}。$$

为了得到方差，首先按照连续随机变量的无意识统计法（LOTUS）的定义，求得 $E(U^2)$：

$$E(U^2) = \int_a^b x^2 \frac{1}{b-a}dx = \frac{1}{3} \cdot \frac{b^3 - a^3}{b-a},$$

则有

$$\text{Var}(U) = E(U^2) - (EU)^2 = \frac{1}{3} \cdot \frac{b^3 - a^3}{b-a} - \left(\frac{a+b}{2}\right)^2,$$

将其进行因式分解 $b^3 - a^3 = (b-a)(b^2+ab+b^2)$ 并简化，可以得到 $\mathrm{Var}(U) = \dfrac{(b-a)^2}{12}$。

上面的推导过程并不是很复杂，但是有一种更容易的途径，也就是通常用于连续分布的方法。这种方法被称为位置-尺度变换，它依赖于通过对均匀随机变量进行移动和缩放操作，从而产生另一个均匀随机变量。移动是指位置的变化，缩放则是指尺度上的改变，因此称为位置-尺度变换。例如，如果 X 在区间（1，2）上是均匀的，那么 $X+5$ 在区间（6，7）上是均匀的，$2X$ 在区间（2，4）上是均匀的，以及 $2X+5$ 在区间（7，9）上也是均匀的。

定义 5.2.5（位置-尺度变换） 设 X 是一随机变量，$Y = \sigma X + \mu$，其中 σ 和 μ 均是常数，且 $\sigma > 0$。那么就说 Y 是作为 X 的位置-尺度变换得到的。其中，μ 控制位置的变化，σ 控制尺度的变化。

例 5.2.6 在位置-尺度变换中，设 $X \sim \mathrm{Unif}(a,b)$，做变换 $Y = cX + d$，其中 c 和 d 是常数，$c > 0$，Y 是 X 的线性函数且仍然服从均匀分布，即 $Y \sim \mathrm{Unif}(ca+d, cb+d)$。但是如果 Y 被定义为 X 的非线性变换，那么 Y 通常也不会是线性的。例如，对于 $X \sim \mathrm{Unif}(a,b)$，其中 $0 \le a < b$，变换后的随机变量 $Y = X^2$ 的取值范围为 (a^2, b^2)，但在这个区间上不是均匀的。第 8 章会详细探讨随机变量序列的变换。

在研究均匀分布时，一个有用的策略是从一个具有最简均匀分布形式的随机变量出发，在简单情况下去解决问题，然后使用位置-尺度变换来处理一般情况。

为了求得 $\mathrm{Unif}(a,b)$ 的期望和方差，首先探究位置-尺度变换是如何应用的。首先，从 $U \sim \mathrm{Unif}(0,1)$ 出发，因为 U 在区间（0，1）上的概率密度函数为 1，所以易得

$$E(U) = \int_0^1 x \mathrm{d}x = \frac{1}{2},$$

$$E(U^2) = \int_0^1 x^2 \mathrm{d}x = \frac{1}{3},$$

$$\mathrm{Var}(U) = \frac{1}{3} - \frac{1}{4} = \frac{1}{12}。$$

既然已经知道了 U 的期望和方差，那么把 U 变换到一般服从 $\mathrm{Unif}(a,b)$ 的随机变量就只需要两步。首先，把取值范围从长度为 1 的区间改为长度为 $b-a$ 的区间，因此需要让 U 乘以尺度因子 $b-a$ 从而得到一个服从 $\mathrm{Unif}(0, b-a)$ 的随机变量。然后将其进行移动，直到取值范围的左端点移动到 a 点。因此，如果 $U \sim \mathrm{Unif}(0,1)$，那么随机变量 $\widetilde{U} = a + (b-a)U$ 服从 $\mathrm{Unif}(a,b)$。现在 $\widetilde{U}$ 的均值和方差可直接由期望和方差的性质得到。根据期望的线性性质，可得

$$E(\widetilde{U}) = E(a + (b-a)U) = a + (b-a)E(U) = a + \frac{b-a}{2} = \frac{a+b}{2}。$$

根据加法常数不影响方差的大小，而乘法常数会经平方后作为系数提到外面这一事实，得到

$$\mathrm{Var}(\widetilde{U}) = \mathrm{Var}(a + (b-a)U) = (b-a)^2 \mathrm{Var}(U) = \frac{(b-a)^2}{12}。$$

这些和之前的结论相一致。

位置-尺度变换的方法可用于任意分布族，即对一个分布族中的随机变量进行移动和缩放后会产生该分布族中的另一个随机变量。这种方法不适用于离散型分布族（其支撑比较

复杂），例如，对服从二项分布 $\mathrm{Bin}(n,p)$ 的随机变量 X 进行移动或缩放，从而改变了其取值范围，这样生成的随机变量不再服从二项分布。一个二项随机变量必须能够取介于 0 和某个上限之间的所有整数值，但是 $X+4$ 取不到 $\{0，1，2，3\}$ 中的任何一个值，$2X$ 只能取偶数值，因此这两个随机变量序列都不服从二项分布。

⚠ **5.2.7**（当心混淆概念）　在使用位置-尺度变换时，移动和缩放应该用于随机变量本身而不是用于它们的概率密度函数。注意不要混淆这两个概念（见 ⚠ 3.7.7），因为这会产生无效的概率密度函数。例如，设 $U \sim \mathrm{Unif}(0,1)$，则概率密度函数 f 在 (0，1) 上的表达式为 $f(x)=1$［在其他处，$f(x)=0$］。那么 $3U+1 \sim \mathrm{Unif}(1，4)$，但 $3f+1$ 是在 (0，1) 上等于 4 的函数，而在其他地方恒为 1，因为它在整个取值区间上的积分不等于 1，所以这不是一个有效的概率密度函数。

5.3　均匀分布的普遍性

在本节中，我们将讨论均匀分布的一个值得注意的性质，即给定一个服从 $\mathrm{Unif}(0,1)$ 的随机变量，就可以构造一个随机变量，它服从任何我们想要的连续型分布。反之亦然，即给定一个服从任意连续分布的随机变量，就可以生成一个服从 $\mathrm{Unif}(0,1)$ 的随机变量。这种性质称为均匀分布的普遍性，因为它表明均匀分布是构建具有其他分布随机变量的普遍起点。均匀分布的普遍性也有许多其他叫法，例如，概率积分变换、逆变换抽样、分位数变换和随机模拟基本定理。

为了证明过程简单化，下面将用一个例子来说明均匀分布的普遍性，且要求累积分布函数的逆函数存在。更一般来说，类似的想法可用于模拟从任何累积分布函数（其可以是满足定理 3.6.3 所述性质的任何函数）中进行随机抽样，也就是将累积分布函数看作是服从 $\mathrm{Unif}(0,1)$ 随机变量的一个函数。

定理 5.3.1（均匀分布的普遍性）　令 F 是一个累积分布函数，它是一个连续函数，并在分布的支撑下严格增加。这保证了反函数 F^{-1} 的存在，它是从 (0，1) 到 **R** 的一个函数，那么可得到以下结果：

1. 设 $U \sim \mathrm{Unif}(0,1)$，$X=F^{-1}(U)$，那么 X 是一个累积分布函数为 F 的随机变量。

2. 设 X 是一个累积分布函数为 F 的随机变量，那么 $F(X) \sim \mathrm{Unif}(0,1)$。

一定要确保理解定理的每一部分，定理的第一部分说的是，如果一开始给定 $U \sim \mathrm{Unif}(0,1)$ 和累积分布函数 F，那么可以产生一个累积分布函数是 F 的随机变量，它是通过把 U 代入 F^{-1} 而得到的。因为 F^{-1} 是一个函数（称为分位数函数），U 是一个随机变量，而且随机变量的函数仍是随机变量，所以 $F^{-1}(U)$ 也是一个随机变量，从而由均匀分布的普遍性可知其累积分布函数是 F。

定理的第二部分则从相反的方向进行，首先给定一个累积分布函数为 F 的随机变量 X，然后生成一个服从 $\mathrm{Unif}(0,1)$ 的随机变量。其次，F 是一个函数，X 是一个随机变量，而且随机变量的函数仍是随机变量，因此 $F(X)$ 是一个随机变量。由于所有的累积分布函数都在 0 和 1 之间，所以 $F(X)$ 一定在 0 到 1 之间取值。均匀分布的普遍性表示 $F(X)$ 的分布在区间 (0，1) 上是均匀的。

设5.3.2 均匀分布的普遍性这一定理的第二部分涉及把随机变量 X 代入到自身的累积分布函数中。这可能看起来是一种自我参照，但它是有一定道理的。因为 F 只是一个函数（其满足累积分布函数有效的条件），并且我们在第 3 章中已经讨论了一个随机变量的函数的含义。然而，这里还存在潜在的符号混淆问题，即按照定义有 $F(x) = P(X \leqslant x)$，但"$F(X) = P(X \leqslant X) = 1$"是错误的。相反，首先应该找到关于 x 的累积分布函数的一个表达式，然后用 X 代替 x，从而得到一个随机变量。例如，如果 X 的累积分布函数是 $F(x) = 1 - e^{-x}$，其中 $x > 0$，那么 $F(X) = 1 - e^{-X}$。

要理解定理是困难的，但对其每一条的证明却只需要几行而已。

证明：

1. 设 $U \sim \text{Unif}(0,1)$，$X = F^{-1}(U)$。对于任意的 x，有
$$P(X \leqslant x) = P(F^{-1}(U) \leqslant x) = P(U \leqslant F(x)) = F(x),$$
因此 X 的累积分布函数是 F，定理得证。对于上式中的最后一个等号，实际上是因为 $P(U \leqslant u) = u$，其中 $u \in (0,1)$。

2. 设 X 是一个累积分布函数为 F 的随机变量，现在来求 $Y = F(X)$ 的累积分布函数。因为 Y 在 $(0, 1)$ 上取值，所以当 $y \leqslant 0$ 时，$P(Y \leqslant y) = 0$；当 $y \geqslant 1$ 时，$P(Y \leqslant y) = 1$。对于 $y \in (0, 1)$，有
$$P(Y \leqslant y) = P(F(X) \leqslant y) = P(X \leqslant F^{-1}(y)) = F(F^{-1}(y)) = y。$$
因此，Y 服从 $\text{Unif}(0,1)$。■

为了对分位数函数 F^{-1} 和均匀分布的普遍性有更深入的理解，考虑一个作为学生都熟悉的例子：一次考试中的百分位点。

例5.3.3（百分位点） 有很多学生参加某一考试，分数从 0 到 100。设 X 是随机的一个学生的分数。由于连续分布在这里更容易处理，所以用连续分布来近似分数的离散分布。假设 X 是连续的，其累积分布函数 F 在 $(0, 100)$ 上严格递增。在现实中，只有有限数量的学生，因此也就只有有限数量的分数，但是一个连续分布可能是一个很好的近似。

假设考试成绩的中位数是 60，即一半学生的分数在 60 分以上，另一半学生的分数在 60 分以下（假定为连续分布的一个方便之处是不必担心有多少学生的分数等于 60）。也就是说，$F(60) = 1/2$，或者是 $F^{-1}(1/2) = 60$。

如果 Fred 在这次考试中的得分为 72 分，那么它的百分位点是得分低于 72 分的学生人数占总人数的比例。这就是 $F(72)$，因为 72 比中位数大，所以它是取值于 $(1/2, 1)$ 的。通常，得分为 x 的学生的百分位点为 $F(x)$。换句话说，如果从百分位点出发，比如对于 0.95，那么 $F^{-1}(0.95)$ 就是具有该百分位点的考试得分。一个百分位点也被称为是一个分位数，这就是 F^{-1} 被称为分位数函数的原因。函数 F 把得分转换为分位数，函数 F^{-1} 把分位数转换为得分。

将 X 代入其自身的累积分布函数的这一奇怪想法现在有了一个自然而然的解释，即 $F(X)$ 是一个随机的学生所达到的百分位点。经常会发生考试分数的分布看起来非常不均匀的现象。例如，即使区间 $(70, 80)$ 可以覆盖得分的 10%，也没理由认为有 10% 的得分在 70 与 80 分之间。

另一方面，学生的百分位点的分布是均匀的，这种均匀性说的是 $F(X) \sim \text{Unif}(0,1)$。例

如，50% 的学生的百分位点至少是 0.5。均匀分布的普遍性表述的是这样一个事实，10% 的学生的百分位点在 0 到 0.1 之间，在 0.1 到 0.2 之间，在 0.2 到 0.3 之间，等等，这是从百分位点的定义得到的。

为了说明均匀分布的普遍性，现将其应用于在上一节提到的两个分布中，即逻辑斯谛（Logistic）分布和瑞利（Rayleigh）分布。

例 5.3.4（普遍性在逻辑斯谛分布中的应用）　逻辑斯谛分布的累积分布函数为

$$F(x) = \frac{e^x}{1 + e^x}, x \in \mathbf{R}。$$

假设有 $U \sim \mathrm{Unif}(0,1)$，并希望生成一个服从逻辑斯谛分布的随机变量。由普遍性的第一部分，可得 $F^{-1}(U) \sim \mathrm{Logistic}$，因此可以先对 F 求逆得到 F^{-1}：

$$F^{-1}(u) = \ln\left(\frac{u}{1-u}\right),$$

然后用 U 代替 u，得到

$$F^{-1}(U) = \ln\left(\frac{U}{1-U}\right),$$

因此，$\ln\left(\dfrac{U}{1-U}\right) \sim \mathrm{Logistic}$。

可以直接验证 $\ln\left(\dfrac{U}{1-U}\right)$ 的累积分布函数是我们所需的累积分布函数：从累积分布函数的定义出发，对不等式做一些代数变换，把 U 提取到不等式的一边，然后再使用均匀分布的累积分布函数。下面对以上计算进行一些练习：

$$
\begin{aligned}
P\left(\ln\left(\frac{U}{1-U}\right) \leq x\right) &= P\left(\frac{U}{1-U} \leq e^x\right) \\
&= P(U \leq e^x(1-U)) \\
&= P\left(U \leq \frac{e^x}{1+e^x}\right) \\
&= \frac{e^x}{1+e^x},
\end{aligned}
$$

这确实是逻辑斯谛分布的累积分布函数。

也可以用模拟的方法考察均匀分布的普遍性是如何应用的。为此，从 $\mathrm{Unif}(0,1)$ 中生成 100 万个随机数。然后把每一个 u 的值代入到 $\ln\left(\dfrac{u}{1-u}\right)$，如果均匀分布的普遍性成立，那么代入后的值应该服从逻辑斯谛分布。

图 5.6 是 u 的直方图，旁边是 $\mathrm{Unif}(0,1)$ 的概率密度函数。在下方，是 $\ln\left(\dfrac{U}{1-U}\right)$ 的直方图，其右边是逻辑斯谛分布的概率密度函数。可以看到，第二个直方图看起来非常像逻辑斯谛分布的概率密度函数。因此，通过使用 F^{-1}，可以把均匀分布的概率密度函数转换为逻辑斯谛分布的概率密度函数，这与均匀分布的普遍性完全符合。

相反地，普遍性的第二部分说明，如果 $X \sim \mathrm{Logistic}$，则有

$$F(X) = \frac{e^X}{1 + e^X} \sim \mathrm{Unif}(0,1)。 \qquad \square$$

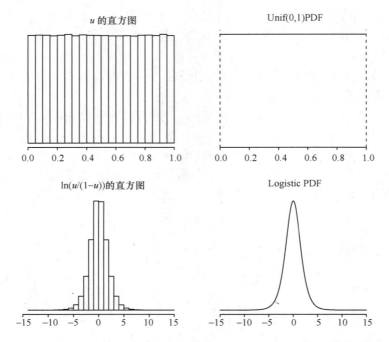

图 5.6　上图：从 Unif(0,1) 中产生的 100 万个随机数绘制的直方图，与 Unif(0,1) 的概率密度函数 ［Unif (0,1) PDF］进行比较。下图：100 万个 $\ln\left(\dfrac{U}{1-U}\right)$ 绘制的直方图，与逻辑斯谛分布的累积分布函数进行比较。

例 5.3.5（普遍性在瑞利分布中的应用）　瑞利分布的概率密度函数是
$$F(x) = 1 - e^{-x^2/2}, \quad x > 0。$$
分位数函数（即累积分布函数的反函数）为
$$F^{-1}(u) = \sqrt{-2\ln(1-u)},$$
因此，如果 $U \sim \text{Unif}(0,1)$，那么 $F^{-1}(U) = \sqrt{-2\ln(1-U)} \sim \text{Rayleigh}$。

再从 Unif(0,1) 中产生 100 万个随机数，并对其进行 $\sqrt{-2\ln(1-U)}$ 转换，产生 100 万个随机数。如图 5.7 所示，由 $\sqrt{-2\ln(1-U)}$ 计算得到的数的分布与瑞利分布的概率密度函数非常相似，这与均匀分布的普遍性所说的一致。

相反地，如果 $X \sim \text{Rayleigh}$，那么 $F(X) = 1 - e^{-X^2/2} \sim \text{Unif}(0,1)$。　□

接下来，考察均匀分布的普遍性对离散型随机变量的适用性。离散型随机变量的累积分布函数 F 有跳跃点和恒定不变的区域，因此 F^{-1} 不存在（在通常意义下）。但是第一部分仍然是有意义的，从而当给出一个均匀分布的随机变量时，可以构造一个服从任何离散分布的随机变量。其不同之处在于，它不是从不存在反函数的累积分布函数出发，而是更直接地从概率质量函数出发。

要说明这个问题，最好用图像来进行说明。假设想用 $U[U \sim \text{Unif}(0,1)]$ 来构造一个离散型随机变量 X，且 $p_j = P(X=j)$，其中 $j = 0, 1, 2, \cdots, n$。如图 5.8 所示，把区间 $(0,1)$ 分成长度分别为 $p_0, p_1, \cdots, p_n$ 的 $n+1$ 部分。根据有效概率质量函数的性质，$p_j(j = 0, 1, \cdots, n)$ 的和为 1，因此这种划分方法没有超出 1 也没有不足 1。

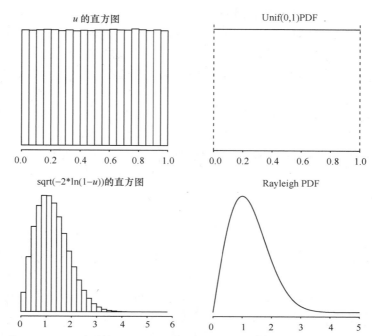

图 5.7　上图：从 Unif$(0,1)$ 中产生的 100 万个随机数绘制的直方图，与 Unif$(0,1)$ 的概率密度函数 ［Unif$(0,1)$ PDF］进行比较。下图：100 万个 $\sqrt{-2\ln(1-U)}$ 绘制的直方图，与瑞利分布的概率密度函数（Rayleigh PDF）进行比较。

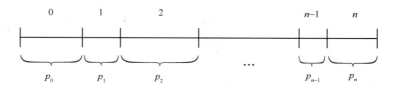

图 5.8　给定一个概率质量函数，把区间（0，1）切成一段一段的，其长度由概率质量函数的值给出。

现在定义一个随机变量 X，如果 U 落入 p_0 区间，那么 $X=0$；如果 U 落入 p_1 区间，那么 $X=1$；如果 U 落入 p_2 区间，那么 $X=2$，以此类推。那么 X 是取值于 0 到 n 的离散型随机变量。$X=j$ 的概率是 U 所在区间的长度 p_j。但是对于服从 Unif$(0,1)$ 的随机变量，其概率是区间长度，所以正如所期望的，$P(X=j)$ 就是 p_j。

同样的方法也适用于取无限值的离散型随机变量，比如，对于一个服从泊松分布的随机变量，需要把（0，1）切分成无数个小段，但这些小段的长度和仍然是 1。

现在，我们已经知道该如何得到任意的一个概率质量函数，同时也知道该如何构造一个具有该概率质量函数的随机变量。这与第 3 章所介绍的满足定理 3.2.7 的任何一个函数是某一随机变量的概率质量函数相一致。

另一方面，均匀分布的普遍性的第二部分并不适用于离散型随机变量。离散型随机变量的函数仍然是离散的，因此如果 X 是离散的，那么 $F(X)$ 也是离散的。从而 $F(X)$ 的分布不是均匀分布。例如，如果 $X \sim \text{Bern}(p)$，那么 $F(X)$ 只可能取两个值：$F(0)=1-p$ 和 $F(1)=p$。

本节的主要内容是，由服从均匀分布的随机变量 U 可以构造另一个随机变量，它既可以服从连续型分布，也可以服从离散型分布。在连续情况下，可以把 U 代入到累积分布函数的反函数中，而在离散情况下，可根据所需的概率密度函数对单位区间进行分割。尽管均匀分布的使用范围部分取决于计算累积分布函数反函数的难易程度，但其在实际模拟中通常很有用（因为通常使用的软件可以生成均匀分布随机变量数据，但却不知如何生成所感兴趣分布的随机变量数据）。

如果把分布类型比作蓝图，把随机变量序列比作房屋，那么普遍性性质的美丽之处在于均匀分布是一个非常简单的蓝图，而且很容易从该蓝图建造一座房子。均匀分布的普遍性给出了一个简单的规则，这一规则将一座均匀的房屋重建为一个具有其他任何蓝图（无论其多么复杂）的房子。

5.4 正态分布

正态分布是一个非常著名的连续型分布，其概率密度函数曲线呈钟形。因为中心极限定理，正态分布在统计学中得到广泛应用。中心极限定理告诉我们，在非常弱的假设下，大量 i.i.d.（独立同分布）随机变量的和近似服从正态分布，而不考虑单个随机变量序列的分布。这意味着，可以从独立的随机变量序列出发，其分布可以是任何分布（离散的或连续的），但一旦把它们相加求和，则求和后的随机变量序列的分布看起来就像一个正态分布。

中心极限定理是第 10 章内容的主题，但与此同时，我们将介绍正态分布的概率密度函数和累积分布函数的性质，并导出正态分布的期望与方差。为此，我们的介绍将从最简单的正态分布——标准正态分布（其均值为 0，方差为 1）开始，再次使用位置-尺度变换的方法。在推导出标准正态分布的性质之后，就可以通过移动和缩放得到任何想要的正态分布。

定义 5.4.1（标准正态分布） 若连续随机变量 Z 的概率密度函数 φ 为

$$\varphi(z) = \frac{1}{\sqrt{2\pi}} e^{-z^2/2}, \ -\infty < z < +\infty,$$

则称 Z 服从标准正态分布。记作 $Z \sim N(0,1)$，且 Z 的均值为 0，方差为 1。

概率密度函数前面的常数 $\frac{1}{\sqrt{2\pi}}$ 看上去很奇怪（这里并没有出现任何圆形，为什么 e 的前面会需要一个含 π 的常数），但它正是将概率密度函数积分为 1 所需要的。因为它将概率密度函数曲线下方的面积归一化为 1，因此，这样的常数被称为归一化常数。接下来我们很快就会验证它是一个有效的概率密度函数。

标准正态分布的累积分布函数 Φ 是其概率密度函数下面的累积面积：

$$\Phi(z) = \int_{-\infty}^{z} \varphi(t) \, dt = \int_{-\infty}^{z} \frac{1}{\sqrt{2\pi}} e^{-t^2/2} \, dt。$$

有些人在第一次看到这个函数时，对它的左边是一个积分而感到失望。不幸的是，在这个问题上别无选择，因为在数学中不可能找到一个具有闭合形式的 φ 的反函数，这意味着无法把 Φ 表示为一些更熟悉的函数（比如多项式函数和指数函数）的有限和。但不管是否具有封闭形式，它仍然是一个明确定义的函数，即如果把 z 代入到 Φ 中，那么其结果是概率密度函数下方从 $-\infty$ 到 z 的累积面积。

♦ **5.4.2** 标准正态分布的概率密度函数和累积分布函数都有其自己的表示方法，对于正态分布也一定要有特殊的表示方法。按照惯例，用 φ 表示标准正态分布的概率密度函数，用 Φ 表示其累积分布函数。经常用 Z 表示标准正态随机变量。

标准正态随机变量的概率密度函数和累积分布函数曲线如图 5.9 所示。概率密度函数曲线是钟形的，且关于 0 对称，而累积分布函数曲线是 S 形的。这与前面几个例子中看到的逻辑斯谛分布的概率密度函数和累积分布函数具有相同形状，但是相比而言正态分布的概率密度函数会更快地衰减到 0：注意到 φ 下方几乎所有区域都在 -3 和 3 之间，而对于逻辑斯谛分布的概率密度函数，则需要扩展到 -5 到 5 的区域。

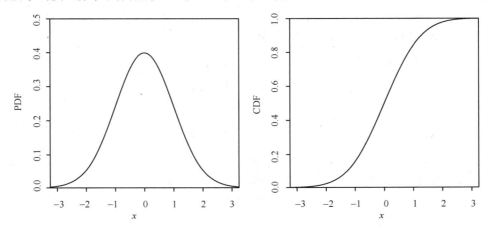

图 5.9　左图是标准正态分布的概率密度函数 φ 的曲线（PDF），右图是其累积分布函数 Φ 的曲线（CDF）。

从标准正态分布的概率密度函数和累积分布函数可以推导出以下几个重要的对称性：

1. 概率密度函数的对称性：φ 满足 $\varphi(z) = \varphi(-z)$，即 φ 是偶函数。

2. 尾部区域的对称性：由 $P(Z \leqslant -2) = \Phi(-2)$ 定义曲线概率密度函数下 $x = -2$ 左边区域的面积，它等于曲线概率密度函数下 $x = 2$ 右边区域的面积 $P(Z \geqslant 2) = 1 - \Phi(2)$。一般地，对任意的 z，有 $\Phi(z) = 1 - \Phi(-z)$。这通过观察概率密度函数曲线就可看到，也可以从数学计算的角度，令 $u = -t$ 代入下式，并应用概率密度函数在整个取值区域上积分为 1 的事实，得到 $\Phi(-z) = \int_{-\infty}^{-z} \varphi(t)\,\mathrm{d}t = \int_{z}^{+\infty} \varphi(u)\,\mathrm{d}u = 1 - \int_{-\infty}^{z} \varphi(u)\,\mathrm{d}u = 1 - \Phi(z)$。

3. Z 和 $-Z$ 的对称性：如果 $Z \sim N(0,1)$，那么 $-Z \sim N(0,1)$ 也成立。为了说明这一点，注意 $-Z$ 的累积分布函数为

$$P(-Z \leqslant z) = P(Z \geqslant -z) = 1 - \Phi(-z)。$$

但根据刚才所介绍的，这正是 $\Phi(z)$，所以 $-Z$ 的累积分布函数为 Φ。

接下来需要证明关于标准正态分布的三个关键事实，然后再讨论一般的正态分布，即，需要证明 φ 是一个有效的概率密度函数，$E(Z) = 0$ 和 $\mathrm{Var}(Z) = 1$。

为了验证 φ 的有效性，首先，证明曲线 $\mathrm{e}^{-z^2/2}$ 下方的总面积为 $\sqrt{2\pi}$。然而，我们无法直接得到 $\mathrm{e}^{-z^2/2}$ 的原函数，即无法将其原函数表示为闭合形式，这同样是令人讨厌的事实。但这并不意味着不能用一些巧妙的方法做一些积分运算。

这里有一个很不错的技巧，即把两个积分相乘。通常，重复写下同样的问题更多的是受阻的迹象，而不是解决问题的策略。但在这里，转换到极坐标时，却有一个非常整齐的变换：

$$\left(\int_{-\infty}^{+\infty}e^{-z^2/2}dz\right)\left(\int_{-\infty}^{+\infty}e^{-z^2/2}dz\right)=\left(\int_{-\infty}^{+\infty}e^{-x^2/2}dx\right)\left(\int_{-\infty}^{+\infty}e^{-y^2/2}dy\right)$$

$$=\int_{-\infty}^{+\infty}\int_{-\infty}^{+\infty}e^{-\frac{x^2+y^2}{2}}dxdy$$

$$=\int_0^{2\pi}\int_0^{+\infty}e^{-r^2/2}rdrd\theta。$$

在第一步中，使用了 z 只是每个积分中的虚拟变量这一事实，所以允许给它一个不同的名称（或两个不同的名称，每个积分各有一个）。如附录 A.7.2 所述，在最后一步出现的额外的 r 来自于转换到极坐标时的雅可比矩阵。r 在不可能求出原始积分的情况下拯救了我们，因为现在可以进行换元，令 $u=-r^2/2$，则 $du=-rdr$。从而有

$$\int_0^{2\pi}\int_0^{+\infty}e^{-r^2/2}rdrd\theta=\int_0^{2\pi}\left(\int_0^{+\infty}e^{-u}du\right)d\theta$$

$$=\int_0^{2\pi}1d\theta=2\pi。$$

因此，$\int_{-\infty}^{+\infty}e^{-z^2/2}dz=\sqrt{2\pi}$。

根据概率密度函数的对称性可知，标准正态分布的期望必为 0，其他平衡点都是无意义的。还可以通过 $E(Z)$ 的定义看到这种对称性：

$$E(Z)=\frac{1}{\sqrt{2\pi}}\int_{-\infty}^{+\infty}ze^{-z^2/2}dz,$$

由于 $g(z)=ze^{-z^2/2}$ 是奇函数（有关偶函数和奇函数的更多性质，参见附录的第 A.2.3 节）。g 从 $-\infty$ 到 0 的积分与从 0 到 $+\infty$ 的积分相抵消。因此 $E(Z)=0$。事实上，对于任意正的奇数 $n^{\ominus}$，有 $E(Z^n)=0$。

均值［甚至可以说是 $E(Z)$］是很容易通过计算得到的，但是方差的计算却相对复杂一些。根据无意识统计法（LOTUS），有

$$\mathrm{Var}(Z)=E(Z^2)-(EZ)^2=E(Z^2)$$

$$=\frac{1}{\sqrt{2\pi}}\int_{-\infty}^{+\infty}z^2e^{-z^2/2}dz$$

$$=\frac{2}{\sqrt{2\pi}}\int_0^{+\infty}z^2e^{-z^2/2}dz,$$

得到最后一步是因为 $z^2e^{-z^2/2}$ 是一个偶函数。根据分部积分，若令 $u=z$，$dv=ze^{-z^2/2}dz$，则有 $du=dz$，$v=-e^{-z^2/2}$，从而

$$\mathrm{Var}(Z)=\frac{2}{\sqrt{2\pi}}\left(-ze^{-z^2/2}\Big|_0^{+\infty}+\int_0^{+\infty}e^{-z^2/2}dz\right)$$

$$=\frac{2}{\sqrt{2\pi}}\left(0+\frac{\sqrt{2\pi}}{2}\right)$$

$$=1。$$

$\ominus$ 　一个微妙之处在于 $\infty-\infty$ 是未定义的，因此我们也想验证曲线 $z^ne^{-z^2/2}$ 下方从 0 到 $+\infty$ 的面积是否是无穷大的。但由于 $e^{-z^2/2}$ 趋于 0 的速度非常快（比指数衰减的速度还快），比多项式 z^n 的增长速度都快，因此该积分的值为 0。

因为 $e^{-z^2/2}$ 的衰减速度比 z 的增长速度快，所以分部积分的第一项为 0。此外分部积分的第二项积分的结果之所以为 $\sqrt{2\pi}/2$，是因为它是曲线 $e^{-z^2/2}$ 下方总面积的一半，而前面已经证明了该总面积为 $\sqrt{2\pi}$。因此，标准正态分布的均值为 0，方差为 1。

一般正态分布有两个参数，分别是 μ 和 σ^2，其分别对应于均值和方差（因此标准正态分布是 $\mu = 0, \sigma^2 = 1$ 的特例）。从标准正态随机变量 Z［其中 $Z \sim N(0,1)$］开始，通过位置-尺度变换可以得到均值、方差为任何数的正态随机变量。

定义 5.4.3（正态分布）　若 $Z \sim N(0,1)$，那么 $X = \mu + \sigma Z$ 具有均值为 μ、方差为 σ^2 的正态分布，记作 $X \sim N(\mu, \sigma^2)$。

根据期望和方差的性质，可以清楚地看到 X 的期望和方差分别为 μ 和 σ^2。即

$$E(\mu + \sigma Z) = E(\mu) + \sigma E(Z) = \mu,$$
$$\mathrm{Var}(\mu + \sigma Z) = \mathrm{Var}(\sigma Z) = \sigma^2 \mathrm{Var}(Z) = \sigma^2。$$

注意，需将 Z 乘以标准差 σ，而不是乘以 σ^2。否则单位会出错，X 的方差将会变为 σ^4。

既然可以从 Z 出发得到 X，那么也可以由 X 得到 Z。从非标准正态随机变量得到标准正态随机变量的过程被称为标准化。对于 $X \sim N(\mu, \sigma^2)$，X 经标准化后，有

$$\frac{X - \mu}{\sigma} \sim N(0,1)。$$

还可通过标准化的方法，根据标准正态随机变量的累积分布函数和概率密度函数，得到 X 的累积分布函数和概率密度函数。

定理 5.4.4（正态分布的累积分布函数和概率密度函数）　若 $X \sim N(\mu, \sigma^2)$，则 X 的累积分布函数为

$$F(x) = \Phi\left(\frac{x - \mu}{\sigma}\right),$$

其概率密度函数为

$$f(x) = \varphi\left(\frac{x - \mu}{\sigma}\right)\frac{1}{\sigma}。$$

证明：对于累积分布函数，从 $F(x)$ 的定义［即 $F(x) = P(X \le x)$］出发，进行标准化，然后使用标准正态分布的累积分布函数，可以得到

$$F(x) = P(X \le x) = P\left(\frac{X - \mu}{\sigma} \le \frac{x - \mu}{\sigma}\right) = \Phi\left(\frac{x - \mu}{\sigma}\right)。$$

再对其求导得到概率密度函数，注意使用链式法则：

$$f(x) = \frac{\mathrm{d}}{\mathrm{d}x}\Phi\left(\frac{x - \mu}{\sigma}\right) = \varphi\left(\frac{x - \mu}{\sigma}\right)\frac{1}{\sigma},$$

也可把概率密度函数写为

$$f(x) = \frac{1}{\sqrt{2\pi}\sigma}\exp\left(-\frac{(x - \mu)^2}{2\sigma^2}\right)。$$

最后，正态分布的三个重要原则是随机变量落在均值的一倍、两倍和三倍标准差内的概率。68%-95%-99.7% 原则告诉我们，这些概率是顾名思义的。

定理 5.4.5（68%-95%-99.7% 原则）　若 $X \sim N(\mu, \sigma^2)$，则有

$$P(|X - \mu| < \sigma) \approx 0.68,$$
$$P(|X - \mu| < 2\sigma) \approx 0.95,$$

$$P(|X - \mu| < 3\sigma) \approx 0.997。$$

可以用这个原则得到正态概率[⊖]的快速近似，通常在标准化后更容易应用此规则，在这种情况下，易得

$$P(|Z| < 1) \approx 0.68,$$
$$P(|Z| < 2) \approx 0.95,$$
$$P(|Z| < 3) \approx 0.997。$$

例 5.4.6 设随机变量 $X \sim N(-1, 4)$，求 $P(|X| < 3)$ 的准确值（用 Φ 表示）和近似值。

解：

事件 $|X| < 3$ 等价于事件 $-3 < X < 3$，这里使用标准化后的正态随机变量 $Z = (X - (-1))/2$ 来表示这个事件，然后应用 68%-95%-99.7% 原则得到该事件发生的概率的一个近似值。而其准确值是

$$P(-3 < X < 3) = P\left(\frac{-3 - (-1)}{2} < \frac{X - (-1)}{2} < \frac{3 - (-1)}{2}\right) = P(-1 < Z < 2),$$

其值正好是 $\Phi(2) - \Phi(-1)$。68%-95%-99.7% 原则说明了 $P(-1 < Z < 1) \approx 0.68$，以及 $P(-2 < Z < 2) \approx 0.95$。换句话说，概率密度函数曲线下，$\pm 1$ 倍标准差区域的面积和 ± 2 倍标准差区域的面积相加后近似为 $0.95 - 0.68 = 0.27$。根据对称性，这个值被平分为 $P(-2 < Z < -1)$ 和 $P(1 < Z < 2)$。因此，有

$$P(-1 < Z < 2) = P(-1 < Z < 1) + P(1 < Z < 2) \approx 0.68 + \frac{0.27}{2} = 0.815。$$

它接近于正确值，即 $\Phi(2) - \Phi(-1) \approx 0.8186$。 □

5.5 指数分布

指数分布是与几何分布相对应的一种连续型分布。回忆一个几何随机变量是指在伯努利试验中，出现第一次试验成功之前的失败的次数。指数分布也类似，但现在是在连续的时间内，等待试验成功，其中每单位时间的成功率是 λ。尽管实际的成功次数是随机变化的，但在长度为 t 的时间间隔中的成功次数是 λt。指数随机变量表示等待成功第一次发生的时间。

定义 5.5.1（指数分布） 若连续型随机变量 X 的概率密度函数为

$$f(x) = \lambda e^{-\lambda x}, x > 0。$$

则称 X 服从参数为 λ 的指数分布。记作 $X \sim \text{Expo}(\lambda)$。

相应的累积分布函数为

$$F(x) = 1 - e^{-\lambda x}, x > 0。$$

$\text{Expo}(1)$ 的概率密度函数和累积分布函数曲线如图 5.10 所示。注意，这与第 4 章所描

⊖ 68%-95%-99.7% 原则表明，一个正态随机变量有 95% 的概率落在均值的 ± 2 倍标准偏差之内。一个更准确的说法是，一个普通的随机变量，落在其均值的 1.96 倍标准差之内的概率为 95%。这就解释了统计学上，为什么在 95% 的置信区间内，数字 1.96 会频繁出现，其中置信区间通常是估计出来的，并且在两边都设置一个 1.96 倍标准差的置信带。

述的几何分布的概率密度函数和累积分布函数相似。练习题 45 探讨的问题是，在伯努利试验中，当成功概率越来越小，试验次数越来越大时，几何分布收敛到指数分布的意义。

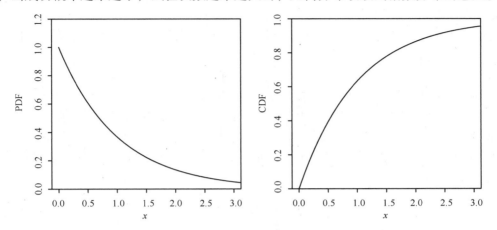

图 5.10　Expo(1) 的概率密度函数和累积分布函数。

前面已经看到所有的均匀分布和正态分布是如何通过位置-尺度变换相互关联的，所以我们可能会想知道指数分布是否也允许这样。按照定义，指数随机变量序列的支撑是 $(0, +\infty)$，并且移动会改变它的左端点。但尺度变换却可以得到很好的应用，而且可以借助尺度变换，从简单的 Expo(1) 推广到复杂的 Expo(λ)，即如果 $X \sim$ Expo(1)，则有

$$Y = \frac{X}{\lambda} \sim \text{Expo}(\lambda),$$

这是因为

$$P(Y \leqslant y) = P\left(\frac{X}{\lambda} \leqslant y\right) = P(X \leqslant \lambda y) = 1 - e^{-\lambda y}, y > 0。$$

相反地，如果 $Y \sim$ Expo(λ)，那么 $\lambda Y \sim$ Expo(1)。

正如在均匀分布和正态分布中所证明的那样，上述结果意味着可以从 Expo(1) 开始，得到指数分布的均值和方差。$E(X)$ 和 Var(X) 都可以通过分布积分的方法计算得到。具体计算过程如下

$$E(X) = \int_0^{+\infty} x e^{-x} dx = 1,$$

$$E(X^2) = \int_0^{+\infty} x^2 e^{-x} dx = 2,$$

$$\text{Var}(X) = E(X^2) - (EX)^2 = 1。$$

在下一章中我们将介绍一种叫矩母函数的新工具，它可以在不需要积分的情况下得到均值和方差。

对于 $Y = X/\lambda \sim$ Expo(λ)，有

$$E(Y) = \frac{1}{\lambda} E(X) = \frac{1}{\lambda},$$

$$\text{Var}(Y) = \frac{1}{\lambda^2} \text{Var}(X) = \frac{1}{\lambda^2},$$

因此，分布 $Expo(\lambda)$ 的均值和方差分别为 $1/\lambda$ 和 $1/\lambda^2$。正如直观上所看到的那样，事件发生的速度越快，平均等待的时间就越短。

指数分布有一个非常特殊的性质，被称为无记忆性。无记忆性是指，如果已经等待了几个小时或几天都没有事件成功发生，那么该事件并不会因此而很快发生。事实上，你也可以在 10 秒钟之前开始等待。以下定义严谨地说明了这一思想。

定义 5.5.2（无记忆性） 如果服从某一分布的随机变量 X，对所有 s，$t > 0$，满足 $P(X \geqslant s + t \mid X \geqslant s) = P(X \geqslant t)$，则称该分布具有无记忆性。

其中，s 是你已经等待的时间（单位：min）；按照定义，等待 s min 之后你必须接着等待 t min 事件才发生的概率，与之前不需要等待而直接等待 t min 的概率完全相同。描述无记忆性的另一种方法是在 $X \geqslant s$ 的条件下，事件发生还需等待的时间 $X - s$ 仍然服从 $Expo(\lambda)$。特别地，这意味着

$$E(X \mid X \geqslant s) = s + E(X) = s + \frac{1}{\lambda},$$

[第 9 章会对条件期望进行详细介绍，但对其意义应该是清楚的，也就是，对任意随机变量 X 和事件 A，$E(X \mid A)$ 是在事件 A 给定的条件下 X 的期望值，可以在 $E(X)$ 的定义中，用给定 A 的条件下 X 的累积分布函数和概率密度函数去代替无条件下 X 的累积分布函数和概率密度函数，这样就得到条件期望的定义式]。

根据条件概率的定义，可以直接验证指数分布是否具有无记忆性。设 $X \sim Expo(\lambda)$，则

$$P(X \geqslant s + t \mid X \geqslant s) = \frac{P(X \geqslant s + t)}{P(X \geqslant s)} = \frac{e^{-\lambda(s+t)}}{e^{-\lambda s}} = e^{-\lambda t} = P(X \geqslant t).$$

无记忆性的含义是什么呢？如果你在一个公共汽车站等车，公共汽车的到达时间服从指数分布，若以你已经等待了 30min 作为条件，那么该公共汽车是不会因此而很快到达的。分布只是忘记了你已经等待半个小时这一事实，只要一直在公共汽车站等待下去，那么你的剩余等待时间就是相同的。再例如，如果机器的寿命服从指数分布，则无论机器运行了多长时间（条件是该机器可以运行这么长时间）那么机器就还会像新的一样，即不存在会使机器出现故障的磨损或破碎。如果人类的寿命服从指数分布，若人类能活到 80 岁，那么其剩余寿命的分布将与新生婴儿寿命的分布是相同的。

显然，用无记忆性来描述人或机器的寿命是不恰当的。那么我们为什么还要关心指数分布呢？

1. 一些物理现象，如放射性衰变，确实具有无记忆性，因此指数分布本身是一个很重要的模型。

2. 指数分布与其他分布有着密切联系。在下一节中，将看到指数分布和泊松分布是如何联系在一起的，而且在后面的章节中将发现其与其他更多分布的联系。

3. 对于其他更加灵活的分布，指数分布是其构成要素，例如威布尔分布（参见第 6 章的练习题 25），该分布允许出现磨损和破碎（其中旧的零件出现了故障），以及适者生存原则（存活得越久就越强壮）。为了理解这些分布，必须首先理解指数分布。

无记忆性是指数分布的一个非常重要的性质，不再存在其他 $(0, +\infty)$ 上的连续分布具有无记忆性。接下来将证明这一点。

定理 5.5.3 若 X 是具有无记忆性的正连续型随机变量，则 X 服从指数分布。

证明：设 X 是一个具有无记忆性的正连续型随机变量，F 是 X 的累积分布函数，并且令 $G(x) = P(X > x) = 1 - F(x)$，其中 G 被称为生存函数。我们能证明对某一 λ，$G(x) = e^{-\lambda x}$ 成立。由无记忆性的定义，对任意 s，$t > 0$，有

$$G(s + t) = G(s)G(t),$$

关于上式两端同时对 s 求导（因为 X 是连续型随机变量，所以 G 是可微的），要求对所有的 s，$t > 0$，有

$$G'(s + t) = G'(s)G(t),$$

特别地，当 $s = 0$ 时，有

$$G'(t) = G'(0)G(t),$$

令 $G'(0) = c$，因为它只是个常数，所以再令 $y = G(t)$。此时就得到一个可分离的微分方程（参见附录 A.5 节），即

$$\frac{dy}{dt} = cy,$$

该微分方程的通解为 $y = G(t) = Ke^{ct}$，在初始解 $G(0) = P(X > 0) = 1$ 的条件下，有特解 $G(t) = e^{ct}$。若令 $\lambda = -c$，这正是我们想要的 $G(t)$ 的形式，而因为 G 是一个递减函数（这是由于 F 是一个递增函数），所以 λ 是正的，$c = G'(0) < 0$。因此，X 服从指数分布。　■

考虑到几何分布和指数分布之间的这种相似性，你可能会猜想，几何分布也具有无记忆性。如果真是这样，那你的猜测是对的！如果我们在一系列公平的硬币抛掷试验中等待第一次硬币正面结果的出现，但碰巧运气不是很好，连续得到了 10 个反面，这对我们需要多少次额外的掷硬币试验没有影响：这枚硬币没有理由一直出现正面，也没有什么别的因素让反面一直出现。硬币是无记忆的。几何分布是唯一具有无记忆性的离散分布（其支撑为 0，1，…），而指数分布是唯一具有无记忆性的连续分布 [其支撑为 $(0, +\infty)$]。

作为无记忆性的一个实践，下面的例子记述了 Fred 的冒险过程，他在搬迁到一个具有无记忆的公共交通系统的城镇后，亲身体验了无记忆性令人失望的地方。

例 5.5.4（Blissville 和 Blotchville）　Fred 居住在 Blissville，这里的公共汽车总是准时到达，每隔 10min 就来一趟公共汽车。某一天，Fred 弄丢了自己的手表，他在这天的某个随机时间点到达公共汽车站（假设公共汽车每天 24h 都在运行，Fred 到达的时间独立于公共汽车的到达过程）。

（a）Fred 等待下一班车所需的时间服从什么分布？Fred 的平均等待时间是多少？

（b）若已知公共汽车在 6min 后仍未到达，那么 Fred 至少要再等 3min 以上的概率是多少？

（c）Fred 搬到 Blotchville，这座城市的规划不是很好，公共汽车到达时间更不稳定。现在，设当任何一辆公共汽车到达时，直到下一辆公共汽车到达所需的时间是一个指数随机变量，且其均值为 10min。若 Fred 在随机的时间点到达公共汽车站，且不知道上一班公共汽车走了多久，那么 Fred 等待下一班公共汽车到达所需的时间服从什么分布？Fred 的平均等待时间是多少？

（d）当 Fred 向朋友抱怨 Blotchville 的交通状况有多么糟糕时，朋友说："别再抱怨了，你在上一班公共汽车到达和下一班公共汽车到达之间的一个均匀的时刻到达公共汽车站。公共汽车到达时间之间间隔的平均长度为 10min，但由于你在该间隔内的任何时间点都有可能

到达车站，所以你的平均等待时间只有 5min。"

不管是从经验来说，还是对问题（c）的解决方面，Fred 都不同意。并解释该朋友的推理有什么问题。

解：

（a）所需时间服从（0，10）上的均匀分布，因此平均等待时间为 5min。

（b）设 T 为等待时间，则

$$P(T \geqslant 6+3 \mid T>6) = \frac{P(T \geqslant 9, T>6)}{P(T>6)} = \frac{P(T \geqslant 9)}{P(T>6)} = \frac{1/10}{4/10} = \frac{1}{4}。$$

特别地，在已经等待了 6min 的条件下，Fred 在 Blissville 的等待时间不是无记忆的。他必须再等待 3min 的概率只有 1/4，而如果他刚好出现了，那么至少需要再等待 3min 的概率为 $P(T \geqslant 3) = 7/10$。

（c）由无记忆性可知，无论 Fred 是何时到达车站的，其等待时间均服从参数为 1/10 的指数分布（均值为 10min）；下一辆公共汽车的到达时间与前一辆公共汽车的到达时间相互独立。Fred 的平均等待时间是 10min。

（d）Fred 的朋友犯了 4.1.3 中所述的错误，他用期望（10min）代替了一个随机变量（公共汽车之间的时间间隔），从而忽略了时间间隔的随机性。两辆公共汽车一个时间间隔的平均长度是 10min，但 Fred 不可能在这些时间间隔的任何时刻到达车站：与在公共汽车之间的短间隔期间到达车站相比，他更可能在公共汽车之间的长间隔期间到达。例如，如果公共汽车之间的一个时间间隔是 50min，另一个时间间隔是 5min，那么 Fred 更有可能在 50min 长的间隔期间内到达车站。

这种现象被称为长度偏置，在许多现实生活中存在这种情况。例如，提问被随机选中的母亲关于她有多少个孩子所产生的分布与提问随机选择的人他有多少兄弟姐妹（包括自己）所产生的分布是不同的。再例如，与先制作一个班级清单并对每个班级学生人数进行平均相比，询问学生他们所在班级的规模大小，然后再将结果进行平均的过程会得到一个大很多的值（这被称为班级大小悖论）。

关于 Fred 在 Blissville 和 Blotchville 经历的研究仍在进行着。了解与之相关的更多信息可参见 MacKay [18]。 □

5.6 泊松过程

指数分布与泊松分布密切相关，这可以根据在这两个分布中都使用参数 λ 这一特点看出。在本节中，我们将看到指数分布和泊松分布通过一个共同的来源相互联系，也就是它们都源自于泊松过程。泊松过程是在时间轴上的不同点处发生的一系列到达事件，使得在特定时间间隔中，事件发生的次数服从泊松分布。第 13 章将对泊松过程进行更详细的讨论，但这里已经有了足够理解其定义和基本性质的工具。

定义 5.6.1（泊松过程） 称在连续时间内，事件发生的过程为强度是 λ（即单位时间内事件的平均发生次数）的泊松过程，若以下两个条件成立：

1. 在长度为 t 的区间中，事件的发生次数是服从 $\text{Pois}(\lambda t)$ 分布的随机变量。

2. 在不相交区间中，事件的发生次数彼此独立。例如，事件在区间（0，10），[10，12)

和〔15，∞）中的发生次数之间是相互独立的。

泊松过程的大致图形如图 5.11 所示。每个"×"表示事件发生的时间点。

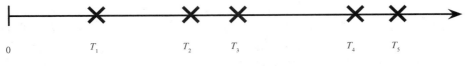

图 5.11　泊松过程。

有一个具体例子，假设电子邮件完整发送到收件箱这一事件是根据强度为 λ 的泊松过程发生的。人们可能想知道关于该过程的一些情况。可以提出的一个问题是：在一个小时内，收件箱里有多少封电子邮件？其答案可由定义直接得到，即按照定义，一小时内，收到的电子邮件数量服从 $\text{Pois}(\lambda)$ 分布。注意，由于收到的电子邮件数是一个非负整数，因此它服从离散分布是成立的。

但也可以将该问题反过来，也就是问从开始到收到第一封电子邮件（其到达时间按照一个固定的开始时间点计算）需要多长时间？因为等待第一封电子邮件到达的时间是正实数，因此其服从（0，+∞）上的连续分布是合适的。令 T_1 为第一封电子邮件到达之前的时间。为了求出 T_1 的分布，只需要理解一个关键事实，即等待第一封电子邮件到达的时间大于 t 这一事件等价于，在 0 和 t 这段时间内没有收到电子邮件的事件。换句话说，如果 N_t 是 t 时刻之前收到电子邮件的数量，那么

事件 $T_1 > t$ 等价于事件 $N_t = 0$。

上述结果称为计数-时间的对偶性，因为它把离散型随机变量 N_t 和连续型随机变量 T_1 联系起来，而 N_t 纪录了电子邮件的到达数，T_1 是第一封电子邮件到达的时间。

如果这两个事件等价，那么其发生的概率也相同。根据泊松过程的定义，有 $N_t \sim \text{Pois}(\lambda t)$，所以

$$P(T_1 > t) = P(N_t = 0) = \frac{e^{-\lambda t}(\lambda t)^0}{0!} = e^{-\lambda t}。$$

因此，$P(T_1 \leqslant t) = 1 - e^{-\lambda t}$，从而 $T_1 \sim \text{Expo}(\lambda)$。在强度为 λ 的泊松过程下，第一封电子邮件到达的时间服从参数为 λ 的指数分布。

那么从第一封邮件到达直到第二封邮件到达的时间间隔 $T_2 - T_1$ 服从什么分布呢？由泊松过程的定义，不相交区间是相互独立的，因此一旦事件第一次发生，那么过去就没什么作用了。因此，$T_2 - T_1$ 独立于事件第一次发生的时间，并且与之前的参数相同，从而 $T_2 - T_1$ 也服从参数为 λ 的指数分布。

类似地，$T_3 - T_2 \sim \text{Expo}(\lambda)$，且与 T_1、$T_2 - T_1$ 相互独立。继续按照这一方法进行推导，所有的时间间隔都是独立同分布于 $\text{Expo}(\lambda)$ 的随机变量。

接下来，将对上述所研究的内容进行总结：在强度为 λ 的泊松过程中，

● 在单位区间内，事件发生的次数服从 $\text{Pois}(\lambda)$ 分布；

● 事件发生的时间间隔序列是独立同分布的 $\text{Expo}(\lambda)$。

因此，泊松过程将两个重要的分布连接在一起，其中一个是离散型分布，另一个是连续型分布。由于在结合两种分布的过程中，λ 是该过程的到达速率，因此共同的符号 λ 对泊松分布和指数分布的参数而言都是合适的。

5.6.2 直到第二次事件到达的总等待时间 T_2 是两个独立同分布于 Expo(λ) 的随机变量（即 T_1 和 $T_2 - T_1$）之和。其分布不是指数分布，而是将在第 8 章中介绍的伽马（Gamma）分布。

在相互独立的指数随机变量序列中，其最小次序统计量是一个服从指数分布的随机变量，泊松过程为这一事实提供了直观的依据。

例 5.6.3（独立指数随机变量序列的最小次序统计量） 设 $X_1, \cdots, X_n$ 相互独立的，且 $X_j \sim \text{Expo}(\lambda_j)$。令 $L = \min(X_1, \cdots, X_n)$，证明：$L \sim \text{Expo}(\lambda_1 + \cdots + \lambda_n)$，并从直观上对其进行解释。

解：

由于生存函数等于 1 减去累积分布函数，因此可以通过考虑 L 的生存函数 $P(L > t)$，从而得到其分布：

$$P(L > t) = P(\min(X_1, \cdots, X_n) > t) = P(X_1 > t, \cdots, X_n > t)$$
$$= P(X_1 > t) \cdots P(X_n > t) = e^{-\lambda_1 t} \cdots e^{-\lambda_n t} = e^{-(\lambda_1 + \cdots + \lambda_n)t}.$$

上式中，第二个等号之所以成立，是因为 X_j 中的最小值大于 t 等价于所有的 X_j 都大于 t。第三个等号成立，是因为 X_j 之间的独立性。因此，L 的生存函数（及其累积分布函数）是参数为 $\lambda_1 + \cdots + \lambda_n$ 的指数分布。

从直观上讲，可以将 λ_j 解释为 n 个独立泊松过程的速率。例如，可以想象成，X_1 为等待绿色汽车经过的时间，X_2 为等待蓝色汽车经过的时间，其余以此类推，为每个 X_j 分配一种颜色，然后令 L 是等待任一颜色的汽车经过的时间，因此，L 的结合速率为 $\lambda_1 + \cdots + \lambda_n$ 是有意义的。 □

5.7 独立同分布的连续型随机变量的对称性

独立同分布的连续型随机变量序列具有一个非常重要的对称性质：随机变量中所有可能的排序出现的可能性相等。

命题 5.7.1 设 $X_1, \cdots, X_n$ 是服从同一连续分布的独立随机变量序列，则对于 $1, \cdots, n$ 的任一排列 $a_1, \cdots, a_n$，有 $P(X_{a_1} < \cdots < X_{a_n}) = 1/n!$。

证明： 设 F 是 X_j 的累积分布函数。根据对称性，有 $X_1, \cdots, X_n$ 的所有排序都是等可能的。例如，$P(X_3 < X_2 < X_1) = P(X_1 < X_2 < X_3)$，这是因为等式两边具有相同的结构：它们都具有 $P(A < B < C)$ 的形式，其中 A、B、C 独立同分布于 F。对于任意的 i、$j(i \neq j)$，由于 X_i 和 X_j 是相互独立的连续型随机变量，因此结点 $X_i = X_j$ 的概率为 0。又因为

$$P\left(\bigcup_{i \neq j} \{X_i = X_j\}\right) \leq \sum_{i \neq j} P(X_i = X_j) = 0,$$

所以在 $X_1, \cdots, X_n$ 中，结点至少出现一次的概率也为 0。从而，$X_1, \cdots, X_n$ 以概率 1 可区分，且任一特定排序出现的概率都是 $1/n!$。 ∎

5.7.2 如果随机变量序列是相互依赖的，那么上述命题可能会变得无意义。令 $n = 2$，并考虑 X_1 和 X_2 相互依赖以至于出现二者以概率 1 相等的极端情况。那么 $P(X_1 < X_2) = P(X_2 < X_1) = 0$。对于相互依赖的 X_1 和 X_2，还可以使 $P(X_1 < X_2) \neq P(X_2 < X_1)$。相关例子，请参阅第 3 章中的练习题 42。

例如，如果 X 和 Y 是独立同分布的连续型随机变量，那么由对称性和结点的概率为 0

［即 $P(X=Y)=0$］的事实可得 $P(X<Y)=P(Y<X)=1/2$。若 X 和 Y 是独立同分布的离散型随机变量，则由对称性仍然可得 $P(X<Y)=P(Y<X)$，但因为结点的概率不为 0，所以其值小于 $1/2$。

通过定义最小数字的秩为 1，第二小的秩为 2，其余依此类推，从而给出不同数字表的秩。例如，3.14，2.72，1.42，1.62 的秩是 4，3，1，2。上述命题说明，独立同分布的连续随机变量 X_1，$\cdots$，X_n 的秩是数 1，$\cdots$，n 的一个均匀随机排列。以下的例子将证明：在涉及纪录的问题中，如何将这种对称性与示性随机变量序列结合使用，比如降雨量的纪录水平或跳高纪录。

例 5.7.3（纪录）　运动员们在进行跳高比赛。令 X_j 是第 j 个跳高者所跳的高度，则 X_1，X_2，$\cdots$ 独立同分布于一个连续分布。如果 X_j 比 X_{j-1}，$\cdots$，X_1 都大，那么就说第 j 个运动员刷新了跳高纪录。

（a）事件"第 110 位跳高者刷新纪录"与事件"第 111 位跳高者刷新纪录"是否独立？

（b）求前 n 位跳高者纪录的平均值，并讨论当 $n\to\infty$ 时，该均值会怎么样？

（c）如果第 j 位和第 $j-1$ 位跳高者都刷新了纪录，那么就说在 j 点出现了双纪录。求前 n 位跳高者中出现双纪录的平均值，并讨论当 $n\to\infty$ 时，该均值会怎么样？

解：

（a）设 I_j 是第 j 位跳高者创纪录的示性随机变量。由对称性，可得 $P(I_j=1)=1/j$（因为前 j 个跳高者中的任何一个是这些跳高纪录中的最高纪录的可能性是相等的）。从而，也可以得到

$$P(I_{110}=1,I_{111}=1)=\frac{109!}{111!}=\frac{1}{110\cdot111},$$

为了让第 110 和第 111 个跳跃都刷新纪录，需要让前 111 个跳高中的最高纪录在第 111 个跳高者中产生，第二高纪录在第 110 个跳高者中产生，剩余的 109 个跳跃可以是任何顺序。因此，$P(I_{110}=1,I_{111}=1)=P(I_{110}=1)P(I_{111}=1)$，这就证明了第 110 位跳高者刷新纪录与第 111 位跳高者刷新纪录是相互独立的。从直观上看，因为第 111 位运动员刷新纪录并不会给前 110 个跳跃的排序提供任何信息，所以这是有意义的。

（b）由线性性质，前 n 位跳高者纪录的期望值是 $\sum_{j=1}^{n}\frac{1}{j}$，并且当 $n\to\infty$ 时，由于调和级数是发散的，所以该值趋于 ∞。

（c）对于 j 点的双纪录，$2\leqslant j\leqslant n$，设 J_j 是其示性随机变量。根据（a）中的结论，有 $P(J_j=1)=\frac{1}{j(j-1)}$。因此，出现双纪录次数的期望值为

$$\sum_{j=2}^{n}\frac{1}{j(j-1)}=\sum_{j=2}^{n}\left(\frac{1}{j-1}-\frac{1}{j}\right)=1-\frac{1}{n},$$

式中其他项都相互抵消掉了。从而，当 $n\to\infty$ 时，刷新纪录次数的期望值趋于 ∞，而双纪录的期望值趋于 1。　　□

5.8　要点重述

虽然连续型随机变量等于任何特定值的概率恰好为 0，但其仍可取某区间中的任何值。

连续型随机变量的累积分布函数是可导的，其导数被称为概率密度函数（PDF）。概率由概率密度函数曲线下的面积表示，而不是由概率密度函数在某点的取值表示。必须对概率密度函数进行积分才能得到概率。下表总结并比较了离散情况和连续情况下的一些重要概念。

	离散型随机变量	连续型随机变量
累积分布函数	$F(x) = P(X \leq x)$	$F(x) = P(X \leq x)$
概率密度函数/累积分布函数	$P(X = x)$ 是 F 在 x 处的跳跃高度 • 概率密度函数非负且求和为 1：$\sum_x P(X = x) = 1$ • 为了得到 X 在某些集合中的概率，可对这些集合中的概率密度函数求和	$f(x) = \dfrac{\mathrm{d}F(x)}{\mathrm{d}x}$ • 概率密度函数非负且积分为 $\int_{-\infty}^{+\infty} f(x)\,\mathrm{d}x = 1$ • 为得到所需概率，可以将概率密度函数在特定的范围内进行积分
期望	$E(X) = \sum_x x P(X = x)$	$E(X) = \int_{-\infty}^{+\infty} x f(x)\,\mathrm{d}x$
LOTUS	$E(g(X)) = \sum_x g(x) P(X = x)$	$E(g(X)) = \int_{-\infty}^{+\infty} g(x) f(x)\,\mathrm{d}x$

三个重要的连续分布是均匀分布、正态分布和指数分布。服从 $\mathrm{Unif}(a,b)$ 的一个随机变量是区间 (a,b) 中的一个"完全随机"数，其具有概率与长度成比例的性质。均匀分布的普遍性说明了如何使用服从 $\mathrm{Unif}(0,1)$ 分布的随机变量构造我们可能感兴趣的服从其他分布的随机变量序列。它也表明，如果把一个连续的随机变量代入其累积分布函数，就会得到服从 $\mathrm{Unif}(0,1)$ 的一个随机变量。

对一个服从 $N(\mu,\sigma^2)$ 的随机变量，其概率密度函数曲线呈钟形，且关于 μ 对称，而 σ 控制曲线的波动程度。均值为 μ，标准差为 σ。68% – 95% – 99.7% 原则给出了正态随机变量落入其平均值的 1、2 和 3 倍标准差范围内的概率。

服从 $\mathrm{Expo}(\lambda)$ 的随机变量，表示在连续时间内，等待第一次成功所需的时间，这类似于几何随机变量，它表示在离散时间内，等待第一次成功所需要的失败次数；参数 λ 可被解释为成功到达的速率。指数分布具有无记忆性，具体是指在我们等待了一定时间而没有成功的条件下，剩余等待时间与在无条件下的等待时间的分布是完全相同的。事实上，指数分布是具有无记忆性的唯一连续分布。

泊松过程是在连续时间内事件的发生次数序列，从而在一定时间长度内事件的发生次数服从泊松分布，不相交的时间间隔内事件的发生次数彼此独立。在速率为 λ 的泊松过程中，事件的到达时刻是独立同分布于 $\mathrm{Expo}(\lambda)$ 的随机变量序列。

位置-尺度变换是我们对连续分布加以学习的一种新方法，该方法表明：对某一分布进行移动和缩放不会超出正在研究的分布族，因此我们可以从最简单的分布族开始，得到简单情况的答案，然后通过移动和缩放得到一般情况的答案。对于本章的三个重要分布，根据此方法可得到以下结果：

• 均匀分布：若 $U \sim \mathrm{Unif}(0,1)$，则 $\widetilde{U} = a + (b-a)U \sim \mathrm{Unif}(a, b)$。
• 正态分布：若 $Z \sim N(0,1)$，则 $X = \mu + \sigma Z \sim N(\mu,\sigma^2)$。

- 指数分布：若 $X \sim \mathrm{Expo}(1)$，则 $Y = X/\lambda \sim \mathrm{Expo}(\lambda)$。这里不考虑移动，因为非零移动会使原有的支撑 $(0, +\infty)$ 发生改变。

现在，可以把指数分布（Expo）和几何分布（Geom）加入到分布间的关系图中（见下图）：连续性限制了指数分布，从而由几何分布无法得到指数分布，泊松分布和指数分布通过泊松过程连接。

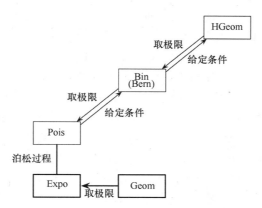

在概率论的四个基本对象示意图中，将连续随机变量的概率密度函数作为离散型随机变量概率质量函数旁边的另一个蓝图（见图 5.12）。

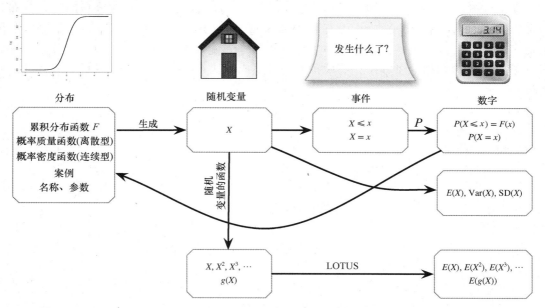

图 5.12　概率论中的四个基本对象：分布、随机变量、事件和数字。对于连续型随机变量 X，$P(X = x) = 0$，所以用概率密度函数作为代替概率质量函数的一个蓝图。

5.9　R 语言应用示例

本节将介绍 R 中的连续型分布，学习如何绘制基本图，通过模拟说明均匀分布的普遍性，以及模拟泊松过程中的到达时间。

均匀分布、正态分布和指数分布

在 R 中，对于连续分布，以 d 开头的函数是概率密度函数而不是概率质量函数。因此，我们有以下函数：

- dunif, punif, runif。用 dunif(x,a,b) 计算 Unif(a,b) 的概率密度函数在 x 处的值。而对于累积分布函数，使用 punif(x,a,b)。用 runif(n,a,b) 从 Unif(a,b) 分布中生成 n 个随机数。

- dnorm, pnorm, rnorm。用 dnorm(x,mu,sigma) 计算 $N(\mu,\sigma^2)$ 的概率密度函数在 x 处的值，其中，mu 是均值 μ，sigma 是标准差（不是方差）σ。而对于累积分布函数，使用 pnorm(x,mu,sigma)。用 rnorm(n,mu,sigma) 从 $N(\mu,\sigma^2)$ 分布中生成 n 个随机数。

⚠ **5.9.1**（R 中的正态参数） 注意，我们输入的必须是标准差，而不是方差！例如，为了得到 $N(10,3)$ 的累积分布函数在 12 处的值，可以使用语句 pnorm(12,10,sqrt(3))。而人们经常会忽视这一点，从而导致灾难性的编码错误。

- dexp, pexp, rexp。用 dexp(x,lambda) 计算 Expo(λ) 的概率密度函数在 x 处的值。而对于累积分布函数，使用 pexp(x,lambda)。从 $N(\mu,\sigma^2)$ 分布中生成 n 个随机数，则使用 rexp(n,lambda)。

考虑位置-尺度变换对连续分布的重要性，R 对这三个分布族都设有默认参数。均匀分布的默认分布是 Unif(0,1)，正态分布的默认分布是 $N(0,1)$，以及指数分布的默认分布是 Expo(1)。例如，dunif(0.5) 中没有额外的输入值，计算的却是 Unif(0,1) 的概率密度函数在 0.5 处的取值，以及 rnorm(10) 中也没有额外的输入值，却能从 $N(0,1)$ 分布中生成 10 个随机数。这意味着在 R 中，有两种方法可生成服从 $N(\mu,\sigma^2)$ 的随机变量。选择好 μ 和 σ 的值后，

```
mu < -1
sigma < -2
```

然后再输入以下命令：

```
rnorm(1,mu,sigma)
mu + sigma * rnorm(1)。
```

无论用哪种方法，从 $N(\mu,\sigma^2)$ 分布来说，得到的结果是一样的。

R 语言绘图

在 R 中，绘制函数的一个简单方法是使用 curve 命令。例如，curve(dnorm,from = -3,to =3,n =1000)
给出标准正态的概率密度函数从 -3 到 3 的部分曲线。实际上，R 软件可以在间隔极小的有限点处计算函数值，并用非常短的线段将点和点连接起来，从而给人一种曲线平滑的错觉。输入 n =1000，是在告诉 R，要在 1000 个点上进行计算，以使曲线看起来非常平滑；如果选择 n =20，那么这种分段将变得非常明显。

另一个用于绘图的命令恰好被称为 plot。这个命令有许多可能的输入来描述图形的特征；为了将其进行展示，再次绘制标准正态分布的概率密度函数曲线时，使用 plot 命令而不是 curve。

对 plot 命令来说，最重要的输入是用于绘图的 x 向量和 y 向量。对此，比较有用的一

个命令是 seq。正如第 1 章中所介绍的，seq(a,b,d)语句会生成一个首项为 a，末项为 b，公差为 d 的等差数列。

```
x < -seq( -3,3,0.01)
y < -dnorm(x)
```

因此，x 包含了从 -3 到 3 的所有数字，数字间隔为 0.01，而 y 包含正态了概率密度函数在 x 中每个点处的值。现在简单地用语句 plot(x,y)来绘制这两个向量的图。默认为散点图。对于曲线图，使用语句 plot(x,y,type = "l")。我们还可以用语句 xlab、ylab 和 main 来设置坐标轴标签和绘图标题。

```
plot(x,y,type = "l",xlab = "x",ylab = "dnorm(x)",main = "Standard Nor-
mal PDF")
```

坐标轴的范围可以使用 xlim 和 ylim 设置。例如，如果想要纵坐标的范围是 0 到 1，那么可以在 plot 命令中添加 ylim = c(0,1)。

最后，若要改变所绘图形的颜色，则需添加 col = "orange"或 col = "green"，或任何你喜欢的颜色！

普遍性在逻辑斯谛分布中的应用

我们在例 5.3.4 中已经证明：若 $U \sim \text{Unif}(0,1)$，那么随机变量 $\ln(U/(1-U))$ 服从逻辑斯谛分布。在 R 中，可以简单地从 $\text{Unif}(0,1)$ 中生成大量的随机数，并对其进行变换。

```
u < -runif(10^4)
x < -log(u/(1 -u))
```

现在 x 包含了来自随机变量 $\ln(U/(1-U))$ 的分布中的 10^4 个随机数。可以通过命令 hist(x)绘制直方图对其进行直观的观察。该直方图与逻辑斯谛分布的概率密度函数相似，这样就能放心了。为了控制直方图中矩形与矩形之间的距离，可以设置直方图的组距，例如，hist(x,breaks =100)可以产生一个较细致的直方图，而 hist(x,breaks =10)则产生一个较粗糙的直方图。

模拟泊松过程

为模拟速率为 λ 的泊松过程中的 n 个到达，首先生成独立同分布于指数分布的间隔时间，并将其储存在一个向量中：

```
n < -50
lambda < -10
x < -rexp(n,lambda)
```

然后用 cumsum 函数将间隔时间转换为到达时间，cumsum 函数代表 "累积和"。

```
t < -cumsum(x)
```

现在，向量 t 包含了所有的模拟到达时间。

5.10　练习题

概率密度函数和累积分布函数

1. 由例 5.1.7 可知，瑞利分布的概率密度函数为 $f(x) = xe^{-x^2/2}$，$x > 0$。设 X 服从瑞利分布，

（a）求 $P(1 < X < 3)$。

（b）试求 X 的四分之一分位数、中位数和四分之三分位数，这些分位数分别由 q_1，q_2，q_3 的值定义，其中 q_j 满足 $P(X < q_j) = j/4$，$j = 1$，2，3。

2.（a）构造一个在实际应用中可信的概率密度函数 f，其中，$f(x) > 1$ 对某一区间内的所有 x 都成立。

（b）证明：若一个概率密度函数 f 对某一区间内的所有 x，都有 $f(x) > 1$，那么该区间的长度必然小于 1。

3. 设 F 是一个连续随机变量的累积分布函数，$f = F'$ 是它的概率密度函数。

（a）证明：若令 $g(x) = 2F(x)f(x)$，则 g 也是有效的概率密度函数。

（b）证明：若令 $h(x) = \frac{1}{2}f(-x) + \frac{1}{2}f(x)$，则 h 也是有效的概率密度函数。

4. 设 X 是一个连续随机变量，其累积分布函数为 F，概率密度函数为 f。

（a）求给定 $X > a$［其中 a 是使 $P(X > a) \neq 0$ 成立的一个常数］时，X 的条件累积分布函数。也就是说，根据 F，对所有的 a，求 $P(X \leqslant x \mid X > a)$。

（b）求给定 $X > a$ 时，X 的条件概率密度函数（它正好是条件累积分布函数的导数）。

（c）验证（b）中概率密度函数的有效性，可通过直接证明该概率密度函数是非负且满足积分为 1 的条件的。

5. 从 $\mathrm{Unif}(0,1)$ 中产生圆的随机半径。令 A 是该圆的面积。

（a）在不计算 A 的累积分布函数和概率密度函数的情况下，求 A 的均值和方差。

（b）求 A 的累积分布函数和概率密度函数。

6. $68\% - 95\% - 99.7\%$ 原则给出了正态随机变量落在均值的 1、2 和 3 倍标准差范围内的近似概率。推导以下分布的类似原则。

（a）$\mathrm{Unif}(0,1)$。

（b）$\mathrm{Expo}(1)$。

（c）$\mathrm{Expo}(1/2)$。讨论是否存在一个这样的原则适用于所有指数分布，正如 $68\% - 95\% - 99.7\%$ 原则适用于所有正态分布，而不仅仅适用于标准正态分布。

7. 设当 $0 < x < 1$ 时，$F(x) = \frac{2}{\pi}\arcsin^{-1}(\sqrt{x})$；当 $x \leqslant 0$ 时，$F(x) = 0$；当 $x \geqslant 1$ 时，$F(x) = 1$。

（a）验证 $F(x)$ 是一个有效的累积分布函数，并求出相应的概率密度函数 f。虽然该分布也是 $\mathrm{Beta}(1/2, 1/2)$ 分布［第 8 章将深入探讨贝塔（Beta）分布］，但它称作反正弦（Arcsine）分布。

（b）试解释 f 是否可能是一个有效的概率密度函数，即使当 x 接近 0 和 1 时，$f(x)$ 趋于 ∞。

8. 设 X 服从参数为 $a = 3$，$b = 2$ 的 Beta 分布，其概率密度函数是 $f(x) = 12x^2(1 - x)$，$0 < x < 1$。（第 8 章将详细讨论 Beta 分布）

（a）求 X 的累积分布函数。

（b）求 $P(0 < X < 1/2)$。

（c）求 X 的均值和方差（不直接使用 Beta 分布的结果）。

9. 柯西（Cauchy）分布的概率密度函数为

$$f(x) = \frac{1}{\pi(1 + x^2)}, x \in \mathbf{R}。$$

（第 7 章将从另一个角度介绍柯西分布）。求分布为柯西分布概率密度函数的随机变量的累积分布函数。

提示：回顾一下，反正切函数 $\arctan^{-1}(x)$ 的导数是 $\frac{1}{1 + x^2}$。

均匀分布和均匀分布的普遍性

10. 设 $U \sim \mathrm{Unif}(0,8)$。

（a）在不进行积分的情况下，求 $P(U \in (0,2) \cup (3, 7))$。

（b）在 $U \in (3, 7)$ 的条件下，求 U 的条件分布。

11. Ⓢ设 U 是区间 $(-1, 1)$ 上的一个均匀随机变量（注意负号）。

（a）计算 $E(U)$，$\mathrm{Var}(U)$ 和 $E(U^4)$。

（b）求 U^2 的累积分布函数和概率密度函数。U^2 的分布是 $(0,1)$ 上的均匀分布吗？

12. Ⓢ一根木棒，在一个均匀随机的点处被分成两个部分。求较长部分的累积分布函数和均值。

13. 长度为 1 的一根木棒，在一个均匀随机的点处被分成两个部分。设 X 是较短木棒的长度，Y 是较长部分的长度，$R = X/Y$ 是长度 X 和 Y 的比。

（a）求 R 的累积分布函数和概率密度函数。

（b）求 R 的期望值（如果期望存在）。

（c）求 $1/R$ 的期望值（如果存在）。

14. 设 $U_1, \cdots, U_n$ 是独立同分布于 $\mathrm{Unif}(0,1)$ 的随机变量序列，则令 $X = \max(U_1, \cdots, U_n)$。求 X 的概率密度函数和 $E(X)$。

提示：通过把事件 $X \leqslant x$ 转化为涉及 $U_1, \cdots, U_n$ 的事件，从而先计算 X 的累积分布函数。

15. 设 $U \sim \mathrm{Unif}(0,1)$。用 U 构造一个服从 $\mathrm{Expo}(\lambda)$ 分布的随机变量 X。

16. Ⓢ设 $U \sim \mathrm{Unif}(0,1)$，$X = \ln\left(\frac{U}{1 - U}\right)$，那么按照例 5.1.6 的定义，$X$ 服从逻辑斯谛分布。

（a）写出 $E(X^2)$ 的积分计算形式（不用计算出来）。

（b）在不使用微积分的情况下，求 $E(X)$。

提示：这里可以用到一个非常有用的对称性，即 $1 - U$ 和 U 具有相同的分布。

17. 设 $U \sim \mathrm{Unif}(0,1)$，构造这样一个随机变量 X，它是 U 的一个函数，且 X 的累积分布函数为 $F(x) = 1 - e^{-x^3}$。

18. 对于参数为 a（$a > 0$）的帕累托（Pareto）分布，其概率密度函数为 $f(x) = a/x^{a+1}$，$x \geqslant 1$［否则 $f(x) = 0$］。该分布经常用于统计建模。

（a）求参数为 a 的 Pareto 随机变量的累积分布函数，并验证它是一个有效的累积分布函数。

（b）假设你想做一个随机模拟，需要生成独立同分布于 $\mathrm{Pareto}(a)$ 的随机变量序列。现在你有一台计算机，它可以生成独立同分布于 $\mathrm{Unif}(0,1)$ 的随机变量序列，但无法生成 Pareto 随机变量序列。试说明如何生成 Pareto 随机数。

19. Ⓢ设 F 是连续且严格增加的累积分布函数，μ 是该分布的均值。分位数函数 F^{-1} 在统计学和经济学中有很多应用。试证明：分位数函数从 0 到 1 的曲线下方面积为 μ。

提示：使用 LOTUS 和均匀分布的普遍性。

20. 设 X 是一个非负连续随机变量，其累积分布函数 F 是严格增加的，且令 $\mu = E(X)$。在上一个问题中，要求证明 $\int_0^1 F^{-1}(u)\,\mathrm{d}u = \mu$。而在本题中，可假设这一结果成立。本题的目的是理解下列恒等式，$E(X) = \int_0^{+\infty} P(X > x)\,\mathrm{d}x$。这个结果是定理 4.4.8 在连续情况下的类比。

（a）绘制累积分布函数曲线，并在某一区域内，用两种不同的方式对 $E(X)$ 进行解释，从而对 $E(X)$ 的等式给出直观上的解释。

（b）说明 $X = \int_0^{+\infty} I(X \geq t)\,\mathrm{d}t$ 成立的原因，其中，一般来说，如果对每一个 $t \geq 0$，Y_t 是一个随机变量，那么定义 $\int_0^{+\infty} Y_t\,\mathrm{d}t$ 也是一个随机变量，且当试验结果为 s 时，其值为 $\int_0^{+\infty} Y_t(s)\,\mathrm{d}t$。假设 E 与积分可交换（这可使用实分析的结果），那么试导出 $E(X)$ 的恒等式。

正态分布

21. 设 $Z \sim N(0,1)$。构造 Z 的简单函数 Y，使其是服从 $N(1, 4)$ 的随机变量，并保证这样得到的 Y 有正确的均值和方差。

22. 工程师有时会使用形如

$$\mathrm{erf}(z) = \frac{2}{\sqrt{\pi}} \int_0^z e^{-x^2}\,\mathrm{d}x$$

的"误差函数"，而不是使用标准正态累积分布函数 Φ。

（a）证明：$\Phi(z) = \dfrac{1}{2} + \dfrac{1}{2}\mathrm{erf}\left(\dfrac{z}{\sqrt{2}}\right)$，且 Φ 与 erf 之间的这种关系对所有的 z 都成立。

（b）证明：erf 是一个奇函数，即满足 $\mathrm{erf}(-z) = -\mathrm{erf}(z)$。

23. （a）求 $N(0,1)$ 的累积分布函数 Φ 的拐点，即曲线由凸（二阶导为正）变为凹（二阶导为负）的的点。

（b）使用（a）中的结果和位置-尺度变换，求 $N(\mu, \sigma^2)$ 概率密度函数的拐点。

24. 现需要测量两点之间的距离，并以 m 为单位。两点之间的真实距离是 10m，但是由于存在测量误差，因此无法精确地测量出距离。相反，我们得到的值是 $10 + \varepsilon$，其中，误差 ε 服从 $N(0, 0.04)$ 分布。求观测距离落在真实距离（10m）的 0.4m 误差范围内的概率，并根据 Φ，给出一个确切答案和一个近似答案。

25. Alice 试图通过一个有噪声信道向 Bob 传送一个是-否问题的答案。她将"是"记为 1，"否"作为 0，并发送相应的值。然而，若信道中的噪声增加了，那么，特别地，Bob 所接收到的信息会加上一个服从 $N(0, \sigma^2)$ 分布的噪声（噪声与 Alice 所发送的信息相互独立）。如果 Bob 接收到的值大于 $1/2$，那么就将其解释为"是"；否则，将其解释为"否"。

（a）求 Bob 能正确理解 Alice 信息的概率。

(b) 如果 σ 非常小，那么（a）中的结果会怎么样？如果 σ 非常大，结果又将如何呢？试从直观上解释，为什么在这些极端情况下的结果是有意义的。

26. 一位女士怀孕了，预产期是 2014 年 1 月 10 日。当然了，她的实际生产日期不一定是预产期。可以在时间轴上将 2014 年 1 月 10 日的零点时刻定义为 0。假设该妇女生产的时间 T 服从正态分布，且以 0 为中心，标准差为 8 天，那么她在预产期生产的概率是多少？（最终答案用 Φ 表示，并化简。）

27. 如果 X_1 和 X_2 是相互独立的随机变量，且 $X_i \sim N(\mu_i, \sigma_i^2)$，那么 $X_1 + X_2 \sim N(\mu_1 + \mu_2, \sigma_1^2 + \sigma_2^2)$，下一章将证明这一结果。现在，对于相互独立的 X 和 Y，若 $X \sim N(a, b)$，$Y \sim N(c, d)$，那么用这一结果求 $P(X < Y)$。

提示：首先 $P(X < Y) = P(X - Y < 0)$，然后对 $X - Y$ 进行标准化。并验证在 X 和 Y 独立同分布的极端条件下，所求答案是否有意义。

28. Walter 和 Carl 都经常要从 A 地到 B 地。当 Walter 步行时，他的出行时间服从均值为 w、标准差为 σ 的正态分布（在不存在超光速粒子束的情况下，出行时间不能为负，但在此假设下 w 远大于 σ，步行时间为负的可能性可以忽略不计）。

当 Carl 驾驶着他的汽车时，其出行时间服从均值为 c、标准差为 2σ 的正态分布（由于交通工具不一样，Carl 的出行时间具有更大的标准差）。Walter 的出行时间与 Carl 的出行时间相互独立。某一天，Walter 和 Carl 同时离开 A 地去往 B 地。

（a）求 Carl 先到达的概率（结果用 Φ 和相应参数表示）。为此，你可以使用一个重要的事实，即如果 X_1 和 X_2 是相互独立的随机变量，且 $X_i \sim N(\mu_i, \sigma_i^2)$，那么 $X_1 + X_2 \sim N(\mu_1 + \mu_2, \sigma_1^2 + \sigma_2^2)$，下一章将会证明这一事实。

（b）给出一个完全简化的判定标准（不是用 Φ 表示），这样当且仅当该标准成立时，Carl 先到达的机会才会大于 50%。

（c）Walter 和 Carl 想要在 B 地开会，并且该会议将在他们离开位置 A 后，过 $(w+10)\,\mathrm{min}$ 后开始。给出一个完全简化的判定标准（不是用 Φ 表示），这样当且仅当该标准成立时，Carl 与 Walter 更有可能按时参加会议。

29. 设 $Z \sim N(0,1)$，则由 68% – 95% – 99.7% 原则可知，Z 落入区间 $(-1,1)$ 的概率为 68%。讨论是否存在这样一个区间 (a,b)，它比 $(-1,1)$ 短，但包含 Z 的概率与 $(-1,1)$ 包含 Z 的概率一样大，最后给出直观解释。

30. 设 $Y \sim N(\mu, 1)$。使用 $P(|Y - \mu| < 1.96\sigma) \approx 0.95$ 的事实，构造随机区间 $(a(Y), b(Y))$（即其端点为随机变量的区间），使得 μ 在该区间内的概率近似为 0.95。这个区间被称为 μ 的置信区间；在统计学中，在根据数据估计未知参数时，这种区间通常是我们想要的。

31. 设 $X \sim N(\mu, \sigma^2)$，并令 $Y = |X|$。即使绝对值函数在 0 点是不可导的（由于尖点的存在），但这仍然是一个良定义的连续随机变量。

（a）求 Y 的累积分布函数，并用 Φ 表示。一定要指出，累积分布函数处处有意义。

（b）求 Y 的概率密度函数。

（c）Y 的概率密度函数在 0 点连续吗？如果不连续，那么用此概率密度函数去求概率是否会有问题？

32. ⑤设 $Z \sim N(0,1)$，并令 S 是与 Z 独立的符号随机变量，即 $S = 1$ 的概率为 1/2，

$S = -1$ 的概率为 $1/2$。证明：$SZ \sim N(0,1)$。

33. ⑤设 $Z \sim N(0,1)$。在不使用无意识统计法（LOTUS）的条件下，求 $E(\Phi(Z))$，其中 Φ 是 Z 的概率密度函数。

34. ⑤设 $Z \sim N(0,1)$，$X = Z^2$。那么 X 的分布被称为自由度为 1 的卡方分布。在很多统计模型中都会涉及该分布。

（a）使用关于正态分布的性质，在不使用关于正态累积分布函数值的计算器、计算机、表的情况下，求 $P(1 \leqslant X \leqslant 4)$ 的一个近似值。

（b）令 Φ 和 φ 分别为 Z 的累积分布函数和概率密度函数。证明：对于任意的 $t > 0$，$I(Z > t) \leqslant (Z/t)I(Z > t)$。再借助此结果和 LOTUS，证明：$\Phi(t) \geqslant 1 - \varphi(t)/t$。

35. 设 $Z \sim N(0,1)$，其累积分布函数为 Φ。Z^2 的概率密度函数由函数 g 给定，即当 $w > 0$ 时，$g(w) = \dfrac{1}{\sqrt{2\pi w}}e^{-w/2}$；当 $w \leqslant 0$ 时，$g(w) = 0$。

（a）用两种不同的方法求 $E(Z^4)$，一种基于 Z 的概率密度函数，一种基于 Z^2 的概率密度函数。

（b）求 $E(Z^2 + Z + \Phi(Z))$。

（c）求 Z^2 的累积分布函数，并用 Φ 表示。这里要求直接计算，不能使用概率密度函数 g。

36. ⑤设 $Z \sim N(0,1)$。现使用一个测量装置来观察 Z，但是该装置只能处理正值，并且当 $Z \leqslant 0$ 时，则读数为 0；这是删失数据的一个例子。因此，假设观察到是 $X = ZI_{Z>0}$，而不是 Z，其中，$I_{Z>0}$ 是 $Z > 0$ 的示性函数。试求 $E(X)$ 和 $\mathrm{Var}(X)$。

37. 设 $Z \sim N(0,1)$，c 是非负常数。根据标准正态分布的累积分布函数 Φ 和概率密度函数 φ，求 $E(\max(Z - c, 0))$。（这种计算常常出现在计量金融上。）

提示：使用 LOTUS，并通过适当地调整积分的上下限来处理 max 符号。作为检查，保证当 $c = 0$ 时，求得的答案减小到 $1/\sqrt{2\pi}$，这是必要的，因为在第 7 章中会证明 $E|Z| = \sqrt{2/\pi}$，且 $|Z| = \max(Z, 0) + \max(-Z, 0)$，所以由对称性，可得

$$E|Z| = E(\max(Z,0)) + E(\max(-Z,0)) = 2E(\max(Z,0))。$$

指数分布

38. ⑤邮政局有两名办事员。当 Alice 走进邮局时，这里已经有两位客户，分别是 Bob 和 Claire，且两位办事员正在为这两位客户服务。Alice 是下一个服务对象。假设办事员为客户服务的时间服从指数分布 Expo(λ)。

（a）Alice 是 3 个客户中最后一个服务对象的概率是多少？

提示：不需要积分。

（b）Alice 需要花费在邮局的总时间的期望是多少？

39. 三个学生独立完成他们的概率论作业。所有人从某一天的下午 1 点开始，并且每个学生完成作业的总时间服从均值为 6h 的指数分布。平均来说，所有学生都完成作业的最早时间是什么时候（也就是说，这时所有学生都已完成了作业）？

40. 设 T 为放射性粒子的衰变时间，并假设 $T \sim$ Expo(λ)（正如在物理和化学中经常做的那样）。

（a）粒子的半衰期是粒子有 50% 机会衰变的时间（在统计术语中，这是衰变时间 T 的分布的中位数）。求粒子的半衰期。

（b）证明：对于一个小的正数 ε，假设粒子一直存在到 t 时刻，那么粒子在时间间隔 $[t,\ t+\varepsilon]$ 内发生衰变的概率不依赖于 t，并且近似与 ε 成正比。

提示：如果 $x \approx 0$，那么 $e^x \approx 1+x$。

（c）现在考虑 n 个放射性粒子，其衰变时间 $T_1,\ \cdots,\ T_n$ 独立同分布于 Expo(λ)，并令 L 是粒子第一次发生衰变的时间。求 L 的累积分布函数、$E(L)$ 和 Var(L)。

（d）继续（c）中的问题，在不使用微积分的情况下，求 $M = \max(T_1,\ \cdots,\ T_n)$ 的均值和方差，其中 M 为粒子最后一次衰变的时间。

提示：绘制时间轴，应用（c）的条件，并回顾指数分布的无记忆性。

41. Ⓢ Fred 在搬回 Blotchville（在他对那里的公共汽车系统很满意）后，想卖掉他的车。他决定把它卖给第一个出价 15000 美元的那个人。假设人们给出的价钱是均值为 10000 美元的独立指数随机变量。

（a）求向 Fred 买车的人数的预期数量。

（b）求 Fred 卖车所获得的期望金额。

42. （a）Fred 再次拜访 Blotchville 时，他发现，这座城市在公共汽车站安装了一个电子显示屏，上面显示了前一辆公共汽车的到达时间。公共汽车之间的到达时间仍然独立同分布于均值为 10min 的指数分布。Fred 等待下一辆公共汽车，然后纪录该公共汽车和前一辆公共汽车之间的时间。平均来说，他看到公共汽车之间的时间长度是多少？

（b）然后，Fred 去 Blunderville 旅游，当地公共汽车之间的时间间隔也是 10min，并且相互独立。然而，令他沮丧的是，他发现平均来说，当他到达公共汽车站时，他必须等待 1 个多小时才能等到下一辆公共汽车！即使 Fred 在两辆公共汽车到达之间的某个时间到达，Fred 等到公共汽车的平均时间是否可能大于公共汽车到公共汽车的平均时间呢？直观地解释这一点，并且为公共汽车之间的时间构造一个特定的离散型分布，从而证明这是可能的。

43. Fred 和 Gretchen 正在 Blotchville 的一个公共汽车站等车。停在这个车站的公共汽车有两条路线，1 号路线和 2 号路线。对于路线 i，公共汽车的到达数服从速率为 λ_i（即 1min 内到达车站的公共汽车数）的泊松过程。路线 1 的过程独立于路线 2。现在，Fred 正在等待 1 号路线的公共汽车，Gretchen 正在等待 2 号路线的公共汽车。

（a）现已知 Fred 已经等了 20min，那么他平均需要等候多久才能等到他的公共汽车？

（b）求 2 号路线的公共汽车首次到达之前至少有 n 辆 1 号路线的公共汽车经过的概率。第 7 章的下列结果在这里可能是有用的，即对于相互独立的随机变量 X_1 和 X_2，且 $X_1 \sim$ Expo(λ_1)，$X_2 \sim$ Expo(λ_2)，有 $P(X_1 < X_2) = \lambda_1 / (\lambda_1 + \lambda_2)$。

（c）在这个问题中，假设 $\lambda_1 = \lambda_2 = \lambda$。求 Fred 和 Gretchen 都等到公共汽车时所花时间的期望。

44. Ⓢ Joe 在连续一段时间内，等待一本书名为《冬天的风》的书上市发行。假设等待该书发行的消息被公布所需的时间 T 服从 $\lambda = 1/5$ 的指数分布，其中，T 以相对于某起始点的年数来衡量。

Joe 不是那么着急地每天上网检查很多次；相反，他只在一天结束时才上网检查一次。因此，他观察到消息发布的那一天，并不是确切的时间 T。设 X 是这里的测量结果，其中，

$X=0$ 意味着该书发行的消息在第一天（在开始点之后）就发布了，$X=1$ 意味着它在第二天发布，以此类推。（假设一年有 365 天）。求 X 的概率质量函数。该分布是我们研究过的已命名的分布吗？

45. 指数分布是几何分布在连续时间下的对应分布。这个问题更详细地探讨了指数分布和几何分布之间的关系，问在伯努利试验进行得越来越快，但成功概率越来越小的极限中，几何分布会怎么样？

假设伯努利试验在连续时间内进行，而不是仅考虑第一次试验，第二次试验，等等，想象试验发生在时间线上的点。并假设试验在有规律的间隔时间 0，Δt，$2\Delta t$，... 内进行，其中，Δt 是一个小的正数。令每次试验的成功概率为 $\lambda \Delta t$，其中，λ 是正常数。令 G 是试验第一次成功之前的失败次数（在离散时间内），T 是第一次成功的时间（在连续时间内）。

（a）求 G 关于 T 的一个简单等式。

提示：画出时间轴，并从最简单的情况开始。

（b）求 T 的累积分布函数。

提示：先求 $P(T>t)$。

（c）证明：当 $\Delta t \to 0$ 时，T 的累积分布函数收敛到 $\text{Expo}(\lambda)$ 的累积分布函数。计算累积分布函数在 $t \geqslant 0$ 的那些固定点处的值。

提示：使用复利极限（参见附录）。

46. 拉普拉斯分布的概率密度函数形式如下：

$$f(x) = \frac{1}{2} e^{-|x|}, x \in \mathbf{R}。$$

拉普拉斯分布也被称为对称指数分布。在以下两种情况下，对此进行解释。

（a）绘制各自的概率密度函数曲线，并解释它们是如何相互关联的。

（b）设 $X \sim \text{Expo}(1)$，S 是符号随机变量（即取 1 或 -1 的概率都是 1/2），且 X 和 S 相互独立。求 SX 的概率密度函数（先求累积分布函数），并把 SX 的概率密度函数和拉普拉斯分布的概率密度函数进行比较。

47. 电子邮件按照速率为每小时 20 封的泊松过程到达一个收件箱。令 T 是第三封电子邮件到达的时间，从某个固定时间开始计时，单位为 h。在不使用微积分的情况下，求 $P(T>0.1)$。

提示：应用计数-时间的对偶性。

48. 设 T 是某人的寿命（该人能活多久），并且 T 的累积分布函数为 F，概率密度函数为 f。T 的危险函数定义为 $h(t) = \dfrac{f(t)}{1-F(t)}$。

（a）解释为什么 h 被称为危险函数，特别地，若假设该人存活到 t 时刻，那么为什么 $h(t)$ 是在 t 时刻的死亡概率密度。

（b）证明：指数随机变量具有恒定的危险函数，反之，如果 T 的危险函数是常数，那么 T 一定服从 $\text{Expo}(\lambda)$ 分布。

49. 设 T 是人（或动物或小工具）的生命期，并且 T 的累积分布函数为 F，概率密度函数为 f。令 h 为危险函数，定义如上一个问题所示。如果已经知道了 F，那么可以由此得到 f，然后可以计算 h。本题考虑相反的问题，即如何在已知 h 的情况下，得到 F 和 f。

（a）证明：对于所有的 $t>0$，累积分布函数和危险函数有下列关系：

$$F(t) = 1 - \exp\left(-\int_0^t h(s)\,\mathrm{d}s\right) \text{。}$$

提示：令 $G(t)=1-F(t)$ 是相应的生存函数，并考虑 $G(t)$ 的导数。

（b）证明：对于所有的 $t>0$，概率密度函数和危险函数有下列关系：

$$f(t) = h(t)\exp\left(-\int_0^t h(s)\,\mathrm{d}s\right) \text{。}$$

提示：应用（a）的结果。

50. Ⓢ对于 $X \sim \mathrm{Expo}(\lambda)$，通过使用 LOTUS 和 $E(X)=1/\lambda$，$\mathrm{Var}(X)=1/\lambda^2$ 的事实，求 $E(X^3)$。下一章中，我们将学习如何对所有的 n 求 $E(X^n)$。

51. Ⓢ设 $X \sim \mathrm{Expo}(1)$，则 $-\ln(X)$ 服从耿贝尔（Gumbel）分布。

（a）求 Gumbel 分布的累积分布函数。

（b）令 X_1，X_2，$\cdots$独立同分布于 $\mathrm{Expo}(1)$，且 $M_n=\max(X_1,\cdots,X_n)$。证明：$M_n - \ln(n)$ 依分布收敛于 Gumbel 分布，也就是说，当 $n\to\infty$ 时，$M_n-\ln(n)$ 的累积分布函数收敛到 Gumbel 的累积分布函数。

混合练习

52. 对下列说法给出直观解释，如果 X 和 Y 是独立同分布的随机变量，则 $P(X<Y)=P(Y<X)$，但如果 X 和 Y 不是独立的或不同分布的，则等式可能不成立。

53. 设 X 是一个随机变量（离散型或连续型），且总有 $0\leqslant X\leqslant 1$。现在令 $\mu=E(X)$。

（a）证明：$\mathrm{Var}(X)\leqslant \mu-\mu^2 \leqslant \dfrac{1}{4}$。

提示：$X^2\leqslant X$ 以概率 1 成立。

（b）证明：若 $\mathrm{Var}(X)=1/4$，那么 X 只可能有一个概率分布。该分布是什么分布呢？

54. 例 5.1.7 中的瑞利分布的概率密度函数为 $f(x)=xe^{-x^2/2}$，$x>0$。现在令 X 服从瑞利分布。

（a）在不使用很多微积分的情况下，通过解释关于正态分布的已知结果求 $E(X)$。

（b）求 $E(X^2)$。

提示：一个很好的方法是使用 LOTUS 以及进行换元操作 $u=x^2/2$，然后根据关于指数分布的已知结果来计算积分。

55. Ⓢ考虑一个试验过程，在此试验中，先观察随机变量 X 的值，再使用随机变量 $T=g(X)$（X 的函数）来估计未知常数 θ。那么 T 就被称为估计量。把 X 看作是试验中观察到的数据，θ 是与 X 的分布有关的未知参数。

例如，考虑抛 n 次硬币的试验，硬币出现正面的概率用未知的数 θ 表示。在做完试验之后，我们观察到 $X \sim \mathrm{Bin}(n,\theta)$ 的值，那么 X/n 是 θ 最自然的估计量。

对于 θ 的估计量 T，其偏差被定义为 $b(T)=E(T)-\theta$。均方误差（mean squared error，MSE）是指参数估计值 $T(X)$ 与参数真值 θ 之差平方的期望：$MSE(T)=E(T-\theta)^2$。

证明：$MSE(T)=\mathrm{Var}(T)+(b(T))^2$。这意味着对于固定的 MSE，只能以较高方差为代价获得较低偏差，反之亦然；这是偏差-方差平衡的一种形式，也是整个统计学中的一个现象。

56. Ⓢ（a）假设我们有世界上每个国家的人口清单。试着猜测，在没有查看数据的情况下，有多少比例国家的人口数字以 1 开头（例如，一个人口为 1234567 的国家，第一个数字为 1，而一个人口为 89012345 则不是）？

（b）完成（a）后，实际查看人口清单，并统计有多少国家的人口数是从 1 开始的？这些国家的占比是多少？本福德（Benford）定律指出，在现实生活的多种数据中，第一个数字近似服从某特定分布，即第一个数字为 1 概率是 30%，为 2 的概率是 18%。一般地，

$$P(D=j) = \lg\left(\frac{j+1}{j}\right), j \in \{1,2,3,\cdots,9\},$$

其中，D 是随机选择的元素的第一个数字。（第 3 章的练习题 6 要求证明这是一个有效的概率质量函数）。基于数据所得的百分比与本福德定律所预测的百分比有多接近？

（c）假设我们在某个问题中，把随机值按照科学记数法写成 $X \times 10^N$ 这样的形式（例如，随机选中的国家的人口），其中，N 是一个非负整数，$1 \leqslant X \leqslant 10$。现在设 X 是连续随机变量，X 的概率密度函数是

$$f(x) = \begin{cases} c/x, & 1 \leqslant x \leqslant 10, \\ 0, & \text{其他}, \end{cases}$$

其中 c 是常数，则求 c 的值（注意关于对数的基础知识）。直观地，我们可能希望 X 的分布不依赖于其对应单位。现在为了看这种说法是否成立，令 $Y = aX$（$a > 0$）。那么，求 Y 的概率密度函数（并指出在哪些点处非零）？

（d）证明：如果有一个随机数 $X \times 10^N$（用科学记数法表示），X 的概率密度函数如（c）所示，则第一个数字（也是 X 的第一个数字）的概率质量函数和本福德定律所述。

提示：$D = j$ 时，对应的 X 的值是多少？

57. Ⓢ（a）设 X_1，X_2，$\cdots$ 是独立同分布于 $N(0,4)$ 的随机变量序列，J 是使 $X_j > 4$ 的最小 j（即 X_j 首次超过 4 时对应的 j）。求 $E(J)$，并用 Φ 表示。

（b）令 g 和 f 为概率密度函数，且对所有的 $x > 0$，$f(x) > 0$，$g(x) > 0$ 成立。设 X 是概率密度函数为 f 的随机变量。求比率 $R = \dfrac{g(X)}{f(X)}$ 的期望值。当使用似然比以及重要性抽样的计算机技术时，这种比率在统计学中会经常遇到。

（c）定义 $F(x) = e^{-e^{-x}}$。这是一个严格递增的连续函数，是累积分布函数。现在令 F 是 X 的累积分布函数，并定义 $W = F(X)$，那么 W 的均值和方差分别是多少？

58. 对于单位圆 $\{(x,y): x^2 + y^2 = 1\}$，在圆上随机选三个点 A、B、C（这三个点是独立且均匀地选择的），从而把圆分为三个弧，即在 A 和 B 之间，A 和 C 之间，以及 B 和 C 之间形成弧。令 L 为包含点（1，0）的那段弧的长度，那么，$E(L)$ 是多少？接下来将通过以下步骤研究这一问题。

（a）说明以下说法存在什么问题："圆弧的总长度，即圆的周长是 2π。因此，由对称性和线性性质，每个圆弧的平均长度是 $2\pi/3$。要使某段弧包含点（1，0）只需要指定其中一条弧包含该点即可 [在圆的有关问题中，如果点（1，0）被（0，-1）或任何其他特定的点替换，也没有影响]。所以 L 的期望是 $2\pi/3$。"

（b）把包含点（1，0）的弧分成两部分：一部分是从点（1，0）逆时针延伸，另一部分从（1，0）顺时针延伸。那么，$L = L_1 + L_2$，其中 L_1 和 L_2 分别是逆时针部分和顺时针部分的弧的长度。求 L_1 的累积分布函数、概率密度函数和 L_1 的期望。

（c）用（b）的结果求 $E(L)$。

59.Ⓢ在例 5.7.3 中，运动员们在进行跳高比赛。设 X_j 是第 j 个跳高者所跳的高度，X_1，X_2，⋯是独立同分布于连续分布的随机变量。如果第 j 个跳高者所跳高度高于之前的两个跳高者所跳的高度，就称他或她是在"最近记忆中表现最好的"（其中 $j \geqslant 3$，不考虑前两个跳高者）。

（a）求从第 3 个跳高者到第 n 个跳高者中，"最近记忆中表现最好"的跳高者数量的期望。

（b）令 A_j 表示事件"第 j 个跳高者在最近记忆中的表现是最好的"。求 $P(A_3 \cap A_4)$，$P(A_3)$ 和 $P(A_4)$，并回答 A_3 和 A_4 是否相互独立。

60. Tyrion、Cersei 和其他 n 位客人到达一个聚会的时间是独立同分布的。该分布是支撑为 [0，1] 的连续分布，所有人一直待到聚会结束（聚会在时刻 0 开始，在时刻 1 结束）。如果 Tyrion 和 Cersei 都不在那里，这个派对将会变得很无聊，而只要有一个人在那里，聚会就会变得有趣，但是若 Tyrion 和 Cersei 都在那里，那么这个派对将会很尴尬。

（a）平均地说，n 个其他客人中，有多少人会在聚会有趣时到达？

（b）Jaime 和 Robert 是其他两位客人。由独立性的定义，确定事件"Jaime 在聚会有趣时到达"是否独立于事件"Robert 在聚会有趣时到达"。

（c）对以下两个说法给出清楚直观的解释，即来自（b）的两个事件是否独立，以及在给定每个人（即除了 Jaime 和 Robert 之外的每个人）到达时间的条件下，两事件是否独立。

61. 设 X_1，X_2，⋯ 分别是波士顿在 2101 年，2102 年，⋯ 的年度降雨量，单位为 $in(1in = 0.0254m)$，并假设年降雨量是独立同分布于连续分布的。如果某降雨量大于以前所有年份（从 2101 开始），则该降雨量为创纪录新高，如果低于以往所有年份，则为创纪录新低。

（a）在 22 世纪（2101 年到 2200 年，包括 2101 年和 2200 年），若不管是创纪录新高还是创纪录新低都是创纪录年，则求创纪录年个数的期望。

（b）平均而言，在 22 世纪，有多少年会在出现一个创纪录的低点后紧接着就是一个创纪录的高点？

（c）按照定义，2101 年是创历史新高（创历史新低）。令 N 为创历史新高所需的年数。那么，对所有的正整数 n，求 $P(N > n)$，并借助于它求 N 的概率质量函数。

第6章 矩

随机变量 X 的 n 阶原点矩是 $E(X^n)$。本章将探讨一个随机变量的矩是如何解释其分布的。前面已经介绍了随机变量的前两阶矩都是很有用的,因为它们给出了均值 $E(X)$ 和方差 $E(X^2) - (EX)^2$,而这两个指标是对 X 的平均水平及其分布波动情况的重要描述。但是一个分布除了均值和方差之外还有更多信息。而随机变量的三阶矩和四阶矩会给出一个分布的偏度和其尾部特征或者极值,而这两个性质是均值和方差无法提供的。在介绍矩之后,将讨论矩母函数(moment generating function,MGF),它不仅有助于计算矩,还给出了一种有效确定分布的方法。

6.1 分布的数字特征

均值是一个衡量中心趋势的指标,因为它说明了关于分布中心的信息,特别是关于质心的信息。在统计学中,常用的衡量中心趋势的指标还有中位数和众数,现在对这两个指标进行定义。

定义 6.1.1(中位数) 如果 $P(X \leqslant c) \geqslant 1/2$ 和 $P(X \geqslant c) \geqslant 1/2$ 同时成立,那么称 c 是随机变量 X 的中位数。(使得上述情况出现的最简单的方法是 X 的累积分布函数在 c 点的取值正好是 $1/2$,但有些累积分布函数存在跳跃点。)

定义 6.1.2(众数) 对于一个离散型随机变量 X,如果存在 c 使概率质量函数达到最大值,即对所有 x,有 $P(X = c) \geqslant P(X = x)$,那么就称 c 是 X 的众数。对于一个连续型随机变量 X,如果存在 c 使得概率密度函数达到最大值,即对于所有 x,有 $f(c) \geqslant f(x)$,那么就称 c 是该随机变量的众数。

与均值相同,一个随机变量的中位数和众数仅仅依赖于它的分布,因此可以在不涉及服从该分布的其他任何随机变量的情况下,讨论该分布的均值,中位数或众数。例如,如果 $Z \sim N(0,1)$,那么 Z 的中位数是 0(因为由对称性可知 $\Phi(0) = 1/2$),也可以说标准正态分布的中位数为 0。

直观地,中位数是使得分布的一半落在 c 任一边的 c 值(对于离散型随机变量,尽可能趋于一半),而众数是在 x 的取值范围内,具有最大质量或最大密度的数。如果累积分布函数 F 是严格递增的连续函数,那么 $F^{-1}(1/2)$ 就是中位数(且是唯一的)。

注意,一个分布可以有多个中位数和多个众数。中位数只能出现在相邻的位置;众数可以出现在分布的任意位置。图 6.1 展示了一个支撑为 $[-5, -1] \cup [1, 5]$ 的分布,它有两个众数,无穷多个中位数。其概率密度函数在 -1 和 1 之间,取值为 0,因此,-1 和 1 之间的所有数都是这个分布的中位数,这是由于该分布的一半落在这些数的任一边。两个众数分别为 -3 和 3。

例 6.1.3(工资的均值、中位数和众数) 某公司有 100 名员工。令 S_1, S_2, $\cdots$, S_{100} 是他们每个人的工资,并按从少到多顺序排列(即使有一些员工的薪水一样,我们也依然可

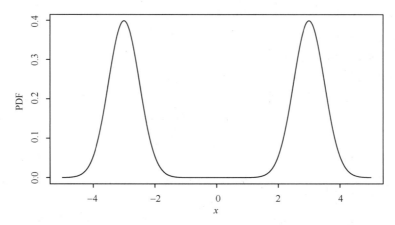

图 6.1　有两个众数（-3 和 3）和无穷多个中位数（区间 [-1，1] 内的所有 x）的分布。

以这样做）。设 X 为随机选择的员工（按照均匀分布选择员工）的工资。那么对于数据集 S_1，S_2，$\cdots$，S_{100}，用 X 相应的分位数来定义均值、中位数和众数。

工资数据的特征是什么？用哪一种特征数来描述工资数据是最有用的？通常情况下，该问题的答案取决于我们的目标。不同的特征数会揭示数据的不同特征，所以很难只选择一个特征数——而且一般来说也没必要这样做，因为我们经常会给出几个特征数（也可对数据作图）。即使通常要将均值、中位数和众数都详细讨论才有意义（以及其他特征数），但是在这里，只是简单地对三者进行对比。

如果员工的工资都是不同的，那么众数就是一个无用的特征数，因为这里有 100 个众数。如果公司的工资只可能取少数几个数，那么众数将会变得很有用。但即便如此，例如，34 个人收到的工资为 a，33 个人收到的工资为 b，33 个人收到的工资为 c。如果我们只关注 a 而忽略了差点成为众数的 b 和 c（二者几乎占数据的 2/3），那么 a 就是唯一的众数。

接下来，考虑中位数。这里"在中间"的数有两个，它们分别为 S_{50} 和 S_{51}。事实上，使 $S_{50} \leq m \leq S_{51}$ 成立的任何一个 m 都是中位数，因为随机选择的员工的工资至少有 50% 的可能性在 $\{S_1,\cdots,S_{51}\}$ 内（这种情况下，工资最多是 m），且在 $\{S_{51},\cdots,S_{100}\}$ 内的可能性至少是 50%（这种情况下，工资最少是 m）。通常，选择 $m = (S_{50} + S_{51})/2$（即中间两个数的平均）为中位数。如果员工数是奇数，那么就不会出现这种问题，且当所有的工资数以升序排列时，中间的那个数就是唯一的中位数。

与均值相比，中位数对异常值不是很敏感。例如，如果老板的工资比其他人的工资要高很多，那么他的工资对均值有很大的影响，但对中位数几乎没有什么影响。鉴于这种情况，相比于均值而言，中位数可能是一个更明智的特征数。另一方面，假设现在想知道公司为员工支付的总成本，如果我们只是知道众数和中位数，那么是无法得到这一信息的，但如果知道了均值，则只需将其乘以 100 即可得所求的总成本。　　　□

假设现在试图通过预测 c 得到一个尚未观测到的随机变量 X。均值和中位数似乎都是对 c 的一个自然猜测，但是哪个更好呢？这取决于"好"是怎样定义的。判断 c 有两种方式，分别是使用均方误差 $E(X-c)^2$ 和平均绝对误差 $E|X-c|$。以下结果说明在这两种情况下，谁是最好的预测。

定理 6.1.4 设 X 是均值为 μ 的随机变量，m 是 X 的中位数。

- 当 $c=\mu$ 时，均方误差 $E(X-c)^2$ 达到最小。
- 当 $c=m$ 时，平均绝对误差 $E|X-c|$ 达到最小。

证明： 首先，证明一个有用的等式，即

$$E(X-c)^2 = \mathrm{Var}(X) + (\mu-c)^2$$

这可以通过把等式两边直接展开进行证明，但一种更快捷的方法是使用常数不影响方差的事实，于是有：

$$\mathrm{Var}(X) = \mathrm{Var}(X-c) = E(X-c)^2 - (E(X-c))^2 = E(X-c)^2 - (\mu-c)^2 。$$

因为当 $c=\mu$ 时，$(\mu-c)^2=0$，而 c 取其他任何值时，都有 $(\mu-c)^2>0$，所以 $c=\mu$ 是使 $E(X-c)^2$ 达到最小的唯一选择。

现在考虑平均绝对误差。设 $a\neq m$，首先，需要证明 $E|X-m|\leq E|X-a|$ 成立，这等价于证明 $E(|X-A|-|X-m|)\geq 0$ 成立。不妨设 $m<a(m>a$ 的情况类似)，那么当 $X\leq m$ 时，

$$|X-a|-|X-m| = a-X-(m-X) = a-m,$$

而当 $X>m$ 时，

$$|X-a|-|X-m| \geq X-a-(X-m) = m-a 。$$

令 $Y=|X-a|-|X-m|$，那么不管是否有 $X\leq m$，按照定义，都可以将 $E(Y)$ 分为两部分。再令 I 是 $X\leq m$ 的示性随机变量，则 $1-I$ 是 $X>m$ 的示性随机变量。于是有

$$
\begin{aligned}
E(Y) &= E(YI) + E(Y(1-I)) \\
&\geq (a-m)E(I) + (m-a)E(1-I) \\
&= (a-m)P(X\leq m) + (m-a)P(X>m) \\
&= (a-m)P(X\leq m) - (a-m)(1-P(X\leq m)) \\
&= (a-m)(2P(X\leq m)-1) 。
\end{aligned}
$$

由中位数的定义可得，$(2P(X\leq m)-1)\geq 0$。因此，$E(Y)>0$，这就意味着 $E|X-m|\leq E|X-a|$ 成立。 ■

不管在特定应用中使用集中趋势的哪种度量方法，了解度量分布的波动程度同样也是很重要的，比如，方差。然而，分布的一些主要特征不能通过均值和方差获取。例如，对于图 6.2 中的两个概率密度函数，均值都是 2，方差都是 12。浅色线是 $N(2,12)$ 的概率密度

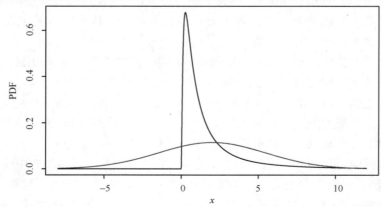

图 6.2 均值均为 2，方差均为 12 的两条概率密度函数（PDF）曲线。浅色线是对称的正态分布，深色线是右偏的对数正态分布。

函数曲线，深色线则是对数正态分布族的概率密度函数曲线（本章的后续小节会对数正态分布给出定义）。由于正态曲线关于 $x = 2$ 对称，所以该分布的均值、中位数和众数都是 2。相反，对数正态曲线大部分向右偏，这意味着它的右尾要比左尾长很多。对数正态分布的均值为 2，但是中位数为 1、众数为 0.25。仅仅从均值和方差来看，我们无法得出对数正态分布的非对称性与正态分布的对称性之间的差别。

现在考虑图 6.3，该图左边是服从 $\mathrm{Bin}(10, 0.9)$ 分布的随机变量的概率质量函数（PMF），右边是服从 $\mathrm{Bin}(10, 0.1)$ 分布的随机变量在 8 之后的概率质量函数。虽然这两个分布的均值、中位数和众数都等于 9，方差都为 0.9，但它们看起来却完全不同。我们称左边的概率质量函数是左偏的，右边的概率质量函数是右偏的。在本章中将了解到：一种对分布的非对称性的标准度量准则是基于三阶原点矩的。

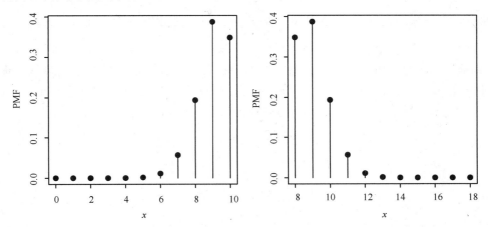

图 6.3　左图：$\mathrm{Bin}(10, 0.9)$ 是左偏的。右图：向右移 8 个单位后，$\mathrm{Bin}(10, 0.1)$ 是右偏的。但两个分布具有相同的均值、中位数、众数和方差。

前两个例子讨论了非对称分布，但我们也发现具有相同均值和方差的对称分布也有可能看起来很不相同。图 6.4 中的左图显示出了，均值均为 0 和方差均为 1 的两条对称的概率密

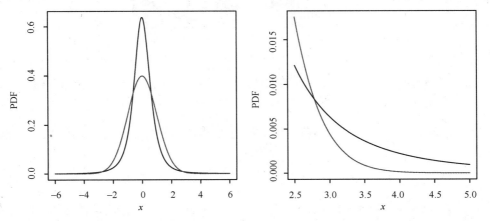

图 6.4　左图：$N(0, 1)$ 的概率密度函数曲线（浅色线）和缩放后的 t_3 的概率密度函数曲线（深色线）。虽然二者均值都是 0，方差都是 1，但后者的峰更尖锐、尾部更厚重。右图：对左图右尾部的放大图。

度函数（PDF）曲线，其中，浅色线是 $N(0,1)$ 的概率密度函数曲线，深色线是 t_3 缩放后方差为 1 的概率密度函数曲线（第 10 章将定义 t_3 分布）。深色线比浅色线更尖锐、尾部也更厚。在右图中，是对左图中尾部的放大，从而容易看到深色线的尾部逐渐衰减到 0，且深色线尾部远远位于浅色线尾部之上。正如本章后面将要介绍的那样，一个分布的峰度和尾部的薄厚是基于四阶矩度量的。

在下一节中，我们将对矩做进一步的详细解释，特别是前 4 阶矩。

6.2 矩的解释

定义 6.2.1（矩的种类） 设 X 是均值为 μ、方差为 σ^2 的随机变量，则对于任何正整数 n，X 的 n 阶原点矩是 $E(X^n)$，n 阶中心矩是 $E((X-\mu)^n)$，以及 n 阶标准矩是 $E\left(\left(\dfrac{X-\mu}{\sigma}\right)^n\right)$。前面所有式子都隐含"如果存在"这一条件。

特别地，均值是一阶原点矩，方差是二阶中心矩。术语"矩"来自于物理学。设 X 为离散型随机变量，$x_1, \cdots, x_n$ 是 X 的可能取值，并且假设对每个 j，在 x_j 处有一个质量为 $m_j = P(X = x_j)$ 的鹅卵石（见图 6.5）。在物理学中，

$$E(X) = \sum_{j=1}^{n} m_j x_j$$

被称为系统的质心，而

$$\mathrm{Var}(X) = \sum_{j=1}^{n} m_j (x_j - E(X))^2$$

被称为质心的转动惯量。

现在来定义偏度，正如前面所提到的，偏度是基于三阶原点矩的、用来描述非对称性的一个特征数字。事实上，偏度被定义为三阶标准矩。

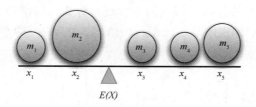

图 6.5 物理学中对于矩的解释：随机变量的均值（一阶原点矩）对应于所有鹅卵石的质心，方差（二阶中心矩）对应于围绕质心的转动惯量。

定义 6.2.2（偏度） 对于均值为 μ、方差为 σ^2 的随机变量 X，其偏度是三阶标准矩，即

$$\mathrm{Skew}(X) = E\left(\frac{X-\mu}{\sigma}\right)^3。$$

首先，通过标准化，使得 $\mathrm{Skew}(X)$ 不依赖于 X 的位置和尺度，这是合理的，因为 μ 和 σ 已经提供了关于位置和尺度的信息。其次，标准化有一个好的性质，也就是 X 的单位（例如，in 或 m）不会影响偏度。

为了理解偏度是如何度量不对称性这个问题，首先需要讨论随机变量 X 的对称性的含义。

定义 6.2.3（随机变量的对称性）　如果 $X-\mu$ 与 $\mu-X$ 具有相同的分布，那么就说随机变量 X 有一个对称分布。也可以说 X 是对称的或者 X 的分布是对称的，这些都是同一个意思。

如果均值存在，那么在上述定义中，数值 μ 一定是 $E(X)$，这是因为由 $E(X)-\mu=E(X-\mu)=E(\mu-X)=\mu-E(X)$，化简可得 $E(X)=\mu$。鉴于此，通常把"X 关于 μ 对称（如果均值存在）"简写为"X 是对称的"。如果 $X-\mu$ 与 $\mu-X$ 具有相同的分布，那么 $P(X-\mu\leqslant 0)=P(\mu-X\leqslant 0)$，从而 $P(X\leqslant\mu)=P(X\geqslant\mu)$，这意味着 $P(X\leqslant\mu)=1-P(X>\mu)\geqslant 1-P(X\geqslant\mu)=1-P(X\leqslant\mu)$ 成立，也就证明了 $P(X\leqslant\mu)\geqslant 1/2$ 和 $P(X\geqslant\mu)\geqslant 1/2$ 成立。所以 μ 也是该分布的中位数。

注 6.2.4　有时候，人们所说的"X 是对称的"也意味着"X 关于 0 对称"。注意，如果 X 关于 μ 对称，那么 $X-\mu$ 关于 0 对称。如下所示，关于 0 对称用起来特别方便，因为如果 X 关于 0 对称，那么 $-X$ 和 X 有相同的分布，且 X 的概率密度函数是偶函数。

直观上看，对称意味着 X 在 μ 左边的概率密度函数是 μ 右边的概率密度函数的镜像（这里是对连续型随机变量 X 而言，而如果 X 是离散型的，这同样适用于概率质量函数）。例如，前面见到的 $X\sim N(\mu,\sigma^2)$ 是对称的；按照定义，这是因为 $X-\mu$ 与 $\mu-X$ 都服从 $N(0,\sigma^2)$。由推论 3.3.8 也可以看到，当 $p=1/2$ 时，$X\sim\text{Bin}(n,p)$ 是对称的。

命题 6.2.5（用概率密度函数定义对称性）　设 X 是概率密度函数为 f 的连续型随机变量，则 X 关于 μ 对称当且仅当 $f(x)=f(2\mu-x)$ 对一切 x 都成立。

证明：令 F 为 X 的累积分布函数，则如果对称性成立，那么
$$F(x)=P(X-\mu\leqslant x-\mu)=P(\mu-X\leqslant x-\mu)=P(X\geqslant 2\mu-x)=1-F(2\mu-x)。$$
对上式两边同时求导，得 $f(x)=f(2\mu-x)$。反之，如果 $f(x)=f(2\mu-x)$ 对一切 x 都成立，那么对其两边进行积分，得
$$P(X-\mu\leqslant t)=\int_{-\infty}^{\mu+t}f(x)\mathrm{d}x=\int_{-\infty}^{\mu+t}f(2\mu-x)\mathrm{d}x=\int_{\mu-t}^{-\infty}f(w)\mathrm{d}w=P(\mu-X\leqslant t)。$$
证毕。∎

奇数阶中心矩提供了一些关于对称性的信息。

命题 6.2.6（对称分布的奇数阶中心矩）　设 X 是关于其均值 μ 对称的随机变量，那么对于任一奇数 m，都有 $E(X-\mu)^m=0$（如果存在）成立。

证明：因为 $X-\mu$ 与 $\mu-X$ 具有相同的分布，所以它们也具有相同的原点矩（如果存在），即
$$E(X-\mu)^m=E(\mu-X)^m，$$
现在，令 $Y=(X-\mu)^m$，那么 $(\mu-X)^m=(-(X-\mu))^m=(-1)^m Y=-Y$，那么上面的等式等价于 $E(Y)=-E(Y)$，因此 $E(Y)=0$。∎

上述结论引导我们考虑将奇数阶标准矩作为分布偏度的一个度量。由于一阶标准矩总是等于 0，所以用三阶标准矩定义偏度。偏度为正表示相对于左尾而言右尾拖得更长，反之是偏度为负的含义（但是上述命题的逆命题为假，因为存在奇数阶中心矩全为 0 的不对称分布）。

那么，为什么不用 5 阶标准矩，而用三阶标准矩呢？一方面，因为三阶标准矩通常更容易计算。另一方面，或许是因为我们想通过数据来估计偏度。从稳定性来说，通常低阶矩比高阶矩更容易估计，例如，大的噪声观察将具有非常大、非常嘈杂的 5 阶矩值。然而，正如均值不是度量平均趋势唯一有用的特征数，方差不是度量波动程度唯一有用的概念一样，三阶标准矩也不是度量偏度唯一有用的特征数。

关于分布的另一个重要的描述性特征数字是其尾部的厚重度（或长度）。对于给定的方差，是否可以用几个异常（极端）事件或一定数量的误差来解释均值的变异性？对于金融风险管理，这是一个重点考虑的对象：对于许多金融资产来说，其回报的分布具有很厚的左尾，这是由少数但严重的几个危机事件所引起的，因此如果没有考虑到这些事件，则可能会产生灾难性的后果，如 2008 年的金融危机。

与度量偏度一样，没有一个唯一的特征数字可以完美地描述尾部的行为，但基于四阶标准矩，却有一个广泛使用的特征数字。

定义 6.2.7（峰度） 对于均值为 μ、方差为 σ^2 的随机变量 X，其峰度是四阶标准矩的变形，即

$$\mathrm{Kurt}(X) = E\left(\frac{X-\mu}{\sigma}\right)^4 - 3。$$

注 6.2.8 上述公式中用四阶标准矩减去 3 是因为，这可以使得任何正态分布的峰度都为 0（6.5 节将会介绍）。同时还为峰度的比较提供了方便的基础。然而，在一些定义中，计算峰度时并没有减 3，在这种情况下，通常称我们这里所定义的峰度为"超值峰度"。

大致地说，把以均值为中心的一个标准差之间的区域、两个标准差之间的区域以及两个标准差之外的区域分别称为中心、肩部和尾部。那么，峰度较大的分布在中心就具有尖峰、低肩和厚尾的概率密度函数。例如，图 6.4 中深色线所示的概率密度函数就描述了这一点。

图 6.6 显示了三个已经命名的分布，并给出了每个分布的偏度和峰度。Expo(1) 分布和 Pois(4) 分布（左图和中图）的偏度和峰度都为正，这表明它们是右偏的，并且其尾部比正态分布更厚。Unif(0,1) 分布（右图）的偏度为 0，峰度为负，偏度为 0 是因为分布关于均值对称，峰度为负是因为它没有尾部！

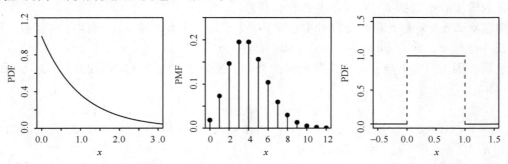

图 6.6　一些已命名分布的偏度和峰度。左图：Expo(1) 的概率密度函数（PDF），偏度 =2，峰度 =6；中图：Pois(4) 的概率质量函数（PMF），偏度 =0.5，峰度 =0.25；右图：Unif(0,1) 的概率密度函数（PDF），偏度 =0，峰度 = -1.2。

6.3　样本矩

在统计推断中，一个核心问题是如何用数据来估计分布的未知参数，或估计未知参数的函数。最常见的是估计分布的均值和方差。如果数据是独立同分布的随机变量 X_1，$\cdots$，X_n，其中均值 $E(X_j)$ 是未知的，最显然的方法是简单地对 X_j 做算术平均，并将结果作为均值的估计。

例如，如果观察到的数据是 3，1，1，5，那么用来估计分布（产生该数据的那个分布）的均值的一个简单、自然的方法是求算术平均，即 $(3+1+1+5)/4=2.5$。这就是所谓的样本均值。同样地，如果想估计该分布的二阶矩，那么一个简单、自然的方法就是先平方再求平均，即 $(3^2+1^2+1^2+5^2)/4=9$。这就是所谓的样本二阶矩。一般来说，样本矩的定义如下。

定义 6.3.1（样本矩）　设 X_1，$\cdots$，X_n 是独立同分布的随机变量，那么该随机变量的 k 阶样本矩为

$$M_k = \frac{1}{n} \sum_{j=1}^{n} X_j^k。$$

样本均值 $\overline{X}_n$ 是一阶样本矩，即

$$\overline{X}_n = \frac{1}{n} \sum_{j=1}^{n} X_j。$$

反之，总体均值或实际均值是 $E(X_j)$，也就是产生 X_j 的那个分布的均值。

根据大数定律（第 10 章将给出证明），可知当 $n \to \infty$ 时，独立同分布随机变量 X_1，$\cdots$，X_n 的 k 阶样本矩收敛于总体的 k 阶原点矩。此外，由于 k 阶样本矩的期望是 k 阶矩，因此在统计学上，k 阶样本矩是总体 k 阶矩的无偏估计。这通过线性性质可以很容易得到，即

$$E\left(\frac{1}{n} \sum_{j=1}^{n} X_j^k \right) = \frac{1}{n} \left(E(X_1^k) + \cdots + E(X_n^k) \right) = E(X_1^k)。$$

通常需要计算样本均值的期望和方差，且在统计学上有很好的表达式。

定理 6.3.2（样本均值的期望与方差）　设 X_1，$\cdots$，X_n 是均值为 μ、方差为 σ^2 的随机变量，那么样本均值 $\overline{X}_n$ 是 μ 的无偏估计，即

$$E(\overline{X}) = \mu，$$

$\overline{X}_n$ 的方差是

$$\mathrm{Var}(\overline{X}_n) = \frac{\sigma^2}{n}。$$

证明：因为前面已经证明了 k 阶样本矩是 k 阶总体矩的无偏估计，所以 $E(\overline{X}) = \mu$。对于方差，根据独立随机变量序列和的方差是方差的和这一事实（将在下一章中证明），可得

$$\mathrm{Var}(\overline{X}_n) = \frac{1}{n^2} \mathrm{Var}(X_1 + \cdots + X_n) = \frac{n}{n^2} \mathrm{Var}(X_1) = \frac{\sigma^2}{n}。 \qquad \blacksquare$$

为估计独立同分布随机变量序列 X_1，$\cdots$，X_n 的方差，基于上述概念的一种方法是用二阶样本矩减去样本均值的平方，即 $\mathrm{Var}(X) = E(X^2) - (EX)^2$。虽然这种方法有其优点，但更常见的估计方法如下。

定义 6.3.3（样本方差和样本标准差） 设 X_1, $\cdots$, X_n 是独立同分布的随机变量，则样本方差是如下的随机变量：

$$S_n^2 = \frac{1}{n-1}\sum_{j=1}^{n}(X_j - \overline{X}_n)^2 。$$

样本标准差是样本方差的平方根。

上述定义的思想是对样本均值与 X_j 的平方距离求期望从而模仿公式 $\text{Var}(X) = E(X - E(X))^2$，且自由度是 $n-1$ 而不是 n。$n-1$ 的作用是使 S_n^2 是对 σ^2 的无偏估计，即平均来说它是正确的。（然而，样本标准差 S_n 不是 σ^2 的无偏估计，我们将在第 10 章中看到无偏性是如何不满足的。在任何情况下，无偏性只是判断估计好坏的几个标准之一，例如，在一些问题中，允许在均方误差较小的情况下，估计量的均值存在一点点偏差，这种代价可能是值得的。）

定理 6.3.4（样本方差的无偏性） 设 X_1, $\cdots$, X_n 是均值为 μ、方差为 σ^2 的随机变量。则样本方差 S_n^2 是 σ^2 的无偏估计，即 $E(S_n^2) = \sigma^2$。

证明：关键是要证明对于所有的 c，恒等式

$$\sum_{j=1}^{n}(X_j - c)^2 = \sum_{j=1}^{n}(X_j - \overline{X}_n)^2 + n(\overline{X}_n - c)^2$$

都成立。

为了证明这个恒等式，在等式左边的和式中，加一项 $\overline{X}_n$ 减一项 $\overline{X}_n$，则有

$$\begin{aligned}
\sum_{j=1}^{n}(X_j - c)^2 &= \sum_{j=1}^{n}((X_j - \overline{X}_n) + (\overline{X}_n - c))^2 \\
&= \sum_{j=1}^{n}(X_j - \overline{X}_n)^2 + 2\sum_{j=1}^{n}(X_j - \overline{X}_n)(\overline{X}_n - c) + \sum_{j=1}^{n}(\overline{X}_n - c)^2 \\
&= \sum_{j=1}^{n}(X_j - \overline{X}_n)^2 + n(\overline{X}_n - c)^2 。
\end{aligned}$$

最后一个等号之所以成立，是因为 $\overline{X}_n - c$ 不依赖于 j，且有

$$\sum_{j=1}^{n}(X_j - \overline{X}_n) = \sum_{j=1}^{n}X_j - \sum_{j=1}^{n}\overline{X}_n = n\overline{X}_n - n\overline{X}_n = 0 。$$

现在，我们在恒等式中选择 $c = \mu$。然后对两边同时取期望，即得

$$nE(X_1 - \mu)^2 = E\left(\sum_{j=1}^{n}(X_j - \overline{X}_n)^2\right) + nE(\overline{X}_n - \mu)^2 。$$

由方差的定义可知，$E(X_1 - \mu)^2 = \text{Var}(X_1) = \sigma^2$，$E(\overline{X}_n - \mu)^2 = \text{Var}(\overline{X}_n) = \sigma^2/n$。把这些条件代入到上述结果，并化简，于是可得 $E(S_n^2) = \sigma^2$。 ∎

类似地，可以把样本偏度定义为

$$\frac{\dfrac{1}{n}\sum_{j=1}^{n}(X_j - \overline{X}_n)^3}{S_n^3} ,$$

把样本峰度定义为

$$\frac{\dfrac{1}{n}\sum_{j=1}^{n}(X_j - \overline{X}_n)^4}{S_n^4} - 3 。$$

　　如果样本矩超过四阶，且未知，那么从图形上解释矩就会变得更难，用数据估计它们也就变得更难。然而，在本章的其他部分将会看到，知道分布的所有阶矩仍然是有用的。而且还将研究一种用于计算矩的方法，这种方法通常比 LOTUS 更方便。矩的有用性和计算都与被称为矩母函数的设计密切相关，本章的大部分篇幅都将讨论该问题。

6.4　矩母函数

　　母函数就像是一根晾衣绳，人们把一系列数字挂在上面，让其显示出来。

　　　　　　　　　　　　　　　　　　——赫伯特·维尔夫（Herbert Wilf）［31］

　　在把数字序列与微积分世界连接起来的组合数学和概率论中，母函数是一个有力工具。在概率论上，它们可用于研究离散型分布和连续型分布。母函数背后的一般思想如下：从数字序列开始，创建一个连续函数——母函数——对数字序列进行编码。然后，用已知的所有微积分工具来处理母函数。

　　从字面意思上来看，矩母函数是对分布的矩进行编码的母函数。这里先介绍矩母函数，然后再举几个例子。

　　定义 6.4.1（矩母函数）　对于 t 的函数 $M(t) = E(e^{tX})$，如果它在含 0 点的开区间 $(-a, a)$ 内是有限的，那么它就是随机变量 X 的矩母函数（moment generating function，以下简记为 MGF）。否则，就说 X 的矩母函数不存在。

　　一个自然问题是"t 的解释是什么？"。答案是：对 t 没有特别的解释；它只是人为引入的一个纪录变量，以便能够使用微积分，而不是用矩的离散序列。

　　注意，对于任何有效的矩母函数，$M(0) = 1$。每当你计算一个矩母函数，把 0 代进去时，看看结果是否为 1，是一种快速检验方法！

　　例 6.4.2（伯努利分布的矩母函数）　对于 $X \sim \text{Bern}(p)$，e^{tX} 在 X 以概率 p 取 1 时，取值为 e^t；在 X 以概率 q 取 0 时，取值为 1。因此 $M(t) = E(e^{tX}) = pe^t + q$。又因为对于所有的 t 而言，$M(t)$ 都是有限的，从而矩母函数在整个实数轴上有定义。　　□

　　例 6.4.3（几何分布的矩母函数）　对于 $X \sim \text{Geom}(p)$，

$$M(t) = E(e^{tX}) = \sum_{k=0}^{\infty} e^{tk} q^k p = p \sum_{k=0}^{\infty} (qe^t)^k = \frac{p}{1 - qe^t}, qe^t < 1,$$

即，$t \in (-\infty, \ln(1/q))$，这是一个含 0 点的开区间。　　□

　　例 6.4.4（均匀分布的矩母函数）　设 $U \sim \text{Unif}(a, b)$，那么 U 的矩母函数是

$$M(t) = E(e^{tU}) = \frac{1}{b-a} \int_a^b e^{tu} du = \frac{e^{tb} - e^{ta}}{t(b-a)}, t \neq 0, M(0) = 1。$$

　　接下来的三个定理说明了为什么矩母函数很重要。首先，可以用矩母函数求随机变量的矩；其次，利用随机变量的矩母函数可以确定其分布，如确定累积分布函数、概率质量函数和概率密度函数。再次，利用矩母函数使得求独立随机变量总和的分布变得更容易。接下来我们将对其进行一一介绍。

　　定理 6.4.5（通过对矩母函数求导可得到 X 的各阶矩）　给定 X 的矩母函数，通过对矩母函数求 n 阶导，并计算其在 $t = 0$ 点的值就可得到 X 的 n 阶矩，即 $E(X^n) = M^{(n)}(0)$。

　　证明：注意 $M(t)$ 在 0 点的泰勒展开式为

$$M(t) = \sum_{n=0}^{\infty} M^{(n)}(0) \frac{t^n}{n!},$$

另一方面，又有

$$M(t) = E(e^{tX}) = E\left(\sum_{n=0}^{\infty} X^n \frac{t^n}{n!}\right)。$$

因为在满足某些条件［即 $E(e^{tX})$ 在 0 附近是有限的］的情况下，允许期望与无限和进行互换，因此有

$$M(t) = \sum_{n=0}^{\infty} E(X^n) \frac{t^n}{n!}。$$

比较这两个表达式的系数，即得 $E(X^n) = M^{(n)}(0)$。 ■

上述定理的结论是出人意料的，因为对于连续型随机变量 X，计算矩时需要用 LOTUS 来积分，但有了矩母函数，通过求导来求矩就成为可能！

定理 6.4.6（用矩母函数确定分布）　随机变量的矩母函数确定其分布：如果两个随机变量序列具有相同的矩母函数，那么它们一定具有相同的分布。事实上，如果即使存在一个包含 0 的微小区间 $(-a, a)$，且在这个区间内矩母函数相等，那么随机变量序列也一定具有相同的分布。本定理是一个困难的分析结果，因此这里不对其进行证明。

定理 6.4.7（独立随机变量序列和的矩母函数）　如果 X 与 Y 相互独立，那么 $X + Y$ 的矩母函数是

$$M_{X+Y}(t) = M_X(t) M_Y(t)。$$

这是因为如果 X 和 Y 相互独立，那么 $E(e^{t(X+Y)}) = E(e^{tX}) E(e^{tY})$（来自于第 7 章的讨论结果）。由于二项随机变量和负二项随机变量分别是伯努利随机变量和几何随机变量的独立和，所以通过该定理可以得到它们的矩母函数。

例 6.4.8（二项分布的矩母函数）　由于 $\mathrm{Bern}(p)$ 随机变量的矩母函数是 $pe^t + q$，因此 $\mathrm{Bin}(n, p)$ 随机变量的矩母函数是 $M(t) = (pe^t + q)^n$。

图 6.7 是 $\mathrm{Bin}(2, 1/2)$ 分布的矩母函数，即 $M(t) = \left(\frac{1}{2}e^t + \frac{1}{2}\right)^2$ 在 $t = -1$ 到 $t = 1$ 之间的图像。与所有的矩母函数一样，它在 $t = 0$ 处的值为 1。此外，分布的一阶矩和二阶矩分别是矩母函数的一阶导和二阶导在 $t = 0$ 处的值，相应的也就是图中曲线在 $t = 0$ 处的斜率和凹度。这两个导数在 $t = 0$ 处的值分别是 1 和 3/2，从而 $\mathrm{Bin}(2, 1/2)$ 分布的均值和方差分别为 1 和 1/2（即 $3/2 - 1^2 = 1/2$）。

例 6.4.9（负二项分布的矩母函数）　前面已经介绍过 $\mathrm{Geom}(p)$ 随机变量的矩母函数是 $\frac{p}{1 - qe^t}$，$qe^t < 1$，因此，$X \sim \mathrm{NBin}(r, p)$ 的矩母函数是

$$M(t) = \left(\frac{p}{1 - qe^t}\right)^r, \quad qe^t < 1。$$

☯ 6.4.10　不是所有的随机变量序列都有矩母函数。一些随机变量序列 X 甚至不存在 $E(X)$，或对于某些 $n > 1$，$E(X^n)$ 不存在。在这种情况下，矩母函数显然也不会存在。但是即使 X 的所有阶矩都存在，如果矩的阶数增长太快，那么矩母函数也有可能不存在。幸运的是，有一种方法可以弥补这一缺陷，即加入一个虚数 i。统计学家们把函数 $\psi(t) = E(e^{itX})$，其中 $i = \sqrt{-1}$，称为特征函数，而其他人则把它称为傅里叶变换。这样，特征函数

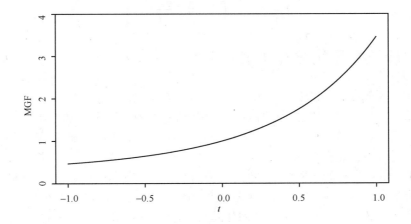

图 6.7　Bin(2, 1/2) 随机变量的矩母函数（MGF），即 $M(t) = \left(\frac{1}{2}e^t + \frac{1}{2}\right)^2$。由于矩母函数在 $t = 0$ 处的斜率是 1，因此该分布的均值为 1。又矩母函数在 $t = 0$ 点的二阶导为 $3/2$，所以该分布的二阶矩为 $3/2$。

就总是存在的。在本书中，为了避免处理虚数的麻烦，我们将只关注矩母函数而不去关注特征函数。

　　正如上一章中所介绍的，位置-尺度变换是从初始分布构建分布族的基本方法。例如，从 $Z \sim N(0,1)$ 开始，可以对其按比例 σ 缩放和移动 μ 个单位，从而得到 $X = \mu + \sigma Z \sim N(\mu, \sigma^2)$。一般来说，如果我们知道了随机变量 X 的均值为 μ，标准差为 $\sigma > 0$，那么就可以构造一个标准化的随机变量 $(X - \mu)/\sigma$，反之亦然。可以通过这种方法很容易地把两个随机变量序列的矩母函数联系起来。

　　命题 6.4.11（随机变量位置-尺度变换后的矩母函数）　若 X 的矩母函数是 $M(t)$，那么 $a + bX$ 的矩母函数是

$$E(e^{t(a+bX)}) = e^{at}E(e^{btX}) = e^{at}M(bt)。$$

例如，这个命题有助于我们获得正态分布和指数分布的矩母函数。

　　例 6.4.12（正态分布的矩母函数）　标准正态随机变量 Z 的矩母函数是

$$M_Z(t) = E(e^{tZ}) = \int_{-\infty}^{+\infty} e^{tz} \frac{1}{\sqrt{2\pi}} e^{-z^2/2} dz，$$

凑出完全平方项后，可得

$$M_Z(t) = e^{t^2/2} \int_{-\infty}^{+\infty} \frac{1}{\sqrt{2\pi}} e^{-(z-t)^2/2} dz = e^{t^2/2}，$$

由于 $N(t, 1)$ 的概率密度函数在整个支撑上的积分为 1，所以 $X = a + bX$ 的矩母函数是

$$M_X(t) = e^{\mu t}M_Z(\sigma t) = e^{\mu t}e^{(\sigma t)^2/2} = e^{\mu t + \frac{1}{2}\sigma^2 t^2}。$$　　□

　　例 6.4.13（指数分布的矩母函数）　因为 $X \sim \text{Expo}(1)$ 的矩母函数是

$$M(t) = E(e^{tX}) = \int_0^{+\infty} e^{tx} e^{-x} dx = \int_0^{+\infty} e^{-x(1-t)} dx = \frac{1}{1-t}, t < 1。$$

所以 $Y = X/\lambda \sim \text{Expo}(\lambda)$ 的矩母函数是

$$M_Y(t) = M_X\left(\frac{t}{\lambda}\right) = \frac{\lambda}{\lambda - t}, t < \lambda \text{。}$$

6.5 由矩母函数导出分布的各阶矩

现在，从一些例子出发来说明矩母函数这一名字的由来。定理 6.4.5 表明，可以通过对矩母函数求导，然后求其在 0 点处的值，从而得到原点矩，而不是通过 LOTUS 进行复杂的求和或积分。然而，更方便的是，在某些情况下，可以通过泰勒展开式同时得到分布的所有矩，而不是一遍又一遍地反复求导。

例 6.5.1 （指数分布的各阶矩） 在这个例子中，将证明如何由指数分布的矩母函数同时得到其所有的矩。令 $X \sim \text{Expo}(1)$，X 的矩母函数是 $M(t) = 1/(1 - t), t < 1$。

正如定理 6.4.5 所述，可以通过先对矩母函数求导，再求其在 0 处的值，最后得到原点矩。但是，在这种情况下，我们把 $1/(1 - t)$ 看作是一个在 0 的邻域内的一个几何级数。对于 $|t| < 1$，

$$M(t) = \frac{1}{1 - t} = \sum_{n=0}^{\infty} t^n = \sum_{n=0}^{\infty} n! \frac{t^n}{n!} \text{。}$$

另一方面，我们知道，在 $M(t)$ 的泰勒展开式中，$E(X^n)$ 是项 t^n 的系数，即

$$M(t) = \sum_{n=0}^{\infty} E(X^n) \frac{t^n}{n!} \text{。}$$

因此，通过比较系数，可以得 $E(X^n) = n!$ 对任意的 n 都成立。在这里，不仅没有做一次 LOTUS 积分，而且也没有对 $M(t)$ 求 10 阶导去获得 10 阶矩——而是立刻得到了所有的原点矩。

为了求 $Y \sim \text{Expo}(\lambda)$ 的矩，可以做一个比例变换，即令 $Y = X/\lambda$，其中 $X \sim \text{Expo}(1)$，从而有

$$Y^n = X^n/\lambda^n, E(Y^n) = \frac{n!}{\lambda^n} \text{。}$$

特别地，可以求得 Y 的均值和方差，从而很好地兑现了第 5 章中的承诺，即

$$E(Y) = \frac{1}{\lambda},$$

$$\text{Var}(Y) = E(Y^2) - (EY)^2 = \frac{2}{\lambda^2} - \frac{1}{\lambda^2} = \frac{1}{\lambda^2} \text{。}$$

例 6.5.2 （正态分布的各阶矩） 在这个例子中，将求出标准正态分布的所有阶原点矩。令 $Z \sim N(0,1)$，那么同样地，可以使用在泰勒展开式中比较系数的方法，

$$M(t) = e^{t^2/2} = \sum_{n=0}^{\infty} \frac{(t^2/2)^n}{n!} = \sum_{n=0}^{\infty} \frac{t^{2n}}{2^n n!} = \sum_{n=0}^{\infty} \frac{(2n)!}{2^n n!} \frac{t^{2n}}{(2n)!} \text{。}$$

因此，

$$E(Z^{2n}) = \frac{(2n)!}{2^n n!},$$

且 Z 的奇数阶原点矩等于 0，这可以从标准正态分布的对称性得到。由例 1.5.4 的证明过程可知，$\frac{(2n)!}{2^n n!}$ 也等于双阶乘 $(2n - 1)!!$，因此有，$E(Z^2) = 1$，$E(Z^4) = 1 \cdot 3$，$E(Z^6) = 1 \cdot 3 \cdot$

5，等等。

该结果也表明正态分布的峰度为 0。令 $X \sim N(0, \sigma^2)$，则有

$$\text{Kurt}(X) = E\left(\frac{X-\mu}{\sigma}\right)^4 - 3 = E(Z^4) - 3 = 3 - 3 = 0 \text{。}$$ □

例 6.5.3（对数正态分布的矩） 现在考虑对数正态分布，假设 Y 服从参数为 μ 和 σ^2 的对数正态分布，记作 $Y \sim LN(\mu, \sigma^2)$，且如果 $Y = e^X$，那么 $X \sim N(\mu, \sigma^2)$。

⚠ 6.5.4 对数正态的意思并不是对正态取对数，因为一个正态随机变量的取值有可能是负的。重要的是把对数正态分布的均值和方差与正态分布的均值和方差加以区分。在这里，我们定义正态分布的均值和方差分别为 μ 和 σ^2，这是最常见的一种约定。

有趣的是，对数正态分布的矩母函数不存在，这是因为对所有的 $t > 0$，$E(e^{tY})$ 是无限的。考虑 $Z \sim N(0,1)$，$Y = e^Z$ 的情形，由 LOTUS，可得

$$E(e^{tY}) = E(e^{te^Z}) = \int_{-\infty}^{+\infty} e^{te^z} \frac{1}{\sqrt{2\pi}} e^{-z^2/2} dz = \int_{-\infty}^{+\infty} \frac{1}{\sqrt{2\pi}} e^{te^z - z^2/2} dz \text{。}$$

对于任意的 $t > 0$，$te^z - z^2/2$ 会随着 z 的增加趋于无穷大，因此上述积分是发散的。

因为 $E(e^{tY})$ 在 0 附近的开区间内不是有限的，所以 Y 的矩母函数不存在。对于一般的对数正态分布，也是同样的道理。

然而，即使对数正态分布的矩母函数不存在，我们还是可以通过正态分布的矩母函数得到对数正态分布的所有阶矩。对于 $X \sim N(\mu, \sigma^2)$，$Y = e^X$ 的情况，有

$$E(Y^n) = E(e^{nY}) = M_X(n) = e^{n\mu + \frac{1}{2}n^2\sigma^2} \text{。}$$

换句话说，对数正态分布的 n 阶矩是正态分布的矩母函数在 $t = n$ 处的值。令 $m = E(Y) = e^{\mu + \frac{1}{2}\sigma^2}$，则有

$$\text{Var}(Y) = E(Y^2) - m^2 = m^2(e^{\sigma^2} - 1) \text{。}$$

所有的对数正态分布都是右偏的。例如，图 6.2 中，深色曲线表示均值为 2，方差为 12 的对数正态分布的概率密度函数。这是 e^X 的分布，其中 $X \sim N(0, 2\ln 2)$，显然它是右偏的。为了量化这一点，可以计算出对数正态随机变量 $Y = e^X$ 的偏度，其中 $X \sim N(0, \sigma^2)$。令 $m = E(Y) = e^{\frac{1}{2}\sigma^2}$，那么就有 $E(Y^n) = m^{n^2}$，$\text{Var}(Y) = m^2(m^2 - 1)$，且三阶中心矩为

$$E(Y - m)^3 = E(Y^3 - 3mY^2 + 3m^2Y - m^3)$$
$$= E(Y^3) - 3mE(Y^2) + 2m^3$$
$$= m^9 - 3m^5 + 2m^3 \text{。}$$

因此，其偏度为

$$\text{Skew}(Y) = \frac{E(Y-m)^3}{\text{SD}^3(Y)} = \frac{m^9 - 3m^5 + 2m^3}{m^3(m^2-1)^{3/2}} = (m^2 + 2)\sqrt{m^2 - 1},$$

其中，在最后一步中用到了等式 $m^6 - 3m^2 + 2 = (m^2 + 2)(m-1)^2(m+1)^2$。由于 $m > 1$，所以该偏度为正，且随着 σ 的增加，增加得非常快。 □

6.6 由矩母函数求独立随机变量和的分布

由于独立随机变量和的矩母函数是个体随机变量矩母函数的乘积，所以现在产生了一种

求独立随机变量和的分布的新方法，即先将个体矩母函数相乘，然后判断该结果是否是已有分布的矩母函数。下面的两个例子将对该方法进行进一步解释。

例 6.6.1（独立泊松随机变量和的分布） 通过矩母函数可以很容易证明独立泊松随机变量的和仍然服从泊松分布。首先，求 $X \sim \text{Pois}(\lambda)$ 的矩母函数，即

$$E(\mathrm{e}^{tX}) = \sum_{k=0}^{\infty} \mathrm{e}^{tx} \frac{\mathrm{e}^{-\lambda} \lambda^k}{k!} = \mathrm{e}^{-\lambda} \sum_{k=0}^{\infty} \frac{(\lambda \mathrm{e}^t)^k}{k!} = \mathrm{e}^{-\lambda} \mathrm{e}^{\lambda \mathrm{e}^t} = \mathrm{e}^{\lambda(\mathrm{e}^t - 1)}.$$

现在令 $Y \sim \text{Pois}(\mu)$，且与 X 相互独立。那么 $X + Y$ 的矩母函数是

$$E(\mathrm{e}^{tX}) E(\mathrm{e}^{tY}) = \mathrm{e}^{\lambda(\mathrm{e}^t - 1)} \mathrm{e}^{\mu(\mathrm{e}^t - 1)} = \mathrm{e}^{(\lambda + \mu)(\mathrm{e}^t - 1)},$$

这正是 $\text{Pois}(\lambda + \mu)$ 的矩母函数。而因为由矩母函数可以唯一地确定分布，从而可证得 $X + Y \sim \text{Pois}(\lambda + \mu)$。把这种方法与第 4 章（定理 4.8.1）的证明进行比较，可知定理 4.8.1 的证明需要全概率公式和把 X 的所有可能取值求和，而使用矩母函数的证明不会那么烦琐。 □

⚠ 6.6.2 重要的是，在上面的例子中，X 与 Y 要相互独立，想想看为什么。现考虑一种极端的依赖方式，$X = Y$。在这种情况下，$X + Y = 2X$，其值永远都是偶数，所以也不可能服从泊松分布。

例 6.6.3（独立正态随机变量和的分布） 如果 $X_1 \sim N(\mu_1, \sigma_1^2)$，$X_2 \sim N(\mu_2, \sigma_2^2)$，且 X_1，X_2 相互独立，那么 $X_1 + X_2$ 的矩母函数是

$$M_{X_1 + X_2}(t) = M_{X_1}(t) M_{X_2}(t) = \mathrm{e}^{\mu_1 t + \frac{1}{2} \sigma_1^2 t^2} \cdot \mathrm{e}^{\mu_2 t + \frac{1}{2} \sigma_2^2 t^2} = \mathrm{e}^{(\mu_1 + \mu_2) t + \frac{1}{2}(\sigma_1^2 + \sigma_2^2) t^2},$$

而这恰好是 $N(\mu_1 + \mu_2, \sigma_1^2 + \sigma_2^2)$ 的矩母函数。又由于矩母函数可以确定分布，所以一定有 $X_1 + X_2 \sim N(\mu_1 + \mu_2, \sigma_1^2 + \sigma_2^2)$。因此，独立正态随机变量的和仍然服从正态分布，且其均值和方差都是个体均值和方差的简单求和。 □

例 6.6.4（和服从正态分布） 上述例子的逆命题也是成立的，即如果 X_1 与 X_2 相互独立，且 $X_1 + X_2$ 服从正态分布，那么 X_1 和 X_2 也一定服从正态分布。这就是克拉默（Cramér）定理。在一般情况下，证明这个定理是困难的，但如果 X_1 和 X_2 相互独立，那么用矩母函数 $M(t)$ 去证明就变得容易了。不失一般性，可以假设 $X_1 + X_2 \sim N(0,1)$，且其矩母函数为

$$\mathrm{e}^{t^2/2} = E(\mathrm{e}^{t(X_1 + X_2)}) = E(\mathrm{e}^{tX_1}) E(\mathrm{e}^{tX_2}) = (M(t))^2,$$

因此 $M(t) = \mathrm{e}^{t^2/4}$，这正是 $N(0, 1/2)$ 的矩母函数。从而得到，X_1，$X_2 \sim N(0, 1/2)$。 □

我们将在第 8 章中讨论求独立随机变量和的分布的一种更为一般的方法，该方法用于在单个随机变量的矩母函数不存在或单个矩母函数的乘积不可识别时，仍然想得到概率质量函数或概率密度函数的情况。

6.7* 概率母函数

在本节中，将讨论概率母函数，它们与矩母函数类似，不同之处是对于取非负整数的随机变量，要保证其存在。首先，将用概率母函数去解决看似棘手的计数问题，然后，证明取非负整数值的随机变量序列的概率母函数可以确定其分布，而在更一般的矩母函数中，却忽略了其分布。

定义 6.7.1（概率母函数） 对于概率质量函数为 $p_k = P(X = k)$ 的取非负整数的随机变量，其**概率母函数**（probability generating function，PGF）是概率质量函数的生成函数。由

LOTUS，可得概率母函数为 $E(t^X) = \sum_{k=0}^{\infty} p_k t^k$。又由于 $\sum_{k=0}^{\infty} p_k = 1$，$|p_k t^k| \leq p_k$，且 $|t| \leq 1$，所以对任意的 t，该概率母函数都收敛到取值为区间 $[-1, 1]$ 上的一个数。

矩母函数和概率母函数密切相关，且当两者都存在时，对于 $t > 0$，

$$E(t^X) = E(e^{X\ln t})$$

是矩母函数在 $\ln t$ 处的取值。

例 6.7.2（生成骰子概率）　哈佛统计系的创始人弗雷德里克·莫斯特勒（Frederick Mosteller）曾叙述过下列改变他生活的这样一个时刻：

在我的人生中，大二的那一堂课是很关键的。在这堂课上，老师提出了这样一个问题，即当三个骰子滚动时，点数总和为 10 的概率是多少？选这门课的学生都很优秀，但是大部分人都是通过掰手指头得到答案的。在上课的时候，我对老师说道：“太好了！——我们得到答案了——但是如果掷 6 个骰子，然后问点数之和为 18 的概率是多少时，我们仍会这么计数。那么在遇到这样的问题时，您是怎么做的呢？”他说：“我不知道，但我认识一个可能会解决这类问题的人，我会去请教他。”

有一天，我在图书馆的时候，数学系的埃德温·G. 奥兹（Edwin G. Olds）教授来了，他对我大喊道，“我听说你对三个骰子的问题感兴趣。”他的声音很高，而且你知道图书馆原本是应该保持安静的，然后我就很尴尬。“好吧，过来找我，”他接着说，“我会告诉你的。”我说，“当然了。”但是我却对自己说，“我永远不会去。”然后他说，“你在做什么呢？”我给他看了一下，并说道，“这没什么重要的。”他说，“我们现在就走吧。”

这样，我们一起去了他的办公室，他给我看了一个生成函数，这是我在数学中看过的最奇妙的事情。在此之前，我一直把该函数所用到的数学知识看作是数学家给高中和大学的无辜学生留家庭作业的某种东西。我不知道我在数学方面还有多少别的想法。但无论如何，当我看到前辈们是如何应用我不相信的数学的时候，我都会感到很震惊。他用这种不同寻常的方式来应用它。这是对数字意义的一次重新诠释。[1]

令 X 是掷 6 个骰子所得到的点数和，$X_1 \cdots, X_6$ 是每一个骰子的点数。那么 $P(X = 18)$ 是多少呢？事实证明，有 3431 种结果的点数之和为 18，所以所求概率为 $3431/6^6 \approx 0.0735$。把所有的可能性都列出来是冗长且乏味的，而且这种乏味会因为错过某种结果而令人担心不已。那么，如果我们辛辛苦苦地列出了所有 3431 种结果，然后又让我们去求 $P(X = 19)$，又该怎么办呢？

X 的概率母函数可以让我们系统地求得所有情况。X_1 的概率母函数是

$$E(t^{X_1}) = \frac{1}{6}(t + t^2 + \cdots + t^6)。$$

又因为 X_j 是独立同分布的，所以 X 的概率母函数是

$$E(t^X) = E(t^{X_1} \cdots t^{X_6}) = E(t^{X_1}) \cdots E(t^{X_6}) = \frac{t^6}{6^6}(1 + t + \cdots + t^5)^6。$$

根据定义，在概率母函数中，t^{18} 的系数是 $P(X = 18)$。因此，点数和为 18 的方法数是 $t^6(1 + t + \cdots + t^5)^6$ 中 t^{18} 的系数，也就是 $(1 + t + \cdots + t^5)^6$ 中 t^{12} 的系数。手工相乘是乏味冗长的，但却比列出 3431 种结果要容易得多，这也可以在计算机上轻松完成，而不必编写任何特殊程序。

然而，一种更好的办法是，可以用 $1 + t + \cdots + t^5$ 是一个几何级数的事实，并将其表达为

$$(1 + t + \cdots + t^5)^6 = \frac{(1 - t^6)^6}{(1 - t)^6}。$$

（假设 $|t| < 1$，而之所以可以做出这样的假设，是因为就像矩母函数一样，我们只需要知道概率母函数在含 0 的开区间内是如何变化的即可。）又因为 t 是一个中间变量，所以上述等式仅仅是一个代数表达式，但如果一切都按顺序表示的话，那么这个方程将很难理解。由二项式定理，该式的分子可表示为

$$(1 - t^6)^6 = \sum_{j=0}^{6} \binom{6}{j} (-1)^j t^{6j},$$

分母可表示为

$$\frac{1}{(1-t)^6} = (1 + t + t^2 + \cdots + t^5)^6 = \sum_{k=0}^{\infty} a_k t^k,$$

其中，a_k 是从 6 个因子 $(1 + t + t^2 + \cdots + t^5)$ 中各选择一项，并使 t 的指数和为 6 的方法种数。例如，对于 $k = 20$，可分别选择项 t^3，1，t^2，t^{10}，1，t^5，这是因为它们相乘后的结果是 t^{20}。因此，a_k 是方程 $y_1 + y_2 + \cdots + y_6 = k$ 的解的数量，其中 y_j 是非负整数。我们曾在第 1 章介绍了计算 a_k 的方法，也就是 a_k 是玻色-爱因斯坦（Bose-Einstein）值 $\binom{6+k-1}{k} = \binom{k+5}{5}$。所以有

$$\frac{1}{(1-t)^6} = \sum_{k=0}^{\infty} \binom{k+5}{5} t^k。$$

对于 $0 < t < 1$，从另一个角度来看，这个等式之所以成立，是因为我们已经知道 NBin$(6, 1-t)$ 的概率质量函数相加之和必须为 1，从而它可以写成

$$\sum_{k=0}^{\infty} \binom{k+5}{5} (1-t)^6 t^k = 1。$$

［对 $(1-t)^{-6}$ 的分解是二项式定理中允许指数为负整数时的推广，这将有助于解释负二项式是因何得名的，注意负二项式既不是负的也不是二项的！］

综上所述，只需要知道式

$$\left(\sum_{j=0}^{2} \binom{6}{j} (-1)^j t^{6j} \right) \left(\sum_{k=0}^{12} \binom{k+5}{5} t^k \right)$$

中 t^{12} 的系数，在该式中，分别把 j 和 k 只取到 2 和 12，这是因为其他更进一步的项对 t^{12} 的系数不起作用。这样就可以使将 3431 种情况减少到 3 种情况，即取 (j, k) 为 $(0,12)$、$(1, 6)$ 或 $(2, 0)$。例如，当 $j = 1$，$k = 6$ 时，可得

$$-\binom{6}{1} t^6 \cdot \binom{6+5}{5} t^6 = -6 \binom{11}{5} t^{12},$$

从而 t^{12} 的系数为

$$\binom{17}{5} - 6 \binom{11}{5} + \binom{6}{2} = 3431。$$

因此 $P(X = 18) = \dfrac{3431}{6^6}$。 □

对概率质量函数来说，概率母函数只是一个方便的记录工具，它完全可以确定分布（对于任何取非负整数的随机变量）。下面的定理展示了如何从概率母函数的"晾衣绳"中得到概率质量函数的值。

定理 6.7.3 设 X、Y 是概率母函数分别为 g_X 和 g_Y 的随机变量，且对任意的 $t \in (-a, a)$，

都有 $g_X(t) = g_Y(t)$，其中 $0 < a < 1$。那么 X 和 Y 具有相同的分布，且它们的概率质量函数可以通过对 g_X 求导得到，即

$$P(X = k) = P(Y = k) = \frac{g_X^{(k)}(0)}{k!}。$$

证明： 由于

$$g_X(t) = \sum_{k=0}^{\infty} p_k t^k,$$

且 $g_X(0) = p_0$，因此就可以恢复 $P(X = 0)$，即知道了函数 g_X，也就可以得到 $P(X = 0)$ 的值。又因为 $g_X(t)$ 的导数为

$$g_X'(t) = \sum_{k=1}^{\infty} k p_k t^{k-1},$$

所以 $g_X'(0) = p_1$（这是由于实际分析中得到的事实表明，求导与有限和可交换顺序）。那么 $P(X = 1)$ 也得到了恢复。按照这种方法继续下去，就可以通过求导恢复整个概率质量函数。　■

例 6.7.4　设 $X \sim \mathrm{Bin}(n, p)$，且由于 $pt + q$ 是服从 $\mathrm{Bern}(p)$ 的随机变量的概率母函数（其中 $q = 1 - p$），所以 X 的概率母函数是 $g(t) = (pt + q)^n$。上述定理表明，具有该概率母函数的随机变量一定是二项随机变量。更进一步地，可以通过计算去恢复概率质量函数，具体过程是

$$g(0) = q^n, g'(0) = npq^{n-1}, g''(0)/2! = \binom{n}{2} p^2 q^{n-2},$$

其余，以此类推。也可以通过二项式定理直接得到，即

$$g(t) = (pt + q)^n = \sum_{k=0}^{n} \binom{n}{k} p^k q^{n-k} t^k,$$

由此可直接得二项分布的概率质量函数。

当使用二项分布的概率母函数时，让我们看看如何用它来得到二项分布的矩。令 $p_k = P(X = k)$，那么有

$$g'(t) = np(pt + q)^{n-1} = \sum_{k=1}^{n} k p_k t^{k-1},$$

因此，

$$g'(1) = np = \sum_{k=1}^{n} k p_k = E(X)。$$

对 $g'(t)$ 再求一次导，得

$$g''(t) = n(n-1)p^2(pt + q)^{n-2} = \sum_{k=2}^{n} k(k-1) p_k t^{k-2},$$

因此有

$$E(X(X-1)) = g''(1) = n(n-1)p^2。$$

把这些结果重新整理一下，即可得到 $\mathrm{Var}(X) = npq$ 的另一种证明方法。按照这种方法，我们可以计算出二项分布的阶乘矩，即

$$E(X(X-1)\cdots(X-k+1)) = k! \binom{n}{k} p^k。$$

在等式两边同时除以 $k!$，得到 $E\binom{X}{k} = \binom{n}{k}p^k$，这个等式也可用下面的讲述证明得到，具体

过程如下：$\binom{X}{k}$ 是 X 重伯努利试验中，有 k 次成功的方法数，也就是从原始的 n 重伯努利试

验中选择 k 次试验，使得这 k 次试验都是成功的。对于每一个 $\binom{n}{k}$ 中的大小为 k 的子集，构

造一个示性随机变量，并利用线性性质，即可得所证结论。

6.8 要点重述

通过分布的各阶矩来研究分布是一种非常有用的方法。尽管可以用许多其他统计量来定量描述分布，但前 4 阶矩却被广泛用作定量描述分布的基础。特别地，粗略地讲，一阶原点矩是平均值，二阶中心矩是方差，三阶标准矩是偏度（不对称性）的度量，四阶标准矩减去 3 度量了峰度和尾部厚度。

特别地，当矩母函数（MGF）存在时（这比所有阶矩都存在的条件更强），研究矩比研究分布的位置和形状更为有用。矩母函数之所以重要，有三个主要原因，第一，各阶矩的值可由矩母函数得到（这代替了以前通过 LOTUS 计算矩的方法）；第二，可用于研究独立随机变量序列和的分布；最后，因为由矩母函数完全可以确定分布，所以经常将其作为分布的附加蓝图。

图 6.8 从概率的角度，描绘了各个基本对象之间的关系。若 X 的矩母函数存在，那么各

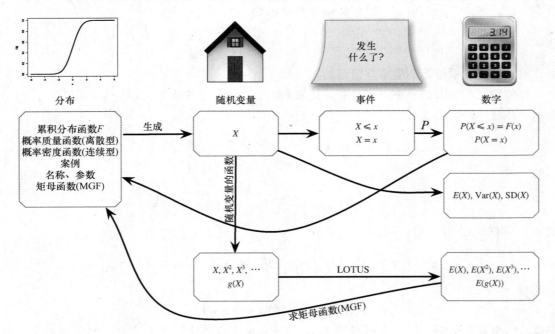

图 6.8　对于一个随机变量，可以研究它的各阶矩，即 $E(X)$，$E(X^2)$，…，这些（如果存在）都可以通过 LOTUS 方法或矩母函数求得。若其矩母函数存在，那么由它可以确定其分布，这完美解决了我们的任务，并将其加入到蓝图列表中。

阶矩的序列 $E(X)$，$E(X^2)$，$E(X^3)$，…就能够提供足够的信息（至少在理论上）来确定 X 的分布。

6.9 R 语言应用示例

函数

某随机变量的矩母函数是一个函数。下面这个例子可作为 R 中定义和处理函数的一个例子，可以应用 $N(0,1)$ 的矩母函数，且由 $M(t) = \mathrm{e}^{t^2/2}$ 给出。代码

```
M < - function(t){exp(t^2/2)}
```

把 M 定义为该矩母函数。function(t)表明，由此定义了一个变量为 t 的函数（t 也被称为函数的参数）。再比如，M(0)计算了该函数在 0 点处的值，M(1:10)计算了该函数在 1，2，…,10 处的值，且 curve(M,from = -3,to =3)描绘了 M 从 -3 到 3 的图像。

```
M < - function(x){exp(x^2/2)}
```

同样定义了函数 M，只是这里的参数被命名为 x。给出参数名对含有多变量的函数十分有用，因为 R 可以帮助我们进行保存而不必记住写入参数的顺序，并允许我们对默认值进行分配。例如，$g(t) = \exp(\mu t + \sigma^2 t^2/2)$ 就给出了 $N(\mu, \sigma^2)$ 的矩母函数，这个函数依赖于 t、μ 和 σ。在 R 中，可以通过

```
g < - function(t,mean =0,sd =1){exp(mean.* t + sd^2 * t^2/2)}
```

来定义该函数。那么 g(1,2,3)是多少呢？它是 $N(2,3^2)$ 的矩母函数在 1 处的值，但我们可能很难记住哪个参数是对应哪一个，特别是，在很长的一段时间里，一直处理多参数的很多个函数时。因此，可以用 g(t =1,mean =2,sd =3)或 g(mean =2,sd =3,t =1)或任何其他 4 种排列来表示同样的情况。

同样地，在定义 g 时，我们指定均值为 0，标准差为 1 的默认值，因此，如果，想求 $N(0, 5^2)$ 的矩母函数在 3 处的取值，那么可以用 g(t =3,sd =5)快速得到。而写成 g(3, 5)是不合适的，因为其含义不明确，事实上，在 R 中，会将其解释为 g(t =3,mean =5)。

矩

LOTUS 可以很容易地把连续型随机变量的任意阶矩写成一个积分，然后，通过在 R 中使用 integrate 命令就可以帮助我们将积分计算出来。例如，现在想估计服从 $N(0,1)$ 的随机变量的六阶矩。在 R 中，以下代码可以计算出 $\int_{-\infty}^{+\infty} g(x)\mathrm{d}x$：g < - function(x)x^6 * dnorm(x)

```
integrate(g,lower = - Inf,upper =Inf),
```

其中，$g(x) = x^6 \varphi(x)$，且 φ 是 $N(0,1)$ 的概率密度函数。运行这条语句时，R 就会给出其结果为 15（这个答案正如我们从本章所知道的那样，是正确的），且其绝对误差小于 7.9×10^{-5}。同样地，验证服从 Unif $(-1,1)$ 的随机变量的二阶矩（及其方差）是 1/3，可以用如下代码：

```
h < - function(x)x^2* dunif(x, -1,1)
integrate(h,lower = -1,upper =1)
```

☞**6.9.1** 对一些函数来说，对其进行数值积分会遇到很多困难，通常，用多种方法去验

证答案是一个不错的想法。当积分到∞的时候，用 upper = Inf 比用一个很大的数作为积分上限更好（积分下限为 $-\infty$ 时也是同样的道理）。例如，在很多软件中，integrate(dnorm,0,10^6)的结果是0，而 integrate(dnorm,0,Inf)的结果却是0.5，后者是正确的答案。

对于离散型随机变量的各阶矩，我们可以用 LOTUS 和 sum 命令得到。例如，要求 $X \sim$ Pois (7) 的二阶矩，可以使用如下语句：

```
g < -function(x)k^2 * dpois(k,7)
sum(g(0:100))
```

这里求和只加到100，这是因为 $k = 100$ 之后的所有项的总贡献可以忽略不计（这种选择上限的方法与在连续情况下使用 integrate 命令的方法截然相反）。计算结果非常接近于56，这表明该结果让人很放心，因为 $E(X^2) = \text{Var}(X) + (EX)^2 = 7 + 49 = 56$。

在 R 中，只需要一行语句，就可以得到样本矩。如果 x 是一个样本向量，那么 mean(x)可以给出其样本均值，更一般地，对于任意一个正整数 n，mean(x^n)可给出 x 的 n 阶样本矩。例如，

```
x < -rnorm(100)
mean(x^6)
```

可以给出来自 $N(0,1)$ 的100个独立随机变量序列的6阶样本矩。它与真实的6阶矩相差多少？其他样本矩与相应的真实矩又相差多少？

在 R 中，只需要一行语句，也可以得到样本方差。如果 x 是一个样本向量，则 var(x)可给出其样本方差。若 x 的长度是1，则返回 NA（不可用），这是因为此时，分母中 $n - 1$ 的值为0。在这种情况下，不返回数值是有意义的，这不仅是因为定义如此，而且因为当只有一个观测时，试图估计一个个体的变异是异想天开的！

为了用样本均值和样本方差去估计分布的真实均值和真实方差，我们从分布 $N(0,1)$ 中生成1000个随机数，并将其存储在 z 中。然后用 mean 和 var 计算样本均值和样本方差。

```
Z < -rnorm(1000)
mean(z)
var(z)
```

由其运行结果可以发现，mean(z)接近于0，var(z)接近于1。可以从你所选择的分布 $N(\mu, \sigma^2)$（或者其他的分布）出发，尝试着这么做一下，只需要记住 rnorm 中要把 μ 和 σ^2 作为输入。

x 的样本标准差可以由 sd(x)得到，其结果与 sqrt(var(x))的结果相同。R 中没有样本偏度或样本峰度的内置函数，但是我们可以按照以下方法定义出自己的函数。

```
skew < -function(x){
centralmoment < -mean((x -mean(x))^3)
centralmoment/(sd(x)^3)
}
kurt < -function(x){
centralmoment < -mean((x -mean(x))^4)
centralmoment/(sd(x^4) -3
}
```

中位数和众数

为了用累积分布函数 F 求连续型随机变量的中位数，需要求解方程 $F(x)=1/2$ 中的 x，这相当于去求函数 g 的根（零根），其中 $g(x)=F(x)-1/2$。在 R 中，可以由 uniroot 命令来实现。例如，先来看一下 Expo（1）分布的中位数。R 软件中，具体代码如下：

```
g < - function(x)pexp(x) -1/2
uniroot(g,lower =0,upper =1)
```

该语句要求 R 可以求出所需函数在 0 到 1 之间的根，且最后返回的值非常接近于真实值 ln2≈0.693。当然，在这种情况下，我们可以对 $1-e^{-x}=1/2$ 直接求解，而不必使用数值方法。

🐣 **6.9.2** uniroot 命令是有用的，但它仅仅是尝试着去找到一个根（如其名称所示），而不能保证一定就可以求得方程的根。

在 R 中，求 Expo(1) 的中位数的更简单的方法是使用 qexp(1/2)。函数 qexp 是 Expo(1) 分布的分位函数，这意味着 qexp(p) 是使 $P(X \leqslant x)=p$ 成立的 x 的值，其中 $X \sim$ Expo(1)。

为了得到连续分布的众数，可以使用 R 中的 optimize 函数。例如，求 Gamma(6,1) 分布的众数，下一章将介绍这一重要分布。其概率密度函数与 x^5e^{-x} 成正比。通过微积分，可以知道众数是在 $x=5$ 处。在 R 中，通过如下代码，可以发现其众数与 $x=5$ 非常接近。

```
h < - function(x)x^5 * exp( -x)
optimize(h,lower =0,upper =20,maximum =TRUE)
```

如果想要将其最小化而不是最大化，则可以输入 maximum =FALSE。

接下来举例说明离散情况下的中位数和众数是如何求的。前面已经介绍过，关于 Bin (n, p) 分布的一个有趣事实是，如果其均值 np 是整数，那么其中位数和众数也是 np（即使分布偏度很大）。为了验证这一事实对 Bin(50, 0.2) 分布的中位数和众数是否成立，可以使用以下代码：

```
n < -50;p < -0.2
which.max(pbinom(0:n,n,p) > =0.5)
```

函数 which.max 可以确定某一向量中，值最大的位置，可以给出第一次出现最大值的下标。由于 TRUE 被编码为 1，FALSE 被编码为 0，所以 pbinom(0:n,n,p) > =0.5 中第一次出现的最大值就是使累积分布函数的值大于等于 0.5 成立的第一个值。上述代码输出结果是 11，但我们必须避开一个错误，即下标 11 对应的中位数是 10，这是因为累积分布函数是从 0 开始计算的，类似地，which.max(pbinom(0:n,n,p) > =0.5)返回的值是 10，这表明众数的值为 10。

由 median(x) 可以得到数据向量 x 的样本中位数。但 mode(x) 无法给出 x 的样本众数（而是给出关于 x 是属于什么类型的信息）。要获得样本众数（在结点存在的情况下，是多个样本众数），我们可以使用以下函数：

```
datamode < - function(x){
    t < -table(x)
    m < -max(t)
    as.numeric(names(t[t = =m]))
}
```

骰子模拟

我们在 6.7 节的开头部分已经证明了，同时公平地掷 6 个骰子，点数之和为 18 的概率为 $3431/6^6$。但是证明过程比较复杂，而如果现在只是需要一个近似的概率值，那么模拟就是一种更为容易的方法，而且我们也已经知道该怎么做了！下列是在 R 中重复 100 万次的代码：

```
r < - replicate(10^6,sum(sample(6,6,replace = TRUE)))
sum(r = =18)/10^6
```

通过模拟，其最终的模拟结果是 0.07346，这与 $3431/6^6 \approx 0.07354$ 非常接近。

6.10　练习题

均值、中位数、众数和矩

1. 令 $U \sim \mathrm{Unif}(a, b)$，求 U 的中位数和众数。

2. 令 $X \sim \mathrm{Expo}(\lambda)$，求 X 的中位数和众数。

3. 令 X 服从参数为 $a > 0$ 的帕累托（Pareto）分布，即 $f(x) = a/x^{a+1}$（$x \geq 1$）是 X 的概率密度函数，求 X 的中位数和众数。

4. 令 $X \sim \mathrm{Bin}(n, p)$。

（a）若 $n = 5$，$p = 1/3$，则求 X 的所有中位数与所有众数，并将其与均值进行比较。

（b）若 $n = 6$，$p = 1/3$，则求 X 的所有中位数与所有众数，并将其与均值进行比较。

5. 令 X 均匀地在 $1, 2, \cdots, n$ 上离散分布，求 X 的所有中位数与所有众数（所求答案可能取决于 n 是偶数还是奇数）。

6. 假设现在有关于某年某城市每天的日降雨量的数据。人们想获得该城市在这一年中有关降雨规律的有用信息。已知在该年的大部分日子中该城市都没有降雨。讨论并比较以下的 6 个问题：从这一年中随机选取一天，计算其降雨量的平均值、中值和众数，以及从这一年该城市的下雨天中随机选取一天，计算其降雨量的平均值、中值和众数。（其中，rainy day 的意思是下雨天）。

7. 令 a 和 b 是正的常数。对于参数为 a 和 b 的 Beta 分布（在第 8 章中会对 Beta 分布进行详细介绍），当 $0 < x < 1$ 时，其概率密度函数与 $x^{a-1}(1-x)^{b-1}$ 成比例，当 $x \leq 0$ 或 $x \geq 1$ 时，其概率密度函数为 0。证明：当 $a > 1$，$b > 1$ 时，Beta 分布的众数是 $(a-1)/(a+b-2)$。

提示：可以先对概率密度函数取对数（注：这不会影响最大化的性质）。

8. 求参数为 $a = 3$ 和 $b = 1$ 的 Beta 分布的中位数（请参阅上一题中，关于 Beta 分布的相关信息）。

9. 令 Y 服从参数为 μ 和 σ^2 的对数正态分布。因此，若 $X \sim N(\mu, \sigma^2)$，则 $Y = e^X$。计算并解释以下论述是否正确。

（a）学生 A：“因为 X 的中位数是 μ，指数函数是连续的严格递增函数，因此，事件 $Y \leq e^\mu$ 等价于事件 $X \leq \mu$，Y 的中位数是 e^μ。”

（b）学生 B：“因为 X 的众数为 μ，$Y = e^X$，所以相应地，Y 的众数为 e^μ。”

（c）学生 C：“因为 X 的众数为 μ，指数函数是连续的严格递增函数，因此，最大化 X 的概率密度函数等价于最大化 $Y = e^X$ 的概率密度函数，从而 Y 的众数为 μ。”

10. 如果一个分布对称（关于某点对称）且具有唯一的众数，则称该分布是对称单峰的。例如，任何正态分布都是对称单峰的。令 X 有连续对称单峰分布，且均值存在。证明：X 的均值、中位数和众数都相等。

11. 令 $X_1,\cdots,X_n$ 是均值为 μ、方差为 σ^2、偏度为 γ 的、独立同分布随机变量列。

（a）令 $Z_j = \dfrac{(X_j - \mu)}{\sigma}$，可将 X_j 标准化。设 $\overline{X}_n$ 和 $\overline{Z}_n$ 分别是 X_j 和 Z_j 的样本均值。证明：Z_j 的偏度与 X_j 的相同，$\overline{Z}_n$ 的偏度与 $\overline{X}_n$ 的相同。

（b）证明：样本均值 $\overline{X}_n$ 的偏度为 $\gamma/\sqrt{n}$。

提示：由（a），不失一般性，可以假设 $\mu = 0$，$\sigma^2 = 1$；如果 X_j 最初没有标准化，可以对其标准化。若将 $(X_1 + X_2 + \cdots + X_n)^3$ 展开，就会出现 X_1^3、$3X_1^2 X_2$ 和 $6X_1 X_2 X_3$ 的项。

（c）当 n 很大时，（b）中关于 $\overline{X}_n$ 的分布会是什么形式？

12. 令 c 是真空中的光速，假设 c 未知，科学家们希望得到它的估计。但是，更重要的是，为了用于著名方程式 $E = mc^2$，他们希望得到 c^2 的估计。

通过实验，科学家们得到了 n 个独立 同分布的随机变量 X_1，$X_2,\cdots,X_n \sim N(c, \sigma^2)$。用这些数据，有很多方法来估计 c^2，其中两种自然的方法如下。

（1）使用 X_j 的平均去估计 c，然后将其平方即得到 c^2 的估计。（2）对 X_j^2 求平均。因此，令

$$\overline{X}_n = \frac{1}{n}\sum_{j=1}^n X_j,$$

并考虑如下两个估计量

$$T_1 = \overline{X}_n^2, T_2 = \frac{1}{n}\sum_{j=1}^n X_j^2 。$$

注：T_1 是一阶样本矩的平方，T_2 是二阶样本矩。

（a）求 $P(T_1 < T_2)$。

提示：当 $x_1,\cdots,x_n$ 取具体数值时，先比较 $\left(\dfrac{1}{n}\sum_{j=1}^n x_j\right)^2$ 和 $\dfrac{1}{n}\sum_{j=1}^n x_j^2$ 的值，然后考虑可能取值为 $x_1,\cdots,x_n$ 的一个离散型随机变量。

（b）当用一个随机变量 T 去估计未知参数 θ 时，定义 $E(T) - \theta$ 为估计量 T 的偏差。现求 T_1 和 T_2 的偏差。

提示：先求 $\overline{X}_n$ 的分布，一般地，为了求随机变量 Y 的 $E(Y^2)$，经常将其表达为 $E(Y^2) = \mathrm{Var}(Y) + (EY)^2$。

矩母函数

13. ⑤把一个公平的骰子投掷两次，第一次出现的数字为 X，第二次出现的数字为 Y。求 $X+Y$ 的矩母函数 $M_{X+Y}(t)$（所求答案应该是关于 t 的一个函数，并且可以包含未简化的有限和）。

14. ⑤设 U_1，$U_2,\cdots,U_{60}$ 是独立同分布于 $\mathrm{Unif}(0,1)$ 的随机变量序列，且 $X = U_1 + U_2 + \cdots + U_{60}$，则求 X 的矩母函数。

15. 令 X、Y 是独立同分布于 $N(0,1)$ 的随机变量，且 $W = X^2 + Y^2$。可以假设，X^2 的矩母函数为 $(1 - 2t)^{-1/2}$，其中 $t < 1/2$。

（a）求 W 的矩母函数。

（b）W 服从迄今为止我们研究过的哪个著名分布（除了给出分布名称之外还一定要给出这个分布的参数）？事实上，W 的分布也是另外两个更著名分布的特例，我们将在后面的章节进行研究！

16. 令 $X \sim \text{Expo}(\lambda)$。求 X 的偏度，并给出其值为正以及不依赖于 λ 的原因。

提示：求 X 的三阶中心矩的方法之一就是求出 $X - E(X)$ 的矩母函数并加以应用。

17. 令 $X_1, \cdots, X_n$ 是均值为 μ、方差为 σ^2、矩母函数为 M 的独立同分布随机变量序列。设

$$Z_n = \sqrt{n}\left(\frac{\overline{X}_n - \mu}{\sigma}\right)。$$

（a）证明：Z_n 是一个标准化的量，即其均值为 0，方差为 1。

（b）求 Z_n 的矩母函数，并将其用 X_j 的矩母函数 M 表示。

18. 用 $\text{Geom}(P)$ 分布的矩母函数证明该分布的均值为 q/p，方差为 q/p^2，其中 $q = 1 - p$。

19. 若 X 和 Y 是服从 $\text{Pois}(\lambda)$ 的独立同分布随机变量，那么用它们的矩母函数确定 $X + 2Y$ 是否服从泊松分布。

20. ⑤令 $X \sim \text{Pois}(\lambda)$，$M(t)$ 是 X 的矩母函数，定义 $g(t) = \ln M(t)$ 为累积矩母函数。$g(t)$ 的泰勒展开式为

$$g(t) = \sum_{j=1}^{\infty} \frac{C_j}{j!} t^j$$

［由于 $g(0) = 0$，所以 j 从 1 开始］，系数 c_j 被称为 X 的第 j 个累积量。对所有的 $j \geq 1$，求 X 的第 j 个累积量。

21. ⑤对所有的 $n \geq 1$，令 $X_n \sim \text{Bin}(n, p_n)$，其中，对所有的 n 而言，np_n 等于一个常数 $\lambda > 0$（因此，$p_n = \lambda/n$）。设 $X \sim \text{Pois}(\lambda)$。证明：$X_n$ 的矩母函数收敛于 X 的矩母函数［这为下列叙述提供了另一种证明方法，即当 n 很大、p 很小，且 np 适中时，$\text{Bin}(n, p)$ 分布可以被 $\text{Pois}(\lambda)$ 很好地近似。］

22. 考虑泊松近似成立的一个随机变量集：令 $A_1, \cdots, A_n$ 是独立的罕见事件，对所有的 j，有 n 很大，$p_j = P(A_j)$ 很小。设 $X = I(A_1) + \cdots + I(A_n)$ 是事件发生总的次数，$\lambda = E(X)$。

（a）求 X 的矩母函数。

（b）如果将 $1 + x \approx e^x$（当 x 非常接近于 0 时，这是一个很好的近似，反之当 x 不接近于 0 时，则不是一个很好的近似）用于将 X 的矩母函数中的每个因子写为 e 的幂次，矩母函数会是什么形式？并从直观上对此做出解释。

23. 令 U_1、U_2 是服从 $\text{Unif}(0,1)$ 的独立同分布的随机变量。第 8 章的例 8.2.5 证明了 $U_1 + U_2$ 服从三角分布，其概率密度函数为

$$f(t) = \begin{cases} t, & 0 < t \leq 1, \\ 2 - t, & 1 < t < 2。 \end{cases}$$

例 8.2.5 中的证明方法是有用的，但通常会出现积分困难的问题。可以用另外一种方法来代替积分。通过证明 $U_1 + U_2$ 与三角分布具有相同的矩母函数，来证明其服从三角分布。

24. 令 X 和 Y 是服从 $\text{Expo}(1)$ 的独立随机变量，且 $L = X - Y$。对于所有的 x，拉普拉斯（Laplace）分布的概率密度函数为

$$f(x) = \frac{1}{2}\mathrm{e}^{-|x|}。$$

则用矩母函数来证明 L 服从 拉普拉斯分布。

25. 令 $Y = X^{\beta}$，其中 $X \sim \mathrm{Expo}(1)$，$\beta > 0$，那么 Y 的分布就被称为参数为 β 的威布尔（Weibull）分布。它是对指数分布的推广，即允许存在非常数的危险函数。威布尔分布被广泛应用于统计、工程和生存分析中；甚至有一本 800 页的书，专门研究这种分布——Horst Rinne 的 The Weibull Distribution：A Handbook［23］。

对于该问题，令 $\beta = 3$。

（a）对于 s，$t > 0$ 求 $P(Y > s + t \mid Y > s)$，并说明 Y 是否有无记忆性。

（b）求 Y 的均值、方差和 $E(Y^n)$，其中 $n = 1，2，\cdots$。

（c）试说明 Y 的矩母函数是否存在。

第 7 章　联 合 分 布

当在第 3 章首次引入随机变量及其分布时，我们注意到两个随机变量序列各自的分布没有揭示任何关于两个随机变量序列是否独立的信息。例如，如果两个 Bern(1/2) 随机变量序列 X、Y 分别代表投掷两个不同的硬币试验时出现正面，那么它们是独立的；如果它们分别代表投掷一枚硬币时出现正面和出现反面，那么它们是相互依赖的。因此，尽管 X 的概率质量函数是 X 的完整设计，且 Y 的概率质量函数是 Y 的完整设计，但这些个体概率质量函数缺乏关于两个随机变量序列如何相关的重要信息。

当然，在现实生活中，我们通常关心在同一实验中多个随机变量序列之间的关系，举例如下。

- 医学：为了评估治疗方法的有效性，可以对每位患者进行多次测量，而包括血压、心率和胆固醇的整体测量结果会比任何单独考虑其中一种因素获得更多有用的信息。

- 遗传学：为研究各种遗传标记与特定疾病间的关系，如果只单独观察每个遗传标记的分布，可能无法了解各标记之间的相互作用是否与该疾病相关。

- 时间序列：为了研究事物如何随时间的变化而变化，通常可以进行一系列与时间相关的测量，然后对这些序列进行综合研究。这样的序列有许多应用，例如，全球气温、股票价格或全国失业率。综合考虑这些测量序列有助于推断用于预测未来变量值的趋势。

本章主要讨论联合分布，也称为多元分布。它被用来捕获先前缺少的关于多个随机变量序列如何相互影响的信息。并在多变量的情况下，引入累积分布函数（CDF）、概率质量函数（PMF）和概率密度函数（PDF），为多元随机变量列间的关系提供了一个完整的规范。待掌握这些基础工作之后，我们研究两个著名的多变量分布，即将二项分布和正态分布推广至更高维。

7.1　联合分布，边缘分布和条件分布

本节的三个关键概念是联合分布、边缘分布和条件分布。回顾一下，单个随机变量 X 的分布为 X 落入实数轴上任意子集的概率提供了完整信息。类似地，两个随机变量序列 X 和 Y 的联合分布为向量 (X, Y) 落入平面内任意子集的概率提供了完整信息。X 的边缘分布是忽略 Y 的值所得到的关于 X 的个体信息，而在给定 $Y = y$ 时，X 的条件分布是在观察到 $Y = y$ 后 X 的更新分布。首先，我们将在离散情形下给出上述概念，然后再将其扩展到连续情形。

7.1.1　离散情形

对两随机变量序列的联合分布的最一般描述是联合累积分布函数（joint CDF），它适用于离散型随机变量序列和连续型随机变量。

定义 7.1.1（联合累积分布函数）　随机变量序列 X 和 Y 的联合累积分布函数 $F_{X,Y}$ 的公

式如下：

$$F_{X,Y}(x,y) = P(X \leqslant x, Y \leqslant y)。$$

类似地，可定义 n 个随机变量序列的联合累积分布函数。

不幸的是，离散型随机变量函数的联合累积分布函数表现不佳。如在单变量情况下，分布函数的图像既有跳跃点又有平坦区域。为此，对于离散型随机变量序列，通常使用联合概率质量函数，该函数同样可以决定其联合分布且更易可视化。

定义 7.1.2（联合概率质量函数） 离散随机变量序列 X 和 Y 的联合概率质量函数 $P_{X,Y}$ 的公式如下：

$$P_{X,Y}(x,y) = P(X=x, Y=y)。$$

类似地，可定义 n 个随机变量序列的联合概率质量函数。

正如单变量概率密度函数必须非负且总和为 1 那样，要求有效的联合概率密度函数也是非负且总和为 1，其中，总和是 X、Y 取所有可能值的概率之和：

$$\sum_x \sum_y P(X=x, Y=y) = 1。$$

由联合概率质量函数可以确定分布，其原因是可以用它求对于平面中的任何集合 A，事件 $(X,Y) \in A$ 的概率。我们所要做的就是将 A 上的联合概率质量函数相加：

$$P((X,Y) \in A) = \sum_{(x,y) \in A} \sum P(X=x, Y=y)。$$

图 7.1 显示了两个离散型随机变量序列的联合概率质量函数。(x,y) 处垂直柱的高度代表概率 $P(X=x, Y=y)$。为使联合概率密度函数有效，所有垂直柱的总高度必须为 1。

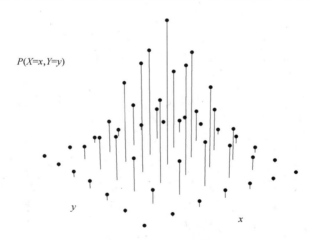

图 7.1 离散型随机变量序列 X、Y 的联合概率质量函数。

从 X 和 Y 的联合分布中，我们可以将 Y 的所有可能值相加得到 X 的分布。这就是前几章中所介绍的熟悉的 X 的联合质量函数，并称之为 X 的边缘分布或无条件分布，以表明这里指的是 X 的单独分布，而不考虑 Y 的取值。

定义 7.1.3（边缘概率质量函数） 对于离散型随机变量序列 X 和 Y，X 的边缘概率质量函数为

$$P(X=x) = \sum_y P(X=x, Y=y)。$$

X 的边缘概率质量函数就是单独观察 X 而非联合 Y 时的 X 的概率质量函数。上述公式遵循概率公理（我们在不相交的情况下可以对其进行求和）。对 Y 的可能值进行求和以便将联合概率质量函数转换为 X 的边缘概率质量函数的操作称为 Y 的边缘化。

从联合概率质量函数获得边缘概率质量函数的过程如图 7.2 所示。这里，对联合概率质量函数进行鸟瞰可以得到更为清晰的视角；联合概率质量函数图像中的每一列对应于固定的 x，每一行对应于固定的 y。对于任意 x，概率 $P(X=x)$ 是联合概率质量函数相应列的柱的总高度；可以想象取出该列中的所有垂直柱并将它们堆叠在彼此之上以获得边缘概率。对所有 x 重复该操作，便得到边缘概率质量函数，并用粗实线描绘。

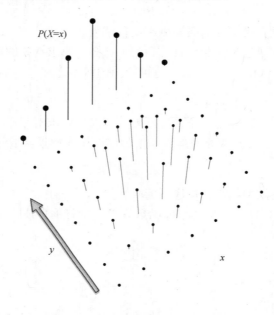

图 7.2　由图 7.1 所得到的联合概率质量函数的鸟瞰图。边缘概率质量函数 $P(X=x)$ 是通过在 y 方向上对联合概率质量函数进行求和而获得的，如图中箭头所示。

同样地，Y 的边缘概率质量函数是通过对 X 的所有可能值进行求和而获得的。因此，给定联合概率质量函数，我们可以对 Y 进行边缘化得到 X 的概率质量函数，或者边缘化 X 得到 Y 的概率质量函数。但是如果只知道 X 和 Y 的边缘概率质量函数，那么在没有其他假设的情况下是无法恢复联合概率质量函数的。显然，图 7.2 中很清楚地显示了如何将垂直柱进行堆叠，但并不知道在堆叠后如何将其拆分！

另一种由联合分布得到边缘分布的方法是通过联合累积分布函数。在这种情况下，我们对其取极限而非求和：X 的边缘累积分布函数为

$$F_X(x) = P(X \leqslant x) = \lim_{y \to \infty} P(X \leqslant x, Y \leqslant y) = \lim_{y \to \infty} F_{X,Y}(x,y)。$$

然而，如上所述，通常更容易对联合概率质量函数进行处理。

现在假设我们观察 X 的取值，并希望通过更新 Y 的分布来反映这些信息。我们应该使用在 $X=x$ 的条件下的概率质量函数，其中，x 是 X 的观测值，而不使用边缘概率质量函数 $P(Y=y)$，它不包含关于 X 的任何信息。这样很自然地就要考虑条件概率质量函数。

定义 7.1.4（条件概率质量函数）　对于离散型随机变量序列 X 和 Y，给定 $X=x$ 的条件

下，Y 的条件概率质量函数为

$$P(Y=y \mid X=x) = \frac{P(X=x, Y=y)}{P(X=x)}。$$

上式可看作固定 x 的条件下 y 的函数。

注意，这个条件概率质量函数（固定 x）是一个有效的概率质量函数。所以可以定义给定 $X=x$ 的条件下 Y 的条件期望，记作 $E(Y \mid X=x)$，同样地也可以定义 $E(Y)$，只需用 Y 的条件概率质量函数替代 Y 的概率质量函数即可。第 9 章将重点介绍条件期望。

图 7.3 说明了条件概率质量函数的定义。为了对事件 $X=x$ 条件化，我们先取联合概率质量函数并关注 X 取值为 x 的垂直条，图中以粗实线显示。其他的所有垂直条均无关紧要，因为它们和事件 $X=x$ 发生毫无关系。由于粗实线垂直条的总高度即为边缘概率 $P(X=x)$，所以可以通过除以 $P(X=x)$ 来对条件概率质量函数进行归一化；这确保了条件概率质量函数的总和为 1。因此，正如条件概率是概率一样，条件概率质量函数也是概率质量函数。注意对于 X 的每一个可能值，Y 都有一个不同的条件概率质量函数；图 7.3 只强调了其中的一个条件概率质量函数。

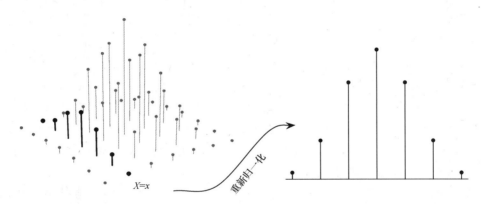

图 7.3 给定 $X=x$ 的条件下，Y 的条件概率质量函数。条件概率质量函数 $P(Y=y \mid X=x)$ 是通过对兼容事件 $X=x$ 的条件概率质量函数的列归一化而得到的。

我们也可以使用贝叶斯准则，将给定 $X=x$ 的 Y 的条件分布和给定 $Y=y$ 的 X 的条件分布联系起来：

$$P(Y=y \mid X=x) = \frac{P(X=x \mid Y=y)P(Y=y)}{P(X=x)}。$$

也可以利用全概率公式，得到获得边缘概率质量函数的另一种方法。X 的边缘概率质量函数等于条件质量函数 $P(X=x \mid Y=y)$ 的加权平均，其中权重为概率 $P(Y=y)$：

$$P(X=x) = \sum_y P(X=x \mid Y=y)P(Y=y)。$$

下面，用一个实际例子来补充说明之前观察过的图表。

例 7.1.5（2×2 表格）　离散联合分布的最简单的例子是 X 和 Y 均为伯努利随机变量序列的情况。在这种情况下，联合概率质量函数由以下 4 个值 $P(X=1, Y=1)$、$P(X=0, Y=1)$、$P(X=1, Y=0)$ 和 $P(X=0, Y=0)$ 完全确定，所以可以用一个 2×2 表格来表示联合概率质量函数。

实际上，这种非常简单的情况在统计学中具有重要地位，因为这些表格通常可用于研究某治疗方法与某特定的结果是否相关。在这种情况下，X 是接受治疗的示性变量，Y 是感兴趣的结果的示性变量。假设从美国人口中随机抽一名成年男性。令 X 是被抽样个体目前是烟民的示性变量，Y 是他人生中的某个时候患肺癌的示性变量。然后下表就是表示 X 和 Y 的联合概率质量函数。

	$Y=1$	$Y=0$
$X=1$	$\frac{5}{100}$	$\frac{20}{100}$
$X=0$	$\frac{3}{100}$	$\frac{72}{100}$

为得到边缘概率 $P(Y=1)$，在表中向 $Y=1$ 所对应的两个单元格内添加概率。对 $P(Y=0)$、$P(X=1)$ 和 $P(X=0)$ 进行相同的操作，并将这些概率写在表格的边缘（这使得"边缘"一词非常恰当！）。

	$Y=1$	$Y=0$	合计
$X=1$	$\frac{5}{100}$	$\frac{20}{100}$	$\frac{25}{100}$
$X=0$	$\frac{3}{100}$	$\frac{72}{100}$	$\frac{75}{100}$
合计	$\frac{8}{100}$	$\frac{92}{100}$	$\frac{100}{100}$

这表明 X 的边缘分布为 Bern(0.25) 且 Y 的边缘分布为 Bern(0.08)。换句话说，该个体目前是烟民的非条件概率等于 0.25，患肺癌的条件概率等于 0.08。

现在假设我们观察到 $X=1$；即该个体目前是烟民。然后就可以更新他患肺癌的风险。

$$P(Y=1 \mid X=1) = \frac{P(X=1, Y=1)}{P(X=1)} = \frac{5/100}{25/100} = 0.2,$$

因此，给定 $X=1$ 时 Y 的条件分布为 Bern(0.2)。通过类似的计算可得，给定 $X=0$ 时 Y 的条件分布为 Bern(0.04)。这说明对于当前烟民，患肺癌的概率为 0.2，但对于非吸烟者而言仅为 0.04。 □

⚐ 7.1.6 "边际"一词在经济学和统计学中有着相反的含义。在经济学中它代表一个导数，例如，边际收益是收入相对于销售量的导数。而在统计学中，它指的是一个积分或者总数，可以在表格边缘写入合计来直观表示，如上述例子。

结合对联合分布、边缘分布和条件分布的理解，可以重新审视第 3 章中介绍的独立性的定义。

定义 7.1.7（离散型随机变量序列的独立性） 随机变量 X 和 Y 是独立的，当对于所有 x 和 y 有

$$F_{X,Y}(x,y) = F_X(x)F_Y(y)。$$

如果 X 和 Y 是离散的，上式等价于

$$P(X=x, Y=y) = P(X=x)P(Y=y)$$

对于所有的 x 和 y 成立。也等价于

$$P(Y = y \mid X = x) = P(Y = y)$$

对于所有的 y 和所有满足 $P(X = x) > 0$ 的 x 成立。

使用本章中的术语，独立性定义说明对于独立随机变量序列，联合累积分布函数可分解成边缘累积分布函数的乘积，或联合概率质量函数可分解为边缘概率质量函数的乘积。记住，一般来说，由边缘分布无法确定联合分布：这就是我们先研究联合分布的原因。但是在满足独立性的特殊情况下，由边缘分布可以确定联合分布；即用边缘概率质量函数的乘积便可得到联合概率质量函数。

从另一方面来看，独立性是指所有条件概率质量函数与边缘概率质量函数相同。换句话说，从 Y 的边缘概率质量函数出发，在对 $X = x$ 进行条件化时，不管 x 是什么，都不需要进行更新。即没有纯粹涉及 X 的事件可以影响 Y 的分布，反之亦然。

例 7.1.8（2×2 表格中的独立性） 回到例 7.1.5 中的表格，可以用独立性的上述两种定义解释 X 和 Y 是非独立的。

	$Y = 1$	$Y = 0$	合计
$X = 1$	$\frac{5}{100}$	$\frac{20}{100}$	$\frac{25}{100}$
$X = 0$	$\frac{3}{100}$	$\frac{72}{100}$	$\frac{75}{100}$
合计	$\frac{8}{100}$	$\frac{92}{100}$	$\frac{100}{100}$

首先，联合概率质量函数不是边缘质量函数的乘积。例如，

$$P(X = 1, Y = 1) \neq P(X = 1)P(Y = 1)。$$

只要找到一组 x 和 y 的值使得 $P(X = x, Y = y) \neq P(X = x)P(Y = y)$ 成立，就可排除独立性。

其次，我们发现 Y 的边缘分布为 Bern(0.08)，而给定 $X = 1$ 时 Y 的条件分布为 Bern(0.2)，给定 $X = 0$ 时 Y 的条件分布为 Bern(0.04)，由于 X 值的改变会改变 Y 的分布，所以 X 和 Y 是非独立的：即获取抽样个体是否为当前烟民的信息可以得知他未来患肺癌的概率。

这个例子带有强制性的免责声明。虽然 X 和 Y 是相互依赖的，但是不能仅仅根据这个结果就推断吸烟是否会导致肺癌。正如我们在第 2 章介绍的辛普森悖论中所指出的那样，在没有考虑混杂变量时，会产生误导性联想。 □

为此，我们将另举一个离散型联合分布的例子来说明这一点。并将其命名为"鸡-蛋问题"；在这个问题中，我们一厢情愿地找到一个联合概率质量函数，从而产生了一个令人惊奇的独立性结果。

例 7.1.9（鸡-蛋问题） 假设一只鸡随机生产 N 枚鸡蛋，$N \sim \text{Pois}(\lambda)$。每枚鸡蛋以概率 p 独立孵化，孵化失败的概率为 $q = 1 - p$。令 X 为成功孵化的鸡蛋数量，Y 代表没有孵化的鸡蛋个数，因此 $X + Y = N$。求 X 与 Y 的联合概率质量函数。

解：
先求对于非负整数 i 和 j 的联合概率质量函数 $P(X = i, Y = j)$。根据鸡蛋总数为 N 这一条件，鸡蛋的孵化符合成功概率为 p 的伯努利试验，因此由二项分布，X 和 Y 的条件分布为 $X \mid N = n \sim \text{Bin}(n, p)$ 和 $Y \mid N = n \sim \text{Bin}(n, q)$。由于只知道鸡蛋总数会使得求解更加容易，因

此我们理想地认为：在给定 N 的条件下应用全概率公式，可得

$$P(X=i,Y=j) = \sum_{n=0}^{\infty} P(X=i,Y=j \mid N=n)P(N=n)。$$

式中的求和号是在固定 i 和 j 时对 n 的所有可能值求和。但是除了 $n=i+j$ 外，无法得到 X 等于 i 且 Y 等于 j。例如，想恰好得到 5 个孵化的鸡蛋和 6 个未孵化鸡蛋的唯一办法是总共有 11 个鸡蛋。因此，

$$P(X=i,Y=j \mid N=n) = 0,$$

除非 $n=i+j$，这意味着求和号中的其他部分均可以被舍弃：

$$P(X=i,Y=j) = P(X=i,Y=j \mid N=i+j)P(N=i+j)。$$

根据 $N=i+j$ 的条件可知，事件 $X=i$ 和 $Y=j$ 完全等同，因此同时保留两个事件是多余的。我们要求 $X=i$；接下来就是插入二项分布的概率质量函数得到 $P(X=i \mid N=i+j)$，插入泊松分布的概率质量函数得到 $P(N=i+j)$。因此，

$$P(X=i,Y=j) = P(X=i \mid N=i+j)P(N=i+j)$$

$$= \binom{i+j}{i}p^i q^j \cdot \frac{e^{-\lambda}\lambda^{i+j}}{(i+j)!}$$

$$= \frac{e^{-\lambda p}(\lambda p)^i}{i!} \cdot \frac{e^{-\lambda p}(\lambda q)^j}{j!}。$$

这里将联合概率质量函数分解为 $\mathrm{Pois}(\lambda p)$ 的概率质量函数（作为 i 的函数）和 $\mathrm{Pois}(\lambda q)$ 的概率质量函数（作为 j 的函数）的乘积。这告诉我们两个简单的事实：（1）因为 X 和 Y 的联合概率质量函数是其边缘概率质量函数的乘积，所以 X 和 Y 相互独立；（2）$X \sim \mathrm{Pois}(\lambda p)$，且 $Y \sim \mathrm{Pois}(\lambda q)$。

起初 X 独立于 Y 可能看起来很违反直觉。难道不知道孵化的鸡蛋多就意味着可能没有那么多鸡蛋未孵化吗？对于固定数量的鸡蛋，这种独立性是不存在的：因为在得知孵化鸡蛋的数量后就等于完全确定了未孵化鸡蛋的数量。但在本例中，鸡蛋的数量是随机的，且服从泊松分布，这恰好是使 X 和 Y 无条件独立的一种随机性。 □

"鸡-蛋问题"对第 4 章的一个结果做出如下补充：

定理 7.1.10 若 $X \sim \mathrm{Pois}(\lambda p)$，$Y \sim \mathrm{Pois}(\lambda q)$，且 X 和 Y 是独立的，则 $N = X+Y \sim \mathrm{Pois}(\lambda)$，且 $X \mid N=n \sim \mathrm{Bin}(n,p)$。

由"鸡-蛋问题"，可得该定理的逆命题也成立。

定理 7.1.11 若 $N \sim \mathrm{Pois}(\lambda)$ 且 $X \mid N=n \sim \mathrm{Bin}(n,p)$，则 $X \sim \mathrm{Pois}(\lambda p)$，$Y = N-X \sim \mathrm{Pois}(\lambda q)$，且 X 和 Y 独立。

7.1.2 连续情形

一旦掌握了离散型联合分布的处理，那么考虑连续型联合分布也将不再困难。为此，只是做一简单替换，用积分代替求和，用概率密度函数代替概率质量函数，记住取值为任何单一点的概率均为 0。

形式上，为使 X 和 Y 有连续型联合分布，需要联合累积分布函数

$$F_{X,Y}(x,y) = P(X \leq x, Y \leq y)$$

关于 x 和 y 可微。关于 x 和 y 的偏导数称为联合概率密度函数。联合概率密度函数确定联合

分布，联合累积分布函数也是如此。

定义 7.1.12（联合概率密度函数） 若 X 和 Y 是连续的，且联合累积分布函数为 $F_{X,Y}$，则其联合概率密度函数为联合累积分布函数关于 x 和 y 的导数：

$$f_{X,Y}(x,y) = \frac{\partial^2}{\partial x \partial y} F_{X,Y}(x,y)。$$

要求有效的联合概率密度函数是非负的，且其积分等于 1：

$$f_{X,Y}(x,y) \geqslant 0, \int_{-\infty}^{+\infty} \int_{-\infty}^{+\infty} f_{X,Y}(x,y)\,\mathrm{d}x\mathrm{d}y = 1。$$

在单变量情况下，概率密度函数是我们通过积分以获得变量在某个区间的概率的函数。类似地，两个随机变量序列的联合概率密度函数是通过积分以获得向量在二维区域的概率的函数。例如，

$$P(X < 3, 1 < Y < 4) = \int_{1}^{4} \int_{-\infty}^{3} f_{X,Y}(x,y)\,\mathrm{d}x\mathrm{d}y。$$

对于一般的集合 $A \subseteq \mathbf{R}^2$，

$$P((X,Y) \in A) = \iint_{A} f_{X,Y}(x,y)\,\mathrm{d}x\mathrm{d}y。$$

图 7.4 是两个随机变量序列的联合概率密度函数。和通常的连续型随机变量序列相同，需要记住点 (x,y) 处的表面高度 $f_{X,Y}(x,y)$ 不表示概率。变量取平面中任何特定点的概率均为 0；此外，现在我们已经增加了一个维度，因此变量在平面中的任何直线或曲线取值的概率也为 0。获得非零概率的唯一办法是通过在 xy 平面上对正区域进行积分得到。

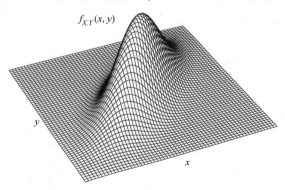

$$f_{X,Y}(x,y)$$

图 7.4 连续型随机变量序列 X 和 Y 的联合概率密度函数。

当我们在区域 A 上对联合概率密度函数进行积分时，计算的实际上是联合概率密度函数表面下到区域 A 以上的体积。因此，概率是由联合概率密度函数下方的体积表示的。一个有效的联合概率密度函数下的总体积为 1。

在离散型的情形下，对联合概率质量函数中 Y 的所有可能值求和可以得到 X 的边缘概率质量函数。而在连续型的情形下，对联合概率密度函数中 Y 的所有可能值进行积分便可得到 X 的边缘概率质量函数。

定义 7.1.13（边缘概率密度函数） 对于连续型随机变量序列 X 和 Y，其联合概率密度函数为 $f_{X,Y}$，则 X 的边缘概率密度函数为

$$f_X(x) = \int_{-\infty}^{+\infty} f_{X,Y}(x,y)\,\mathrm{d}y。$$

这是单独观察 X 而非联合 Y 时 X 的概率密度函数。

为简化符号，这里主要观察两个而非 n 个随机变量序列的联合分布，但是边缘化操作对任意个数的随机变量均有效，例如，如果已知 X、Y、Z、W 的联合概率密度函数，但是想得到 X 和 W 的联合概率密度函数，那么只需对 Y 和 Z 的所有可能值积分：

$$f_{X,W}(x,w) = \int_{-\infty}^{+\infty}\int_{-\infty}^{+\infty} f_{X,Y,Z,W}(x,y,z,w)\,\mathrm{d}y\mathrm{d}z。$$

从概念上讲很容易对不需要的变量进行积分就可以获得需要的变量的联合概率密度函数，但在实际计算积分时可能存在一定的难度。

再回到两个随机变量 X 和 Y 的联合分布，考虑如何在观察到 X 后使用条件概率密度函数对 Y 的分布进行更新。

定义 7. 1. 14（条件概率密度函数） 对于连续型随机变量序列 X 和 Y，其联合概率密度函数为 $f_{X,Y}$，则给定 $X = x$ 时 Y 的条件概率密度函数为

$$f_{Y\mid X}(y\mid x) = \frac{f_{X,Y}(x,y)}{f_X(x)}。$$

可将其看作固定 x 时关于 y 的函数。

注释 7. 1. 15 上述所有 f 中的下标只是为了提醒我们这里有三个不同的函数。也可以写作 $g(y\mid x) = f(x,y)/h(x)$，其中，f 是联合概率密度函数，h 是 X 的边缘概率密度函数，g 是给定 $X = x$ 时 Y 的条件概率密度函数，而这会使记住哪个字母代表哪个函数变得更为困难。

图 7.5 说明了条件概率密度函数的定义。我们取出对应于 X 的观测值的联合概率密度函数的一个垂直切面；由于该切面下的总面积为 $f_X(x)$，因此除以 $f_X(x)$ 可保证条件概率密度函数的面积为 1。因此条件概率密度函数是有效的概率密度函数。

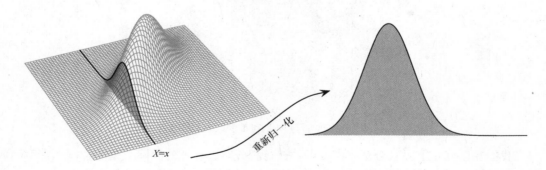

图 7.5 给定 $X = x$ 时 Y 的条件概率密度函数。条件概率密度函数 $f_{Y\mid X}(y\mid x)$

是通过在固定值 x 时对联合概率密度函数的切面进行重归一化获得的。

💡 **7. 1. 16** 对于一个连续型随机变量 X，应该怎样描述 $X = x$ 的条件？是将该事件的概率看作 0 吗？严格来说，实际上是增加了 X 落入 x 的某个小邻域这一条件，记作 $X \in (x - \varepsilon,\ x + \varepsilon)$，然后在 ε 趋于 0 时取极限。我们对这种技术并不陌生。幸运的是，许多重要结论，如贝叶斯准则，可以按照人们希望的这种方式应用到连续型随机变量中。

注意，如果条件概率密度函数 $f_{Y\mid X}$ 以及相应的边缘概率密度函数 f_X 已知，则由此可确定

联合概率密度函数 $f_{X,Y}$：

$$f_{X,Y}(x,y) = f_{Y|X}(y \mid x) f_X(x)。$$

类似地，如果已知 $f_{X|Y}$ 和 f_Y，也可以得到联合概率密度函数

$$f_{X,Y}(x,y) = f_{X|Y}(x \mid y) f_Y(y)。$$

这样，就可以得到连续情形下的贝叶斯准则

$$P(Y = y \mid X = x) = \frac{P(X = x \mid Y = y) P(Y = y)}{P(X = x)},$$

以及全概率公式（LOTP）

$$P(X = x) = \sum_y P(X = x \mid Y = y) P(Y = y)。$$

这些公式在连续情形下同样适用，只要用概率密度函数替代概率即可。

定理 7.1.17（连续场合下的贝叶斯准则和全概率公式） 对于连续型随机变量序列 X 和 Y，有

$$f_{Y|X}(y \mid x) = \frac{f_{X|Y}(x \mid y) f_Y(y)}{f_X(x)},$$

$$f_X(x) = \int_{-\infty}^{+\infty} f_{X|Y}(x \mid y) f_Y(y) \, \mathrm{d}y。$$

证明：根据条件概率密度函数的定义，可得

$$f_{Y|X}(y \mid x) f_X(x) = f_{X,Y}(x,y) = f_{X|Y}(x \mid y) f_Y(y)。$$

将上式除以 f_X 即可得连续情形下的贝叶斯准则。若对相应的 y 积分即可得到连续情形下的全概率公式：

$$f_X(x) = \int_{-\infty}^{+\infty} f_{X,Y}(x,y) \, \mathrm{d}y = \int_{-\infty}^{+\infty} f_{X|Y}(x \mid y) f_Y(y) \, \mathrm{d}y。$$

出于好奇，我们在全概率公式的证明中插入 $f_{X,Y}(x, y)$ 的其他形式：

$$f_X(x) = \int_{-\infty}^{+\infty} f_{X,Y}(x,y) \, \mathrm{d}y = \int_{-\infty}^{+\infty} f_{Y|X}(y \mid x) f_X(x) \, \mathrm{d}y = f_X(x) \int_{-\infty}^{+\infty} f_{Y|X}(y \mid x) \, \mathrm{d}y。$$

所以这只能说明

$$\int_{-\infty}^{+\infty} f_{Y|X}(y \mid x) \, \mathrm{d}y = 1,$$

同时证实了条件概率密度函数的积分等于 1。 ∎

现在，我们得到了对于两个离散型随机变量序列或两个连续型随机变量序列的贝叶斯准则和全概率公式形式。更重要的是，当已知一个离散型随机变量或连续型随机变量时，也存在相应形式。在理解了离散形式后，很容易记忆和使用其他形式，因为它们都是类似的，只需在必要时将概率换成概率密度函数。以下是贝叶斯准则的四种形式：

	Y 离散	Y 连续
X 离散	$P(Y=y \mid X=x) = \dfrac{P(X=x \mid Y=y) P(Y=y)}{P(X=x)}$	$f_Y(y \mid X=x) = \dfrac{P(X=x \mid Y=y) f_Y(y)}{P(X=x)}$
X 连续	$P(Y=y \mid X=x) = \dfrac{f_X(x \mid Y=y) P(Y=y)}{f_X(x)}$	$f_{Y|X}(y \mid x) = \dfrac{f_{X|Y}(x \mid y) f_Y(y)}{f_X(x)}$

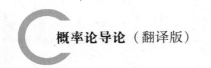

下表是全概率公式的四种形式：

	Y 离散	Y 连续
X 离散	$P(X=x) = \sum\limits_{y} P(X=x \mid Y=y)P(Y=y)$	$P(X=x) = \int_{-\infty}^{+\infty} P(X=x \mid Y=y)f_Y(y)\,\mathrm{d}y$
X 连续	$f_X(x) = \sum\limits_{y} f_X(x \mid Y=y)P(Y=y)$	$f_X(x) = \int_{-\infty}^{+\infty} f_{X \mid Y}(x \mid y)f_Y(y)\,\mathrm{d}y$

最后，讨论连续型随机变量序列独立性的定义；然后给出具体例子。与离散情形类似，可以用两种方式定义连续型随机变量序列的独立性。一种是将连续累积分布函数分解为边缘累积分布函数的乘积，或将连续概率密度函数分解为边缘概率密度函数的乘积。另一种方法是给定 $X=x$ 时 Y 的条件概率密度函数等于 Y 的边缘概率密度函数，即给定的关于 X 的条件不提供 Y 的任何信息。

定义 7.1.18（连续型随机变量序列的独立性） 随机变量 X 和 Y 是独立的，对于所有 x 和 y，都有

$$F_{X,Y}(x,y) = F_X(x)F_Y(y)。$$

如果 X 和 Y 是连续的，且其联合概率密度函数为 $f_{X,Y}$，则这等同于对所有 x 和 y，都有

$$f_{X,Y}(x,y) = f_X(x)f_Y(y)。$$

同时也等同于

$$f_{Y \mid X}(y \mid x) = f_Y(y)$$

对所有 y 和满足 $f_X(x) > 0$ 的所有 x 都成立。

✍ **7.1.19** Y 的边缘概率密度函数 $f_Y(y)$ 仅是 y 的函数，它在任何情况下都不依赖于 x。通常，条件概率密度函数 $f_{Y \mid X}(y \mid x)$ 与 x 相关。只有在独立性的特殊情况下，$f_{Y \mid X}(y \mid x)$ 与 x 无关。

有时候会出现如下问题：已知 X 和 Y 的联合概率密度函数能分解为一个 x 的函数和一个 y 的函数相乘的形式，且事先不必知道这些函数是否是边缘概率密度函数，甚至不需要知道它们是否为有效的概率密度函数。如下定理为这一问题提供了解决方案。

定理 7.1.20 假设关于 X 和 Y 的连续概率密度函数可表示为

$$f_{X,Y}(x,y) = g(x)h(y)$$

且对于所有 x 和 y 均成立，其中 g 和 h 是非负函数，则 X 和 Y 是相互独立的。同时，若 g 和 h 中的任何一个是有效的概率密度函数，则另一个也是有效概率密度函数，且 g 和 h 分别是 X 和 Y 的边缘概率密度函数（离散情形下也能得到类似结论）。

证明：令 $c = \int_{-\infty}^{+\infty} h(y)\,\mathrm{d}y$，则在等式右边先乘以 c 再除以 c，即得

$$f_{X,Y}(x,y) = cg(x) \cdot \frac{h(y)}{c}$$

[关键在于 $h(y)/c$ 是一个有效的概率密度函数]，则 X 的边缘概率密度函数为

$$f_X(x) = \int_{-\infty}^{+\infty} f_{X,Y}(x,y)\,\mathrm{d}y = cg(x)\int_{-\infty}^{+\infty} \frac{h(y)}{c}\,\mathrm{d}y = cg(x)。$$

由于边缘概率密度函数是有效的概率密度函数，因而 $\int_{-\infty}^{+\infty} cg(x)\,\mathrm{d}x = 1$。（已知 h 的积分相当

于获得了 g 的积分!）然后可得 Y 的边缘概率密度函数为

$$f_Y(y) = \int_{-\infty}^{+\infty} f_{X,Y}(x,y)\,\mathrm{d}y = \frac{h(y)}{c}\int_{-\infty}^{+\infty} cg(x)\,\mathrm{d}x = \frac{h(y)}{c}.$$

因此，X 和 Y 是独立的，且分别有概率密度函数 $cg(x)$ 和 $h(y)/c$，若 g 或 h 是一个有效的概率密度函数，且 $c=1$，则另一个也是有效的概率密度函数。 ■

⚠7.1.21 在上述命题中，要求对于平面 $\mathbf{R}^2$ 中的所有 (x,y)，都满足联合概率密度函数可分解为一个 x 的函数和一个 y 的函数的乘积形式，而不是只针对满足 $f_{X,Y}(x,y)>0$ 的情况。原因将在下一个例子中进行阐述。

关于连续型联合分布的一个简单例子是联合概率密度函数在平面中的某区域上恒为常数。在下面的例子中，我们将把一个在某正方形区域上是常数的联合概率密度函数与一个在圆形区域上是常数的联合概率密度函数进行比较。

例7.1.22（平面某区域上的均匀分布） 令 (X,Y) 是正方形区域 $\{(x,y):x,y\in[0,1]\}$ 中的完全随机点，X 和 Y 的联合分布在该区域内为常数，而在区域外为 0，即：

$$f_{X,Y}(x,y) = \begin{cases} 1, x,y\in[0,1], \\ 0, \text{其他}. \end{cases}$$

常数 1 是人为选定的，以确保联合概率密度函数的积分为 1。该分布被称作正方形区域上的均匀分布。

直观上，要求 X 和 Y 服从 $\mathrm{Unif}(0,1)$。也可以用计算来验证这一点。

$$f_X(x) = \int_0^1 f_{X,Y}(x,y)\,\mathrm{d}y = \int_0^1 1\,\mathrm{d}y = 1,$$

对于 f_Y 也类似。此外，因为联合概率密度函数被分解为边缘概率密度函数的乘积（这只是简化到 $1=1\cdot1$，但要注意 X 的值对 Y 的可能取值没有约束），所以 X 和 Y 相互独立。因此，给定 $X=x$ 时 Y 的条件分布服从 $\mathrm{Unif}(0,1)$，且与 x 无关。

现在，令 (X,Y) 代表单位圆区域 $\{(x,y):x^2+y^2\leqslant1\}$ 上的一个完全随机点，且联合概率密度函数为

$$f_{X,Y}(x,y) = \begin{cases} \dfrac{1}{\pi}, x^2+y^2\leqslant1, \\ 0, \text{其他}. \end{cases}$$

同样地，选择常数 $1/\pi$ 使得联合概率密度函数的积分为 1；该值来自于在平面中的一些区域上为 1 的积分恰等于该区域的面积的事实。

注意，X 和 Y 不是相互独立的，因为通常来讲，当知道了 X 的取值时会对 Y 的可能取值产生约束：较大的 $|X|$ 取值会将 Y 限制在一个较小的范围内。我们很容易陷入对⚠7.1.21 中的结论的误解，即由圆形区域中的所有 (x,y) 满足 $f_{X,Y}(x,y)=g(x)h(y)$ 的这一事实推断出独立性，这里令 $g(x)=1/\pi$ 和 $h(y)=1$ 均为常量函数。从定义来看，X 和 Y 不是相互独立的，例如，由于 $(0.9,0.9)$ 不在单位圆内，故 $f_{X,Y}(0.9,0.9)=0$，但由于 0.9 同时在 X 和 Y 的支撑集当中，因此 $f_X(0.9)\,f_Y(0.9)\neq0$。

此时，X 的边缘分布为

$$f_X(x) = \int_{-\sqrt{1-x^2}}^{\sqrt{1-x^2}} \frac{1}{\pi}\,\mathrm{d}y = \frac{2}{\pi}\sqrt{1-x^2}, \; -1\leqslant x\leqslant1.$$

再由对称性，得到 $f_Y(y) = \dfrac{2}{\pi}\sqrt{1-y^2}$。注意，$X$ 和 Y 的边缘分布并不是区间 $[-1, 1]$ 上的均匀分布；相反，X 和 Y 更可能落入接近 0 而非接近 ±1 的区域。

假设观察到 $X = x$，如图 7.6 所示，这使 Y 被限制在区间 $\left[-\sqrt{1-x^2},\ \sqrt{1-x^2}\right]$ 上。特别地，给定 $X = x$ 时，Y 的条件分布为

$$f_{Y|X}(y \mid x) = \frac{f_{X,Y}(x,y)}{f_X(x)} = \frac{\dfrac{1}{\pi}}{\dfrac{2}{\pi}\sqrt{1-x^2}} = \frac{1}{2\sqrt{1-x^2}},$$

其中，$-\sqrt{1-x^2} \leq y \leq \sqrt{1-x^2}$，否则为 0。该条件概率密度函数作为 y 的函数时是常数，这说明 Y 的条件分布服从区间 $\left[-\sqrt{1-x^2},\ \sqrt{1-x^2}\right]$ 上的均匀分布。事实上，条件概率密度函数与 x 有关证实了 X 和 Y 相互依赖。

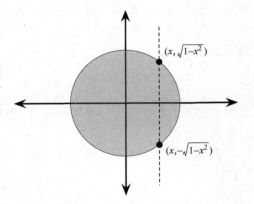

通常，对于平面中的区域 R，R 上的均匀分布被定义为联合概率密度函数，该函数在 R 内取值为常数，R 外取值为 0。如上，其中常数是 R 的面积的倒数。若 R 为矩形 $\{(x,y): a \leq x \leq b, c \leq y \leq d\}$，则 X 和 Y 是相互独立的；不同于圆盘状区域，一个矩形的垂直切面看起来都是一样的。一种生成随机 (X, Y) 的方法是令 X 和 Y 分别独立服从均匀分布 $\text{Unif}(a, b)$ 和 $\text{Unif}(c, d)$。但对于 X 的值可能约束 Y 的取值的任何区域，X 和 Y 不是相互独立的，反之亦然。 □

图 7.6　单位圆上均匀联合概率密度函数的鸟瞰图。令 $X = x$，则 Y 被限制在区间 $\left[-\sqrt{1-x^2},\ \sqrt{1-x^2}\right]$。

在联合概率密度函数的另一个例子中，考虑处理不同速率的指数分布时经常出现的问题。

例 7.1.23（比较不同速率的指数分布）　令 T_1 和 T_2 独立服从指数分布：$T_1 \sim \text{Expo}(\lambda_1)$，$T_2 \sim \text{Expo}(\lambda_2)$。求 $P(T_1 < T_2)$。例如，T_1 可以代表冰箱的寿命，T_2 可以代表炉子的寿命（若假设它们服从指数分布），则 $P(T_1 < T_2)$ 表示冰箱在炉子之前报废的概率。由第 5 章可知：$\min(T_1, T_2) \sim \text{Expo}(\lambda_1 + \lambda_2)$，即第一次出现故障的时间，但我们也可能想知道哪个设备会先出现故障。

解：

我们只需要在适当的区域上对 T_1 和 T_2 的联合概率密度函数进行积分，该区域为符合 $t_1 > 0$，$t_2 > 0$，且 $t_1 < t_2$ 的所有 (t_1, t_2)。于是有

$$
\begin{aligned}
P(T_1 < T_2) &= \int_0^{+\infty}\int_0^{t_2} \lambda_1 e^{-\lambda_1 t_1} \lambda_2 e^{-\lambda_2 t_2}\, dt_1\, dt_2 \\
&= \int_0^{+\infty} \left(\int_0^{t_2} \lambda_1 e^{-\lambda_1 t_1}\, dt_1\right) \lambda_2 e^{-\lambda_2 t_2}\, dt_2 \\
&= \int_0^{+\infty} (1 - e^{-\lambda_1 t_2}) \lambda_2 e^{-\lambda_2 t_2}\, dt_2
\end{aligned}
$$

$$= 1 - \int_0^{+\infty} \lambda_2 e^{-(\lambda_1+\lambda_2)t_2} dt_2$$

$$= 1 - \frac{\lambda_2}{\lambda_1 + \lambda_2}$$

$$= \frac{\lambda_1}{\lambda_1 + \lambda_2}.$$

为了从第一行得到第二行，从内层积分中提出 $\lambda_2 e^{-\lambda_2 t_2}$，这是因为在对 t_1 进行积分时可以将其视为常数。

如果将 λ_1 和 λ_2 解释为速率，该结果会更加直观。例如，如果冰箱的故障率是炉子的两倍，则倾向于冰箱先失效，也就是说水箱先出现故障的几率是 2 比 1。做一个简单的验证，注意当 $\lambda_1 = \lambda_2$ 时，答案将减小到 1/2。[在这种情况下，由对称性可知 $P(T_1 < T_2) = 1/2$。]

获得相同结果的另一种方法是使用全概率公式以 T_1 作为条件（或以 T_2 作为条件）。第三种方法见于第 13 章，即用银行-邮局案例将结果与泊松过程联系起来。

□

本节的最后一个例子向我们展示了如何用 X 和 Y 的联合分布推导 X 和 Y 的函数的分布。

例 7. 1. 24（柯西概率密度函数） 令 X 和 Y 独立同分布于 $N(0,1)$，且 $T = X/Y$，则 T 服从著名的柯西分布（我们将在第 10 章中再次遇到柯西分布），求 T 的概率密度函数。

解：

先求 T 的分布函数，然后通过微分计算得到概率密度函数。T 的分布函数为

$$F_T(t) = P(T \leq t) = P\left(\frac{X}{Y} \leq t\right) = P\left(\frac{X}{|Y|} \leq t\right),$$

由标准正态分布的对称性可知 $\frac{X}{Y}$ 和 $\frac{X}{|Y|}$ 有相同的分布。现在，$|Y|$ 是非负的，所以可以在不等式两边乘以 $|Y|$ 而不改变不等号方向。因此，我们感兴趣的是求

$$F_T(t) = P(X \leq t|Y|).$$

通过在 $X \leq t|Y|$ 的区域上对 X 和 Y 的联合概率密度函数进行积分即可计算上式中的概率。由独立性，得 X 和 Y 的联合概率密度函数等于边缘概率密度函数的乘积。所以有

$$F_T(t) = P(X \leq t|Y|)$$

$$= \int_{-\infty}^{+\infty} \int_{-\infty}^{t|y|} \frac{1}{\sqrt{2\pi}} e^{-x^2/2} \frac{1}{\sqrt{2\pi}} e^{-y^2/2} dx dy.$$

注意，内层积分的上、下限（关于 x 的积分限）取决于 y，而外层积分的上、下限（关于 y 的积分限）不取决于 x（更多有关多重积分的上、下限问题请参阅数学附录）。通过一些计算，可以将二重积分降为一重积分：

$$F_T(t) = \int_{-\infty}^{+\infty} \frac{1}{\sqrt{2\pi}} e^{-y^2/2} \left(\int_{-\infty}^{t|y|} \frac{1}{\sqrt{2\pi}} e^{-x^2/2} dx \right) dy$$

$$= \int_{-\infty}^{+\infty} \frac{1}{\sqrt{2\pi}} e^{-y^2/2} \Phi(t|y|) dy$$

$$= \sqrt{\frac{2}{\pi}} \int_0^{+\infty} e^{-y^2/2} \Phi(ty) dy.$$

或者，可以不使用双重积分得到相同的结果，但此时需要用到全概率公式的一种形式。令 I 为示性随机变量，对于事件 $X \le t|Y|$，同样可以得到

$$P(I = 1) = \int_{-\infty}^{+\infty} P(I = 1 \mid Y = y) f_Y(y) \, \mathrm{d}y$$

$$= \int_{-\infty}^{+\infty} \frac{1}{\sqrt{2\pi}} \mathrm{e}^{-y^2/2} \Phi(t \mid y \mid) \, \mathrm{d}y 。$$

在上式中，我们似乎遇到了一个无法计算的积分。但幸运的是，要求的是概率密度函数，而不是分布函数，因此可以用对 t 进行求导来代替积分计算（这里不是对 y 求导，y 是一个虚拟变量）。在条件较弱时，允许交换积分和求导运算的顺序。即得

$$f_T(t) = F_T'(t) = \sqrt{\frac{2}{\pi}} \int_0^{+\infty} \frac{\mathrm{d}}{\mathrm{d}t} (\mathrm{e}^{-y^2/2} \Phi(ty)) \, \mathrm{d}y$$

$$= \sqrt{\frac{2}{\pi}} \int_0^{+\infty} y \mathrm{e}^{-y^2/2} \varphi(ty) \, \mathrm{d}y$$

$$= \frac{1}{\pi} \int_0^{+\infty} y \mathrm{e}^{-\frac{(1+t^2)y^2}{2}} \, \mathrm{d}y$$

$$= \frac{1}{\pi(1+t^2)} ,$$

在最后一步，采用换元法令 $u = (1+t^2) \, y^2/2$，则 $\mathrm{d}u = (1+t^2) \, y\mathrm{d}y$。得到 T 的概率密度函数为

$$f_T(t) = \frac{1}{\pi(1+t^2)}, t \in \mathbf{R} 。$$

因为

$$\int_{-\infty}^{+\infty} \frac{1}{1+t^2} \mathrm{d}t = \arctan(\infty) - \arctan(-\infty) = \pi ,$$

所以得到的是有效的概率密度函数。若想得到分布函数，可以在一定的区间上对上述概率密度函数进行积分。

正如我们所提到的，称 T 的分布为柯西分布。柯西概率密度函数在形状上类似于正态的钟形曲线，但其尾部却以较慢的速度衰减至 0。图 7.7 是柯西分布（深色线）和标准正态分布（浅色线）的概率密度函数；显然，柯西分布的概率密度函数的尾部更厚。

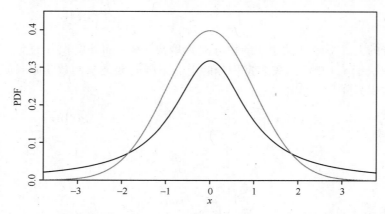

图 7.7　柯西概率密度函数（深色线）和 $N(0,1)$ 概率密度函数（浅色线）。

关于柯西分布的一个有趣的事实是，尽管它的概率密度函数关于 0 对称但其期望却并不存在，因为积分 $\int_{-\infty}^{+\infty} \dfrac{t}{\pi(1+t^2)} \mathrm{d}t$ 不收敛 [注意对于极大的 t，$\dfrac{t}{(1+t^2)} \approx \dfrac{1}{t}$，且 $\int_1^{+\infty} \dfrac{1}{t} \mathrm{d}t = \infty$]。同理，柯西分布的方差和更高阶的矩也不存在。以下写法是错误的 "$E\left(\dfrac{X}{Y}\right) = E(X)$ $E\left(\dfrac{1}{Y}\right) = 0 E\left(\dfrac{1}{Y}\right) = 0$" 因为事实证明 $E\left(\dfrac{1}{Y}\right)$ 并不存在。

在本章结尾处的要点重述中，有一个表格，它总结了离散型随机变量序列和连续型随机变量序列的联合分布、边缘分布和条件分布。

7.1.3 混合型

我们也可能对一个离散型随机变量与一个连续型随机变量的联合分布感兴趣。在讨论贝叶斯准则的四种形式和全概率公式的四种形式时提到过这种情况。从概念上讲，它类似于其他情况，但是由于符号表示较为复杂，所以将用一个例子进行阐述。

例 7.1.25（灯泡是由哪家公司制造的?） 两家公司制造同一种灯泡。公司 0 制造的灯泡可持续的时间服从指数 $\mathrm{Expo}(\lambda_0)$，而公司 1 生产的灯泡持续的时间则服从 $\mathrm{Expo}(\lambda_1)$，且 $\lambda_0 < \lambda_1$。所研究的灯泡由 0 公司生产的概率是 p_0，由公司 1 生产的概率是 $p_1 = 1 - p_0$，但只检查灯泡是无法知道它具体是由哪家公司生产的。

令 T 代表灯泡可持续的时间，I 是该灯泡是由公司 1 生产的示性随机变量。

（a）求 T 的累计分布函数和概率密度函数。

（b）T 是否有"无记忆性"。

（c）给定 $T = t$ 时，求 I 的条件分布。当 $t \to \infty$ 时分布又是什么?

解:

由于 T 是连续型随机变量而 I 是离散型随机变量，因此 T 与 I 的联合分布是混合型的，如图 7.8 所示。在两个连续型随机变量序列的联合概率密度函数中，可以得到无限多个联合概率密度函数的垂直切面，它们分别对应于不同的条件概率密度函数。而本例中只有两个关于 T 的条件概率密度函数，一个是当 $I = 0$ 时，而另一个是当 $I = 1$ 时。如题中所述，给定 $I = 0$ 时 T 的条件分布服从指数分布 $\mathrm{Expo}(\lambda_0)$，而给定 $I = 1$ 时 T 服从指数分布 $\mathrm{Expo}(\lambda_1)$。I 的边缘分布为伯努利分布 $\mathrm{Bern}(p_1)$。

因此，我们依据：（1）I 的边缘分布和（2）给定 I 的条件下 T 的条件分布，可以得到 T 和 I 的联合分布。然后题目要求我们反过来求：（1）T 的边缘分布和（2）给定 T 的条件下 I 的条件分布。这样，可以很清楚地看出全概率公式和贝叶斯准则对我们是有用的。

（a）在这部分中，要求的是 T 的边缘分布。对于累计分布函数，使用全概率公式，以 I 为条件可得

$$F_T(t) = P(T \leq t) = P(T \leq t \mid I = 0) p_0 + P(T \leq t \mid I = 1) p_1$$
$$= (1 - \mathrm{e}^{-\lambda_0 t}) p_0 + (1 - \mathrm{e}^{-\lambda_1 t}) p_1$$
$$= 1 - p_0 \mathrm{e}^{-\lambda_0 t} - p_1 \mathrm{e}^{-\lambda_1 t},$$

其中，$t > 0$。边缘概率密度函数等于累积分布函数的导数:

$$f_T(t) = p_0 \lambda_0 \mathrm{e}^{-\lambda_0 t} + p_1 \lambda_1 \mathrm{e}^{-\lambda_1 t}, \quad t > 0_{\circ}$$

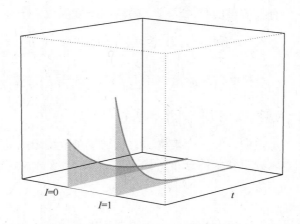

图 7.8 T 和 I 的混合型联合分布。

也可以通过"X 连续，Y 离散"形式的全概率公式直接得到上述结果，但在此没有给出这种形式的全概率公式的证明过程，这个例子有助于说明为什么这个形式的全概率公式是可行的。

（b）由于 $\lambda_0 \neq \lambda_1$，上述概率密度函数的表达形式无法化简至形如 $\lambda e^{-\lambda t}$ 的形式。因此，T 的分布不服从指数形式，这意味着它不具有无记忆性。（T 的分布称为双指数混合形式。）

（c）使用贝叶斯准则的混合形式，在贝叶斯准则表格中属于"X 连续，Y 离散"的形式，从而有

$$P(I=1 \mid T=t) = \frac{f_T(t \mid I=1)P(I=1)}{f_T(t)},$$

其中，$f_T(t \mid I=1)$ 是给定 $I=1$ 时 T 的条件概率密度函数在 t 点的值。利用 $T \mid I=1 \sim \text{Expo}(\lambda_1)$ 和从（a）中求导得到的边缘概率密度函数，可得

$$P(I=1 \mid T=t) = \frac{p_1 \lambda_1 e^{-\lambda_1 t}}{p_0 \lambda_0 e^{-\lambda_0 t} + p_1 \lambda_1 e^{-\lambda_1 t}} = \frac{p_1 \lambda_1}{p_0 \lambda_0 e^{(\lambda_1-\lambda_0)t} + p_1 \lambda_1}。$$

因此，给定 $T=t$ 时 I 的条件分布是以上式为成功概率的伯努利分布。当 $t \to \infty$ 时该概率趋于 0，这在直观上是有意义的：即灯泡的使用时间越长，就更确信它是由公司 0 制造的，因为公司 0 生产的灯泡有更低的故障率 λ 和更高的预期寿命 $\frac{1}{\lambda}$。 □

7.2　二维 LOTUS

LOTUS 的二维版本允许用 X 和 Y 的联合分布计算两个随机变量 X 和 Y 的函数的数学期望。

定理 7.2.1（二维 LOTUS）　令 g 是从 $\mathbf{R}^2$ 到 $\mathbf{R}$ 的函数。若 X 和 Y 是离散型的，则

$$E(g(X,Y)) = \sum_x \sum_y g(x,y)P(X=x, Y=y)。$$

若 X 和 Y 是连续型的，联合概率密度函数为 $f_{X,Y}$，则

$$E(g(X,Y)) = \int_{-\infty}^{+\infty}\int_{-\infty}^{+\infty} g(x,y)f_{X,Y}(x,y)\mathrm{d}x\mathrm{d}y。$$

类似一维情形，二维 LOTUS 不需要求 $g(X,Y)$ 的分布就可计算其期望。只需知道 X 和 Y 的联合概率质量函数就足够了。二维 LOTUS 的应用之一是求两个随机变量间的期望距离。例如，我们可以找到两个独立同分布的均匀随机变量或两个独立同分布的标准正态随机变量间的期望距离。

例 7.2.2（两个均匀随机变量间的期望距离）　对于 $X, Y \overset{i.i.d.}{\sim} \mathrm{Unif}(0,1)$，求 $E(|X-Y|)$。

解：

由于联合概率密度函数在单位区域 $\{(x,y):x,y\in[0,1]\}$ 上等于 1，所以由二维 LOTUS，可得

$$
\begin{aligned}
E(|X-Y|) &= \int_0^1\int_0^1 |x-y|\,\mathrm{d}x\mathrm{d}y \\
&= \int_0^1\int_y^1 (x-y)\,\mathrm{d}x\mathrm{d}y + \int_0^1\int_0^y (y-x)\,\mathrm{d}x\mathrm{d}y \\
&= 2\int_0^1\int_y^1 (x-y)\,\mathrm{d}x\mathrm{d}y = 1/3。
\end{aligned}
$$

首先，为了消除绝对值，将积分分解为两部分；然后，使用对称性。

通过解答上述问题，我们也能顺便算出 $M = \max(X,Y)$ 和 $L = \min(X,Y)$ 的期望值。由于 $M+L$ 和 $X+Y$ 是同一个随机变量，且 $M-L$ 和 $|X-Y|$ 是同一个随机变量，因此，

$$E(M+L) = E(X+Y) = 1,$$
$$E(M-L) = E(|X-Y|) = 1/3。$$

这是一个由两个方程和两个未知数组成的方程组，对其求解可得 $E(M) = 2/3$ 和 $E(L) = 1/3$。作为检验，$E(M)$ 应该超过 $E(L)$，且 $E(M)$ 和 $E(L)$ 与 1/2 等距，这是由对称性所导致的。

例 7.2.3（两正态随机变量间的期望距离）　对于 $X, Y \overset{i.i.d.}{\sim} \mathcal{N}(0,1)$，求 $E(|X-Y|)$。

解：

再次由二维 LOTUS，可得

$$E(|X-Y|) = \int_{-\infty}^{+\infty}\int_{-\infty}^{+\infty} |x-y|\,\frac{1}{\sqrt{2\pi}}\mathrm{e}^{-x^2/2}\,\frac{1}{\sqrt{2\pi}}\mathrm{e}^{-y^2/2}\mathrm{d}x\mathrm{d}y,$$

但一种更为简单的解决方法是使用几个独立正态随机变量的和或差仍为正态的事实，在第 6 章中使用矩母函数对该事实进行了证明。又 $X-Y \sim \mathcal{N}(0,2)$，因此 $X-Y = \sqrt{2}Z$，其中 $Z \sim \mathcal{N}(0,1)$，且 $E(|X-Y|) = \sqrt{2}E|Z|$。现在，我们将二维 LOTUS 化简为二维 LOTUS：

$$E|Z| = \int_{-\infty}^{\infty} |z|\,\frac{1}{\sqrt{2\pi}}\mathrm{e}^{-z^2/2}\mathrm{d}z = 2\int_0^{+\infty} z\,\frac{1}{\sqrt{2\pi}}\mathrm{e}^{-z^2/2}\mathrm{d}z = \sqrt{\frac{2}{\pi}},$$

因此，$E(|X-Y|) = \dfrac{2}{\sqrt{\pi}}$。　　　　□

也可用二维 LOTUS 给出期望线性性质的另一种证明方法。

例 7.2.4（用二维 LOTUS 证明线性性质）　令 X 和 Y 是连续型随机变量序列（类似的方法同样适用于离散情况），则由二维 LOTUS 可得

$$E(X + Y) = \int_{-\infty}^{+\infty} \int_{-\infty}^{+\infty} (x + y) f_{X,Y}(x,y) \, dx dy$$

$$= \int_{-\infty}^{+\infty} \int_{-\infty}^{+\infty} x f_{X,Y}(x,y) \, dx dy + \int_{-\infty}^{+\infty} \int_{-\infty}^{+\infty} y f_{X,Y}(x,y) \, dx dy$$

$$= E(X) + E(Y)_{\circ}$$

这是对期望线性性质的一种简短证明。在最后一步，用到了二维 LOTUS 以及 X 是 X 和 Y 的函数的事实（在不涉及 X 的情况下恰好是退化的），同理对 Y 也可如此。另一种得到最后一步的方法是写出

$$\int_{-\infty}^{+\infty} \int_{-\infty}^{+\infty} y f_{X,Y}(x,y) \, dx dy = \int_{-\infty}^{+\infty} y \int_{-\infty}^{+\infty} f_{X,Y}(x,y) \, dx dy = \int_{-\infty}^{+\infty} y f_Y(y) \, dy = E(Y),$$

在此过程中，从内层积分中将 y 提取出来（因为在对 x 进行积分时 y 恒为常数）。然后识别 Y 的边缘概率密度函数。对于 $E(X)$ 项，可以先交换积分顺序，从 $dxdy$ 变为 $dydx$，然后使用与 $E(y)$ 项相同的参数。 □

7.3 协方差与相关系数

正如平均值和方差是为单个随机变量的分布所提供的数字特征那样，协方差也是对两个随机变量的联合分布的特征描述。大致来说，协方差度量了两个随机变量序列相对于其期望值的变化趋势。X 和 Y 之间的协方差为正，表示当 X 上升时，Y 也趋于上升；协方差为负，则表示当 X 上升时，Y 趋于下降。下面是协方差的精确定义。

定义 7.3.1（协方差） 随机变量序列 X 和 Y 之间的协方差为

$$\mathrm{Cov}(X,Y) = E((X - EX)(Y - EY))_{\circ}$$

将乘积展开且由线性性质可以得到一个等价表达式：

$$\mathrm{Cov}(X,Y) = E(XY) - E(X)E(Y)_{\circ}$$

现在，从直观上考虑该定义。若 X 和 Y 趋向于向同一个方向移动，则 $X - EX$ 和 $Y - EY$ 将趋向于同正或同负，因此 $(X - EX)(Y - EY)$ 的均值为正，从而得到一个正的协方差。若 X 和 Y 趋于向相反方向移动，则 $X - EX$ 和 $Y - EY$ 将有相反的符号，从而得到一个负的协方差。

若 X 和 Y 是相互独立的，则它们的协方差为 0。我们称协方差为 0 的随机变量不相关。

定理 7.3.2 若 X 和 Y 是相互独立的，则称它们是不相关的。

证明：我们将在 X 和 Y 都是连续型的例子中证明上述定理。由于 X 和 Y 是相互独立的，因此其联合概率密度函数等于边缘概率密度函数的乘积。由二维 LOTUS，可得

$$E(XY) = \int_{-\infty}^{+\infty} \int_{-\infty}^{+\infty} xy f_X(x) f_Y(y) \, dx dy$$

$$= \int_{-\infty}^{+\infty} y f_Y(y) \left(\int_{-\infty}^{+\infty} x f_X(x) \, dx \right) dy$$

$$= \int_{-\infty}^{+\infty} x f_X(x) \, dx \int_{-\infty}^{+\infty} y f_Y(y) \, dy$$

$$= E(X)E(Y)_{\circ}$$

对于离散情况的证明是相同的，只需用概率质量函数来替代概率密度函数即可。 ■

该定理的逆命题是不成立的：仅由 X 和 Y 不相关，不能说明它们是相互独立的。例如，

令 $X \sim \mathcal{N}(0,1)$，且 $Y = X^2$，因为由对称性可得标准正态分布的奇数阶矩为 0，则 $E(XY) = E(X^3) = 0$，因此，X 和 Y 是不相关的，

$$\mathrm{Cov}(X,Y) = E(XY) - E(X)E(Y) = 0 - 0 = 0,$$

但它们明显不是相互独立的：Y 是 X 的函数，因此知道 X 就能得到 Y 的有用信息。协方差是线性相关的一种度量方式，因此随机变量序列可以在存在非线性关系时仍然具有零协方差，如本例中所示。图 7.9 的右下图是本例中 X 和 Y 的联合分布，其他三幅图分别是随机变量正相关、负相关，以及独立的图像。

协方差具有以下性质。

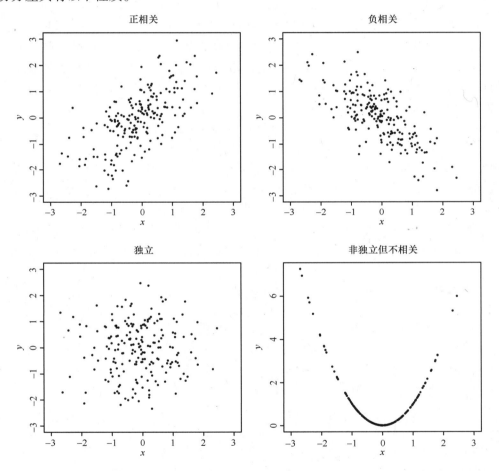

图 7.9 绘制 (X,Y) 不同相依形式的联合分布。左上图：X 和 Y 正相关。右上图：X 和 Y 负相关。左下图：X 和 Y 是相互独立的，因此不相关。右下图：Y 是 X 的确定性函数，但 X 和 Y 不相关。

1. $\mathrm{Cov}(X,Y) = \mathrm{Var}(X)$。
2. $\mathrm{Cov}(X,Y) = \mathrm{Cov}(Y,X)$。
3. $\mathrm{Cov}(X,c) = 0$，对任意常数 c。
4. $\mathrm{Cov}(aX,Y) = a\mathrm{Cov}(X,Y)$，对任意常数 a。
5. $\mathrm{Cov}(X+Y,Z) = \mathrm{Cov}(X,Z) + \mathrm{Cov}(Y,Z)$。
6. $\mathrm{Cov}(X+Y,Z+W) = \mathrm{Cov}(X,Z) + \mathrm{Cov}(X,W) + \mathrm{Cov}(Y,Z) + \mathrm{Cov}(Y,W)$。

7. $\text{Var}(X+Y) = \text{Var}(X) + \text{Var}(Y) + 2\text{Cov}(X,Y)$。特别地，对于 n 个随机变量序列 $X_1,\cdots,$ X_n，有

$$\text{Var}(X_1 + \cdots + X_n) = \text{Var}(X_1) + \cdots + \text{Var}(X_n) + 2\sum_{i<j}\text{Cov}(X_i,X_j)。$$

前 5 个性质能很容易地通过协方差的定义和期望的基本性质得到。性质 6 是性质 2 和性质 5 的延伸。

$$\begin{aligned}\text{Cov}(X+Y,Z+W) &= \text{Cov}(X,Z+W) + \text{Cov}(Y,Z+W) \\ &= \text{Cov}(Z+W,X) + \text{Cov}(Z+W,Y) \\ &= \text{Cov}(Z,X) + \text{Cov}(W,X) + \text{Cov}(Z,Y) + \text{Cov}(W,Y) \\ &= \text{Cov}(X,Z) + \text{Cov}(X,W) + \text{Cov}(Y,Z) + \text{Cov}(Y,W)。\end{aligned}$$

性质 7 通过将一个随机变量的方差写成其与自身（由性质 1）的协方差形式并重复使用性质 6 而得到。此时已经实现了我们在第 4 章中的承诺：对于独立随机变量序列，和的方差等于方差的和。由定理 7.3.2，独立随机变量序列是不相关的，因此在这种情况下，性质 7 中的表达式应删除所有的协方差项。

⊛ **7.3.3** 如果 X 和 Y 相互独立，则由协方差的性质，可得

$$\text{Var}(X-Y) = \text{Var}(X) + \text{Var}(-Y) = \text{Var}(X) + \text{Var}(Y)。$$

一种常见的错误是认为"$\text{Var}(X-Y) = \text{Var}(X) - \text{Var}(Y)$"；这是一种范畴错误，因为 $\text{Var}(X) - \text{Var}(Y)$ 可能是负值。对于一般的 X 和 Y，有

$$\text{Var}(X-Y) = \text{Var}(X) + \text{Var}(Y) - 2\text{Cov}(X,Y)。$$

由于协方差与 X 和 Y 测量时所用的单位有关——如果测量 X 时以 cm 而不是 m 为单位，协方差将在 cm 的基础上扩大一百倍——对于无量纲方差的更为容易的表述方式是相关系数。

定义 7.3.4（相关系数） 随机变量序列 X 和 Y 的相关系数为

$$\text{Corr}(X,Y) = \frac{\text{Cov}(X,Y)}{\sqrt{\text{Var}(X)\text{Var}(Y)}}。$$

[该式在退化情况 $\text{Var}(X)=0$ 或 $\text{Var}(Y)=0$ 下是无定义的。]

注意，移动或放缩 X 和 Y 并不会影响它们的相关系数。移动不影响 $\text{Cov}(X,Y)$、$\text{Var}(X)$ 和 $\text{Var}(Y)$，因此相关系数不变。对于放缩，除以 X 和 Y 的标准差可以将放缩因子抵消掉：

$$\text{Corr}(cX,Y) = \frac{\text{Cov}(cX,Y)}{\sqrt{\text{Var}(cX)\text{Var}(Y)}} = \frac{c\text{Cov}(X,Y)}{\sqrt{c^2\text{Var}(X)\text{Var}(Y)}} = \text{Corr}(X,Y)。$$

相关系数便于解释，因为它不依赖于测量的单位，且总是介于 -1 到 1 之间。

定理 7.3.5（相关系数的界限） 对于任意的随机变量序列 X 和 Y，有

$$-1 \leqslant \text{Corr}(X,Y) \leqslant 1。$$

证明：不失一般性，因为缩放不会改变相关系数，所以可以假设 X 和 Y 的方差为 1。令 $\rho = \text{Corr}(X,Y) = \text{Cov}(X,Y)$。利用方差非负的事实，结合协方差的性质 7，可以得到

$$\text{Var}(X+Y) = \text{Var}(X) + \text{Var}(Y) + 2\text{Cov}(X,Y) = 2 + 2\rho \geqslant 0,$$
$$\text{Var}(X-Y) = \text{Var}(X) + \text{Var}(Y) - 2\text{Cov}(X,Y) = 2 - 2\rho \geqslant 0。$$

因此，$-1 \leqslant \rho \leqslant 1$。

这里举一个例子说明如何用定义计算相关系数。 ∎

例 7.3.6（指数分布的最大最小值） 令 X 和 Y 是服从 Expo(1) 的独立同分布的随机变量序列。计算 $\max(X,Y)$ 和 $\min(X,Y)$ 之间的相关系数。

解：

令 $M = \max(X,Y)$，$L = \min(X,Y)$。根据无记忆性和第 5 章得到的结果，可得 $L \sim$ Expo(2)，$M - L \sim$ Expo(1) 且 $M - L$ 独立于 L。为了更详细地解释这一点，设想两名学生独立地解答一道题目，且每人解题需花费的时间服从 Expo(1)（如果这道题目只需要不停地处理或者可以获得稳定的进展，则指数分布是没有意义的，但是如果题目很难且需要创造性的思维，则指数分布是对解题时间的一个合理的近似分布）。在时间点 L，其中的一名学生率先解答出了题目。此时在给定 L 的条件下，分析另一名学生解出题目还需要多长时间。根据无记忆性，额外需要的时间 $M - L$ 会是一个新的、服从 Expo(1) 的随机变量，且独立于 L。现在我们有

$$\text{Cov}(M,L) = \text{Cov}(M-L+L,L) = \text{Cov}(M-L,L) + \text{Cov}(L,L) = 0 + \text{Var}(L) = \frac{1}{4},$$

$$\text{Var}(M) = \text{Var}(M-L+L) = \text{Var}(M-L) + \text{Var}(L) = 1 + \frac{1}{4} = \frac{5}{4},$$

以及

$$\text{Corr}(M,L) = \frac{\text{Cov}(M,L)}{\sqrt{\text{Var}(M)\text{Var}(L)}} = \frac{\dfrac{1}{4}}{\sqrt{\dfrac{5}{4}\cdot\dfrac{1}{4}}} = \frac{1}{\sqrt{5}}。$$

因为要求 M 至少和 L 一样大，所以相关系数为正是有意义的。 □

协方差的性质也可以成为求方差的有效工具，特别是当所感兴趣的随机变量是一些相互依赖的随机变量的和时。下一个例子利用协方差的性质导出了超几何分布的方差。如果你做过了第 4 章后的练习题 4.4，可以将这两种推导方法进行比较。

例 7.3.7（超几何分布的方差） 令 $X \sim$ HGeom(w,b,n)。计算 $\text{Var}(X)$。

解：

假设一个桶中有 n 个小球，其中 w 个白球和 b 个黑球。X 代表从中取出的白球数量，则可以将 X 表示为示性随机变量序列的和，$X = I_1 + \cdots + I_n$，其中 I_j 是样本中的第 j 个球的示性随机变量，$I_j = 1$ 表示取到的第 j 个球是白球。每个 I_j 的均值为 $p = w/(w+b)$，方差为 $p(1-p)$。但是因为 I_j 是相互依赖的，所以不能简单地将它们的方差叠加起来。由协方差的性质，可得

$$
\begin{aligned}
\text{Var}(X) &= \text{Var}\Big(\sum_{j=1}^{n} I_j\Big) \\
&= \text{Var}(I_1) + \cdots + \text{Var}(I_n) + 2\sum_{i<j}\text{Cov}(I_i,I_j) \\
&= np(1-p) + 2\binom{n}{2}\text{Cov}(I_1,I_2)。
\end{aligned}
$$

由对称性，所有的 $\binom{n}{2}$ 对示性随机变量有相同的协方差，我们在最后一步中正是用到了这一事实。此时只需求 $\text{Cov}(I_1,I_2)$。由基本概念可知，

$$\mathrm{Cov}(I_1,I_2)=E(I_1I_2)-E(I_1)E(I_2)$$
$$=P(\text{前两个球都是白色})-P(\text{第一个球是白色})P(\text{第二个球是白色})$$
$$=\frac{w}{w+b}\cdot\frac{w-1}{w+b-1}-p^2 。$$

将其代入上面的公式并化简，最终可以得到

$$\mathrm{Var}(X)=\frac{N-n}{N-1}np(1-p),$$

其中，$N=w+b$。因为有因子 $\frac{N-n}{N-1}$ 的存在，故其不同于二项分布的方差 $np(1-P)$，该因子被称为有限总体校正值。产生这种差异的原因是由于在二项分布中，采用的是有放回抽样，因此同一个球可以被多次取到；而在超几何分布中，采用的是不放回抽样，因此每个球在样本中最多只出现一次。如果考虑 N 作为桶中球的"总体数量"，则当 N 相对于样本量 n 而言有非常大的增加时，在有放回抽样获得的样本中，多次抽到同一个球的情况基本不会出现。因此，在固定 n 的条件下，取极限 $N\to\infty$，此时有放回抽样和不放回抽样的结果是相同的，且有限总体校正值趋于 1。

另一种有放回抽样和不放回抽样的结果相同的情况是，只从桶中取一个球，即 $n=1$，此时有限总体校正值也等于 1。

本章接下来两节介绍的是多项式分布和多元正态分布。多项式分布是最为著名的离散多元分布，而多元正态分布则是最著名的连续多元分布。

7.4 多项式分布

多项式分布是二项分布的一种推广。在固定次数的试验中，二项分布只能对试验成功或失败的次数计数，而多项式分布可以对试验结果的多个类别进行计数，如优秀、良好、差；或者红、黄、绿、蓝。

案例 7.4.1（多项式分布） 设有 n 个对象和 k 个类别，每个对象都独立地属于其中的一种类别。某对象属于第 j 类的概率为 p_j，其中 p_j 非负，且 $\sum_{j=1}^{k}p_j=1$。令 X_1 为类别 1 中的对象数目，X_2 为类别 2 中的对象数目，其余以此类推，因此 $X_1+\cdots+X_k=n$，则 $\boldsymbol{X}=(X_1,\cdots,X_k)$ 服从参数为 n 和 $\boldsymbol{p}=(p_1,\cdots,p_k)$ 的多项式分布。记作 $\boldsymbol{X}\sim\mathrm{Mult}_k(n,\boldsymbol{p})$。 □

称 $\boldsymbol{X}$ 为随机向量，因为它是由一些随机变量构成的向量。$\boldsymbol{X}$ 的联合概率质量函数可以从该案例中导出。

定理 7.4.2（多项式分布的联合概率质量函数） 若 $\boldsymbol{X}\sim\mathrm{Mult}_k(n,\boldsymbol{p})$，则 $\boldsymbol{X}$ 的联合概率质量函数为

$$P(X_1=n_1,\cdots,X_k=n_k)=\frac{n!}{n_1!\ n_2!\ \cdots n_k!}\cdot p_1^{n_1}p_2^{n_2}\cdots p_k^{n_k},$$

其中，$n_1,\cdots,n_k$ 满足 $n_1+\cdots+n_k=n$。

证明： 若 $n_1,\cdots,n_k$ 的和不为 n，则事件 $\{X_1=n_1,\cdots,X_k=n_k\}$ 是不可能发生的。每一个对象都要属于某一类，新的对象不会出现在现有类别之外。若 $n_1,\cdots,n_k$ 相加确实为 n，则任何可以将 n_1 个对象放入类别 1，n_2 个对象放入类别 2，$\cdots$ 的方式，都有概率 $p_1^{n_1}p_2^{n_2}\cdots p_k^{n_k}$，且

出现该结果的方式共有

$$\frac{n!}{n_1! \ n_2! \ \cdots n_k!}$$

种，这类似于例 1.4.16 中对单词 "STATISTICS" 的字母进行重新排列所得到的结果。因此，联合概率质量函数也是如此定义的。∎

由于 $\boldsymbol{X}$ 的联合分布已经给定，因此有足够的信息确定边缘分布和条件分布，以及 $\boldsymbol{X}$ 中任何两分量间的协方差。

下面，我们对其进行逐一说明，首先，介绍 X_j 的边缘分布，X_j 表示 $\boldsymbol{X}$ 的第 j 个分量。若不加思考地直接使用边缘分布的定义，那么我们必须对除 X_j 之外的所有分量进行求和。但是应该明白的是，这 $k-1$ 个式子的求和并不容易计算出来。幸运的是，如果使用多项式分布，则可以避免这些冗长的计算：X_j 代表类别 j 中含有的对象数量，n 个对象中的每个对象都以概率 p_j 独立地属于类别 j。将 "成功" 定义为存在于类别 j 中，则此时相当于进行了 n 次独立的伯努利试验，因此，X_j 的边缘分布为 $\mathrm{Bin}(n, p_j)$。

定理 7.4.3（多项式边缘分布） 若 $\boldsymbol{X} \sim \mathrm{Mult}_k(n, \boldsymbol{p})$，则 $X_j \sim \mathrm{Bin}(n, p_j)$。

更一般的情况是，当我们将多项式随机向量中的多个类别进行合并时，就可以得到另一个多项式的随机向量。例如，假设在一个有 5 个政党的国家中随机抽取 n 位民众。（如果采用的是不放回抽样，则这 n 次试验是相互依赖的，但正如我们在定理 3.9.3 和例 7.3.7 中讨论的那样，只要总体相对于样本是较大的，那么就能认为这 n 次试验是近似独立的。）令 $\boldsymbol{X} = (X_1, \cdots, X_5) \sim \mathrm{Mult}_5(n, (p_1, \cdots, p_5))$ 代表样本中的党派类别，即令 X_j 表示样本中支持党派 j 的人数。

假设党派 1 和党派 2 是主要政党，党派 3 至党派 5 是次要政党。如果现在不是要跟踪所有的 5 个政党，而是计算政党 1、政党 2 或 "其他政党" 中的人数，则我们可以定义一个新的随机向量 $\boldsymbol{Y} = (X_1, X_2, X_3 + X_4 + X_5)$，这里将所有的次要政党都合并进一个类别中。由多项式分布可知，$\boldsymbol{Y} \sim \mathrm{Mult}_3(n, (p_1, p_2, p_3 + p_4 + p_5))$，这表示 $X_3 + X_4 + X_5 \sim \mathrm{Bin}(n, p_3 + p_4 + p_5)$。$X_j$ 的边缘分布是合并过程中的一个极端例子，它是将原始的 k 个类别压缩为两类："在类别 j 中" 和 "不在类别 j 中"。

这就是多项式分布的另一个性质：

定理 7.4.4（多项式随机变量的合并） 若 $\boldsymbol{X} \sim \mathrm{Mult}_k(n, \boldsymbol{p})$，则对于任意不同的 i 和 j，$X_i + X_j \sim \mathrm{Bin}(n, p_i + p_j)$。直观地，如图 7.10 所示，将类别 i 和类别 j 合并后得到的随机向量仍然是多项式分布。例如，合并类别 1 和类别 2 可以得到

$$(X_1 + X_2, X_3, \cdots, X_k) \sim \mathrm{Mult}_{k-1}(n, (p_1 + p_2, p_3, \cdots, p_n))。$$

对于条件分布，假设观察到 X_1，即类别 1 中的对象数量，并且希望更新其他类别 $(X_2, \cdots, X_k)$ 的分布。一种方法是使用条件概率质量函数的定义：

$$P(X_2 = n_2, \cdots, X_k = n_k \mid X_1 = n_1) = \frac{P(X_1 = n_1, X_2 = n_2, \cdots, X_k = n_k)}{P(X_1 = n_1)}。$$

其中，分子是多项式分布的联合概率质量函数；分母是 X_1 的边缘概率质量函数。两者都已知。然而我们更喜欢在不进行代数计算的情况下，通过多项式的来历推导 $(X_2, \cdots, X_k)$ 的条件分布。给定类别 1 中有 n_1 个对象，则其余的 $n - n_1$ 个对象彼此独立地落入类别 2 至类别 k 中，由贝叶斯准则，落入类别 j 的条件概率为

图 7.10 将多项式随机向量中的一些类别进行合并可以得到另一个多项式随机向量。

$$P(\text{在类别 } j \text{ 中} \mid \text{不在类别 } 1 \text{ 中}) = \frac{P(\text{在类别 } j \text{ 中})}{P(\text{不在类别 } 1 \text{ 中})} = \frac{p_j}{p_2 + \cdots + p_k},$$

其中，$j = 2, \cdots, k$。可以看出：更新后的概率与原始的概率$(p_2, \cdots, p_k)$成比例，但必须对其重新归一化以得到有效的概率向量。综上所述，有如下结果。

定理 7.4.5（多项式条件） 若 $\boldsymbol{X} \sim \text{Mult}_k(n, \boldsymbol{p})$，则

$$(X_2, \cdots, X_k) \mid X_1 = n_1 \sim \text{Mult}_{k-1}(n - n_1), (p_2', \cdots, p_k')),$$

其中，$(p_j' = p_j / (p_2 + \cdots + p_k))$。

最后，我们知道一个多项式随机向量的分量是相互依赖的，这是因为它受到$X_1 + \cdots + X_k = n$ 的约束。为了求X_i和X_j之间的协方差，我们可以使用上述讨论的边缘分布和多项式的合并性质。

定理 7.4.6（多项式中的协方差） 令$(X_1, \cdots, X_k) \sim \text{Mult}_k(n, \boldsymbol{p})$，其中 $\boldsymbol{p} = (p_1, \cdots, p_k)$，则当 $i \neq j$ 时，$\text{Cov}(X_i, X_j) = -n \, p_i p_j$。

证明： 为使证明过程更为简洁，令 $i = 1$ 和 $j = 2$。利用合并性质和多项式的边缘分布，可以得到$X_1 + X_2 \sim \text{Bin}(n, p_1 + p_2)$，$X_1 \sim \text{Bin}(n, p_1)$，$X_2 \sim \text{Bin}(n, p_2)$。因此

$$\text{Var}(X_1 + X_2) = \text{Var}(X_1) + \text{Var}(X_2) + 2\text{Cov}(X_1, X_2),$$

进一步可得

$$n(p_1 + p_2)(1 - (p_1 + p_2)) = np_1(1 - p_1) + np_2(1 - p_2) + 2\text{Cov}(X_1, X_2)。$$

求解 $\text{Cov}(X_1, X_2)$，得到 $\text{Cov}(X_1, X_2) = -n \, p_1 p_2$。同理可得，当$i \neq j$ 时，$\text{Cov}(X_i, X_j) = -n \, p_i p_j$。

正如我们所预期的那样，这些分量是负相关的：即如果知道类别 i 中有许多对象，则类别 j 种不会有较多的对象。练习题 64 要求用示性变量对此结果给出一个不同的证明。 ∎

7.4.7（独立试验，但非独立分量） 一个多项式分布的 k 个分量是相互依赖的，但多项式试验中的 n 个对象是独立进行分类的。在 $k = 2$ 的极端情况下，一个服从$\text{Mult}_k(n, \boldsymbol{p})$ 的随机向量就是$(X, n - X)$，其中 $X \sim \text{Bin}(n, p_1)$，可以将其想成（成功的次数，失败的次数），这里"成功"定义为分配到类型 1 中。成功和失败的次数明显呈负相关，即使试验是独立进行的。

7.5 多元正态分布

多元正态分布是一种连续的多元分布，它将正态分布推广到了更高的维度。我们不去研究多元正态分布相当烦杂的联合概率密度函数，而是根据其与普通正态分布的关系来定义多元正态分布。

定义 7.5.1（多元正态分布） 一个随机向量 $X = (X_1, \cdots, X_k)$ 被称为服从多元正态（Multivariate Normal，MVN）分布，如果 X_j 的任意线性组合都服从正态分布。也就是说，要求

$$t_1 X_1 + \cdots + t_k X_k$$

对于任何常数 $t_1, \cdots, t_k$ 都服从正态分布。若 $t_1 X_1 + \cdots t_k X_k$ 是一个常数（例如所有 $t_i = 0$），则我们认为它服从正态分布，尽管是方差为 0 的退化正态分布。一个重要的特例是 $k = 2$；这样的分布叫作双变量正态（Bivariate Normal，BVN）分布。

若 $(X_1, \cdots, X_k)$ 服从多元正态分布，则 X_1 的边缘分布也是正态分布，这是因为我们可以令 t_1 为 1 而其他的 t_j 为 0。类似地，每一个 X_j 的边缘分布都是正态分布。反之则不成立：尽管随机变量序列 $X_1, \cdots, X_k$ 服从正态分布，但 $(X_1, \cdots, X_k)$ 可能不服从多元正态分布。

例 7.5.2（多元正态分布反例） 在本例中，两个随机变量序列的边缘分布是正态的，但是它们的联合分布却不是二元正态的。令 $X \sim \mathcal{N}(0,1)$，且

$$S = \begin{cases} 1, & \text{概率为 } 1/2, \\ -1, & \text{概率为 } 1/2 \end{cases}$$

是一个独立于 X 的随机符号函数。根据正态分布的对称性（参考第 5 章练习题 32），则 $Y = SX$ 是一个标准正态随机变量。然而，由于 $P(X + Y = 0) = P(S = -1) = 1/2$，所以 (X, Y) 不是二元正态随机向量，这意味着 $X + Y$ 不是正态随机变量（或者，就此而言，服从任意连续分布）。由于 $X + Y$ 是 X 和 Y 的线性组合，而 X 和 Y 不服从正态分布，因此 (X, Y) 不服从二元正态分布。 □

例 7.5.3（实际多元正态分布） 对于 $Z, W \overset{i.i.d.}{\sim} \mathcal{N}(0,1)$，因为独立正态随机变量的和服从正态分布，所以 (Z, W) 服从二元正态分布。同理，$(Z + 2W, 3Z + 5W)$ 也服从二元正态分布，这是因为其任意的线性组合

$$t_1(Z + 2W) + t_2(3Z + 5W)$$

都可以写作 Z 和 W 的线性组合

$$(t_1 + 3t_2)Z + (2t_1 + 5t_2)W,$$

而它服从正态分布。 □

上面的示例说明了，如果将服从多元正态分布的随机向量的分量进行线性组合，则可以得到一个新的多元正态随机变量。接下来的两个定理说明，也可以通过取子集和级联的方法，从已有的多元正态随机向量中产生新的多元正态随机向量。

定理 7.5.4 若 (X_1, X_2, X_3) 服从多元正态分布，则其子向量 (X_1, X_2) 也服从多元正态分布。

证明：对于 X_1 和 X_2 的任意线性组合 $t_1 X_1 + t_2 X_2$，都可将其看作 X_1、X_2、X_3 一个线性组合，其中，X_3 前面的系数为 0。因此对于所有的 t_1 和 t_2，有 $t_1 X_1 + t_2 X_2$ 服从正态分布，这说明

(X_1, X_2)服从多元正态分布。

定理 7.5.5 若 $X=(X_1,\cdots,X_n)$ 和 $Y=(Y_1,\cdots,Y_m)$ 均是多元正态随机向量，且 X 和 Y 相互独立，则级联随机向量 $W=(X_1,\cdots,X_n,Y_1,\cdots,Y_m)$ 服从多元正态分布。

证明： 任意的线性组合 $s_1X_1+\cdots+s_nX_n+t_1Y_1+\cdots+t_mY_m$ 服从正态分布，是因为 $s_1X_1+\cdots+s_nX_n$ 和 $t_1Y_1+\cdots+t_mY_m$ 均服从正态分布（根据多元正态分布的定义可得）且相互独立，所以它们的和也服从正态分布（参考第 6 章中使用矩母函数的证明）。

在已知每个分量的均值、每个分量的方差以及两个分量间的协方差或相关系数后，多元正态分布就可以被完全确定。另一种说法是，一个多元正态随机向量 $(X_1,\cdots,X_k)$ 的参数如下：

- 均值向量 $(\mu_1,\cdots,\mu_k)$，其中 $E(X_j)=\mu_j$；
- 协方差矩阵，它是由两两分量间的协方差排列成的 $k\times k$ 矩阵，第 i 行第 j 列的元素是 $\mathrm{Cov}(X_i, X_j)$。

例如，为明确得到 (X,Y) 的二元正态分布，需要以下 5 个参数：

- 均值 $E(X)$、$E(Y)$；
- 方差 $\mathrm{Var}(X)$、$\mathrm{Var}(Y)$；
- 协方差阵 $\mathrm{Corr}(X,Y)$。

我们将说明在例 8.1.8 中，对于二元正态随机向量 (X,Y)，如果已知它的边缘分布为 $\mathcal{N}(0,1)$，相关系数 $\rho\in(-1,1)$，则其联合概率密度函数为

$$f_{X,Y}(x,y)=\frac{1}{2\pi\tau}\exp\left(-\frac{1}{2\tau^2}(x^2+y^2-2\rho xy)\right),$$

其中，$\tau=\sqrt{1-\rho^2}$。图 7.11 绘制了对应于具有边缘分布为 $\mathcal{N}(0,1)$ 的两个不同的二元正态分布的联合概率密度函数。左图中 X 和 Y 是不相关的，因此联合概率密度函数的略图呈圆形。右图中 X 和 Y 的相关系数为 0.75，因此其水平曲线是椭圆形的，意味着当 Y 较大时，X 也较大，反之亦然。

正如一个随机变量的分布由它的累积分布函数、概率质量函数、概率密度函数或矩母函数所确定，一个随机向量的联合分布也由它的联合累积分布函数、联合概率质量函数、联合概率密度函数或联合矩母函数所确定。接下来将给出联合矩母函数的定义。

定义 7.5.6（联合矩母函数） 一个随机向量 $X=(X_1,\cdots,X_k)$ 的联合矩母函数有如下形式，首先取常数 $t=(t_1,\cdots,t_k)$，然后得到

$$M(t)=E(\mathrm{e}^{t'X})=E(\mathrm{e}^{t_1X_1+\cdots+t_kX_k})。$$

要求期望在 $\mathbf{R}^k$ 中原点周围的一个邻域内有限；否则，联合矩母函数不存在。

对于一个多元正态随机向量，根据定义其指数中的项 $t_1X_1+\cdots+t_kX_k$ 是一个正态随机变量，所以联合矩母函数具有优良的性质。这意味着我们可以使用已知的单变量正态矩母函数求得多元正态随机向量的联合矩母函数。回想一下，对于任意的正态随机变量 W

$$E(\mathrm{e}^{W})=\mathrm{e}^{E(W)+\frac{1}{2}\mathrm{Var}(W)}。$$

因此，一个多元正态随机向量 $(X_1,\cdots,X_k)$ 的联合矩母函数为

$$E(\mathrm{e}^{t_1X_1+\cdots t_kX_k})=\exp\left(t_1E(X_1)+\cdots+t_kE(X_k)+\frac{1}{2}\mathrm{Var}(t_1X_1+\cdots+t_kX_k)\right)。$$

方差项可由推广后的协方差性质得到。

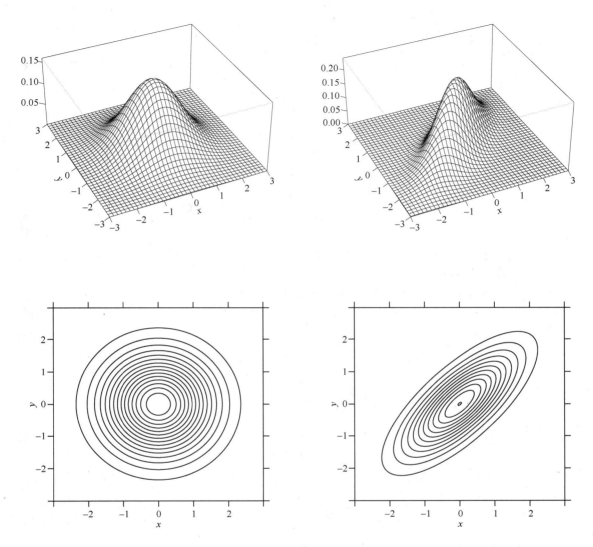

图 7.11　两个二元正态分布的联合概率密度函数。左图：X 和 Y 的边缘分布为 $\mathcal{N}(0,1)$，
相关系数为 0。右图：X 和 Y 的边缘分布为 $\mathcal{N}(0,1)$，相关系数为 0.75。

　　众所周知，通常，独立性是比不相关性更强的条件；随机变量可以是不相关但非独立的。但多元正态分布的一个特殊性质是：对于其联合分布是多元正态分布的随机变量序列，独立性与不相关性等价。

　　定理 7.5.7　对于多元正态分布随机向量，不相关意味着相互独立。也就是，若 $X \sim$ MVN（多元正态分布）可以写作 $X=(X_1, X_2)$，其中 X_1 和 X_2 是子向量，且 X_2 的每一个分量与 X_2 的任意分量都不相关，则 X_1 和 X_2 是相互独立[⊖]。

⊖　随机向量独立性的定义类似于随机变量独立性的定义。特别地，若 X_i 的联合概率密度函数为 f_{X_i}，则对所有 x_1，x_2，有 $f_X(x_1, x_2)=f_{X_1}(x_1) f_{X_2}(x_2)$。

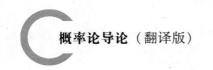

特别地，若(X,Y)是二元正态随机向量，且 $\text{Corr}(X,Y)=0$，则 X 和 Y 相互独立。

证明： 我们将对二元正态随机向量证明此定理；高维空间中的证明与此类似。令(X,Y)是二元正态随机向量，$E(X)=\mu_1$，$E(Y)=\mu_2$，$\text{Var}(X)=\sigma_1^2$，$\text{Var}(Y)=\sigma_2^2$，$\text{Corr}(X,Y)=\rho$，则其联合矩母函数为

$$\begin{aligned}
M_{X,Y}(s,t) &= E(\mathrm{e}^{sX+tY}) = \exp\left(s\mu_1 + t\mu_2 + \frac{1}{2}\text{Var}(sX+tY)\right) \\
&= \exp\left(s\mu_1 + t\mu_2 + \frac{1}{2}(s^2\sigma_1^2 + t^2\sigma_2^2 + 2st\sigma_1\sigma_2\rho)\right)。
\end{aligned}$$

若 $\rho = 0$，则联合矩母函数可化简为

$$M_{X,Y}(s,t) = \exp\left(s\mu_1 + t\mu_2 + \frac{1}{2}(s^2\sigma_1^2 + t^2\sigma_2^2)\right)。$$

但这也是 (Z,W) 的联合矩母函数，其中，$Z \sim \mathcal{N}(\mu_1, \sigma_1^2)$，$Z \sim \mathcal{N}(\mu_2, \sigma_2^2)$，且 Z 和 W 相互独立。由于联合矩母函数可以决定联合分布，因此(X,Y) 与 (Z,W) 有着相同的联合分布。因此，X 和 Y 相互独立。 ∎

该定理不适用于例 7.5.2。在该例中，可以验证，X 和 Y 是不相关但非独立的，但是这并不与定理相矛盾，因为(X,Y)不服从二元正态分布。下面的两个例子给出了该定理适用的情形。

例 7.5.8（和与差的独立性） 令 X，$Y \overset{\text{i.i.d.}}{\sim} \mathcal{N}(0,1)$。求$(X+Y, X-Y)$的联合分布。

解：

由于$(X+Y, X-Y)$服从二元正态分布，且
$$\text{Cov}(X+Y, X-Y) = \text{Var}(X) - \text{Cov}(X,Y) + \text{Cov}(Y,X) - \text{Var}(Y) = 0，$$
所以 $X+Y$ 独立于 $X-Y$。此外，它还独立同分布于 $\mathcal{N}(0,2)$。使用相同的方法可以得到，若 $X \sim \mathcal{N}(\mu_1, \sigma^2)$ 和 $Y \sim \mathcal{N}(\mu_2, \sigma^2)$ 是相互独立的（方差相同），则 $X+Y$ 独立于 $X-Y$。

上述结果表明，和与差的独立性是正态分布的独有特征。也就是说，若 X 和 Y 是独立同分布的，且 $X+Y$ 与 $X-Y$ 相互独立，则 X 和 Y 一定服从正态分布。

在练习题 71 中，将把该例子推广到 X 和 Y 服从二元正态分布且具有一般相关系数 ρ 的情形。 □

例 7.5.9（样本均值与样本方差的独立性） 令$X_1, \cdots, X_n$独立同分布于 $\mathcal{N}(\mu, \sigma^2)$，且 $n \geq 2$。定义

$$\overline{X}_n = \frac{1}{n}(X_1 + \cdots + X_n)，$$

$$S_n^2 = \frac{1}{n-1}\sum_{j=1}^{n}(X_j - \overline{X}_n)^2。$$

如第 6 章所示，样本均值$\overline{X}_n$的期望为 μ（真值），且样本方差S_n^2的期望为σ^2（真值）。通过对向量$(\overline{X}_n, X_1 - \overline{X}_n, \cdots, X_n - \overline{X}_n)$使用关于多元正态分布的性质和定理，可得$\overline{X}_n$与$S_n^2$是独立的。

解：

向量$(\overline{X}_n, X_1 - \overline{X}_n, \cdots, X_n - \overline{X}_n)$服从多元正态分布，因为其分量的任意线性组合都可以写成$X_1, \cdots, X_n$的线性组合形式。此外，由线性性质可知 $E(X_j - \overline{X}_n) = 0$。现在计算$\overline{X}_n$和$X_j - \overline{X}_n$间的协方差：

$$\mathrm{Cov}(\overline{X}_n, X_j - \overline{X}_n) = \mathrm{Cov}(\overline{X}_n, X_j) - \mathrm{Cov}(\overline{X}_n, \overline{X}_n)。$$

对于 $\mathrm{Cov}(\overline{X}_n, X_j)$，先将$\overline{X}_n$展开，再由独立性，可以消去许多项：

$$\mathrm{Cov}(\overline{X}_n, X_j) = \mathrm{Cov}\left(\frac{1}{n}\overline{X}_1 + \cdots + \frac{1}{n}X_n, X_j\right) = \mathrm{Cov}\left(\frac{1}{n}X_j, X_j\right) = \frac{1}{n}\mathrm{Var}(X_j) = \frac{\sigma^2}{n}。$$

对于 $\mathrm{Cov}(\overline{X}_n, X_j)$，可以利用方差的性质：

$$\mathrm{Cov}(\overline{X}_n, \overline{X}_n) = \mathrm{Var}(\overline{X}_n) = \frac{1}{n^2}(\mathrm{Var}(X_1) + \cdots + \mathrm{Var}(X_n)) = \frac{\sigma^2}{n}。$$

因此，$\mathrm{Cov}(\overline{X}_n, X_j - \overline{X}_n) = 0$，这说明$\overline{X}_n$与$(X_1 - \overline{X}_n, \cdots, X_n - \overline{X}_n)$ 的任意分量都不相关。因为对于多元正态随机向量，不相关意味着相互独立，所以可以得到$\overline{X}_n$与向量$(X_1 - \overline{X}_n, \cdots, X_n - \overline{X}_n)$ 相互独立。又因为S_n^2是关于向量$(X_1 - \overline{X}_n, \cdots, X_n - \overline{X}_n)$的函数，因此$\overline{X}_n$与$S_n^2$也是相互独立的。

可以证明，样本均值和样本方差独立是正态分布的另一独有特征！若 X_j 服从任意其他分布，则$\overline{X}_n$和S_n^2将是相关的。 □

例 7.5.10（二元正态随机数的生成） 假设已知独立同分布的随机变量序列 X，$Y \sim \mathcal{N}(0, 1)$，但是希望生成一个二元正态随机向量(Z, W)。且为了使模拟顺利进行，假设 $\mathrm{Corr}(Z, W) = \rho$，$Z$ 和 W 的边缘分布为 $\mathcal{N}(0, 1)$，以便达到运行模拟的目的。则如何通过 X 和 Y 的线性组合生成 Z 和 W？

解：

由多元正态分布的定义，对任意形式的(Z, W)，其中

$$Z = aX + bY,$$
$$W = cX + dY$$

都服从二元正态分布。因此，只需要找到合适的系数 a、b、c、d 即可。由题可知，其均值为 0。设 Z 和 W 的方差均为 1，则

$$a^2 + b^2 = 1, c^2 + d^2 = 1。$$

再设 Z 和 W 的协方差为 ρ，则

$$ac + bd = \rho。$$

这样，未知数的个数多于方程的个数，而我们只需要一组解。为简化方程，求 $b = 0$ 时的一组解。则由第一个式子可得$a^2 = 1$，因此令 $a = 1$。此时 $ac + bd = \rho$ 就被化简为 $c = \rho$，然后，利用等式$c^2 + d^2 = 1$ 找到一个合适的 d 值。综上，可以生成如下形式的(Z, W)，即

$$Z = X$$
$$W = \rho X + \sqrt{1 - \rho^2} Y。$$

注意，在 $\rho = 1$（称为完全正相关）的极端情况下，$W = Z \sim \mathcal{N}(0, 1)$；在 $\rho = -1$（称为完全负相关）的极端情况下，$W = -Z$ 且 $Z \sim \mathcal{N}(0, 1)$；而在简单情况 $\rho = 0$ 时，等价于$(Z, W) = (X, Y)$。 □

7.6 要点重述

联合分布可以用来描述由同一试验产生的多个随机变量的行为。与联合分布有关的重

要函数主要有联合累积分布函数、联合概率质量函数（联合概率密度函数）、边缘概率质量函数（边缘概率密度函数），以及条件概率质量函数（条件概率密度函数）。下表总结了针对两个离散型随机变量序列和两个连续型随机变量序列的上述定义。联合分布也可以是离散型和连续型的混合，我们对这种情况下的概率质量函数和概率密度函数进行了混合与匹配。

	两个离散型随机变量序列	两个连续型随机变量序列
联合累积分布函数	$F_{X,Y}(x,y) = P(X \leqslant x, Y \leqslant y)$	$F_{X,Y}(x,y) = P(X \leqslant x, Y \leqslant y)$
联合概率质量函数（密度函数）	$P(X=x, Y=y)$ • 联合概率质量函数是非负的，且和等于1： $\sum_x \sum_y P(X=x, Y=y) = 1$	$f_{X,Y}(x,y) = \dfrac{\partial^2}{\partial x \partial y} F_{X,Y}(x,y)$ • 联合概率密度函数是非负的，且积分为1： $\int_{-\infty}^{+\infty} \int_{-\infty}^{+\infty} f_{X,Y}(x,y)\,\mathrm{d}x\mathrm{d}y = 1$
边缘概率质量函数（密度函数）	$P(X=x) = \sum_y P(X=x, Y=y)$ $= \sum_y P(X=x \mid Y=y) P(Y=y)$	$f_X(x) = \int_{-\infty}^{+\infty} f_{X,Y}(x,y)\,\mathrm{d}y$ $= \int_{-\infty}^{+\infty} f_{X\mid Y}(x\mid y) f_Y(y)\,\mathrm{d}y$
条件概率质量函数（密度函数）	$P(Y=y \mid X=x) = \dfrac{P(X=x, Y=y)}{P(X=x)}$ $= \dfrac{P(X=x \mid Y=y) P(Y=y)}{P(X=x)}$	$f_{Y\mid X}(y\mid x) = \dfrac{f_{X,Y}(x,y)}{f_X(x)}$ $= \dfrac{f_{X\mid Y}(x,y) F_Y(y)}{f_X(x)}$
独立性	对于所有的 x 和 y, $P(X \leqslant x, Y \leqslant y) = P(X \leqslant x) P(Y \leqslant y)$ $P(X=x, Y=y) = P(X=x) P(Y=y)$ 对于所有的 x 和 y, $P(X=x) > 0$, $P(Y=y \mid X=x) = P(Y=y)$	对于所有的 x 和 y, $P(X \leqslant x, Y \leqslant y) = P(X \leqslant x) P(Y \leqslant y)$ $f_{X,Y}(x,y) = f_X(x) f_Y(y)$ 对于所有的 x 和 y, $f_X(X) > 0$, $f_{Y\mid X}(y\mid x) = f_Y(y)$
LOTUS	$E(g(X,Y)) = \sum_x \sum_y g(x,y) P(X=x, Y=y)$	$E(g(X,Y)) = \int_{-\infty}^{+\infty} \int_{-\infty}^{+\infty} g(x,y) f_{X,Y}(x,y)\,\mathrm{d}x\mathrm{d}y$

协方差是描述两个随机变量序列在相同方向上的变化趋势的数字特征。如果两个随机变量序列相互独立，则它们是不相关的，但反之不成立。相关系数是协方差的无量纲、标准化形式，它通常介于 -1 到 1 之间。

两种重要的多元分布分别为多项式分布和多元正态分布。多项式分布是二项分布的推广形式；一个服从 $\mathrm{Mult}_k(n, \boldsymbol{p})$ 随机变量对 n 个对象落入 k 个类别的个数计数，其中 $\boldsymbol{p}$ 是落入 k 个类别的概率向量。

多元正态分布是正态分布的推广形式；如果一个随机向量的分量的任意组合都服从正态分布，则定义该随机变量为多元正态随机向量。多元正态分布的一个重要性质是：对于一个多元正态随机变量，不相关与独立等价。

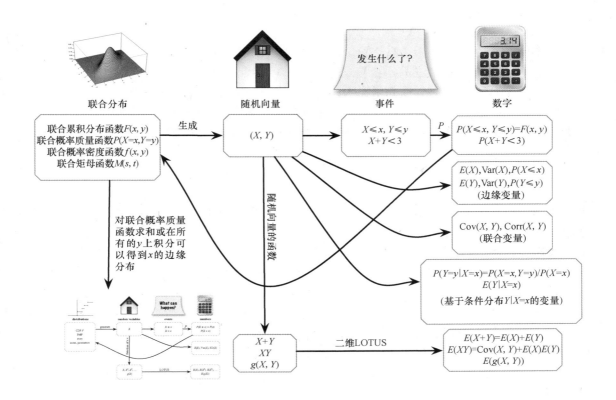

图 7.12 多元分布概率的基本对象。一个联合分布可以由一个联合累积分布函数、联合概率质量函数（联合概率密度函数）或联合矩母函数所决定。一个随机向量(X, Y)可以产生许多有用的联合变量、边缘变量和条件变量。使用二维 LOTUS，可以求得 X 和 Y 的函数的期望值。对联合概率质量函数求和或在所有的 y 上进行积分可以得到 X 的边缘分布，从而回到一维分布的情况。

图 7.12 将概率的基本对象的图解扩展到了多元集合上（为简化符号，以二元为例）。联合分布可以用于生成随机向量(X, Y)。然后研究各种联合变量、边缘变量和条件变量。对联合概率质量函数进行求和或在整个 y 上对联合概率密度函数进行积分可以得到 x 的边缘分布，使计算回到一维分布的情况。

7.7 R 语言应用示例

多项式分布

多项式分布的函数是 dmultinom（它是多项式分布的联合概率质量函数）或 rmultinom（生成多项式随机向量随机数）。多项式的联合累积分布函数计算非常困难，因此没有包含在 R 中。为使用 dmultinom，必须输入用于计算联合概率质量函数的数据以及该分布的参数。例如，

```
X< -c(2,0,3)
n< -5
```

```
p < - c(1/3,1/3,1/3)
dmultinom(x,n,p)
```

返回概率值 $P(X_1=2,\ X_2=0,\ X_3=3)$，其中

$$X=(X_1,X_2,X_3)\sim\text{Mult}_3(5,(1/3,1/3,1/3))。$$

当然，n 必须等于 sum(x)；而如果输入命令 dmultinom(x,7,p)，则 R 将会报错。

对于 rmultinom，首先要输入的是待生成的多项随机向量的个数，其他的输入同上。当我们输入 rmultinom(10,n,p)，其中 n 和 p 同上时，R 会给出如下矩阵：

```
0 2 1 3 2 3 1 2 3 4
2 2 2 2 3 0 1 2 0 0
3 1 2 0 0 2 3 1 2 1
```

矩阵的每一列对应于从 $\text{Mult}_3(5,(1/3,1/3,1/3))$ 分布中取出的一组数。特别地，每一列的和都为 5。

多元正态分布

多元正态分布的函数在程序包 mvtnorm 中。在线资源可以教你如何在你的系统中安装软件包，但对于许多系统而言，一种快捷的方法是使用 install.packages 命令，例如，输入 install.packages("mvtnorm") 来安装 mvtnorm 程序包。安装完毕后，输入 library(mvtnorm) 加载程序包。然后，就可以使用 dmvnorm 函数来计算联合概率密度函数，且 rmvnorm 函数可以用来生成随机向量。例如，假设想生成 1000 个独立的二元正态随机向量 (Z,W)，且相关系数 $\rho=0.7$，边缘分布为 $\mathcal{N}(0,1)$。为得到上述结果，输入如下：

```
meanvector < - c(0,0)
rho < - 0.7
covmatrix < - matrix(c(1,rho,rho,1),nrow=2,ncor=2)
r < rmvnorm(n=10^3,mean=meanvector,sigma=covmatrix)
```

这里的协方差矩阵为

$$\begin{pmatrix} 1 & \rho \\ \rho & 1 \end{pmatrix}$$

因为

- $\text{Cov}(Z,Z)=\text{Var}(Z)=1$（左上方值）
- $\text{Cov}(W,W)=\text{Var}(W)=1$（右下方值）
- $\text{Cov}(Z,W)=\text{Corr}(Z,W)\text{SD}(Z)\text{SD}(W)=\rho$（其他的两项）。

现在 r 是一个 1000×2 的矩阵，其中每行对应一个二元正态分布随机向量。将其看作一些点，为了在平面中观察它们，可以用 plot(r) 命令来绘制散点图，其中强正相关应该是明显的。为了估计 Z 和 W 的协方差，可以使用 cov(r) 命令来表示真实的协方差矩阵。

例 7.5.10 给出了二元正态分布生成问题的另一种解法：

```
rho < - 0.7
tar < - sqrt( - rho^2)
x < - rnorm(10^3)
y < - rnorm(10^3)
z < - x
```

```
w < - rho * x + tar * y
```

这给出了向量 z 中的 Z 坐标以及向量 w 中的 W 坐标。若我们想将它们放入上述提到的 1000×2 矩阵中，可以输入 cbind(z,w) 将向量约束在一起作为矩阵的列。

柯西分布

可以使用 dcauchy、pcauchy 以及 rcauchy 这三个函数对例 7.1.24 介绍的柯西分布进行处理。只需要一个输入；例如，dcauchy(0) 可以计算柯西分布概率密度函数在 0 点处的值。

为对厚尾柯西分布进行有趣的演示，尝试画出 1000 个来自柯西分布的随机数的直方图：

```
hist(rcauchy(1000))
```

由于分布的尾部存在极值，所以这个直方图看起来并不像生成它的分布所对应的概率密度函数。

7.8 练习题

联合分布、边缘分布和条件分布

1. Alice 和 Bob 安排在某一天的中午见面吃饭。然而，两人都不守时。他们在当天正午和下午 1 点的时间段内分别按照相互独立的均匀分布时间到达。每个人都愿意等对方 15min，则当天他们共进午餐的概率是多少？

2. Alice、Bob 和 Carl 安排在某一天的中午见面吃饭。他们在当天下午 1 点到 1：30 的时间段内分别按照相互独立的均匀分布时间到达。

（a）Carl 先到达的概率是多少？

在剩余的问题中，均假设 Carl 在下午 1：10 首先到达，并将其作为条件。

（b）Carl 等到另外一人出现所需要的时间大于 10min 的概率是多少？（因此考虑直到有一人出现时 Carl 的等待时间。）

（c）Carl 等待两人都到达所需的时间超过 10min 的概率是多少？（所以考虑直到另外两人都出现时 Carl 的等待时间。）

（d）第二个到达的人等待第三人到达所需的等待时间超过 5min 的概率是多少？

3. 有两名医生，Hibbert 和 Nick，要求他们中的一人做 n 场手术。设 H 为 Hibbert 医生做手术的示性变量，且 $E(H)=p$，给定 Hibbert 医生做手术成功的概率为 a，且每场手术的结果相互独立。再给定 Nick 医生做手术成功的概率为 b，且各场手术的结果相互独立。令 X 表示手术成功的次数

（a）计算 H 与 X 的联合概率质量函数。

（b）计算 X 的边缘概率质量函数。

（c）计算给定 $X=k$ 条件下 H 的条件概率质量函数。

4. 投掷一枚质地均匀的硬币两次。设 X 为两次投掷中正面出现的次数，Y 是表示两次投掷出现相同结果的示性随机变量。

（a）计算 X 和 Y 的联合概率质量函数。

（b）计算 X 和 Y 的边缘概率质量函数。

（c）X 和 Y 是相互独立的吗？

（d）计算给定 $X = x$ 条件下的 Y 的条件概率质量函数，以及给定 $Y = y$ 条件下 X 的条件概率质量函数。

5. 抛一个质地均匀的骰子，然后根据骰子上出现的数字抛掷一枚正面出现概率为 p 的硬币。投掷的次数与骰子显示的数字相等，例如，如果抛骰子得到的数字是 3，则将硬币投掷 3 次。设 X 为抛骰子出现的结果，Y 表示抛硬币出现正面的次数。

（a）计算 X 和 Y 的联合概率质量函数，它们是相互独立的吗？

（b）计算 X 和 Y 的边缘概率质量函数。

（c）计算给定 $X = x$ 条件下的 Y 的条件概率质量函数，以及给定 $Y = y$ 条件下 X 的条件概率质量函数。

6. 从由 n 个女士和 m 个男士组成的小组中选择 k 个人组成委员会。所有 k 人的组合出现的可能性是相等的。设 X 和 Y 分别表示委员会中女性和男性的人数。

（a）计算 X 和 Y 的联合概率质量函数，并指出其支撑集。

（b）通过两种方式计算 X 的边缘概率质量函数：使用联合概率质量函数计算或使用案例。

（c）计算给定 $X = x$ 条件下 Y 的条件概率质量函数。

7. 一根长度为 L（L 是正实数）的木棒在均匀随机点 X 处断开。给定 $X = x$，另一个折断点 Y 从区间 $[0, x]$ 内均匀地选择。

（a）计算 X 和 Y 的联合概率密度函数，并指出其支撑集。

（b）已知 X 的边缘分布为 $\mathrm{Unif}(0, L)$。验证这与根据联合概率密度函数对 Y 进行边缘化得到的 X 的边缘分布是否一致。

（c）已知给定 $X = x$ 条件下的 Y 的条件分布为 $\mathrm{Unif}(0, x)$。验证这与根据条件概率密度函数的定义（通过联合概率密度函数及边缘概率密度函数）得到的结果是否一致。

（d）计算 Y 的边缘概率密度函数。

（e）计算给定 $Y = y$ 条件下 X 的条件概率密度函数。

8.（a）从一副标准扑克中随机选择 5 张牌，每次有放回地抽取一张。设 X、Y、Z 分别代表抽中 Q、K 和其他牌的次数。计算 X、Y、Z 的联合概率质量函数。

（b）计算 X 和 Y 的联合概率质量函数。

提示：将 X、Y、Z 的联合概率质量函数在所有 Z 的可能值上求和，注意由于只选 5 张牌，因此很多项都等于 0。

（c）现在假设抽牌方法变为无放回抽牌（即 5 张卡片出现的可能性是相同的）。计算 X 和 Y 的联合概率质量函数。

9. 设 X 和 Y 是独立同分布于 $\mathrm{Geom}(p)$ 的随机变量，且 $N = X + Y$。

（a）计算 X、Y、N 的联合概率质量函数。

（b）计算 X 和 N 的联合概率质量函数。

（c）计算给定 $N = n$ 条件下，X 的条件概率质量函数，并用简短的语言解释该结果。

10. 令 X 和 Y 是独立同分布于 $\mathrm{Expo}(\lambda)$ 的随机变量，且 $T = X + Y$。

（a）计算给定 $X = x$ 条件下，T 的条件累积分布函数，并指出它在哪些点上等于 0。

（b）计算条件概率密度函数 $f_{T|X}(t|x)$，并验证它是否是有效的概率密度函数。

（c）计算条件概率密度函数 $f_{X|T}(x|t)$，并验证它是否是有效的概率密度函数。

提示：可以应用贝叶斯准则计算，且在计算过程中，不需要知道 T 的边缘概率密度函数，而是识别出达到归一化常数的条件概率密度函数——则该归一化常数是使条件概率密度函数有效的任何常数。

(d) 在例 8.2.4 中，我们将证明 T 的边缘概率质量函数为 $f_T(t) = \lambda^2 t \, e^{-\lambda t}$，其中 $t > 0$。现在用前面所学的内容和贝叶斯准则给出此结果的另一种简短证明。

11. 设 X、Y、Z 是随机变量序列，且 $X \sim N(0,1)$，当给定条件 $X = x$ 时，Y 和 Z 是独立同分布于 $N(x,1)$ 的随机变量。

(a) 计算 X、Y、Z 的联合概率密度函数。

(b) 根据定义，给定 X 时，Y 和 Z 呈有条件的相互独立。直观地讨论 Y 和 Z 是否也无条件独立。

(c) 计算 Y 和 Z 的联合概率密度函数。给出的答案可以是一个积分的形式，尽管该积分可以通过一些代数方法（例如采用配方法）以及正态分布的性质进行求解。

12. 设 $X \sim \text{Expo}(\lambda)$，$c$ 是一个正的常数。

(a) 如果你还记得无记忆性质，就会知道给定 $X > c$ 时 X 的条件分布与 $c + X$ 的分布相同（理解为，为等到"成功"已等待了 $c\min$，则额外需要的等待时间是一个服从 $\text{Expo}(\lambda)$ 的随机变量）。用其他的方式推导出该结论，即计算给定 $X > c$ 时 X 的条件累积分布函数，以及给定 $X > c$ 时 X 的条件概率密度函数。

(b) 计算给定 $X < c$ 时 X 的条件累积分布函数，以及相应的条件概率密度函数。

13. 设 X 和 Y 是独立同分布于 $\text{Expo}(\lambda)$ 的随机变量。用以下两种方式计算给定 $X < Y$ 条件下 X 的条件分布：

(a) 使用微积分计算条件概率密度函数。

(b) 不使用微积分，通过证明给定 $X < Y$ 条件下 X 的条件分布等于 $\min(X, Y)$ 的无条件分布，再应用之前关于独立指数分布最小值的结论进行推导。

14. ⑤ (a) 一根木棍被折断成三部分，两个断点的位置是相互独立且均匀地在木棍上分布的。则折断后得到的三部分可以构成一个三角形的概率是多少？

提示：一个三角形可以由三条长度为 a、b、c 的直线构成当且仅当 $a,\ b,\ c \in (0, 1/2)$。该概率可以几何地解释为与平面中的面积成比例，从而避免所有计算，但需要确保该方法中平面上的随机点是均匀分布的。

(b) 三条桌腿被均匀且独立地安装在一个圆桌的边界上，则圆桌可以站立的概率是多少？

15. 设 X 和 Y 是连续型随机变量序列，其联合累积分布函数为 $F(x,y)$。试证明 (X,Y) 落在矩形区域 $[a_1, a_2] \times [b_1, b_2]$ 中的概率为

$$F(a_2, b_2) - F(a_1, b_2) + F(a_1, b_1) - F(a_2, b_1)。$$

16. 设 X 和 Y 的联合概率密度函数为

$$f_{X,Y}(x,y) = x + y, \quad 0 < x < 1, 0 < y < 1。$$

(a) 验证该联合概率密度函数的有效性。

(b) X 和 Y 是相互独立的吗？

(c) 计算 X 和 Y 的边缘概率密度函数。

(d) 计算给定 $X = x$ 条件下 Y 的条件分布。

17. 设 X 和 Y 的联合概率密度函数为

$$f_{X,Y}(x,y) = cxy, 0 < x < y < 1。$$

（a）指出使该联合概率密度函数有效的 c 值。

（b）X 和 Y 是相互独立的吗？

（c）计算 X 和 Y 的边缘概率密度函数。

（d）计算给定 $X = x$ 条件下 Y 的条件分布。

18. ⑤设 (X,Y) 是平面内三个顶点坐标分别为 $(0,0)$、$(0,1)$、$(1,0)$ 的三角形中的一个均匀随机点。

计算 X 和 Y 的联合概率密度函数、X 的边缘概率密度函数，以及给定 Y 条件下 X 的条件概率密度函数。

19. ⑤从球形区域 $B = \left\{ (x,y,z):x^2 + y^2 + z^2 \leqslant 1 \right\}$ 中均匀地选择一个随机点 (X,Y,Z)。

（a）计算 X、Y、Z 的联合概率密度函数。

（b）计算 X、Y 的联合概率密度函数。

（c）找到 X 的边缘概率密度函数的一种积分形式。

20. ⑤设 U_1、U_2、U_3 是独立同分布于 Unif$(0,1)$ 的随机变量，再设 $L = \min(U_1, U_2, U_3), M = \max(U_1, U_2, U_3)$。

（a）计算 M 的边缘累积分布函数以及边缘概率密度函数，L 和 M 的联合累积分布函数以及联合概率密度函数。

提示：对于后者，先从 $P(L \geqslant 1, M \leqslant m)$ 开始考虑。

（b）计算给定 L 条件下 M 的概率密度函数。

21. 计算二次方程 $Ax^2 + Bx + 1 = 0$ 至少有一个实根的概率，其中系数 A 和 B 由独立同分布于 Unif$(0,1)$ 的随机变量决定。

提示：根据二次方程的性质，$ax^2 + bx + c = 0$ 有一个实根，当且仅当 $b^2 - 4ac \geqslant 0$。

22. 设 X 和 Y 的支撑集均为 $(0, +\infty)$，再假设 X 和 Y 的联合概率密度函数 $f_{X,Y}$ 当 $0 < x < y$ 时取值为正，否则为 0。

（a）求给定 $X = x$ 条件下 Y 的条件概率密度函数的支撑集。

（b）证明：X 和 Y 不是相互独立的。

23. 在 n 维欧几里得空间 $\mathbf{R}^n$ 中区域的体积等于该区域上关于 1 的积分。$\mathbf{R}^n$ 中的单位球形区域为 $\left\{ (x_1, \cdots, x_n):x_1^2 + \cdots + x_n^2 \leqslant 1 \right\}$，该球形区域以原点为中心，且半径为 1。如附录 A.7 节所述，n 维空间中单位球形域的体积为

$$v_n = \frac{\pi^{n/2}}{\Gamma(n/2 + 1)},$$

其中，Γ 表示伽马函数，它是一个非常著名的函数，并将其定义为

$$\Gamma(a) = \int_0^{+\infty} x^a \mathrm{e}^{-x} \frac{\mathrm{d}x}{x}, a > 0。$$

该函数在下一章中很重要。关于伽马函数的一些重要性质（可以假设）是，对于任意 $a > 0$，$\Gamma(a + 1) = a\Gamma(a)$，且 $\Gamma(1) = 1, \Gamma\left(\frac{1}{2}\right) = \sqrt{\pi}$。由这些结论可以推出 $\Gamma(n) = (n-1)!$，其中 n 是一个正整数，当 n 是一个非负整数时，也可以计算 $\Gamma\left(n + \frac{1}{2}\right)$。作为练习，请验证

$v_2 = \pi$（表示二维空间中单位圆区域的面积）以及 $v_3 = \dfrac{4}{3}\pi$（三维空间中单位球的体积）。

设 U_1，U_2，$\cdots$，$U_n \sim \mathrm{Unif}(-1,1)$，且各随机变量独立。

（a）计算 $(U_1, U_2, \cdots, U_n)$ 在 $\mathbf{R}^n$ 空间中落入单位球域的概率。

（b）对（a）中的结果在 $n = 1, 2, \cdots, 10$ 时进行数值计算，并将结果绘制出来（除非你非常擅长绘制手工图像，否则可以借助计算机绘图）。关于伽马函数的特点有很多，因此可以直接使用这些结论而不必进行积分计算，但是也可以使用 R 中的 gamma 命令来计算伽马函数。

（c）设 c 是一个满足 $0 < c < 1$ 的常数，X_n 表示 U_j 中满足 $|U_j| > c$ 的个数，求 X_n 的分布。

（d）对于 $c = 1/\sqrt{2}$，根据（c）问的结果，给出（a）问中当 $n \to \infty$ 时概率变化的简短推导。

24. Ⓢ有两个学生 A 和 B 正在独立地完成一项作业（有可能不是同一课程的作业）。学生 A 需要时间（单位：h）$Y_1 \sim \mathrm{Expo}(\lambda_1)$ 来完成他的作业，而 B 则需要时间 $Y_2 \sim \mathrm{Expo}(\lambda_2)$ 来完成作业。

（a）计算 Y_1 / Y_2 的累积分布函数和概率密度函数，并用 Y_1 / Y_2 表示他们完成作业所需时间之比。

（b）计算 A 比 B 先完成作业的概率。

25. 两家刚成立的公司，公司 1 和公司 2。股市崩盘的发生服从速率为 λ_0 的泊松过程。这样的崩盘会使两家公司破产。对于 $j \in \{1,2\}$，可能会出现一个 " j 类型"的不利事件，即，使得公司 j 破产（若它之前还没有破产），但不会影响到另一家公司；该事件的发生服从速率为 λ_j 的泊松过程。若现在没发生股市崩盘以及 j 类型不利事件，则公司 j 处于运营状态。这三个泊松分布之间相互独立。设 X_1 和 X_2 分别表示公司 1 和公司 2 的运营时间。

（a）计算 X_1 和 X_2 的边缘分布。

（b）计算 $P(X_1 > x_1, X_2 > x_2)$，并用其结果计算 X_1 和 X_2 的联合累积分布函数。

26. Ⓢ在发掘到一个有希望的商机后，来自 Blissville 的公交公司决定在 Blotchville 开展业务。与此同时，Fred 也回到了 Blotchville。现在，当 Fred 到达公交站。两条相互独立的公交线路中的任意一条都有可能出现（两条线路都可以到达 Fred 的住所）。Blissville 公司的两辆公交车到达的时间正好相差 10min，而一辆 Blissville 公司的公交车的到达时间与下一辆公交车的到达时间的时间差服从 $\mathrm{Expo}\left(\dfrac{1}{10}\right)$。Fred 某天在一个均匀随机的时间点到达公交站。

（a）求 Blissville 公司的公交车先到达公交站的概率。

提示：一种较好的方法是使用连续情形下的全概率法公式。

（b）求 Fred 等待一辆公交车的到达时间的累积分布函数。

27. 一项关于已婚霍比特（托尔金创作的长篇小说《霍比特人》中的一个虚构的种族）夫妇寿命的研究。设 p 是霍比特人至少活到 111 岁的概率，并假设不同霍比特人之间的的寿命相互独立。令 N_0、N_1、N_2 分别表示霍比特夫妇二人都没有活到 111 岁，夫妇二人中一人达到但另一人未达到，以及两人都达到 111 岁的夫妻对数。

（a）计算 N_0、N_1、N_2 的联合概率密度函数。

（b）使用（a）中的计算结果以及条件概率的定义，计算给定该信息下，N_2 的条件概率质量函数（也就是说，本题中不需要求归一化常数，而只需要给出一个与条件概率质量函数成比例的表达式）。为简化计算，可以（且应该）在本题中忽略掉乘法常数，它包括形式为 h 的函数的乘法因子，忽略的原因是因为此时 h 被看作是常量。

（c）现在通过一个直接的计数过程得到 N_2 的条件概率质量函数，它可以包含所需的任意归一化常数，以确保提供一个有效的条件概率质量函数。

（d）直观地讨论 p 是否应该出现在（c）的结果中。

（e）给定以上的信息，N_2 的条件期望是多少（化到最简）？这可以在没有任何复杂求和也没有计算（b）和（c）的前提下得到。

28. 在一家购物中心有 n 家店铺，并将其编号为 1 到 n，设 X_i 为在某一特定月份店铺 i 的顾客数量，再假设 X_1，X_2，$\cdots$，X_n 是独立同分布的，其概率质量函数为 $p(x)=P(X_i=x)$。设 $I \sim \mathrm{DUnif}(1,2,\cdots,n)$ 表示随机选中的商店的编号，则 X_I 表示这个随机选中的商店的顾客数。

（a）对于 $i \neq j$，计算 $P(X_i=X_j)$，并用概率质量函数 $p(x)$ 表示。

（b）计算 I 和 X_I 的联合概率质量函数，它们是相互独立的吗？

（c）X_I 表示一个随机商店的顾客数，它的边缘分布与 X_1（商店 1 的顾客数）的边缘分布相同吗？

（d）设 $J \sim \mathrm{DUnif}(1,2,\cdots,n)$ 也是一个随机选择的商店的标号，且 I 和 J 相互独立。计算 $P(X_I=X_J)$，并用概率质量函数 $p(x)$ 表示。当固定 i 和 j，且 $i \neq j$ 时，将 $P(X_I=X_J)$ 与 $P(X_i=X_j)$ 进行比较，并给出比较结果。

29. 设 X 和 Y 是独立同分布于 $\mathrm{Geom}(p)$ 的随机变量，$L=\min(X,Y)$，$M=\max(X,Y)$。

（a）计算 L 和 M 的联合概率质量函数，它们是相互独立的吗？

（b）用以下两种方式计算 L 的边缘分布：使用联合概率质量函数，或使用案例。

（c）求 $E(M)$。

提示：一种快速方法是应用（b）的结果和等式 $L+M=X+Y$。

（d）计算 L 和 $M-L$ 的联合概率质量函数，它们是相互独立的吗？

30. 设 X 和 Y 的联合累积分布函数为

$$F(x,y)=1-e^{-x}-e^{-y}+e^{-(x+y+\theta xy)},$$

其中，$x>0$，$y>0$ [否则，$F(x,y)=0$]，参数 θ 是区间 $[0,1]$ 上的一个常数。

（a）计算 X 和 Y 的联合概率密度函数，当 θ（如果存在）等于多少时，X 和 Y 是相互独立的？

（b）解释为什么要求 θ 在区间 $[0,1]$ 内。

（c）直接由（a）中的联合概率密度函数求 X 和 Y 的边缘概率密度函数。在求解积分时，不要使用分部积分法或者借助于计算机，而是根据已知的著名分布的矩来进行模式匹配。

（d）直接用联合累积分布函数求 X 和 Y 的边缘累积分布函数。

二维 LOTUS

31. Ⓢ设 X 和 Y 是独立同分布于 $\mathrm{Unif}(0,1)$ 的随机变量，计算 X 和 Y 之间距离的标准差。

32. Ⓢ设 X 和 Y 是独立同分布于 $\mathrm{Expo}(\lambda)$ 的随机变量，用以下两种方式计算 $E|X-Y|$：（a）使用二维 LOTUS；（b）不进行任何计算，直接运用指数分布的无记忆性。

33. Alice 进入一家邮局，该邮局有两名员工，且都正在为顾客服务，Alice 是下一位被服务对象。左边的员工服务一名顾客需要 Expo(λ_1) 时间，右边的员工服务一位顾客需要 Expo(λ_2) 时间。设 T 为 Alice 等待接受服务的时间。

（a）写出 T 的均值和方差表达式，用二重积分表示即可（不需要求出具体值）。

（b）求 T 的分布、均值和方差，不需要进行微积分计算。

34. 设 (X,Y) 是在平面上以 $(0,0)$、$(0,1)$、$(1,0)$ 作为顶点所构成的三角形中的均匀随机点。计算 $\text{Cov}(X,Y)$。（练习题 18 是在此假设下关于联合、边缘以及条件概率密度函数的讨论。）

35. 从单位圆 $\{(x,y):x^2+y^2\leqslant 1\}$ 中均匀随机地选择一个随机点。设 R 表示该点到圆心的距离。

（a）根据二维 LOTUS 计算 $E(R)$。

提示：在进行积分时，可以转化到极坐标系下计算（参见数学附录）。

（b）求 R^2 以及 R 的累积分布函数，这里不需要进行计算，而是运用区域上均匀分布的既有事实，即点在某区域内的概率与面积成正比。然后得到 R^2 以及 R 的累积分布函数，再用两种以上的方式计算 $E(R)$：根据期望的定义，或将 R 看作是 R^2 的函数从而使用一维 LOTUS。

36. 设 X 和 Y 是离散型随机变量序列。

（a）用二维 LOTUS（不需要假设线性性）证明：$E(X+Y)=E(X)+E(Y)$。

（b）现假设 X 和 Y 是相互独立的，使用二维 LOTUS 证明：$E(XY)=E(X)E(Y)$。

37. 设 X 和 Y 是独立同分布的随机变量，且概率密度函数为 f，均值为 μ，方差为 σ^2。已知 X 到其均值的期望平方距离为 σ^2，且 Y 亦然；本题要求的是 X 到 Y 的期望平方距离。

（a）使用二维 LOTUS 将 $E(X-Y)^2$ 表示成二重积分的形式。

（b）通过展开 $(x-y)^2=x^2-2xy+y^2$，同时根据求解（a）中二重积分得到的值证明：
$$E(X-Y)^2=2\sigma^2。$$

（c）给出（b）中结果的另一种证明方法，该方法基于加一个 μ 再减一个 μ 的恒等变形法：
$$(X-Y)^2=(X-\mu+\mu-Y)^2=(X-\mu)^2-2(X-\mu)(Y-\mu)+(Y-\mu)^2。$$

协方差

38. Ⓢ设 X 和 Y 是随机变量序列，则"$\max(X,Y)+\min(X,Y)=X+Y$"的说法正确吗？那"由于最大值是 X，最小值是 Y，或者反过来，由于协方差是对称的，因此 $\text{Cov}(\max(X,Y),\min(X,Y))=\text{Cov}(X,Y)$"的说法是否是正确的？请解释。

39. Ⓢ抛两个质地均匀的六面骰子（一个绿色，一个橘色），X 和 Y 分别表示绿骰子和橘骰子的点数。

（a）计算 $X+Y$ 与 $X-Y$ 的协方差。

（b）$X+Y$ 和 $X-Y$ 是相互独立的吗？

40. 设 X 和 Y 是独立同分布于 Unif$(0,1)$ 的随机变量。

（a）计算 $X+Y$ 和 $X-Y$ 的协方差。

（b）$X+Y$ 和 $X-Y$ 是相互独立的吗？

41. Ⓢ设 X 和 Y 是标准化随机变量序列（即，边缘化的 X 和 Y，期望为 0，方差为 1），

且相关系数为 $\rho \in (-1, 1)$。求使 $Z = aX + bY$ 与 $W = cX + dY$ 不相关但依旧标准化的 a、b、c、d（用 ρ 表示）。

42. ⑤设 X 表示一个由 110 人组成的小组的成员的生日天数（即，一年之中该组至少有一人过生日的总天数）。在通常假设下（没有 2 月 29 日，一年中 365 天出现的可能性相等，每个人出生的日期与其他人均独立），计算 X 的均值和方差。

43. （a）设 X 和 Y 是伯努利随机变量序列，但参数可能不同。试证明如果 X 和 Y 不相关，则它们相互独立。

（b）给出一个关于三个伯努利随机变量序列的例子，且它们中的任何两个随机变量都不相关，但这三个随机变量序列却是相关的。

44. 在例 4.3.11（优惠券收集问题）中，计算直到收集齐一整套玩具，还需要收集的玩具数的方差。

45. 以某种方式形成一个随机三角形，使三个角服从同一分布。此时，三角形中任意两个角之间的相关系数是多少（假设角的方差均不为零）？

46. 有 $n \geqslant 2$ 个人，每人都将自己的名字写在一张纸上（假设不重名）。将这些纸放在一顶帽子中混合起来然后每个人都抽取一张（在每个抽取环节都是一致随机的，且是不放回抽取）。求恰好抽到自己名字的人数的标准差。

47. ⑤运动员们正在依次完成跳高测试。设 X_j 为第 j 名运动员所跳的高度，X_1，X_2，$\cdots$ 是独立同分布的，且分布连续。当 X_j 大于所有的 $X_{j-1}, \cdots, X_1$ 时，称第 j 名运动员刷新了纪录。计算前 n 个跳高运动员（作为一个总和）中刷新纪录的次数的方差。当 $n \to \infty$ 时，方差会如何变化？

48. ⑤一只母鸡产出 $\mathrm{Pois}(\lambda)$ 个鸡蛋。每一个鸡蛋孵出小鸡的概率为 p，且各鸡蛋的孵化相互独立。设 X 为孵出的小鸡数，则 $X \mid N = n \sim \mathrm{Bin}(n, p)$。求 N（鸡蛋数量）和 X（孵出小鸡的鸡蛋数量）间的相关系数，并化简。最终得到的结果应该是一个关于 p 的函数（λ 应该被约掉）。

49. 设 $X_1, \cdots, X_n$ 是一组随机变量，对于所有 $i \neq j$，有 $\mathrm{Corr}(X_i, X_j) = \rho$。试证明 $\rho \geqslant -\dfrac{1}{n-1}$。它表示一个随机变量序列集合中所有元素之间都负相关。

提示：假设对于所有 i，都有 $\mathrm{Var}(X_i) = 1$；因为对两个随机变量进行尺度变换不会影响它们之间的相关系数，因此该假设在不失一般性的前提下成立。然后，再应用 $\mathrm{Var}(X_i + \cdots + X_n) \geqslant 0$ 的性质。

50. 设 X 和 Y 是相互独立的随机变量序列，试证明：
$$\mathrm{Var}(XY) = \mathrm{Var}(X)\mathrm{Var}(Y) + (EX)^2\mathrm{Var}(Y) + (EY)^2\mathrm{Var}(X)。$$
提示：通常可以将二阶矩 $E(T^2)$ 写成 $\mathrm{Var}(T) + (Et)^2$ 的形式。

51. 某款衬衫有三个尺码：小号、中号以及大号。现在每个尺码有 n 件衬衫（其中 $n \geqslant 2$）。有 $3n$ 个学生。对于每种尺码，该尺码对于学生中的 n 个人来说是最佳尺码。这似乎是理想的。但假设给每个学生的不是最合适尺码的衬衫，而是将衬衫完全随机地发给每位学生（将所有衬衫都分配给学生，每人一件，且可能性相同）。设 X 表示得到合适尺码衬衫的学生数。

（a）求 $E(X)$。

（b）给每个学生编上从 1 到 $3n$ 的号码，使得 1 到 n 为适合小号尺码的学生，$n+1$ 到 $2n$ 为适合中号尺码的学生，$2n+1$ 到 $3n$ 为适合大号尺码的学生。设 A_j 为事件"学生 j 得到合适尺码衬衫"。计算 $P(A_1,A_2)$ 和 $P(A_1,A_{n+1})$。

（c）求 $\mathrm{Var}(X)$。

52. Ⓢ一个醉汉在一块宽阔的空地上随机漫步。他每一步移动一个单位的距离，且向北、南、东或西各方向移动的可能性相同。选择一个坐标系，使得他的初始位置为（0，0），且如果某时刻他在 (x,y) 的位置，则下一步后他会在 $(x,y+1)$、$(x,y-1)$、$(x+1,y)$、$(x-1、y)$ 其中之一的位置。设 (X_n,Y_n) 和 R_n 分别表示他从原点开始，经 n 步后的位置和此时距原点的距离。

提示：注意 X_n 表示随机变量序列的和，可能取值为 -1、0、1，Y_n 同样如此，但是要当心本题的独立性问题。

（a）判断 X_n 与 Y_n 是否相互独立。

（b）计算 $\mathrm{Cov}(X_n,Y_n)$。

（c）计算 $E(R_n^2)$。

53. Ⓢ一位科学家进行了两次测量，并将测量结果看作相互独立的标准正态随机变量序列。试计算最大值和最小值之间的相关系数。

提示：注意 $\max(x,y)+\min(x,y)=x+y$ 以及 $\max(x,y)-\min(x,y)=|x-y|$。

54. 设 $U\sim\mathrm{Unif}(-1,1)$，以及 $V=2|U|-1$。

（a）求 V 的分布（给出 V 的概率密度函数，且如果是已经学习过的分布，指出其名称及参数）。

提示：找到 V 的支撑集，然后通过将 $P(V\leqslant v)$ 化简为关于 U 的概率计算形式，得到 V 的累积分布函数。

（b）试证明 U 和 V 是不相关的，但不是相互独立的。这也是由两个随机变量序列的边缘分布不能确定其联合分布的另一个例子。

55. Ⓢ考虑如下产生二元泊松分布（其两个随机变量序列的边缘分布均为泊松分布的联合分布）的方法。设 $X=V+W$，$Y=V+Z$，其中 V、W、Z 是独立同分布于 $\mathrm{Pois}(\lambda)$ 的随机变量（在这种方法中，有些想法是借鉴来的，也有些想法是新的）。

（a）计算 $\mathrm{Cov}(X,Y)$。

（b）X 和 Y 是相互独立的吗？在给定 V 时，它们是条件相互独立的吗？

（c）计算 X 和 Y 的联合概率质量函数（结果用和式表示）。

56. 你正在玩一个令人兴奋的战舰游戏。你的对手秘密地把船只放置在一个 10×10 的网格上，你需要猜测船只的位置。如果有船在那里，你的猜测将会命中，否则为失误。

游戏刚开始，敌方有三艘船：一艘战舰（长度为 4）、一艘潜水艇（长度为 3）以及一艘驱逐舰（长度为 2）。（通常游戏开始时会有 5 艘船，但是为简化计算，本题只考虑三艘）。假设对游戏规则进行一点变更，一次可以同时猜测 5 个位置。现假设你的 5 个猜测点是 100 个网格点上的一个随机样本。

计算一次猜测中，你在 5 个位置命中的不同船只数量的均值和方差。（用二项式系数或阶乘表示正确答案，也可以用计算机得到其数值解）。

提示：首先，对误判的船只数进行分析，将其表示为示性随机变量序列的和。由于 5 个位置所组成的所有集合是等可能的，因此可以使用最基本、最直接的概率定义。

57. 本题探究协方差的一种可视化释义。收集 $n \geqslant 2$ 个被观察者的数据，每个人的数据包含两个变量（例如，身高和体重）。假设每一个个体间相互独立（例如，第一个人的变量无法给其他人提供任何信息），但对于同一个被测者而言，两个变量之间不是相互独立的（例如，某人的身高和体重之间可能是相关的）。

设 $(x_1, y_1), \cdots, (x_n, y_n)$ 表示 n 个数据点。且将数据看作已知的数——它们是一次试验后得到的观察值。想象一下，将所有的点 (x_i, y_i) 都绘制在一个平面内，并根据每对数据绘制出矩形。例如，根据点（1,3）和（4,6）可以绘制出顶点为（1,3）、（1,6）、（4,6）、（4,3）的矩形。

当 (x_i, y_i) 和 (x_j, y_j) 连线的斜率为正时，它们的面积贡献等于根据它们所得到的矩形的面积；如果它们之间连线的斜率为负，则它们的面积贡献等于其生成的矩形面积的负值。（当 $x_i = x_j$ 或 $y_i = y_j$ 时，定义面积贡献为 0，此时矩形是退化的。）也就是说，当一对数据点中 x 值随着 y 值的增大而增大时，则该区域的面积为正，反之为负。假设所有的 x_i 都不同，且所有的 y_i 也不同。

（a）数据的样本协方差定义为

$$r = \frac{1}{n} \sum_{i=1}^{n} (x_i - \bar{x})(y_i - \bar{y}),$$

其中，样本均值为

$$\bar{x} = \frac{1}{n} \sum_{i=1}^{n} x_i, \bar{y} = \frac{1}{n} \sum_{i=1}^{n} y_i。$$

（关于样本协方差中前面的系数是除以 $n-1$ 还是 n 有着不同的定义，但本题中不需要考虑这种差异。）

设 (X, Y) 是 (x_i, y_i) 数据对中的一个，且是均匀随机选出的。试准确地写出 $\mathrm{Cov}(X, Y)$ 与样本协方差的关系。

（b）设 (X, Y) 与（a）中的相同，且 $(\tilde{X}, \tilde{Y})$ 是一个与之独立的点，且分布相同。也就是说 (X, Y) 和 $(\tilde{X}, \tilde{Y})$ 是从 n 个点中随机抽取的，且是相互独立的（因此有可能出现一个点被抽取两次的情况）。

将矩形的总面积贡献表示为常量乘积的形式 $E(X - \tilde{X})(Y - \tilde{Y})$，然后证明数据的样本协方差等于一个常数乘以这些矩形的总面积。

提示：从以下两方面考虑 $E(X - \tilde{X})(Y - \tilde{Y})$：将其视作由 (X, Y) 和 $(\tilde{X}, \tilde{Y})$ 所形成的随机矩形的平均面积；利用期望的性质将其与 $\mathrm{Cov}(X, Y)$ 联系起来。对于前者，考虑 (X, Y) 和 $(\tilde{X}, \tilde{Y})$ 点的 n^2 种可能取法；注意其中的 n 种取法会出现退化的矩阵。

（c）基于（b）中所给出的释义，直观地解释为什么对于任意的随机变量 W_1、W_2、W_3 以及常数 a_1、a_2，协方差会有如下性质：

（ⅰ）$\mathrm{Cov}(W_1, W_2) = \mathrm{Cov}(W_2, W_1)$；

（ⅱ）$\mathrm{Cov}(a_1 W_1, a_2 W_2) = a_1 a_2 \mathrm{Cov}(W_1, W_2)$；

（ⅲ）$\mathrm{Cov}(W_1 + a_1 W_2 + a_2) = \mathrm{Cov}(W_1, W_2)$；

（iv）$\text{Cov}(W_1, W_2 + W_3) = \text{Cov}(W_1, W_2) + \text{Cov}(W_1, W_3)$。

58. 一位统计学家正在基于一些数据估计未知参数 θ。她有两个独立的估计量 $\hat{\theta}_1$ 和 $\hat{\theta}_2$（每个估计量都是数据的函数）。例如，$\hat{\theta}_1$ 可以是一个数据子集的样本均值，而 $\hat{\theta}_2$ 可以是另一个数据子集的样本均值，且两个数据子集不相交。假设这两个估计量都是无偏的，即 $E(\hat{\theta}_j) = \theta$。

现在该统计学家想要得到两个估计量组合后的统计量。由于 $\hat{\theta}_1$ 和 $\hat{\theta}_2$ 二者的可靠性不同，因此赋予它们相同的权重是没有意义的，所以统计学家决定分析如下形式的联合估计量

$$\hat{\theta} = w_1 \hat{\theta}_1 + w_2 \hat{\theta}_2$$

它是这两个估计量的加权和。权重 w_1 和 w_2 是非负，满足 $w_1 + w_2 = 1$。

（a）检验 $\hat{\theta}$ 也是无偏的，即 $E(\hat{\theta}) = \theta$。

（b）对均方误差 $E(\hat{\theta} - \theta)^2$ 最小化，确定出最佳权重 w_1 和 w_2。将结果用 $\hat{\theta}_1$ 和 $\hat{\theta}_2$ 的方差表示。这样得到的最佳权重称为费希尔（Fisher）权重。

提示：正如在第 5 章中练习题 55 中所讨论的，均方误差等于方差与偏差的平方的和，因此在本题中，$\hat{\theta}$ 的均方误差等于 $\text{Var}(\hat{\theta})$。注意因为 $w_2 = 1 - w_1$，所以此处不需要过多复杂的计算。

（c）简要描述当数据是独立同分布的随机变量 $X_1, \cdots, X_n$ 和 $Y_1, \cdots, Y_m$ 时，（b）中所构造的估计量是怎样的，其中 $\hat{\theta}_1$ 是 $X_1, \cdots, X_n$ 的样本均值，$\hat{\theta}_2$ 是 $Y_1, \cdots, Y_m$ 的样本均值。

鸡-蛋问题

59. Ⓢ在一次选举中，有 $\text{Pois}(\lambda)$ 个人参与投票。每位投票人投给候选者 A 的概率为 p，投给候选者 B 的概率为 $q = 1 - p$，且与其他投票人相独立。设 V 为投票结果的差额，即 A 得到的选票数减去 B 得到的选票数。

（a）计算 $E(V)$。

（b）计算 $\text{Var}(V)$。

60. 某旅行者在一次长途旅行中迷路的次数为 $N \sim \text{Pois}(\lambda)$。在迷路时，旅行者向他人寻求帮助的概率为 p。设 X 表示该旅行者迷路并寻求帮助的次数，Y 表示迷路但没有寻求帮助的次数。

（a）计算 N、X、Y 的联合概率质量函数，它们之间是相互独立的吗？

（b）计算 N 和 X 的联合概率质量函数，它们之间是相互独立的吗？

（c）计算 X 和 Y 的联合概率质量函数，它们之间是相互独立的吗？

61. 一天中，光顾 Leftorium 商店的顾客量为 $\text{Pois}(100)$。假设有 10% 的顾客是左撇子（使用左手），90% 的顾客是右撇子（使用右手）。左撇子顾客中有一半的人购买商品，而右撇子顾客中则只有三分之一的人购买商品。人的特征和购物表现相互独立，其概率如前所述。某一天，进入商店，但没有购买商品的顾客有 42 人。求给定这一信息的条件下，当天购买了商品的顾客数的条件概率质量函数？

62. 一只母鸡生产了 n 个鸡蛋，每个鸡蛋孵化与否相互独立，且孵化的概率为 p。对于每个孵化的鸡蛋，小鸡可能存活也可能无法存活（与其他鸡蛋相独立），且其存活的概率为

s。设 $N \sim \mathrm{Pois}(n, p)$ 是孵化的鸡蛋数，X 为存活的小鸡数，Y 为孵化但是小鸡没有存活的鸡蛋数（因此 $X + Y = N$），求 X 的边缘概率质量函数以及 X 与 Y 的联合概率质量函数。并讨论 X 和 Y 是否独立？

63. 某学校明年将开设 $X \sim \mathrm{Pois}(\lambda)$ 门课程。

（a）假设允许选修时间上有冲突的课程，则求选修 4 门课程的期望选择数（结果用 λ 表示，并化到最简）。

（b）现在假设不允许同时选修时间上有冲突的课程，且大多数老师只希望在周二和周四授课，而大多数的学生只希望在上午 10：00 以后上课，因此只有 4 种可能的上课时间：10：00，11：30，13：00，14：30（周二和周四的每门课均为 1.5h，开始时间为四者之一）。该学校在安排课程时完全随机，而不考虑时间冲突：在确定出来年的课程名单之后，它们被独立地随机分配给时间档，且每个时间档有课的概率为 1/4。

设 X_{am} 和 X_{pm} 分别表示明年上午和下午的课程数（这里"上午"指在中午 12：00 前开始的课）。计算 X_{am} 和 X_{pm} 的联合概率质量函数，即对于所有的 a、b，计算 $P(X_{\mathrm{am}} = a, X_{\mathrm{pm}} = b)$。

（c）延续（b）问，设 X_1、X_2、X_3、X_4 分别表示明年 10：00、11：30、13：00 和 14：30 的课程数，则 X_1、X_2、X_3、X_4 的联合分布是什么？（该结果与 X_{am}、X_{pm} 的结果完全类似，可以通过增加条件来推导，但本题中你也可以只通过与（b）中结果相类似的事实进行计算。）用该结果来计算选修 4 门课程的可能组合数的期望（结果用 λ 表示并化到最简）。（a）中得到的期望值与本问中的期望值的比值是多少？

多项式分布

64. ⑤设 $(X_1, \cdots, X_k)$ 是参数为 n 和 $(p_1, \cdots, p_k)$ 的多项随机向量。试使用示性随机变量序列证明：当 $i \neq j$ 时，$\mathrm{Cov}(X_i, X_j) = -n p_i p_j$。

65. ⑤分析 100 个人的生日。假设人们的生日之间是相互独立的，且一年中 365 天的生日可能性相同（不包括 2 月 29 日）。求出生在 1 月 1 日的人数和出生在 1 月 2 日的人数之间的协方差和相关系数。

66. 某课堂上，有 a 个大一学生，b 个大二学生，c 个大三学生，以及 d 个大四学生。在一个大小为 n 的随机样本中，令 X 为大一和大二的（总）学生数，Y 为大三的学生数，Z 为大四的学生数，在（a）问中样本的抽取是有放回的，而（b）问中样本的抽取是无放回的（两问中，选择每个年级的概率是相等的）。

（a）对于有放回抽样，计算 X、Y、Z 的联合概率质量函数。

（b）对于无放回抽样，计算 X、Y、Z 的联合概率质量函数。

67. ⑤一个由 $n \geqslant 2$ 个人组成的小组决定进行一场令人兴奋的"石头、剪刀、布"游戏。你可能还记得，石头克剪刀，剪刀克布，布克石头［尽管巴特·辛普森（Bart Simpson）曾说："质地坚硬的古老岩石，可以击垮一切！"］。

通常"石头、剪刀、布"游戏在两个人之间进行，但也可以按照如下规则扩展成多人游戏。如果当每个人展示其选择时仅出现了三种选择中的两种，即 $a, b \in \{石头，剪刀，布\}$，其中 a 克 b，则游戏胜负已定：选择出 a 的玩家胜，选择出 b 的玩家负。否则，游戏未能决出结果，玩家将重新进行。

例如，有 5 个玩家，如果有一个玩家出石头，两个玩家出剪刀，另外两个玩家出布，则游戏无法分出胜负，需要重新进行。但是如果有三人出石头，两人出剪刀，则出石头的玩家胜，出剪刀的玩家负。

假设有 n 个独立的玩家，随机且等可能地在石头、剪刀和布中进行选择。设 X、Y、Z 分别表示在一局比赛中出石头、剪刀和布的人数。

（a）计算 X、Y、Z 的联合质量函数。

（b）计算游戏可以决出胜负的概率，并化简结果。

（c）当 $n=5$ 时，游戏可以决出胜负的概率是多少？当 $n\to\infty$ 时，概率又是多少？详细解释为什么这样得到的结果是有意义的。

68. Ⓢ邮件以速率为 λ 的泊松过程进入收件箱［因此在一个长度为 t 的时间区间内进入收件箱的邮件数服从 $\mathrm{Pois}(\lambda t)$］。设 X、Y、Z 分别表示某天从上午 9：00 到正午，从正午到下午 18：00，从下午 18：00 到午夜三个时间段的邮件数。

（a）计算 X、Y、Z 的联合概率质量函数。

（b）计算给定 $X+Y+Z=36$ 的条件下，X、Y、Z 的条件联合概率质量函数。

（c）计算给定 $X+Y+Z=36$ 的条件下，$X+Y$ 的条件联合概率质量函数，以及 $E(X+Y\mid X+Y+Z=36)$ 和 $\mathrm{Var}(X+Y\mid X+Y+Z=36)$。（给定某事件的条件下的条件期望和条件方差，其定义方式与期望和方差的定义方式类似，不同的是要用给定事件下的条件分布来替代无条件分布。）

69. 设 X 为某大学 2003 级统计学专业的人数，并将其看作一个随机变量，每位统计学专业的学生在两个研究方向中进行选择：一个是统计学原理和方法的常规方向，一个是计量金融方向。假设每个统计专业学生随机且独立地在这两个研究方向中进行选择，其中选择常规方向的概率为 p。设 Y 为选择常规方向的统计专业学生人数，Z 为选择计量金融方向的统计专业学生人数。

（a）假设 $X\sim\mathrm{Pois}(\lambda)$。（因为泊松随机变量是无界的，所以这不是它在实际中的确切分布，但确是一个非常好的近似分布。）求 X 和 Y 的相关系数。

（b）令 n 为 2030 级的学生总人数，且 n 是一个确定的常数。在本问和下一问中，不假设 X 服从泊松分布，而是假设这 n 个学生中每人选择统计学作为专业的概率为 r，且选择是相互独立的。计算 Y 和 Z 的联合分布，非统计专业的学生数以及它们的边缘分布。

（c）延续（b）中的讨论，求 X 和 Y 的相关系数。

70. 在人类中（及其他的一些生物中），基因是成对出现的。现考虑某感兴趣的基因，它的出现形式有两种（等位基因）：类型 a 和类型 A。一个人关于该基因的基因型为两个基因成对出现的形式：AA、Aa 或 aa（aA 与 Aa 等同）。根据哈迪-温伯格定律，在一个无差别的人群中，出现 AA、Aa、aa 的频率分别为 p^2、$2p(1-p)$、$(1-p)^2$ 其中 $0<p<1$。现假设哈迪-温伯格定律成立，且在该人群中随机且独立地选出 n 个人。设 X_1、X_2、X_3 分别表示样本中基因型为 AA、Aa、aa 的人数。

（a）X_1、X_2、X_3 的联合概率质量函数是什么？

（b）在样本总体中含基因 A 的人数的分布是什么？

（c）$2n$ 个基因中，包含基因 A 的人数的分布是什么？

（d）现在假设 p 未知，且必须用观测数据 X_1、X_2、X_3 来估计。p 的极大似然估计量（maximum likelihood estimator, MLE）是使得观测数据尽可能相近的 p 值。求 p 的极大似然估计量。

（e）现在假设 p 未知，且从观测值无法区分 AA 和 Aa。因此，对于样本中的每个人，只能知道他的基因是不是 aa（在遗传学中，AA 和 Aa 具有相同的表型，我们只能观察表型，而无法知道其基因型）。求 p 的极大似然估计量。

多元正态分布

71. ⑤设 (X,Y) 是一个二元正态随机向量，且 X 和 Y 的边缘分布均为 $N(0,1)$，它们之间的相关系数为 ρ。

（a）试证明 $(X+Y, X-Y)$ 也是二元正态随机向量。

（b）计算 $X+Y$ 和 $X-Y$ 的联合概率密度函数（不需要计算出来），假设 $-1<\rho<1$。

72. 设 X 和 Y 的联合概率质量函数为：对于所有的 x 和 y 有

$$f_{X,Y}(x,y) = c\exp\left(-\frac{x^2}{2} - \frac{y^2}{2}\right),$$

其中 c 是一个常数。

（a）求使联合概率密度函数有效的 c。

（b）X 和 Y 的边缘分布是什么？X 和 Y 是相互独立的吗？

（c）(X,Y) 是二元正态随机向量吗？

73. 设 X 和 Y 的联合概率质量函数为

$$f_{X,Y}(x,y) = c\exp\left(-\frac{x^2}{2} - \frac{y^2}{2}\right), xy>0,$$

其中，c 是一个常数（对于 $xy<0$，联合分布的值等于 0）。

（a）求使该联合概率密度函数有效的 c。

（b）X 和 Y 的边缘分布是什么？X 和 Y 是相互独立的吗？

（c）(X,Y) 是二元正态随机向量吗？

74. 设 X、Y、Z 是独立同分布于 $N(0,1)$ 的随机变量。计算 $(X+2Y, 3X+4Z, 5Y+6Z)$ 的联合矩母函数。

75. 设 X 和 Y 是独立同分布于 $N(0,1)$ 的随机变量，再令 S 是（等可能地取 -1 或 1）独立于 (X,Y) 的一个随机符号变量。

（a）判断 $(X,Y,X+Y)$ 是否为多元正态随机变量。

（b）判断 $(X,Y,SX+SY)$ 是否为多元正态随机变量。

（c）判断 (SX, SY) 是否为多元正态随机变量。

76. 设 (X,Y) 是一个二元正态随机变量，且其边缘分布为 $X \sim N(0,\sigma_1^2)$，$Y \sim N(0,\sigma_2^2)$，相关系数 $\mathrm{Corr}(X,Y)=\rho$。求使得 $Y-cX$ 与 X 相互独立的常数 c。

提示：首先，求使 $Y-cX$ 与 X 不相关的 c（用 ρ、σ_1^1 和 σ_2^2 表示）。

77. 一对夫妇有 6 个孩子。该家庭中 8 个人的身高（单位：in，$1\mathrm{in}=0.0254\mathrm{m}$）是服从 $N(\mu,\sigma^2)$ 的随机变量序列（8 个人的身高的分布相同，但不独立）。

（a）本题假设所有人的身高都是相互独立的。平均来说，有多少孩子的身高均高于父母的身高？

（b）设 X_1 为母亲的身高，X_2 为父亲的身高，$Y_1,\cdots,Y_6$ 为孩子们的身高。假设 $(X_1,X_2,Y_1,\cdots,Y_6)$ 服从多元正态分布，边缘分布为 $N(\mu,\sigma^2)$，且 $\mathrm{Corr}(X_1,Y_j)=\rho$，其中 $1\leqslant j\leqslant6$，且 $\rho<1$。平均来说，有多少孩子比母亲高 $1\mathrm{in}$？

混合练习

78. 汽车在公路上行驶，并以速率为 λ（车辆数/min）的泊松过程路过一个特定点。设 $N_t \sim \text{Pois}(\lambda)$ 表示在时间区间 $[0, t]$ 内路过该点的汽车数量，这里 t 的单位为 min。

（a）某仪器可以在汽车路过时准确计数，但它不记录到达时间。在时间 0，该仪器上的计数器设置为 0。在 3min 时，观察该仪器，发现有一辆汽车通过。给定这些信息，求该车到达时间的条件累积分布函数。再用语言描述该结果说明了什么。

（b）在下午晚些时候，正在对蓝色汽车计数。每辆通过该点的汽车是蓝色的概率为 b，且与其他所有汽车独立。求在 10min 时，蓝色汽车数和非蓝色汽车数的联合概率质量函数以及边缘概率质量函数。

79. 在一次美国选举中，有 $V \sim \text{Pois}(\lambda)$ 个注册选民。假设每个注册选民属于民主党的概率为 p，属于共和党的概率为 $1-p$，且与其他选民独立。每个选民参加民意调查的概率为 s，待在家中的概率为 $1-s$，且与其他选民独立，还与自己所属党派独立。在本题中，感兴趣的变量是 X，即实际参加投票的民主党人数。

（a）在获得任何关于选民的信息之前，X 的分布是什么？

（b）假设已知 $V = v$；这说明，有 v 个人注册进行了投票。则在给定该信息的条件下，X 的条件分布是什么？

（c）假设已知有 d 个民主党人和 r 个共和党人（$d + r = v$），则在给定此条件下，X 的条件分布是什么？

（d）最后，我们除知道上述信息外，还知道在选举日当天有 n 个人参加民意调查，则给定这些信息，X 的条件分布是什么？

80. 某大学分别有大一至大四的学生各 m 人。将共有 n 个学生的某班级作为简单随机样本，使得 $4m$ 个学生中的所有 n 个学生的组合是等可能的。设 $X_1, \cdots, X_4$ 分别表示该班级中的大一学生人数，$\cdots$，大四学生人数。

（a）计算 X_1、X_2、X_3、X_4 的联合概率质量函数。

（b）（a）中的分布是否是多项式分布，请给出直观的解释和数学证明。

（c）计算 $\text{Cov}(X_1, X_3)$，并化到最简。

提示：在 $X_1 + X_2 + X_3 + X_4 = n$ 两边同时取方差。

81. 设 $X \sim \text{Pois}(\lambda)$，且令 Y 是一个随机变量（离散的或者是连续的），它的矩母函数 M 在任何点都是有限的。试证明对于一个特定值 c，有 $P(Y < X) = M(c)$，其中 c 的值由你指定。

82. 为检验某疾病，需测量血液中某物质的水平。设 T 为该测量值，将其看作连续型随机变量。当 $T > t_0$ 时，病人的检验结果为阳性（即，患有该疾病）；若 $T < t_0$，则为阴性，其中 t_0 是预先设置的阈值。令 D 为患有该疾病的示性变量。如例 2.3.9 中所讨论，测试的敏感性是当患者患有疾病且检测结果为阳性时的概率，测试的特异性是当患者没有患该疾病且检测结果呈阴性时的概率。

（a）该测试的受试者工作特征曲线（receiver operator characteristic，ROC）是敏感性关于 1-特异性的图像，将敏感性（纵轴）和 1-特异性（横轴）看作是阈值 t_0 的函数。ROC 曲线作为一种研究二分类过程表现的方法（本题中，二分类中的两个组别为"患者"和"非患者"）在医学和工程学中有着广泛的应用。

给定 $D=1$ 时，T 的累积分布函数是 G，概率密度函数是 g；给定 $D=0$ 时，T 的累积分布函数为 H，概率密度函数为 h。其中 g 和 h 在区间 $[a,b]$ 上取正值，在区间外取值为 0。试证明 ROC 曲线下方的区域面积表示随机选择的一个患者比另一个随机选择的非患者具有更高 T 值的概率。

（b）解释在以下两种极端情况下，（a）的结果是有意义的：当 $g=h$ 时；当存在使得 $P(T>t_0|D=1)$ 和 $P(T\le t_0|D=0)$ 都非常接近于 1 的阈值 t_0。

83. 设 J 在 $\{1,2,\cdots,n\}$ 上是离散均匀分布的。

（a）计算 $E(J)$ 和 $\mathrm{Var}(J)$，并化到最简，在计算过程中，需用到数学附录中 A.8 节的结果。

（b）直观讨论（a）中的结果是否与某区间上均匀分布的均值和方差大致相同。

（c）设 $X_1,\cdots,X_n$ 是独立同分布于 $N(0,1)$ 的随机变量序列，且令 $R_1,\cdots,R_n$ 表示它们对应的次序（最小的 X_i 的次序为 1，第二小的 X_i 的次序为 2，$\cdots$，最大的 X_i 的次序为 n）。试解释为什么

$$R_n = 1 + \sum_{j=1}^{n-1} I_j,$$

其中，$I_j = I(X_n > X_i)$。再用该结论直接计算 $E(R_n)$ 和 $\mathrm{Var}(R_n)$，其中需要用到对称性、线性性质、基本概念和协方差的性质。

（d）解释（a）和（c）的结果之间有怎样的联系。然后借助概率（而不用归纳法）证明以下等式：

$$\sum_{j=1}^{n} j = \frac{n(n+1)}{2}, \quad \sum_{j=1}^{n} j^2 = \frac{n(n+1)(2n+1)}{6}。$$

84. ⑤一个包含 n 个结点的网络，每两个结点间可能有也可能没有用来连接它们的边。例如，可以将一个社交网络视为由 n 个结点构成的网络（每个结点表示一个人），这里 i 和 j 之间的边表示他们彼此相识。假设该网络是无向的，且结点到自身不存在边（对于一个社交网络，如果 i 认识 j，则 j 也认识 i，并且不同于苏格拉底的说法，不能认为自己认识自己）。一个大小为 k 的圈子是由 k 个结点构成的集合，圈子中每个结点与其他结点间都存在边（即，在这个圈子中，每个人都彼此相识）。一个大小为 k 的陌生圈是由 k 个结点构成的集合，这里各结点间均不存在连线（即，在这个陌生圈中，彼此都不相识）。例如，下图显示了一个网络，其中的结点标记为 1，2，$\cdots$，7，这里 $\{1,2,3,4\}$ 是一个规模为 4 的圈子，而 $\{3,5,7\}$ 是一个规模为 3 的陌生圈。

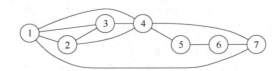

（a）通过独立地抛掷一些公平的硬币来决定每对 $\{x,y\}$ 之间是否有边连接，根据其结果形成一个有 n 个结点的随机网络。求规模为 k 的圈子的期望人数（用 n 和 k 表示）。

（b）三角形表示规模为 3 的圈子。对于（a）中的一个随机网络，求三角形数量的方差（结果用 n 表示）。

提示：计算每个可能存在的圈子的示性随机变量的协方差，则有 $\binom{n}{3}$ 个这样的示性随机变量，且示性变量中有一些是相互依赖的。

*（c）假设 $\binom{n}{k} < 2^{\binom{k}{2}-1}$。试证明存在一个有 n 个结点的网络，其中不包含规模为 k 的圈子，也不包含规模为 k 的陌生圈。

提示：解释为什么它足以表明，对于一个包含 n 个结点的随机网络，所需属性的概率是正的，然后考虑对其进行补充。

85. Ⓢ莎士比亚在他的已知作品中总共用到了 884647 个单词。当然，许多单词不止一次被使用，而在莎士比亚的这些已知著作中，使用到的不同单词的数量是 31534（由一项统计结果得到的）。这就降低了莎士比亚的词汇量大小，但很可能尽管在作品中没有用到一些单词，而莎士比亚确实知道它们。

更具体地讲，假设现在有一首新的莎士比亚诗集被发现，并考虑以下（看似不可能）的问题：给出新诗集中出现且没有在过去任何文集中出现过的单词的数量的一个优良预测。

Ronald Thisted 和 Bradley Efron 分别在论文［9］和［10］中研究了这一问题，提出了一些理论和方法，并运用这些方法试图解释为什么判断莎士比亚就是 1985 年一些莎士比亚学者发现的一首诗歌的真正作者。以下问题可以看作是他们方法的一个简化版本。该方法最早由阿兰·图灵（Alan Turing）（计算机科学的缔造者）和 I. J. Good 共同提出，是他们在第二次世界大战中试图破解德国的恩尼格玛密码的工作的一部分。

设 N 为莎士比亚所知道的不同单词的数量，并给这些单词从 1 到 N 进行标号。为了简化问题，假设莎士比亚只写了两部戏剧，A 和 B。戏剧的篇幅较长，且两部戏剧的长度相同。设 X_j 表示单词 j 出现在戏剧 A 中的次数，Y_j 表示它在戏剧 B 中出现的次数，其中 $1 \leqslant j \leqslant N$。

（a）试解释为什么将 X_j 建模为泊松随机变量，将 Y_j 建模为和 X_j 有着相同参数的泊松随机变量是合理的。

（b）设单词"eyeball"（该单词由莎士比亚创造）在两部戏剧中出现的次数是独立的 $\mathrm{Pois}(\lambda)$ 随机变量。试证明"eyeball"在戏剧 B 中出现，但是没有在戏剧 A 中出现的概率为

$$e^{-\lambda}(\lambda - \lambda^2/2! + \lambda^3/3! - \lambda^4/4! + \cdots)。$$

（c）现假设从（b）中得到的 λ 是未知的，且其自身是一个随机变量，用来反映不确定性。因此，设 λ 的概率密度函数为 f_0。设 X 表示"eyeball"出现在戏剧 A 中的次数，Y 表示它出现在戏剧 B 中的次数。假设给定 λ 条件下，X、Y 的条件分布为相互独立的 $\mathrm{Pois}(\lambda)$ 随机变量。试证明在戏剧 B 中使用"eyeball"但是 A 中没有使用的概率可以表示为如下的交错级数

$$P(X=1) - P(X=2) + P(X=3) - P(X=4) + \cdots。$$

提示：将 λ 作为条件，并使用（b）的结果。

（d）假设每个单词在戏剧 A 和 B 中出现的次数都服从（c）中的分布，其中，对于不同的单词 λ 也可能是不同的，但 f_0 是固定的。设 W_j 为戏剧 A 中恰好出现 j 次的单词的个数。试证明在戏剧 B 中出现的，但没有在 A 中出现的不同单词的期望个数为

$$E(W_1) - E(W_2) + E(W_3) - E(W_4) + \cdots。$$

（这说明 $W_1 - W_2 + W_3 - W_4 + \cdots$ 是对出现在 B 中但没有出现在 A 中不同单词数量的无偏估计：平均来看它是正确的。此外，如果只看了戏剧 A，而不需要知道 f_0 或任意的 λ_0，也是可以对上式进行计算的。这种方法可以通过多种方式进行扩展，从而在已观察戏剧的基础上，对未观察戏剧进行预测。）

第8章 变 换

本章的主要内容是随机变量和随机向量的变换。在将函数作用于随机变量 X 或随机向量 X 之后，我们的目标是找到变换后随机变量的分布或随机向量的联合分布。

随机变量的变换出现在统计学的各个领域。我们通过以下一些例子，对本章中将要看到的几种变换类型进行概述。

- 单位换算：在一维空间中，我们已经知道如何将标准化和位置-尺度变换作为了解一个完整分布族的有用工具。位置-尺度变换是线性的，它将随机变量 X 变换为随机变量 $Y = aX + b$，其中，a 和 b 是常数（$a > 0$）。

还有许多感兴趣的非线性变换，例如，将美元-日元兑换汇率转换为日元-美元兑换汇率。或者将"珍妮昨天清醒的时间由工作 8h，会朋友 4h，以及上网 4h 所组成"这段话中的信息转换为"珍妮昨天有 16 个 h 是清醒的；她用了 $\frac{1}{2}$ 的时间来工作，$\frac{1}{4}$ 时间来会朋友，剩下的 $\frac{1}{4}$ 时间来上网"的版本。作为本章的第一个结果，变量变换公式显示了当随机变量被变换后，分布会发生什么变化。

- 将求和与平均值作为摘要：用 n 个观测值的和或平均数对其分布进行描述，这在统计学中是极为常见的。将 $X_1, \cdots, X_n$ 变换为和式 $T = X_1 + \cdots + X_n$ 或变换为样本均值 $\overline{X}_n = T/n$，这实质上是从 $\mathbf{R}^n$ 到 $\mathbf{R}$ 的一种变换。

独立随机变量之和的术语是卷积。我们已经见过将案例和矩母函数作为处理卷积的两种技术。在本章中，基于全概率公式的卷积和与卷积积分将为我们提供另一种获得随机变量和的分布的方法。

- 极值：在许多情况下，人们可能对极值的分布感兴趣。在灾难防备方面，政府机关可能会关心一百年间发生的最严重的洪灾或地震灾害；在金融领域，一个着眼于风险管理的投资经理会希望知道最差的 1% 或 5% 的投资组合回报率。在这些应用中，我们关心的是一组观察值的最大值或最小值。对这些观察值进行排序，将 $X_1, \cdots, X_n$ 转换为顺序统计量 $\min(X_1, \cdots, X_n), \cdots, \max(X_1, \cdots, X_n)$，这是从 $\mathbf{R}^n$ 到 $\mathbf{R}^n$ 的一种变换，且不可逆。顺序统计量将在本章的最后一节介绍。

此外，由于我们已经学习过对已命名分布的研究方法，所以理解变换是非常重要的。从几个基本分布出发，将其他分布定义为这些基本分布的变换，以便理解已命名分布间的关系。在本章中，我们将延续这种想法并介绍两个新的分布，即贝塔（Beta）分布和伽马（Gamma）分布，它们分别是均匀分布和指数分布的推广形式。

在我们的工具箱中已经有很多工具可以处理变换后的随机变量，这里先对其进行简要回顾。首先，若仅求 $g(X)$ 的期望值，则可以用 LOTUS：它告诉我们用 X 的概率质量函数或概率密度函数足以计算 $E(g(X))$。LOTUS 也适用于一些随机变量的函数，这些内容在前面的章节已进行过相关介绍。

若我们需要知道 $g(X)$ 的完整分布，而非只求其期望值，则所使用的方法将取决于 X 是离散型随机变量还是连续型随机变量。

● 在离散情形中，通过将事件 $g(X) = y$ 变换为关于 X 的等价事件得到 $g(X)$ 的概率质量函数。为此，求出所有满足 $g(x) = y$ 的 x 值；只要 X 等于这些 x 中的任意一个，事件 $g(X) = y$ 就会发生。由此得到以下公式

$$P(g(X) = y) = \sum_{x : g(x) = y} P(X = x)。$$

对于一个一一映射 g，上式会变得非常简单，因为此时只存在一个 x 值满足 $g(x) = y$，记作 $g^{-1}(y)$。然后可以使用

$$P(g(X) = y) = P(X = g^{-1}(y))$$

在 $g(X)$ 和 $g(X)$ 的概率质量函数间进行转换，我们在 3.7 节中也进行了相应的讨论。例如，在几何分布和首次成功分布间的转换是非常容易的。

● 对于连续情形，一种通常的做法是从 $g(X)$ 的累积分布函数出发，将事件 $g(X) < y$ 转换为涉及 X 的等价事件。对于一般的 g，需要认真思考对 X 应该怎样表示 $g(X) < y$，且这里并没有简单的公式可以用。但是当 g 是连续且严格递增时，转换会变得非常容易：$g(X) < y$ 等价于 $X \leqslant g^{-1}(y)$，因此

$$F_{g(X)}(y) = P(g(X) \leqslant y) = P(X \leqslant g^{-1}(y)) = F_X(g^{-1}(y))。$$

然后可以对 y 求微分得到 $g(X)$ 的概率质量函数。这就给出了一维空间中的变量变换公式，且可以将其推广至多维空间中的可逆变换。

8.1 变量的变换

定理 8.1.1（一维空间的变量变换） 令 X 表示一个连续随机变量，且其概率密度函数为 f_X，再令 $Y = g(X)$，其中 g 是可微且严格递增（或严格递减）的函数，则 Y 的概率密度函数为

$$f_Y(y) = f(X)(x) \left| \frac{\mathrm{d}x}{\mathrm{d}y} \right|,$$

其中，$x = g^{-1}(y)$，Y 的支撑集是所有的 $g(x)$ 组成的集合，x 取遍 X 的支撑集。

证明： 令 g 是严格递增函数，则 Y 的累积分布函数为

$$F_Y(y) = P(Y \leqslant y) = P(g(X) \leqslant y) = P(X \leqslant g^{-1}(y)) = F_X(g^{-1}(y)) = F_X(x),$$

再由链式法则，得 Y 的概率密度函数为

$$f_Y(y) = f_X(x) \frac{\mathrm{d}x}{\mathrm{d}y}。$$

当 g 是严格递减函数时的证明类似。在这种情况下，概率密度函数的表达式为 $-f_X(x) \dfrac{\mathrm{d}x}{\mathrm{d}y}$，因为当 g 严格递减时，$\dfrac{\mathrm{d}x}{\mathrm{d}y} < 0$，所以概率密度函数是非负的。在对该定理进行表述时，使用 $\left| \dfrac{\mathrm{d}x}{\mathrm{d}y} \right|$ 可以涵盖以上这两种情况。

使用变量变换公式时，可以选择计算$\dfrac{\mathrm{d}x}{\mathrm{d}y}$，也可以先计算$\dfrac{\mathrm{d}y}{\mathrm{d}x}$，再取倒数。由链式法则，这两种方法可以得到相同的结果，因此可以选择较为简单的一种。但无论哪种方法，最后都应该将Y的概率密度函数表示为y的函数形式。

当写成如下形式时，变量变换公式（g严格递增的情况）便于记忆

$$f_Y(y)\mathrm{d}y = f_X(x)\mathrm{d}x,$$

它具有一种非常美观的对称性。如果考虑单位，该公式也是有意义的。例如，令X为以英寸（in）为单位的测量值，而$Y = 2.54X$为关于厘米（cm）的变换，则$f_X(x)$的单位为in^{-1}，$f_Y(y)$的单位为cm^{-1}，则此时"$f_Y(y) = f_X(x)$"的表述显然有些荒谬。但是$\mathrm{d}x$以英寸为单位，且$\mathrm{d}y$以厘米为单位，因此$f_Y(y)\mathrm{d}y$和$f_X(x)\mathrm{d}x$是无量纲的量，此时它们相等是有意义的。更棒的是，$f_X(x)\mathrm{d}x$和$f_Y(y)\mathrm{d}y$具有概率释义〔回顾第5章，$f_X(x)\mathrm{d}x$本质上是X在以x为中心的长度为$\mathrm{d}x$的邻域内的概率〕，这使人们可以更直观地理解变量变换公式。

接下来的两个例子推导出了两个随机变量的概率密度函数，且这两个随机变量被定义为是标准正态分布随机变量的变换形式。在第一个例子中使用了变量变换公式，而在第二个例子中则没有用到。

例8.1.2（对数正态分布的概率密度函数） 令$X \sim \mathcal{N}(0,1)$，$Y = \mathrm{e}^X$。我们在第6章中将Y的分布命名为对数正态分布，并且通过使用正态分布的矩母函数找到了Y的所有阶矩。因为$g(x) = \mathrm{e}^x$是严格递增的，因此可以使用变量变换公式找到Y的概率密度函数。令$y = \mathrm{e}^x$，得$x = \ln y$且$\mathrm{d}y/\mathrm{d}x = \mathrm{e}^x$，则有

$$f_Y(y) = f_X(x)\left|\frac{\mathrm{d}x}{\mathrm{d}y}\right| = \varphi(x)\frac{1}{\mathrm{e}^x} = \varphi(\ln y)\frac{1}{y}, y > 0。$$

注意，在应用了变量变换公式之后，等式的右边只和y有关，并且我们指定了分布的支撑集。为确定支撑集，我们只观察当x在$-\infty$到$+\infty$变化时，e^x的变化范围，即在0到$+\infty$的范围对其进行观测。

我们也可以根据累积分布函数的定义得到相同的结果，即将事件$Y \leqslant y$转化为一个包含X的等价事件。对于$y > 0$，有

$$F_Y(y) = P(Y \leqslant y) = P(\mathrm{e}^X \leqslant y) = P(X \leqslant \ln y) = \Phi(\ln y),$$

由此也可得到Y的概率密度函数为

$$f_Y(y) = \frac{\mathrm{d}}{\mathrm{d}y}\Phi(\ln y) = \varphi(\ln y)\frac{1}{y}, y > 0。 \qquad \square$$

例8.1.3（卡方分布的概率密度函数） 令$X \sim \mathcal{N}(0,1)$，$Y = X^2$，则Y的分布是典型的卡方分布，我们将在第10章中重点介绍卡方分布。在计算Y的概率密度函数时，由于$g(x) = x^2$不是一一映射，因此不能使用变量变换公式；而改从累积分布函数入手。根据$y = g(x) = x^2$的函数图像，可以看出事件$X^2 \leqslant y$等价于事件$-\sqrt{y} \leqslant X \leqslant \sqrt{y}$。于是可以得到

$$F_Y(y) = P(X^2 \leqslant y) = P(-\sqrt{y} \leqslant X \leqslant \sqrt{y}) = \Phi(\sqrt{y}) - \Phi(-\sqrt{y}) = 2\Phi(\sqrt{y}) - 1,$$

所以可得

$$f_Y(y) = 2\varphi(\sqrt{y}) \cdot \frac{1}{2}y^{-1/2} = \varphi(\sqrt{y})y^{-1/2}, y > 0。 \qquad \square$$

也可以用变量变换公式得到经位置-尺度变换后的随机变量的概率密度函数。

例 8.1.4（经位置-尺度变换后随机变量得到的概率密度函数） 令 X 的概率密度函数为 f_X，且 $Y = a + bX$，其中 $b \neq 0$。再令 $y = a + bx$，以反映 Y 和 X 的关系。于是可以得到 $\dfrac{dy}{dx} = b$，因此 Y 的概率密度函数为

$$f_Y(y) = f_X(x) \left| \frac{dx}{dy} \right| = f_X\left(\frac{y-a}{b} \right) \frac{1}{|b|}。 \qquad \square$$

将变量变换公式推广到 n 维，它告诉我们如何用一个随机向量 X 的联合概率密度函数来得到变换后的随机向量 $Y = g(X)$ 的联合概率密度函数。该公式与一维情况下的相类似，但是它涉及矩阵求导的问题，这里将求导后的矩阵称为雅可比矩阵。有关雅克比矩阵的详细信息，请参见数学附录 A.6 节和 A.7 节。

定理 8.1.5（变量的变换） 令 $X = (X_1, \cdots, X_n)$ 是一个连续型随机向量，且有联合概率密度函数 X，再令 $Y = g(X)$，其中 g 是从 $\mathbf{R}^n$ 到 $\mathbf{R}^n$ 的可逆函数。（g 的取值范围不一定包含 $\mathbf{R}^n$ 的所有值，但它必须足够大以包含 X 的支撑集，否则 $g(X)$ 将无法定义！）

令 $y = g(x)$，并假设所有的偏导 $\dfrac{\partial x_i}{\partial y_i}$ 存在且连续，由此得雅可比矩阵

$$\frac{\partial \boldsymbol{x}}{\partial \boldsymbol{y}} = \begin{pmatrix} \dfrac{\partial x_1}{\partial y_1} & \dfrac{\partial x_1}{\partial y_2} & \cdots & \dfrac{\partial x_1}{\partial y_n} \\ \vdots & \vdots & & \vdots \\ \dfrac{\partial x_n}{\partial y_1} & \dfrac{\partial x_n}{\partial y_2} & \cdots & \dfrac{\partial x_n}{\partial y_n} \end{pmatrix}。$$

再假设雅可比矩阵的行列式不为 0，则 Y 的联合概率密度函数为

$$f_Y(\boldsymbol{y}) = f_X(\boldsymbol{x}) \left| \frac{\partial \boldsymbol{x}}{\partial \boldsymbol{y}} \right|,$$

其中，竖线表示"取 $\dfrac{\partial \boldsymbol{x}}{\partial \boldsymbol{y}}$ 行列式的绝对值"。

在一维空间中，

$$\left| \frac{\partial \boldsymbol{x}}{\partial \boldsymbol{y}} \right| = \left| \frac{\partial \boldsymbol{y}}{\partial \boldsymbol{x}} \right|^{-1},$$

因此，我们可以从两者中选择较为简单的进行计算，最后再将 Y 的联合概率密度函数表达成 y 的函数形式。

我们不在此证明变量变换公式，但其思想是将变量变换公式应用于多变量微分。并且有以下事实：若 A 代表包含 X 的支撑集的区域，而 $B = \{ g(x) : x \in A \}$ 是包含 Y 的支撑集的对应区域，则 $X \in A$ 等价于 $Y \in B$——它们代表相同的事件。因此，$P(X \in A) = P(Y \in B)$，这表明

$$\int_A f_X(X) \, d\boldsymbol{x} = \int_B f_Y(Y) \, d\boldsymbol{y}。$$

做变换 $\boldsymbol{x} = g^{-1}(\boldsymbol{y})$ 后，从多变量微分推导得到的变量变换公式（这在数学附录中会进行介绍）可应用于左边的积分中。

🕮 8.1.6 和连续型随机变量的变换相比，离散型随机变量变换的一个关键性概念是不需要求雅可比矩阵，而连续型随机变量却需要。例如，令 X 是一个正的随机变量，且

$Y = X^3$。若 X 是离散的，则由下式

$$P(Y = y) = P(X = y^{1/3})$$

可在概率质量函数间进行转换。但是如果 X 是连续的，则需要一个雅可比矩阵（一维空间下是只是一阶导数）来完成概率密度函数间的转换：

$$f_Y(y) = f_X(x)\frac{\mathrm{d}x}{\mathrm{d}y} = f_X(y^{1/3})\frac{1}{3y^{2/3}}。$$

练习题 24 是一个需要用雅可比矩阵但是却没有用的反例。

接下来的两个例子使用了二维情形下的变量变换公式。

例 8.1.7（Box-Muller 算法） 令 $U \sim \mathrm{Expo}(0, 2\pi)$，$T \sim \mathrm{Expo}(1)$，且 T 与 U 相互独立。定义 $X = \sqrt{2T}\cos U$，$Y = \sqrt{2T}\sin U$。计算 (X, Y) 的联合概率密度函数。X 与 Y 是独立的吗？其边缘分布是什么？

解：

U 和 T 的联合概率密度函数为

$$f_{U,T}(u, t) = \frac{1}{2\pi}\mathrm{e}^{-t},$$

其中，$u \in (0, 2\pi)$ 且 $t > 0$。在平面中将 (X, Y) 看作一点，则

$$X^2 + Y^2 = 2T(\cos^2 U + \sin^2 U) = 2T$$

表示该点到原点的平方距离，且 U 表示角度；也就是说，$(\sqrt{2T}, U)$ 是 (X, Y) 在极坐标下的表示方法。

因为可以从 (X, Y) 得到 (T, U)，因此这种变换是可逆的，可以应用变量变换公式。首先，雅可比矩阵为

$$\frac{\partial(x, y)}{\partial(u, t)} = \begin{pmatrix} -\sqrt{2t}\sin u & \frac{1}{\sqrt{2t}}\cos u \\ \sqrt{2t}\cos u & \frac{1}{\sqrt{2t}}\sin u \end{pmatrix},$$

它的行列式为 $|-\sin^2 u - \cos^2 u| = 1$。再令 $x = \sqrt{2t}\cos u$，$y = \sqrt{2t}\sin u$ 来反映 (U, T) 到 (X, Y) 的转化，则

$$\begin{aligned} f_{X,Y}(x, y) &= f_{U,T}(u, t) \cdot \left|\frac{\partial(u, t)}{\partial(x, y)}\right| \\ &= \frac{1}{2\pi}\mathrm{e}^{-t} \cdot 1 \\ &= \frac{1}{2\pi}\mathrm{e}^{-\frac{1}{2}(x^2 + y^2)} \\ &= \frac{1}{\sqrt{2\pi}}\mathrm{e}^{-x^2/2} \cdot \frac{1}{\sqrt{2\pi}}\mathrm{e}^{-y^2/2} \end{aligned}$$

对所有的实数 x 和 y 成立。同样地，再一次使用变量变换公式可将等式右边用 x 和 y 表示而不是用 t 和 u 表示，同时给出了联合分布的支撑集。

联合概率密度函数 $f_{X,Y}$ 可以分解为一个 x 的函数乘以一个 y 的函数的形式，因此 X 和 Y 是相互独立的。此外，我们认为该联合概率密度函数是两个标准正态概率密度函数的乘积，

因此 X 和 Y 独立同分布于 $\mathcal{N}(0,1)$。该方法称为 Box-Muller 方法，其作用是对随机变量进行归一化。 $\square$

例 8.1.8（二元正态随机向量的联合概率密度函数） 在第 7 章中，我们已经了解到二元正态分布的一些性质，并找到了其对应的联合矩母函数。现在再来求它的联合概率密度函数。

令 (Z,W) 是边缘分布为 $\mathcal{N}(0,1)$、相关系数为 $\text{Corr}(Z,W)=\rho$ 的二维正态随机向量。（若在求联合概率密度函数时，边缘分布不是标准正态分布，则应先对各变量标准化，再使用下面的结论。）假设 $-1<\rho<1$，否则分布是退化的（Z 和 W 完全相关）。

正如例 7.5.10 所分析的，可以将 (Z,W) 写为

$$Z = X,$$
$$W = \rho X + \tau Y,$$

式中，$\tau=\sqrt{1-\rho^2}$，且 X 和 Y 是独立同分布于 $\mathcal{N}(0,1)$ 的随机变量。这里需要用到逆变换。求解 $Z=X$ 的 X 值，可以得到 $X=Z$。将其代入 $W=\rho X+\tau Y$ 并求解 Y 值，可以得到

$$X = Z,$$
$$Y = -\frac{\rho}{\tau}Z + \frac{1}{\tau}W。$$

其雅克比矩阵为

$$\frac{\partial(x,y)}{\partial(z,w)} = \begin{pmatrix} 1 & 0 \\ -\dfrac{\rho}{\tau} & \dfrac{1}{\tau} \end{pmatrix},$$

它的行列式为 $1/\tau$。因此根据变量变换公式，可得

$$\begin{aligned} f_{Z,W}(z,w) &= f_{X,Y}(x,y) \cdot \left| \frac{\partial(x,y)}{\partial(z,w)} \right| \\ &= \frac{1}{2\pi\tau}\exp\left(-\frac{1}{2}(x^2+y^2) \right) \\ &= \frac{1}{2\pi\tau}\exp\left(-\frac{1}{2}(z^2 + (-\frac{\rho}{\tau}z + \frac{1}{\tau}w)^2) \right) \\ &= \frac{1}{2\pi\tau}\exp\left(-\frac{1}{2\tau^2}(z^2 + w^2 - 2\rho zw) \right), \end{aligned}$$

在最后一步中，将各部分相乘，并用到了等式 $\rho^2+\tau^2=1$ 这一性质。 $\square$

8.2 卷积

卷积是独立随机变量的和。正如在前面章节所提到的，我们经常对独立随机变量求和，因为这样得到的和是对一个试验的有效总结（在 n 次伯努利试验中，人们可能只关注成功的总次数），同时，由总和可以推导出平均值，而平均值同样是有用的（在伯努利试验中，对应的是成功次数占总试验次数的比例）。

本节的主要任务是确定 $T=X+Y$ 的分布，其中，X 和 Y 是分布已知、相互独立的随机变量。从前面的章节中，我们已经了解了怎样用案例（stories）和矩母函数完成这一任务。

例如，通过使用案例可知几个相互独立且有相同成功概率的伯努利变量的和还服从伯努利分布，另外几个独立同分布于几何分布的随机变量的和服从负二项分布。通过使用矩母函数可得独立同分布于正态分布的随机变量的和还服从正态分布。

获得 T 的分布的第三种方法是使用卷积和或卷积积分。在下面的定理中将会给出具体公式。我们将看到，卷积和不过是在给定 X 的值或 Y 的值的条件下的全概率公式；卷积积分也是类似的。

定理 8.2.1（卷积和与卷积积分）　若 X 和 Y 是相互独立的离散随机变量，则它们的和 $T = X + Y$ 的概率分布函数为

$$P(T = t) = \sum_x P(Y = t - x)P(X = x)$$
$$= \sum_y P(X = t - y)P(Y = y)。$$

若 X 和 Y 是相互独立的连续型随机变量，则它们的和 $T = X + Y$ 的概率密度函数为

$$f_T(t) = \int_{-\infty}^{+\infty} f_Y(t - x)f_X(x)\,\mathrm{d}x$$
$$= \int_{-\infty}^{+\infty} f_X(t - y)f_Y(y)\,\mathrm{d}y。$$

证明：对于离散情形，以 X 为条件，则由全概率公式，可得

$$P(T = t) = \sum_x P(X + Y = t \mid X = x)P(X = x)$$
$$= \sum_x P(Y = t - x \mid X = x)P(X = x)$$
$$= \sum_x P(Y = t - x)P(X = x)。$$

反之以 Y 为条件，可以得到 T 的概率密度函数的第二个表达式。　■

8.2.2　这里假设 X 和 Y 是相互独立的，其目的是在最后一步中由 $P(Y = t - X \mid X = x)$ 推得 $P(Y = t - x)$。如果在给定 $X = x$ 时 Y 的条件分布与 Y 的边缘分布相同，则只能放弃条件 $X = x$，即认为 X 与 Y 是独立的。一个常见的错误是假设在 X 插入 x 之后，已经使用了 $X = x$ 的信息，而实际上我们需要一个独立的假设来放弃该条件。否则，就没有任何理由要破坏信息。

对于连续情形，由于在某点上的概率密度函数值不是一个概率，因此首先使用连续形式的全概率公式计算 T 的累积分布函数：

$$F_T(t) = P(X + Y \leq t) = \int_{-\infty}^{+\infty} P(X + Y \leq t \mid X = x)f_X(x)\,\mathrm{d}x$$
$$= \int_{-\infty}^{+\infty} P(Y \leq t - x)f_X(x)\,\mathrm{d}x$$
$$= \int_{-\infty}^{+\infty} F_Y(t - x)f_X(x)\,\mathrm{d}x。$$

同样地，需要用独立性来去掉 $X = x$ 的条件。为得到概率密度函数，将上式关于 t 求导，并交换积分和微分的顺序。因此，可得

$$f_T(t) = \int_{-\infty}^{+\infty} f_Y(t-x)f_X(x)\,\mathrm{d}x_\circ$$

反之以 Y 为条件，可以得到 f_T 的第二种表达式。

另一种推导方法是在二维空间中使用变量变换公式。这里唯一的障碍是变量变换公式需要是一个从 $\mathbf{R}^2$ 到 $\mathbf{R}$ 的可逆变换，虽然 $(X,Y)\mapsto X+Y$ 可以将 $\mathbf{R}^2$ 映射到 $\mathbf{R}$，但这却是不可逆的。为此，可以在变换中添加冗余成分来解决这个问题，以使其可逆。因此，考虑可逆变换 $(X,Y)\mapsto(X+Y,X)$［与使用 $(X,Y)\mapsto(X+Y,Y)$ 的效果相同］。一旦得到 $X+Y$ 和 X 的联合概率密度函数，就可以通过对 X 求导得到 $X+Y$ 的边缘概率密度函数。

令 $T=X+Y$，$W=X$，再令 $t=x+y$，$w=x$。看起来，给 X 赋予新名称"W"是多余的，但是这样做更容易区分变换前后的变量：首先，进行变换 $(X,Y)\mapsto(T,W)$。然后

$$\frac{\partial(t,w)}{\partial(x,y)} = \begin{pmatrix} 1 & 1 \\ 1 & 0 \end{pmatrix},$$

则该行列式的绝对值等于 1，所以 $\left|\dfrac{\partial(x,y)}{\partial(t,w)}\right|$ 也等于 1。因此，T 和 W 的联合概率密度函数为

$$f_{T,W}(t,w)=f_{X,Y}(x,y)=f_X(x)f_Y(y)=f_X(w)f_Y(t-\omega),$$

且 T 的边缘概率密度函数为

$$f_T(t) = \int_{-\infty}^{+\infty} f_{T,W}(t,w)\,\mathrm{d}w = \int_{-\infty}^{+\infty} f_X(x)f_Y(t-x)\,\mathrm{d}x,$$

这与前面所得到的结果一致。∎

8.2.3 由以下公式通过合理类推不难记住卷积公式

$$P(T=t) = \sum_x P(Y=t-x)P(X=x)$$

及

$$f_T(t) = \int_{-\infty}^{+\infty} f_Y(t-x)f_X(x)\,\mathrm{d}x_\circ$$

但仍然需要谨慎。例如，本章的练习题 24 证明了计算两个独立的连续随机变量的乘积的概率密度函数公式虽然类似于卷积公式，但却不是：因为它需要用到雅可比矩阵（对于卷积公式，雅可比矩阵的行列式的绝对值为 1，因此它在卷积积分公式中的作用并不明显）。

由于卷积和只是一个全概率公式，事实上我们已经在前面的章节中使用过它们了，只是没有提到卷积这一术语；回顾一下，例如最基本也是最乏味的关于定理 3.8.8 的证明（相互独立的二项分布的和），以及定理 4.8.1 的证明（相互独立的泊松分布的和）。在下面的例子中，我们将使用卷积积分求指数随机变量的和的分布，以及均匀随机变量的和的分布。

例 8.2.4（指数卷积）令 $X,Y \overset{\text{i.i.d}}{\sim} \mathrm{Expo}(\lambda)$。试计算 $T=X+Y$ 的分布。

解：当 $t>0$ 时，卷积公式如下：

$$f_T(t) = \int_{-\infty}^{+\infty} f_Y(t-x)f_X(x)\,\mathrm{d}x = \int_0^t \lambda\mathrm{e}^{-\lambda(t-x)}\lambda\mathrm{e}^{-\lambda x}\,\mathrm{d}x,$$

因为在概率密度函数非零的区域，要满足 $t-x>0$，$x>0$，所以积分的区间为 0 到 t。

化简，得

$$f_T(t) = \lambda^2 \int_0^t e^{-\lambda t} dx = \lambda^2 t e^{-\lambda t},\ t > 0。$$

该分布被称为 Gamma（2，λ）分布。我们将在 8.4 节详细介绍伽马（Gamma）分布。　□

　　例 8.2.5（均匀卷积）　令 X，Y $\overset{i.i.d}{\sim}$ Unif（0，1）。试计算 $T = X + Y$ 分布。

　　解：

X（及 Y）的概率密度函数为

$$g(x) = \begin{cases} 1, & x \in (0,1), \\ 0, & \text{其他}。 \end{cases}$$

其卷积公式为

$$f_T(t) = \int_{-\infty}^{+\infty} f_Y(t-x) f_X(x)\, dx = \int_{-\infty}^{+\infty} g(t-x) g(x)\, dx。$$

其中，被积函数等于 1，当且仅当 $0 < t - x < 1$ 且 $0 < x < 1$；这是一种平行四边形约束。等价于 $\max(0, t-1) < x < \min(t, 1)$。

　　由图 8.1 可知，当 $0 < t \leq 1$ 时，x 被限制在 $(0,t)$ 中，而当 $1 < t < 2$ 时，x 被限制在 $(t-1, 1)$ 中。因此，T 的概率密度函数是一个分段线性函数：

$$f_T(t) = \begin{cases} \int_0^t dx = t, & 0 < t \leq 1, \\ \int_{t-1}^1 dx = 2 - t, & 1 < t \leq 2。 \end{cases}$$

图 8.2 是 T 的概率密度函数，它的形状类似于顶点为 0、1 和 2 的三角形，因此称之为三角形（0，1，2）分布。

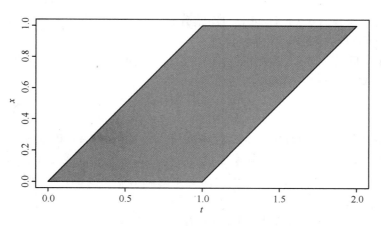

图 8.1　在 (t, x) 平面上的区域，其中，$g(t-x)\ g(x) = 1$。

　　事实上，T 更有可能在中间值附近而不是极值附近是有意义的：若 X 和 Y 都是适中的，或 X 很大但 Y 很小，又或 Y 很大但 X 很小，则 T 的值更接近于 1。反之，只有当 X 和 Y 都很大时才能得到接近 2 的 T 值。回顾例 3.2.5，掷两个骰子的点数和的概率密度函数的形状也类似于三角形。掷单个骰子的点数结果服从整数 1 到 6 上的离散均匀分布，因此在本例题中，寻找的是两个离散均匀分布的卷积形式。所以获得的概率密度函数的形状

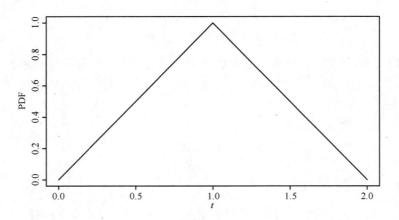

图 8.2　$T = X + Y$ 的概率密度函数（PDF），其中 X 和 Y 是独立同分布于 $U(0,1)$ 的随机变量。

是相似的。　　　　　　　　　　　　　　　　　　　　　　　　　　　　□

8.3　贝塔分布

在接下来的几节，我们将介绍两种连续分布，即贝塔（Beta）分布和伽马（Gamma）分布，这两种分布与已介绍的几种已命名分布有关，且通过一个案例可以将这两个分布联系起来。这虽然是变换主题的一个小插曲，但最终仍需要用变量变换将贝塔分布和伽马分布联系起来。

贝塔分布是定义在（0,1）区间上的连续分布，它是均匀分布 Unif(0,1) 的推广形式，允许其概率密度函数在（0,1）上非恒定。

定义 8.3.1（贝塔分布）　称随机变量 X 服从参数为 a 和 b 的贝塔（Beta）分布，其中 $a > 0$，$b > 0$，如果 X 的概率密度函数为

$$f(x) = \frac{1}{\beta(a,b)} x^{a-1}(1-x)^{b-1}, 0 < x < 1,$$

其中，常数 $\beta(a,b)$ 的作用是保证概率密度函数积分为 1。记作 $X \sim \mathrm{Beta}(a,b)$。

令 $a = b = 1$，则 Beta(1,1) 的概率密度函数在（0,1）上是常数，此时 Beta(1,1) 与 Unif(0,1) 相同。改变 a 和 b 的取值，则能得到不同的概率密度曲线。如图 8.3 是不同 a、b 值下的 4 条概率密度曲线。以下是几种常规模式：

- 若 $a < 1$，$b < 1$，则概率密度曲线呈 U 型且开口朝上。若 $a > 1$，$b > 1$，则开口朝下。
- 若 $a = b$，则概率密度曲线关于 1/2 对称。若 $a > b$，则曲线向大于 1/2 的方向偏；若 $a < b$，则曲线向小于 1/2 的方向偏。

由定义可知，常数 $\beta(a, b)$ 能表示为

$$\beta(a,b) = \int_0^1 x^{a-1}(1-x)^{b-1}\mathrm{d}x。$$

这种形式的积分也称为贝塔（beta）积分，需要通过微积分计算得到 $\beta(a, b)$ 的一般形式。一种特殊情况，当 a 和 b 是正整数的时候，贝叶斯指出可以用一个讲述证明来代替微积分

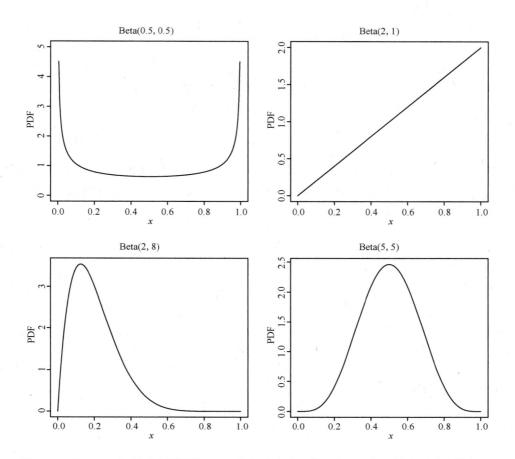

图 8.3　不同 a、b 值所对应的贝塔（Beta）概率密度函数。从左上角开始，顺时针依次是：Beta(0.5,0.5)，Beta(2,1)，Beta(5,5) 和 Beta(2,8)。

计算！

案例 8.3.2（贝叶斯台球）　对于任意整数 k 和 n，满足 $0 \leq k \leq n$，证明：不使用微积分计算，就能得到下列等式：

解：
$$\int_0^1 \binom{n}{k} x^k (1-x)^{n-k} \mathrm{d}x = \frac{1}{n+1}。$$

通过介绍下面两个案例，可以证明等式左、右两边均等于 $P(X=k)$，其中 X 是一个需要构造的随机变量。

案例 1：初始有 $n+1$ 个球，其中 n 个白球，1 个灰球。随机地将每个球投在单位区间 $[0,1]$ 上，则这些球的位置独立同分布于均匀分布 Unif(0,1)。令 X 表示灰球左侧的白球的数量；则 X 是一个离散型随机变量，其可能的取值为 0，1，$\cdots$，n。图 8.4 是整个试验过程。

为得到事件 $X=k$ 的发生概率，使用全概率公式，以灰色球的位置为条件，并将该位置记为 B。将投掷每个白球看作是独立的伯努利试验，试验中的"成功"定义为落在 B 的左侧，因此，在给定 $B=p$ 的条件下，p 左侧的白球数服从二项分布 Bin(n,p)。令 f 表示 B 的概率密度函数；因为 $B \sim$ Unif(0,1)，则 $f(p)=1$。因此

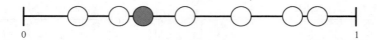

图 8.4 贝叶斯台球。图中，将 $n=6$ 个白色球和一个灰色球投掷在单位区间内，并且观察到有 $X=2$ 个白球落在灰球的左侧。

$$P(X=k) = \int_0^1 P(X=k \mid B=p)f(p)\mathrm{d}p = \int_0^1 \binom{n}{k} p^k(1-p)^{n-k}\mathrm{d}p。$$

案例 2：初始有 $n+1$ 个球，且都是白色。将每个球随机投掷在单位区间上；然后随机选择一个球涂成灰色。同样地，令 X 表示灰球左侧的白球的数量。由对称性，这 $n+1$ 个球被涂成灰色的概率是相等的，因此

$$P(X=k) = \frac{1}{n+1}$$

其中，$k=0$，$1,\cdots,n$。

关键点是，在两个案例中，X 的分布相同！这与我们先涂灰球，再投掷，还是先投掷完所有球再涂灰色的顺序无关。因此，案例 1 和案例 2 中的 $P(X=k)$ 是相同的，且

$$\int_0^1 \binom{n}{k}p^k(1-p)^{n-k}\mathrm{d}p = \frac{1}{n+1},$$

其中，$k=0$，$1,\cdots,n$。尽管被积函数与 k 有关，但是积分的值不依赖于 k。用 $a-1$ 替换 k，$b-1$ 替换 $n-k$，当 a 和 b 是正整数时，有

$$\beta(a,b) = \frac{1}{(a+b-1)\binom{a+b-2}{a-1}} = \frac{(a-1)!\,(b-1)!}{(a+b-1)!}。$$

在本章的后面，我们将讨论对于一般的 a 和 b 以及 $\beta(a,b)$ 是如何计算的。□

贝塔分布是定义在区间 $(0,1)$ 上的一个复杂分布族，它有许多的案例。其中一个案例是：常用一个贝塔分布随机变量来表示未知概率。也就是说，可以用贝塔分布给未知概率定义概率！

案例 8.3.3（贝塔分布与二项分布的共轭性） 假设有一枚硬币出现正面的概率为 p，但是 p 的值未知。我们的目标是通过观察 n 次硬币投掷的结果来推断 p 的值。n 越大，则估计的 p 越接近真实值。

这里有多种方法可以做到这一点。一种主流的方法是贝叶斯推断，即将所有的未知量都视作随机变量。在贝叶斯方法中，需要将未知的概率 p 视作一个随机变量并赋予其一个分布，该分布被称为先验分布。它反映了在观察硬币投掷结果前对 p 真实值的不确定性。随着试验的进行和数据的收集，先验分布将通过贝叶斯准则进行更新，其更新后的分布被称为后验分布，表示对 p 的新认识。

再来看，若 p 的先验分布是贝塔分布，则会产生怎样的结果。令 $p \sim \text{Beta}(a,\ b)$，其中 a、b 是已知常数，再令 X 表示投掷 n 次硬币得到的正面的次数。若将已知 p 的真实值作为条件，则投掷过程可看作是独立的成功概率为 p 的伯努利试验，所以

$$X \mid p \sim \text{Bin}(n,p)。$$

注意 X 的边缘分布不是二项分布；当给定 p 时，X 服从条件二项分布。X 的边缘分布被

称为贝塔分布-二项分布。为得到 p 的后验分布，需要使用贝叶斯公式（由于 X 是离散的，p 是连续的，因此用的是混合形式下的贝叶斯公式）。令 $f(p)$ 表示先验分布，$f(p \mid X = k)$ 表示观察到 k 次正面后的后验分布，则

$$f(p \mid X = k) = \frac{P(X = k \mid p)f(p)}{P(X = k)}$$

$$= \frac{\binom{n}{k}p^k(1-p)^{n-k} \cdot \frac{1}{\beta(a,b)}p^{a-1}(1-p)^{b-1}}{P(X = k)}。$$

其中，分母为 X 的边缘概率质量函数，可由下式得到

$$P(X = k) = \int_0^1 P(X = k \mid p)f(p)\,\mathrm{d}p = \int_0^1 \binom{n}{k}p^k(1-p)^{n-k}f(p)\,\mathrm{d}p。$$

当 $a = b = 1$ 时［表示 p 的先验分布是均匀分布 Unif$(0,1)$］，则在贝叶斯台球案例中已经知道 $P(X = k) = 1/(n+1)$，即 X 在 $\{0, 1, \cdots, n\}$ 上是离散均匀的。但通常求 $P(X = k)$ 似乎并不容易，同时，我们也没有对 $\beta(a,b)$ 进行评价并计算出来。那么，我们会因此受阻吗？

事实上，实际计算要比想象的容易许多。条件概率密度函数 $f(p \mid X = k)$ 是关于 p 的函数，即任何不依赖于 p 的部分都为常数。可以忽略所有常数项，找到乘常数形式的概率密度函数（归一化常数是指能使概率密度函数积分为 1 的那部分）。得到的结果如下：

$$f(p \mid X = k) \propto p^{a+k-1}(1-p)^{b+n-k-1}，$$

它是贝塔分布 Beta$(a+k,\ b+n-k)$ 的概率密度函数，表现为乘常数形式，因此，p 的后验分布为

$$p \mid X = k \sim \text{Beta}(a+k, b+n-k)。$$

在观测到 $X = k$ 后得到的后验分布依旧是贝塔分布！贝塔分布和二项分布间的这种特殊关系叫作共轭性：如果 p 的先验分布是贝塔分布，且在给定 p 的条件下数据服从二项分布，则根据先验分布得到的后验分布，仍属于贝塔分布族。称贝塔分布为二项分布的共轭先验分布。

此外，注意更新 p 的分布时所使用的非常简单的公式。它仅对贝塔分布中的第一个参数中的 k 进行增加，k 表示试验观测到的成功次数，而观测到的失败次数为 $n-k$，它在第二个参数中。因此，a 和 b 在该情境下有具体解释：将 a 看作是历史试验中的先验成功次数，而 b 则是先验失败次数。

正如我们在第 2.6 节中介绍的，随着我们得到的信息越来越多，可以慢慢更新信息：最初只有先验分布，然后更新它，就得到后验分布，然后再将这个后验分布视作新的先验分布，再用其得到一个新的后验分布，如此循环。美妙的是整个过程都在贝塔分布族中进行的，即基于观测到的成功次数和失败次数，对参数进行简单地更新。

为使说明更加具体，图 8.5 中的左图是先验分布为 Beta$(1,1)$ 的情况［如前所述，相当于均匀分布 Unif$(0,1)$］，然后观测 $n = 5$ 次的硬币投掷结果，结果都是正面。得到的后验分布为 Beta$(6,1)$，如图 8.5 中的右图所示。注意，共轭分布是如何体现硬币投掷结果的：p 的值越大其密度就越高，与观测到均为正面的结果相一致。

该模型是例 2.3.7（贝叶斯准则中的第一个例子）在连续情形下的类似模型，也存在这样的硬币，即出现正面的概率 p 是未知的，但先验信息使我们相信 p 只会是以下两种可能值

之一，1/2 或 3/4。因此，p 的先验分布——尽管在第 2 章中并没有提到这个术语！——是离散的。特别地，其先验概率质量函数为

$$P(p=1/2)=1/2,$$
$$P(p=3/4)=1/2。$$

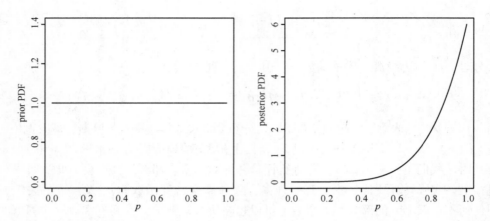

图 8.5　贝塔分布是二项分布的共轭先验（prior）分布。左图：先验分布为 Unif(0,1)。右图：在观测到 5 次硬币投掷均为正面后，得到的后验（posterior）分布为 Beta(6,1)。

在连续观察到三个正面后，更新这些概率质量函数得到后验概率质量函数，其中 $p=1/2$ 的概率为 0.23，$p=3/4$ 的概率为 0.77。相同的逻辑也适用于本章的例子，除了 p 的先验分布是连续分布。如果认为 p 可能取 0 和 1 之间的任何值，则这种思路是适当可行的。

8.4　伽马分布

伽马（Gamma）分布是定义在正实数轴上的一个连续分布；它是指数分布的推广。若一个指数随机变量表示在无记忆条件下首次成功的等待时间，则伽马分布的随机变量表示多次成功的总等待时间。

在给出概率密度函数之前，首先介绍伽马函数（gamma function），因为它可以将阶乘函数延伸到非负整数外。

定义 8.4.1（伽马函数）　伽马函数 Γ 的定义为

$$\Gamma(a)=\int_0^{+\infty}x^a\mathrm{e}^{-x}\frac{\mathrm{d}x}{x},$$

其中，实数 $a>0$。

也可以约掉一个 x，将被积函数写成 $x^{a-1}\mathrm{e}^{-x}$ 的形式，但事实证明，保留 $\frac{\mathrm{d}x}{x}$ 的形式较为方便，因为对 $u=cx$ 的形式进行变换更为常见，由此可得到一个有用的事实，即 $\frac{\mathrm{d}u}{u}=\frac{\mathrm{d}x}{x}$。以下是有关伽马函数的两个重要性质。

- $\Gamma(a+1)=a\Gamma(a)$，对所有 $a>0$ 都成立。这可由分部积分得到：

$$\Gamma(a+1) = \int_0^{+\infty} x^a \mathrm{e}^{-x}\mathrm{d}x = -x^a\mathrm{e}^{-x}\Big|_0^{+\infty} + a\int_0^{+\infty} x^{a-1}\mathrm{e}^{-x}\mathrm{d}x = 0 + a\Gamma(a)。$$

● $\Gamma(n) = (n-1)!$ 若 n 是正整数，则可用归纳法进行证明，即初始 $n=1$，再使用递归关系 $\Gamma(a+1) = a\Gamma(a)$。因此，若在正整数值上计算伽马函数，则又会得到阶乘函数（虽然平移 1 个单位）。

现在进行简单假设，将上述定义中等式的两端同时除以 $\Gamma(a)$，则

$$1 = \int_0^{+\infty} \frac{1}{\Gamma(a)} x^a \mathrm{e}^{-x} \frac{\mathrm{d}x}{x},$$

因此该积分函数是 $(0, +\infty)$ 上的有效概率密度函数。它也是伽马分布的概率密度函数。特别地，称 X 服从参数为 a 和 1 的伽马分布，记作 $X \sim \mathrm{Gamma}(a, 1)$，如果其概率密度函数为

$$f_X(x) = \frac{1}{\Gamma(a)} x^a \mathrm{e}^{-x} \frac{1}{x}, x > 0。$$

由 $\mathrm{Gamma}(a, 1)$ 分布可以通过尺度变换得到一般的伽马分布形式：若 $X \sim \mathrm{Gamma}(a, 1)$，且 $\lambda > 0$，则 $Y = X/\lambda$ 的分布为 $\mathrm{Gamma}(a, \lambda)$ 分布。再由变量变换公式 $x = \lambda y$ 及 $\dfrac{\mathrm{d}x}{\mathrm{d}y} = \lambda$，可得 Y 的概率密度函数为

$$f_Y(y) = f_X(x) \left| \frac{\mathrm{d}x}{\mathrm{d}y} \right| = \frac{1}{\Gamma(a)}(\lambda y)^a \mathrm{e}^{-\lambda y}\frac{1}{\lambda y}\lambda = \frac{1}{\Gamma(a)}(\lambda y)^a \mathrm{e}^{-\lambda y}\frac{1}{y}, y > 0。$$

综上所述可得如下定义。

定义 8.4.2（伽马分布）　称随机变量 Y 服从参数为 a 和 λ 的伽马分布，其中 $a > 0$ 且 $\lambda > 0$，如果其概率密度函数为

$$f(y) = \frac{1}{\Gamma(a)}(\lambda y)^a \mathrm{e}^{-\lambda y}\frac{1}{y}, y > 0。$$

记作 $Y \sim \mathrm{Gamma}(a, \lambda)$。

令 $a = 1$，则 $\mathrm{Gamma}(1, \lambda)$ 的概率密度函数为 $f(y) = \lambda \mathrm{e}^{-\lambda y}$，其中 $y > 0$，因此 $\mathrm{Gamma}(1, \lambda)$ 与 $\mathrm{Expo}(\lambda)$ 的分布相同。参数 a 使得伽马分布的概率密度函数有许多种形状。图 8.6 是 4 种伽马分布的概率密度函数。当 a 值较小时，概率密度函数呈偏斜状，但随着 a 的增加，概率密度变得越来越对称，且曲线呈钟形；我们将在第 10 章讨论这样变化的原因。参数 λ 的增加会将概率密度函数压缩至一个较小值，这一点可以通过比较 $\mathrm{Gamma}(3, 1)$ 和 $\mathrm{Gamma}(3, 0.5)$ 的概率密度函数看出。

从 $X \sim \mathrm{Gamma}(a, 1)$ 出发，再来计算伽马分布的期望、方差和其他阶矩。为此，将使用伽马函数的性质和利用模式识别计算积分的技巧。对于期望，首先写出 $E(X)$ 的定义形式：

$$E(X) = \int_0^{+\infty} \frac{1}{\Gamma(a)} x^{a+1} \mathrm{e}^{-x} \frac{\mathrm{d}x}{x},$$

这里，不会进行复杂烦琐的分部积分，而是观察上式，可以看出当上式提出 $1/\Gamma(a)$ 后，剩余部分恰好是 $a+1$ 处的伽马函数，因此

$$E(X) = \frac{\Gamma(a+1)}{\Gamma(a)} = \frac{a\Gamma(a)}{\Gamma(a)} = a。$$

类似地，对于方差，由于 LOTUS 给出了二阶矩的一种积分表达式

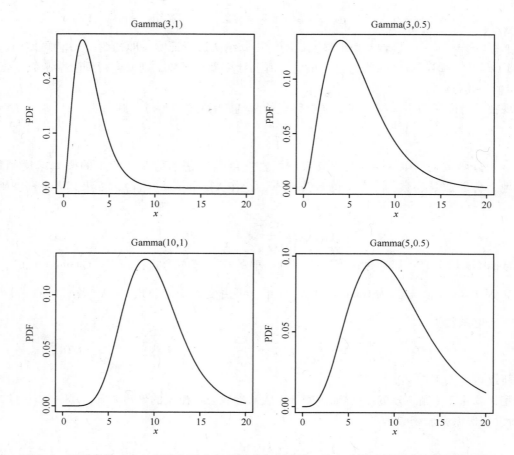

图 8.6　不同参数 a 和 λ 下的伽马分布的概率密度函数。从左上图开始顺时针方向依次是：Gamma$(3,1)$，Gamma$(3,0.5)$，Gamma$(5,0.5)$，Gamma$(10,1)$。

$$E(X^2) = \int_0^{+\infty} \frac{1}{\Gamma(a)} x^{a+2} e^{-x} \frac{\mathrm{d}x}{x},$$

它恰好是 $a+2$ 处的伽马函数。因此

$$E(X^2) = \frac{\Gamma(a+2)}{\Gamma(a)} = \frac{(a+1)a\Gamma(a)}{\Gamma(a)} = (a+1)a,$$

且

$$\mathrm{Var}(X) = (a+1)a - a^2 = a,$$

故对于 $X \sim \mathrm{Gamma}(a,1)$，有 $E(X) = \mathrm{Var}(X) = a$。

c 阶矩的计算并不比二阶矩的计算复杂；根据 $\Gamma(a+c)$ 的定义和 LOTUS，可以得到

$$E(X^c) = \int_0^{+\infty} \frac{1}{\Gamma(a)} x^{a+c} e^{-x} \frac{\mathrm{d}x}{x} = \frac{\Gamma(a+c)}{\Gamma(a)},$$

其中，c 是使积分收敛的正实数，即 $c > -a$。

由已得到的 X 的结果，可以变换为 $Y = X/\lambda \sim \mathrm{Gamma}(a,\lambda)$，进而得到

$$E(Y) = \frac{1}{\lambda} E(X) = \frac{a}{\lambda},$$

$$\mathrm{Var}(Y) = \frac{1}{\lambda^2}\mathrm{Var}(X) = \frac{a}{\lambda^2},$$

$$E(Y^c) = \frac{1}{\lambda^c}E(X^c) = \frac{1}{\lambda^c}\cdot\frac{\Gamma(a+c)}{\Gamma(a)}, c > -a。$$

回顾伽马分布的概率密度函数曲线，上述结果与我们的认知一致：期望和方差关于 a 递增，关于 λ 递减。

到目前为止，我们一直用概率密度函数研究伽马分布，这使得可以从概率密度图像中识别出一般的模式，并推导出期望和方差。但是概率密度函数并没有说明为什么要使用伽马分布，也没有给出参数 a 和 λ 的解释。为此，我们需要通过案例来将伽马分布与其他已命名的分布联系起来。我们将在余下章节中关注一些与伽马分布有关的案例。

在 a 是整数的特殊情况下，可以将服从 $\mathrm{Gamma}(a,\lambda)$ 的随机变量表示成一些独立同分布的指数分布 $\mathrm{Expo}(\lambda)$ 随机变量的和（在本章中叫作"卷积"）。

定理 8.4.3 令 $X_1,\cdots,X_n$ 独立同分布于指数分布 $\mathrm{Expo}(\lambda)$，则
$$X_1 + \cdots + X_n \sim \mathrm{Gamma}(n,\lambda)。$$

证明：服从指数分布 $\mathrm{Expo}(\lambda)$ 的随机变量的矩母函数为 $\frac{\lambda}{\lambda-t}$，其中 $t<\lambda$，因此 $X_1 + \cdots + X_n$ 的矩母函数为

$$M_n(t) = \left(\frac{\lambda}{\lambda-t}\right)^n,$$

其中，$t<\lambda$。令 $Y \sim \mathrm{Gamma}(n,\lambda)$，我们将证明 Y 的矩母函数与 $X_1 + \cdots + X_n$ 的矩母函数相同。根据 LOTUS，得

$$E(\mathrm{e}^{tY}) = \int_0^{+\infty} \mathrm{e}^{ty}\frac{1}{\Gamma(n)}(\lambda y)^n \mathrm{e}^{-\lambda y}\frac{\mathrm{d}y}{y}。$$

同样地，再使用模式识别的整合技巧，只需要对上式进行代数运算，直到积分中剩下的是可识别的伽马分布的概率密度函数：

$$E(\mathrm{e}^{tY}) = \int_0^{+\infty} \mathrm{e}^{ty}\frac{1}{\Gamma(n)}(\lambda y)^n \mathrm{e}^{-\lambda y}\frac{\mathrm{d}y}{y}$$
$$= \frac{\lambda^n}{(\lambda-t)^n}\int_0^{+\infty}\frac{1}{\Gamma(n)}\mathrm{e}^{-(\lambda-t)y}\left[(\lambda-t)y\right]^n\frac{\mathrm{d}y}{y}。$$

也就是将 λ^n 提到积分外，然后在积分号内乘以 $(\lambda-t)^n$，在积分号外除以 $(\lambda-t)^n$。此时积分号内的表达式为 $\mathrm{Gamma}(n,\lambda-t)$ 的概率密度函数，且假设 $t<\lambda$。由于概率密度函数的积分为 1，所以

$$E(\mathrm{e}^{tY}) = \left(\frac{\lambda}{\lambda-t}\right)^n$$

其中，$t<\lambda$；若 $t\geq\lambda$，则积分不收敛。

我们已经证明了 $X_1 + \cdots + X_n$ 和 $Y \sim \mathrm{Gamma}(n,\lambda)$ 的矩母函数相同。又由于矩母函数决定分布，因此，$X_1 + \cdots + X_n \sim \mathrm{Gamma}(n,\lambda)$。∎

因此，若 $Y \sim \mathrm{Gamma}(a,\lambda)$，且 a 是一个整数，则可以将 Y 表示成一些独立同指数分布 $\mathrm{Expo}(\lambda)$ 的随机变量和的形式，即 $Y = X_1 + \cdots + X_a$，且其期望和方差分别为

$$E(Y) = E(X_1 + \cdots + X_a) = aE(X_1) = \frac{a}{\lambda},$$

$$\mathrm{Var}(Y) = \mathrm{Var}(X_1 + \cdots + X_a) = a\mathrm{Var}(X_1) = \frac{a}{\lambda^2},$$

这与之前推导的一般化 a 时的结果相一致。

还可以根据定理 8.4.3 将伽马分布和泊松过程联系起来。第 5 章中曾提到过，在速率为 λ 的泊松过程中，到达时间间隔是独立同分布于指数分布 $\mathrm{Expo}(\lambda)$ 的随机变量序列。但第 n 次到达的总等待时间 T_n 是前 n 次到达时间间隔的和；例如，图 8.7 展示了 T_3 是如何等于 3 个到达时间 X_1、X_2、X_3 之和的。因此，由上述定理可得 $T_n \sim \mathrm{Gamma}(n,\lambda)$。泊松过程中的到达时间间隔是指数型随机变量序列，而原始到达时间是伽马型随机变量序列。

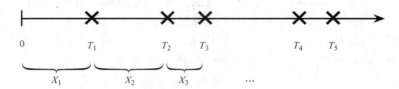

图 8.7　泊松过程。到达时间间隔 X_j 是独立同分布于 $\mathrm{Expo}(\lambda)$ 的指数型随机变量，原始到达时间 T_j 服从 $\mathrm{Gamma}(j,\lambda)$。

⚐ 8.4.4　不同于 X_j，T_j 不是相互独立的，因为它们之间相互约束，且具有不同的分布。

最后，我们对 $\mathrm{Gamma}(a,\lambda)$ 的参数进行说明。在泊松过程中，a 表示所等待的成功发生的次数，而 λ 表示成功到达的速率；$Y \sim \mathrm{Gamma}(a,\lambda)$ 表示在速率为 λ 的泊松过程中第 a 次到达的总等待时间。

该案例得到的结果是，几个具有相同参数 λ 的伽马分布的卷积依旧是伽马分布。本章的练习题 30 从几个方面探究了这一结论。

在引入指数分布时，我们曾将其看作是连续情形下的几何分布：在离散时间上首次成功的几何型等待时间，以及在连续时间上首次成功的指数型等待时间。同样地，可以说伽马分布是连续情形下的负二项分布：负二项随机变量是几何等待时间的和，而伽马随机变量是指数型等待时间的和。在本章的练习题 54 中将使用矩母函数证明伽马分布是负二项分布的连续极限。

关于伽马分布的最后一个案例是说，伽马分布和泊松分布之间的特殊关系与贝塔分布和二项分布间的关系相同：即伽马分布是泊松分布的共轭先验。因为贝塔分布的支撑集为 $(0,1)$，所以贝塔分布可以是未知成功概率的先验分布。而伽马分布是泊松过程中未知速率的先验分布，因为它的支撑集为 $(0,+\infty)$。

为进一步研究，让我们返回 Blotchville 问题，其中公交车的到达时间服从速率为 λ 的泊松过程。事先假设 $\lambda = 1/10$，因此两辆公交车的到达时间间隔是独立同分布于指数分布的，且平均时间为 10min，但现在假设 Fred 不知道公交车到达的速率 λ，而是需要将其计算出来。Fred 使用的方法是贝叶斯方法，且将未知的速率看作一个随机变量。

案例 8.4.5（伽马分布与泊松分布的共轭性）　在 Blotchville 问题中，公交车按照速率为 λ 的泊松分布到达已知的公交车站，其中 λ 表示每小时到达的公交车数量，且未知。基于在 Blotchville 的经历，Fred 将 $\lambda \sim \mathrm{Gamma}(r_0,b_0)$ 作为未知量 λ 的先验分布，其中 r_0 和 b_0 是已知的正常数，且 r_0 是整数。

为更深入地了解公交系统，Fred 打算对 λ 进行更深入的研究。他是一个非常有耐心的研究者，决定在公交车站持续观察 t h，记录该时间段内到达的公交车数量。令 Y 表示该时间段内到达的公交车数量，并假设 Fred 的观察结果为 $Y = y$。

（a）求 Fred 观察结果中 Y 和 λ 的联合分布。

（b）求 Y 的边缘分布。

（c）求 λ 的后验分布，即，给定数据 y 条件下的 λ 的条件分布。

（d）求后验平均值 $E(\lambda \mid Y = y)$ 及后验方差 $\mathrm{Var}(\lambda \mid Y = y)$。

解：

注意本例与第 7 章的例 7.1.25 具有结构上的相似性，即都是混合联合分布。已知边缘分布为 $\lambda \sim \mathrm{Gamma}(r_0, b_0)$，根据泊松分布的定义，以已知的真实速率 λ 为条件，可得在 t 的时间间隔内通过的公交车数量，其分布为泊松分布 $\mathrm{Pois}(\lambda t)$。也就是说，

$$\lambda \sim \mathrm{Gamma}(r_0, b_0),$$
$$Y \mid \lambda \sim \mathrm{Pois}(\lambda t)。$$

然后反过来分析：计算 Y 的边缘分布和给定 $Y = y$ 条件下 λ 的条件分布，它是 λ 的后验分布。这是贝叶斯推断的特点：有一个关于未知参数的先验分布（在本例中，λ 的先验分布是伽马分布）和一个基于未知参数的数据模型（本例是给定 λ 条件下 Y 的泊松分布），然后用贝叶斯准则来获取基于观察数据的未知参数的分布。过程如下。

（a）令 f_0 表示 λ 的先验概率密度函数，则 Y 和 λ 的混合联合分布为

$$f(y, \lambda) = P(Y = y \mid \lambda) f_0(\lambda) = \frac{e^{-\lambda t}(\lambda t)^y}{y!} \frac{(b_0 \lambda)^{r_0} e^{-b_0 \lambda}}{\lambda \Gamma(r_0)},$$

其中 $y = 0, 1, 2, \cdots$，且 $\lambda > 0$。该混合联合分布如图 8.8 所示，图中表现了在所有 λ 的取值下 Y 的条件概率质量函数，以及取遍所有 Y 值的 λ 的条件概率密度函数。

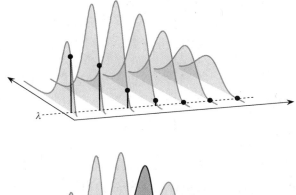

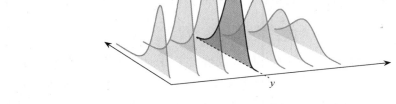

图 8.8　Y 和 λ 的混合联合分布。上图：以 λ 的特定值为条件，λ 是泊松概率质量函数的相对高度。下图：在其他的方向上，以 $Y = y$ 为条件得到的 λ 的后验分布；这正是我们所要求的。

（b）为计算 Y 的边缘概率质量函数，从混合联合分布中将 λ 积分掉（这也是全概率公式的一种形式）可得

$$P(Y = y) = \int_0^{+\infty} P(Y = y \mid \lambda) f_0(\lambda) \, \mathrm{d}\lambda$$

$$= \int_0^{+\infty} \frac{\mathrm{e}^{-\lambda t} (\lambda t)^y}{y!} \frac{(b_0 \lambda)^{r_0} \mathrm{e}^{-b_0 \lambda}}{\Gamma(r_0)} \frac{\mathrm{d}\lambda}{\lambda}。$$

通过模式识别计算积分，着重于包含 λ 的项。我们发现 λ^{r_0+y} 和 $\mathrm{e}^{-(b_0+t)\lambda}$ 隐藏在被积函数中，这表明该模式可以匹配为 Gamma$(r_0 + y, b_0 + t)$ 的概率密度函数。去掉式子中所有不依赖 λ 的项，再乘以所需的成分就得到积分中的概率密度函数，注意要在积分号外乘以其倒数：

$$P(Y = y) = \frac{t^y b_0^{r_0}}{y! \Gamma(r_0)} \int_0^{+\infty} \mathrm{e}^{-(b_0+t)\lambda} \lambda^{r_0+y} \frac{\mathrm{d}\lambda}{\lambda}$$

$$= \frac{\Gamma(r_0 + y)}{y! \Gamma(r_0)} \frac{t^y b_0^{r_0}}{(b_0 + t)^{r_0+y}} \int_0^{+\infty} \frac{1}{\Gamma(r_0 + y)} \mathrm{e}^{-(b_0+t)\lambda} ((b_0 + t)\lambda)^{r_0+y} \frac{\mathrm{d}\lambda}{\lambda}$$

$$= \frac{(r_0 + y - 1)!}{(r_0 - 1)! y!} \left(\frac{t}{b_0 + t}\right)^y \left(\frac{b_0}{b_0 + t}\right)^{r_0}。$$

在最后一步，运用 $\Gamma(n) = (n-1)!$ 的性质，因为 r_0 是整数，因此该性质是适用的。显然，这是负二项分布 NBin$(r_0, b_0/(b_0 + t))$ 的概率质量函数，因此，Y 的边缘分布服从参数为 r_0 和 $b_0/(b_0 + t)$ 的负二项分布。

（c）由贝叶斯准则，λ 的后验概率密度函数为

$$f_1(\lambda \mid y) = \frac{P(Y = y \mid \lambda) f_0(\lambda)}{P(Y = y)}。$$

我们在前面已经求得 $P(Y = y)$，但由于它不依赖于 λ，所以可以把它看作归一化常数的一部分。将不依赖于 λ 的乘积因子都归入到归一化常数，可得

$$f_1(\lambda \mid y) \propto \mathrm{e}^{-\lambda t} \lambda^y \lambda^{r_0} \mathrm{e}^{-b_0 \lambda} \frac{1}{\lambda} = \mathrm{e}^{-(b_0+t)\lambda} \lambda^{r_0+y} \frac{1}{\lambda},$$

显然，λ 的后验分布为 Gamma$(r_0 + y, b_0 + t)$。

从先验分布到后验分布，λ 的分布始终属于伽马分布族，因此伽马分布实质上是泊松分布的共轭先验。

（d）由于条件概率密度函数也是概率密度函数，因此完全可以根据后验分布计算 λ 的期望和方差。由 Gamma$(r_0 + y, b_0 + t)$ 可以得到 λ 的后验均值和后验方差分别为

$$E(\lambda \mid Y = y) = \frac{r_0 + y}{b_0 + t}, \mathrm{Var}(\lambda \mid Y = y) = \frac{r_0 + y}{(b_0 + t)^2}。$$

当伽马分布作为共轭先验分布时，此例子对其参数给出了另一种解释。在观察到了 t h 内到达了 y 辆公交车后，Fred 就由先验分布 Gamma(r_0, b_0) 得到了后验分布 Gamma$(r_0 + y, b_0 + t)$。可以猜想，一开始 Fred 在 b_0h 内观察到了 r_0 辆公交车；然后在此基础上，它又在 $(b_0 + t)$h 内观察到了 $r_0 + y$ 辆公交车。因此，可以将 r_0 解释为先前到达的公交车数量，b_0 为到达这么多辆公交车所需要的总时间。

8.5　贝塔分布与伽马分布的关系

在本章中，将通过一个常见的案例将贝塔分布和伽马分布联系起来。这样做好处是，该案例将会为 Beta(a,b) 在伽马函数形式下的概率密度函数的归一化常数提供一种表达式，使我们可以非常容易地找到 Beta(a,b) 分布的表达式。

案例 8.5.1（银行—邮局）　现在执行一项任务，需要先去银行，然后去邮局。令 $X \sim$ Gamma(a,λ) 表示在银行排队等待的时间，$Y \sim$ Gamma(b,λ) 表示在邮局排队等待的时间（二者有相同的 λ 值）。假设 X 和 Y 是相互独立的。那么 $T = X + Y$（在银行和邮局的总排队等待时间）与 $W = \dfrac{X}{X+Y}$（在银行中等待的时间占总等待时间的比例）的联合分布是怎样的呢？

解：

首先，在二维空间内进行变量变换以得到 T 和 W 的联合概率密度函数。令 $t = x + y$，$w = \dfrac{x}{x+y}$，则有 $x = tw$，$y = t(1-w)$，从而

$$\frac{\partial(x,y)}{\partial(t,w)} = \begin{pmatrix} w & t \\ 1-\omega & -t \end{pmatrix},$$

它的行列式的绝对值为 t。因此，

$$
\begin{aligned}
f_{T,W}(t,w) &= f_{X,Y}(x,y) \cdot \left| \frac{\partial(x,y)}{\partial(t,w)} \right| \\
&= f_X(x) f_Y(y) \cdot t \\
&= \frac{1}{\Gamma(a)} (\lambda x)^a e^{-\lambda x} \frac{1}{x} \cdot \frac{1}{\Gamma(b)} (\lambda y)^b e^{-\lambda y} \frac{1}{y} \cdot t \\
&= \frac{1}{\Gamma(a)} (\lambda tw)^a e^{-\lambda tw} \frac{1}{tw} \cdot \frac{1}{\Gamma(b)} (\lambda y(1-w))^b e^{-\lambda y(1-w)} \frac{1}{t(1-\omega)} \cdot t。
\end{aligned}
$$

将包含 w 的项合并起来，同样地将包含 t 的项也合并起来：

$$
\begin{aligned}
f_{T,W}(t,w) &= \frac{1}{\Gamma(a)\Gamma(b)} w^{a-1} (1-w)^{b-1} (\lambda t)^{a+b} e^{-\lambda t} \frac{1}{t} \\
&= \left(\frac{\Gamma(a+b)}{\Gamma(a)\Gamma(b)} w^{a-1} (1-w)^{b-1} \right) \left(\frac{1}{\Gamma(a+b)} (\lambda t)^{a+b} e^{-\lambda t} \frac{1}{t} \right),
\end{aligned}
$$

其中，$0 < w < 1$ 且 $t > 0$。将联合概率密度函数的这种形式与命题 7.1.20 结合起来，可以得到如下信息：

1. 由于联合概率密度函数可以分解为 t 的函数乘以 w 的函数，所以 T 和 W 是相互独立的：即等待的总时间与花费在银行的时间所占的比是无关的。

2. 可以识别出 T 的边缘概率密度函数，并推导出 $T \sim$ Gamma($a+b,\lambda$)。

3. 由命题 7.1.20 或仅根据对 T 和 W 的联合概率密度函数中的 T 进行积分所得到的结果，可以得到 W 的概率密度函数为

$$f_W(w) = \frac{\Gamma(a+b)}{\Gamma(a)\Gamma(b)} w^{a-1} (1-w)^{b-1}, 0 < w < 1,$$

这个概率密度函数与 Beta(a,b) 的概率密度函数成正比，因此它也是 Beta(a,b) 的概率密度函数！注意，作为计算过程中的一个副产品，可以得到贝塔分布的归一化常数为

$$\frac{1}{\beta(a,b)} = \frac{\Gamma(a+b)}{\Gamma(a)\Gamma(b)},$$

它就是 Beta(a,b)概率密度函数前的常数。 □

综上所述，银行—邮局问题告诉我们，在考虑相互独立且具有相同速率 λ 的伽马随机变量 X 和 Y 时，总时间 $X+Y$ 服从伽马分布，时间比例 $X/(X+Y)$ 服从贝塔分布，且总时间与时间比例是相互独立的。

在不使用微积分计算的情况下，运用上述结果还可以计算 $W \sim \text{Beta}(a,b)$ 的期望。因为 T 和 W 是相互独立的，故它们不相关：$E(TW) = E(T)E(W)$。将它们写成 X 和 Y 的形式，得到

$$E\left((X+Y) \cdot \frac{X}{X+Y}\right) = E(X+Y)E\left(\frac{X}{X+Y}\right),$$

$$E(X) = E(X+Y)E\left(\frac{X}{X+Y}\right),$$

$$\frac{E(X)}{E(X+Y)} = E\left(\frac{X}{X+Y}\right)。$$

通常，最后的等式是一个可怕的错误：对于一个形如 $E(X/(X+Y))$ 的期望，一般不允许将 E 放到分子和分母中，尽管我们希望可以这样做。然而在银行—邮局案例中证明了这种做法是可行的，从而求 W 的期望可以归结为求 X 和 $X+Y$ 的期望：

$$E(W) = E\left(\frac{X}{X+Y}\right) = \frac{E(X)}{E(X+Y)} = \frac{a/\lambda}{a/\lambda + b/\lambda} = \frac{a}{a+b}。$$

另一种方法是从期望的定义出发：

$$E(W) = \int_0^1 \frac{\Gamma(a+b)}{\Gamma(a)\Gamma(b)} w^a (1-w)^{b-1} \mathrm{d}w,$$

再通过模式识别，可得该积分是 Beta$(a+1,b)$ 的概率密度函数与一个归一化常数乘积的形式。在得到完全匹配概率密度函数后，由伽马函数的性质，可得

$$E(W) = \frac{\Gamma(a+b)}{\Gamma(a)} \frac{\Gamma(a+1)}{\Gamma(a+b+1)} \int_0^1 \frac{\Gamma(a+b+1)}{\Gamma(a+1)\Gamma(b)} w^a (1-w)^{b-1} \mathrm{d}w$$

$$= \frac{\Gamma(a+b)}{\Gamma(a)} \frac{a\Gamma(a)}{(a+b)\Gamma(a+b)}$$

$$= \frac{a}{a+b}。$$

本章练习题 31 中将用该方法计算贝塔分布的方差和其他阶矩。

8.6 顺序统计量

本章讨论的最后一种变换是将 n 个随机变量 $X_1, \cdots, X_n$ 进行排序，得到变换后的随机变量序列 $\min(X_1, \cdots, X_n), \cdots, \max(X_1, \cdots, X_n)$。变换后的随机变量序列被称为顺序统计量[⊖]，且

⊖ 有时该术语会引起混乱。在统计学（学科）中，任何数据的函数都被称为统计量。若 $X_1, \cdots, X_n$ 是数据，则 $\min(X_1, \cdots, X_n)$ 是一个统计量，$\min(X_1, \cdots, X_n)$ 也是。它们之所以被称为顺序统计量，是因为它们是对数据进行排序而得到的。

当考虑极值的分布时，通常这种统计量是非常有用的，例如在本章开始时所提到的极值的分布。

此外，同样本均值 $\overline{X}_n$ 一样，顺序统计量也可以作为对一个试验的有效总结，这是因为可以用它来确定所有观测值中最坏的 5%、25%，以及最好的 25% 等位于哪些位置（这些位置称为分位数）。

定义 8.6.1（顺序统计量）　对于随机变量 $X_1, X_2, \cdots, X_n$，其顺序统计量为随机变量 $X_{(1)}, \cdots, X_{(n)}$，其中

$$X_{(1)} = \min(X_1, \cdots, X_n),$$
$$X_{(2)} \text{ 是 } X_1, \cdots, X_n \text{ 中第二小的值，}$$
$$\vdots$$
$$X_{(n-1)} \text{ 是 } X_1, \cdots, X_n \text{ 中第二大的值，}$$
$$X_{(n)} = \max(X_1, \cdots, X_n)_\circ$$

注意，由定义可知 $X_{(1)} \leqslant X_{(2)} \leqslant \cdots \leqslant X_{(n)}$。称 $X_{(j)}$ 为第 j 个顺序统计量。若 n 是奇数，则称 $X_{((n+1)/2)}$ 为 $X_1, \cdots, X_n$ 的样本中位数。

8.6.2　顺序统计量 $X_{(1)}, \cdots, X_{(n)}$ 是随机变量，且每个 $X_{(j)}$ 都是 $X_1, \cdots, X_n$ 的函数。即使原始随机变量序列是独立的，顺序变量也可能是相互依赖的：如果已知 $X_{(1)} = 100$，则要求 $X_{(n)}$ 至少是 100。

接下来，我们将关注 $X_1, \cdots, X_n$ 是独立同分布随机变量序列的情况。其原因是对于离散型随机变量，在结点处取值的概率为正；而对于连续型随机变量，在结点处取值的概率恰好等于 0，这就使问题变得简单了。因此，在本节剩下的部分中，假设 $X_1, \cdots, X_n$ 是独立同分布的连续型随机变量序列，且累积分布函数为 F，概率密度函数为 f。我们将导出每个顺序统计量 $X_{(j)}$ 的边缘累积分布函数和概率密度函数，以及 $(X_{(1)}, \cdots, X_{(n)})$ 的联合概率密度函数。

但我们很快就发现了一个复杂的问题，即顺序统计量的变换是不可逆的：由 $\min(X, Y) = 3$ 和 $\max(X, Y) = 5$ 出发，无法知道原始值 X 和 Y 中哪个是 3 哪个是 5。因此，这里从 $\mathbf{R}^n$ 到 $\mathbf{R}^n$ 的变量变换公式是不适用的。相反，应采取直接的定义方式，必要时还要借助于图像。

从 $X_{(n)} = \max(X_1, \cdots, X_n)$ 的累积分布函数出发。因为 $X_{(n)}$ 小于 x，当且仅当所有的 X_j 都小于 x，则 $X_{(n)}$ 的累积分布函数为

$$\begin{aligned}
F_{X_{(n)}}(x) &= P(\max(X_1, \cdots, X_n) \leqslant x) \\
&= P(X_1 \leqslant x, \cdots, X_n \leqslant x) \\
&= P(X_1 \leqslant x) \cdots P(X_n \leqslant x) \\
&= (F(x))^n,
\end{aligned}$$

其中，F 是单个 X_i 的累积分布函数。类似地，$X_{(1)} = \min(X_1, \cdots, X_n)$ 大于 x，当且仅当所有 X_j 都大于 x，故 $X_{(1)}$ 的累积分布函数为

$$\begin{aligned}
F_{X_{(1)}}(x) &= 1 - P(\min(X_1, \cdots, X_n) > x) \\
&= 1 - P(X_1 > x, \cdots, X_n > x) \\
&= 1 - (1 - F(x))^n_\circ
\end{aligned}$$

同样的逻辑，我们可以找到 $X_{(j)}$ 的累积分布函数。事件 $X_{(j)} \leqslant x$ 发生的条件是，至少有 j 个 X_i 落在 x 的左边，如图 8.9 所示。

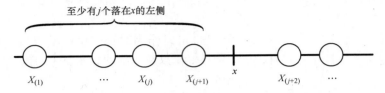

图 8.9 事件 $X_{(j)} \leqslant x$ 等价于事件"至少有 j 个 X_i 落在 x 的左侧"。

因为很显然，落在 x 左侧的 X_i 的数量对我们来说是重要的，所以定义一个新的随机变量 N，来追踪以下信息：定义 N 为落在 x 左侧的 X_i 的个数。每一个落在 x 左侧的 X_i 都独立地拥有概率 $F(x)$。如果将数据落在 x 左侧定义为成功，则得到 n 次独立的伯努利试验，其成功概率为 $F(x)$，因此 $N \sim \mathrm{Bin}(n, F(x))$。再根据二项分布的概率质量函数，可得

$$
\begin{aligned}
P(X_{(j)} \leqslant x) &= P(\text{至少有 } j \text{ 个 } X_i \text{ 落在 } x \text{ 的左边}) \\
&= P(N \geqslant j) \\
&= \sum_{k=j}^{n} \binom{n}{k} F(x)^k (1 - F(x))^{n-k}。
\end{aligned}
$$

因此，可以得到关于 $X_{(j)}$ 的累积分布函数的如下结论。

定理 8.6.3（顺序统计量的累积分布函数） 令 $X_1, \cdots, X_n$ 是独立同分布的连续型随机变量序列，其累积分布函数为 F，则第 j 个顺序统计量 $X_{(j)}$ 的累积分布函数为

$$
P(X_{(j)} \leqslant x) = \sum_{k=j}^{n} \binom{n}{k} F(x)^k (1 - F(x))^{n-k}。
$$

为得到 $X_{(j)}$ 的概率密度函数，可以对累积分布函数关于 x 进行求导，但得到的结果是非常糟糕的（虽然可以化简）。取而代之的是使用一些更为直接的方法。考虑 $f_{X_{(j)}} \mathrm{d}x$，即第 j 个顺序统计量落入 x 附近、长度为 $\mathrm{d}x$ 的极小区间的概率。图 8.10 展示了该事件发生的唯一可能。需要 X_i 中的一个值落入 x 附近的微小区间内，且需要恰有 $j-1$ 个 X_i 落在 x 的左侧，剩下的 $n-j$ 个 X_i 落在 x 的右侧。

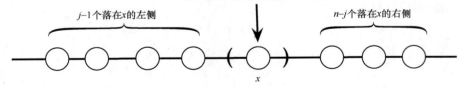

图 8.10 为使得 $X_{(j)}$ 落在 x 附近的一个微小区间内，需要 X_i 中的一个值落在这个小区间内，且恰有 $j-1$ 个 X_i 的值落在 x 的左侧。

这种特殊事件的概率是怎样的呢？下面将这个试验分成几个阶段。

• 首先，选择 X_i 中的一个，使其落入 x 附近的微小区间内。这种取法一共有 n 种，每一种发生的概率为 $f(x)\mathrm{d}x$，其中 f 是 X_i 的概率密度函数。

• 接着，从剩下的 $n-1$ 个数据中恰好选择 $j-1$ 个数据落在 x 的左侧。这里有 $\binom{n-1}{j-1}$ 种可能，根据 $\mathrm{Bin}(n, F(x))$ 的概率质量函数，每种可能发生的概率为 $F(x)^{j-1}(1-F(x))^{n-j}$。

将两个阶段的概率相乘得到

$$fX_{(j)}(x)\mathrm{d}x = nf(x)\mathrm{d}x\binom{n-1}{j-1}F(x)^{j-1}(1-F(x))^{n-j},$$

等式两边同时除以 $\mathrm{d}x$，即可得到所需的概率密度函数。

定理 8.6.4（顺序统计量的概率密度函数）　令 $X_1,\cdots,X_n$ 是独立同分布的连续型随机变量序列，其累积分布函数为 F，概率密度函数为 f，则第 j 个次序统计量 $X_{(j)}$ 的边缘概率密度函数为

$$fX_{(j)}(x) = n\binom{n-1}{j-1}f(x)F(x)^{j-1}(1-F(x))^{n-j}。$$

一般地，顺序统计量 $X_1,\cdots,X_n$ 不会服从一个已知的分布，但服从标准均匀分布的顺序统计量的联合分布个例外。

例 8.6.5（均匀分布中的次序统计量）　令 U_1，$U_2,\cdots,U_n$ 是独立同分布于 $U(0,1)$ 的随机变量。那么，当 $0 \leqslant x \leqslant 1$ 时，$f(x) = 1$，且 $F(x) = x$，因此，$U_{(j)}$ 的概率密度函数为

$$fU_{(j)}(x) = n\binom{n-1}{j-1}x^{j-1}(1-x)^{n-j}。$$

这正是 $\mathrm{Beta}(j,n-j+1)$ 的概率密度函数！因此 $U(j) \sim \mathrm{Beta}(j,\ n-j+1)$，且 $E(U_{(j)}) = \dfrac{j}{n+1}$。

例 8.6.6　可以看作是当 $n = 2$ 的一种简单情况，当时使用的是二维 LOTUS，得到对于独立同分布的 U_1，$U_2 \sim \mathrm{Unif}(0,1)$，$E(\max(U_1,U_2)) = 2/3$ 以及 $E(\min(U_1,U_2)) = 1/3$。现在已经知道 $\max(U_1,U_2)$ 和 $\min(U_1,U_2)$ 服从贝塔分布，而贝塔分布的期望也证实了之前的结论。　　　　　　　　　　　　　　　　　　　　　　　　　　　　□

8.7　要点重述

本章讨论了三大类变换：

- 关于连续型随机变量的光滑的、可逆的变换，可以用变量变换公式处理；
- 卷积形式，这里可以用（以偏好的递减顺序）案例、矩母函数或卷积和（卷积积分）来确定分布；
- 将独立同分布的连续型随机变量序列变换为顺序统计量。

图 8.11 表现了原始随机向量 (X,Y) 和变换后的随机向量 $(Z,W) = g(X,Y)$ 间的联系，其中 g 是一个光滑的可逆变换。变量变换公式通过使用雅可比矩阵使得我们可以在 (X,Y) 和 (Z,W) 的联合概率密度函数之间来回切换。令 A 表示 xy 平面上的一个区域，且 $B = \{g(x,y):(x,y)\in A\}$ 表示 zw 平面上的区域，则 $(X,Y)\in A$ 与 $(Z,W)\in B$ 表示同一事件。因此

$$P((X,Y)\in A) = P((Z,W)\in B)。$$

为计算上述概率，既可以在 A 上关于 (X,Y) 的联合概率密度函数求积分，也可以在 B 上关于 (Z,W) 的联合分布函数求积分。

本章大量使用了贝叶斯准则和全概率公式，它们通常用于连续型或混合型，以及模式识别的积分方法。

接着我们介绍了两种新的分布，即贝塔分布和伽马分布，关于它们有许多案例，它们

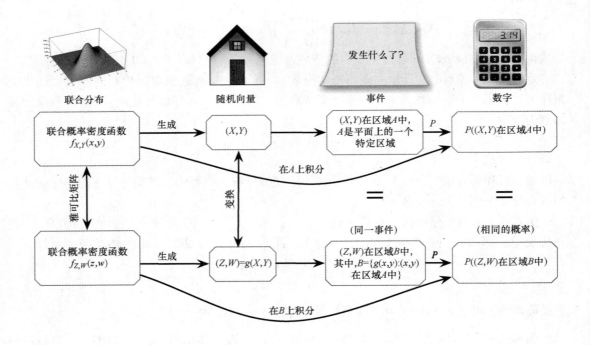

图 8.11　令 $(Z,W)=g(X,Y)$ 是一个光滑的一对一变换，由变量变换公式可以在 (X,Y) 和 (Z,W) 的联合概率密度函数之间来回切换。令 A 为 xy 平面上的一个区域，且 $B=\{g(x,y):(x,y)\in A\}$ 也是 zw 平面上的区域，则 $(X,Y)\in A$ 与 $(Z,W)\in B$ 表示同一事件。为计算该事件的概率，既可以在 A 上对 (X,Y) 的联合概率密度函数求积分，也可以在 B 上对 (Z,W) 的联合分布函数求积分。

和其他分布也有许多联系。贝塔分布是均匀分布 Unif$(0,1)$ 的推广形式，且它有以下案例。

- 均匀分布的顺序统计量：n 个独立同分布于 Unif$(0,1)$ 的随机变量，第 j 个顺序统计量的分布为 Beta$(j,\ n-j+1)$。
- 二项分布的共轭先验，概率未知：若 $p\sim$ Beta(a,b) 且 $X\mid p\sim$ Bin(n,p)，则 $p\mid X=k\sim$ Beta$(a+k,\ b+n-k)$。基于二项分布的数据得到的 p 的后验分布依旧属于贝塔分布族，这就是共轭性。可以将参数 a 和 b 分别解释为先验的成功次数和失败次数。

伽马分布是指数分布的一种推广形式，且它有如下案例。

- 泊松过程：在一个速率为 λ 的泊松过程中，n 次到达的总等待时间服从 Gamma(n,λ) 分布。因此，伽马分布可以看作是连续情形下的负二项分布。
- 泊松分布在速率未知时的共轭先验：若 $\lambda\sim$ Gamma(r_0,b_0) 且 $Y\mid\lambda\sim$ Pois(λt)，则 $\lambda\mid Y\sim$ Gamma(r_0+y,b_0+t)。基于泊松分布数据进行更新，得到的 λ 的后验分布依旧在伽马分布族中。参数 r_0 和 b_0 可以分别解释为观察到的成功的先验次数，以及这些成功发生的总的等待时间。

由银行—邮局问题，可以将贝塔分布和伽马分布联系起来，该案例说明当 $X\sim$ Gamma

(a,λ)，$y \sim \mathrm{Gamma}(b,\lambda)$，且 X 和 Y 相互独立时，$X+Y \sim \mathrm{Gamma}(a+b,\lambda)$，$\dfrac{X}{X+Y} \sim \mathrm{Beta}$

(a,b)，且 $X+Y$ 和 $\dfrac{X}{X+Y}$ 是相互独立的。

　　根据上述讨论，可以将第 5 章最后展示的关系图更新为如下包括贝塔分布和伽马分布的关系图。图中括号中列出的分布是括号外分布的特例。

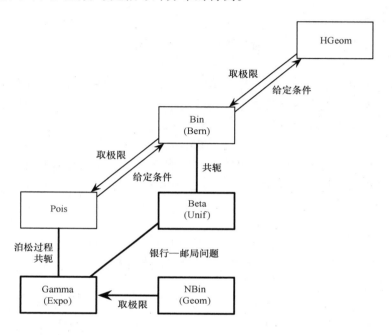

8.8　R 语言应用示例

贝塔分布和伽马分布

　　在 R 中运行贝塔分布和伽马分布。

　　● dbeta、pbeta、rbeta：为求得 $\mathrm{Beta}(a,b)$ 的概率密度函数和累积分布函数在 x 处的取值，可以分别使用 dbeta(x,a,b) 和 pbeta(x,a,b) 命令。为从 $\mathrm{Beta}(a,b)$ 分布中生成 n 个随机数，使用 rbeta(n,a,b) 命令。

　　● dgamma、pgamma、rgamma：为计算 $\mathrm{Gamma}(a,\lambda)$ 的概率密度函数和累积分布函数在 x 处的取值，可以分别使用 dgamma(x,a, lambda) 或 pgamma(x,a, lambda) 命令。为从 $\mathrm{Gamma}(a,\lambda)$ 分布中生成 n 个随机数，使用 rgamma(x,a, lambda) 命令。

　　例如，可以验证 $\mathrm{Gamma}(3,2)$ 分布的均值为 3/2，方差为 3/4。为做到这一点，使用 rgamma 命令生成大量的服从 $\mathrm{Gamma}(3,2)$ 的随机变量，然后计算其均值（mean）和方差（var）：

```
y < - rgamma(10^5,3,2)
mean(y)
var(y)
```

这样得到的值会分别接近于 1.5 和 0.75 吗？

均匀分布的卷积

使用 R 软件，可以快速地验证当 X，$Y \overset{\text{i.i.d}}{\sim} \text{Unif}(0,1)$ 时，$T = X + Y$ 的分布形状呈三角形：

```
x < - runif((10^5)
y < - runif((10^5)
hist(x + y)
```

其直方图看起来像先升后降的阶梯，近似于三角形。

贝叶斯台球

在贝叶斯台球案例中，有 n 个白球和 1 个灰球，将它们完全随机地抛掷在单位区间中，然后统计位于灰球左侧的白球数量。令 p 表示灰球的位置，X 表示灰球左侧的白球数量，则

$$p \sim \text{Unif}(0,1)$$
$$X \mid p \sim \text{Bin}(n,p)。$$

将该试验进行多次，可以验证本章导出的 X 的边缘概率质量函数以及给定 $X = x$ 条件下的 p 的后验概率密度函数。将模拟的次数称为 nsim，以避免与白球数量 n 在名称上发生冲突。这里将 n 设为 10：

```
nsim < -10^5
n < -10
```

将 p 模拟 10^5 次，然后根据给定 p 条件下的 X 的分布模拟出 10^5 个值：

```
p < - runif(nsim)
x < - rbinom(nsim,n,p)
```

注意，向 rbinom 提供的是完整向量 p。这意味着 x 的第一个元素是通过使用 p 的第一个元素生成的，x 的第二个元素是通过 p 的第二个元素所生成的，其余以此类推。因此，以 p 的一个特定元素作为条件，对应 x 的分量服从二项分布，但是正如模型所指定的那样，p 的分量自身是服从均匀分布的。

根据贝叶斯台球的结论，X 的边缘分布应服从整数 0 到 n 上的离散均匀分布。事实也是如此吗？为此，可以根据 x 的直方图来验证！由于 X 的分布是离散的，所以利用 R 软件在 -0.5，0.5，1.5，$\cdots$ 处将直方图进行分解，使得每一个柱的中点都为整数：

```
hist(x,breaks = seq( - 0.5,n + 0.5,1))
```

事实上，直方图中的每个柱高都近似相等，这符合离散型均匀分布。

现在对于给定 $X = x$ 条件下的 p 的后验分布，R 软件中所需要的调整是非常简单的。仅考虑 x 值为 3 时所得到的 p 的模拟值，即使用方括号，如：p[x = =3]。特别地，可以绘制出这些值的直方图来观察给定 $X = 3$ 条件下的 p 的后验分布的形状。即使用语句 hist (p[x = =3])。

根据贝塔分布与二项分布的卷积结果，p 的真实后验分布为 $p \mid X = 3 \sim \text{Beta}(4,8)$。我们可以在根据 Beta(4,8) 分布所得到的模拟值绘制出的直方图的旁边绘制 p[x = =3] 的直方图，以此来验证它们是相似的：

```
par(mfrow = c(1,2))
hist(p[x = =3])
hist(rbeta(10^4,4,8))
```

第一行命令是告诉 R 软件我们需要两个并排的图表，第二行和第三行命令则用于创建直方图。

顺序统计量的模拟

　　用 R 模拟顺序统计量是非常简单的：先简单地模拟独立同分布的随机变量序列，然后使用 sort 命令来对它们排序。例如，

```
sort(rnorm(10))
```

是生成 $X_{(1)}, \cdots, X_{(10)}$ 的一种实现方式，其中 $X_{(1)}, \cdots, X_{(10)}$ 独立同分布于 $\mathcal{N}(0,1)$。如果想要绘制出 $X_{(9)}$ 的直方图，则需要使用 replicate 命令：

```
order_stats < - replicate(10^4,sort(rnorm(10)))
```

上面的命令产生了一个 10 行的矩阵 order_stats。矩阵的第 i 行包含 $X_{(i)}$ 的 10^4 个生成数。现在将矩阵中的第 9 行筛选出来绘制 $X^{(9)}$ 的直方图：

```
x9 < - order_stats[9,]
hist(x9)
```

同时，也可以计算一些统计量的值，如 mean(x9) 和 var(x9)。

8.9　练习题

1. 计算 e^{-X} 的概率密度函数，其中 $X \sim \text{Expo}(1)$。
2. 计算 X^7 的概率密度函数，其中 $X \sim \text{Expo}(\lambda)$。
3. 计算 Z^3 的概率密度函数，其中 $Z \sim N(0,1)$。
4. Ⓢ计算 Z^4 的概率密度函数，其中 $Z \sim N(0,1)$。
5. 计算 $|Z|$ 的概率密度函数，其中 $Z \sim N(0,1)$。
6. Ⓢ令 $U \sim \text{Unif}(0,1)$，计算 U^2 和 $\sqrt{U}$ 的概率密度函数。
7. 令 $U \sim \text{Unif}\left(0, \dfrac{\pi}{2}\right)$，计算 $\sin(U)$ 的概率密度函数。
8. 令 $U \sim \text{Unif}\left(-\dfrac{\pi}{2}, \dfrac{\pi}{2}\right)$，计算 $\tan(U)$ 的概率密度函数。
9. （a）计算 X^2 的分布，其中 $X \sim \text{DUnif}(0,1,\cdots,n)$。

　　（b）计算 X^2 的分布，其中 $X \sim \text{DUnif}(-n, -n+1, \cdots, 0, 1, \cdots, n)$。

10. 令 $X \sim \text{Bern}(1/2)$，且 a 和 b 是常数，满足 $a < b$。求关于 X 的一个简单变换，使变换后的随机变量以概率 $1-p$ 取 a，以概率 p 取 b。

11. 令 $X \sim \text{Pois}(\lambda)$，$Y$ 是 X 为奇数的示性变量。求 Y 的概率质量函数。

提示：计算 $P(Y=0) - P(Y=1)$ 时，将 $P(Y=0)$ 和 $P(Y=1)$ 写成级数的形式，然后再利用当 k 是偶数时，$(-1)^k$ 等于 1；当 k 是奇数时，$(-1)^k$ 等于 -1 的事实求解。

12. 有三名学生独立地完成了他们的概率作业。他们在同一时刻开始，而各自完成作业的时间是独立同分布的随机变量 T_1、T_2、T_3，且 $T_j^{1/\beta} \sim \text{Expo}(\lambda)$，其中 β 和 λ 是已知的正常数。

（a）计算 T_1 的概率密度函数。

（b）通过两种不同的方法求 $E(T_1^2)$ 的积分表达形式，一种方法基于 T_1 的概率质量函数，另一种基于 $\text{Expo}(\lambda)$ 的概率密度函数（不需要化简）。

13. 令 T 表示两个随机变量 X 与 Y 的比 X/Y，其中 X 和 Y 独立同分布于 $N(0,1)$，则 T 服从柯西分布，且根据例 7.1.24 的结论，T 的概率密度函数为

$$f_T(t) = \frac{1}{\pi(1+t^2)}。$$

（a）在求得 $1/T$ 的累积分布函数后，使用微积分证明 $1/T$ 与 T 有相同的分布。[注意，一维情形下的变量变换公式在这里不能直接使用，因为对于函数 $g(t)=1/t$，尽管对于所有 $t\neq 0$，都有 $g'(t)<0$，然而 $g'(t)$ 在 $t=0$ 处没有定义，且该函数在定义域上不是严格递减的。]

（b）在不使用微积分的条件下证明：$1/T$ 和 T 具有相同的分布，证明过程应尽量简短。

14. 令 X 和 Y 独立同分布于 $\text{Expo}(\lambda)$ 再令 $T=\ln(X/Y)$。计算 T 的累积分布函数和概率密度函数。

15. 设 X 和 Y 的联合概率密度函数为 $f_{X,Y}(x,y)$，并进行线性变换 $(X,Y)\to(T,W)$，这里，$T=aX+bY$，$W=cX+dY$，其中 a，b，c，d 是常数，$ad-bc\neq 0$。

（a）计算 $f_{T,W}(t,w)$ 的联合分布函数（尽管答案应该是 t 和 w 的函数，但结果还是要用 $f_{X,Y}$ 表示）。

（b）对于 $T=X+Y$，$W=X-Y$ 的情况，证明：

$$f_{T,W}(t,w) = \frac{1}{2}f_{X,Y}\left(\frac{t+w}{2},\frac{t-w}{2}\right)。$$

16. Ⓢ设 X 和 Y 是连续型随机变量，且其联合分布呈球形对称，即说明该联合分布的形式为 $f(x,y)=g(x^2+y^2)$，其中 g 是某类函数。再设 (R,θ) 是 (X,Y) 的极坐标，因此 $R^2=X^2+Y^2$ 表示该点至原点的距离的平方，θ 代表角度，介于 $[0,2\pi]$ 之间，其中 $X=R\cos\theta$，$Y=R\sin\theta$。

（a）直观上解释为什么 R 和 θ 是相互独立的，然后通过求 (R,θ) 的联合概率密度函数证明这个结论。

（b）当 (X,Y) 在单位圆 $\{(x,y):x^2+y^2\leq 1\}$ 上服从均匀分布时，(R,θ) 的联合概率密度函数是怎样的？

（c）当 X 和 Y 是独立同分布于 $N(0,1)$ 的随机变量时，(R,θ) 的联合概率密度函数是怎样的？

17. 设 X 和 Y 是独立同分布于 $N(0,1)$ 的随机变量，令 $T=X+Y$ 且 $W=X-Y$。由例 7.5.8 可知 T 和 W 是独立同分布于 $N(0,2)$ 的随机变量。[注意 (T,W) 是多元正态随机向量，且 $\text{Cov}(T,W)=0$] 试通过变量变换定理，给出关于此结论的另一种证明。

18. 设 X 和 Y 是独立同分布于 $N(0,1)$ 的随机变量，而 (R,θ) 是 (X,Y) 的极坐标，因此 $X=R\cos\theta$，$Y=R\sin\theta$，其中 $R\geq 0$ 且 $\theta\in[0,2\pi)$。计算 R^2 和 θ 的联合概率密度函数。再计算 R^2 和 θ 的边缘分布，如果它们的分布类型已经学习过，请给出分布的名称（及参数）。

19. 设 X 和 Y 是相互独立且取值为正的随机变量，它们的概率密度函数分别为 f_X 和 f_Y。设 T 为它们的比 X/Y。

（a）使用雅可比矩阵计算 T 和 X 的联合概率密度函数。

（b）计算 T 的边缘概率密度函数，并将其表示成单变量积分的形式。

20. 设 X 和 Y 是独立同分布于 $\text{Expo}(\lambda)$ 的随机变量，然后将它们转化为 $T = X + Y$，$W = X/Y$。

（a）计算 T 和 W 的联合概率密度函数，它们是相互独立的吗？

（b）计算 T 和 W 的边缘概率密度函数。

卷积

21. 设 $U \sim \text{Unif}(0,1)$，$X \sim \text{Expo}(1)$，且 U 与 X 相互独立。计算 $U + X$ 的概率密度函数。

22. 设 X 和 Y 是独立同分布于 $\text{Expo}(\lambda)$ 的随机变量。试用卷积积分来证明：$L = X - Y$ 的概率密度函数为 $f(t) = \frac{1}{2}e^{-|t|}$，其中 t 取遍所有实数域；称该分布为拉普拉斯（Laplace）分布。

23. 试用卷积积分证明：当 $X \sim N(\mu_1, \sigma^2)$ 与 $Y \sim N(\mu_2, \sigma^2)$ 相互独立时，$T = X + Y \sim N(\mu_1 + \mu_2, 2\sigma^2)$（为简化计算，假设 X 和 Y 的方差相等）。可以在求积分前使用标准化（位置-尺度）的思想将上述正态分布简化为标准正态分布。

提示：凑完全平方。

24. ⑤令 X 和 Y 是相互独立的且取值为正的随机变量，概率密度函数分别为 f_X 和 f_Y，考虑其乘积 $T = XY$。当计算 T 的概率密度函数时，雅可比指出"这类似于卷积，它是关于乘积而非求和的卷积。为得到 $T = t$，需要令 $X = x$，且对某些 x，$Y = t/x$；则 T 的概率等于 $f_X(x)f_Y(t/x)$，对这些概率进行求和得到 T 的概率密度函数为 $\int_0^{+\infty} f_X(x) f_Y(t/x)\,\mathrm{d}x$。"对雅克比的论点进行评价，其中通过以下两种方式得到 T 的概率密度函数：

（a）使用连续情况下的总概率法则得到累积分布函数，然后再进行求导（你可以假设交换求导和积分号是有效的）；

（b）对 $T = XY$ 在等式两端分别求自然对数 $\ln$，再进行卷积（然后再变换回来，得到 T 的概率密度函数）。

25. 令 X 和 Y 是独立同分布的随机变量，且在 $\{0,1,\cdots,n\}$ 上服从离散均匀分布，其中 n 是一个正整数。计算 $T = X + Y$ 的概率质量函数。

26. 设 X 和 Y 是独立同分布于 $\text{Unif}(0,1)$ 的随机变量，$W = X - Y$。

（a）计算 W 的均值和方差，此时概率密度函数未知。

（b）证明 W 的分布是关于 0 对称的，此时概率密度函数未知。

（c）计算 W 的概率密度函数。

（d）使用 W 的概率密度函数验证（a）和（b）的结果。

（e）W 的分布怎样和 $X + Y$ 的分布建立联系？后者是例 8.2.5 中所导出的三角形分布。给出一个准确的描述，例如，使用位置和尺度的概念。

27. 设 X 和 Y 是独立同分布于 $\text{Unif}(0,1)$ 的随机变量，且 $T = X + Y$。在例 8.2.5 中已经通过卷积积分推导出了 T 的分布（一种三角形分布）。由于 (X, Y) 在单位正方形区域 $\{(x, y) : 0 < x < 1, 0 < y < 1\}$ 上是均匀分布的，所以对于单位方形域中的任意区域 A，也可以将 $P((X, Y) \in A)$ 解释为 A 的面积。根据这一思想，通过将累积分布函数（在一些点的取值）看

作面积来计算 T 的累积分布函数。

28. 设 X、Y、Z 是独立同分布于 $\text{Unif}(0,1)$ 的随机变量，令 $W = X + Y + Z$。计算 W 的概率密度函数。

提示：已经知道 $X + Y$ 的概率密度函数。注意卷积积分中对于积分的限定条件；需要分别考虑三种情况。

提示：在计算 $P(T = k)$ 时，可以对两种情况 $0 \leqslant k \leqslant n$ 和 $n + 1 \leqslant k \leqslant 2n$ 分别进行考虑。注意卷积和中求和的范围。

贝塔分布和伽马分布

29. ⑤设 $B \sim \text{Beta}(a, b)$，由以下两种方式求 $1 - B$ 的分布：（a）用变量变换公式；（b）使用一个案例（story）证明。并解释当把贝塔分布作为二项分布的共轭先验时，该结果为什么是有意义的。

30. ⑤设 $X \sim \text{Gamma}(a, \lambda)$，$Y \sim \text{Gamma}(b, \lambda)$ 是相互独立的，其中 a 和 b 是整数。用以下三种方式证明：$X + Y \sim \text{Gamma}(a + b, \lambda)$。（a）通过卷积积分；（b）根据矩母函数；（c）用案例证明。

31. 设 $B \sim \text{Beta}(a, b)$。通过模式识别求积分，计算 $E(B^k)$，其中 k 是正整数。特别地，证明：

$$\text{Var}(B) = \frac{ab}{(a+b)^2(a+b+1)}。$$

32. ⑤Fred 观察公交车用时（单位：min）$X \sim \text{Gamma}(a, \lambda)$，乘坐公交车回家用时 $Y \sim \text{Gamma}(b, \lambda)$，其中 X 和 Y 相互独立。那么它们的比 X/Y 与总的等待时间 $X + Y$ 是相互独立的吗？

33. ⑤基于 $F(m, n)$ 分布的 F 检验在统计学中应用非常广泛，$F(m, n)$ 是 $\dfrac{X/m}{Y/n}$ 的分布，其中 $X \sim \text{Gamma}\left(\dfrac{m}{2}, \dfrac{1}{2}\right)$，$Y \sim \text{Gamma}\left(\dfrac{n}{2}, \dfrac{1}{2}\right)$。求 $mV/(n + mV)$ 的分布，其中 $V \sim F(m, n)$。

34. ⑤顾客到达 Leftorium 商店的时间服从泊松过程，其速率为 λ 人/h。由于 λ 的真实值未知，因此，可以将其看作一个随机变量。假设 λ 的先验分布为 $\lambda \sim \text{Expo}(3)$。设 X 表示明天下午 1：00 到下午 3：00 时间段内到达 Leftorium 商店的顾客人数。当观察到 $X = 2$ 时，求 λ 的后验概率密度函数。

35. ⑤设 X 和 Y 是相互独立、取值为正的随机变量，且有有限的期望值。

（a）给出满足 $E\left(\dfrac{X}{X+Y}\right) \neq \dfrac{E(X)}{E(X+Y)}$ 的一个例子，并计算不等式两边的值。

提示：先考虑你能想到的最简单的例子！

（b）若 X 和 Y 是独立同分布的，则 $E\left(\dfrac{X}{X+Y}\right) = \dfrac{E(X)}{E(X+Y)}$ 一定成立吗？

（c）现在设 $X \sim \text{Gamma}(a, \lambda)$，$Y \sim \text{Gamma}(b, \lambda)$。在不使用微积分计算的情况下，证明：

$$E\left(\frac{X^c}{(X+Y)^c}\right) = \frac{E(X^c)}{E((X+Y)^c)},$$

其中，c 是大于 0 的任意实数。

36. Alice 走进一个邮局，该邮局有两位职员，且都在为顾客服务，Alice 是下一个接受服务的对象。左边的职员服务一位顾客需要用时 Expo(λ_1)，而右边的职员服务一位顾客需要用时 Expo(λ_2)。设 T_1 表示左边职员从现在到服务完当前顾客所需要的时间，同样的定义 T_2 为右边职员服务完当前顾客所用的时间。

（a）若 $\lambda_1 = \lambda_2$，则 T_1/T_2 与 $T_1 + T_2$ 相互独立吗？

提示：$T_1/T_2 = (T_1/(T_1 + T_2))/(T_2/(T_1 + T_2))$。

（b）计算 $P(T_1 < T_2)$［这里以及（c）问都不需要假设 $\lambda_1 = \lambda_2$，但需要证明在特殊情况下结论也成立］。

（c）计算 Alice 在邮局中预期花费的总时间（假设她接受完服务后立即离开）。

37. 设 $X \sim \text{Pois}(\lambda t)$，$Y \sim \text{Gamma}(j, \lambda)$，其中 j 是一个正整数。通过泊松过程的一个案例证明如下等式

$$P(X \geqslant j) = P(Y \leqslant t)。$$

38. 游客到达某公园的时间服从泊松过程，其速率为 λ 人/h。Fred 刚刚到达（独立于其他人的到达时间），且要停留的时间（单位：h）服从 Expo(λ_2)。计算在 Fred 还在公园时，到达公园的顾客数的分布。

39. （a）设 $p \sim \text{Beta}(a, b)$，其中 a 和 b 是整实数，计算 $E(p^2(1-p)^2)$，并进行充分化简（最终结果不得出现 Γ）。

两支球队 A 和 B 将进行一场比赛。他们将采取五局赛制，赢得局数多的一方为获胜方。给定 p，各赛局的结果间相互独立，其中 A 获胜的概率为 p，B 获胜的概率为 $1-p$。但是 p 是未知的，因此需要将其看作一个随机变量，其先验分布为 $p \sim \text{Unif}(0, 1)$（在观测到任何数据之前 p 的分布）。

为了得到关于 p 的更多信息，我们查阅了这两支球队过去比赛的历史数据，发现以前的结果，按照时间顺序排列为，$AAABBAABAB$。（假设 p 的真实值不随时间变化，且与本次比赛的 p 的真实值相同，尽管你对 p 的判断可能随时处在变化当中。）

（b）在已知 A 和 B 两支球队的历史比赛记录的基础上，p 的后验分布依赖于具体的结果出现次序还是只依赖于 A 队赢得了 10 场比赛的 6 场呢？试做出解释。

（c）在给定历史数据的基础上，求 p 的后验分布。

将（c）问中得到的 p 的后验分布看作是一个新的先验分布，然后比赛开始！

（d）在给定 p 的条件下，A 队赢得第一局比赛的示性变量与 A 赢得第二局比赛的示性变量是正相关，不相关，还是负相关？如果只以历史数据作为条件呢？

（e）给定历史数据，比赛即将进行到第五局但仍然难分胜负的概率的期望值是多少？（将此概率看作是一个随机变量而非一个数，来表现我们对其的不确定性。）

40. 某工程师正在通过执行 n 次试验来研究某产品的可靠性。这里将可靠性定义为试验成功的概率。在每次试验中，产品成功的概率为 p，失败的概率为 $1-p$。给定 p 的条件下，试验结果间相互独立。其中 p 是未知的（否则研究就没有必要了！）。工程师采用贝叶斯方法，这里将 $p \sim \text{Unif}(0, 1)$ 作为先验分布。

令 r 为希望得到的可靠性水平，c 表示相应的置信水平，在这个意义上，给定数据的条件下，真实可靠度 p 至少为 r 的概率为 c。例如，若 $r = 0.9$，$c = 0.95$，则在给定数据的条件下，有 95% 的把握相信该产品的可靠度至少达到 90%。假设 n 次观察商品的结果都是成功。

求关于 c 的一个简单方程，它可以作为 r 的函数。

顺序统计量

41. Ⓢ设 $X \sim \text{Bin}(n, p)$，$B \sim \text{Beta}(j, n - j + 1)$，其中 n 是一个正整数，且 j 是一个满足 $j \leqslant n$ 的正整数。用一个关于顺序统计量的案例证明：

$$P(X \geqslant j) = P(B \leqslant p)_{\circ}$$

这说明了连续型随机变量 B 的累积分布函数与离散型随机变量 X 的累积分布函数密切相关，同时这也是贝塔分布和二项分布间的另一种联系。

42. 证明：对于独立同分布的连续型随机变量序列 X、Y、Z，有

$$P(X < \min(Y, Z)) + P(Y < \min(X, Z)) + P(Z < \min(X, Y)) = 1_{\circ}$$

43. 不使用微积分计算证明：

$$\int_0^x \frac{n!}{(j - 1)!(n - j)!} t^{j-1}(1 - t)^{n-j} \mathrm{d}t = \sum_{k=j}^n \binom{n}{k} x^k (1 - x)^{n-k},$$

其中，$x \in [0, 1]$，且 j 和 n 是正整数，满足 $j \leqslant n_{\circ}$

44. 设 $X_1, \cdots, X_n$ 是独立同分布的连续型随机变量，其概率密度函数为 f，且 F 为其严格递增的累积分布函数。假设知道 n 个独立同 $\text{Unif}(0, 1)$ 分布的随机变量序列中第 j 个顺序统计量服从 $\text{Beta}(j, n - j + 1)$。但是我们忘记了 $X_1, \cdots, X_n$ 中第 j 个顺序统计量分布的公式及导出式。试证明怎样通过变量变换快速得到 $X_{(j)}$ 的概率密度函数。

45. Ⓢ设 X 和 Y 是相互独立的 $\text{Expo}(\lambda)$ 随机变量，且 $M = \max(X, Y)$。试用以下两种方式证明：M 与 $X + \frac{1}{2}Y$ 有相同的分布。（a）使用微积分；（b）运用指数分布的无记忆性以及其他性质。

46. Ⓢ（a）如果 X 和 Y 是独立同分布的连续型随机变量，且累积分布函数为 $F(x)$，概率密度函数为 $f(x)$，则 $M = \max(X, Y)$ 的概率密度函数为 $2F(x)f(x)$。现在设 X 和 Y 是离散且相互独立的，其累积分布函数为 $F(x)$，概率密度函数为 $f(x)$。用文字解释此时 M 的概率质量函数为什么不等于 $2F(x)f(x)$。

（b）设 X 和 Y 是相互独立的 $\text{Bern}(1/2)$ 随机变量，$M = \max(X, Y)$，$L = \min(X, Y)$。计算 M 和 L 的联合概率质量函数，即 $P(M = a, L = b)$，以及 M 和 L 的边缘概率质量函数。

47. 设 $X_1, X_2, \cdots$ 是独立同分布的随机变量序列，且有累积分布函数为 F，$M_n = \max(X_1, X_2, \cdots, X_n)$。对每一个 $n \geqslant 1$，求 M_n 和 M_{n+1} 的联合分布。

48. Ⓢ设 $X_1, X_2, \cdots, X_n$ 是独立同分布的随机变量序列，且累积分布函数为 F，概率密度函数为 f。计算 $1 \leqslant i < j \leqslant n$ 时，顺序统计量 $X_{(i)}$ 和 $X_{(j)}$ 的联合概率密度函数。借助于画图求解。

49. Ⓢ两名妇女怀孕，且预产期相同。在时间轴上，定义时间 0 是怀孕开始的瞬间。假设妇女分娩的时间服从正态分布，且以 0 为中心，标准差为 8 天。假定二人分娩时间是独立同分布的。设 T 是两人中第一个生产的时间（以天为单位）。

（a）证明：

$$E(T) = \frac{-8}{\sqrt{\pi}}_{\circ}$$

提示：对任意的两个随机变量 X 和 Y，有 $\max(X, Y) + \min(X, Y) = X + Y$，且 $\max(X, Y) - \min$

$(X,Y) = |X - Y|$。例 7.2.3 中导出了两个独立同分布于 $N(0,1)$ 的随机变量间的期望距离。求用积分表示的 T_0 积分形式的均值和方差。

（b）计算用积分表示的 $\mathrm{Var}(t)$。针对本题答案不需要化简，但可以证明答案可以写成

$$\mathrm{Var}(T) = 64\left(1 - \frac{1}{\pi}\right)。$$

50. 我们将观察一组随机变量 $Y_1, Y_2, \cdots, Y_n$，且它们独立同分布于一个连续型分布。我们需要预测一个独立的未来观测值 Y_{new}，它也有相同的分布。该分布未知，因此我们将使用 $Y_1, Y_2, \cdots, Y_n$ 而非 Y_{new} 的分布来构造预测值。在构造预测值的过程中，不希望只报告一个数字；相反地，希望给出一个有着"高置信度"的预测区间，且区间内包含 Y_{new}。一种方法是应用顺序统计量。

（a）固定 j 和 k，使得 $1 \leqslant j < k \leqslant n$，计算 $P(Y_{\mathrm{new}} \in [Y_{(j)}, Y_{(k)}])$。

提示：由对称性，$Y_1, Y_2, \cdots, Y_n$ 和 Y_{new} 的所有排序可能是等同的。

（b）设 $n = 99$。构造一个预测区间，它是 $Y_1, Y_2, \cdots, Y_n$ 的函数，使得区间中包含 Y_{new} 的概率为 0.95。

51. 设 $X_1, \cdots, X_n$ 是独立同分布的连续型随机变量序列，且 n 为奇数。试证明：X_i 的样本中位数分布的中位数等于 X_i 的分布的中位数。

提示：首先，仔细读题；这里对一个分布的中位数（如在第 6 章中的定义）以及随机变量序列集合的样本中位数进行区分是至关重要的。当然，它们间的关系非常密切：一种估计随机变量序列分布的真实中位数的很自然的方式就是使用独立同分布随机变量序列的样本中位数。两种评估可能出现的总和的方法是（ⅰ）使用第 1 章中第一个案例的证明事例及其练习题所得到的结论，或者（ⅱ）根据事实，即，由二项分布的案例 $Y \sim \mathrm{Bin}(n, 1/2)$ 可得到 $n - Y \sim \mathrm{Bin}(n, 1/2)$。

混合练习

52. 设 $U_1, U_2, \cdots, U_n$ 是独立同分布于 $\mathrm{Unif}(0,1)$ 的随机变量，再设对于所有的 j，有 $X_j = -\ln(U_j)$。

（a）计算 X_j 的分布，该分布的名称是什么？

（b）计算乘积 $U_1 U_2 \cdots U_n$ 的分布。

提示：先取自然对数 $\ln$。

53. Ⓢ一个 DNA 序列可以表达成一个字母序列的形式，这里的"字母系统"由 4 个字母表示：A，C，T，G。假设这样的序列是随机生成的，其中的字母是相互独立的，且 A，C，T，G 出现的概率分别为 p_1, p_2, p_3, p_4。

（a）在一个长度为 115 的 DNA 序列中，出现"CATCAT"这种表达的预期次数是多少（结果用 p_j 表示）？（需要注意的是，例如，"CATCATCAT"算作出现两次。）

（b）当字母是逐个生成的时，第一个 A 早于第一个 C 出现的概率是多少？（结果用 p_j 表示）

（c）假设 p_j 是未知的，再假设在观察到任何数据之前，将 p_2 看作服从 $\mathrm{Unif}(0,1)$ 的随机变量序列，然后观测到的前三个字母是"CAT"。当给定这些信息时，下一个出现的字母是 C 的概率是多少？

54. Ⓢ考虑相互独立的伯努利试验，且每次试验的成功概率为 p。设 X 表示在得到总成

功次数 r 之前的失败次数。

（a）使用矩母函数说明：当 $p \to 0$ 时，$\frac{p}{1-p}X$ 的分布会发生怎样的变化；这个极限分布的概率密度函数是什么，如果它是一个已经学过的分布，则指出它的名称及参数。

提示：首先计算 $\mathrm{Geom}(p)$ 的矩母函数。然后计算 $\frac{p}{1-p}X$ 的矩母函数，再用已知事实，即如果随机变量序列 Y_n 的矩母函数收敛到随机变量 Y 的矩母函数，则 Y_n 的累积分布函数也收敛到 Y 的累积分布函数。

（b）直观解释为什么（a）中的结果是有意义的。

第9章 条件期望

假设你已经阅读了前述章节，那么你已经了解到条件期望也是期望，它类似于条件概率。这是一个基本的概念。

- 条件期望是计算期望的有力工具。首先，以我们要求的作为条件，然后进行初步分析，就总能将复杂的期望问题转换成简单的问题。
- 条件期望使我们能够根据已得的变量来预测或估计未知的量。例如，在统计学中，经常要根据解释变量（例如，已解决的测试题或者职业培训项目的登记人数）来预测响应变量（例如，考试得分或者收入）。

以下是条件期望的两种密切相关但又不同的情况：

- 给定一个事件 A，计算条件期望 $E(Y|A)$，Y 是一个随机变量。如果已知 A 发生了，则用 $E(Y|A)$ 表示 Y 更新的期望，类似地也可以计算 $E(Y)$。
- 给定一个随机变量 X，计算条件期望 $E(Y|X)$。当 X 和 Y 都是随机变量时，定义 $E(Y|X)$ 是一个微妙的问题。直观来看，$E(Y|X)$ 是利用 X 的信息所能够给出的 Y 的最佳预测的随机变量。

本章主要学习这两类条件期望的定义、性质和应用。

9.1 给定事件的条件期望

离散型随机变量 Y 的期望 $E(Y)$ 是 Y 所有可能取值的加权平均值。权重是概率质量函数值 $P(Y=y)$。已知事件 A 发生，利用更新的权重来反映这个新信息。$E(Y|A)$ 的定义就是简单地将概率 $P(Y=y)$ 替换为 $P(Y=y|A)$。

类似地，如果 Y 是连续变量，$E(Y)$ 仍然是 Y 的所有可能取值的加权平均，那么它是概率密度函数 $f(y)$ 的积分。如果已知事件 A 发生，就用条件概率密度函数 $f(y|A)$ 替代 $f(y)$ 来更新 Y 的期望值。

定义 9.1.1（基于事件的条件期望） 设 A 是发生概率大于 0 的事件。如果 Y 是离散型变量，那么给定 A 的条件下，Y 的条件期望是：

$$E(Y|A) = \sum_y yP(Y=y|A),$$

其中，求和是在 Y 的支撑集上进行的。如果 Y 是连续型随机变量，它的概率密度函数为 f，那么，Y 的条件期望可用积分来计算：

$$E(Y|A) = \int_{-\infty}^{+\infty} yf(y|A)\,\mathrm{d}y,$$

其中，$f(y|A)$ 是条件概率密度函数，它是条件累计分布函数 $F(Y=y|A) = P(Y \leqslant y|A)$ 的导数。它也可以由贝叶斯准则计算得到：

$$f(y \mid A) = \frac{P(A \mid Y = y)f(y)}{P(A)}.$$

直观解释 9.1.2 为了直观了解 $E(Y \mid A)$，可以通过模拟（或者多次重复同一试验）来近似。假设做 n 次重复试验，并观测到 $y_1, y_2, \cdots, y_n$，从而可以近似得到

$$E(Y) \approx \frac{1}{n} \sum_{j=1}^{n} y_j.$$

为了近似得到 $E(Y \mid A)$，假设做 n 次事件 A 发生情况下的重复试验，平均这些 Y 值，可以得到

$$E(Y \mid A) \approx \frac{\sum_{j=1}^{n} y_j I_j}{\sum_{j=1}^{n} I_j},$$

其中，I_j 是第 j 次试验中事件 A 发生的示性随机变量。在试验模拟中事件 A 不发生的情况是没有定义的。假设 n 足够大，以至于事件 A 必然发生多次［如果事件 A 是小概率事件，那么就需要用更为复杂的方法来近似 $E(Y \mid A)$］。简单来说，$E(Y \mid A)$ 近似地是在包含事件 A 的足够多的试验下 Y 的平均值。 □

☝9.1.3 混淆条件期望和非条件期望是非常危险的。弄清楚该基于什么条件以及正在用什么条件求条件期望也是非常重要的。

下面考虑预期寿命的一个例子。

例 9.1.4（预期寿命） Fred 时年 30 岁，他听说他所在国家的预期寿命是 80 岁。他可以做出他还可以活 50 年的结论吗？结论是不能。他必须考虑到自己已经活到了 30 岁这一重要的信息。令 T 是 Fred 的寿命，则：

$$E(T) < E(T \mid T \geqslant 30).$$

$E(T)$ 是 Fred 出生时的预期寿命（隐含条件是他已经出生了）。$E(T \mid T \geqslant 30)$ 则是已知他时年 30 岁的情况下的预期寿命。

更难的是如何对 $E(T)$ 确定一个适当的估计。该估计是否就是他所在国家的整体的平均寿命 80 岁？几乎每个国家的女性都比男性有更长的平均寿命，所以应该考虑 Fred 是男性的事实。但是同时应该考虑他出生在哪个城市，以及他父母的种族、财务状况或者他出生的时间等情况。直观地看，我们应该考虑所有与 Fred 相关的信息，但是这有一个权衡。如果我们考虑的特征越多，与这些特征匹配的可以用来估计预期寿命的人数就越少。

现在考虑一些美国的数据，一项来自美国社会保障部门的研究表明，从 1900 年到 2000 年，美国男性的平均寿命从 46 岁增长到了 74 岁；女性的平均寿命从 49 岁增长到了 79 岁。这可是巨大的增长，但是平均寿命的增长主要是由儿童死亡率的下降造成。对于在 1900 年的 30 岁的人来说，男性的平均剩余寿命是 35 年，女性的平均剩余寿命是 36 年。（假设他们的条件期望寿命分别是 65 岁和 66 岁）。对于在 2000 年的 30 岁的人来说，相应的分别是男性剩余 46 年和女性剩余 50 年。

在得到这些估计值的过程中会涉及一些微妙的统计问题。例如，我们如果不真的等到 2100 年又怎么能估计出 2000 年出生的人的平均寿命呢？生存分布的估计在生物统计学和保险精算学上都是非常重要的话题。 □

根据全概率公式，可以通过划分样本空间和计算区间内的条件概率得到非条件概率。同样的思想也适用于非条件期望的计算。

定理 9.1.5（全期望公式） 设事件 $A_1,\cdots,A_n$ 是样本空间的一个分割，对任意 i，有 $P(A_i)>0$，Y 是该样本空间上的一个随机变量，那么

$$E(Y) = \sum_{i=1}^{n} E(Y\,|\,A_i)P(A_i)。$$

事实上，由于所有的概率都是基本事件的期望，所以全概率公式其实是全期望公式的特例。对于事件 B，令 $Y=I_B$，则以上公式可以写成

$$P(B) = E(I_B) = \sum_{i=1}^{n} E(I_B\,|\,A_i)P(A_i) = \sum_{i=1}^{n} P(B\,|\,A_i)P(A_i),$$

上式就是全概率公式，反过来，全期望公式也是亚当定律（定理 9.3.7）的主要结论之一，容后证明。

将非条件期望分解成条件期望有很多有趣的例子。接下来从两个例子开始，讨论深思熟虑和没有正当理由就不要破坏信息的重要性。

例 9.1.6（双信封悖论） 一个陌生人向你展示了两个看起来完全相同且封口的信封（见图 9.1）。每个信封里都有一张金额大于 0 的支票。其中一个信封里的金额是另一个信封里的金额的两倍。你可以选择任意一个信封。你会选择哪一个呢？左边的还是右边的？（假设每个信封里的金额是有限的，这在现实世界中当然也是个很好的假设。）

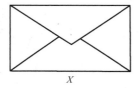 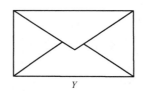

X $\qquad\qquad\qquad\qquad$ Y

图 9.1 两个信封，其中一个所含金额是另一个的两倍。要么是 $Y=2X$，要么是 $Y=X/2$，概率相等。那么，你更倾向于选择哪个信封呢？

解：

令 X、Y 分别是左、右两个信封所含的金额。没有理由选择其中一个而不选择另一个信封。（我们假设事前并无先验信息。这个陌生人惯用左手，而惯用左手的人倾向于将更多的钱放在左边的信封里。）根据对称性可以得到 $E(X)=E(Y)$，看起来似乎你不应该关心选择哪个信封。

但是当你幻想信封里有多少钱的时候，你又会想，假设左边的信封里有 100 美元，那么右边的信封里或者是 50 美元或者是 200 美元，50 美元和 200 美元平均下来是 125 美元，看起来似乎选择右边的信封更好。其实 100 美元并没有什么特殊的，对左边信封所含的金额 X 来说，$2X$ 和 $X/2$ 的平均值大于 X，也就意味着右边的信封是更好的选择。这非常奇怪，因为这不仅与对称性相矛盾，而且同样的逻辑也适用于右边的信封，这样就要不停地换信封。

让我们形式化这个论点来看看到底是怎么回事。相同概率情况下有 $Y=2X$ 或者 $Y=X/2$，由定理 9.1.5，得

$$E(Y) = E(Y\,|\,Y=2X)\cdot\frac{1}{2} + E(Y\,|\,Y=X/2)\cdot\frac{1}{2}。$$

另外有人可能会认为

$$E(2X) \cdot \frac{1}{2} + E(X/2) \cdot \frac{1}{2} = \frac{5}{4} E(X),$$

这意味着从左边信封换到右边信封会有 25% 的增益。但是在这个计算中有一个错误：$E(Y \mid Y = 2X) = E(2X \mid Y = 2X)$。而将 Y 替换成 $2X$ 后，丢掉 $Y = 2X$ 这个条件是没有理由的。

也就是说，令 I 是事件 $Y = 2X$ 的示性函数，那么 $E(Y \mid Y = 2X) = E(2X \mid I = 1)$。如果 X 独立于 I，那么就可以去掉 $I = 1$ 的条件。但是事实上我们已经证明了 X 和 I 不可能独立，因为如果它们相互独立，就会产生一个矛盾。令人惊讶的是，观察 X 就会得到 X 较大或较小的信息。如果我们认为 X 非常大，则可能会猜测 X 比 Y 大。但是非常大是多大呢？10^{12} 是一个很大的数吗？尽管它与 10^{100} 相比是非常小的数。双信封悖论提到，不管 X 的分布是什么，总存在合理的方式来定义与此分布相关联的"非常大"是多少。

在本章的练习题 7 中有个相关习题，习题中两个信封里的金额是独立同分布的。在此条件下如果允许查看其中一个信封，然后再选择是否要交换，你将得到一个在大多数时间得到更好信封的策略。 □

下面这个例子生动地说明了以全部信息为条件的重要性。这个现象在现实生活中的决策中也经常发生，比如购物和投资。

例 9.1.7（神秘大奖） 现在，另一个陌生人接近你，他给你一次机会来为一个包含神秘大奖的神秘盒子出价（见图 9.2）。这个大奖的价值是完全未知的，除了知道其最少可以一文不值，最多可以值 100 万美元。所以就可以认为这个大奖的真实价值 V 服从 $[0,1]$ 的均匀分布（以百万美元计）。

你可以给出任何价钱 b（以百万美元计）。当你的出价在很大程度上小于它的真正价值时，你就可以得到这个大奖，但是如果你出价过高，则可能损失钱。特别地，如果 $b < 2V/3$，那么这个出价会被拒绝，既不会损失也不会得到钱。如果 $b \geq 2V/3$，这个出价就会被接受，你的净收入是 $V - b$（因为以价格 b 得到了价值为 V 的大奖）。为了最大化期望收益，你的最优出价 b 是多少呢？

解：

出价 b（$b \geq 0$）是事先确定的常数

神秘大奖

图 9.2 在对一个未知的资产出价时，要小心赢者诅咒以及考虑相关的信息。

（不依赖于 V，因为 V 是未知的）。为了得到期望收益 W，应该考虑出价是否被接受。如果出价被接受，则收益是 $V - b$，如果出价被拒绝，则收益是 0。因此：

$$E(W) = E(W \mid b \geq 2V/3) P(b \geq 2V/3) + E(W \mid b < 2V/3) P(b < 2V/3)$$
$$= E(V - b \mid b \geq 2V/3) P(b \geq 2V/3) + 0$$
$$= (E(V \mid V \leq 3b/2) - b) P(V \leq 3b/2).$$

如果 $b \geq 2/3$，则事件 $V \leq 3b/2$ 的概率是 1，所以等式右边等于 $\frac{1}{2} - b < 0$，也就是说平均来看，收益为负。假设 $b < 2/3$，那么 $V \leq 3b/2$ 的概率是 $3b/2$。给定 $V \leq 3b/2$，V 的条件分布是 $[0, 3b/2]$ 上的均匀分布。因此，

$$E(W) = (E(V \mid V \leq 3b/2) - b) P(V \leq 3b/2) = (3b/4 - b)(3b/2) = -3b^2/8.$$

除非 $b = 0$，否则上式的结果均为负数，所以最优出价是 0，也就是说不应该参与这个游戏。

或者，也可以考虑以下事件：$A = \{V < b/2\}$，$B = \{b/2 \leq V \leq 3b/2\}$，$C = \{V > 3b/2\}$，则

$$E(W \mid A) = E(V - b \mid A) < E(b/2 - b \mid A) = -b/2 \leq 0,$$

$$E(W \mid B) = E\left(\frac{b/2 + 3b/2}{2} - b \mid B\right) = 0,$$

$$E(W \mid C) = 0,$$

所以不应该出价，然后走开。

这个案例的寓意是要利用所有信息。重要的是在上面的计算中用到的是 $E(V \mid V \leq 3b/2)$，而不是 $E(V) = 1/2$。出价被接受的事实提供了神秘大奖的价值信息，所以不应该忽略这个信息。该问题与所谓的赢者诅咒有关，在拍卖中，拥有不完全信息的胜者其收益往往要比预期的少（除非他们懂概率）。这是因为在许多设定中，他们出价的物品的预期价值低于他们原先设想的无条件期望值。如果 $b \geq 2/3$，由于 $V \leq 1$，所以 $V \leq 3b/2$ 的条件就没用了，但是这时出价 b 是非常高的。如果 $b < 2/3$，那么出价 b 被接受这个条件会降低你的预期收益：

$$E(V \mid V \leq 3b/2) < E(V)。$$

$\square$

在剩下的例子中，我们将使用一步分析法来计算无条件期望。首先，如第 4 章所承诺的，使用一步分析法得出几何分布的期望值。

例 9.1.8（终极版几何期望） 令 $X \sim \text{Geom}(p)$。在正面出现概率为 p 的情况下掷硬币，X 是在出现第一次正面之前掷硬币的次数。为了得到 $E(X)$，考虑第一次抛掷硬币的结果：如果出现正面（记为 H），那么 $X = 0$，不再掷硬币；如果出现反面（记为 T），那么我们就浪费了一次抛掷机会，由无记忆性，又得重新开始掷硬币。因此：

$$E(X) = E(X \mid 第一次掷出 H) \cdot p + E(X \mid 第一次掷出 T) \cdot q$$
$$= 0 \cdot p + (1 + E(X)) \cdot q,$$

得到 $E(X) = q/p$。

$\square$

下一个例子会使用两步条件法来导出一些更复杂情况下的预期等待时间。

例 9.1.9（直到出现 HH 的时间 vs 直到出现 HT 的时间） 重复地抛掷正反两面出现概率相等的硬币，则在第一次出现 HT（正面、反面）之前，预期掷多少次硬币呢？在第一出现 HH（正面、正面）之前，预期掷多少次硬币呢？

解：

令 W_{HT} 是第一次出现 HT 之前的投掷次数。从图 9.3 可以看到，W_{HT} 是第一次掷出 H（正面）的等待时间 (W_1) 加上第一次出现 H 之后又掷出第一次 T（反面）的等待时间 (W_2)。由首次成功分布的例子可得，W_1 和 W_2 是独立同分布于 $\text{FS}(1/2)$ 的，所以 $E(W_1) = E(W_2) = 2$，$E(W_{HT}) = 4$。

求出现 HH 的预期等待时间 $E(W_{HH})$ 更加复杂。不能将求 $E(W_{HT})$ 的逻辑应用到求 $E(W_{HH})$ 中。如图 9.4 所示，如果 T 紧接着第一次 H 出现，那么这个过程就被破坏了，需要从头再来。但是这对解决问题来说是一个进展，因为系统可以通过重置的事实得到一步分析的策略。首先，以第一次掷硬币的结果为条件计算 $E(W_{HH})$：

$$E(W_{HH}) = E(W_{HH} \mid 第一次掷出 H)\frac{1}{2} + E(W_{HH} \mid 第一次掷出 T)\frac{1}{2}。$$

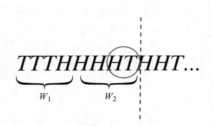

重新开始

图 9.3　HT 的等待时间是第一次掷出 H（正面）的等待时间（W_1）加上第一次出现 H 之后又掷出一次 T（反面）的等待时间（W_2）。局部一直为 H 或一直为 T 的情况是有可能的！

图 9.4　在等待 HH 出现的过程中，部分过程就很容易被破坏。

根据无记忆性，上式右边的第二项 $E(W_{HH} \mid 第一次掷出 T) = 1 + E(W_{HH})$。然后根据第二次掷硬币的结果计算上式右边的第一项 $E(W_{HH} \mid 第一次掷出 H)$。如果第二次掷出 H，则投掷两次得到了 HH。如果第二次掷出 T，那么我们就已经投掷了两次，所以不得不重新开始掷硬币，也就是

$$E(W_{HH} \mid 第一次掷出 H) = 2 \cdot \frac{1}{2} + (2 + E(W_{HH})) \cdot \frac{1}{2}。$$

因此，

$$E(W_{HH}) = \left(2 \cdot \frac{1}{2} + (2 + E(W_{HH})) \cdot \frac{1}{2}\right)\frac{1}{2} + (1 + E(W_{HH}))\frac{1}{2},$$

解得 $E(W_{HH}) = 6$。

可能令人惊讶的是，HH 的预期等待时间竟然比 HT 的预期等待时间要长。将这个结果与掷两次硬币时 HH 和 HT 的出现概率都是 1/4 的事实相联系，又该如何理解呢？为什么预计等待时间不是对称相同的呢？

我们在解决这个问题时，实际上已经注意到了一个重要的不对称。等待 HT 出现的时候，一旦得到第一个 H，我们就已经取得了部分进展，不会被破坏：如果 H 之后跟着下一个 H，那么情况还和之前一样；如果 H 之后又跟着一个 T，那么就出现了 HT。相比之下，在等待 HH 出现的时候，即使出现了第一个 H，如果 H 之后出现了 T，那么我们就又得重新开始。这意味着 HH 的等待时间应该更长。对称性意味着 HH 与 TT 的平均等待时间相同，HT 与 TH 的平均等待时间也相同，但是并不意味着 HH 和 HT 的平均等待时间相同。

如图 9.5 所示，考虑一长串掷硬币结果可以更直观地了解最终得到的结果。注意到 HH 的出现是可以重叠的，而 HT 的出现必然是不相交的。由于 HH 和 HT 的平均出现次数相同，

但是 *HH* 集中在一起，而 *HT* 没有，所以连续 *HH* 序列之间的间隔必然更大。

$$\mathcal{HHTHHTTHHHHTHTHTTHTT}$$

$$\mathcal{HHTHHTTHHHHTHTHTTHTT}$$

图 9.5　聚集性，上图：*HH* 的出现是可重叠的。下图：*HT* 的出现必然是不相交的。

在信息理论中压缩消息时，在遗传学中寻找 DNA 序列中的复发模式（称为基序）时会出现与此相关的问题。□

在下面这个例子中，我们使用概率和期望来研究一个关于随机游走的问题。

例 9.1.10（在整数上的随机游走）　一个醉汉随机地在整数上漫步。他从原点开始，每一步移动 1 单位，要么向右 1 单位或要么向左 1 单位，每一次移动都具有相等的概率，且独立于所有他以前的移动。令 $b = \text{googolplex}$（也就是 10^g，其中，$g = 10^{100}$ 是一个 googol）。

（a）为醉汉在第一次回到原点之前到达 b 点的概率找到一个简单的表达式。

（b）为醉汉在第一次回到原点之前到达 b 点的期望时间找到一个简单的表达式。

解：

（a）令 B 表示事件醉汉在第一次回到原点之前到达 b 点，令 L 表示醉汉第一步是向左移动 1 单位。那么 $P(B \mid L) = 0$，这是因为任何从 -1 到 b 的路径都必须经过原点 0。对于 $P(B \mid L^c)$ 来说，在赌徒破产问题的设定中，改为玩家 A 以 1 美元开始，玩家 B 以 $(b-1)$ 美元开始，且回合是公平的，则

$$P(B) = P(B \mid L)P(L) + P(B \mid L^c)P(L^c) = \frac{1}{b} \cdot \frac{1}{2} = \frac{1}{2b} \text{。}$$

（b）令 N 是第一次回到原点之前到达 b 点的次数。令 $p = 1/(2b)$，那么

$$E(N) = E(N \mid N=0)P(N=0) + E(N \mid N \geq 1)P(N \geq 1) = pE(N \mid N \geq 1) \text{。}$$

给定 $N \geq 1$，N 的条件分布是 $\text{FS}(p)$：给定醉汉在 b 点，根据对称性，醉汉在再次到达 b 点之前回到原点（称为成功）的概率是 p，再次回到原点之前到达 b 点（称为失败）的概率为 $1-p$。注意到每次醉汉在 b 点时的情况都是一样的，所以这些试验是独立的，即独立于之前的试验。因此，$E(N \mid N \geq 1) = 1/p$，

$$E(N) = pE(N \mid N \geq 1) = p \cdot \frac{1}{p} = 1 \text{。}$$

令人惊讶的是，结果不依赖于 b 的值，而我们的证明也不需要知道 p 的值。□

9.2　给定随机变量的条件期望

在本节，我们将会介绍给定随机变量情形下的条件期望。也就是说，想要弄明白对于随机变量 X 而言，$E(Y \mid X)$ 意味着什么。假设已知 X，则在某种意义上 Y 的最佳预测是一个随机变量。

理解 $E(Y|X)$ 的关键是首先理解 $E(Y|X=x)$。由于 $X=x$ 是一个事件，因此 $E(Y|X=x)$ 仅仅是给定事件的条件期望，可以由给定 $X=x$ 下的条件分布求得。

如果 Y 是离散型变量，则条件概率质量函数 $P(Y=y|X=x)$ 可以代替非条件概率质量函数 $P(Y=y)$：

$$E(Y|X=x) = \sum_y yP(Y=y|X=x)。$$

类似地，如果 Y 是连续型变量，则用条件概率密度函数 $f_{Y|X}(y|x)$ 可以代替非条件概率密度函数：

$$E(Y|X=x) = \int_{-\infty}^{+\infty} yf_{Y|X}(y|x)\,\mathrm{d}y。$$

注意到，因为我们是对 y 求和或积分，所以 $E(Y|X=x)$ 是 x 的函数。而且可以给它一个函数名，比如 g：$g(x) = E(Y|X=x)$。将 $E(Y|X)$ 定义为随机变量，它是通过找到函数 $g(x)$ 的形式，然后用 X 代替 x 而获得的。

定义 9.2.1（给定随机变量的条件期望） 令 $g(x) = E(Y|X=x)$。给定 X 时 Y 的条件期望用 $E(Y|X)$ 表示，它被定义为随机变量 $g(X)$。换句话说，在进行试验后，X 具体化为 x，$E(Y|X)$ 则具体化为 $g(x)$。

🐱 **9.2.2** 上述定义中的符号有时会造成混乱。并不是说因为 $g(x) = E(Y|X=x)$，所以 $g(X) = E(Y|X=X)$［由于 $X=X$ 总是对的，所以 $g(X) = E(Y)$］。而是应该先去计算函数 $g(x)$，然后用 X 代替 x。例如，如果 $g(x) = x^2$，则 $g(X) = X^2$。类似的问题也出现在 🐱 5.3.2 中讨论均匀分布的普遍性时对 $F(X)$ 的定义中。

🐱 **9.2.3** 根据定义，$E(Y|X)$ 是 X 的函数，所以它是一个随机变量。因此，计算 $E(Y|X)$ 的均值 $E(E(Y|X))$ 和方差 $\mathrm{Var}(E(Y|X))$ 就是有意义的。在计算条件概率时，很容易出现范畴错误。所以，在使用条件期望时，应该始终记住形式为 $E(Y|A)$ 的条件期望是数字，而形式为 $E(Y|X)$ 的条件期望是随机变量。

以下是一些如何计算条件期望的简单例子。在这两个例子中，不需要通过求和或积分得到 $E(Y|X=x)$，这里还有一种更直接的方法可用。

例 9.2.4 假设有一根长度为 1 的木棍，随机均匀地选择在 X 点折断木棍。给定 $X=x$，然后在区间 $[0,x]$ 上随机均匀地选择另一个点 Y。计算 $E(Y|X)$，以及它的均值和方差。

解：

从试验的描述看，$X \sim \mathrm{Unif}(0,1)$，$Y|X=x \sim \mathrm{Unif}(0,x)$，那么 $E(Y|X=x) = x/2$，用 X 替换 x，得

$$E(Y|X) = X/2。$$

$E(Y|X)$ 的期望为

$$E(E(Y|X)) = E(X/2) = 1/4。$$

［在下一节中我们将会看到条件期望的一条普遍性质是 $E(E(Y|X)) = E(Y)$，所以 $E(Y) = 1/4$］。$E(Y|X)$ 的方差为

$$\mathrm{Var}(E(Y|X)) = \mathrm{Var}(X/2) = 1/48。 \qquad \square$$

例 9.2.5 $X, Y \overset{\text{i.i.d.}}{\sim} \mathrm{Expo}(\lambda)$，求 $E(\max(X,Y)|\min(X,Y))$。

解：

令 $M = \max(X, Y)$，$L = \min(X, Y)$，根据无记忆性，$M - L$ 独立于 L，而且 $M - L \sim \text{Expo}(\lambda)$（见例 7.3.6）。因此，

$$E(M \mid L = l) = E(L \mid L = l) + E(M - L \mid L = l) = l + E(M - L) = l + \frac{1}{\lambda},$$

$$E(M \mid L) = L + \frac{1}{\lambda}。 \qquad \square$$

9.3　条件期望的性质

条件期望有一些非常有用的性质，这常常使我们不必利用定义也能解决问题。

- 丢掉独立的部分：如果 X 和 Y 是相互独立的，那么 $E(Y \mid X) = E(Y)$。
- 提出已知部分：对任意函数 h，$E(h(X)\, Y \mid X) = h(X)\, E(Y \mid X)$。
- 线性性质：$E(Y_1 + Y_2 \mid X) = E(Y_1 \mid X) + E(Y_2 \mid X)$，对常数 c，$E(cY \mid X) = cE(Y \mid X)$（第二个式子是"提出已知部分"这一性质的特殊情况）。
- 亚当定律：$E(E(Y \mid X)) = E(Y)$。
- 投影解释：随机变量 $Y - E(Y \mid X)$ 是用 X 预测 Y 的残差。它与任意函数 $h(X)$ 是不相关的。

接下来，分别讨论每条性质。

定理 9.3.1（去掉独立的部分）　如果 X 和 Y 相互独立，那么 $E(Y \mid X) = E(Y)$。

该结论一定是成立的，因为 X 和 Y 相互独立就意味着，对所有的 x，都有 $E(Y \mid X = x) = E(Y)$ 成立，所以 $E(Y \mid X) = E(Y)$ 成立。直观地，如果 X 中没有包含关于 Y 的任何信息，那么即使 X 已知，我们对 Y 的最佳猜测仍然是无条件均值 $E(Y)$。但是，该定理的逆命题却不成立，下面的例 9.3.3 将相应地给出一个反例。

定理 9.3.2（提出已知的部分）　对任意函数 h，有
$$E(h(X)Y \mid X) = h(X)E(Y \mid X)。$$

直观地，给定 X 求期望时，把 X 当作一个已知的常数来处理。那么当以 X 为条件时，X 的任意函数 $h(X)$ 也是已知的常数。提出已知的部分是非条件期望 $E(cY) = cE(Y)$ 的有条件版本。不同之处在于，$E(cY) = cE(Y)$ 表明的是两个数字相等，而提出已知的部分表明的则是两个随机变量相等。

例 9.3.3　令 $Z \sim \mathcal{N}(0, 1)$，$Y = Z^2$。求 $E(Y \mid Z)$ 和 $E(Z \mid Y)$。

解：

由于 Y 是 Z 的函数，根据提出已知部分的原则，$E(Y \mid Z) = E(Z^2 \mid Z) = Z^2$。注意到如果 $Y = y$，则根据标准正态分布的对称性，可知 Z 等于 $\sqrt{y}$ 和 $-\sqrt{y}$ 的概率相同，所以
$$E(Z \mid Y = y) = 0，\quad E(Z \mid Y) = 0。$$

在这个例子中，尽管 Y 提供了很多有关 Z 的信息，将 Z 的可能取值缩小到两个数，但却只是关于 Z 的取值大小，并不包括符号。由于这个原因，尽管 Y 和 Z 之间相互依赖，但是 $E(Z \mid Y) = E(Z)$。这个例子表明定理 9.3.1 的逆命题不成立。　$\square$

定理 9.3.4（线性性质）　$E(Y_1 + Y_2 \mid X) = E(Y_1 \mid X) + E(Y_2 \mid X)$。

这个结果是 $E(Y_1 + Y_2) = E(Y_1) + E(Y_2)$ 的有条件版本。由于条件概率也是概率，所以这个结果为真。

注 9.3.5 写成 $E(Y \mid X_1 + X_2) = E(Y \mid X_1) + E(Y \mid X_2)$ 是错误的，线性性质只能应用在条件符号（竖线）的左边，而不能应用在右边。

例 9.3.6 设 $X_1, \cdots, X_n$ 是独立同分布的随机变量，$S_n = X_1 + \cdots + X_n$，求 $E(X_1 \mid S_n)$。

解：

根据对称性：

$$E(X_1 \mid S_n) = E(X_2 \mid S_n) = \cdots = E(X_n \mid S_n)。$$

根据线性性质：

$$E(X_1 \mid S_n) + \cdots + E(X_n \mid S_n) = E(S_n \mid S_n) = S_n。$$

因此，

$$E(X_1 \mid S_n) = S_n/n = \bar{X}_n,$$

而这正是 X_j 的样本均值。这是一个直观的结果：假设 X_1 和 X_2 是两个独立同分布的随机变量，已知 $X_1 + X_2 = 10$，猜测 $X_1 = 5$ 就是合理的。类似地，如果有 n 个独立同分布的随机变量，且已知它们的和，则对其中任意一个变量的最佳估计就是样本均值。

下一个定理将条件期望与无条件期望联系起来。它有许多名字，例如全期望公式、迭代期望定律、塔性。由于它经常使用以至于需要一个简练的名字，并且因为它经常与我们即将学到另一个定律结合使用，所以我们称它为亚当定律。

定理 9.3.7（亚当定律） 对任意随机变量 X 和 Y，有

$$E(E(Y \mid X)) = E(Y)。$$

证明： 在 X 和 Y 都是离散型的情况下（其他情况下的证明与此类似），令 $E(Y \mid X) = g(X)$。继续应用 LOTUS，利用定义展开 $g(x)$，得到一个双重求和，然后交换求和的顺序。

$$
\begin{aligned}
E(g(X)) &= \sum_x g(x) P(X = x) \\
&= \sum_x \left(\sum_y y P(Y = y \mid X = x) \right) P(X = x) \\
&= \sum_x \sum_y y P(X = x) P(Y = y \mid X = x) \\
&= \sum_y y \sum_x P(X = x, Y = y) \\
&= \sum_y y P(Y = y) = E(Y)。
\end{aligned}
$$

亚当定律是比全期望公式（定理 9.1.5）更紧凑、更一般的定律。若 X 是离散型变量，则

$$E(Y) = \sum_x E(Y \mid X = x) P(X = x),$$

也可以写作

$$E(Y) = E(E(Y \mid X))。$$

如果令 $E(Y \mid X = x) = g(x)$，那么

$$E(E(Y \mid X)) = E(g(X)) = \sum_x g(x) P(X = x) = \sum_x E(Y \mid X = x) P(X = x)。$$

但亚当定律的表达式更简短，也适用于连续型随机变量。

根据亚当定律，我们可以通过以随机变量 X 为条件来求期望 $E(Y)$。首先，将 X 当成是已知的，求 $E(Y|X)$，然后求 $E(Y|X)$ 的期望。本章的后面部分有很多与此相关的不同例子。

正如我们在第 2 章所讨论的，根据不同条件，贝叶斯准则和全概率公式有很多形式。以下是一个有条件的亚当定律。

定理 9.3.8（有额外条件的亚当定律） 对任意随机变量 X、Y、Z，有
$$E(E(Y|X,Z)|Z) = E(Y|Z)。$$

上式除了插入额外条件 Z 之外，就是亚当定律。由于条件概率也是概率，所以上式是对的。因此，可以使用亚当定律来求无条件期望和条件期望。运用亚当定律还可以证明条件期望的最后一条性质（投影解释）。

定理 9.3.9（投影解释） 对任意函数 h，随机变量 $Y - E(Y|X)$ 与 $h(X)$ 不相关，等价地，
$$E((Y - E(Y|X))h(X)) = 0。$$

［根据线性性质和亚当定律 $E(Y - E(Y|X)) = 0$。］

证明：根据定理 9.3.2（这里将已知部分代入期望式中），有
$$E((Y - E(Y|X))h(X)) = E(h(X)Y) - E(h(X)E(Y|X))$$
$$= E(h(X)Y) - E(E(h(X)Y|X))。$$

根据亚当定律，等号后面的第二项等于 $E(h(x)Y)$。 ∎

从几何角度来看，如图 9.6 所示，可以将定理 9.3.9 可视化。在某种意义上（如下所述），$E(Y|X)$ 是最接近 Y 的 X 的函数；$E(Y|X)$ 是 Y 到 X 的所有函数的空间中的投影。从 Y 到 $E(Y|X)$ 的线与平面正交（垂直），因为从 Y 到 $E(Y|X)$ 的其他任意路径将会更长。这种正交性证明了定理 9.3.9 的几何解释。

这个观点的细节将会在下一节中给出，其被加星标是因为它需要线性代数的知识。但即使没有深入理解线性代数，投影图片也给出了一些有用的直观感觉。正如前面提到的，可以认为 $E(Y|X)$ 是基于 X 的对 Y 的预测。这也是统计学中非常常见的问题：基于数据来预测或估计未来的观测值或未知参数。条件期望的投影解释意味着 $E(Y|X)$ 是基于 X 的对 Y 的最佳预测值，因为它是具有最小均方误差的 X 的函数（Y 和 Y 的预测值之间的平方差的期望）。

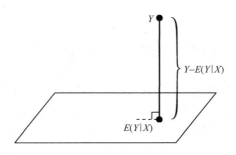

图 9.6 条件期望 $E(Y|X)$ 是 Y 到 X 的所有函数的空间中的投影，这里表示为平面。残差 $Y - E(Y|X)$ 与该平面正交：它正交于 X 的任何函数（不相关）。

例 9.3.10（线性回归） 一种广泛使用的统计数据分析方法是线性回归。在其最基本的形式中，线性回归模型使用单个解释变量 X 来预测响应变量 Y，并且假设 Y 的条件期望与 X 呈线性关系
$$E(Y|X) = a + bX。$$

（a）证明：以下是一个与上式等价的表达方式：

$$Y = a + bX + \varepsilon,$$

其中，ε 是一个随机变量（称为误差），$E(\varepsilon \mid X) = 0$。

（b）根据 $E(X)$、$E(Y)$、$\mathrm{Cov}(X,Y)$、$\mathrm{Var}(X)$ 求解常数 a 和 b。

解：

（a）令 $Y = a + bX + \varepsilon$，$E(\varepsilon \mid X) = 0$，然后由线性性质，有

$$E(Y \mid X) = E(a \mid X) + E(bX \mid X) + E(\varepsilon \mid X) = a + bX。$$

相反地，假设 $E(Y \mid X) = a + bX$，然后定义：

$$\varepsilon = Y - (a + bX)。$$

那么 $Y = a + bX + \varepsilon$，且

$$E(\varepsilon \mid X) = E(Y \mid X) - E(a + bX \mid X) = E(Y \mid X) - (a + bX) = 0。$$

（b）首先，按照亚当定律，对两边取期望，得

$$E(Y) = a + bE(X),$$

注意到 ε 的均值为 0，且 X 和 ε 不相关，由于

$$E(\varepsilon) = E(E(\varepsilon \mid X)) = E(0) = 0。$$

所以

$$E(\varepsilon X) = E(E(\varepsilon X \mid X)) = E(XE(\varepsilon \mid X)) = E(0) = 0。$$

在 $Y = a + bX + \varepsilon$ 中，取关于 X 的协方差，

$$\mathrm{Cov}(X,Y) = \mathrm{Cov}(X,a) + b\mathrm{Cov}(X,X) + \mathrm{Cov}(X,\varepsilon) = b\mathrm{Var}(X)。$$

因此，

$$b = \frac{\mathrm{Cov}(X,Y)}{\mathrm{Var}(X)},$$

$$a = E(Y) - bE(X) = E(Y) - \frac{\mathrm{Cov}(X,Y)}{\mathrm{Var}(X)} \cdot E(X)。$$

9.4* 条件期望的几何解释

本节使用线性代数中的一些概念来更详细地解释图 9.6 中所示的几何观点。考虑由在一定概率空间中的所有随机变量组成的向量空间，所有随机变量均具有零均值和有限方差。（要想将本节的概念应用于没有零均值的随机变量序列，我们可以通过减去它们的均值使其中心化。）空间中的每个向量或点都是一个随机变量（这里使用线性代数意义上的"向量"，而不是第 7 章中介绍的随机向量）。定义两个随机变量序列的内积为

$$\langle U, V \rangle = \mathrm{Cov}(U, V) = E(UV)。$$

（为了满足内积的公理，需要这样的约定：如果两个随机变量序列依概率 1 相等，则认为它们是完全相同的。）

根据这个定义，当且仅当两个随机变量序列的内积为 0，即它们在向量空间中正交时，这两个随机变量序列才不相关。随机变量 X 长度的平方就是

$$||X||^2 = \langle X, X \rangle = \mathrm{Var}(X) = EX^2,$$

所以一个随机变量的长度就是它的标准差，两个随机变量序列 U 和 V 距离的平方为 $E(U - V)^2$，它们之间夹角的余弦是二者的相关性。

随机变量可以被表示为 X 的函数构成的向量空间的子空间，如图 9.6 所示，即 $h(X)$ 的随机变量的子空间所表示的平面。为了得到 $E(Y|X)$，把 Y 映射到平面上，$Y - E(Y|X)$ 的残差正交于所有函数 $h(X)$。$E(Y|X)$ 表示函数 X 对 Y 的最佳预测值，这里的"最佳"是指通过选择 $g(X) = E(Y|X)$ 使均方误差最小化。

关于映射的解释有助于理解条件期望的许多性质。例如，设 $Y = h(x)$ 是 X 的函数，则 Y 本身就已经在这个"平面"中，所以它是自身的映射；这就解释了为什么 $E(h(X)|X) = h(x)$ 成立。同样地，可以认为无条件期望也是一种映射：$E(Y) = E(Y|0)$ 是 Y 在所有常量空间中的映射。（事实上，正如我们在定理 6.1.4 中证明的那样，当 c 为 $E(Y)$ 时，$E(Y-c)^2$ 达到最小。）

现在也可以给出亚当定律的几何解释：$E(Y)$ 表示 Y 被一步映射到所有常数空间，$E(E(Y|X))$ 表示 Y 被两步映射到所有常数空间，第一步映射到所有"平面"上，第二步将 $E(Y|X)$ 映射到"平面"内的一条直线——所有常数空间上。亚当定律表明一步法和两步法得到的结果相同。

9.5 条件方差

一旦定义了一个随机变量的条件期望，那么自然就可以定义该随机变量的条件方差：用 $E(\,\cdot\,|X)$ 替代无条件方差定义中的 $E(\,\cdot\,)$。

定义 9.5.1（条件方差） 在给定 X 的条件下，Y 的条件方差为
$$\mathrm{Var}(Y|X) = E((Y - E(Y|X))^2 | X)。$$
它等价于：
$$\mathrm{Var}(Y|X) = E(Y^2|X) - (E(Y|X))^2。$$

❤ 9.5.2 像 $E(Y|X)$ 一样，$\mathrm{Var}(Y|X)$ 也是一个随机变量，是关于 X 的函数。由于条件方差根据条件期望定义，所以可以用条件期望来计算条件方差。以下是一个例子。

例 9.5.3 给定 $Z \sim N(0,1)$ 且 $Y = Z^2$，求 $\mathrm{Var}(Y|Z)$ 和 $\mathrm{Var}(Z|Y)$。

解：
因为 Z 服从标准正态分布，Y 是一个已知常数，且常数的方差为 0，所以可以直接得出 $\mathrm{Var}(Y|Z) = 0$。同理，对于任何函数 h，有 $\mathrm{Var}(h(Z)|Z) = 0$。

为了得到 $\mathrm{Var}(Z|Y)$，运用定义
$$\mathrm{Var}(Z|Z^2) = E(Z^2|Z^2) - (E(Z|Z^2))^2。$$

正如我们在例 9.3.3 中发现的那样，首项等于 Z^2，由对称可知第二项等于 0。因此 $\mathrm{Var}(Z|Z^2) = Z^2$，也可以写作 $\mathrm{Var}(Z|Y) = Y$。 □

我们在上一节中了解到，亚当定律将条件期望与无条件期望联系起来。随之产生的是夏娃定律，它将条件方差与无条件方差联系起来。

定理 9.5.4（夏娃定律） 对于任意随机序列 X 和 Y，
$$\mathrm{Var}(Y) = E(\mathrm{Var}(Y|X)) + \mathrm{Var}(E(Y|X))。$$
排列在右侧的期望和方差的首字母组成"EVVE"，因此称为夏娃定律。夏娃定律也被称为总方差定律或方差分解公式。

证明： 令 $g(X) = E(Y|X)$，则由亚当定律可知，$E(g(X)) = E(Y)$。然后，

$$E(\mathrm{Var}(Y\mid X)) = E(E(Y^2\mid X) - g(X)^2) = E(Y^2) - E(g(X)^2),$$

$$\mathrm{Var}(E(Y\mid X)) = E(g(X)^2) - (Eg(X))^2 = E(g(X)^2) - (EY)^2。$$

将上述两个方程左右相加，便得夏娃定律。 ∎

为了可视化夏娃定律，假设有一群人，给每一个人都赋予一个 X 值和一个 Y 值。把这群人根据每一个不同的 X 值划分为不同的小组。例如，如果 X 代表年龄，Y 代表身高，则可以把这群人按年龄分组，从而有两个原因导致人口身高在整体人口中的变化。首先，在每个年龄组中，人们有不同的身高，各年龄组身高变化的均值为组内变动，即 $E(\mathrm{Var}(Y\mid X))$。其次，每一个年龄组的平均身高不同，各年龄组平均身高的方差为组间变动，即 $\mathrm{Var}(E(Y\mid X))$。夏娃定律表明，为了得到 Y 的总方差，只需把变动的两个原因相加。

图9.7用三个年龄组简单地说明了夏娃定律，各组的平均值 $X=1$、$X=2$ 和 $X=3$ 是组内变动 $E(\mathrm{Var}(Y\mid X))$。每组的方差意味着 $E(Y\mid X=1)$、$E(Y\mid X=2)$ 和 $E(Y\mid X=3)$ 是组间变动，即 $\mathrm{Var}(E(Y\mid X))$。

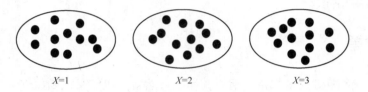

$X=1$ $\qquad\qquad$ $X=2$ $\qquad\qquad$ $X=3$

图 9.7 根据夏娃定律，Y 的总方差是组内变动和组间变动的总和。

此外，还可以利用预测来理解夏娃定律。如果仅仅想通过年龄来预测某人的身高，那么理想的情况是，在一个年龄组内每个人的身高都完全相同，而不同的年龄组的身高则不同。然后给定某人的年龄，就能完美预测该组其他人的年龄。换言之，理想的预测场景是组内身高没有变动，因为此时年龄差异不能解释组内变动。根据这个原因，组内变动也称为不可解释的变动，组间变动也称为可解释的变动。此时根据夏娃定律，Y 的总方差是可解释的变动和不可解释的变动的总和。

❤ **9.5.5** 令 Y 代表一个随机变量，A 代表一个事件，则尽管

$$\mathrm{Var}(Y) = \mathrm{Var}(Y\mid A)P(A) + \mathrm{Var}(Y\mid A^c)P(A^c)$$

看起来与总方差相似，但是该等式是错误的。相反地，如果想用 A 是否发生作为条件，那么我们应该使用夏娃定律：令 I 作为事件 A 的一个示性变量，

$$\mathrm{Var}(Y) = E(\mathrm{Var}(Y\mid I)) + \mathrm{Var}(E(Y\mid I))。$$

为了知道这个表达式与"错误表达式"之间的关系，令

$$p = P(A), q = P(A^c), a = E(Y\mid A), b = E(Y\mid A^c), v = \mathrm{Var}(Y\mid A), \omega = \mathrm{Var}(Y\mid A^c),$$

则 $E(Y\mid I)$ 等于 a 的概率是 p，等于 b 的概率是 q；$\mathrm{Var}(Y\mid I)$ 等于 v 的概率是 p，等于 w 的概率是 q。所以

$$E(\mathrm{Var}(Y\mid I)) = vp + wq = \mathrm{Var}(Y\mid A)P(A) + \mathrm{Var}(Y\mid A^c)P(A^c),$$

这完全是"错误的表达式"，$\mathrm{Var}(Y)$ 由错误表达式和

$$\mathrm{Var}(E(Y\mid I)) = a^2 p + b^2 q - (ap + bq)^2$$

组成。这对解释组内变动和组间变动都是至关重要的。

9.6 亚当定律与夏娃定律的实例

本节用几个例子来说明亚当定律和夏娃定律是如何帮助我们求解复杂的，特别是涉及多层随机性的随机变量序列的均值和方差的。

在第一个例子中，我们感兴趣的随机变量是随机数量的随机变量的和。因此，它有两层随机性：首先，总和中的每一项都是一个随机变量；其次，求和的随机变量的个数也是一个随机变量。

例 9.6.1（随机和） 一家商店一天有 N 个顾客，其中 N 是均值和方差均有限的随机变量。令 X_j 表示第 j 个在该商店消费的顾客。设每个 X_j 都有均值 μ 和方差 σ^2，并且 N 和 X_j 相互独立。根据 μ、σ^2、$E(N)$ 和 $\mathrm{Var}(N)$，求商店一天内总收入 $X = \sum_{j=1}^{N} X_j$ 的均值和方差。

解：

由于 X 是一个和，所以我们的第一想法可能是根据线性性质，得 $E(X) = N\mu$。然而这是一个典型的错误，因为 $E(X)$ 是一个数字，$N\mu$ 是一个随机变量。关键在于 X 不仅仅是一个总和，还是一个随机和；求和的项数本身是随机的，而线性性质则适用于固定数量随机变量的和。

然而，这类错误实际上也隐含了正确的解题方法：如果允许把 n 作为常数，那么可以应用线性性质。所以把 N 作为条件，由条件期望的线性性质，可知

$$E(X \mid N) = E\Big(\sum_{j=1}^{N} X_j \mid N \Big) = \sum_{j=1}^{N} E(X_j \mid N) = \sum_{j=1}^{N} E(X_j) = N\mu_\circ$$

由于 X_j 和 N 相互独立，所以对所有的 j 来说 $E(X_j \mid N) = E(X_j)$。注意到 "$E(X \mid N) = N\mu$" 不是一种范畴错误，因为等式两边都是随机变量序列。最后，根据亚当定律，有

$$E(X) = E(E(X \mid N)) = E(N\mu) = \mu E(N)_\circ$$

这是一个令人满意的结果：平均总收入是每个客户的平均花费乘以客户的平均数量。

对于 $\mathrm{Var}(X)$ 来说，再次以 N 为条件求 $\mathrm{Var}(X \mid N)$：

$$\mathrm{Var}(X \mid N) = \mathrm{Var}\Big(\sum_{j=1}^{N} X_j \mid N \Big) = \sum_{j=1}^{N} \mathrm{Var}(X_j \mid N) = \sum_{j=1}^{N} \mathrm{Var}(X_j) = N\sigma^2,$$

夏娃定律告诉我们如何获得 X 的无条件方差：

$$\begin{aligned} \mathrm{Var}(X) &= E(\mathrm{Var}(X \mid N)) + \mathrm{Var}(E(X \mid N)) \\ &= E(N\sigma^2) + \mathrm{Var}(N\mu) \\ &= \sigma^2 E(N) + \mu^2 \mathrm{Var}(N)_\circ \end{aligned}$$

$\square$

在下一个例子中，因为试验发生在两个阶段，所以会出现两个随机层次。从一组城市中选取一个城市作为样本，然后在该城市中抽取市民，这就是一个多层随机性的模型。

例 9.6.2（从随机选中的城市中随机抽样） 为了研究美国一个州的几个城市的某种疾病的患病率，我们随机选取一个城市，然后在这个城市中随机抽样 n 个人作为样本。这是一种广泛使用的调查手段，叫整群抽样。

令 Q 代表患病人群在所选城市中所占的比例，令 X 代表样本中的患病人数。如图 9.8 所示（白色圆点代表健康的个体，黑色圆点代表患病个体），不同的城市有不同的患病率。由于每个城市都有自己的患病率，则 Q 是一个随机变量。设 $Q \sim \mathrm{Unif}(0,1)$，同时设每个样本中的个体相互独立，患病概率为 q；从所选城市中，用有放回抽样获得样本或扩大人口规模但不放回抽样获得样本的操作都是正确的。求 $E(X)$ 和 $\mathrm{Var}(X)$。

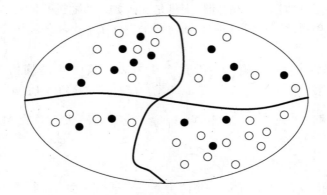

图 9.8 某椭圆形的州有四个城市，每个城市都有健康的人（白色圆点）和患病的人（黑色圆点）。随机选取一个城市，然后从该城市中随机抽取 n 个人作为样本。有两个原因构成样本中患病人数的变动：由不同城市有不同的疾病患病率而引起的变动，以及由所选城市样本的随机性而引起的变动。

解：

由已知可得 $X \mid Q \sim \mathrm{Bin}(n, Q)$；也就是说将知道所选城市疾病的患病率作为条件，可以认为 Q 是一个常数，每个样本个体都相互独立服从伯努利试验且成功概率为 Q。利用二项分布的均值和方差，有 $E(X \mid Q) = nQ$ 和 $\mathrm{Var}(X \mid Q) = nQ(1-Q)$。此外，利用标准均匀分布的矩，有 $E(Q) = 1/2$，$E(Q^2) = 1/3$，$\mathrm{Var}(Q) = 1/12$。现在我们可以应用亚当定律和夏娃定律求得 X 的无条件均值和方差：

$$E(X) = E(E(X \mid Q)) = E(nQ) = \frac{n}{2},$$

$$\begin{aligned}
\mathrm{Var}(X) &= E(\mathrm{Var}(X \mid Q)) + \mathrm{Var}(E(X \mid Q)) \\
&= E(nQ(1-Q)) + \mathrm{Var}(nQ) \\
&= nE(Q) - nE(Q^2) + n^2 \mathrm{Var}(Q) \\
&= \frac{n}{6} + \frac{n^2}{12} \circ
\end{aligned}$$

需要注意的是，本题和贝叶斯台球案例是大体相同的，因此，可以确切地知道 X 的分布，而不仅仅是知道其均值和方差：X 服从离散型均匀分布 $\{0, 1, 2, \cdots, n\}$。但是，当 Q 服从更加复杂的分布或多层随机模型的更多层次时，无论对于 X 分布是否可行，都可以应用亚当定律和夏娃定律。例如，可以在美国内部各州中的城市中取样。 $\square$

最后，回顾上一章案例 8.4.5 中的伽玛分布-泊松分布问题。

例 9.6.3（回顾伽马分布-泊松分布问题） 回想一下，Fred 决定利用在公交车站等待 t

h 的过程记录下经过的公交车数量 x，从而得到 Blotchville 公交车的泊松过程的速率。然后用数据更新自己的先验分布 $\lambda \sim \text{Gamma}(r_0, b_0)$，因此，Fred 使用的是两级模型：

$$\lambda \sim \text{Gamma}(r_0, b_0),$$
$$Y \mid \lambda \sim \text{Pois}(\lambda t)。$$

我们发现，根据 Fred 的模型，Y 的边缘分布是负二项分布，参数为 $r = r_0$ 和 $p = b_0/(b_0 + t)$，则由负二项分布的均值和方差，有

$$E(Y) = \frac{rq}{p} = \frac{r_0 t}{b_0},$$
$$\text{Var}(Y) = \frac{rq}{p^2} = \frac{r_0 t(b_0 + t)}{b_0^2}。$$

现在，用亚当定律和夏娃定律来验证这一点。运用泊松分布的结论，已知 λ，可知 Y 的条件均值和方差都是 $E(Y \mid \lambda) = \text{Var}(Y \mid \lambda) = \lambda t$。运用伽马分布的结论，可知 λ 的边缘均值和方差分别是 $E(\lambda) = r_0/b_0$ 和 $\text{Var}(\lambda) = r_0/b_0^2$。对于亚当定律和夏娃定律来说，需要的是：

$$E(Y) = E(E(Y \mid \lambda)) = E(\lambda t) = \frac{r_0 t}{b_0},$$
$$\text{Var}(Y) = E(\text{Var}(Y \mid \lambda)) + \text{Var}(E(Y \mid \lambda))$$
$$= E(\lambda t) + \text{Var}(\lambda t)$$
$$= \frac{r_0 t}{b_0} + \frac{r_0 t^2}{b_0^2} = \frac{r_0 t(b_0 + t)}{b_0^2},$$

这与先前的答案是一致的。不同的是，当使用亚当定律和夏娃定律时，不需要知道 Y 是负二项随机变量。如果我们懒得推导 Y 的边缘分布，或者并不知道 Y 的分布，那么由亚当定律和夏娃定律仍然可以给出 Y 的均值和方差（虽然不是概率质量函数）。

最后，让我们比较一下两个层次模型下 Y 的均值和方差，如果 Fred 绝对肯定 λ 的真值，那么就可以得到均值和方差。换句话说，假设我们用它的均值代替 λ，$E(\lambda) = r_0/b_0$，则 X 是一个常数而非一个随机变量。那么，在新的假设下，公交车的数量（我们称之为 $\tilde{Y}$）的边缘分布是参数为 $r_0 t/b_0$ 的泊松分布。我们会得到，

$$E(\tilde{Y}) = \frac{r_0 t}{b_0},$$
$$\text{Var}(\tilde{Y}) = \frac{r_0 t}{b_0}。$$

需要注意的是，$E(\tilde{Y}) = E(Y)$，但 $\text{Var}(\tilde{Y}) < \text{Var}(Y)$：因为夏娃定律中的额外项 $r_0 t^2/b_0^2$ 缺失了。直观地说，当我们取 λ 为其平均值时，就消除了模型中的不确定性水平，这会导致无条件方差的减少。

图 9.9 中包含了两组概率质量函数，灰色是 $Y \sim \text{NBin}(r_0, b_0/(b_0 + t))$，黑色是 $\tilde{Y} \sim \text{Pois}(r_0 t/b_0)$。参数值被选取为 $r_0 = 5$，$b_0 = 1$，$t = 2$。这两组概率质量函数具有相同的质心，但 Y 的概率质量函数明显更分散。

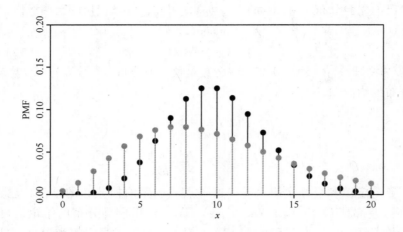

图 9.9　灰色是 $Y \sim \mathrm{NBin}(r_0 , b_0 / (b_0 + t))$ 的概率质量函数（PMF），黑色是

$\tilde{Y} \sim \mathrm{Pois}(r_0 t / b_0)$ 的概率质量函数（PMF），且 $r_0 = 5$ ，$b_0 = 1$ ，$t = 2$ 。

9.7　要点重述

为了计算无条件期望，可以划分样本空间，并使用全期望公式

$$E(Y) = \sum_{i=1}^{n} E(Y \mid A_i) P(A_i) ,$$

但是必须小心，不要在随后的步骤中破坏信息（如在一个长时间的计算中忘记确定某事物的条件）。在递归问题中，也可以使用一步分析法来求期望。

条件期望 $E(Y \mid X)$ 和条件方差 $\mathrm{Var}(Y \mid X)$ 是随机变量，它们是关于 X 的函数的函数。如果 X 和 Y 相互独立，那么 $E(Y \mid X) = E(Y)$ 且 $\mathrm{Var}(Y \mid X) = \mathrm{Var}(Y)$ 。条件期望具有如下性质：

$$E(h(X)Y \mid X) = h(X)E(Y \mid X) ,$$
$$E(Y_1 + Y_2 \mid X) = E(Y_1 \mid X) + E(Y_2 \mid X) ,$$

类似于无条件期望的性质：$E(cY) = cE(Y)$ ，$E(Y_1 + Y_2) = E(Y_1) + E(Y_2)$ 。条件期望 $E(Y \mid X)$ 也是一个随机变量，它使 $Y - E(Y \mid X)$ 的残差与任意 X 的函数都不相关，也就是说可以把它解释为映射。

最后是亚当定律和夏娃定律：

$$E(Y) = E(E(Y \mid X)) ,$$
$$\mathrm{Var}(Y) = E(\mathrm{Var}(Y \mid X)) + \mathrm{Var}(E(Y \mid X)) ,$$

这两个定律经常可以帮助我们计算在具有多种形式或随机程度的问题中的 $E(Y)$ 和 $\mathrm{Var}(Y)$ 。

图 9.10 说明了 $E(Y \mid X = x)$ 和随机变量 $E(Y \mid X)$ 之间的联系。此外，它也显示了夏娃定律是如何形成的，并把它们结合起来给出了就数量上而言以 X 为条件的 $\mathrm{Var}(Y)$ 的有用分解。

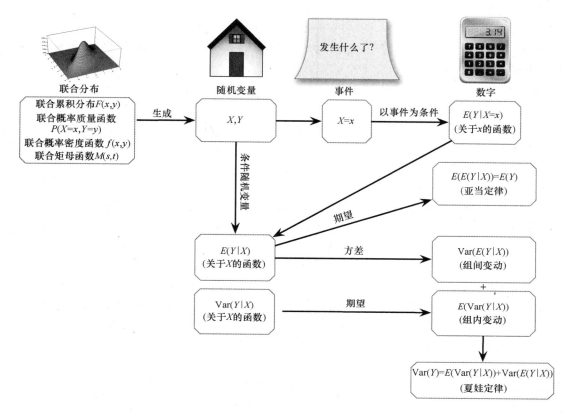

图 9.10 我们经常通过 X 的相关信息来观察随机变量 X，用来预测随机变量 Y。如果我们注意到 $X=x$，那么就可以以该事件为条件并将 $E(Y \mid X=x)$ 作为我们的预测。条件期望 $E(Y \mid X)$ 就是当 $X=x$ 时，$E(Y \mid X=x)$ 取值的随机变量。亚当定律可以通过条件期望 $E(Y \mid X)$ 计算无条件期望 $E(Y)$。同样地，夏娃定律可以以 X 为条件计算方差 $\mathrm{Var}(Y)$。

9.8 R 语言应用示例

神秘大奖模拟

我们可以模拟说明例 9.1.7，一个关于竞标未知价值的神秘大奖的例子，任何竞标结果都会导致负的平均支付。首先，选择一个投标 b（这里选为 0.6）；然后模拟大量的假想的神秘大奖，并存储在 v 中：

```
b < -0.6
nsim < -10^5
v < -runif(nsim)
```

若 b > (2/3) * v，则竞标结果被接受。为了获得以可接受竞标为条件的平均利润，使用方括号确保只有 v 值满足条件：

```
mean(v[b > (2/3) * v]) - b
```

无论 b 取值多少，这个值都是负的。

直到出现 HH 的等待时间与直到出现 HT 的等待时间

我们可以通过生成一个公平掷硬币的长序列来证明例 9.1.9 中的结论。这可以通过 sample 命令完成。利用参数为"collapse=""""的 paste 函数将这些掷硬币的结果转换成 H 和 T 的简单字符。

```
paste(sample(c("H","T"),100,replace=TRUE),collapse="")
```

长度为 100 的序列已经足够保证 HH 和 HT 至少出现一次了。

为了决定平均需要多少次试验来观察 HH 和 HT，我们需要生成很多硬币投掷结果。为此，利用 replicate 函数：

```
r<-replicate(10^3,paste(sample(c("H","T"),100,replace=T),col-
lapse=""))
```

R 包含了 1000 个硬币投掷结果的序列，每个序列的长度是 100。为了找到在每个序列中第一次出现 HH 的位置，我们利用 stringr 包里的 str_locate 函数。当你安装并载入了 stringr 包之后，利用

```
t<-str_locate(r,"HH")
```

就可以构造出一个包含两列的表 t，它的列分别表示在每个投掷结果序列中第一次出现 HH 的开始位置和结束位置〔利用 head(t) 可以展示表 t 的前几行，这可以让你对结果有个大概的了解〕。我们想知道的是结束的位置，它由表中的第二列表示。另外，第二列的平均值可以被看作是 HH 的平均等待时间的近似值：

```
mean(t[,2])
```

你的答案与 6 接近吗？若将 HH 替换成 HT，那么你的答案与 4 接近吗？

线性回归

在例 9.3.10 中，我们得到了线性回归模型的斜率公式和截距公式，通过这些公式可以用一个解释变量来预测一个响应变量。尝试将这些公式应用于模拟数据集中：

```
x<-rnorm(100)
y<-3+5*x+rnorm(100)
```

向量 x 中包含随机变量 $X \sim N(0,1)$ 的 100 个实现，向量 y 中包含随机变量 $y = a + bX + \varepsilon$ 的 100 个实现，其中 $\varepsilon \sim N(0,1)$。正如我们所看到的，在数据集中，a 和 b 的真值分别是 3 和 5。用 plot(x,y) 可以将数据可视化为散点图。

现在来看是否可以通过例 9.3.10 中的公式获得真实 a 和 b 的最优估计：

```
b<-cov(x,y)/var(x)
a<-mean(y)-b*mean(x)
```

这里 cov(x,y)、var(x) 和 mean(x) 分别给出了样本协方差、样本方差和样本均值，可以分别用来估计 $Cov(X,Y)$、$Var(X)$ 和 $E(X)$。（我们在前面的章节中详细讨论了样本均值和样本方差。类似地，样本协方差自然是估计真实协方差的一种方法。）

你应该会发现 b 接近于 5，a 接近于 3。这些估计值定义了最优拟合线。abline 命令能在散点图的坐标系中画出最优拟合线：

```
plot(x,y)
abline(a=a,b=b)
```

abline 中的第一个参数是直线的截距，第二个参数是直线的斜率。

9.9 练习题

给定事件的条件期望

1. Fred 想从 Blotchville 到 Blissville 旅游，并且在 3 个选项中抉择（涉及不同的路线或不同的交通工具）。第 j 种选择所花费的时间（单位：h）为 μ_j，标准差为 σ_j，Fred 随机在 3 个等可能的选项中选择，T 表示从 Blotchville 到 Blissville 所花费的时间。

（a）求 $E(t)$，它仅仅是三者期望的平均，即 $(\mu_1 + \mu_2 + \mu_3)/3$ 吗？

（b）求 $\text{Var}(t)$，它仅仅是三者方差的平均，即 $(\sigma_1^2 + \sigma_2^2 + \sigma_3^2)/3$ 吗？

2. 一天晚上，当 Fred 正在睡觉时，收到 X 封合法邮件和 Y 封垃圾邮件。假设 X 和 Y 相互独立，且 $X \sim \text{Pois}(10)$，$Y \sim \text{Pois}(40)$。当他醒来时，发现收件箱里有 30 封新邮件。基于这些信息，新的合法电子邮件的预期数量是多少？

3. 有 21 名女性和 14 名男性参加了一项医学研究。每个人患有某种疾病的概率都为 p，且相互独立。然后发现（通过非常可靠的测试），正好有 5 人患有这种疾病。鉴于这些信息，预期会有多少女性患病？再次通过这些信息，预期会有多少女性患病？

4. 一名研究犯罪的研究者对人们被捕的频率很感兴趣。令某人在过去 10 年被逮捕的次数 X 服从 $X \sim \text{Pois}(\lambda)$。警方记录的数据被研究者用于研究，研究者发现，记录的数据中并没有在过去 10 年中未被逮捕过的人的记录。也就是说，警方的记录有选择偏颇：他们只保留了在过去 10 年中被逮捕的人的信息。因此，警方记录的逮捕人数的平均数并不能直接被用来估计 $E(X)$；考虑警方记录给我们有关一个人被捕多少次的条件分布的信息是非常有意义的，因为在过去的 10 年里，这个人至少被逮捕了一次。X 的条件分布被称为截尾泊松分布，$X \geqslant 1$（参见本章练习题 14，此分布的另一示例）。

（a）求 $E(X \mid X \geqslant 1)$。

（b）求 $\text{Var}(X \mid X \geqslant 1)$。

5. 一个 20 面骰子反复滚动，直到赌徒让其停止为止。骰子每滚动一次，赌徒就要支付 1 美元，并且会得到和骰子停下来时所展示的数字相同的金额。（例如：如果已经掷骰子 7 次，赌徒决定停止之后，最后一轮显示的是 18。那么赌徒的净收入为：$18 - 7 = 11$。）假设赌徒使用以下策略：持续滚动直到获得 m 或更大的值，然后停止（其中 m 是 1 和 20 之间的固定整数）。

（a）期望净回报是多少？

提示：连续整数 a，$a + 1, \cdots, a + n$ 的平均值和这些数中第一个和最后一个的平均值是相同的。关于数列的更多信息详见附录。

（b）使用 R 或其他软件求 m 的最佳值。

6. 令 $X \sim \text{Expo}(\lambda)$，用两种不同的方法求 $E(X \mid X < 1)$。

（a）通过计算在 $X < 1$ 条件下 X 的概率密度函数求 $E(X \mid X < 1)$。

（b）不用计算，通过使用全期望公式扩大 $E(X)$ 来求 $E(X \mid X < 1)$。

7. ⑤现在，你可以在两个信封之间选择，每一个信封里都有一定金额的支票。不同于双信封悖论，其中一个信封的金额不是另外一个的两倍。相反，假设这两个值是从正实数的一些分布上相互独立产生的，但却没有给出是什么分布。

在选择一个信封后，你可以打开它，看看里面有多少钱（称这个值为 x），然后可以选择是否换信封。由于没有关于分布的信息，所以似乎不可能有比 50% 更大的机会选到更好的信封。直观地说，当 x 的值"小"时，可能会选择换信封；而当 x 的值"大"时，可能会选择不换信封。然而在如此宏观的所有可能的分布中，该怎样定义金额是"大"还是"小"呢？

考虑以下策略来决定是否换信封。生成一个临界值 $T \sim \text{Expo}(1)$，当且仅当观测值 x 小于 T 值时换信封。该策略会使选到钱更多信封的概率大于 50%。

提示：t 是 T 的取值 [在 $\text{Expo}(1)$ 分布中随机产生]。首先，解释为何当 T 碰巧位于两个信封的金额值之间时，这个策略非常成功，并且该策略在任何情况下都没有坏处（即没有任何情况使该策略成功的概率小于 50%）。

8. 有两个信封，每个信封里都有一定数量的钱且服从均匀分布 $\text{Unif}(0,1)$，单位为千美元。两个信封里的金额是相对独立的。你可以选择一个信封并打开它，然后你可以得到该信封里的钱或选择换另一个信封，得到另外信封里的钱。

假设使用以下策略：选择一个信封然后打开它，如果你坚持选择第一次打开的信封的概率是 U，则换另外一个信封的概率就是 $1-U$。

（a）求可以得到两个信封之间更大金额的概率。

（b）求得到金额的期望值。

9. 假设 n 个人在竞拍一个神秘大奖。投标书必须秘密提交，最高竞价者获奖。每个竞拍者都会获得一个独立同分布的信号 $X_i(i=1,\cdots,n)$，该奖项的价值 V 被定义为每个竞拍者的信号的总和：

$$V = X_1 + \cdots + X_n。$$

这在经济学中被称为钱包游戏：可以想象有 N 个人正在竞猜他们钱包里的总金额，而每个人只知道自己钱包里的钱数。当然，钱包是一个隐喻。这个游戏也可以用来模拟公司收购，两家公司都想出价收购另一家公司，而每家公司都知道自己的价值，不知道另一家公司的价值。

在这个问题中，假设 X_i 独立同分布，且服从于均匀分布 $\text{Unif}(0,1)$。

（a）在收到信号之前，投标人 1 关于 V 的无条件期望是什么？

（b）在 $X_1 = x_1$ 的条件下，投标人 1 关于 V 的期望是什么？

（c）假设每个投标人的投标等于他或她关于 V 的条件期望，即投标人 i 竞价 $E(V \mid X_i = x_i)$，以 $X_1 = x_1$ 为条件且赢得竞价，那么竞价者 1 关于 V 的期望是什么？直观地解释一下为什么这个数总是小于（b）中的期望数？

10. ⑤一枚硬币被反复抛掷，正面朝上的概率是 p。对于下面（a）和（b）来说，假设 p 是已知常数，且 $0 < p < 1$。

（a）直到观察到 HT 的期望投掷次数是多少？

（b）直到观察到 HH 的期望抛掷次数是多少？

（c）现在假设 p 未知，先使用 $\text{Beta}(a,b)$ 来反映对概率 p 的不确定性（已知 a 和 b 均大于2）。根据 a 和 b，求出（a）和（b）在此假设下的答案。

11. 掷出一枚 6 个面的骰子一次。求需要再次掷出多少次，才能获得至少和第一次一样大的数。

12. 反复掷出一枚骰子。

（a）求依次得到数字 1 和 2 的期望投掷次数。

提示：以第一次投掷骰子是否得到数字 1 为条件。

（b）求能连续得到数字 1 的期望投掷次数。

（c）设 a_n 是连续得到同样数字 n 次的期望投掷次数（即连续得到 n 次数字 j，且没有事先指定 j 为何数）。根据 a_n 求 a_{n+1} 的递推公式。

（d）对于所有 $n \geqslant 1$ 来说，求 a_n 的简单表达式，并求 a_7。

随机变量的条件期望

13. ⑤ X_1 与 X_2 独立同分布，且设 $\overline{X} = \dfrac{1}{2}(X_1 + X_2)$。在许多统计问题中，求 X 的条件期望是非常有用的。求 $E(w_1 X_1 + w_2 X_2 \mid \overline{X})$，其中，$w_1$ 和 w_2 是常数且 $w_1 + w_2 = 1$。

14. X_1，X_2，$\cdots$ 是独立同分布的随机变量序列且均值为 0，令 $S_n = X_1 + \cdots + X_n$。正如例 9.3.6 证明的那样，给定前 n 项和时，第一项的期望值是：

$$E(X_1 \mid S_n) = \frac{S_n}{n}。$$

通过求对于所有正整数 k 和 n 的 $E(S_k \mid S_n)$ 来一般化上述结果。

15. ⑤将某大学里的 $2n$ 个学生两人一组分成 n 组。每个学生独立地决定是否上某一门课程，成功的概率为 p（这里的"成功"的定义是指上该门课程）。

N 是在这 $2n$ 个学生中上这门课的人数，X 是同组中两个学生都上这门课的组数。求 $E(X)$ 和 $E(X \mid N)$。

16. ⑤证明：$E((Y - E(Y \mid X))^2 \mid X) = E(Y^2 \mid X) - (E(Y \mid X))^2$，因此两个表达式都等于 $\mathrm{Var}(Y \mid X)$。

17. 设 (Z, W) 是服从二元正态分布的随机向量，同例 7.5.10，所以有

$$Z = X,$$
$$W = \rho X + \sqrt{1 - p^2} Y,$$

X、Y 独立同分布于标准正态分布 $N(0, 1)$，求 $E(W \mid Z)$ 和 $\mathrm{Var}(W \mid Z)$。

18. X 代表一个随机抽取的成年人的身高，Y 是其父亲的身高，其中 X 和 Y 已被标准化，其均值为 0，标准差为 1。假设 (X, Y) 是二元正态分布，且 X，$Y \sim N(0, 1)$，$\mathrm{Corr}(X, Y) = \rho$。

（a）$y = ax + b$ 是 x 关于 y 的最优拟合直线（从这个意义上讲，最大限度地减少均方误差）。例如：如果得到 $X = 1.7$ 那么我们将会得到 $Y = 1.7a + b$。现在假设用 Y 去预测 X，而不是用 X 来预测 Y，直观猜测由 Y 预测 X 的最优拟合直线的斜率，并做出解释。

（b）求常数 c（根据 ρ）和随机变量 V，$Y = cX + V$，且 V 和 X 无关。

提示：从求解满足 $\mathrm{Cov}(X, Y - cx) = 0$ 的 c 开始。

（c）求常数 d（根据 ρ）和随机变量 W，$X = dY + W$，W 和 Y 无关。

（d）求 $E(Y \mid X)$ 和 $E(X \mid Y)$。

（e）综合（a）及（d），给出明确的直观解释。

19. 令 $\boldsymbol{X} \sim \mathrm{Mult}_5(n, \boldsymbol{p})$。

（a）求 $E(X_1 \mid X_2)$ 和 $\mathrm{Var}(X_1 \mid X_2)$。

（b）求 $E(X_1 \mid X_2 + X_3)$。

20. 设 Y 是一个离散型随机变量，事件 A 的概率 $0 < P(A) < 1$，I_A 是 A 的示性随机变量。

（a）解释随机变量 $E(Y \mid I_A)$ 如何与 $E(Y \mid A)$ 和 $E(Y \mid A^c)$ 相关。

（b）直接通过期望和条件期望的定义证明：$E(Y \mid A) = E(YI_A)/P(A)$。

提示：首先，求出用 $P(A)$ 表示的 YI_A 的概率质量函数，以及 A 的条件下 Y 的条件概率质量函数。

（c）用（b）中的结论简要证明：$E(Y) = E(Y \mid A)P(A) + E(Y \mid A^c)P(A^c)$。

21. 证明：

$$P(A) = \int_{-\infty}^{+\infty} P(A \mid X = x) f_X(x) \, \mathrm{d}x。$$

对于任何事件 A 和任意连续随机变量 X 的概率密度函数 f_X 都遵循亚当定律。

22. ⑤设 X 和 Y 是存在一定差异的随机变量，且 $W = Y - E(Y \mid X)$。将 Y 的真实值和基于 X 的 Y 的预测值之间的差定义为残差。

（a）计算 $E(W)$ 和 $E(W \mid X)$。

（b）已知 $W \mid X \sim N(0, X^2)$ 且 $X \sim N(0,1)$，计算 $\mathrm{Var}(W)$。

23. ⑤一顶帽子中有两枚硬币，其中一枚硬币正面朝上的概率是 p_1，另一枚硬币正面朝上的概率是 p_2。随机从中挑选一枚硬币。将此硬币抛掷 n 次，设 X 是抛掷硬币后正面朝上的次数，求 X 的均值和方差。

24. Kelly 打了 n 次赌，每次赌赢的概率都为 p 且相互独立。最初她有 x_0 美元，X_j 是当她第 j 次赌完后拥有的金额。设 f 是 0 到 1 之间的一个常数，称为押注百分比。每一次下注，Kelly 都会押上其财富的 f，然后她会赢得或输掉这部分钱。举例来说，如果她的流动资金是 100 美元且 $f = 0.25$，则她下注 25 美元，然后赢得或输掉这些钱。[当 $p > 1/2$ 时，一个极好的选择是使 $f = 2p - 1$，这就是著名的凯利准则（kelly criterion）]，根据 n、p、f、x_0 求 $E(X_n)$。

提示：先求 $E(X_{j+1} \mid X_j)$。

25. N 是明年上映的电影数，且服从泊松分布 $N \sim \mathrm{Pois}(\lambda_1)$。假设每部电影售出的票数都服从泊松分布 $\mathrm{Pois}(\lambda_2)$ 且相互独立。求明年将会售出的票数的均值和方差。

26. 一场派对将在某晚从 8：00 开始一直持续到午夜，出席派对的人数为 N 且服从泊松分布 $N \sim \mathrm{Pois}(\lambda)$。他们将会在聚会进行时均匀随机地到达，且彼此之间都和 N 相互独立。

（a）已知至少会有一个人出席派对，求第一个人到达的预期时间。根据 λ 给出一个晚上 8：00 以后的确切的答案，用时间符号表示，假设 $\lambda = 20$，并舍入到最接近的分钟。（例如，晚上 8：20）

（b）已知至少会有一个人出席派对，求最后一个人的预期到达时间。如（a）中一样，给出一个确切的答案并舍入到最接近 $\lambda = 20$ 的分钟。

27. ⑤我们想基于一个观测到的随机变量 X 来估计未知参数 θ。同贝叶斯定理的观点一样，假设 X 和 θ 有联合分布。设 $\hat{\theta}$ 是一个估计量（关于 X 的函数），那么如果 $E(\hat{\theta} \mid \theta) = \theta$，则 $\hat{\theta}$ 是无偏的，且若 $E(\theta \mid X) = \hat{\theta}$，则称 $\hat{\theta}$ 满足贝叶斯方法。

（a）假设 $\hat{\theta}$ 是无偏的，根据 $\hat{\theta}$ 和 θ 的矩求 $E(\hat{\theta} - \theta)^2$（$\theta$ 的估计值与 θ 的实际值之间的平均

平方差）。

提示：以 θ 为条件。

（b）重复（a）的条件，除此之外，假设 $\hat{\theta}$ 满足贝叶斯方法但不假设它是无偏的。

提示：以 X 为条件。

（c）证明：对于 $\hat{\theta}$ 来说不可能既满足贝叶斯方法又是无偏的，除非我们可以通过观测 X 得到 θ。

提示：如果 Y 是一个非负随机变量且均值为 0，则 $P(Y=0)=1$。

28. 证明：若 $E(Y|X)=c$ 是一个常数，则 X 和 Y 不相关。

提示：用亚当定律求 $E(Y)$ 和 $E(XY)$。

29. 用实例证明：当 $E(Y|X)$ 不是一个常数时，X 和 Y 有可能不相关。

提示：考虑标准正态分布及其平方的分布。

30. ⑤一个收件箱在同一时刻只能收一封邮件。T_n 是第 n 封邮件到达的时间（从某个时间点开始连续计时），假设邮件到达的时间间隔独立同分布于 Expo(λ)，即 T_1，T_2-T_1，T_3-T_2，…独立同分布于 Expo(λ)。

每封邮件不是垃圾邮件的概率为 p，是垃圾邮件的概率为 $1-p$（与其他电子邮件和等待时间相独立）。令 X 是第一封非垃圾邮件的到达时间（则 X 是一个连续型随机变量，且如果第一封邮件不是垃圾邮件，则 $X=T_1$，如果第一封邮件是垃圾邮件而第二封不是，则 $X=T_2$，其余以此类推）。

（a）求 X 的均值和方差。

（b）求 X 的矩母函数，这暗示着 X 服从什么分布（请务必指出其参数值）。

31. 到达商店的顾客满足每小时有 λ 位顾客到达商店的泊松分布。每位顾客买东西的概率为 p 且相互独立。已知顾客购物花费的金额均值为 μ（单位：美元），方差为 σ^2。

（a）求一名随机顾客购物花费金额的均值和方差（注意顾客可能不消费）。

（b）在 8h 的时间间隔内，使用（a）和本章的结论求商店获得收益的均值和方差。

（c）在 8h 的时间间隔内，使用鸡-蛋案例和本章的结论求商店获得收益的均值和方差。

32. Fred 心爱的计算机在发生故障前可以使用的时间服从参数为 λ 的指数分布 Expo(λ)。当计算机发生故障时，Fred 会尝试着修复，修复成功的概率为 p。如果他把计算机修好了，那么，这台计算机就又是新的，直到再一次出现故障前，所能持续的额外使用时间服从 Expo(λ)（再次发生故障时他又会以修复成功的概率 p 来修复，等等）。如果 Fred 不能修好，则会买一台新计算机。求直到 Fred 换一台新计算机的期望时间（假设花费在计算机诊断、修理和购物上的时间可以忽略不计）。

33. ⑤Judit 在其职业生涯中一共参加过 N 次象棋锦标赛，且 $N \sim$ Geom(s)。假设在每一次比赛中，她赢得比赛的概率为 p 且相互独立。T 为她职业生涯中赢得的比赛次数。

（a）求 T 的均值和方差。

（b）求 T 的矩母函数，并指出它服从的是什么分布，其参数是什么？

34. $X_1,\cdots,X_n$ 是独立同分布的随机变量序列，其均值为 μ、方差为 σ^2，且 $n \geq 2$。$X_1,\cdots,X_n$ 的子样本是从 X_j 中通过等概率有放回地抽样获得的 n 个随机变量 $X_1^*,\cdots,X_n^*$。$\overline{X}^*$

是子样本的样本均值，且 $\overline{X}^* = \frac{1}{n}(X_1^* + \cdots + X_n^*)$。

(a) 对每个 j 值计算 $E(\overline{X}^*)$ 和 $Var(\overline{X}^*)$。

(b) 计算 $E(\overline{X}^* \mid X_1, \cdots, X_n)$ 和 $Var(\overline{X}^* \mid X_1, \cdots, X_n)$。

提示：在给定 $X_1, \cdots, X_n$ 的条件下，X_j^* 相互独立，且其概率分布函数（PMF）在 $X_1, \cdots, X_n$ 的每个点处取值的概率均为 $1/n$。作为验证，你给出的答案应是可表示为 $X_1, \cdots, X_n$ 的函数的随机变量。

(c) 计算 $E(\overline{X}^*)$ 和 $Var(\overline{X}^*)$。

(d) 直观解释为什么 $Var(\overline{X}) < Var(\overline{X}^*)$。

35. 一家保险公司承担了对两个相邻地区 R_1 和 R_2 的灾害保险，I_1 和 I_2 分别表示 R_1 和 R_2 是否受到灾害袭击的示性随机变量序列，且二者不独立。$p_j = E(I_j)$，其中 $j = 1, 2$，且 $p_{12} = E(I_1 I_2)$。

保险公司报销的总费用为

$$C = I_1 T_1 + I_2 T_2。$$

其中，T_j 的均值是 μ_j，方差是 σ_j^2，假设 T_1 和 T_2 相互独立且独立于 I_1 和 I_2。

(a) 求 $E(C)$。

(b) 求 $Var(C)$。

36. Ⓢ一只股票的价格在某些日子波动较小，而在其他日子波动较大。假设出现一个低波动日的概率是 p，则出现一个高波动日的概率是 $q = 1 - p$，且在低波动日股价变动的百分比服从 $N(0, \sigma_1^2)$，而在高波动日股价变动的百分比服从 $N(0, \sigma_2^2)$，$\sigma_1 < \sigma_2$。X 是该股票在某一天变动的百分比，其分布是两个正态分布的组合 $X = I_1 X_1 + I_2 X_2$，I_1 是低波动日的示性随机变量，$I_2 = 1 - I_1$，$X_j \sim N(0, \sigma_j^2)$，并且 I_1、X_1、X_2 相互独立。

(a) 用两种方法求 $Var(X)$：用夏娃定律和由 $Cov(I_1 X_1 + I_2 X_2, I_1 X_1 + I_2 X_2)$ 直接计算。

(b) 用均值 μ 和标准差 σ 表示的 Y 的峰度为

$$Kurt(Y) = \frac{E(Y - \mu)^4}{\sigma^4} - 3。$$

求 X 的峰度（用 p、q、σ_1^2、σ_2^2 表示）。结果表明，即使任何正态分布的峰度是 0，X 的峰度也可以是正值并且可以很大，这取决于参数的大小。

37. 证明：对任意随机变量 X 和 Y 有

$$E(Y \mid E(Y \mid X)) = E(Y \mid X)。$$

把 $E(Y \mid X)$ 当作 Y 基于 X 的期望，则有一个直观的解释：已知该预测是基于 X 的 Y 的期望，则不再需要知道 X 的值。举例来说，令 $E(Y \mid X) = g(X)$，若 $g(X) = 7$，则我们可能不知道 X 是多少，但即使不知道 X 的值，也可以知道基于 X 的 Y 的期望是 7。

提示：添加额外条件从而使用亚当定律。

38. 研究人员想知道对于某种疾病的新疗法是否比原有疗法更有效。不幸的是，做一个随机试验是不可行的，但是研究者却拥有倾向于接受新疗法的患者记录和倾向于接受标准治疗的患者记录。然而，她担心医生倾向于给更年轻、更健康的病人提供新治疗方法。如果是这样的话，那么天真地比较两组患者就好比比较苹果和橘子。

假设每个病人都有背景变量 X，其可能是年龄、身高、体重或以前的健康状况，等等。

Z 表示是否接受新疗法。研究者担心 Z 与 X 相关，即当 $Z=1$ 和 $Z=0$ 时，X 的分布不同。为了将苹果和苹果进行比较，研究者希望将接受新疗法的每一位病人与接受过标准治疗的病人背景相匹配。但 X 可能是一个高维随机向量，所以往往很难找到一个类似的 X 值与之相匹配。

倾向指数使背景变量的高维向量下降为一个单一的数字（将具有相似倾向指数的人相匹配，比匹配具有类似的高维 X 值的人要容易得多）。具有背景变量 X 的人的倾向指数被定义为

$$S = E(Z \mid X)。$$

根据基本概念，一个人的倾向指数是其接受治疗的概率，已知他们的背景特征，证明以 S 为条件，治疗指标 Z 和背景变量 X 相互独立。

提示：第一步先解决前一个问题，然后证明 $P(Z=1 \mid S,X) = P(Z=1 \mid S)$。由基本概念可知，这相当于证明 $E(Z \mid S,X) = E(Z \mid S)$。

混合练习

39. n 个人一起出去吃晚饭。进餐时，他们想通过玩"信用卡轮盘"游戏的方式来决定由谁买单。这意味着，会随机选出一个人统一支付整个账单（独立于在其他的晚餐上发生的事件）。

（a）求在 k 次晚餐中，没有人会不止一次支付账单的概率（不要充分化简 $k \leq n$ 的情况，而是要充分化简 $k > n$ 的情况）。

（b）求每个人中至少支付一次账单的晚餐次数（你可以把答案看作是简单项的有限和）。

（c）Alice 和 Bob 是 n 个人中的两个，求在 k 次晚餐中，Alice 支付次数和 Bob 支付次数的协方差（充分化简）。

40. 在上一个练习题中，n 个朋友在晚餐时玩了"信用卡轮盘"的游戏。在本题中，让随机变量晚餐数服从 $\text{Pois}(\lambda)$ 分布。

（a）Alice 是其中一人，求由 Alice 买单的晚餐数和她免费吃的晚餐数之间的协方差（充分化简）。

（b）每顿晚餐的花费独立同分布于 $\text{Gamma}(a, b)$，且与晚餐数相独立。求总花费的均值和方差（化到最简）。

41. Paul 和其他 n 个跑步者正在参加一项马拉松比赛。他们的时间是独立的连续随机变量序列，且有累积分布函数 F。

（a）事件 A_j 是 j 号跑步者比 Paul 快，其中 $j=1, 2, 3, \cdots, n$。解释事件 A_j 是否是独立的，且在 Paul 跑步时间一定的条件下，其余跑步者是否能够独立完成比赛。

（b）设 N 是比 Paul 跑得快的人数，求 $E(N)$。

（c）已知 Paul 跑完全程的时间为 t，求 N 的条件分布。

（d）求 $\text{Var}(N)$。

提示：（1）令 T 表示 Paul 跑完的时间；以 T 为条件使用夏娃定律。（2）使用示性随机变量序列。

42. 精算师希望估计出与 Fred 有关的保险索赔数量和索赔金额数。假设明年 Fred 要求的赔偿款为 N，且 $N \mid \lambda \sim \text{Pois}(\lambda)$。但 λ 未知，所以精算师采用了贝叶斯方法，给了 λ 一个

基于过去经验的先验分布 $\lambda \sim \text{Expo}(1)$。索赔金额服从对数正态分布，参数为 μ 和 σ^2（μ 和 σ^2 分别是均值和方差），且已知。索赔金额独立同分布且与赔偿款 N 独立。

（a）利用条件期望的性质求 $E(N)$ 和 $\text{Var}(N)$（由于 λ 未知且被看作随机变量，所以答案不应该基于 λ）。

（b）求总索赔额的均值和方差。

（c）求 N 的分布，如果它是我们已经学习过的分布，则给出其名称和参数。

（d）假设已知 Fred 明年会索赔 n 次，则给出 λ 的后验分布。如果该分布是我们已经学习过的分布，则给出其名称和参数。

43. ⑤据了解，在美国出生的孩子里有 49% 是女孩（51% 是男孩）。N 是明年 3 月在美国出生的孩子数，假设 N 是一个服从 $\text{Pois}(\lambda)$ 分布的随机变量，且 λ 已知。假设孩子的出生相互独立（例如，不用考虑同卵双胞胎），X 和 Y 分别是明年 3 月在美国出生的女孩数和男孩数。

（a）求 X 和 Y 的联合分布（已知联合概率质量函数）。

（b）求 $E(N \mid X)$ 和 $E(N^2 \mid X)$。

44. ⑤ X_1、X_2、X_3 分别与 $X_i \sim \text{Expo}(\lambda_i)$ 相互独立，回顾第 7 章：

$$P(X_1 < X_2) = \frac{\lambda_1}{\lambda_1 + \lambda_2}。$$

（a）求 $E(X_1 + X_2 + X_3 \mid X_1 > 1,\ X_2 > 2,\ X_3 > 3)$，并将结果用 λ_1、λ_2、λ_3 表示。

（b）求 $P(X_1 = \min(X_1,\ X_2,\ X_3))$，即第一个数是三个数中最小值的概率。

提示：根据 X_1 和 $\min(X_2,\ X_3)$ 计算。

（c）在 $\lambda_1 = \lambda_2 = \lambda_3 = 1$ 的情况下，求 $\max(X_1, X_2, X_3)$ 的概率密度函数，这是我们学习过的重要分布之一吗？

45. ⑤一个任务被随机分配给两个人中的一个（每人都有 50% 的概率执行任务）。如果分配给第一个人，则完成这项任务所花费的时间将服从 $\text{Expo}(\lambda_1)$（单位：h），而如果分配给第二个人，则花费的时间将服从 $\text{Expo}(\lambda_2)$（与第一个人所花费的时间相独立）。T 是任务完成所需时间。

（a）求 T 的均值和方差。

（b）假设任务被分配给两个人，并且令 X 是完成它所花费的时间（不论谁先完成，两个人的工作都相互独立）。据观察，24h 之后任务还没有完成。以此为条件，X 的期望值是多少？

46. 假设"真实智商"是一个有意义的概念，而不是具体的社会构造。假设在美国人口中，真实智商的分布是正态分布，均值为 100，标准差为 15。随机从全体居民中选出一个人参加智商测试，是对真实能力的噪声测试：平均值是正确的，但正态分布的标准差的误差却为 5。

令随机变量 μ 表示一个人的真实智商，且 Y 是其智商测试的分数，则

$$Y \mid \mu \sim \mathcal{N}(\mu, 5^2),$$
$$\mu \sim \mathcal{N}(100, 15^2)。$$

（a）求 Y 的无条件均值和方差。

（b）求 Y 的边缘分布，一个方法是通过矩母函数来求。

（c）求 $\text{Cov}(\mu, Y)$。

47. ⑤有一种遗传特性很有趣，它可以用数字衡量。令 X_1 和 X_2 为两个双胞胎男孩的遗传特征值。如果他们是同卵双胞胎，那么 $X_1 = X_2$，且 X_1 的均值为 0，方差为 σ^2；如果他们是异卵双胞胎，则 X_1 和 X_2 的均值为 0，方差为 σ^2，相关系数为 ρ。双胞胎为同卵双胞胎的概率为 50%，根据 ρ 和 σ^2 求 $\mathrm{Cov}(X_1, X_2)$。

48. ⑤大额现金彩票每天会随机地从数字 1~35 中选取 5 个数字（不重复地选择 5 个数字），假设我们想知道，需要多长时间才能使所有的数字被选中。如果我们缺少 j 个数字，则令 a_j 表示所需额外天数的平均数（所以 $a_0 = 0$ 且 a_{35} 是收集所有 35 个数字所需的平均天数）。求 a_j 的递推公式。

49. 两个棋手 Vishy 和 Magnus 连续对弈了几场比赛。比赛结局独立同分布，Vishy 胜利的概率为 p，则 Magnus 胜利的概率为 $q = 1 - p$（假设每场比赛以两名棋手中的一名获胜而结束）。但 p 是未知的，所以我们把它当成随机变量。为了反映对 p 的不确定性，使用先验分布 $p \sim \mathrm{Beta}(a, b)$，其中 a 和 b 是已知的正整数且 $a \geq 2$。

（a）求 Vishy 为了赢得一场比赛而需要参加比赛的预期数量。化到最简，且最终答案不应该包含阶乘或 Γ。

（b）从独立性和条件独立性的角度来解释（a）的答案和 $1 + E(G)$ 之间 $\left[G \sim \mathrm{Geom}\left(\dfrac{a}{a+b} \right) \right]$ 的不等式方向。

（c）已知 Vishy 赢得了前 10 场比赛中的 7 场，求 p 的条件分布。

50. 拉普拉斯连续律表明，如果 $X_1, X_2, \cdots, X_{n+1}$ 是条件独立的随机变量序列且服从 $\mathrm{Bern}(p)$，在不考虑 p 值的前提下 p 服从 $\mathrm{Unif}(0, 1)$，则有

$$P(X_{n+1} = 1 \mid X_1 + \cdots + X_n = k) = \frac{k+1}{n+2}。$$

举个例子，拉普拉斯讨论的问题是太阳明天是否会升起，然而根据历史记录，我们知道太阳在所有的 n 天中每天早上都确实会升起了；然后由上式就得到了太阳明天升起的概率为 $(n+1)/(n+2)$。（当然，假设随着时间的推移，p 不变的独立试验可能是一个非常不合理的日出问题模型。）

（a）已知 $X_1 = x_1, X_2 = x_2, \cdots, X_n = x_n$，求 p 的后验分布，并证明它仅取决于 x_j 的总和。（所以我们只需要通过 $x_1 + x_2 + \cdots + x_n$ 来获得后验分布，而不是需要所有 N 个数据点。）

（b）使用全概率公式的一种形式，以 p 为条件求 $P(X_{n+1} = 1 \mid X_1 + \cdots + X_n = k)$，从而证明拉普拉斯连续律（下一个练习题将涉及一个等价于亚当定律的证明，二者密切相关）。

51. 两支篮球队 A 和 B，打了 n 场比赛。X_j 是 A 队赢得第 j 场比赛的示性变量，$X_1, X_2, \cdots, X_n$ 是独立同分布的随机变量序列且 $X_j \mid p \sim \mathrm{Bern}(p)$，但 p 是未知的，所以把它当作一个随机变量。使其服从先验分布 $p \sim \mathrm{Unif}(0, 1)$，并令 X 表示 A 队赢得的比赛场数。

（a）求 $E(X)$ 和 $\mathrm{Var}(X)$。

（b）已知 A 队已赢得前 j 场比赛中的 a 场，使用亚当定律求 A 队将赢得第 $j+1$ 场比赛的概率（上一个练习题已经涉及一个等价于全概率公式的证明，二者密切相关）。

提示：设事件 C 为 A 队赢得了前 j 场比赛中的 a 场，则

$$P(X_{j+1} = 1 \mid C) = E(X_{j+1} \mid C) = E(E(X_{j+1} \mid C, p) \mid C) = E(p \mid C)。$$

（c）求 X 的概率密度函数（有多种方法可以做到这一点，一种非常快的方法是根据早

先章节中的结论来解答）。

52. 正在举行一场选举，有两个候选人 A 和 B，还有 N 个选民。候选人投票的概率因城市而异。有 m 个城市，标记为 $1 \sim m$。第 j 个城市有 n_j 个选民，所以 $n_1 + n_2 + \cdots + n_m = n$，令 X_j 表示第 j 个城市投票给候选人 A 的人数，且 $X_j | p_j \sim \text{Bin}(n_j, p_j)$。为了能够反映出每个城市投票概率的不确定性，设 $p_1, \cdots, p_m$ 为随机变量序列，且服从独立同分布的先验分布 $\text{Unif}(0,1)$。假设不论 $p_1, \cdots, p_m$ 是有条件还是无条件的，$X_1, X_2, \cdots, X_m$ 都相互独立。

（a）求 X_1 的边缘分布和 $p_1 | X_1 = k_1$ 的先验分布。

（b）根据 n 和 $s = n_1^2 + n_2^2 + \cdots + n_m^2$，求 $E(X)$ 和 $\text{Var}(X)$。

第 10 章　不等式与极限定理

"如果不能准确计算出概率和期望，那应该怎么办呢？"几乎每一个使用过概率的人都不得不解决这个问题。不必担心，这里有三个可行的有效策略：模拟、约束和近似。

- 使用蒙特卡罗法模拟：我们已经在本书中看到了很多模拟的例子；在每章的 R 语言应用示例部分，给出了很好的数值模拟的例子，在这些例子中，几秒钟内，几行代码就能在计算机上得到很好的近似。"蒙特卡罗"就是指基于随机数（这个术语源于摩纳哥蒙特卡罗的赌场）的模拟。蒙特卡罗模拟是一种极其有用的技巧，并且在很多问题中，它是唯一可行的解决方法。然而，为什么不经常用模拟方法呢？这里有几个原因：

1. 即使是在速度很快的计算机上，模拟也可能需要长时间运行。在第 12 章中介绍的马尔可夫链蒙特卡罗的一个主要扩展，极大地增加了蒙特卡罗模拟的应用范围。但即使是这样，模拟也可能需要花费大量的时间才能得到正确的答案。

2. 我们可能希望问题中的所有参数值都有一个好的估计。例如，在优惠券收集问题（例 4.3.11）中，有 n 个玩具类型，则平均需要 $n\ln n$ 个玩具才能获得完整的集合。这是一个简单而令人印象深刻的答案。对任何特定的 n，这很容易模拟。比如。可以在 $n=20$ 时，运行一个优惠券收集过程，这样得到的答案大约在 60 左右。但这样却不容易得到形如 $n\ln n$ 的一般性结果。

3. 模拟结果很容易遭到质疑，例如，你怎么知道你运行模拟已经足够了呢？你怎么知道你的结果接近真值？就算"接近"，那又有多近？通常，我们可能希望得到可证明的答案。

- 用不等式给出约束：对概率的约束可以证明概率在一定范围内。在本章的第一部分，我们将介绍几个重要的概率不等式。这些不等式通常可以缩小真实值的可能取值范围，也就是确定一个上界或下界。界限可能无法给出一个很好的近似——如果区间 $[0.2, 0.6]$ 是我们试图求的某个概率的范围，则其真实值可能在区间内的任何点取值——但是这样至少可以保证真实值一定是此区间内的一个值。

- 极限理论近似法：在本章的后面，我们将讨论概率论中最著名的两个定理：大数定律和中心极限定理。两者都告诉我们，当获得越来越多的数据时，样本均值会发生什么变化。极限定理可以被用来近似均值，当数据量比较大时，极限定理将非常有用。最后，将用极限定理来研究两个重要的统计分布作为本章的结束。

10.1　不等式

10.1.1　柯西-施瓦茨不等式：对联合期望的边际约束

柯西-施瓦茨（Cauchy-Schwarz）不等式是所有数学公式中最著名的不等式之一。在概率论中，它由以下形式给出。

定理 10.1.1 柯西-施瓦茨不等式 对任意的随机变量 X 和 Y，X 和 Y 的方差有限，都有

$$|E(XY)| \leqslant \sqrt{E(X^2)E(Y^2)}。$$

证明： 对于任意的 t，有

$$0 \leqslant E(Y - tX)^2 = E(Y^2) - 2tE(XY) + t^2 E(X^2)。$$

t 是从哪里来的？这个想法是：引入 t 后，就有无穷多的不等式，每一个 t 值都有一个对应的不等式，然后用微积分寻找使不等式最优的 t 值。对不等式右边关于 t 求导，并令它等于 0，得到当 $t = E(XY)/E(X^2)$ 时，右边最小，这样就得到了一个最紧的约束。代入 t 的值，就使柯西-施瓦茨不等式成立。∎

如果 X 和 Y 不相关，那么 $E(XY) = E(X)E(Y)$，$E(XY)$ 只取决于边际期望 $E(X)$ 和 $E(Y)$，但是一般来说，计算 $E(XY)$ 时需要知道 X 和 Y 的联合分布（并且能够处理它）。柯西-施瓦茨不等式让我们将 $E(XY)$ 与 $E(X^2)$ 和 $E(Y^2)$ 结合在一起。

如果 X 和 Y 的均值是 0，那么柯西-施瓦茨不等式就会有非常熟悉的统计解释：X 和 Y 的相关系数介于 -1 和 1 之间。

例 10.1.2 令 $E(X) = E(Y) = 0$。那么，

$$E(XY) = \mathrm{Cov}(X,Y), E(X^2) = \mathrm{Var}(X), E(Y^2) = \mathrm{Var}(Y)，$$

所以化简柯西-施瓦茨不等式，可得 $|\mathrm{Corr}(X,Y)| \leqslant 1$。当然，我们已经从定理 7.3.5 中知道了这点。现在来看如果假设均值是 0，则会发生什么？将柯西-施瓦茨不等式应用于任意 X、Y 的中心矩 $X - E(X)$ 和 $Y - E(Y)$，就再次可得 $|\mathrm{Corr}(X,Y)| \leqslant 1$ 成立。

柯西-施瓦茨不等式的应用方式充满了创造性。例如，若将 X 写作 $X = X \cdot 1$，则由柯西-施瓦茨不等式，可得 $|E(X \cdot 1)| \leqslant \sqrt{E(X^2)E(1^2)}$，化简得 $E(X^2) \geqslant (E(X))^2$。这为证明方差是非负的提供了一种快速的证明方法。另一个例子是，任意非负随机变量的概率下限是 0。

例 10.1.3 （二阶矩法） 令 X 是非负的随机变量。假设想要求 $P(X=0)$ 的上限。例如，X 可以是 Fred 在考试中答错的题目数 [$P(X=0)$ 是 Fred 得满分的概率]，或者 X 可能是在一次聚会上有相同生日的人的对数 [$P(X=0)$ 是没有两个人生日相同的概率]。注意，

$$X = XI(X>0)，$$

其中，$I(X>0)$ 是 $X>0$ 的示性随机变量。这是合理的，因为如果 $X=0$ 那么两边都是 0，而如果 $X>0$，那么两边都是 X。由柯西-施瓦茨不等式，有

$$E(X) = E(XI(X>0)) \leqslant \sqrt{E(X^2)E(I(X>0))}，$$

整理，可得

$$P(X>0) \geqslant \frac{(E(X))^2}{E(X^2)}，$$

或者等价于

$$P(X=0) \leqslant \frac{\mathrm{Var}(X)}{E(X^2)}。$$

应用这个约束的方法有时被称为二阶矩法。例如，将这个上界应用到 $X = I_1 + I_2 + \cdots + I_n$ 的情况，其中 I_j 是相互独立的示性随机变量。令 $p_j = E(I_j)$，那么，

$$\mathrm{Var}(X) = \sum_{j=1}^n \mathrm{Var}(I_j) = \sum_{j=1}^n (p_j - p_j^2) = \sum_{j=1}^n p_j - \sum_{j=1}^n p_j^2 = \mu - c，$$

其中，$\mu = E(X)$，$c = \sum\limits_{j=1}^{n}(p_j^2)$，还有 $E(X^2) = \text{Var}(X) + (EX)^2 = \mu - c + \mu^2$，所以，有

$$P(X=0) \leqslant \frac{\text{Var}(X)}{E(X^2)} = \frac{\mu-c}{\mu^2+\mu-c} \leqslant \frac{1}{\mu+1},$$

通过交叉相乘可以很容易地验证出最后一个不等式成立。一般来说，"如果 X 的均值比较大，那么它为 0 的概率就很小"这种说法是错误的，因为有可能 X 大多数时候取 0，而以极小的可能性取非常大的值。但是在当前的设定中，有一种简单的定量方法可以证明当 X 的均值较高时，X 不可能是 0。

例如，假设房间里有 14 个人。有两个人同一天生日或生日相差一天的可能性有多大？这比生日问题更难解决，所以在例 4.7.5 中，使用了泊松近似。但是，我们希望得到的可能是一个约束，而不是担心泊松近似是否足够好。令 X 为"邻近生日"的数对。使用示性随机变量，则有 $E(X) = \binom{14}{2}\dfrac{3}{365}$。所以

$$P(X=0) \leqslant \frac{1}{E(X)+1} < 0.573。$$

$P(X=0)$ 的真实答案是 0.46（保留小数点后两位），这与约束是一致的。　　　　□

柯西-施瓦茨不等式也允许由边际矩母函数的存在推断出联合矩母函数的存在。这是另一个可以说明用一个边际分布量约束联合分布量的好处的例子。

例 10.1.4（联合矩母函数的存在）　令 X_1 和 X_2 是联合分布的随机变量。它们不一定独立，也不一定同分布。如果 X_1 和 X_2 的边际矩母函数都存在，那么随机向量 (X_1, X_2) 的联合矩母函数存在。

解：

回忆第 7 章的内容，如果 $E(\mathrm{e}^{sX_1+sX_2})$ 在原点附近的区域内有限，则联合矩母函数存在，且被定义为 $M(s,t) = E(\mathrm{e}^{sX_1+tX_2})$。边际矩母函数是 $E(\mathrm{e}^{sX_1})$ 和 $E(\mathrm{e}^{tX_2})$；两者都需要在原点附近的邻域内有限。假设 X_1 和 X_2 的边际矩母函数在 $(-a, a)$ 的区间内有限，令 s 和 t 落在 $(-a/2, a/2)$ 内，则由柯西-施瓦茨不等式，可得

$$E(\mathrm{e}^{sX_1+tX_2}) \leqslant \sqrt{E(\mathrm{e}^{2sX_1})E(\mathrm{e}^{2tX_2})}。$$

由假设可知不等式右边有限，所以 $E(\mathrm{e}^{sX_1+sX_2})$ 在 $\{(s,t):s,t\in(-a/2, a/2)\}$ 内有限，因此，(X_1, X_2) 的联合矩母函数存在。　　　　□

10.1.2　关于凸性的詹森不等式

由例 4.3.12 的讨论可知，对于非线性函数 g，$E(g(X))$ 可能不同于 $g(E(X))$。如果 g 是一个凸函数或凹函数，那么詹森（Jensen）不等式将告诉我们 $E(g(X))$ 和 $g(E(X))$ 哪个更大。有关凸函数和凹函数的知识，请参阅数学附录。若假设 g'' 存在，则通常可以用二阶导数的符号来判断函数的凹凸性，即若对定义域内的每一点都有 $g''(X) \geqslant 0$，则称 g 是凸函数；若对定义域内的每一点都有 $g''(X) \leqslant 0$，则称 g 是凹函数。

定理 10.1.5（詹森不等式）　设 X 是一个随机变量。如果 g 是一个凸函数，那么 $E(g(X)) \geqslant g(E(X))$。如果 g 是一个凹函数，那么 $E(g(X)) \leqslant g(E(X))$。在这两种情况下，等号成立的唯一条件是，存在常数 a 和 b，使 $g(X) = a + bX$ 的概率为 1。

证明： 如果 g 是凸函数，那么所有与 g 相切的直线都在 g 的下方（见图 10.1）。特别地，令 $\mu = E(X)$，并考虑点 $(\mu, g(\mu))$ 处的切线。用 $a + bx$ 表示这条切线，则 $g(x) \geq a + bx$，对定义域内的所有 x 都成立。对两边同时取数学期望，有

$$E(g(X)) \geq E(a + bX) = a + bE(X) = a + b\mu = g(\mu) = g(E(X))。$$

如果 g 是凹函数，那么 $h = -g$ 是凸函数，所以可以应用上述对 h 的证明，看到关于凹函数 g 的不等式的不等号方向与凸函数情况中的相反。

最后，假设等号对凸函数成立。令 $Y = g(X) - a - bX$。Y 是一个非负的随机变量，且 $E(Y) = 0$，所以 $P(Y = 0) = 1$。[即使 $Y > 0$ 的概率是一个极小的非零实数，$E(Y) < 0$ 也成立。] 所以，当且仅当 $P(g(X) = a + bX) = 1$ 时等号成立。对于凹函数的情况，可以令 $Y = a + bX - g(X)$，然后用相同的方法证得。　∎

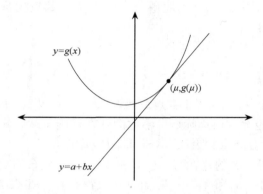

图 10.1　由于 g 是凸函数，所以切线位于曲线下方。特别地，点 $(\mu, g(\mu))$ 处的切线在曲线的下方。

下面在几个简单例子中验证詹森不等式。

- 因为 $g(x) = x^2$ 是凸函数（其二阶导数为 2），由詹森不等式可得 $E(X^2) \geq (EX)^2$，这一点由之前的方差非负的性质容易得到（或由柯西-施瓦茨不等式得到）。

- 由第 4 章圣彼得堡悖论可知 $E(2^N) > 2^{EN}$，其中 $N \sim \mathrm{FS}(1/2)$。因为 $g(x) = 2^x$ 是凸的，所以由詹森不等式可知上式成立。而且，不管 N 服从什么分布，不等式的方向都是一样的！除非 N 是常数（以概率 1 为常数），否则不等号是严格大于的。

如果我们忘记了詹森不等式中不等号的方向，则根据这些简单的例子可以很快地找到正确的不等号方向。下面是几个简单的关于詹森不等式的例子。

- $E|X| \geq |EX|$，
- $E(1/X) \geq 1/(EX)$，对于正的随机变量 X。
- $E(\ln(X)) \leq \ln(EX)$，对于正的随机变量 X。

在另一个例子中，如果用数据集的样本标准差估计未知的标准差，那么我们可以用詹森不等式来观察偏差的正负。

例 10.1.6（样本标准差的偏差）　令 $X_1, \cdots, X_n$ 是独立同分布的随机变量，方差为 σ^2。回忆定理 6.3.3，样本方差 S_n^2 是 σ^2 的无偏估计。也就是说，$E(S_n^2) = \sigma^2$。然而，我们感兴趣的往往是标准差 σ 的估计。自然，S_n 是样本标准差 σ 的一个估计。然而，由詹森不等式可以推得 S_n 是 σ 的有偏估计。此外，由此得到的不等式为

$$E(S_n) = E(\sqrt{S_n^2}) \leqslant \sqrt{E(S_n^2)} = \sigma,$$

所以，样本标准差往往低估了真正的标准差。偏差有多大是取决于分布的（因此没有固定偏差的统一方法，相反，在分母上除以 $n-1$ 定义样本方差能使其无偏）。幸运的是，如果样本量相当大，则偏差通常很小。　　　　　　　　　　　　　　　　　　　　　　□

在信息理论中，詹森不等式的一个重要应用是关于如何量化信息的研究。信息理论的原则对通信和信息压缩（比如 MP3 和手机）至关重要。以下三个例子是詹森不等式在信息理论中的应用。

例 10.1.7（熵）　定义发生概率为 p 的事件的熵为 $\log_2(1/p)$，单位为 bit（比特）。低概率事件有很高的熵，而概率为 1 的事的熵为 0。因为式中包含对数，所以如果观察 A 和 B 两个独立的事件，总的熵与观察 $A \cap B$ 的熵一样。这里的对数是以 2 为底的，如果事件发生的概率为 $1/2$，则熵是 1，这相当于接收了 1bit 的信息。

令 X 是一个离散型随机变量，其不同的可能取值是 $a_1, a_2, \cdots, a_n$，其概率分别为 $p_1, p_2, \cdots, p_n$ 且 $p_1 + p_2 + \cdots + p_n = 1$。将 X 取不同值时的熵的平均值定义为 X 的熵。

$$H(X) = \sum_{j=1}^{n} p_j \log_2(1/p_j)。$$

注意到 X 的熵只取决于概率 p_j，而不取决于 a_j。例如，$H(X^3) = H(X)$，因为 X^3 以概率 $p_1, p_2, \cdots, p_n$ 分别取 $a_1^3, a_2^3, \cdots, a_n^3$，但其对应的概率与 X 相同。

使用詹森不等式，证明当 X 在 $a_1, a_2, \cdots, a_n$ 上均匀分布时，即对所有 j 来说 $p_j = 1/n$，此时 X 的熵最大。（这是直观的，因为当 X 等可能地取任意一个值时，平均来说由 X 的值可以涵盖的信息最多；如果 X 是一个常数，则涵盖的信息最少。）

解：令 $X \sim \text{DUnif}(a_1, a_2, \cdots, a_n)$，所以

$$H(X) = \sum_{j=1}^{n} \frac{1}{2} \log_2(n) = \log_2(n)。$$

令 Y 是以概率 $p_1, p_2, \cdots, p_n$ 取值为 $1/p_1, \cdots, 1/p_n$ 的随机变量（如果 $1/p_j$ 有重复值，例如，$1/p_1 = 1/p_2$，但取其他值的概率与此不同，那么就进行自然修正，即将其概率改为 $p_1 + p_2 = 2p_1$）。然后由 LOTUS，得 $H(Y) = E(\log_2(Y))$，且 $E(Y) = n$。因此，由詹森不等式，可得

$$H(Y) = E(\log_2(Y)) \leqslant \log_2(E(Y)) = \log_2(n) = H(X)。$$

因为随机变量的熵只取决于概率 p_j，而不是随机变量的具体取值。因此，如果将支撑集由 $1/p_1, \cdots, 1/p_n$ 变为 $a_1, a_2, \cdots, a_n$，则 Y 的熵不变。所以如果 X 在 $a_1, a_2, \cdots, a_n$ 上是均匀分布的，那么它的熵至少和支撑集为 $a_1, a_2, \cdots, a_n$ 的随机变量的熵一样大。　　　□

例 10.1.8（库尔贝克-莱布勒差异）。令 $\boldsymbol{p} = (p_1, \cdots, p_n)$ 和 $\boldsymbol{r} = (r_1, \cdots, r_n)$ 是两个概率向量（所以每一个值都是非负的，且分量和是 1）。把它们看成是一个随机变量可能的概率质量函数，其支撑集由 n 个不同的值组成。向量 $\boldsymbol{p}$ 与 $\boldsymbol{r}$ 之间的（库尔贝克-莱布勒）（Kullback-Leibler）差异被定义为

$$D(\boldsymbol{p}, \boldsymbol{r}) = \sum_{j=1}^{n} p_j \log_2(1/r_j) - \sum_{j=1}^{n} p_j \log_2(1/p_j)。$$

这是当实际概率为 $\boldsymbol{p}$，而使用了 $\boldsymbol{r}$ 时平均熵之间的差异。（例如，如果 $\boldsymbol{p}$ 是未知的，那么 $\boldsymbol{r}$ 是当前对 $\boldsymbol{p}$ 的猜测。）平均熵是由 $\boldsymbol{p}$ 获得的。表明库尔贝克-莱布勒（Kullback-Leibler）差异

是非负的。

解：

由对数的性质，可知

$$D(\boldsymbol{p},\boldsymbol{r}) = -\sum_{j=1}^{n} p_j \log_2\left(\frac{r_j}{p_j}\right)。$$

令 Y 是以概率 p_j 取值为 r_j/p_j 的随机变量，所以由 LOTUS，可得 $D(\boldsymbol{p},\boldsymbol{r}) = -E(\log_2(Y))$，由詹森不等式，得 $E(\log_2(Y)) \leqslant \log_2(E(Y))$，从而有

$$D(\boldsymbol{p},\boldsymbol{r}) = -E(\log_2(Y)) \geqslant -\log_2(E(Y)) = -\log_2(1) = 0,$$

当且仅当 $p=r$ 时等号成立。这个结果告诉我们，使用错误概率比使用正确概率具有更高的平均熵。 □

例 10.1.9（对数概率得分） 想象一下，在一次多选题测试中，要求为每一个选项分配一个正确性的概率，而不是只选择一个答案。你在某特定题目中的得分是分配给正确答案的概率的对数。一个特定问题的最高得分是 0，最低分数是 $-\infty$，此时分配给正确答案[⊖]的概率为 0。

假设 n 个答案的正确性的概率分别是 p_1，p_2，$\cdots$，p_n，p_j 为正且和等于 1。证明：如果报告的是真实概率 p_j，而不是其他任何概率，那么你的预期分数就会最大。换句话说，在对数概率得分的情况下，你没有撒谎动机，且会或多或少假装出比实际情况更多的自信（假设你的目标是最大限度地提高预期分数）。

解：

这个例子与前一个例子是同构的！如果你报告的是真实概率 $\boldsymbol{p}$，则你的预期分数是 $\sum_{j=1}^{n} p_j \log_2 p_j$；如果你报告的是错误概率 $\boldsymbol{r}$，则你的预期分数是 $\sum_{j=1}^{n} p_j \log_2 r_j$。两个预期分数的差正是 $\boldsymbol{p}$、$\boldsymbol{r}$ 之间的库尔贝克-莱布勒差。正如前面例子所证明的，差总是负的。因此，当给出的概率是真实概率时，你的期望分数会达到最大。 □

10.1.3 马尔可夫不等式，切比雪夫不等式，切尔诺夫不等式：尾概率的界限

这一节中的不等式给出了随机变量在其分布的右尾或左尾取"极端"值的概率的界限。

定理 10.1.10（马尔可夫不等式） 对任意随机变量 X 和常数 $a > 0$，有

$$P(|X| \geqslant a) \leqslant \frac{E|X|}{a}。$$

证明： 令 $Y = \frac{|X|}{a}$，则需要证明 $P(Y \geqslant 1) \leqslant E(Y)$。注意到

$$I(Y \geqslant 1) \leqslant Y,$$

因为如果 $I(Y \geqslant 1) = 0$，那么 $Y \geqslant 0$，如果 $I(Y \geqslant 1) = 1$，那么 $Y \geqslant 1$。在不等式两边同时取期

⊖ 正是乔（Joe）在加州理工学院读本科时的哲学教授艾伦·霍伊克（Alan Hájek）使用了这个系统。他警告学生们，不要把概率设为零，因为如果得分是 $-\infty$，则不仅本次考试的分数是 $-\infty$，而且整个学期的得分都是 $-\infty$。这是由于在求加权平均分数时，即使 $-\infty$ 的权重非常小，最后的加权得分都是 $-\infty$。然而，尽管有这样的警告，仍有学生把正确答案的概率设为零。

望，得马尔可夫（Markov）不等式。

　　直观的解释是，令 X 是人群中随机选择的有一个人的收入，令 $a = 2E(X)$，则由马尔可夫不等式可得 $P(X \geq 2E(X)) \leq 1/2$，即有一半以上人口的收入至少是平均收入的两倍是不可能的。这显然是正确的，因为如果有一半以上的人口的收入至少是平均收入的两倍，那么平均收入肯定会更高！同样，$P(X \geq 3E(X)) \leq 1/3$，也就是说超过 $1/3$ 的人口的收入至少是三倍的平均收入是不可能的，因为这些人的收入已经使平均收入更高了。

　　马尔可夫不等式是一个非常粗糙的约束，因为它不需要对 X 做出假定。不等式的右边可能大于 1，甚至可能是无穷大，当我们试图对一个在 0 到 1 之间取值的数确定界限时，马尔科夫不等式的作用不大。令人惊讶的是，下面的两个定理通常可以给出比马尔可夫不等式更好的界限，它们都可以从马尔可夫不等式轻松得到。

　　定理 10.1.11（切比雪夫不等式）　令 X 的均值为 μ，方差为 σ^2。那么对任何一个 $a > 0$，有

$$P(|X - \mu| \geq a) \leq \frac{\sigma^2}{a^2}。$$

　　证明：根据马尔可夫不等式，可得

$$P(|X - \mu| \geq a) = P((X - \mu)^2 \geq a^2) \leq \frac{E(X - \mu)^2}{a^2} = \frac{\sigma^2}{a^2}。$$

　　用 $c\sigma$ 代替 a，由于 $c > 0$，则有以下切比雪夫不等式的等价形式：

$$P(|X - \mu| \geq c\sigma) \leq \frac{1}{c^2}。$$

这给出了随机变量偏离其均值 c 倍标准差的概率的上限。例如，偏离均值两倍标准差或更多倍标准差的概率不可能超过 25%。

　　这种由马尔可夫不等式证明切比雪夫不等式的思想是先平方 $|X - \mu|$，然后再应用马尔可夫不等式。类似地，在应用马尔可夫不等式之前，进行其他变换通常是有用的。广泛应用于工程上的切尔诺夫（Chernoff）不等式，正是基于指数函数使用了这种想法。

　　定理 10.1.12（切尔诺夫不等式）　对任意随机变量 X、常数 $a > 0$ 和 $t > 0$，有

$$P(X \geq a) \leq \frac{E(e^{tX})}{e^{ta}}。$$

　　证明：变换 $g(x) = e^{tx}$ 是可逆且严格递增的函数。因此，由马尔可夫不等式，可得

$$P(X \geq a) = P(e^{tX} \geq e^{ta}) \leq \frac{E(e^{tX})}{e^{ta}}。$$

起初，我们可能不清楚为什么切尔诺夫不等式可以给出马尔可夫不等式不能给出的信息，但是它有两个非常好的性质：

　　1. 右边可以关于 t 进行优化，并给出严格的上界，如柯西-施瓦茨不等式的证明。

　　2. 如果 X 的矩母函数存在，那么分子的界限就是矩母函数，且可以利用矩母函数的一些有用性质。

　　现在我们就来比较一下刚才讨论的三个等式，将它们同时应用到一个简单例子中，这个例子中的真实概率是已知的。

　　例 10.1.13（正态分布尾部概率的界限）　令 $Z \sim N(0, 1)$。由 68%-95%-99.7% 原则，

可知 $P(|Z|>3)$ 大约是 0.003；精确值是 $2\cdot\Phi(-3)$。接下来比较由马尔可夫不等式、切比雪夫不等式和切尔诺夫不等式得到的上界。

- 马尔可夫不等式：在第 5 章中，发现 $E|Z|=\sqrt{2/\pi}$，则
$$P(|Z|>3)\leq\frac{E|Z|}{3}=\frac{1}{3}\cdot\sqrt{\frac{2}{\pi}}\approx0.27。$$

- 切比雪夫不等式：
$$P(|Z|>3)\leq\frac{1}{9}\approx0.11。$$

- 切尔诺夫不等式（使用正态分布的对称性后）：由标准正态分布的矩母函数，可得
$$P(|Z|>3)=2P(Z>3)\leq2e^{-3t}E(e^{tZ})=2e^{-3t}\cdot e^{t^2/2},$$

对于不等式右边，先对其关于 t 求导，然后令导数等于 0，即得不等式右边在 $t=3$ 时取最小值，但是可能先要在不等式两边同时取自然对数（这是一个好主意，因为它并不影响最小化的点，这意味着只需要最小化二次多项式即可）。代入 $t=3$，有，
$$P(|Z|>3)\leq2e^{-9/2}\approx0.022。$$

以上这些上界都是正确的，但迄今为止，切尔诺夫不等式得到的结果是最好的。这个例子也说明了界限和近似的区别，就像我们在本章的引言部分中所描述的那样。马尔可夫不等式告诉我们 $P(|Z|>3)$ 最多是 0.27，但认为 $P(|Z|>3)$ 近似是 0.27 则是错误的——这样的话，上界与真实值之间便存在 100 倍的误差。

10.2 大数定律

大数定律和中心极限定理描述的是当样本量增长时，独立同分布样本的样本均值的行为。在这一节和下一节中，都假设独立同分布样本 $X_1,X_2,X_3,\cdots$ 具有有限均值 μ 和有限方差 σ^2。对于所有正整数 n，令
$$\overline{X}_n=\frac{X_1+\cdots+X_n}{n}$$

是 X_1 到 X_n 的样本均值，样本均值本身也是随机变量，且其均值是 μ，方差是 σ^2/n，即：
$$E(\overline{X}_n)=\frac{1}{n}E(X_1+\cdots+X_n)=\frac{1}{n}(E(X_1)+\cdots+E(X_n))=\mu,$$
$$\mathrm{Var}(\overline{X}_n)=\frac{1}{n^2}\mathrm{Var}(X_1+\cdots+X_n)=\frac{1}{n^2}(\mathrm{Var}(X_1)+\cdots+\mathrm{Var}(X_n))=\frac{\sigma^2}{n}。$$

大数定律（law of large numbers，LLN）表明，随着 n 的增加，样本均值收敛于真实均值 μ（解释如下）。大数定律有两种版本，即将随机变量序列收敛到某数字的定义稍加改变。本节将给出两个版本的大数定律，并用切比雪夫不等式证明第二种版本。

定理 10.2.1（强大数定律）　在 $n\to\infty$ 时，样本均值 $\overline{X}_n$ 收敛于真实均值 μ 的概率为 1。换句话说，事件 $\overline{X}_n\to\mu$ 的概率为 1。

定理 10.2.2（弱大数定律）　对任何 $\varepsilon>0$，$P(|\overline{X}_n-\mu|>\varepsilon)\to0$，$n\to\infty$。（这种形式的收敛也被称为依概率收敛）。

证明：固定 $\varepsilon>0$。由切比雪夫不等式，可得

$$P(\,|\,\overline{X}_n - \mu\,|\, > \varepsilon) \leqslant \frac{\sigma^2}{n\varepsilon^2}。$$

当 $n \to \infty$ 时，不等式右边为 0，所以不等式左边必为 0。 ■

　　大数定律对模拟、统计学和科学是必不可少的。考虑从大量独立重复试验中产生的"数据"，这可以通过计算机模拟也可以在现实世界中模拟。每次用某事件的发生次数的比作为概率的近似值时，就是在使用大数定律。每次用重复测量某个量的平均值近似其理论平均值时，也会使用大数定律。

　　例 10.2.3（正面朝上的比例）　设 $X_1, X_2, \cdots$ 是独立同分布于 Bern(1/2) 的随机变量序列。令 X_i 代表公平抛硬币出现一系列正面朝上的示性变量，$\overline{X}_n$ 是投掷 n 次后正面朝上的比例。由弱大数定律，随机变量序列 $\overline{X}_1, \overline{X}_2, \overline{X}_3, \cdots$ 依概率 1 收敛到一个数列，而该数列收敛到 1/2。在数学上，可能会出现如下奇怪的结果，如 $HHHHHH\cdots$ 和 $HHTHHTHHTHHT\cdots$，但是总体上来说，出现这些结果的概率为 0。由弱大数定律，对于任何 $\varepsilon > 0$，随着 n 的增大，$\overline{X}_n$ 偏离 1/2 的距离超过 ε 的概率可以任意小。例如，模拟 6 个公平抛硬币的序列，由每个序列计算的 $\overline{X}_n$ 都是 n 的函数。当然，在现实生活中我们不可能抛无穷多次硬币，所以抛 300 次就停止了。如图 10.2 所示，对于每个序列，都令 $\overline{X}_n$ 为 n 的函数。

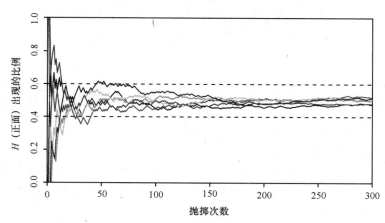

图 10.2　6 个公平抛硬币序列中，各序列 H（正面）出现的比例。以 0.6 和 0.4 作为参考。当抛掷次数增加时，H 出现的比例接近 1/2。

　　可以看到，在一开始，H（正面）出现的比例有相当大的波动。但随着抛硬币次数的增加，$\mathrm{Var}(\overline{X}_n)$ 越来越小，$\overline{X}_n$ 趋近于 1/2。

　　注 10.2.4（大数定律与无记忆性不矛盾）　在上面的例子中，大数定律表明 H（正面）出现的比例是 1/2，但这并不意味着，在出现一系列正面之后，硬币会"为了平衡"就出现 T（反面）。相反，收敛是通过将此前的结果淹没而发生的：过去的投掷结果会被将来的无穷次的投掷结果淹没。

　　一组独立同分布的伯努利试验是最简单的大数定律的例子，但这个简单的例子却构成了统计学中非常有用的方法的基础，如下例所示。

　　例 10.2.5（蒙特卡罗积分）　令 f 是一个复杂函数。要近似的是它的积分 $\int_a^b f(x)\,\mathrm{d}x$。假

设 $0 \leqslant f(x) \leqslant c$，所以积分是有限的。表面上，这个问题不涉及概率，因为 $\int_a^b f(x)\mathrm{d}x$ 只是一个数值。但是在没有出现随机性的地方，我们也可以自己创造随机性！当精确的积分法不可用时，蒙特卡罗积分方法使用随机抽样的方法可以得到定积分的近似值。

令 A 是 xy 平面上由 $a \leqslant x \leqslant b$ 和 $0 \leqslant y \leqslant c$ 确定的一个矩形。令 B 是曲线 $y=f(x)$ 以下、x 轴以上的区域，且 $a \leqslant x \leqslant b$，因此积分区域的面积是 B。我们的策略是随机抽取样本，然后计算落入区域 B 的样本的比例。如图 10.3 所示，落在 B 区域的是黑色的点，没落在 B 区域的是白色的点。

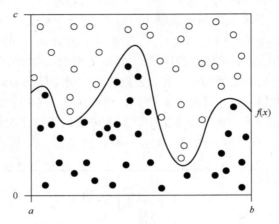

图 10.3　蒙特卡罗积分。为了近似 $f(x)$ 下方从 $x=a$ 到 $x=b$ 的面积，在矩形区域 $[a,b] \times [0,c]$ 内生成随机点，并且用落在曲线下方样本点的比例乘以矩形的面积来近似曲线 $f(x)$ 下方与 x 轴上方之间区域的面积。

为什么要这样做呢？假设选择的独立同分布的点 $(X_1,Y_1),(X_2,Y_2),\cdots,(X_n,Y_n)$ 均匀分布在矩形 A 内。定义示性随机变量序列 $I_1,I_2,\cdots,I_n$，且如果 (X_j,Y_j) 在 B 中，则令 $I_j=1$；否则，$I_j=0$。可见，I_j 是伯努利随机变量序列，它的成功概率是区域 B 与区域 A 的面积之比。令 $p=E(I_j)$，有

$$p = E(I_j) = P(I_j=1) = \frac{\int_a^b f(x)\mathrm{d}x}{c(b-a)}。$$

可以用 $\dfrac{1}{n}\sum_{j=1}^n I_j$ 估计 p，然后计算所需的积分：

$$\int_a^b f(x)\mathrm{d}x \approx c(b-a)\frac{1}{n}\sum_{j=1}^n I_j。$$

由于 I_j 独立同分布，且均值为 p，因此它遵循大数定律。即当随机点的个数趋于无穷时，估计量依概率 1 收敛于真实值。　　　　　　　　　　　　　　　　　　　　□

例 10.2.6（经验累积分布函数的收敛）　令 $X_1,\cdots,X_n$ 是独立同分布的随机变量，累积分布函数为 F，对每个 x，令 $R_n(X)$ 表示 $X_1,\cdots,X_n$ 中小于或等于 x 的变量个数，即

$$R_n(x) = \sum_{j=1}^n I(X_j \leqslant x)。$$

因为示性随机变量 $I(X_j \leqslant x)$ 是独立同分布的，且成功概率是 $F(x)$，所以 $R_n(X)$ 是成功

概率为 $F(x)$ 的 n 重伯努利试验。

定义 $X_1, \cdots, X_n$ 的经验累积分布函数为

$$\hat{F}_n(x) = \frac{R_n(x)}{n},$$

它是 x 的函数。在观察 $X_1, \cdots, X_n$ 之前，对于每个 x，$\hat{F}_n(x)$ 都是一个随机变量。而在观察到 $X_1, \cdots, X_n$ 之后，对于每个 x，$\hat{F}_n(x)$ 就是一个特定值。所以 $\hat{F}_n$ 收敛到一个特定的累积分布函数，如果后者未知，则可以用前者来估计。

例如，假设 $n = 4$，观察到 $X_1 = x_1$，$X_2 = x_2$，$X_3 = x_3$，$X_4 = x_4$。$\dfrac{R_4(x)}{4}$ 的图像从 0 开始，然后每次到达一个 x_j 时，都会上跳 $1/4$。换句话说，$\dfrac{R_4(x)}{4}$ 是一个离散随机变量的累积分布函数，取值为 x_1、x_2、x_3、x_4 的概率都是 $1/4$。如图 10.4 所示。

现在请问，当 $n \to \infty$ 时，$\hat{F}_n(x)$ 会如何变化？我们自然会想到用 $\hat{F}_n(x)$ 估计真正的 F。这个估计在取极限的情况下会怎么样？大数定律给出了答案：对于每一个 x，$R_n(x)$ 是 n 个独立

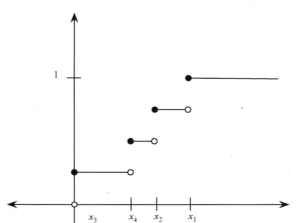

图 10.4　观察到 $X_1 = x_1$，$X_2 = x_2$，$X_3 = x_3$，$X_4 = x_4$ 之后的经验累积分布函数。每次到达 x_j 时，图像就会上跳 $1/4$。

同分布的成功概率为 p 的伯努利[$\mathrm{Bern}(p)$]随机变量之和，其中 $p = F(x)$。所以，根据弱大数定律可知，当 $n \to \infty$ 时，$\hat{F}_n(x) \to F(x)$ 依概率 1 成立。

经验累积分布函数通常用于非参数统计，非参数统计是统计学的一个分支，它试图在不对原始分布做强假设的情况下理解随机样本。例如，非参数方法不假设 X_1，X_2，X_3，$X_4 \sim N(\mu, \sigma^2)$，而是假设 X_1，X_2，X_3，$X_4 \sim F$，其中 F 是任意的累积分布函数，然后将经验累积分布函数作为 F 的近似。大数定律则用来确保当收集到的样本越来越多时，近似在取极限时是有效的：即对于每一个 x，经验累积分布函数收敛于真实的累积分布函数。　　　□

10.3　中心极限定理

和上一节一样，令 $X_1, X_2, X_3, \cdots$ 是均值为 μ、方差为 σ^2 的独立同分布随机变量序列。由大数定律可知，当 $n \to \infty$ 时，$\overline{X}_n$ 收敛于常数 μ（依概率 1 收敛）。但是，随机变量在收敛到一个常数的过程中，它的分布是怎样变化的？这样，就出现了中心极限定理（central limit theorem，CLT），正如它的名字所暗示的，中心极限定理是统计学中重要的极限定理。

中心极限定理表明，对于大的 n，标准化后的 $\overline{X}_n$ 的分布是标准正态分布。标准化，就是先减去 $\overline{X}_n$ 的期望值 μ，然后再除以标准差 $\dfrac{\sigma}{\sqrt{n}}$。

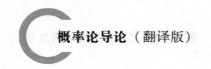

定理 10.3.1（中心极限定理） 当 $n \to \infty$ 时，有

$$\sqrt{n}\left(\frac{\overline{X}_n - \mu}{\sigma}\right) \to \mathcal{N}(0,1)\,.$$

换句话说，左边的累积分布函数近似于标准正态分布的累积分布函数 Φ。

证明： 我们将在如下假设下证明中心极限定理，即假设 X_j 的矩母函数存在，尽管这个定理在更弱的条件下也成立。令 $M(t) = E(\mathrm{e}^{tX_j})$，不失一般性，令 $\mu = 0$，$\sigma^2 = 1$。（因为在这个定理中，最终要标准化 $\overline{X}_n$，所以不妨先标准化 X_j。）则有 $M(0) = 1$，$M'(0) = \mu = 0$，$M''(0) = \sigma^2 = 1$。

我们希望证明的是 $\sqrt{n}\,\overline{X}_n = (X_1 + \cdots + X_n)/\sqrt{n}$ 的矩母函数收敛到 $N(0,1)$ 分布的矩母函数，即 $\mathrm{e}^{t^2/2}$。由矩母函数的性质，可知

$$E(\mathrm{e}^{t(X_1 + \cdots + X_n)/\sqrt{n}}) = E(\mathrm{e}^{tX_1/\sqrt{n}}) E(\mathrm{e}^{tX_2/\sqrt{n}}) \cdots E(\mathrm{e}^{tX_n/\sqrt{n}})$$

$$= \left(M\left(\frac{t}{\sqrt{n}}\right)\right)^n\,.$$

令 $n \to \infty$，得到 1^∞ 型不定式，所以应该将上式先取对数再求极限，即对 $n\ln M\left(\dfrac{t}{\sqrt{n}}\right)$ 取极限，最后再变回指数形式。

$$
\begin{aligned}
\lim_{n \to \infty} n\ln M\left(\frac{t}{\sqrt{n}}\right) &= \lim_{y \to 0} \frac{\ln M(yt)}{y^2} && (\text{令 } y = 1/\sqrt{n}) \\
&= \lim_{y \to 0} \frac{tM'(yt)}{2yM(yt)} && (\text{使用洛必达法则}) \\
&= \frac{t}{2} \lim_{y \to 0} \frac{M'(yt)}{y} && (\text{由于 } M(yt) \to 1) \\
&= \frac{t^2}{2} \lim_{y \to 0} M''(yt) && (\text{再次使用洛必达法则}) \\
&= \frac{t^2}{2}\,.
\end{aligned}
$$

因此，$\sqrt{n}\,\overline{X}_n$ 的矩母函数 $\left(M\left(\dfrac{t}{\sqrt{n}}\right)\right)^n$ 收敛到 $\mathrm{e}^{t^2/2}$。因为矩母函数可以决定分布，因此 $\sqrt{n}\,\overline{X}_n$ 的累积分布函数收敛于标准正态分布。∎

中心极限定理是一个渐近结果，它给出了当 $n \to \infty$ 时 $\overline{X}_n$ 的极限分布，但它也给出了当 n 有限大时，$\overline{X}_n$ 的分布。

近似 10.3.2（中心极限定理的近似形式） 对于非常大的 n，$\overline{X}_n$ 的分布近似为 $N(\mu, \sigma^2/n)$。

证明： 将中心极限定理中的箭头符号改为近似分布的符号，有

$$\sqrt{n}\left(\frac{\overline{X}_{n-\mu}}{\sigma}\right) \sim \mathcal{N}(0,1)\,,$$

然后通过变换，可得

$$\overline{X}_n \sim \mathcal{N}(\mu, \sigma^2/n)\,.$$ ∎

当然，由期望和方差的性质可知，$\overline{X}_n$ 的均值为 μ，方差为 σ^2/n。从而由均值和方差，

中心极限定理给出了 $\overline{X}_n$ 是近似正态的附加信息。

　　现在，来研究这个结果的一般性。当均值和方差有限时，单个 X_j 的分布可以是任意分布。我们会遇到如二项分布这样的离散分布，像贝塔分布这样有界的分布或者是有多个峰和多个谷的分布。但无论分布是什么，平均处理后就会造成正态分布的出现。当 $n = 1$，5，30，100 时，四种不同初始分布对应的 $\overline{X}_n$ 的分布直方图如图 10.5 所示。从图中可以看到，不管 X_j 服从什么分布，随着 n 的增加，$\overline{X}_n$ 的分布会越来越接近正态分布。

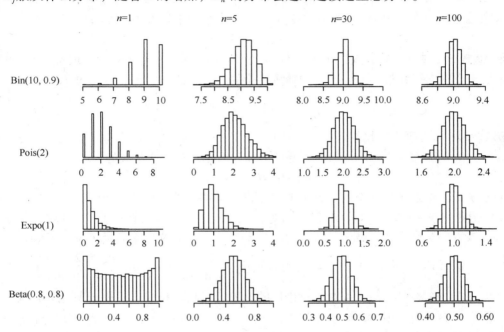

图 10.5　中心极限定理。对于不同的 X_j（以行标记）的起始分布，随着 n 值增加（以列标记）的 $\overline{X}_n$ 的分布直方图。每个直方图基于 10000 个 $\overline{X}_n$ 的模拟值。无论 X_j 的起始分布如何，随着 n 的增加，$\overline{X}_n$ 的分布都近似于正态分布。

　　然而，这并不意味着这种近似与 X_j 的分布无关。如果 X_j 的分布是高度倾斜或多峰的，则可能需要非常大的 n 才能使其均值的分布近似正态；在另一个极端情况中，如果已知 X_j 服从独立同分布的正态分布，则对于所有的 n，$\overline{X}_n$ 都一定服从 $N(\mu, \sigma^2/n)$。因为在现实世界中，没有无限的数据集，所以有限的 n 导致的正态近似的效果是一个重要的考虑事项。

　　例 10.3.3（再次回顾正面朝上的比例）　在例 10.2.3 中，令 X_1，X_2，$\cdots$ 是独立同分布于 $\text{Bern}(1/2)$ 的随机变量。之前，由大数定律得到 $n \to \infty$ 时，$\overline{X}_n \to 1/2$。现在，由中心极限定理，可得 $E(\overline{X}_n) = 1/2$，$\text{Var}(\overline{X}_n) = 1/(4n)$，所以对于非常大的 n，有

$$\overline{X}_n \sim \mathcal{N}\left(\frac{1}{2}, \frac{1}{4n}\right)_\circ$$

对于一个给定的 n，利用这些额外信息就可以推导出偏离均值多少是合适的。例如，当 $n = 100$，$SD(\overline{X}_n) = 1/20 = 0.05$ 时，如果正态近似是有效的，那么由 68%-95%-99.7% 原则，有 95% 的概率相信 $\overline{X}_n$ 落在区间 $[0.40, 0.60]$ 中。　　　　□

　　中心极限定理表明，样本均值 $\overline{X}_n$ 近似服从正态分布，但因为 $W_n = X_1 + \cdots + X_n = n\overline{X}_n$ 只

是 $\overline{X}_n$ 经过尺度变换后的随机变量，所以这也意味着 W_n 近似于正态分布。如果 X_j 的均值为 μ、方差为 σ^2，则 W_n 的均值为 $n\mu$，方差为 $n\sigma^2$。中心极限定理表明，对于非常大的 n，有

$$W_n \sim \mathcal{N}(n\mu, n\sigma^2)。$$

这与 $\overline{X}_n$ 的收敛完全等价，但以这种形式阐述是有用的，因为许多已命名的分布都可以被认为是独立同分布随机变量序列的和。这里有三个例子。

例 10.3.4（泊松分布收敛到正态分布） 令 $Y \sim \mathrm{Pois}(n)$。根据定理 4.8.1，可以把 Y 看作是 n 个独立同分布于 $\mathrm{Pois}(1)$ 的随机变量的和，因此，对于非常大的 n，有

$$Y \sim \mathcal{N}(n, n)。 \qquad \square$$

例 10.3.5（伽马分布收敛到正态分布） 令 $Y \sim \mathrm{Gamma}(n, \lambda)$。通过定理 8.4.3，可以把 Y 看作是 n 个独立同分布于 $\mathrm{Expo}(\lambda)$ 的随机变量的和。因此，对于非常大的 n，有

$$Y \sim \mathcal{N}\left(\frac{n}{\lambda}, \frac{n}{\lambda^2}\right)。 \qquad \square$$

例 10.3.6（二项分布收敛到正态分布） 令 $Y \sim \mathrm{Bin}(n, p)$。由定理 3.8.7，可以将 Y 看作是 n 个独立同分布于 $\mathrm{Bern}(p)$ 的随机变量的和。因此，对于非常大的 n，有

$$Y \sim \mathcal{N}(np, np(1-p))。$$

这可能是统计学中使用最广泛的正态近似。考虑 Y 的离散性，把概率 $P(Y=k)$（在正态近似下为 0）记作 $P(k-1/2 < Y < k+1/2)$（使它成为一个宽度非零的区间），并且对后者应用正态近似。该方法被称为连续性校正，由此产生了如下关于 Y 的概率质量函数的近似：

$$P(Y=k) = P(k-1/2 < Y < k+1/2) \approx \Phi\left(\frac{k+1/2 - np}{\sqrt{np(1-p)}}\right) - \Phi\left(\frac{k-1/2 - np}{\sqrt{np(1-p)}}\right)。$$

二项分布的正态近似与第 4 章中讨论过的泊松近似相辅相成。泊松近似在 n 很大、p 很小的时候最有效，当 n 很大，p 是 $1/2$ 时，正态近似是最优的，所以 Y 的分布是对称的。最后用一个同时用到大数定律和中心极限定理的例子来结束本节。

例 10.3.7（股票的波动性） 每一天，一只波动非常大的股票价格上涨 70% 或下降 70% 的概率是相等的，并且不同天之间相互独立。令 Y_n 是 n 天后的股票价格，从初始值 $Y_0 = 100$ 开始。

（a）解释为什么当 n 较大时，$\ln Y_n$ 近似正态，并且给出正态分布的参数。

（b）当 $n \to \infty$ 时，$E(Y_n)$ 会怎样变化？

（c）利用大数定律求 $n \to \infty$ 时，Y_n 的分布。

解：

（a）记

$$Y_n = Y_0 (0.5)^{n-U_n} (1.7)^{U_n},$$

其中，$U_n \sim \mathrm{Bin}(n, 1/2)$ 是股票在前 n 天上涨的次数。这给出了

$$\ln Y_n = \ln Y_0 - n\ln 2 + U_n \ln 3.4,$$

它是 U_n 的位置-尺度变换。由中心极限定理可得，对于非常大的 n，U_n 近似服从 $N\left(\frac{n}{2}, \frac{n}{4}\right)$，所以 $\ln Y_n$ 近似正态，且均值为

$$E(\ln Y_n) = \ln 100 - n\ln 2 + (\ln 3.4)E(U_n) \approx \ln 100 - 0.081n,$$

方差为

$$\mathrm{Var}(\ln Y_n) = (\ln 3.4)^2 \cdot \mathrm{Var}(U_n) \approx 0.374n。$$

（b）我们有 $E(Y_1) = (170+50)/2 = 110$。类似地，

$$E(Y_{n+1} \mid Y_n) = \frac{1}{2}(1.7Y_n) + \frac{1}{2}(0.5Y_n) = 1.1Y_n，$$

所以

$$E(Y_{n+1}) = E(E(Y_{n+1} \mid Y_n)) = 1.1E(Y_n)。$$

因此，$E(Y_n) = 1.1^n E(Y_0)$，当 $n \to \infty$ 时，它也趋于 ∞。

（c）正如我们在（a）中所假设的，令 $U_n \sim \mathrm{Bin}(n,1/2)$ 是在前 n 天股票上涨的次数。注意，即使 $E(Y_n) \to \infty$，也会出现股价第一天上涨 70%，然后第二天下跌 50%，然后整体下跌 15% 的情况，因为 $1.7 \times 0.5 = 0.85$。因此，经过许多天后，如果大约有一半的时间股票上涨 70%，一半的时间股票下跌 50%——大数定律确保了股票会这样变化，则 Y_n 会非常小！为了应用大数定律，将 Y_n 写为 U_n/n，则

$$Y_n = Y_0(0.5)^{n-U_n}(1.7)^{U_n} = Y_0\left(\frac{(3.4)^{U_n/n}}{2}\right)^n。$$

因为 $U_n/n \to 0.5$ 的概率是 1，$(3.4)^{U_n/n} \to \sqrt{3.4} < 2$ 的概率是 1，所以 $Y_n \to 0$ 的概率是 1。

奇怪的是，虽然 $E(Y_n) \to \infty$，但 $Y_n \to 0$ 的概率是 1。为了对这个结果有一个直观的认识，可以考虑一个极端例子，一个赌徒开始有 100 美元，然后每一天赢得 4 倍财富或者失去全部财产的概率相等。一般来说，赌徒的财富每天平均都翻倍听起来是不错的，直到有一天，赌徒破产了。因此，赌徒实际财富趋于 0 的概率是 1，而期望值则趋于 ∞，这正如我们在圣彼得堡悖论中所讨论的。这是由于获得极大量金钱的概率非常小。

⚙ 10.3.8（特异的柯西分布）　中心极限定理要求 X_j 的均值和方差是有限的，而这与证明弱大数定律的条件相同。例 7.1.24 中所介绍的柯西分布的均值或方差都不存在，因此，柯西分布不满足大数定律和中心极限定理。可以证明，不管 n 有多大，n 个柯西随机变量的样本均值仍然服从柯西分布。所以样本均值永远不会近似服从正态分布，这与中心极限定理相反。也无法得到 $\overline{X}_n$ 收敛到真实均值的结论，所以大数定律并不适用。

10.4　卡方分布和 t 分布

在本节中我们将介绍最后两个连续分布，这两个分布与正态分布密切相关。

定义 10.4.1（卡方分布）　令 $V = Z_1^2 + Z_2^2 + \cdots + Z_n^2$，且 $Z_1, Z_2, \cdots, Z_n$ 是独立同分布于 $N(0,1)$ 的随机变量，则称 V 服从自由度为 n 的卡方分布。记作 $V \sim \chi_n^2$。事实证明，χ_n^2 分布是伽马分布的一个特例。

定理 10.4.2　χ_n^2 分布是 $\mathrm{Gamma}(n/2,1/2)$ 分布。

证明：首先，证明 $Z_1^2 \sim \chi_1^2$ 的概率密度函数与 $\mathrm{Gamma}(1/2,1/2)$ 的概率密度函数相同：当 $x > 0$ 时，有

$$F(x) = P(Z_1^2 \leqslant x) = P(-\sqrt{x} < Z_1 < \sqrt{x}) = \Phi(\sqrt{x}) - \Phi(-\sqrt{x}) = 2\Phi(\sqrt{x}) - 1，$$

所以，

$$f(x) = \frac{\mathrm{d}}{\mathrm{d}x}F(x) = 2\varphi(\sqrt{x})\frac{1}{2}x^{-1/2} = \frac{1}{\sqrt{2\pi x}}\mathrm{e}^{-x/2}，$$

这正是 Gamma$(1/2,1/2)$ 的概率密度函数。又因为 $V = Z_1^2 + Z_2^2 + \cdots + Z_n^2 \sim \chi_n^2$ 是 n 个独立同分布于 Gamma$(1/2,1/2)$ 的随机变量的和，所以 $V \sim \text{Gamma}\left(\dfrac{n}{2}, \dfrac{1}{2}\right)$。 ∎

根据对伽马分布均值和方差的认识，有 $E(V) = n$ 和 $\text{Var}(V) = 2n$。也可以将 V 看作是 n 个独立同分布的标准正态随机变量的平方和，然后得到 V 的均值和方差。

$$E(V) = nE(Z_1^2) = n,$$
$$\text{Var}(V) = n\text{Var}(Z_1^2) = n(E(Z_1^4) - (EZ_1^2)^2) = n(3-1) = 2n。$$

为了得到卡方分布的矩母函数，只需要将 $n/2$ 和 $1/2$ 代入 Gamma(a,λ) 的矩母函数，由定理 8.4.3 可知，Gamma(a,λ) 的矩母函数为 $\left(\dfrac{\lambda}{\lambda-t}\right)^a$，其中 $t < \lambda$。所以

$$M_V(t) = \left(\frac{1}{1-2t}\right)^{n/2}, \quad t < 1/2。$$

在统计学中，卡方分布是很重要的，因为它与样本方差的分布有关，可以用来估计分布的真实方差。当随机变量是独立同分布的时，在适当的尺度变换下，样本方差服从卡方分布。

例 10.4.3（样本方差的分布） 对于独立同分布的 $X_1, \cdots, X_n \sim N(\mu, \sigma^2)$，样本方差 $S_n^2 = \dfrac{1}{n-1}\sum\limits_{j=1}^{n}(X_j - \overline{X}_n)^2$ 也是随机变量。证明：

$$\frac{(n-1)S_n^2}{\sigma^2} \sim \chi_{n-1}^2。$$

解：

首先证明，对于标准正态随机变量 $Z_1, \cdots, Z_n$，$\sum\limits_{j=1}^{n}(Z_j - \overline{Z}_n)^2 \sim \chi_{n-1}^2$ 与要求证明的更一般结果一致，同时也是一个有用的基石。我们从以下等式出发，它是从定理 6.3.3 的证明中得到的一个特殊情况下的等式，

$$\sum_{j=1}^{n} Z_j^2 = \sum_{j=1}^{n}(Z_j - \overline{Z}_n)^2 + n\overline{Z}_n^2。$$

对等式两边同时取矩母函数。由例 7.5.9 可知，$\sum\limits_{j=1}^{n}(Z_j - \overline{Z}_n)^2$ 与 $\overline{Z}_n^2$ 是独立的，所以它们和的矩母函数是各自矩母函数的乘积。现在，有

$$\sum_{j=1}^{n} Z_j^2 \sim \chi_n^2 \text{ 和 } n\overline{Z}_n^2 \sim \chi_1^2,$$

所以，

$$\left(\frac{1}{1-2t}\right)^{n/2} = \left(\sum_{j=1}^{n}(Z_j - \overline{Z}_n)^2 \text{ 的矩母函数}\right) \cdot \left(\frac{1}{1-2t}\right)^{1/2}。$$

这意味着，

$$\left(\sum_{j=1}^{n}(Z_j - \overline{Z}_n)^2 \text{ 的矩母函数}\right) = \left(\frac{1}{1-2t}\right)^{(n-1)/2},$$

这正是 χ_{n-1}^2 的矩母函数，又因为矩母函数决定分布，所以

$$\sum_{j=1}^{n}(Z_j - \overline{Z}_n)^2 \sim \chi_{n-1}^2。$$

对于一般的 X_1，$\cdots$，X_n，需要使用位置-尺度变换。令 $X_j = \mu + \sigma Z_j$，$\overline{X}_n = \mu + \sigma \overline{Z}_n$，当用 Z_j 表示 $\sum_{j=1}^{n}(X_j - \overline{X}_n)^2$ 时，μ 就会消失，σ 则会变为平方，即

$$\sum_{j=1}^{n}(X_j - \overline{X}_n)^2 = \sum_{j=1}^{n}(\mu + \sigma Z_j - (\mu + \sigma \overline{Z}_n))^2 = \sigma^2 \sum_{j=1}^{n}(Z_j - \overline{Z}_n)^2 \text{。}$$

总之，

$$\frac{(n-1)S_n^2}{\sigma^2} = \frac{1}{\sigma^2}\sum_{j=1}^{n}(X_j - \overline{X}_n)^2 = \frac{1}{\sigma^2} \cdot \sigma^2 \sum_{j=1}^{n}(Z_j - \overline{Z}_n)^2 \sim \chi_{n-1}^2,$$

这正是我们想要的。这也意味着 $E(S_n^2) = \sigma^2$。与定理 6.3.3 一致：样本方差是真实方差的无偏估计。□

t 分布是用标准正态随机变量和卡方随机变量定义的。

定义 10.4.4（t 分布）　令

$$T = \frac{Z}{\sqrt{V/n}},$$

其中，$Z \sim N(0,1)$，$V \sim \chi_n^2$，V 和 Z 独立。那么 T 服从自由度为 n 的 t 分布。记作 $T \sim t_n$，简记为"t 分布"。

1908 年，英国吉尼斯啤酒酿造商威廉·戈塞特（William Gosset）引入了这 t 分布，当时他正在研究啤酒的质量控制。公司要求他以笔名出版他的作品，于是他选择"学生"作为自己的笔名。t 分布是 t 检验的基础，而 t 检验在实践中受到广泛使用（这里不介绍 t 检验的细节，因为最好是需要一堂统计课来对其进行推导）。

自由度为 n 的 t 分布的概率密度函数看起来与标准正态分布相似，只是尾部更厚（如果 n 很小，则尾部更厚，如果 n 较大的话，则尾部不会太厚）。自由度为 n 的 t 分布的概率密度函数是

$$f_T(t) = \frac{\Gamma((n+1)/2)}{\sqrt{n\pi}\Gamma(n/2)}(1 + t^2/n)^{-(n+1)/2},$$

这里我们不对上式进行证明，因为推导是复杂的，但无论如何，通过思考正态随机变量和卡方随机变量定义 t 分布的过程，会更容易理解 t 分布的许多重要性质，而不是用概率密度函数进行乏味的计算。下面列出 t 分布的一些重要性质。

定理 10.4.5（t 分布的性质）　t 分布有下列性质。

1. 对称性：如果 $T \sim t_n$，那么 $-T \sim t_n$。
2. 特殊情况下是柯西分布：t_1 分布与柯西分布相同，如例 7.1.24 所示。
3. 收敛到正态分布：当 $n \to \infty$ 时，t_n 的分布渐近服从标准正态分布。

证明：对每个性质进行证明时，需要用到定义 10.4.4。

1. 令

$$T = \frac{Z}{\sqrt{V/n}},$$

其中，$Z \sim N(0,1)$，$V \sim \chi_n^2$，V 和 Z 独立。那么

$$-T = \frac{-Z}{\sqrt{V/n}},$$

其中 $-Z \sim N(0,1)$，所以 $-T \sim t_n$。

2. 回想一下，柯西分布被定义为 X/Y 的分布，其中，X 和 Y 是独立同分布于 $N(0,1)$ 的随机变量。根据定义，$T \sim t_1$ 可以表示为 $T = Z/\sqrt{V}$，其中 $\sqrt{V} = \sqrt{Z_1^2} = |Z_1|$，$Z_1$ 和 Z 独立。但由对称性，$Z/|Z_1|$ 与 Z/Z_1 具有相同的分布，并且 Z/Z_1 服从柯西分布。因此 t_1 分布和柯西分布相同。

3. 该性质是根据大数定律得出的。考虑一组独立同分布的标准正态随机变量，Z_1，$Z_2, \cdots, Z_n$，令

$$V_n = Z_1^2 + \cdots + Z_n^2 \text{。}$$

由弱大数定律，$V_n/n \to E(Z_1^2) = 1$ 的概率是 1。现在令 $Z \sim N(0,1)$，且与所有 Z_j 独立，令

$$T_n = \frac{Z}{\sqrt{V_n/n}}$$

对于所有 n 成立。那么根据定义，$T_n \sim t_n$，由于分母收敛到 1，所以 $T_n \to Z \sim N(0,1)$。因此，T_n 的分布渐近于 Z 的分布。 ■

图 10.6 是不同 n 值所对应的 t 分布的概率密度函数，它展示了上述定理的所有性质：所有的概率密度函数都是在 0 周围对称，由第 7 章可知，$n = 1$ 的 t 分布是柯西分布，以及当 $n \to \infty$ 时尾部变得越来越薄，且概率密度函数趋向于标准正态分布。

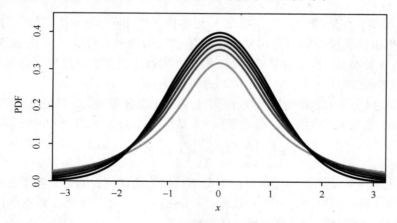

图 10.6　自由度 $n = 1$，2，3，5，10 时的 t 分布（由浅到深）的概率密度函数，以及标准正态分布的概率密度函数（黑色）。当 $n \to \infty$ 时，t 分布趋向于标准正态分布。

10.5　要点重述

不等式和极限理论是当我们并不希望准确地计算期望和概率时使用的两种不同方法。不等式能够获得不希望准确计算的概率的上界或下界：柯西-施瓦茨不等式和詹森不等式给出了期望的界限，而马尔可夫不等式、切比雪夫不等式和切尔诺夫不等式给出了尾概率的界限。

两个极限定理（大数定律和中心极限定理）描述了对于均值为 μ、方差为 σ^2、独立同分布的随机变量 $X_1, X_2, \cdots$，其样本均值 $\overline{X}_n$ 的行为。大数定律表明，当 $n \to \infty$ 时，样本均值 $\overline{X}_n$ 依概率 1 收敛于真实均值 μ。中心极限定理描述的是标准化后 $\overline{X}_n$ 的分布，即收敛于标准正态分布：

$$\sqrt{n}\left(\frac{\overline{X}_n - \mu}{\sigma}\right) \to \mathcal{N}(0,1)。$$

这可以转化为 $\overline{X}_n$ 的近似分布:

$$\overline{X}_n \sim \mathcal{N}(\mu, \sigma^2/n)。$$

等价地, 可以说 $S_n = X_1 + \cdots + X_n = n\overline{X}_n$ 标准化后的分布收敛于标准正态分布

$$\frac{S_n - n\mu}{\sigma\sqrt{n}} \to \mathcal{N}(0,1),$$

且这产生了另一个近似, 即

$$S_n \sim \mathcal{N}(n\mu, n\sigma^2)。$$

图 10.7 说明了从分布到独立同分布于该分布的随机变量的过程, 有了分布, 就可以将样本均值作为一个随机变量来研究。切比雪夫不等式、大数定律、中心极限定理给出了关于样本均值行为的重要信息。

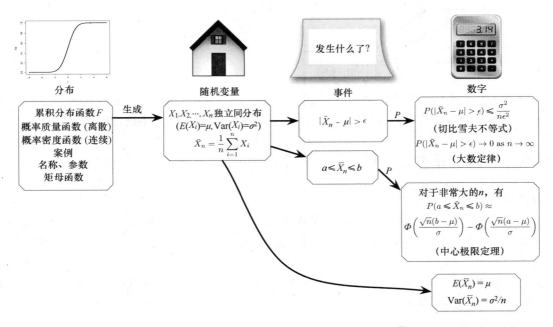

图 10.7　在很多问题中, 独立同分布的随机变量 $X_1, \cdots, X_n$ 的样本均值 $\overline{X}_n$ 是一个重要的统计量。切比雪夫不等式界定了样本均值偏离真实均值的概率, 在切比雪夫不等式之后, 弱大数定律表明, 对于大 n, 样本均值非常接近真实均值的概率是非常高的。中心极限定理表明, 对于大 n, 样本均值的分布近似于正态分布。

卡方分布和 t 分布是两个重要的命名统计分布。卡方分布是伽马分布的特例。t 分布的概率密度函数呈钟形, 比正态分布有更厚的尾部, 并且随着自由度的增加收敛到正态分布。

下面是命名分布之间的最终关系图, 在上一章的基础上, 它又包含了卡方分布 (伽马的一个特例) 和 t 分布 (柯西分布是其特例)。新添加的箭头表示泊松分布 (Pois)、伽马 (Gamma) 分布和 t 分布 (Student-t) 的收敛到正态分布的收敛性。前两个是中心极限定理的结果, 第三个是大数定律的结果。

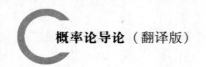

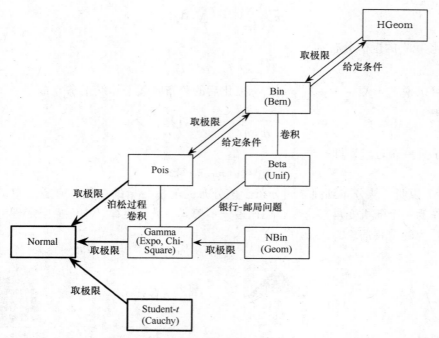

现在我们看到的所有的已命名分布实际上是相互联系的！至于右边和图底的空格，则等待着其他命名分布去填充，但这些分布必须在另一本关于概率的书中进行阐述。

10.6 R 语言应用示例

詹森不等式

对给定的可能性 g，R 软件可以很容易地比较出 X 和 $g(X)$ 的期望，这样就可以验证詹森（Jensen）不等式的特殊情况。例如，假设我们从 Expo(1) 分布中模拟 10^4 个随机数：

```
x <- rexp(10^4)
```

则根据詹森不等式，$E(\ln X) \leqslant \ln EX$。前者可以用 `mean(log(x))` 来近似，后者可以用 `log(mean(x))` 来近似。即：

```
mean(log(x))
log(mean(x))
```

对于 Expo(1) 分布，可以发现 `mean(log(x))` 接近 -0.6（真实值大约是 -0.577），而 `log(mean(x))` 接近于 0（真实值也是 0）。这确实暗示着，$E(\ln X) \leqslant \ln EX$。我们可以把 `mean(x^3)` 与 `mean(x)^3` 进行比较，或者把 `mean(sqrt(x))` 与 `sqrt(mean(x))` 进行比较，其中 `mean(sqrt(x))` 与 `sqrt(mean(x))` 可能是无理数。

大数定律的可视化

在独立的公平抛硬币序列中，为了描绘出出现正面的比例，首先生成抛硬币本身：

```
nsim <- 300
p <- 1/2
x <- rbinom(nsim,1,p)
```

对于每个不同的 n，计算 $\overline{X}_n$，并把它储存在 xbar 中：

```
xbar < -cumsum(x)/(1:nsim)
```

上述代码行将两个向量 cumsum(x) 和 1:nsim 的元素逐个相除。最后，根据抛硬币的次数绘制出 xbar 的图：

```
plot(1:nsim,xbar,type = "1",ylim = c(0,1))
```

由大数定律可以看到 xbar 的值接近 p。

π 的蒙特卡罗估计

蒙特卡罗积分的一个著名例子是 π 的蒙特卡罗估计。单位圆 $\{(x,y):x^2+y^2\leqslant 1\}$ 内切于面积为 4 的正方形 $[-1,1]\times[-1,1]$，如果在正方形上产生大量的随机点，则落在圆内的点的比例约等于圆的面积与正方形面积的比，即 $\pi/4$（见图 10.8）。因此，为了估计 π，可以取落在圆内点的比例并乘以 4 来作为 π 的估计。

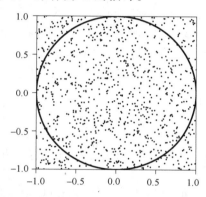

图 10.8　π 的蒙特卡罗估计：在面积为 4 的二维正方形区域 $[-1,1]\times[-1,1]$ 上生成均匀随机点，落在单位圆内的点的比例接近 $\pi/4$。

在 R 语言中，要生成二维空间上的一致均匀点，需要使用例 7.1.22 的结果，即可以独立地在 x 轴和 y 轴上生成 Unif($-1,1$) 上的随机变量：

```
nsim < -10^6
x < -runif(nsim, -1,1)
y < -runif(nsim, -1,1)
```

为计算圆内的点的数量，输入：sum(x^2 + y^2 <1)。向量 x^2 + y^2 <1 是一个示性向量，当第 i 个点落在圆里面时，其第 i 个元素是 1，否则是 0。所以元素的和就是圆内的点的数量。为了得到 π 的估计，把和转化成比例，再乘以 4。所以，有

```
4 * sum(x^2 + y^2 <1)/nsim
```

你认为这样得到的估计值与真实的 π 值有多接近呢？

中心极限定理的可视化

可视化某感兴趣分布的中心极限定理的一种方法如图 10.5 所示，针对不同的 n 值，绘制 $\overline{X}_n$ 的分布。要做到这一点，首先要在感兴趣的分布中多次生成独立同分布的随机变量 $X_1,\cdots,X_n$。例如，假设感兴趣的分布是 Unif(0,1)，并且感兴趣的是 $\overline{X}_{12}$ 的分布，即令 $n=12$。在接下来的代码中，创建了一个独立同分布于标准均匀分布的随机变量的的矩阵。该矩阵有 12 列，对应于 X_1 到 X_{12}，矩阵的每一行是 X_1 到 X_{12} 的不同的实现。

```
nsim<1 -10^4
n < -12
x < -matrix(runif(n * -nsim),nrow =nsim,ncol =n)
```

现在，为了获得 $\bar{X}_{12}$ 的实现值，简单地对矩阵 x 的每一行求平均，这可以用 rowMeans 函数实现：

```
xbar < - rowMeans(x)
```

最后，绘制直方图：

```
hist(xbar)
```

最终应该会看到一个看起来像正态分布的直方图。因为均匀分布 Unif(0,1) 是对称的，中心极限定理很快会开始生效，并且 $\bar{X}_n$ 的正态近似非常好，即使 $n = 12$。将 runif 改为 rexp，可以看到，由 Expo(1) 分布生成的 X_j，当 $n = 12$ 时，$\bar{X}_n$ 的分布仍是有偏的，所以在正态近似之前需要一个大的 n 值是很有必要的。

另一种清晰的可视化中心极限定理的方法是在一个动画包里实现。这个包有一个内置的动画，可模拟梅花瓶或者豆机，它是由统计学家和遗传学家弗朗西斯·高尔顿（Francis Galton）为阐述正态分布而发明的。安装完包后，尝试：

```
library(animation)
ani.options(interval =0.03,max =213)
quincunx()
```

请用中心极限定理解释为什么底部粒子的分布接近正态分布？

卡方分布和 t 分布

虽然卡方分布只是伽马分布的特例，但在 R 语言中它仍然有属于它自己的函数：dchisq、pchisq、rchisq：dchisq(x,n) 和 pchisq(x,n) 分别返回 χ_n^2 的概率密度函数在 x 点的取值及其累计分布函数在 x 点的取值，rchisq(nsim,n) 生成 nsim 个 χ_n^2 随机变量。

t 分布有函数 dt、pt、rt。为了计算 t_n 分布的概率密度函数或累计分布函数在 x 点的取值，可以用语句 dt(x,n) 或者 pt(x,n)。为了从 t_n 分布中生成 nsim 个随机变量，可以使用 rt(nsim,n)。当然，在 R 语言中，dt(x,1) 与 dcauchy(x) 的结果是一样的。

10.7 练习题

不等式

1. ⑤在一项全国性调查中，将随机抽中的人挑选出来，问他们是否支持某项特定政策。假设每个人在每一步进行调查的可能性相同，并且抽样是可放回的（可放回通常比较现实，但是如果样本量与总体数量相比较小，则有放回抽样是很好的近似）。令 n 为样本量，$\hat{p}$ 和 p 分别表示样本和总体中支持政策的人的比例。证明：对于每一个 $c > 0$，有

$$P(|\hat{p} - p| > c) \leqslant \frac{1}{4nc^2}。$$

2. ⑤对于独立同分布的随机变量列 $X_1, \cdots, X_n$，均值为 μ，方差为 σ^2，给出 n（作为一个特定的数字），使得样本均值至少有 99% 的可能性在真实均值的两个标准差范围内。

3. Ⓢ证明：对任意两个正的且并不完全线性相关的随机变量 X 和 Y，有
$$E(X/Y)E(Y/X) > 1。$$

4. Ⓢ著名的算术均值-几何平均不等式说明对任何正数 a_1，a_2，$\cdots$，a_n，都有
$$\frac{a_1 + a_2 + \cdots + a_n}{n} \geq (a_1 a_2 \cdots a_n)^{1/n}。$$

对于任意可能取值为 $a_1, a_2, \cdots, a_n$ 的随机变量 X，通过考虑 $E\ln(X)$ 证明：这个不等式遵循詹森不等式。（应该指定 X 的概率质量函数；也可以假设 a_j 互不相同，没有重复，但是如果你是这么假设的，就一定要进行说明）。

5. Ⓢ令 X 是离散型随机变量，它的不同取值为 $x_0, x_1, \cdots$，并令 $p = P(X = x_k)$。X 的熵为
$$H(X) = \sum_{k=0}^{\infty} p_k \log_2(1/p_k)。$$

（a）令 $X \sim \text{Geom}(p)$，求 $H(X)$.

提示：使用对数的性质，并将其和的部分作为期望值进行解释。

（b）令 X 和 Y 是离散型的独立同分布的随机变量，证明：
$$P(X = Y) \geq 2^{-H(X)}。$$

提示：考虑 $E(\log_2(W))$，其中，W 是以概率 p_k 取值为 p_k 的一个随机变量。

6. 令 X 是均值为 μ、方差为 σ^2 的随机变量，证明：
$$E(X - \mu)^4 \geq \sigma^4，$$
并用这个不等式证明 X 的峰度至少是 -2。

不等式填空

7. Ⓢ令 X 和 Y 是独立同分布的随机变量，并令 $c > 0$。对于下面的每个空白部分，填写适当的等号或不等式符号：如果两边总是相等的，则填写 "$=$"；如果左边小于或等于右边（但它们不一定相等）则填写 "$\leq$"，"$\geq$" 同理。如果没有关系，则填写 "?"。

（a）$E(\ln(X))$ ____ $\ln(E(X))$；

（b）$E(X)$ ____ $\sqrt{E(X^2)}$；

（c）$E(\sin^2(X)) + E(\cos^2(X))$ ____ 1；

（d）$E(|X|)$ ____ $\sqrt{E(X^2)}$；

（e）$P(X > c)$ ____ $\dfrac{E(X^3)}{c^3}$；

（f）$P(X \leq Y)$ ____ $P(X \geq Y)$；

（g）$E(XY)$ ____ $\sqrt{E(X^2)E(Y^2)}$；

（h）$P(X + Y > 10)$ ____ $P(X > 5 \text{ 或 } Y > 5)$；

（i）$E(\min(X, Y))$ ____ $\min(EX, EY)$；

（j）$E(X/Y)$ ____ $\dfrac{EX}{EY}$；

（k）$E(X^2(X^2 + 1))$ ____ $E(X^2(Y^2 + 1))$；

（l）$E\left(\dfrac{X^3}{X^3 + Y^3}\right)$ ____ $E\left(\dfrac{Y^3}{X^3 + Y^3}\right)$。

8. Ⓢ在空白处填写最合适的符号："$\leq$""$\geq$""$=$"，或 "?"。（"?" 的意思是一般来说

没有关系）

在（c）到（f）中，X 和 Y 是独立同分布的、正的随机变量。假设它们存在不同的期望。

（a）（一次投两个骰子，总数为 9 的概率）____（一次投两个骰子，总数为 10 的概率）；

（b）（20 个出生的孩子中至少有 65% 是女孩的概率）____（2000 个出生的孩子中至少有 65% 是女孩的概率）；

（c）$E(\sqrt{X})$____$\sqrt{E(X)}$；

（d）$E(\sin X)$____$\sin(EX)$；

（e）$P(X+Y>4)$____$P(X>2)P(Y>2)$；

（f）$E((X+Y)^2)$____$2E(X^2)+2(EX)^2$。

9. 令 X 和 Y 是连续且独立同分布的随机变量，假设下列不同的表达式存在。在空白处填写最合适的符号：" $\leq$ "" $\geq$ "" $=$ "，或 "?"。（"?" 的意思是一般来说没有关系）

（a）$e^{-E(X)}$____$E(e^{-X})$；

（b）$P(X>Y+3)$____$P(Y>X+3)$；

（c）$P(X>Y+3)$____$P(X>Y-3)$；

（d）$E(X^4)$____$(E(XY))^2$；

（e）$\mathrm{Var}(Y)$____$E(\mathrm{Var}(Y|X))$；

（f）$P(|X+Y|>3)$____$E|X|$。

10. Ⓢ令 X 和 Y 是正的随机变量，且不一定独立，假设存在下列不同的表达式。在空白处填写最合适的符号：" $\leq$ "" $\geq$ "" $=$ "，或 "?"。（"?" 的意思是一般来说没有关系）

（a）$(E(XY))^2$____$E(X^2)E(Y^2)$；

（b）$P(|X+Y|>2)$____$\dfrac{1}{10}E((X+Y)^4)$；

（c）$E(\ln(X+3))$____$\ln(E(X+3))$；

（d）$E(X^2 e^X)$____$E(X^2)E(e^X)$；

（e）$P(X+Y=2)$____$P(X=1)P(Y=1)$；

（f）$P(X+Y=2)$____$P(\{X\geq 1\}\cup\{Y\geq 1\})$。

11. Ⓢ令 X 和 Y 是正的随机变量，且不一定独立，假设以下不同的表达存在。在空白处填写最合适的符号：" $\leq$ "" $\geq$ "" $=$ "，或 "?"。（"?" 的意思是一般来说没有关系）

（a）$E(X^3)$____$\sqrt{E(X^2)E(X^4)}$；

（b）$P(|X+Y|>2)$____$\dfrac{1}{16}E((X+Y)^4)$；

（c）$E(\sqrt{X+3})$____$\sqrt{E(X+3)}$；

（d）$E(\sin^2(X))+E(\cos^2(X))$____$1$；

（e）$E(Y|X+3)$____$E(Y|X)$；

（f）$E(E(Y^2|X))$____$(EY)^2$。

12. Ⓢ令 X 和 Y 是正的随机变量，且不一定独立，假设下列不同的表达存在。在空白处填写最合适的符号：" $\leq$ "" $\geq$ "" $=$ "，或 "?"。（"?" 的意思是一般来说没有关系）

（a） $P(X+Y>2)$ ____ $\dfrac{EX+EY}{2}$；

（b） $P(X+Y>3)$ ____ $P(X>3)$；

（c） $E(\cos(X))$ ____ $\cos(EX)$；

（d） $E(X^{1/3})$ ____ $(EX)^{1/3}$；

（e） $E(X^Y)$ ____ $(EX)^{EY}$；

（f） $E(E(X\mid Y)+E(Y\mid X))$ ____ $EX+EY$。

13. Ⓢ令 X 和 Y 是正的随机变量，假设下列不同的表达存在。在空白处写上最合适的符号：" $\leqslant$ "" $\geqslant$ "" $=$ "，或 " ? "。（" ? " 的意思是一般来说没有关系）

（a） $E(e^{X+Y})$ ____ $e^{2E(X)}$；

（b） $E(X^2 e^X)$ ____ $\sqrt{E(X^4)E(e^{2X})}$；

（c） $E(X\mid 3X)$ ____ $E(X\mid 2X)$；

（d） $E(X^7 Y)$ ____ $E(X^7 E(Y\mid X))$；

（e） $E\left(\dfrac{X}{Y}+\dfrac{Y}{X}\right)$ ____ 2；

（f） $P(\mid X-Y\mid>2)$ ____ $\dfrac{\mathrm{Var}(X)}{2}$。

14. Ⓢ令 X 和 Y 独立同分布于 Gamma$(1/2,1/2)$，$Z\sim N(0,1)$（注意 X、Y 可能相互依赖，X、Z 可能相互依赖，对（a）、（b）、（c）的空白处填写最合适的 " $<$ "" $>$ "" $=$ " 或 " ? "，对（d）、（e）、（f）的空白处填写最合适的 " $\leqslant$ "" $\geqslant$ "" $=$ " 或 " ? "。

（a） $P(X<Y)$ ____ $1/2$；

（b） $P(X=Z^2)$ ____ 1；

（c） $P\left(Z\geqslant\dfrac{1}{X^4+Y^4+7}\right)$ ____ 1；

（d） $E\left(\dfrac{X}{X+Y}\right)E((X+Y)^2)$ ____ $E(X^2)+(E(X))^2$；

（e） $E(X^2 Z^2)$ ____ $\sqrt{E(X^4)E(X^2)}$；

（f） $E((X+2Y)^4)$ ____ 3^4。

15. 令 X、Y、Z 是独立同分布的随机变量，且服从 $N(0,1)$，在空白处填写最合适的 " $<$ "" $>$ "" $=$ " 或 " ? "。

（a） $P(X^2+Y^2+Z^2>6)$ ____ $1/2$；

（b） $P(X^2<1)$ ____ $2/3$；

（c） $E\left(\dfrac{X^2}{X^2+Y^2+Z^2}\right)$ ____ $1/4$；

（d） $\mathrm{Var}(\varPhi(X)+\varPhi(Y)+\varPhi(Z))$ ____ $1/4$；

（e） $E(e^{-X})$ ____ $E(e^X)$；

（f） $E(\mid X\mid e^X)$ ____ $\sqrt{E(e^{2X})}$。

16. 令 X、Y、Z、W 是独立同分布的、正的随机变量，其累积分布函数为 F 且 $E(X)=1$。则在空白处填写最合适的 " $<$ "" $>$ "" $=$ " 或 " ? "。

（a）$F(3)$ _____ $2/3$；

（b）$(F(3))^3$ _____ $P(X+Y+Z\leqslant 9)$；

（c）$E\left(\dfrac{X^2}{X^2+Y^2+Z^2+W^2}\right)$ _____ $1/4$；

（d）$E(XYZW)$ _____ $E(X^4)$；

（e）$\mathrm{Var}(E(Y|X))$ _____ $\mathrm{Var}(Y)$；

（f）$\mathrm{Cov}(X+Y,X-Y)$ _____ 0。

大数定律和中心极限定理

17. Ⓢ令 $X_1,\cdots,X_n$ 是独立同分布的随机变量，均值为 2，$Y_1,\cdots,Y_n$ 是独立同分布的随机变量，均值为 3，证明：

$$\frac{X_1+X_2+\cdots+X_n}{Y_1+Y_2+\cdots+Y_n}\to\frac{2}{3}。$$

18. Ⓢ令 U_1，U_2，$\cdots$，U_{60} 是独立同分布于 $\mathrm{Unif}(0,1)$ 的随机变量，且 $X=U_1+U_2+\cdots+U_{60}$。

（a）X 的分布近似于什么重要分布？详细说明其参数是什么，并说明这是由什么定理得到的。

（b）对 $P(X>17)$ 给出简单但准确的近似，并简要证明。

19. Ⓢ对于所有的正整数 n，令 $V_n\sim\chi_n^2$，$T_n\sim t_n$，

（a）求 a_n、b_n，使得 $a_n(V_n-b_n)$ 的分布收敛到 $N(0,1)$。

（b）证明：$T_n^2/(n+T_n^2)$ 服从贝塔分布。（不用计算）

20. Ⓢ令 T_1，T_2，$\cdots$是独立同分布于 t 分布的随机变量，自由度 $m\geqslant 3$。求常数 a_n 和 b_n，使得当 n 趋于无穷时，$a_n(T_1+T_2+\cdots+T_n-b_n)$ 的分布收敛到 $N(0,1)$。

21. Ⓢ（a）令 $Y=e^X$，$X\sim\mathrm{Expo}(3)$，求 Y 的均值与方差。

（b）令 $Y_1,Y_2,\cdots,Y_n$ 是与（a）中 Y 有相同分布且独立同分布的随机变量，则当 n 很大时，样本均值 $\overline{Y}_n=\dfrac{1}{n}\sum_{j=1}^{n}Y_j$ 的分布近似于什么分布？

22. Ⓢ（a）解释为什么当 n 是很大的正整数时，$\mathrm{Pois}(n)$ 分布近似于正态分布。（列出正态分布的参数）。

（b）斯特林（Stirling）公式对阶乘给出了一个非常准确的近似：

$$n!\approx\sqrt{2\pi n}\left(\frac{n}{e}\right)^n,$$

其中，当 n 趋于无穷时，左、右两边之比例趋于 1。使用（a）的结果给出斯特林公式的快速启发式推导，方法是由正态近似（连续性校正）给出 $\mathrm{Pois}(n)$ 随机变量取值为 n 的概率：$P(N=n)=P\left(n-\dfrac{1}{2}<N<n+\dfrac{1}{2}\right)$，其中 $N\sim\mathrm{Pois}(n)$。

23. Ⓢ（a）考虑独立同分布的泊松随机变量 $X_1,X_2,\cdots,X_j$ 的矩母函数是 $M(t)=e^{\lambda(e^t-1)}$，求样本均值 $\overline{X}_n=\dfrac{1}{n}\sum_{j=1}^{n}X_j$ 的矩母函数 $M_n(t)$。

（b）求 n 趋于无穷时，$M_n(t)$ 的极限。〔利用相关的定理；或者利用（a）的结论和当 x

很小时 $e^x \approx 1 + x$ 的事实。]

24. 令 $X_n \sim \text{Pois}(n)$，对所有正整数 n。使用矩母函数证明：当 n 趋于无穷时，标准化的 X_n 的分布收敛到正态分布（不使用中心极限定理）。

25. 概率统计学的一个重要概念是置信区间（confidence interval，CI），假设从参数为 θ 的分布中观察数据 X。不同于贝叶斯统计，本题认为 θ 是固定的，但未知的常数；没有给出先验分布。一个置信度为 95% 的置信区间包含下界 $L(X)$ 和上界 $U(X)$，对于所有可能的 θ 值：

$$P(L(X) < \theta < U(X)) = 0.95。$$

注意在上述说明中，下界 $L(X)$ 和上界 $U(X)$ 是随机变量，是 X 的函数，θ 是常数。这个定义表明，区间 $(L(X), U(X))$ 有 95% 的可能性包含 θ 的真实值。

想象全世界的一群概率论学家，独立地生成 95% 的置信区间。第 j 个概率论学家观察数据 X_j，并对参数 θ 给出置信区间。证明：如果有 n 个概率论学家，那么当 n 趋于无穷时，区间包含相应参数的比例趋于 0.95。

提示：考虑示性随机变量 $I_j = I(L(X_j) < \theta_j < U(X_j))$。

26. 这个问题将例 10.3.7 推广到更宽泛的背景。假设一只非常活跃的股票价格上涨 70% 或下降 50% 的概率是相等的，并且不同天之间是独立的。

（a）假设一个对冲基金经理每天总是投资当前财富的一半到这只股票，令 Y_n 是 n 天后他的财富，起始 Y_0 为 100。当 n 趋于无穷时 Y_n 会发生什么？

（b）更普遍的情况，假设经理总是每天投资他当前财富的 α 比例到股票中，求函数 $g(\alpha)$，使得

$$\frac{\ln Y_n}{n} \to g(\alpha)，$$

当 n 趋于无穷时的概率是 1，并且证明当 $\alpha = 3/8$ 时，$g(\alpha)$ 最大。

混合练习

27. 正如第 3 章中的练习题 36 所讲，在即将到来的选举中有 n 个选民，n 是一个非常大的偶数。有两位候选人 A 和 B。每位选民独立，且以相等的概率随机投票给候选人。

（a）使用正态近似（连续性校正）得到一个平局的概率。

（b）使用（a）中近似的一阶泰勒展开式（线性近似）证明：平局的概率近似于 $1/\sqrt{cn}$，其中 c 是给定的常数。

28. 在统计学和生活中，一个简单的经验法则是：

条件常常使事情变得更好。

这个问题探究了上述经验法则是如何适用于未知参数的估计。令 θ 是希望基于数据 X_1，$X_2, \cdots$（这些量在观察前是随机变量，观察后是数据）估计的未知参数，在这个问题上，θ 被视为一个未知常数，而不是像在贝叶斯方法中被视为随机变量。令 T_1 是对 θ 的一个估计（这意味着 T_1 是 $X_1, X_2, \cdots$ 的函数，$X_1, X_2, \cdots$ 常常被用来估计 θ）。

以下是对 T_1 估计效果的改进策略。假设有一个随机变量 R，使得 $T_2 = E(T_1 \mid R)$ 是 X_1，$X_2, \cdots$ 的函数。[一般来说，$E(T_1 \mid R)$ 可能涉及未知量（如 θ），但如果这样它就不能作为估计量。] 假设 $P(T_1 = T_2) < 1$，且 $E(T_1^2)$ 有限。

（a）用詹森不等式证明：在均方误差最小的意义下，T_2 优于 T_1，即

$$E(T_2 - \theta)^2 < E(T_1 - \theta)^2 \text{。}$$

提示：对不等式右边应用亚当定律。

（b）定义估计量 T 与 θ 的偏差为 $b(T) = E(T) - \theta$，统计学中的一个重要等式是偏方差均衡等式，即均方误差是方差加上偏差的平方：

$$E(T - \theta)^2 = \text{Var}(T) + (b(T))^2 \text{。}$$

使用这个等式和夏娃定律给出（a）中结果的另一种证明方法。

（c）现在假设 X_1，X_2，$\cdots$ 是均值为 θ，独立同分布的随机变量，并考虑特殊情况，$T_1 = X_1$，$R = \sum_{j=1}^{n} X_j$，求 T_2 的简化形式，并检验当 $n \geqslant 2$ 时，它比 T_1 有更小的均方误差。并说明当 n 趋于无穷时，T_1 和 T_2 会发生什么。

29. n 页书的每一页有 $\text{Pois}(\lambda)$ 个输入错误，其中，λ 是未知的（但不被视为随机变量。拼写错误在不同的页面中是独立的。因此有独立同分布于 $\text{Pois}(\lambda)$ 的随机变量 $X_1, X_2, \cdots, X_n$，这里 X_j 是第 j 页上的拼写错误数。假设我们感兴趣的是页面没有拼写错误的概率 θ 的估计：

$$\theta = P(X_j = 0) = e^{-\lambda} \text{。}$$

（a）令 $\overline{X}_n = \sum_{j=1}^{n} X_j$，证明：$T_n = e^{-\overline{X}_n}$ 是 θ 的有偏估计。

（b）证明：当 n 趋于无穷时，$T_n \to \infty$ 的概率为 1。

（c）证明：$W = \dfrac{1}{n}(I(X_1 = 0) + \cdots + I(X_n = 0))$ 是 θ 的无偏估计。利用 $X_1 \mid (X_1 + \cdots + X_n) \sim \text{Bin}(s, 1/n)$，求 $E(W \mid X_1 + \cdots + X_n)$，则 $\widetilde{W} = E(W \mid X_1 + X_2 + \cdots + X_n)$ 也是 θ 的无偏估计吗？

（d）使用夏娃定律或者其他方法，证明 $\widetilde{W}$ 比 W 有更小的方差，并将其与之前的问题联系起来。

30. 二进制序列是通过一些过程（随机或确定性）生成的。现在需要顺序地预测出每个新数字，例如，可以预测下一个数字是 0 或 1，然后观察它，然后接着预测下一个数字，等等。每一个预测可以基于过去的整个序列。

（a）假设二进制序列由独立同分布的 $\text{Bern}(p)$ 随机变量组成，p 未知，则你的最佳策略是什么？（对于每个预测，你的目标是将预测正确的概率最大化。）使用这个策略，给出正确猜测出第 n 个值的概率是多少？

（b）现在假设二进制序列由独立同分布的 $\text{Bern}(p)$ 随机变量组成，p 未知。考虑以下策略：如果到目前为止，"1" 的比例至少是 $1/2$，则将 "1" 作为第一个预测；否则，就预测为 "0"。求当 $n \to \infty$ 时，正确猜测第 n 个值的概率（用 p 表示）。

（c）现在假设你遵循的是（b）的策略，但二进制序列是由一个了解你的策略的机器产生的。这个机器该怎么做才会使你的猜测尽可能多的是错误的呢？

31. Ⓢ令 X 和 Y 是独立的标准正态随机变量，并令 $R^2 = X^2 + Y^2$。

（a）R^2 的分布是之前我们介绍过的三个重要分布的例子。指出它们分别是哪三个分布，并列出相应的参数。

（b）求 R 的概率密度函数。

以得到转移矩阵的 n 次幂，从而给出 n 步转移概率：

$$q_{ij}^{(n)} 是 Q^n 的 (i,j) 项。$$

例 11.1.5（4- 状态马尔可夫链的转移矩阵）：考虑到如图 11.1 所示的 4- 状态马尔可夫链。当没有概率写在箭头上时，意味着源自给定状态的所有箭头都存在着相同的概率。举例来说，有 3 个箭头来自状态 1，那么对于状态 $1 \to 3$、$1 \to 2$、$1 \to 1$，都有转移概率 $\frac{1}{3}$。

那么这个 4- 状态马尔可夫链的转移矩阵为

$$Q = \begin{pmatrix} \frac{1}{3} & \frac{1}{3} & \frac{1}{3} & 0 \\ 0 & 0 & \frac{1}{2} & \frac{1}{2} \\ 0 & 1 & 0 & 0 \\ \frac{1}{2} & 0 & 0 & \frac{1}{2} \end{pmatrix}。$$

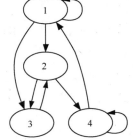

图 11.1　4- 状态马尔可夫链。

为了计算从状态 1 开始经过 5 步转移到状态 3 的概率，应当观察矩阵 Q^5 中的 $(1,3)$ 项，下面先来计算 Q^5

$$Q^5 = \begin{pmatrix} \frac{853}{3888} & \frac{509}{1944} & \frac{52}{243} & \frac{395}{1296} \\ \frac{173}{864} & \frac{85}{432} & \frac{31}{108} & \frac{91}{288} \\ \frac{37}{144} & \frac{29}{72} & \frac{1}{9} & \frac{11}{48} \\ \frac{499}{2592} & \frac{395}{1296} & \frac{71}{324} & \frac{245}{864} \end{pmatrix},$$

所以有 $q_{13}^{(5)} = 52/243$。

使用第 7 章的语言，在给定马尔可夫链初始状态的条件下，转移矩阵 Q 给出了 X_1 的条件分布。具体来说，给定 $X_0 = i$ 时，Q 的第 i 行是 X_1 的条件概率质量函数，用一个行向量表示。同样地，给定 $X_0 = i$ 时，Q^n 的第 i 行是 X_n 的条件概率质量函数。

为了得到 $X_0, X_1, \cdots$ 的边缘分布，我们需要确定的不仅仅包括转移矩阵，还包括马尔可夫链的初始状态。后者可以通过将初始状态 X_0 设置为某特定状态或者根据一些分布随机抽取一个状态作为初始状态 X_0 来实现。令向量 $(t_1, t_2, \cdots, t_M)$ 作为 X_0 的概率质量函数，即 $t_i = P(X_0 = i)$。那么马尔可夫链在任何时刻的边缘分布就可以由转移矩阵计算，即用全概率公式对所有的状态求平均。

命题 11.1.6（X_n 的边缘分布）　定义 $t = (t_1, t_2, \cdots, t_M)$，其中 $t_i = P(X_0 = i)$，并且将 t 视为一个列向量。那么 X_n 的边缘分布是由向量 tQ^n 来决定的。也就是说 tQ^n 的第 j 项是 $P(X_n = j)$。

证明：以 X_0 为条件，由全概率公式可知马尔可夫链在 n 步之后处于状态 j 的概率为

$$P(X_n = j) = \sum_{i=1}^M P(X_0 = i) P(X_n = j | X_0 = i)$$

$$= \sum_{i=1}^{M} t_i q_{ij}^{(n)},$$

其中，$t\,Q^n$ 的第 j 项是由矩阵的乘法定义而来的。

例 11.1.7（4-状态马尔可夫链的边缘分布） 再次考虑图 11.1 中的 4-状态马尔可夫链。假定初始状态为 $t = \left(\dfrac{1}{4}, \dfrac{1}{4}, \dfrac{1}{4}, \dfrac{1}{4}\right)$，这意味着从链中每个状态出发的概率都相等。令 X_n 表示链在时间点 n 所处的状态。那么 X_1 的边缘分布为

$$tQ = \left(\frac{1}{4}, \frac{1}{4}, \frac{1}{4}, \frac{1}{4}\right) \begin{pmatrix} \frac{1}{3} & \frac{1}{3} & \frac{1}{3} & 0 \\ 0 & 0 & \frac{1}{2} & \frac{1}{2} \\ 0 & 1 & 0 & 0 \\ \frac{1}{2} & 0 & 0 & \frac{1}{2} \end{pmatrix}$$

$$= \left(\frac{5}{24}, \frac{1}{3}, \frac{5}{24}, \frac{1}{4}\right)。$$

X_5 的边缘分布为

$$tQ^5 = \left(\frac{1}{4}, \frac{1}{4}, \frac{1}{4}, \frac{1}{4}\right) \begin{pmatrix} \frac{853}{3888} & \frac{509}{1944} & \frac{52}{243} & \frac{395}{1296} \\ \frac{173}{864} & \frac{85}{432} & \frac{31}{108} & \frac{91}{288} \\ \frac{37}{144} & \frac{29}{72} & \frac{1}{9} & \frac{11}{48} \\ \frac{499}{2592} & \frac{395}{1296} & \frac{71}{324} & \frac{245}{864} \end{pmatrix}$$

$$= \left(\frac{3379}{15552}, \frac{2267}{7776}, \frac{101}{486}, \frac{1469}{5194}\right),$$

上述计算过程需要用计算机来计算矩阵的乘法。

11.2 状态的分类

在本节中，我们将介绍描述各种关于马尔可夫链特征的术语。根据状态在马尔可夫链中长时间运行后是会被重复访问还是会被抛弃，马尔可夫链的状态分为常返态和瞬时态。状态也可以根据周期分类，周期是链中连续访问某状态所间隔的最小时间，它是一个正整数。这些特征是十分重要的，因为它们决定了 11.3 节中将要介绍的马尔可夫链的长期行为。

借助于具体例子可以更好地解释常返态和瞬时态的概念。在图 11.2（在之前的例 11.1.5 中提到过）左图所展示的马尔可夫链中，这条链可以长期地进行下去，因为链可能从任何状态转移到任何一个另外的状态，所以长远来看，粒子在四个状态间的转移会持续下去。相反，考虑图 11.2 中右图的马尔可夫链，并且让粒子从状态 1 开始，则在一段时间内，粒子可能滞留在由状态 1、2 和 3 组成的三角形中，并且最终到达状态 4，但是从此它将再也不会返回到状态 1、2 和 3。然后，它将永远在状态 4、5、6 中漫游。因此，状态 1、

2、3 是瞬时态，而状态 4、5、6 是常返态。

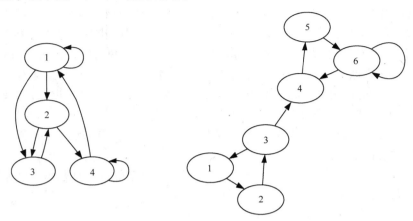

图 11.2　左图：所有状态都是常返态的 4-状态马尔可夫链。
右图：状态 1、2、3 是瞬时态的 6-状态马尔可夫链。

总的来说，这些状态可以如下定义。

定义 11.2.1（瞬时态和常返态）　如果一个马尔可夫链从状态 i 出发，最终回到状态 i 的概率为 1，那么就称状态 i 为常返态。否则，称其为瞬时态，瞬时态意味着从状态 i 出发，再也不回到状态 i 的概率为正。

事实上，虽然给瞬时态的定义是不回到某个状态的概率为正，但还是可以给出一个更强的说法：只要不回到状态 i 的概率是正的，那么这个链条最终会永远离开状态 i。从长远来看，任何可能发生的事情都会发生（在一个有限的状态空间中）。我们将用以下命题来准确地说明这个想法。

命题 11.2.2（经过瞬时态的次数服从几何分布）　令 i 为一个马尔可夫链的瞬时态。假定从状态 i 出发再也回不到状态 i 的概率是一个正数 $p>0$。那么，从状态 i 开始，在永远离开状态 i 之前经过状态 i 的次数服从 $\text{Geom}(p)$。

该命题的证明来自几何分布的案例：每当链位于状态 i 时，就存在一次伯努利试验，如果马尔可夫链最终回到状态 i 就算失败，如果最终没有回到状态 i 就算成功，且根据马尔可夫性可知，这些试验都是独立的。回到状态 i 的次数就是第一次成功前的失败次数，这也就是几何分布的案例。特别地，由于几何分布的随机变量总是取有限的值，所以这个命题告诉我们，经过有限次回到状态 i 后，链条会永远离开状态 i。

如果状态数量不是太大，则区分状态是常返态还是瞬时态的一种方法是画图，并且使用之前分析图 11.2 时的方法。一个特殊的情况就是当链条不可约时，即从任何状态到其他任何状态都是可能的时，这可以瞬间得出所有状态都是常返态的结论。

定义 11.2.3（不可约马尔可夫链和可约的马尔可夫链）　一个马尔可夫链的转移矩阵 $\boldsymbol{Q}$ 是不可约的，如果对于任何两个状态 i 和 j，通过有限步从 i 到 j 是可能的（有一个正的概率）。也就是说，对任何状态 i、j，存在一个正整数 n，使得 $\boldsymbol{Q}^n$ 的 (i,j) 项是正的。一个马尔可夫链如果不是不可约的，那它就是可约的。

命题 11.2.4（不可约意味着所有的状态都是常返态）　在一个有限状态空间中的不可约

概率论导论（翻译版）

马尔可夫链中，所有状态都是常返的。

证明：很明显的是，至少有一个状态是常返的。如果所有状态都是瞬时的，那么马尔可夫链最终将离开所有状态而无路可去。因而不失一般性，假设状态 1 是常返的，那么考虑到任何其他状态 i。由不可约的定义，可知 $q_{1i}^{(n)}$ 对于一些 n 是正的。所以，每当链条处于状态 1 时，通过 n 步到达 i 的概率是正的。因为链条无数次通过状态 1，所以总会有一个时间点从状态 1 到达状态 i。把每次到达状态 1 当作一次尝试的开始，在至多 n 步中，"成功"被定义为到达状态 i。由于状态 1 是常返态，所以状态 i 总是会继续到达状态 1，同理，最终也会继续到达状态 i。通过归纳可知，链条也会无穷次的到达状态 i。由于状态 i 是任意的，所以可以认为所有的状态都是常返的。∎

上述命题的逆命题为假。得到一个所有状态都是常返态的可约马尔可夫链是可能的。下图中的马尔可夫链、由两部分状态组成。

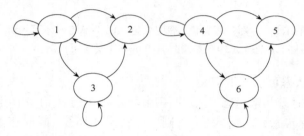

⚑ 11.2.5　注意，常返态和瞬时态都是马尔可夫链中状态的性质，而不可约和可约则是整个链条的性质。

下面是前几章中我们熟悉的两个例子，现在，从马尔可夫链的角度，再来看一下。对于每一个例子，都要区分出常返态和瞬时态。

例 11.2.6（赌徒破产的马尔可夫链）　在赌徒破产问题中，两个赌徒，A 和 B，分别从 i 和 $N-i$ 美元开始，每次以 1 美元为赌注进行一系列的赌博。在每一回合，赌徒 A 都有概率 p 赢或者概率 $q=1-p$ 输，令 X_n 表示赌徒 A 在时间节点 n 的财富。那么 $X_0, X_1, \cdots$ 就是状态空间 $\{0,1,\cdots,N\}$ 上的马尔可夫链（见下图）。根据题设，$X_0=i$。

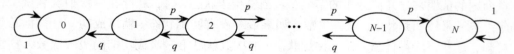

一旦马尔可夫链到达 0 或者 N，则认为赌徒 A 或者 B 破产，然后马尔可夫链将永远处于那个状态。我们在第 2 章中证明了 A 或者 B 破产的概率为 1，所以无论从哪个不是 0 或者 N 的状态 i 开始，马尔可夫链总会到达 0 或者 N，然后结束，永远不会回到状态 i。所以，对于马尔可夫链来说，只有 0 和 N 是常返的，所有其他状态都是瞬时的。链条是可约的，因为从状态 0 开始，只可能到状态 0；从状态 N 开始，也只可能到状态 N。

例 11.2.7（优惠券收集问题的马尔可夫链）　在优惠券收集问题中，有 C 种优惠券，逐一收集，每次在 C 种优惠券类型中进行更换。令 X_n 表示经过 n 次尝试后收集到的不同优惠券的类型。那么 $X_0, X_1, \cdots$ 就是状态空间 $\{0,1,\cdots,C\}$ 上的马尔可夫链（见下图）。由题设，$X_0=0$。

在这个马尔可夫链中，除了状态 C，不会再次到达任何一个已经离开了的状态。所收集

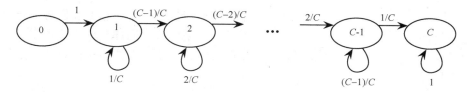

的优惠券类型只会增加，不会减少。因此，除了状态 C 之外，所有的状态都是瞬时的。链条是可约的，因为从状态 2 开始，永远不可能再到达状态 1。　□

另一个给状态分类的方法就是根据它们的周期。周期是连续两次到达某状态所需要的时间。

定义 11.2.8（状态的周期，周期性马尔可夫链和非周期马尔可夫链）　在马尔可夫链中，状态 i 的周期是所有可能的从状态 i 返回到状态 i 所需步数的最大公约数。也就是说，状态 i 的周期是使得 $\boldsymbol{Q}^n$ 的 (i,i) 项为正的、n 的最大公约数。（如果从状态 i 开始再也回不到状态 i 了，则 i 的周期是不确定的。）如果一个状态的周期为 1，那么就称为非周期性状态；否则，称为周期性状态。如果链条所有的状态都是非周期性的，那么整个链条就被称为非周期性的；否则，称为周期性的。

例如，再来看一下图 11.2 所表示的两条马尔可夫链，并将其在图 11.3 中再次展示出来。首先，考虑右图的这个 6- 状态链条。从状态 1 开始，经过 3 步，6 步，9 步，等等后回到状态 1 都是可能的，但是经过任何不是 3 的倍数的步数都不可能再回到状态 1 的，所以状态 1 的周期为 3。同样地，状态 2 和状态 3 的周期也都为 3。另一方面，状态 4、5、6 的周期为 1，但是链条是周期性的，因为至少有一个状态的周期不为 1。相比之下，在左图的链条中，所有的状态都是非周期性的，所以链条都是非周期性的。

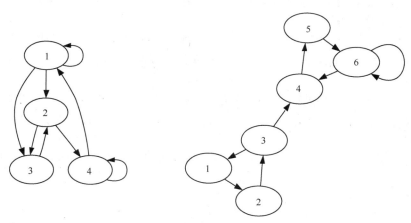

图 11.3　左图：非周期性马尔可夫链。右图：周期性马尔可夫链，其中状态 1、2 和 3 的周期均为 3。

在赌徒的破产链条中，除 0 和 N 之外的所有状态的周期都是 2，而 0 和 N 的周期为 1。在优惠券收集链条中，除了 0 之外所有状态的周期都是 1，而 0 的周期是无穷，因为再也不会回到状态 0。所以这些链条都不是非周期的。

11.3　平稳分布

常返态和瞬时态的定义对更好地理解马尔可夫链的长期行为有很重要的作用。起初，链条可能会花时间在瞬时状态上。但最终，链条会把时间都花在常返态上。但是在每个常返态上花费的时间的分布是什么呢？这个问题由平稳分布来回答，同样被称为稳态分布。我们将在本节中了解到，对于不可约和非周期的马尔可夫链，平稳分布描述了链条的长期行为，无论初始状态是什么。

定义 11.3.1（平稳分布） 一个列向量 $s = (s_1, \cdots, s_M)$，其中 $s_i \geq 0$ 并且 $\sum_i s_i = 1$。若有一个转移矩阵为 Q 的马尔可夫链，且

$$\sum_i s_i q_{ij} = s_j$$

对于所有的 j 都成立，或者等价地，有

$$sQ = s,$$

那么就称 s 为平稳分布。回想一下，如果 s 是 X_0 的分布，则 sQ 就是 X_1 的分布。因此，对于问题 $sQ = s$ 来说，意味着，要是 X_0 的分布为 s，那么 X_1 的分布也为 s。那么接下来 X_2，X_3，等等也都有分布为 s。也就是说，若马尔可夫链的初始分布为平稳分布，则链条将永远停留在平稳分布中。

一种可视化马尔可夫链平稳分布的方法是，假定有大量的粒子，每个粒子依据转移概率独立地在状态间转移。过了一会儿，粒子系统将接近平衡，也就是说，对于所有的状态，离开状态的粒子数和进入状态的粒子数大体持平。结果，整个系统是平稳的，且每个状态的粒子数的比例将由平稳分布给出。

🐱 **11.3.2**（平稳分布是边缘分布，不是条件分布） 当马尔可夫链处于平稳分布时，对于所有的 n，X_n 的无条件概率质量函数等于 s，但是有条件的由 $X_{n-1} = i$ 得出的概率质量函数，仍然由转移矩阵 Q 的第 i 列决定。

如果马尔可夫链是从平稳分布开始的，那么所有的 X_n 都有相同分布的（因为它们都有相同的边缘分布 s），但是并不一定独立。一般来说，以 $X_{n-1} = i$ 为条件的 X_n 的条件分布与 X_n 的边缘分布不同。

🐱 **11.3.3**（交感术） 如果马尔可夫链是从平稳分布开始的，那么 X_n 的边缘分布都是相同的。这和 X_n 自身是等价的说法是不同的。将随机变量 X_n 与它的分布混淆是交感术的一个例子。

对于非常小的马尔可夫链，可以通过手算得到它的平稳分布。下面是一个双状态马尔可夫链的例子。

例 11.3.4（双状态马尔可夫链的平稳分布） 令

$$Q = \begin{pmatrix} \dfrac{1}{3} & \dfrac{2}{3} \\ \dfrac{1}{2} & \dfrac{1}{2} \end{pmatrix},$$

平稳分布的形式类似于 $s = (s, 1-s)$，并且需要在下面的方程组中解出来 s：

$$(s, \ 1-s) \begin{pmatrix} \dfrac{1}{3} & \dfrac{2}{3} \\ \dfrac{1}{2} & \dfrac{1}{2} \end{pmatrix} = (s, \ 1-s),$$

这和下面的式子是等价的

$$\frac{1}{3}s + \frac{1}{2}(1-s) = s,$$

$$\frac{2}{3}s + \frac{1}{2}(1-s) = 1-s,$$

其存在的唯一解是 $s = \frac{3}{7}$，所以 $\left(\frac{3}{7}, \frac{4}{7}\right)$ 是这个马尔可夫链唯一的平稳分布。　□

考虑到线性代数的知识，对于方程 $sQ = s$ 中的 s 是 Q 关于特征值 1 的左特征向量（具体可以看数学附录的 A.3 节）。为了得到特征向量的一般形式（一个右特征向量），做转置：$Q^{\mathrm{T}}s^{\mathrm{T}} = s^{\mathrm{T}}$，其中 T 代表转置。

11.3.1　存在性和唯一性

平稳分布存在吗，它是唯一的吗？事实证明，在一个有限状态空间上，平稳分布总是存在的。此外，在不可约的马尔可夫链中，平稳分布是独一无二的。

定理 11.3.5（平稳分布的存在性和唯一性）　任何不可约马尔可夫链都有一个唯一的平稳分布。在这个分布中，每个状态都有正的概率。

这个定理是线性代数中佩龙-弗罗贝尼乌斯（Perron-Frobenius）定理中的结果，也可以在后面的数学附录 A.3 节中看到。

图 11.3 的左图是不可约 4-状态马尔可夫链：就图像而言，通过箭头从任何状态去任何状态都是可能的；在转移矩阵中，Q^5 的所有项都是正的。因此，由定理 11.3.5，这个链条具有特定的平稳分布。另一方面，赌徒破产的马尔可夫链是可约的，所以定理并不适用。事实证明，赌徒破产没有单独唯一的平稳分布。从长远来看，这个链条可以收敛到状态 0 或者状态 N 的退化分布。

11.3.2　收敛性

我们已经非正式地表示，平稳分布描述了链条的长期行为。在某种意义上，如果长时间运行链条，则 X_n 的边缘分布将收敛于平稳分布 s。下一个定理表明，只要链条是不可约的非周期性马尔可夫链，则这个结论就是正确的。然后，无论这个链条的初始状态如何，X_n 的概率质量函数都将收敛于 $n \to \infty$ 的平稳分布。这将平稳性的概念与马尔可夫链的长期行为联系了起来。这里省略了证明。

定理 11.3.6（平稳分布的收敛性）　令链条 $X_0, X_1, \cdots$ 是一个分布为 s，转移矩阵为 Q 的马尔可夫链，它一些幂次 Q^m 的所有项都为正（这些假定相当于假设链条是不可约且非周期的），则当 $n \to \infty$ 时，$P(X_n = i)$ 收敛于 s_i，Q^n 收敛到所有列都为 s 的矩阵。

因此，在经过了大量的步骤之后，无论链条的初始状态是什么，这个链条在状态 i 的概率都会接近于平稳分布。直观地，需要非周期性的额外条件，以排除在状态间绕圈子的马尔可夫链，如下面的例题所示。

例 11.3.7（周期链）　图 11.4 是一个每个状态的周期都为 5 的周期链。

这个链条的转移矩阵为

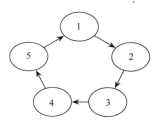

图 11.4　一个周期链。

$$Q = \begin{pmatrix} 0 & 1 & 0 & 0 & 0 \\ 0 & 0 & 1 & 0 & 0 \\ 0 & 0 & 0 & 1 & 0 \\ 0 & 0 & 0 & 0 & 1 \\ 1 & 0 & 0 & 0 & 0 \end{pmatrix}。$$

不难证明 $s = \left(\frac{1}{5}, \frac{1}{5}, \frac{1}{5}, \frac{1}{5}, \frac{1}{5} \right)$ 是这个链条的平稳分布，并且由定理 11.3.5 可知，s 是唯一的。当然，我们假定这个链条开始于 $X_0 = 1$，那么 X_n 的概率质量函数将概率 1 分配给 $(n \bmod 5) + 1$ 状态，而将 0 分配给所有其他状态。所以随着 $n \to \infty$，它不会收敛到 s。Q^n 也不会收敛到每行为 s 的矩阵：链的转移矩阵是确定的，所以 Q^n 总是由 0 和 1 组成的。□

最后，平稳分布告诉我们访问不同状态之间的平均时间。

定理 11.3.8（预计返回时间） 令 X_0，X_1，$\cdots$ 是一个平稳分布为 s 的不可约马尔可夫链。令 r_i 表示从状态 i 开始，沿着链条再回到状态 i 的时间，那么 $s_i = \frac{1}{r_i}$。

下面是这个定理如何应用于例 11.3.4 中的双状态链。

例 11.3.9（双状态链的长期行为） 在长期运行中，例 11.3.4 中的链条将花 $\frac{3}{7}$ 的时间在状态 1，$\frac{4}{7}$ 的时间在状态 2。从状态 1 开始，将花总步数的 $\frac{3}{7}$ 回到 1。当 n 趋于无穷时，转移矩阵的 n 次幂收敛到一个每列都是平稳分布的矩阵，即

$$\begin{pmatrix} 1/3 & 2/3 \\ 1/2 & 1/2 \end{pmatrix}^n \to \begin{pmatrix} 3/7 & 4/7 \\ 3/7 & 4/7 \end{pmatrix}$$

11.3.3 谷歌网页排名

接下来我们考虑一个非常宏大的平稳分布的例子，对于具有数十亿个互联网节点的状态空间的马尔可夫链：万维网。下一个例子说明了谷歌创始人如何将网络作为马尔可夫链将其模型化，然后用平稳分布评估网页。多年来，谷歌使用的这种方法被称作网页排名（Page Rank），这也是他们"软件的核心"。

假设你对某个主题感兴趣，例如象棋，所以你使用搜索引擎来查找有关象棋的信息的有用网页。结果有数以万计的网页提到"象棋"这个词，所以搜索引擎需要处理的一个关键问题是如何按顺序显示搜索结果？在找到有效信息之前，必须对数千个提及"象棋"的垃圾页面进行扫描，这是一件非常糟糕的事情。

在网络发展的早期阶段，人们使用了各种排名的方法。例如，一些搜索引擎请人们手动决定哪些页面是最有用的，他们的作用就好像博物馆的馆长一样。但是除了主观性太强和成本高之外，随着网络的发展，这种方法很快就变得不可行了。其他人专注于网站上提到的搜索字词的次数。但是，一次又一次地提到"象棋"的页面可能比简单的参考页面或者关于不重复提及这个单词的页面更加不方便。此外，这种方法还会造成大量滥用：垃圾邮件页面可以通过一遍又一遍地报关键词来提高其排名。

以上两种方法都忽略了网页的结构：哪些网页可以链接到其他页面？考虑链接结构会使搜索引擎的效率得到显著改进。作为第一次尝试，可以根据有多少其他页面链接到该页面来

排序页面。也就是说，如果页面 A 链接到页面 B，认为 A 是对 B 的投票，则根据票数对页面进行排名。

但这又会导致大量滥用：垃圾页面可以通过创建其他数千个链接到该页面的垃圾页面来提高其排名。尽管看起来似乎对所有页面都是很民主的，具有相同的投票权，但来自可靠页面的链接比来自不可靠页面的链接更有意义。由谢尔盖·布林（Sergey Brin，谷歌的创始人之一）于 1998 年推出的谷歌排名算法，以及名称为拉里·佩奇（Larry Page，谷歌的另一位创始人的名字）的页面，不仅仅考虑到了页面的票数，而且还考虑了这些页面的重要性。

将网络视为有向网络。网页上的每个页面都是一个节点，节点之间的链接表示页面之间的链接。例如，为了简单起见，假设网页只有 4 个页面，它们之间的链接如图 11.5 所示。

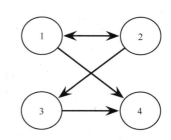

想象一下有人随便浏览网页，从某个页面开始，然后随机点击该链接，到下一个页面（在当前页面上，点击所有链接的概率都相同）。网页排名的想法是通过在该页面上花费的时间来衡量页面的重要性。

图 11.5　毕竟这是一个小网络。

当然，一些页面可能根本没有出站链接，如上面的第 4 个页面。当上网的人遇到这样一个页面时，与其因为打开一个新的浏览器窗口而失望，倒不如均匀地访问随机页面。因此，没有链接的页面会被转换为链接到每个页面的页面，包括其自身。对于上面的例子，我们得到的转移矩阵为

$$Q = \begin{pmatrix} 0 & 1/2 & 0 & 1/2 \\ 1/2 & 0 & 1/2 & 0 \\ 0 & 0 & 0 & 1 \\ 1/4 & 1/4 & 1/4 & 1/4 \end{pmatrix}。$$

一般来说，令 M 为网页上的网页数，令 Q 为上述链的 $M \times M$ 转换矩阵，设 s 为平稳分布（假设存在且唯一）。设想 s_j 是衡量第 j 个页面的重要程度。直观地，方程

$$s_j = \sum_i s_i q_{ij}$$

意味着，第 j 个页面的得分不仅应该基于链接到它的其他页面的个数，还要基于其他页面的得分。此外，如果一个页面的"投票权"有很多外在链接，那么它的"投票权"就会被稀释：页面 i 只有唯一链接页面 j（使得 $q_{ij}=1$），而这要比页面 i 有数千个链接，其中恰好有一个是页面 j 更重要。

该链存在唯一的平稳分布并不是很清楚，因为马尔可夫链可能是可约的且非周期性的。即使是不可约且非周期性的，因为网络如此巨大，所以平稳分布的收敛可能非常慢。为了解决这些问题，假设在每次移动之前，上网者以 α 的概率抛硬币。如果是正面，上网者点击当前页面的随机链接；如果是反面，上网者均匀地点击随机页面，所产生的链具有谷歌转移矩阵为

$$G = \alpha Q + (1-\alpha)\frac{J}{M},$$

其中，J 是所有元素都为 1 的 $M \times M$ 矩阵。注意到，G 的行和为 1 并且所有项为正，所以 G

是一个不可约的、非周期的马尔可夫链的有效转移矩阵。这意味着有唯一的平稳分布，称为页面排名（Page Rank），最终链条会收敛到它。α 的选择是重要的考虑因素。对于网络结构来说，选择接近 1 的 α 是很有意义的，但是有一个折中，因为事实证明，较小的 α 值会使得链收敛得更快。作为妥协，布林和佩奇的原始建议是 $\alpha = 0.85$。

页面排名在概念上是很好的，但是计算起来却非常困难，因为 $sG = s$ 很可能是由多达 1000 亿个未知数和 1000 亿个方程组成的方程组。为此，可以用马尔可夫链解决，而不是将其视为一个巨大的代数问题：对任意起始分布 t，当 $n \to \infty$ 时，有 $tG^m \to s$。而 tG 似乎更容易计算：

$$tG = \alpha(tQ) + \frac{1-\alpha}{M}(tJ),$$

其中，计算第一个部分不是太难，因为 Q 是非常稀疏的（大多数是 0），计算第二个部分也很容易，因为 tJ 是所有元素为 1 的向量。这样 tG 变成了新的 t，然后可以计算 $tG^2 = (tG)G$，等等。直到序列收敛为止（尽管很难知道它是否收敛）。这给出了页面排名的近似值，并且具有直观的解释，因为这是上网者在大量点击页面后的分布。

11.4 可逆性

我们已经可以看到，马尔可夫链的平稳分布对于了解它的长期行为是非常有用的。不幸的是，一般来说，当状态空间大的时候，可能在计算上难以找到平稳分布。本节将讨论一个重要的特殊情况，可以避免使用大矩阵特征方程。

定义 11.4.1（可逆性） 令 $Q = (q_{ij})$ 是一个马尔可夫链的转移矩阵。假定有一个序列 $s = (s_1, \cdots, s_M)$，其中 $s_i \geq 0$，$\sum_i s_i = 1$，使得

$$s_i q_{ij} = s_j q_{ji}$$

对于所有的 j 和 i 都成立，则这个方程被称为可逆性条件或者详细的平衡条件，并且称链相对于 s 而言可逆。

给定一个转移矩阵，如果我们可以找到一个分量总和为 1 的非负向量 s，并且满足可逆性条件，则 s 就是一个平稳分布。

命题 11.4.2（可逆性意味着平稳性） 假定 $Q = (q_{ij})$ 是一个马尔可夫链的转移矩阵，并且关于一个分量和为 1 的非负向量 $s = (s_1, \cdots, s_M)$ 是可逆的，那么 s 是这个链条的平稳分布。

证明：我们有

$$\sum_i s_i q_{ij} = \sum_i s_j q_{ji} = s_j \sum_i q_{ji} = s_j,$$

其中，最后的等式因为 Q 的每一行的和为 1，所以 s 是平稳的。

这是一个强大的结果，因为通常更容易验证可逆性条件，而不是求解整个方程组 $sQ = s$。然而，一般来说，可能提前并不知道是否可以找到满足可逆性条件的 s，即使有可能，也需要付出很大的努力才能找到合适的 s。在本节的剩余部分中，我们将会介绍三种类型的马尔可夫链，并且可以找到满足可逆性条件的 s。这样的马尔可夫链称为可逆马尔可夫链。

首先，如果 Q 是对称矩阵，那么在状态空间上的平稳分布是均匀的：$s = \left(\frac{1}{M}, \frac{1}{M}, \cdots, \frac{1}{M}\right)$。很

容易看出，如果 $q_{ij} = q_{ji}$，则对于所有的 i 和 j，当 $s_i = s_j$ 时，可逆性条件 $s_i q_{ij} = s_j q_{ji}$ 满足。

这是更一般事实的一种特殊情况，下一个命题说明：如果 Q 中各列的和都为 1，则平稳分布在状态空间上都是均匀的。

命题 11.4.3　如果转移矩阵的列和都为 1，那么所有状态 $\left(\dfrac{1}{M}, \dfrac{1}{M}, \cdots, \dfrac{1}{M}\right)$ 的均匀分布是一个平稳分布。（矩阵列和与行和都为 1 的非负矩阵被称为双随机矩阵）

证明： 假定列和为 1，则行向量 $v = (1, 1, \cdots, 1)$ 满足 $vQ = v$。因此 $\left(\dfrac{1}{M}, \dfrac{1}{M}, \cdots, \dfrac{1}{M}\right)$ 是平稳的。∎

其次，如果马尔可夫链是无向网络上的一个随机游走，那么平稳分布有一个简单的公式。

例 11.4.4（无向网络上的随机游走）　网络是通过边连接点的集合。如果可以沿任意方向遍历边，则网络是无向的，意味着没有单向的线。假定一个随机游走者随机遍历无向网络的边。游走者从节点 i 等概率的随机选择 i 的任何边缘，然后穿过所选择的边。例如，在下图所示的网络中，从节点 3 开始，游走者到达节点 1 或 2 的概率都是 $\dfrac{1}{2}$。

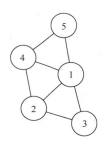

节点的度是连接到它的边的数量，并且具有节点 $1, 2, \cdots, n$ 的网络的节点的度序列为 $(d_1, d_2, \cdots, d_n)$。允许存在节点到自身的边（这样的边被称为自循环），并且给该节点的度增加 1。

例如，上图网络的度序列为 $d = (4, 3, 2, 3, 2)$。注意到

$$d_i q_{ij} = d_j q_{ji}$$

对于所有的 i、j 都成立，如果 $\{i, j\}$ 是边，那么 q_{ij} 为 $\dfrac{1}{d_i}$，当 $i \neq j$ 时为 0。因此，由命题 11.4.2 可知，平稳分布与度序列成比例。直观地说，度最高的节点是最好连接的，所以从长远来看，链条在这些状态中花费最多的时间是有道理的。在上面的例子中，这表示 $s = \left(\dfrac{4}{14}, \dfrac{3}{14}, \dfrac{2}{14}, \dfrac{3}{14}, \dfrac{2}{14}\right)$ 是随机游走的平稳分布。

练习题 16 探索了加权无向网络上的随机游走；每个边上都有一个权重，并且游走者选择从 i 开始，以与权重成比例的概率选择边。事实证明，这是一个可逆的马尔可夫链。更令人惊讶的是，每个可逆的马尔可夫链可以被表示为加权无向网络上的随机游走。

下面是无向网络上的一个随机游走的例子。

例 11.4.5（棋盘上的骑士）　考虑一个骑士在 4×4 的棋盘上随机移动（见下图）。

在 16 个被标记在网格上的正方形中，例如，骑士当前处于正方形的 B3 方格，而左上角

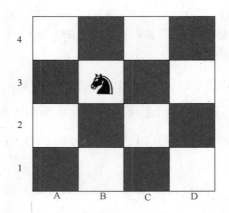

的方格是 A4。骑士的每一个动作都是一个 L 形的跳跃：骑士水平移动两个方格，然后垂直移动一个方格，反之亦然。例如，从 B3，骑士可以移动到 A1、C1、D2 或 D4；从 A4 可以移动到 B2 或 C3。注意到，骑士总能从白的方块移动到一个黑的方块，反之亦然。

假定在每个步骤中，骑士随机移动，每种可能性都是可能的，则可以创建一个马尔可夫链，其中状态是 16 个正方形。计算链的平稳分布。

解：

棋盘只有三种类型的正方形：4 个中心正方形，4 个角方格（例如 A4）和 8 个边方格（例如 B4；排除角方格被视为边方格的情况）。可以把棋盘看成一个无向网络，如果两个方块可以通过一个骑士的移动来访问，那么两个方块就被边连接起来。那么一个中心正方形的度为 4，一个角方格的度为 2，一个边方格的度为 3，所以它们的平稳概率分别为 $4a$、$2a$ 和 $3a$。为了找到 a，计算每个类型的方格的数目：$4a \cdot 4 + 2a \cdot 4 + 3a \cdot 8 = 1$，得到 $a = \dfrac{1}{48}$。因此，每个中心正方形的平稳概率为 $\dfrac{4}{48} = \dfrac{1}{12}$，每个角方格的平稳概率为 $\dfrac{2}{48} = \dfrac{1}{24}$，每个边方格的平稳概率为 $\dfrac{3}{48} = \dfrac{1}{16}$。 □

最后一点，如果在每一个时间点，马尔可夫链只能向左移一步，或者向右移一步，或者留在原地，那就称其为出生-死亡链。所有的出生-死亡链都是可逆的。

例 11.4.6（出生-死亡链） 一个出生-死亡链是状态空间 $\{1, 2, \cdots, M\}$ 上的马尔可夫链，其转移矩阵 $Q = (q_{ij})$，使得当 $|i-j| = 1$ 的时候，$q_{ij} > 0$；当 $|i-j| = 0$ 的时候，$q_{ij} = 0$。这意味着有可能向左走一步，也可能向右走一步（除边界外），但不可能一步走更远了。这个名字来源于对人口增长或者人口衰减的应用，其中向右走一步被认为是一个出生，左边的一步被认为是死亡。例如，如果标记的转移具有正的概率，除了允许具有 0 概率的状态到自身的循环之外，则如下图所示的链都是出生-死亡链。

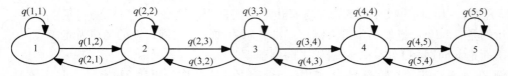

现在证明，任何出生-死亡链都是可逆的，并且构建了平稳分布。为了便于以后表示，

令 s_1 是一个正数。因为想得到 $s_1 q_{12} = s_2 q_{21}$，所以令 $s_2 = \dfrac{s_1 q_{12}}{q_{21}}$。接下来想得到 $s_2 q_{23} = s_3 q_{32}$，则令 $s_3 = s_2 q_{23}/q_{32} = s_1 q_{12} q_{23}/(q_{32} q_{21})$。继续这样下去，令

$$s_j = \frac{s_1 q_{12} q_{23} \cdots q_{j-1,j}}{q_{j,j-1} q_{j-1,j-2} \cdots q_{21}},$$

对于满足 $2 \leqslant j \leqslant M$ 的所有的 j 成立。选择 s_1 使得 s_j 的和为 1。然后链条相对于 s 是可逆的。如果 $|i-j| \geqslant 2$，那么 $q_{ij} = q_{ji} = 0$，如果 $|i-j| = 1$，则 $s_i q_{ij} = s_j q_{ji}$，从而，s 是平稳分布。

埃伦菲斯特（Ehrenfest）链也是一种出生-死亡链，可用作气体分子扩散的简单模型。可以证明其平稳分布是二项分布。

例 11.4.7（埃伦菲斯特链） 有两个容器，总共有 M 个可区分的颗粒。通过选择随机粒子并将其从当前容器移动到另一个容器中来进行装换。最初，所有的粒子都在第二个容器中，令 X_n 是第一个容器在时刻 n 的粒子数（见下图），所以由 $X_0 = 0$，并且如上述有从 X_n 到 X_{n+1} 的转变，则这是一个状态空间 $\{0, 1, \cdots, M\}$ 上的马尔可夫链。

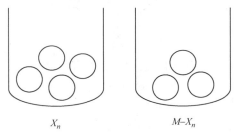

$$X_n \qquad\qquad\qquad M-X_n$$

下面利用可逆性条件来证明 $s = (s_0, s_1, \cdots, s_M)$，其中 $s_i = \binom{M}{i}\left(\dfrac{1}{2}\right)^M$ 是平稳分布。

令 $s_i = \binom{M}{i}\left(\dfrac{1}{2}\right)^M$，并且验证 $s_i q_{ij} = s_j q_{ji}$。如果 $j = i+1 \, (i < M)$，那么

$$s_i q_{ij} = \binom{M}{i}\left(\frac{1}{2}\right)^M \frac{M-i}{M} = \frac{M!}{(M-i)!\,i!}\left(\frac{1}{2}\right)^M \frac{M-i}{M} = \binom{M-1}{i}\left(\frac{1}{2}\right)^M,$$

$$s_j q_{ji} = \binom{M}{j}\left(\frac{1}{2}\right)^M \frac{j}{M} = \frac{M!}{(M-j)!\,j!}\left(\frac{1}{2}\right)^M \frac{j}{M} = \binom{M-1}{j-1}\left(\frac{1}{2}\right)^M = s_i q_{ij}。$$

通过类似的计算，如果 $j = i-1 \, (i > 0)$，那么有 $s_i q_{ij} = s_j q_{ji}$。对于所有其他的 i 和 j，有 $q_{ij} = q_{ji} = 0$，这样 s 是平稳的。

平稳分布是二项分布是有意义的，因为在马尔可夫链长时间运行之后，每个粒子大致相似独立地容纳在任一容器中。　□

11.5　要点重述

一个随机变量序列 X_0，X_1，X_2，$\cdots$ 是满足马尔可夫性的马尔可夫链，而且它在过去、现在和未来是条件独立的：

$$P(X_{n+1} = j | X_n = i, X_{n-1} = i_{n-1}, \cdots, X_0 = i_0) = P(X_{n+1} = j | X_n = i) = q_{ij}。$$

转移矩阵 $Q = (q_{ij})$ 给出了在一步内从一个状态转移到另一个状态的概率。转移矩阵的第 i 列是由 $X_n = i$ 得出的 X_{n+1} 的概率质量函数。转移矩阵的 n 次方给出了 n 步转移概率。如果指定

初始状态：$s_i = P(X_0 = i)$并且令$\boldsymbol{s} = (s_1, \cdots, s_M)$，那么$X_n$的边缘概率质量函数是$\boldsymbol{s}Q^n$。

马尔可夫链的状态可以分为常返态和瞬时态：如果能一遍又一遍地回到原来的状态那就是常返的，如果它最终会永远离开某状态，那该状态就是瞬时的。状态也可以按照周期进行分类；状态的周期是从状态i返回到状态i的步数的最大公约数。如果可以经过有限的步数从任何状态到达任何状态，那么链是不可约的，如果每个状态的周期均为1，则是非周期的。

有限马尔可夫链的平稳分布是概率质量函数$\boldsymbol{s}$，即使得$\boldsymbol{s}Q = \boldsymbol{s}$。在一些条件下，有限的马尔可夫链的平稳分布存在且唯一的，而且随着$n \rightarrow \infty$，X_n的概率质量函数收敛到$\boldsymbol{s}$。如果状态i有固定概率s_i，那么链条从状态i返回到状态i的期望时间为$r_i = 1/s_i$。

如果一个概率质量函数$\boldsymbol{s}$对所有的i和j满足可逆条件$s_i q_{ij} = s_j q_{ji}$，则它保证了$\boldsymbol{s}$是转移矩阵为$Q = (q_{ij})$的马尔可夫链的平稳分布。存在满足可逆性条件的马尔可夫链称为可逆的。本节讨论了三种类型的马尔可夫链。

1. 如果转移矩阵是对称的，则所有状态下的平稳分布是均匀的。

2. 如果链是在无向网络上的随机游走，那么平稳分布与度序列成正比，即

$$s_j = \frac{d_j}{\sum_i d_i}。$$

3. 如果链是出生-死亡链，那么对所有$j > 1$，平稳分布满足：

$$s_j = \frac{s_1 q_{12} q_{23} \cdots q_{j-1,j}}{q_{j,j-1} q_{j-1,j-2} \cdots q_{21}},$$

其中，最后解出来的s_1使得$s_1 + \cdots + s_M = 1$。

图11.6比较了两种有转移矩阵Q的马尔可夫链运行的方式：根据状态上的任意分布t

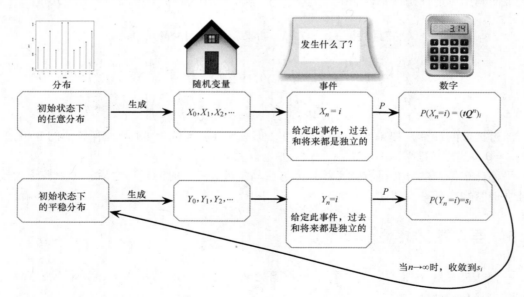

图11.6 在状态上，给定转移矩阵Q和分布t。构造一个马尔可夫序列$X_0, X_1, \cdots$，其中通过t可以得到X_0，并且根据转移概率可以确定链条运行的方式。一个重要的事件是$X_n = i$，即链在时刻n访问状态i。然后，可以根据Q和t找到X_n的概率质量函数，并且（在本章讨论的条件下）概率质量函数将收敛到平稳分布$\boldsymbol{s}$。如果我们根据$\boldsymbol{s}$开始链接，那么链条将永远保持平稳。

选择初始状态，或根据平稳分布 s 选择初始状态。在前一种情况下，n 步后精确的概率质量函数可以用 Q 和 t 找到，且概率质量函数收敛到 s（在本章讨论的一些非常一般的条件下）。在后一种情况下，链条永远是平稳的。

11.6　R 语言应用示例

矩阵运算

现在，对例 11.1.5 中的 4-状态马尔可夫链进行一些运算，作为在 R 中使用转移矩阵的例子。首先，需要指定转移矩阵 Q。这是用 matrix 命令完成的：我们在矩阵命令中逐行输入一个长向量，然后告诉 R，矩阵的行数和列数（nrow 和 ncol），以及表明是按行输入的（byrow = TRUE）：

```
Q < - matrix(c(1/3,1/3,1/3,0,
               0,0,1/2,1/2,
               0,1,0,0,
               1/2,0,0,1/2),nrow = 4,ncol = 4,byrow = TRUE)
```

为了得到更高阶的转移概率，我们可以不断地乘以转移矩阵 Q。R 中的矩阵乘法的命令是 %*%（而不是 *）。所以

```
Q2 < - Q %*% Q
Q3 < - Q2 %*% Q
Q4 < - Q2 %*% Q2
Q5 < - Q3 %*% Q2
```

通过 Q^5 得到 Q^2。如果我们想知道通过 5 步从状态 3 到状态 4 的概率，我们可以提取 Q^5 的 (3，4) 项。

```
Q5[3,4]
```

得到的结果是 0.229，与之前例 11.1.5 中得到的 11/48 一致。

为了不通过单纯的矩阵乘法计算 Q^n，在安装了 expm 包之后，可以使用指令 Q%^%n 来进行计算。例如，Q%^% 42 就代表着 Q^{42}。通过观察随着 n 增长的 Q^n 的表现，可以在行动中理解定理 11.3.6（并且可以知道链条与其平稳分布非常接近需要多长时间）。

特别地，当 n 很大的时候，Q^n 的每行接近 (0.214，0.286，0.214，0.286)，所以这就是近似的平稳分布。另一种得到平稳分布的方法是利用：

```
eigen(t(Q))
```

计算 Q 的转置矩阵的特征值和特征向量；那么可以选择和归一化对应于特征值为 1 的特征向量，使得分量相加为 1。

赌徒破产问题

为了模拟赌徒的破产链，首先，确定两个赌徒之间的总金额 N、赌徒 A 赢得一轮的概率 p，以及想要模拟的时间长度 nsim。

```
N < - 10
p < - 1/2
nsim < - 80
```

接下来，将一个长度为 nsim 的向量称为 x，它将存储马尔可夫链的值。对于初始条件，设置 x 的第一个元素为 5；即赌徒拥有的初始资本为 5 美元。

```
x < - rep(0,nsim)
x[1] < - 5
```

现在，准备模拟马尔可夫链的后续值，并通过以下代码实现，我们将逐步解释代码。

```
for (i in 2:nsim){
    if (x[i-1]==0 ||x[i-1]==N){
        x[i] < - x[i-1]
    }
    else{
        x[i] < - x[i-1] + sample(c(1,-1),1,prob=c(p,1-p))
    }
}
```

第一行和外部大括号组成一个 for 循环：for(i in 2:nsim)表示 for 循环中的所有代码将被一遍又一遍地执行，其值 i 被设置为 2，然后设置到 3，然后设置到 4，一直到 nsim。每次循环都代表马尔可夫链的一步转移。

在 for 循环中，首先检查链是否已经处于端点 0 或 N；这里用 if 语句来实现这一点。如果链已经到了 0 或 N，则将其新值设置为先前的值，因为该链不允许离开 0 或 N。否则，如果链不在 0 或 N，则可以自由地向左或向右移动。我们使用 sample 命令将链向右移动 1 单位或者向左移动 1 单位，概率分别为 p 和 1-p。

为了看到模拟过程中马尔可夫链的路径，可以将 x 作为时间的函数：

```
plot(x,type='1',ylim=c(0,N))
```

你应该会看到从 5 开始的一个路径，并且在被吸收到状态 0 或状态 N 之前向上或向下弹起。

模拟有限状态的马尔可夫链

做了一些修改之后，可以模拟有限状态空间的任意马尔可夫链。为了具体化，我们将说明如何模拟例 11.1.5 中的 4-状态马尔可夫链。

如前所述，可以输入：

```
Q < - matrix(c(1/3,1/3,1/3,0,
               0,0,1/2,1/2,
               0,1,0,0,
               1/2,0,0,1/2),nrow=4,ncol=4,byrow=TRUE)
```

以指定转移矩阵 Q。

接下来，选择要模拟的状态数和时间段，为模拟结果分配空间，还要选择链条的初始条件。在这个例子中，x[1] <- sample(1:M,1)表示链的初始分布在所有状态上均匀。

```
M < - nrow(Q)
nsim < - 10^4
x < - rep(0,nsim)
x[1] < - sample(1:M,1)
```

对于模拟本身，再次使用 sample 命令从 1 到 M 中选择一个数字。在时刻 i，链先前处于状态 x[i-1]，所以必须使用转移矩阵的 x[i-1] 行来确定抽样概率 1，2，…，M。符号 Q[x[i-1],] 表示矩阵 Q 的 x[i-1] 行。

```
for (i in 2:nsim){
    x[i] <- sample(M,1,prob=Q[x[i-1],])
}
```

由于将 nsim 设置为非常大的数，所以可以理解，在模拟的后半部分，链条接近平稳。为了验证这一点，去掉前一半的模拟，使链的时间达到平稳。

```
x <- x[-(1:(nsim/2))]
```

使用 table 命令计算链访问每个状态的次数；除以长度 length(x) 将计数转换为比例，结果是对平稳分布的近似。

```
table(x)/length(x)
```

为了比较，链的真实平稳分布为 $(3/14, 2/7, 3/14, 2/7) \approx (0.214, 0.286, 0.214, 0.286)$。这与从经验中获得的结果接近吗？

11.7   练习题

马尔可夫性

1. Ⓢ令 $X_0, X_1, X_2, \cdots$ 是一个马尔可夫链，证明：$X_0, X_2, X_4, X_6, \cdots$ 也是一个马尔可夫链，并且解释为什么命题在直观上也成立。

2. Ⓢ令 $X_0, X_1, X_2, \cdots$ 是一个在状态空间 $\{1, 2, \cdots, M\}$ 上的不可约马尔可夫链，其中 $M \geqslant 3$，转移矩阵 $Q = (q_{ij})$，并且平稳分布为 $s = (s_1, \cdots, s_M)$，令初始状态 X_0 服从平稳分布，其中，$P(x_0 = i) = s_i$。

(a) 平均意义上，$X_0, X_1, \cdots, X_9$ 中有几个等于 3？（用 s 表示，并化简。）

(b) 令 $Y_n = (X_n - 1)(X_n - 2)$，对于 $M = 3$，找到一个 Q（原始链条的转移矩阵）的例子，其中，$Y_0, Y_1, \cdots$ 是马尔可夫链，以及另一个 Q 的例子，其中，$Y_0, Y_1, \cdots$ 不是马尔可夫链。在给出的例子中，使得至少有一个 i 满足 $q_{ii} > 0$，并且确认它总是可以从一个状态跳到其他状态。

3. 一个马尔可夫链有两个状态 A 和 B，其转移路径如下图所示：

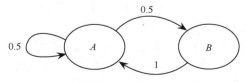

假设没有观察到上述马尔可夫链，并称之为 $X_0, X_1, X_2, \cdots$。而是每当链从 A 返回到 A 时，观察到一个 0，并且每当它改变状态时，观察到一个 1。将 0 和 1 构成的序列称为 Y_0，$Y_1, Y_2, \cdots$，例如，如果 X 链的起始为

$$A, A, B, A, B, A, A, \cdots$$

那么 Y 链的起始为

$$0, 1, 1, 1, 1, 0, \cdots$$

（a）证明：$Y_0, Y_1, Y_2, \cdots$ 不是一个马尔可夫链。

（b）在例 11.1.3 中，我们通过扩大状态空间合并了二阶相依性，最终处理不满足马尔可夫性的情况。这样的技巧对于 $Y_0, Y_1, Y_2, \cdots$ 是没有作用的，也就是说，无论 m 有多大，

$$Z_n = \{ \text{第 } n-m+1 \text{ 个 } Y \text{ 链的第 } n \text{ 项} \}$$

仍然不是马尔可夫链。

平稳分布

4. ⑤考虑下图所示的马尔可夫链，其中 $0 < p < 1$ 并且箭头上的数字表示转移概率。

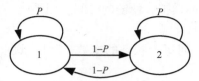

（a）写出这个链条的转移矩阵 Q。

（b）找到这个链条的平稳分布。

（c）随着 $n \to \infty$，求 Q^n 的极限？

5. ⑤考虑下图所示的马尔可夫链，它的状态空间为 $\{1,2,3,4\}$，每个箭头上的数字表示转移概率。

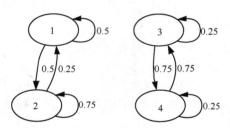

（a）写出这个链的转移矩阵 Q。

（b）哪些状态是常返的？哪些状态是瞬时的？

（c）给这个链找两个不同的平稳分布。

6. ⑤ Daenerys（美国小说《冰与火之歌》中的人物）有三只龙：Drogon、Rhaegal 和 Viserion。每只龙独立地寻找世界上可口的食物。令 X_n、Y_n、Z_n 分别为 Drogon、Rhaegal、Viserion 在时刻 n 的位置，其中假设时间是离散的，可能的位置数也是有限的数 M。它们的路径 $X_0, X_1, X_2, \cdots, Y_0, Y_1, Y_2, \cdots$ 和 $Z_0, Z_1, Z_2, \cdots$ 是具有相同平稳分布 s 的马尔可夫链。每只龙从平稳分布产生的随机位置开始。

（a）将位置 0 置于原点（所以 s_0 是归属于原点状态的固定概率），求直到时刻 24，Drogon 在原点的预期次数，也就是说，$X_0, X_1, \cdots, X_{24}$ 中有几个是在状态 0？（结果用 s_0 表示）

（b）如果我们要同时跟踪所有三只龙，则需要考虑位置向量 (X_n, Y_n, Z_n)。这个向量有 M^3 个可能取值。假设每个分配到一个从 1 到 M^3 的数字，例如，如果 $M = 2$，则可以对状态进行编码，$(0,0,0),(0,0,1),(0,1,0),\cdots,(1,1,1)$，令 W_n 表示 1 和 M^3 之间表示 (X_n, Y_n, Z_n) 的数字，则 $W_0, W_1, \cdots$ 是否为马尔可夫链。

（c）考虑所有 3 只龙在时刻 0 的时候位于原点，求所有 3 只龙再次同时位于原点所需要的预期时间。

可逆性

7. Ⓢ一个状态空间为 $\{-3,-2,-1,0,1,2,3\}$ 的马尔可夫链按照如下过程运行。链从 $X_0 = 0$ 开始。如果 X_n 不是端点（-3 或 3），那么 X_{n+1} 就是 X_{n-1} 或者 X_{n+1}，取每个的概率都是 1/2。否则，链从端点处反弹回来，也就是说，会从 3 到 2，从 -3 到 -2，关于链的图展示如下：

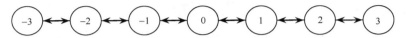

(a) $|X_0|,|X_1|,|X_2|,\cdots$ 是不是也是一个马尔可夫链？并做出解释。

提示：对于（a）和（b），考虑现在、过去和未来是否有条件独立，不要用 7×7 的转移矩阵计算。

(b) 令 sgn 表示符号函数。当 $x > 0$ 时，$\mathrm{sgn}(x) = 1$；当 $x < 0$ 时，$\mathrm{sgn}(x) = 0$。那么 $\mathrm{sgn}(X_0),\mathrm{sgn}(X_1),\mathrm{sgn}(X_2),\cdots$ 是马尔可夫链吗，给出你的理由。

(c) 求 X_0，X_1，X_2，$\cdots$ 的平稳分布。

(d) 找一种简单的方法来修正转移概率 q_{ij}，对于 $i \in \{-3,3\}$，使得这个链条在整个状态上是均匀分布的。

8. Ⓢ令 G 是一个由节点 $1,2,3,\cdots,M$ 组成的无向网络（不允许存在节点到自身的边），其中 $M \geqslant 2$ 并且随机游走在这个网络上不可约。令 d_j 表示每个节点 j 的度。创建一个状态空间 $1,2,3,\cdots,M$ 上的马尔可夫链，其转移矩阵如下：从状态 i，通过选择均匀随机的 j 生成一个建议，使得 G 中的 i 和 j 之间有一条边。然后取到 j 的概率为 $\min(d_i/d_j,1)$，否则就留在 i。

(a) 对于所有的 i、j，求在链条上从 i 到 j 的转移概率 q_{ij}。

(b) 求这个链条的平稳分布。

9. Ⓢ(a) 考虑一个在状态空间 $\{1,2,3,\cdots,7\}$ 上的马尔可夫链，如下图所示，其形状像一个圈。一步转移是指以相等概率顺时针或者逆时针移动一步。例如，从状态 6 开始，链条移动到状态 5 和状态 7 的概率都是 0.5；从状态 7 开始，链条移到 1 和状态 6 的概率都是 0.5。本题中，链条从状态 1 开始：

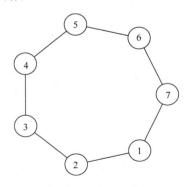

求这个链条的平稳分布。

(b) 考虑到一个连起来不是圆圈的链，如下图所示。即，从状态 1 开始，只能去状态 2，从状态 7 开始只能去状态 6。求这个链的平稳分布。

10. ⑤令 X_n 表示一只特定股票在第 n 天的价格，并且假定 $X_0, X_1, X_2, \cdots$ 是一个有转移矩阵 Q 的马尔可夫链。（为了简单，假定这只股票永远不会低于 0 或者高于一个上界，永远在一个接近的价格周围波动）

（a）一个懒惰的投资者一年只看一次股票，他观察到在时间点 0，365，2×365，3×365，$\cdots$ 上的股票价格。因此，这个投资者观察到的序列是 $Y_0, Y_1, \cdots$，其中，Y_n 表示 n 年（即 $365n$ 天，不考虑闰年）后股票的价格。则 $Y_0, Y_1, \cdots$ 是马尔可夫链吗？给出是或者不是的理由，如果是的话，转移矩阵是什么呢？

（b）股票价格总是 0 美元到 28 美元间的一个整数。从每一天到下一天，股票涨或者跌 1 美元或者 2 美元，并且概率是相等的。（除了有些天价格在端点或者接近端点，譬如 0 美元，1 美元，27 美元，28 美元。）如果股价为 0 美元，那么第二天会涨 1 美元或者 2 美元（收到政府救助金后），如果价格为 28 美元，那么第二天回下降到 27 美元或者 26 美元。如果股价为 1 美元，那么第二天可能为 0 美元，2 美元或者 3 美元（概率相等）。同样地，如果股价是 27 美元，那么第二天会为 28 美元、26 美元或者 25 美元。求这个链条的平稳分布。

11. ⑤在国际象棋中，国王一次可以向每个方向移动一步（水平、垂直或者对角线）。

例如，如上图所示，如果国王处于图中这个状态，则国王可以移动到 8 个可能的方格。一个国王正在 8×8 的棋盘上随机游走，对于周围的格子，走到哪个格子上都是等概率的。求这个链条的平稳分布。（当然不要明确列出长度为 64 的向量！将 64 个方格分类并且说出每种类型的方格的平稳概率。）

12. 一个棋子在 8×8 的棋盘上随机游走，在每一次移动中，这个棋子（国王、王后、车、主教或骑士）在符合象棋规则（根据国际象棋的规则走，如果不熟悉规则，请自行查阅）的情况下，均匀地随机选择下一步的去向。

（a）对于每一种棋子角色，确定马尔可夫链是否不可约，以及是否是非周期性的。

对于骑士的提示：请注意，骑士的规则总是从白色方格到黑色方格，反之亦然。"骑士巡游"是由骑士在棋盘上的一系列移动组成的，骑士每次正好移动一次。存在很多种骑士巡游的方式。

（b）假定棋子是车，且初始位置是随机选择的，求 n 步之后所在位置的分布。

（c）现在假定棋子是国王，将其初始位置选择为左上角的正方形。确定它返回到初始位置的平均移动量，化到最简，最好不要超过 140 个字符。

（d）在棋盘的 64 个方格上，国王在前一部分的随机游走的平稳分布是不均匀的。用于修改链以获得均匀平稳分布的步骤如下：将正方形标记为 1，2，3，$\cdots$，64，并将 d_i 作为正方形 i 初始的合法移动数。假设国王目前在正方形 i，则下一步位置的确定步骤如下。

第一步：从 i 的合法移动位置中随机选择一个位置作为建议方格 j。

第二部：抛一枚正面概率为 $\min(d_i/d_j,1)$ 的硬币，如果为正面则去 j，反之去 i。

证明：修改之后的链在 64 个正方形上存在平稳分布。

13. Ⓢ不通过矩阵找到如下图所示的马尔可夫链的平稳分布。每个箭头上方的数字是相应的转移概率。

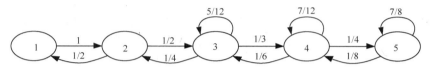

14. 有两个盒子，总共有 $2N$ 个可辨别的球。最初，第一个盒子有 N 个白球，第二个盒子有 N 个黑球。在每个阶段，都从每个盒子中随机挑选一个球，并将它们交换。让 X_n 表示时刻 n 时第一个盒子里的黑球数量，则这是状态空间 $\{0,1,\cdots,N\}$ 上的一个马尔可夫链。

（a）给出这个链的转移矩阵。

（b）通过验证可逆性条件，证明：$(s_0,s_1,\cdots,s_N)$ 是一个平稳分布，其中

$$s_i = \frac{\binom{N}{i}\binom{N}{N-i}}{\binom{2N}{N}}。$$

15. Nausicaa Distribution（商家名称）在 Etsy 网站⊖上销售毛绒玩具。他们有两张不同的 Evil Cauchy 毛绒玩具的照片，但不知道哪张会更有效地让客户购买一只 Evil Cauchy 毛绒玩具。每个访问者的网站都会显示两张照片之一（称为照片 A 和照片 B），然后访问者或者购买了 Evil Cauchy 毛绒玩具（"成功"）或不购买（"失败"）。

令 a 和 b 分别表示看到照片 A 或者 B 时，销售成功的概率。尽管 Evil Cauchy 链条是不可约的，还是要假设 $0<a<1$ 并且 $0<b<1$。假设遵循以下策略（注意 a 和 b 未知时也可以遵循该策略），给第一个访问者显示照片 A，如果他买了 Evil Cauchy，继续给下一个访问者显示照片 A；否则，显示照片 B。同样，如果第 n 个访问者"成功"，则给第 $(n+1)$ 个访问者显示相同的照片，否则切换为其他照片。

（a）如何将生成的过程表示为马尔可夫链，绘图并给出转移矩阵。状态为 A1，B1，A0，B0（用于给转移矩阵和平稳分布中的分量排序），其中，例如，处于状态 A1 表示给当前访问者显示的是照片 A 并且成功。

（b）确定链条是否可约。

提示：首先，考虑哪些转移概率为 0 哪些非 0。

（c）证明：平稳分布与 $\left(\dfrac{a}{1-a},\dfrac{b}{1-b},1,1\right)$ 成正比，并且求这个平稳分布。

⊖　一个网店平台，以手工艺品买卖为主要特色。——译者注

（d）证明：当 $a \neq b$ 时，每个访问者成功的平稳概率优于独立随机地选择（等概率）向每个访问者显示照片的成功概率。

16. 本题考虑加权无向网络上的随机游走。假设给定了一个无向网络，其中边 (i,j) 具有一个非负权重 w_{ij}（其中 i 和 j 可能相等）。因为从 i 到 j 的边被认为和从 j 到 i 的边相同，所有假定 $w_{ij} = w_{ji}$。为了简化符号，只要 (i,j) 不是边缘，就定义 $w_{ij} = 0$。

当在节点 i 时，通过以与权重成比例的概率来选择与 i 相连的边来确定下一步。例如，如果从 1 出发，与 1 相连的有三条边，权重分别为 7、1、4，那么这三条边上的转移概率分别为，7/12、1/12、4/12。如果所有权重都为 1，则就与之前的例子一样了。

（a）对所有的节点 i，令 $v_i = \sum_j w_{ij}$。证明：所有 i 的平稳分布与 v_i 成正比。

（b）证明：每个可逆的马尔可夫链可以表示为加权无向网络上的随机游走。

提示：令 $w_{ij} = s_i q_{ij}$，其中 s 是平稳分布并且 q_{ij} 是从 i 到 j 的转移概率。

混合练习

17. Ⓢ猫和老鼠在两个房间来回移动。在每个时间步长上，猫从当前房间移动到另一个房间的概率为 0.8。从房间 1 开始，老鼠移动到房间 2 的概率为 0.3（否则保持不变）。从房间 2 开始，老鼠以概率 0.6 移动到房间 1（否则保持不变）。

（a）求猫的链和鼠的链的平稳分布。

（b）注意到有四种可能的状态（猫和老鼠）：都在房间 1；猫在房间 1，鼠在房间 2；猫在房间 2，鼠在房间 1；都在房间 2。给这些状态编号分别为 1、2、3、4，并且令 Z_n 表示时刻 n 时的状态，请问这是一个马尔可夫链吗？

（c）现在假设若猫和老鼠都在一个房间的话，猫会吃掉老鼠。我们想知道在下面两种初始状态下，猫吃掉老鼠的预期时间（走过的步数）：当猫在房间 1 中开始，鼠在房间 2 中开始时，以及相反的情况。建立关于两个未知数的两个线性方程，其解是所求的值。

18. 令 $\{X_n\}$ 是状态空间 $\{0,1,2\}$ 上的马尔可夫链。转移矩阵如下所示

$$\begin{pmatrix} 0.8 & 0.2 & 0 \\ 0 & 0.8 & 0.2 \\ 0 & 0 & 1 \end{pmatrix},$$

链条从 $X_0 = 0$ 开始，令 T 表示到达状态 2 的时间

$$T = \min\{n : X_n = 2\}。$$

画出马尔可夫链并且介绍一个案例。求 $E(T)$ 和 $\mathrm{Var}(T)$。

19. 如下图所示，考虑在状态空间 $\{1, 2, 3, 4, 5, 6\}$ 上的马尔可夫链。

（a）假定链条从状态 1 开始，求链条回到状态 1 的次数的分布。

（b）在长期运行中，链条在状态 3 中花费的时间是多少？做出简要解释。

20. 令 Q 是一个在状态空间 $\{1,2,\cdots,M\}$ 上的马尔可夫链的转移矩阵，M 是一个吸收态，也就是说，链条一旦到达状态 M，便再也不会离开了。假定从任何其他状态开始，到达 M 都是可能的（经过一些步骤之后）。

（a）哪些状态是常返的，哪些状态是瞬时的？请解释。

（b）随着 $n \to \infty$，Q^n 的极限是什么？

（c）对于 $i,j \in \{1,2,\cdots,M-1\}$，给定链条初始状态为 i 的条件下，求时刻 n 时链条在状

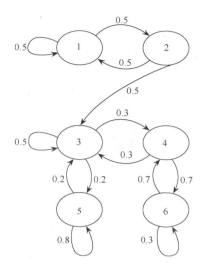

态 j 的概率。（用 $\boldsymbol{Q}$ 表示）

（d）对于 $i,j \in \{1,2,\cdots,M-1\}$，给定链条初始状态为 i 的条件下，求链条直到时刻 n 经过状态 j 的次数（用 $\boldsymbol{Q}$ 表示）。

（e）令 $\boldsymbol{R}$ 是一个 $(M-1) \times (M-1)$ 矩阵，它是 $\boldsymbol{Q}$ 删除最后一行和最后一列后的矩阵。证明：给定链条初始状态为 i 的条件下，$(\boldsymbol{I} - \boldsymbol{R})^{-1}$ 的 (i,j) 项是链条在消失前到达状态 i 的预期时间。

提示：类似于几何级数，有 $\boldsymbol{I} + \boldsymbol{R} + \boldsymbol{R}^2 + \cdots = (\boldsymbol{I} - \boldsymbol{R})^{-1}$ 成立，且将 $\boldsymbol{Q}$ 进行分割：

$$\boldsymbol{Q} = \begin{pmatrix} \boldsymbol{R} & \boldsymbol{B} \\ \hline \boldsymbol{0} & 1 \end{pmatrix},$$

其中，$\boldsymbol{B}$ 是一个 $(M-1) \times 1$ 矩阵，并且 $\boldsymbol{0}$ 是一个 $1 \times (M-1)$ 的零矩阵，那么对于一些 $(M-1) \times 1$ 的矩阵 $\boldsymbol{B}_k$，有

$$\boldsymbol{Q}^k = \begin{pmatrix} \boldsymbol{R}^k & \boldsymbol{B}_k \\ \hline \boldsymbol{0} & 1 \end{pmatrix}。$$

21. 在"滑梯和梯子"（也叫"蛇梯棋"，是一种源自古代印度的桌面游戏）游戏中，玩家想要最先到达棋盘上的某个目的地。棋盘是由一系列的方形网格组成的，并给这些网格编上 1 到方形数目的号码。棋盘有一些"滑梯"和"梯子"，每个都连接一对正方形。在这里，只考虑这个游戏的单玩家的版本。（扩展到多玩家版本并没有太多的麻烦，因为当有多个玩家时，玩家们只需轮流独立地进行游戏，直到有一个人到达目的地。）

在每一回合，玩家掷出一个公平的骰子，骰子的点数决定了他在网格上能够向前移动多少个方格，例如，如果玩家在方格 5 并且骰子点数为 3，那么他将前进到方格 8。如果得到的方格上是梯子，则玩家将爬上梯子，立即到达更高级的方格；如果由此产生的方格是滑梯的顶部，则玩家将立即向下滑到滑梯的底部。

这个游戏自然可以被认为是一个马尔可夫链，在给出玩家目前的位置时，过去的记录与计算无关，例如，计算在接下来 3 次移动中获胜的概率。

考虑本游戏的一个简单版本，如下图所示，在 3×3 的棋盘上。玩家从 1 出发想要到达 9，每一步掷硬币时，若为正面，则前进一步；若为反面，就前进两步。然而，棋盘上有两

个梯子（如下图中向上的箭头所示）和两个滑梯（如下图中向下的箭头所示）。

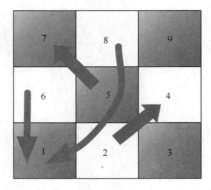

（a）解释为什么尽管有 9 个方块，但仍可以用 5×5 的转移矩阵来代表这个游戏：

$$Q = \begin{pmatrix} 0 & 0.5 & 0.5 & 0 & 0 \\ 0 & 0 & 0.5 & 0.5 & 0 \\ 0.5 & 0 & 0 & 0.5 & 0 \\ 0.5 & 0 & 0 & 0 & 0.5 \\ 0 & 0 & 0 & 0 & 1 \end{pmatrix}。$$

（b）求玩家访问方格 7 的次数的平均值和方差，在计算过程中，不必使用矩阵或者其他复杂的运算。

这个问题的（c）、（d）两问最好需要在计算机上进行矩阵计算。你可以使用任何你想用的软件。但是这里有一些关于如何在 R 中运算的信息。无论怎样，你都应该给出你使用的软件名称和代码。在 R 中建立转移矩阵，可以使用以下命令：

```
a < - 0.5
Q < - matrix(c(0,0,a,a,0,a,0,0,0,0,a,a,0,0,0,0,a,a,0,0,0,0,0,a,
1),nrow =5)
```

一些有用的关于矩阵的 R 命令可参见附录 B.2。特别地，diag(n) 给出了 $n \times n$ 的单位阵，solve(A) 给出了 A^{-1}，A %*% B 给出 AB（注意到 A * B 不是普通的矩阵乘法）。R 中不包含矩阵的指数运算，但你可以在安装 expm 包之后，使用命令 A%^%k 来计算 A^k。

（c）求游戏持续时间的中位数（定义抛硬币的次数为持续时间）。

提示：将持续时间的累计分布函数与 Q 的幂相结合。

（d）求游戏持续时间的平均值（持续时间的定义同上）。

提示：将持续时间与在瞬时态花费的总时间联系起来，并应用上一题的（e）问的结果。

第 12 章　马尔可夫链蒙特卡罗方法

从前面章节中可以看到，模拟在概率统计学中是一种非常有用的工具；比如，在蒙提·霍尔问题（Monty Hall problem，也称为三门问题）中，若你无法让你的朋友相信换门是一个更好的策略，那么你可以在一秒钟内模拟几千次这个游戏，这样你的朋友就会看到换门后赢得奖品的概率约为 2/3。又假设如果我们不知道如何计算随机变量 X 的均值和方差，但能够生成该随机变量的一组独立同分布的样本 $X_1, X_2, \cdots, X_n$，则可以应用随机模拟的方法得到样本均值和样本方差以近似均值和方差的真值：

$$E(X) \approx \frac{1}{n}(X_1 + \cdots + X_n) = \overline{X}_n,$$

$$\mathrm{Var}(X) \approx \frac{1}{n-1}\sum_{j=1}^{n}(X_j - \overline{X}_n)^2.$$

由大数定律可知，n 越大，近似效果越好。由此可以通过增大 n 来得到更好的近似解，这仅需要计算机运行更长的时间，而不必去计算可能会很复杂的求和或积分。如第 10 章所讨论的，这种以随机变量的观察值得到数字特征近似解的模拟方法，称为蒙特卡罗（Monte Carlo）方法。

使用蒙特卡罗方法进行模拟的关键在于必须知道如何得到随机变量 X 的一组观测 X_1, $X_2, \cdots, X_n$，样本量 n 应尽可能地大；比如，考虑模拟一个连续随机变量的分布，其概率密度函数

$$f(x) \propto x^{3.1}(1-x)^{4.2},\ 0 < x < 1.$$

而从概率密度函数出发并不能直接得到对应该密度函数的随机变量。可以看出 $f(x)$ 是贝塔（Beta）分布 Beta(4.1, 5.2) 的概率密度，假设得到了一个服从均匀分布 Unif(0, 1) 的随机变量，则理论上可以应用均匀分布的性质产生随机数；然而，贝塔分布的累积分布函数（CDF）很难求，更不用说求解其逆函数。关于贝塔分布的模拟在例 12.1.4 有更详细的解释。

事实上，实际应用中发现的一些分布远比贝塔分布复杂；我们知道贝塔分布的分布函数的归一化常数表达式依赖于伽马（Gamma）函数，而对于其他许多具有某种特征的分布，其分布函数的归一化常数的形式往往未知，在这种情况下，即使运算速度最快的计算机加上最优的算法也无法实现。

本章介绍基于马尔可夫（Markov）链的一种算法——马尔可夫链蒙特卡罗（Markov chain Monte Carlo，MCMC）方法，这是一类高效模拟复杂分布的算法。MCMC 方法的发展彻底改变了统计计算和科学计算，大大扩展了可以模拟的分布范围，其中包括高维联合分布。该方法的基本思想是建立一个马尔可夫链，使得感兴趣的分布是马尔可夫链的平稳分布。

在上一章，我们考察了一些特定转移矩阵 $\boldsymbol{Q}$ 的马尔可夫链，并试图得到链的平稳分布 $\boldsymbol{s}$；而本章将反过来，从想要模拟的分布 $\boldsymbol{s}$ 出发，建立一个平稳分布为 $\boldsymbol{s}$ 的马尔可夫链，即在运行该马尔可夫链足够长的时间后，链的平稳分布近似为 $\boldsymbol{s}$。

那么是否能直接设计一个转移矩阵 Q，使其马尔可夫链的平稳分布成为我们想要的分布？假如可以，这个思路的实施又是否比通过模拟获得该分布的随机样本这一原始思路更容易？然而，MCMC 方法展示了高度的一般性，它使得以一种简单的方式建立一个平稳分布已知的马尔可夫链，而不必知道该分布的归一化常数成为可能！

现在 MCMC 方法广泛应用于生物学、自然科学和物理学，并且已经发展了许多不同的 MCMC 算法。这里将介绍两个最重要、应用最广泛的 MCMC 算法：Metropolis- Hastings 方法和 Gibbs 抽样。MCMC 方法是一个宏大的、不断增长的统计计算领域，关于它的更多理论、方法和应用方面的知识可参考 Brooks、Gelman、Jones 和 Meng 的文章［2］。

12. 1　Metropolis- Hastings 方法

Metropolis- Hastings 方法应用十分广泛，它允许从已知状态空间上的任意不可约马尔可夫链开始，经过调整，使其收敛到具有给定平稳分布的新马尔可夫链；这个过程需要在初始链中引入一些可选择性：在初始链上对状态提出转移建议，但是可以接受或不接受该建议。例如，假设初始链处于称为"波士顿"的状态且其潜在转移状态是"旧金山"，则对于新链，它既可以接受建议去"旧金山"，也可以不接受该建议仍留在"波士顿"。通过认真选择接受建议的概率，这种简单的调整确保了新的马尔可夫链收敛到给定的平稳分布。

算法 12. 1. 1（Metropolis- Hastings 方法）　已知 $s = (s_1, \cdots, s_M)$ 是状态空间 $\{1, \cdots, M\}$ 上给定的平稳分布。假设对任意状态 i，$s_i > 0$（否则，只需将状态空间中任意使 $s_i = 0$ 的状态删除），且马尔可夫链在该状态空间上的转移矩阵 $P = (p_{ij})$，直观上看，P 可以代表一条转移过程已知的马尔可夫链，但该链不一定收敛到给定的平稳分布。

我们的目的是通过调整转移矩阵 P，建立平稳分布为 s 的马尔可夫链 $X_0, X_1, \cdots$，为此将给出一个 Metropolis- Hastings 算法。

对任意初始状态 X_0（随机的或确定的），设马尔可夫链当前位于状态 X_n，链的一次转移遵循以下步骤：

1. 若 $X_n = i$，依据初始转移矩阵 P 中第 i 行的各转移概率给出转移状态到 j 的建议；
2. 计算接受概率

$$a_{ij} = \min\left(\frac{s_j p_{ji}}{s_i p_{ij}}, 1\right);$$

3. 抛掷一枚正面朝上概率为 a_{ij} 的硬币；
4. 若硬币正面朝上，则接受建议，从而链在下一时刻转移至状态 j，即 $X_{n+1} = j$；否则，拒绝该建议，链在下一时刻转移至状态 i，即 $X_{n+1} = i$。

也就是说，Metropolis- Hastings 方法使马尔可夫链根据初始转移概率 p_{ij} 为下一时刻的状态提出建议，并以 a_{ij} 的概率接受该建议，以 $1 - a_{ij}$ 的概率保持当前状态不变；这个算法的优点就在于不需要知道分布 s 的归一化常数，因为在 s_j/s_i 中常数都会被抵消掉。比如，在一些问题中，我们可能会希望平稳分布在所有状态上是均匀的［即 $s = (1/M, 1/M, \cdots, 1/M)$］，但是当 M 较大且未知时，则求解 M 将是一个非常困难的计算问题；然而，不管 M 取何值，$s_j/s_i = 1$，则通过化简可得 $s \propto (1, 1, \cdots, 1)$，这样就可以直接计算 a_{ij} 而不用知道 M 的值。

在算法运行过程中，接受概率 a_{ij} 中分母上的元素 p_{ij} 不能为 0，否则，初始马尔可夫链将

不能建议从状态 i 转移到状态 j；另外，若 $p_{ii}>0$，则可能出现潜在转移状态 j 就是当前状态 i，此时，无论建议是否被接受，链都保持在状态 i。（即表面上拒绝留在状态 i 的建议，实际上下一刻仍处于状态 i，就像一个孩子说的"是的，我会留在我的房间，但不是因为你告诉我才这样做！"）

由 Metropolis-Hastings 方法构造的马尔可夫链是可逆的，且其平稳分布为 s。

证明：设 Q 为应用 Metropolis-Hastings 方法后的马尔可夫链的转移矩阵。只需要验证可逆条件 $s_iq_{ij}=s_jq_{ji}$ 对任意的 i、j 都成立。

当 $i=j$ 时，等式显然成立；

当 $i\neq j$ 时，若 $q_{ij}>0$，则 $p_{ij}>0$，这是因为其逆否命题"若 $p_{ij}=0$，则 $q_{ij}=0$"成立，（即如果状态 i 的潜在转移不能是状态 j，那么该链就无法从状态 i 转移至状态 j。）且 $p_{ji}>0$（否则，接受概率为 0）；反过来，若已知 $p_{ij}>0$，$p_{ji}>0$，则 $q_{ji}>0$。故 q_{ij} 与 q_{ji} 同时为 0，或者同时非零。不妨设它们同时非零，则有

$$q_{ij}=p_{ij}a_{ij},$$

即状态 i 转移至状态 j 等价于建议状态 i 转移至状态 j 并接受这个建议。

当 $s_jp_{ji}\leqslant s_ip_{ij}$ 时，有

$$a_{ij}=\frac{s_jp_{ji}}{s_ip_{ij}},\ a_{ji}=1,$$

故

$$s_iq_{ij}=s_ip_{ij}a_{ij}=s_ip_{ij}\frac{s_jp_{ji}}{s_ip_{ij}}=s_jp_{ji}=s_jp_{ji}a_{ji}=s_jq_{ji}。$$

同理，当 $s_jp_{ji}>s_ip_{ij}$ 时，在上式中调整 i 和 j 的位置可得 $s_iq_{ij}=s_jq_{ji}$。

由此可知，可逆条件成立，且 s 是由转移矩阵 Q 构造的马尔可夫链的平稳分布。　■

注 12.1.2　Metropolis-Hastings 方法是构造平稳分布已知的马尔可夫链的最一般方法。在上述公式中，分布 s 和建议概率的分布 P（以下简称建议分布）都很一般，除了要求在相同的状态空间中之外，并没有任何相关性要求；然而，在实际中，建议分布的选择却非常重要，因为它的不同选择对链收敛到其平稳分布的速度有很大影响。

如何选择好的建议分布是一个复杂的问题，这里不详细讨论，直观地，接受概率非常低的建议分布会使马尔可夫链的收敛速度非常缓慢（因为链很少会转移到其他状态）；而高接受概率也可能不是理想的方案，因为这会导致马尔可夫链更倾向于选择变动很小的建议，在状态空间较大时，马尔可夫链将需要很长时间才能遍历整个空间。

这里有几个例子说明如何使用 Metropolis-Hastings 方法通过分布进行模拟。

例 12.1.3（Zipf 分布的模拟）　记 $M\geqslant 2$ 为整数。随机变量 X 服从参数为 $a>0$ 的 Zipf 分布，如果 X 的概率分布函数满足：

$$P(X=k)=\frac{\dfrac{1}{k^a}}{\displaystyle\sum_{j=1}^{M}\left(\frac{1}{j^a}\right)},$$

其中，$k=1,2,\cdots,M$。Zipf 分布广泛应用于语言学中以研究单词出现频率的规律。

试建立一条平稳分布为 Zipf 分布的马尔可夫链 $X_0,X_1,\cdots$，它满足对任意 n，有

$|X_{n+1} - X_n| \leqslant 1$ 成立。要求对马尔可夫链每一步的状态转移进行简要描述，比如，对任意 n，说明状态 X_n 是如何转移至状态 X_{n+1} 的。

解：

只需要找到一个建议分布，就可以使用 Metropolis-Hastings 方法。建议分布有很多种选择，一种简单的方法就是在状态空间 $\{1,2,\cdots,M\}$ 上的随机游走。即当 $i \neq 1$ 且 $i \neq M$ 时，状态 i 以概率 $1/2$ 移动到状态 $i-1$ 或 $i+1$；状态为 1 时，留在状态 1 或移动至状态 2 的概率均为 $1/2$；状态为 M 时，状态不变或移动到状态 $M-1$ 的概率均为 $1/2$（见图 12.1）。

图 12.1　Zipf 分布模拟的建议链

设 $\boldsymbol{P}$ 为该链的转移矩阵，且 $\boldsymbol{P}$ 的平稳分布是均匀的。因为 $\boldsymbol{P}$ 是对称矩阵，所以命题 11.4.3 适用，应用 Metropolis-Hastings 方法将 $\boldsymbol{P}$ 转换成平稳分布为 Zipf 分布的马尔可夫链。

设 X_0 为任意起始状态，由以下步骤得到马尔可夫链 X_0，X_1，$\cdots$，若链当前处于状态 i，则：

1. 根据转移矩阵 $\boldsymbol{P}$ 给出潜在转移状态 j；

2. 以概率 $\min\left(\dfrac{i^a}{j^a}, 1\right)$ 接受该建议。如果接受建议，则状态转移到 j；否则，留在状态 i。

这个过程很容易实现，每次移动需要的计算很少；注意，在链转移过程中不需要计算归一化常数 $\sum\limits_{j=1}^{M}(1/j^{a.})$。

例 12.1.4（贝塔分布的模拟）　现在回到本章开头提到的贝塔分布的模拟。假设要生成服从 Beta(a,b) 分布的随机变量，以 W 表示，即有 $W \sim$ Beta(a,b)，但我们不知道 R 语言中的 rbeta 命令，现在只有一组服从 Unif$(0,1)$ 分布的独立随机变量序列。

（a）若 a 和 b 为正整数，如何应用均匀分布对 W 进行模拟？

（b）若 a 和 b 为任意正实数，则由连续状态空间 $(0,1)$ 上的马尔可夫链怎样近似地模拟 W？

解：

（a）由均匀分布的性质直接来模拟贝塔分布比较困难，在前面的章节我们已经证明若 $X \sim$ Gamma$(a,1)$，$Y \sim$ Gamma$(b,1)$，且 X 与 Y 相互独立，则有 $X/(X+Y) \sim$ Beta(a,b)；故可以先模拟得到伽马分布，然后再生成贝塔分布。

下面借助指数分布对伽马分布进行模拟。设 $X_1,\cdots,X_a \overset{\text{i.i.d}}{\sim}$ Exp(1)，则 $X = X_1 + \cdots + X_a \sim$ Gamma$(a,1)$，Y 也可获得类似结论；由 $\lambda = 1$ 的指数分布的分布函数的逆及均匀分布的性质，有

$$-\ln(1-U) \sim \text{Exp}(1),$$

其中 $U \sim$ Unif$(0,1)$，由此能很方便地生成多组服从 Exp(1) 分布的随机变量序列。

（b）接下来使用 Metropolis-Hastings 方法对 W 进行模拟。前面只介绍了 Metropolis-Hastings 方法在有限状态空间的应用，其在无限状态空间中的用法是类似的。一个简单的建议

链可以是一列服从 Unif(0,1) 的随机变量序列（独立同分布的随机变量满足马尔可夫性），这样在区间(0,1) 上的建议状态总是一个新的 Unif(0,1)分布，且与之前状态独立。这种生成 Metropolis-Hastings 链的方法称为独立抽样法。

设 W_0 为任意起始状态，并按以下步骤生成马尔可夫链 $\{W_0, W_1, \cdots\}$。若该链现处于状态 w，$w \in \mathbf{R}$ 且 $w \in (0,1)$，则

1. 随机抽取一个服从 Unif(0,1) 的随机变量来生成建议 u；

2. 以概率 $\min\left(\dfrac{u^{a-1}(1-u)^{b-1}}{w^{a-1}(1-w)^{b-1}}, 1\right)$ 接受此建议。若接受该建议，则转移至 u；否则，留在 w。

上述链的生成过程同样不必求解归一化常数；转移过程中为得到接受概率，贝塔分布 Beta(a,b)的概率密度函数起到了 s 的作用，因为 Beta(a,b)的概率密度函数是我们想获得的平稳分布，而建议序列是独立于当前状态且服从(0,1)区间上均匀分布的随机变量序列，故 Unif(0,1)的概率密度函数起到了转移概率 p_{ij}（同理 p_{ji}）的作用。

运行马尔可夫链可以得到，当 n 足够大时，$W_n, W_{n+1}, W_{n+2}, \cdots$ 近似服从 Beta(a,b)；注意，序列 $W_n, W_{n+1}, W_{n+2}, \cdots$ 不是随机抽取的独立同分布序列，而是相关的随机变量序列。　　　　　　　　　　　　　　　　　　　　　　　　　　　　　　　□

例 12. 1. 5（MCMC 方法产生相关样本）　运用 MCMC 方法生成马尔可夫链 $\{X_n, n=0,1,2,\cdots\}$ 时，一个很重要的问题是算法运行的时间。某种程度上，是因为通常难以知道在某个具体时刻马尔可夫链的分布与平稳分布的接近程度；另一个原因是 $X_0, X_1, \cdots$ 一般是相关的。一些马尔可夫链在转移过程中趋于停留在状态空间的某些状态子集上，而不是遍历整个状态空间；而如果链很容易停留在某个状态，则 X_n 可能与 X_{n+1} 高度正相关。滞后阶为 k 的自相关指的是随着 n 趋于无穷时 X_n 与 X_{n+k} 之间的相关性。高度自相关往往意味着蒙特卡罗模拟具有高方差，故希望随着滞后阶数 k 的增大，k 阶自相关系数能迅速趋于零。

马尔可夫链运行时间的长短及诊断其是否已经平稳是非常活跃的研究领域，通常的做法是从不同的起点出发，将链迭代足够多次，然后考察结果的稳定性。

Metropolis-Hastings 方法应用非常广泛，通常应用于较大状态空间的情形；也适用于某些看起来似乎与分布模拟毫无关系的问题，如密码破译。

例 12. 1. 6（密码破译）　最近，马尔可夫链被应用于密码破译，下面介绍一个应用案例。（关于这种应用的更多信息，参见 Diaconis [7] 和 Chen 和 Rosenthal [4]。）替代密码指字母a~z 的一个排列 g，通过用 $g(\alpha)$ 代替每一个字母 α 给信息加密，比如：

abcdefghijklmnopqrstuvwxyz

zyxwvutsrqponmlkjihgfedcba

上面第二行列出了 $g(a), g(b), \cdots, g(z)$ 的值；由此我们可以得到 "statistics" 的替代密码是 "hgzgrhgrxh"。（我们也可以对大写字母、空格和标点符号进行转化。）上述状态空间为字母 a~z 的所有排列 $26! \approx 4 \cdot 10^{26}$。这是一个非常大的空间：假设必须要用这些排列中的一组来解码文本，并且每纳秒（ns）处理一个排列，则处理完所有排列仍需要 120 亿年的时间；因此，一个一个地对每个排列直接进行试验是不可行的，下面将使用随机排列的方式。

（a）考察这样一个马尔可夫链，从 a~z 的 26 个字母中随机选取两个并将第二行相应位置的字母交换。比如，选取的位置为 7 和 20，则原始排列

abcdefghijklmnopqrstuvwxyz

zyxwvutsrqponmlkjihgfedcba

转化为

abcdefghijklmnopqrstuvwxyz

zyxwvugsrqponmlkjihtfedcba

试求排列 g 到排列 h 的一步转移概率，及该马尔可夫链的平稳分布。

（b）假设现在有一个系统为每个排列 g 赋予一个正的得分 $s(g)$；直观上看，在给定 g 是所使用的密码时，$s(g)$ 可以作为衡量破译已观察到的加密文本的可能性。请使用 Metropolis-Hastings 方法构造一个马尔可夫链，使其平稳分布与得分 $s(g)$ 的分布成比例。

解：

（a）除非通过交换第二行的两个字母可以使 g 获得 h，否则自 g 到 h 的一步转移概率为 0；假设 h 能够以这种方式由 g 得到，相应的概率为 $\dfrac{1}{\binom{26}{2}}$。由此得到的马尔可夫链是不可约的，因为只要进行足够多次的交换，总能从任意一组排列转移到其他任意排列。其中，$p(g,h)=p(h,g)$，$p(g,h)$ 表示状态 g 到状态 h 的转移概率，故转移矩阵是对称矩阵，从而平稳分布均匀地分布在由字母 a～z 得到的 26! 个排列上。

（b）运用（a）中结论，自任意状态 g 出发，由（a）中马尔可夫链得到建议转移状态 h；接着抛掷一枚正面朝上概率为 $\min(s(h)/s(g),1)$ 的硬币，若出现正面，转移至 h；反之，则留在 g。

为了证明该过程具有所期望的平稳分布，可以运用算法 12.1.1 的一般性证明，也可以直接验证可逆性条件；本题我们选择后者。

需要验证对于所有的 g 和 h，有 $s(g)q(g,h)=s(h)q(h,g)$，其中 $q(g,h)$ 是更新的马尔可夫链自状态 g 到状态 h 的转移概率。

若 $g=h$ 或 $q(g,h)=0$，则该方程明显成立，下面验证 $g\neq h$ 和 $q(g,h)\neq 0$ 的情形；$p(g,h)$ 是（a）中的转移概率，表示自状态 g 转移至状态 h 的潜在转移概率。

首先，考虑 $s(g)\leqslant s(h)$ 的情形，则由 $q(g,h)=p(g,h)$ 以及

$$q(h,g)=p(h,g)\frac{s(g)}{s(h)}=p(g,h)\frac{s(g)}{s(h)}=q(g,h)\frac{s(g)}{s(h)},$$

故 $s(g)q(g,h)=s(h)q(h,g)$。同理，当 $s(h)<s(g)$ 时，将状态 g 和 h 交换顺序，可得到同样的结论。因此，状态 g 的平稳概率与它的得分 $s(g)$ 成正比。

综上所述，在运用 Metropolis-Hastings 方法时，从一个马尔可夫链开始，该链从长期来看等可能地到达所有密码序列，并构建一个（其平稳分布）依据得分将密码进行整理的马尔可夫链，该链从长期来看更频繁地到达最有可能的密码。□

下面是另一个具有巨大状态空间的 MCMC 方法的例子，同样地，这个例子乍看起来似乎与模拟分布没有太多联系。但它却指出 MCMC 方法不仅可以用于抽样，还可以用于优化。

例 12.1.7（背包问题）窃贼比尔博（Bilbo）在巨龙史矛革（Smaug）的巢穴中找到了 m 件宝藏，而他此时正决定偷取哪些宝藏（或者在窃贼看来，只是回收）；他不能一次带走所有的宝藏，因为他能够携带的最大重量是 w。将宝藏从 1 到 m 进行标记，并假设第 j 件宝

贝价值 g_j 个金币且重量为 w_j；因此，Bilbo 必须选择一个向量 $x = (x_1, \cdots, x_m)$，其中，如果他带走第 j 件宝贝，则 x_j 取值为 1；否则为 0，并且 x_j 取值为 1 的宝物的总重量不能超过 w。记 C 是满足上述条件的所有向量组成的向量空间，即 C 由所有满足 $\sum_{j=1}^{m} x_j w_j \leqslant w$ 的二元取值向量 $(x_1, \cdots, x_m)$ 组成。

Bilbo 希望使他拿走的宝物总价值最大化。这就是背包问题，它在计算科学领域有相当长的历史，寻找其最佳解决方案是一件十分困难的事情，一般直接计算是完全行不通的。Bilbo 决定使用 MCMC 方法搜寻整个可行域 C，幸运的是他随身带了一台装有 R 的便携式计算机。（Bilbo 与 Smaug 取自托尔金的小说《霍比特人》。）

（a）考虑一条马尔可夫链，初始状态为 $(0,0,\cdots,0)$，链的一次转移如下：假设该马尔可夫链当前位于状态 $x = (x_1,\cdots,x_m)$，在 $\{1,\cdots,m\}$ 中均匀抽取一个随机数 J，并在 x 中将 x_J 替换为 $1 - x_J$（即改变之前是否拿走宝物 J 的选择）得到 y；如果得到的 $y \notin C$，则马尔可夫链停留在状态 x；若 $y \in C$，则马尔可夫链移动到状态 y。试证明可行空间 C 上的均匀分布是该链的平稳分布。

（b）试证（a）中的马尔可夫链不可约，且可以是也可以不是非周期的（取决于 w，$w_1, \cdots, w_m$）。

（c）（a）中构建的马尔可夫链提供了获得近似一致解的有效方法，但 Bilbo 更关心的是得到宝物价值最高的解（以金币数衡量）。从这个角度出发，要构造一条这样的马尔可夫链，使其平稳分布在任何特定的高价值解上有比在任意特定的低价值解上更高的概率值。

具体地说，假设要模拟的是以下分布：

$$s(x) \propto e^{\beta V(x)},$$

其中，$V(x) = \sum_{j=1}^{m} x_j g_j$ 是可行解 x 以金币数度量的价值，β 是一个正常数。该分布的思想是在指数上对每个高价值解比每个低价值解赋予更高的概率值。构造一条平稳分布为上述分布的马尔可夫链。

解：

（a）转移矩阵是对称矩阵，因为对任意 $x \neq y$，由 x 到 y 与由 y 到 x 的转移概率要么都是 0，要么都为 $1/m$。故平稳分布在 C 上是均匀的。

（b）通过每次扔掉一件宝物，可以从任意状态 $x \in C$ 到达初始点 $(0,0,\cdots,0)$，同样地也可以从初始点 $(0,0,\cdots,0)$ 通过每次拾取一件宝物到达任意状态 $y \in C$。结合二者，该马尔可夫链可以从任意状态转移到任意状态，所以该链不可约。

为研究周期性，我们来看一些简单情形。首先，考虑 $w_1 + \cdots + w_m < w$ 时，即 Bilbo 可以同时携带所有宝物，那么所有长度为 m 的二值向量均为可行解；由此初始状态 $(0,0,\cdots,0)$ 的周期为 2，为了回到初始状态，Bilbo 需要先拾起然后再放下一件宝物；事实上，如果 Bilbo 从状态 $(0,0,\cdots,0)$ 开始，则经过任意奇数次移动后，他将携带奇数件宝物。

现在考虑 $w_1 > w$ 的情况，也就是说第一件宝物对于 Bilbo 来说太重了。对任意状态 $x \in C$，Bilbo 拾起第一件宝物的潜在概率为 $1/m$；如果发生了这种情况，马尔可夫链将留在状态 x，从而每个状态的周期是 1。

（c）将 Metropolis-Hastings 方法应用到（a）中得到的马尔可夫链上，由此得到建议分布。初始状态记为 $(0,0,\cdots,0)$，设当前状态为 $\boldsymbol{x}=(x_1,\cdots,x_m)$，则：

1. 在 $\{1,\cdots,m\}$ 中等概率抽取一个随机数 J，并在 $\boldsymbol{x}$ 中将 x_J 替换为 $1-x_J$ 得到 $\boldsymbol{y}$；

2. 若 $\boldsymbol{y}\notin C$，则马尔可夫链留在状态 $\boldsymbol{x}$；若 $\boldsymbol{y}\in C$，则抛掷一枚正面朝上、概率为 $\min(e^{\beta(V(\boldsymbol{y})-V(\boldsymbol{x}))},1)$ 的硬币，若出现正面，则转移至 $\boldsymbol{y}$；反之，则留在 $\boldsymbol{x}$。

由此得到的马尔可夫链将收敛到想要的平稳分布。但是如何选择 β 呢？如果 β 非常大，则最优解将被赋予非常高的概率，但是链收敛到平稳分布的速度可能非常缓慢，因为它可以很容易地停留在局部最优状态：该链也许会使自己处于这样的状态，尽管不是全局最优，但该状态优于其一步能到达的其他状态，且拒绝去其他状态的建议概率可能非常高；另一方面，如果 β 接近0，那么马尔可夫链可以很容易进行状态转移，但却没有足够多的动机使马尔可夫链到达最优解状态。

被称为模拟退火的优化方法避免了必须选择 β 值的局限性。与上面每条马尔可夫链对应一个 β 值不同，模拟退火方法设定 β 的一个取值序列，使得 β 随时间逐渐增大。开始时 β 取值较小，可以快速广泛地遍历空间 C；随着 β 变得越来越大，平稳分布越来越多地集中在最优解集的状态集上。"模拟退火"的名字来自于与金属淬炼退火工艺的类比，其过程是金属被加热到较高温度后被逐渐冷却，直到金属达到非常高强度的稳定状态，而 β 对应于温度的倒数。

由例 12.1.4 可知，Metropolis- Hastings 方法也可应用于连续状态空间，只需用概率密度函数（PDF）替换概率质量函数（PMF）。这在贝叶斯推断中非常有用，因为我们经常需要研究未知参数的后验分布；这类后验分布的分析也许非常复杂，而且还可能具有未知的归一化常数。

MCMC 方法可以通过其平稳分布即为所求后验分布的马尔可夫链获得大量的样本点，然后根据这些样本点去近似真实的后验分布；例如，可以根据这些样本点的均值来估计后验均值。Gelman 等人［11］提供了对贝叶斯数据分析的广泛介绍，其中包括大量地关于模拟和 MCMC 方法的说明与应用。

例 12.1.8（正态共轭）　设 $Y\mid\theta\sim N(\theta,\sigma^2)$，其中 σ^2 已知，但 θ 未知。根据贝叶斯的思想，将 θ 视为随机变量，且其具有先验分布 $\theta\sim N(\mu,\tau^2)$，其中 μ 与 τ^2 均已知；因此，得到一个二级模型

$$\theta\sim N(\mu,\tau^2),$$
$$Y\mid\theta\sim N(\theta,\sigma^2)。$$

分析在得到 Y 的观察值后如何应用 Metropolis- Hastings 方法来获得 θ 的后验均值与后验方差。

解：

现有 Y 的观察值 y，即给定 $Y=y$，根据贝叶斯原理可以更新对 θ 的认识；由于我们感兴趣的是 θ 的后验分布，因而任何与 θ 无关的项都可以视作归一化常数的一部分，故

$$f_{\theta\mid Y}(\theta\mid y)\propto f_{Y\mid\theta}(y\mid\theta)f_\theta(\theta)\propto e^{-\frac{1}{2\sigma^2}(y-\theta)^2}e^{-\frac{1}{2\tau^2}(\theta-\mu)^2}。$$

上式右边的指数是 θ 的二次函数，由此可知 θ 的后验分布密度函数是一个正态密度函数。先验分布与后验分布均属于正态分布族，所以称正态分布为 θ 的共轭先验分布。实际中，通过简单的配方运算，就可得出 θ 的后验分布的表达式：

$$\theta\mid Y=y\sim N\left(\frac{\frac{1}{\sigma^2}}{\frac{1}{\sigma^2}+\frac{1}{\tau^2}}y+\frac{\frac{1}{\tau^2}}{\frac{1}{\sigma^2}+\frac{1}{\tau^2}}\mu,\frac{1}{\frac{1}{\sigma^2}+\frac{1}{\tau^2}}\right)。$$

下面对 θ 的后验分布密度函数进行简要分析：

● 根据 θ 的后验分布密度函数可知，θ 的后验均值 $E(\theta\,|\,Y=y)$ 是先验均值 μ 和观察值 y 的加权平均值，而权重由在获得数据之前对 θ 的认识以及得到的数据的精确度确定（即由 θ 的先验方差与观察值的方差决定）。如果在获得数据之前已经对 θ 有充分的认识，则 τ^2 将很小，而 $1/\tau^2$ 将很大，这将赋予先验均值 μ 很大的权重；另一方面，如果得到的数据非常精确，则 σ^2 将很小，而 $1/\sigma^2$ 将很大，这时数据 y 将被赋予较大的权重。

● 对于后验方差，若将精度定义为方差的倒数，简单来说，则有 θ 的后验精度是先验精度 $1/\tau^2$ 与观测数据的精度 $1/\sigma^2$ 之和。

这些结论非常有用，但假设我们不知道怎样对 θ 进行配方，或者我们想检验对 y、σ^2、μ、τ^2 的特定值的计算结果，也就是说无法得到准确的后验分布时，该怎样计算后验均值与后验方差。此时可以借助 Metropolis-Hastings 方法构造一条平稳分布为 $f_{\theta\,|\,Y}(\theta\,|\,y)$ 的马尔可夫链，对 θ 的后验分布进行模拟；同样的方法也可广泛应用于其他各种各样的分布的分析模拟，通常这些分布比正态分布复杂得多。生成 $\theta_0,\theta_1,\cdots$ 的一种 Metropolis-Hastings 方法如下：

1. 若 $\theta_n = x$，则根据转移规则提出潜在转移状态 x'；在连续状态空间中执行此操作的一种方法是生成一列均值为 0 的正态随机变量序列 ε_n，并将其加到当前状态 x 上以得到建议转移状态 x'：换句话说，生成一组随机变量 $\varepsilon_n \sim N(0,d^2)$，$d$ 为常数，接着令 $x'=x+\varepsilon_n$。这与连续状态空间的转移矩阵类似，唯一需要额外注意的是 d 值的选择；在实践中，常将其选为既不太大又不太小的数。

2. 接受概率

$$a(x,x') = \min\left(\frac{s(x')p(x',x)}{s(x)p(x,x')},1\right),$$

其中 s 是感兴趣的平稳分布的密度函数（离散情况下为概率质量函数），$p(x,x')$ 是自状态 x 转移到 x' 的概率密度值（离散情形记为 p_{ij}）。

在这个问题中，感兴趣的概率密度函数为 $f_{\theta\,|\,Y}$，这里记为 s；至于 $p(x,x')$，建议从 x 转移到 x' 等价于 $\epsilon_n = x'-x$，因此由 ε_n 的概率密度函数在 $x'-x$ 的取值，得到

$$p(x,x') = \frac{1}{\sqrt{2\pi}d}e^{-\frac{1}{2d^2}(x'-x)^2}。$$

然而 $p(x,x') = p(x',x)$，接受概率表达式中的二者相互抵消，得

$$a(x,x') = \min\left(\frac{f_{\theta\,|\,Y}(x'\,|\,y)}{f_{\theta\,|\,Y}(x\,|\,y)},1\right)。$$

再次消去接受概率表达式中分子和分母上的归一化常量。

3. 独立于马尔可夫链，抛掷一枚正面朝上概率为 $a(x,x')$ 的硬币。

4. 若硬币正面朝上，则接受该建议，状态转移至 x'，记 $\theta_{n+1}=x'$；反之，留在状态 x，记 $\theta_{n+1}=x$。

将上述过程运行 10^4 次，初值设为 $Y=3$，$\mu=0$，$\sigma^2=1$，$\tau^2=4$，$d=1$。图 12.2 表示的是由 θ 的后验分布中抽取的样本绘制的直方图；由该直方图可以看出 θ 的后验分布确实像正态分布。借助样本均值与样本方差可以得到后验均值及后验方差的估计；由已知样本得到样本均值为 2.4，样本方差为 0.8，与二者的理论值相当一致：

$$E(\theta \mid Y=3) = \dfrac{\dfrac{1}{\sigma^2}}{\dfrac{1}{\sigma^2}+\dfrac{1}{\tau^2}}y + \dfrac{\dfrac{1}{\tau^2}}{\dfrac{1}{\sigma^2}+\dfrac{1}{\tau^2}}\mu = \dfrac{1}{1+\dfrac{1}{4}} \cdot 3 + \dfrac{\dfrac{1}{4}}{1+\dfrac{1}{4}} \cdot 0 = 2.8,$$

$$\mathrm{Var}(\theta \mid Y=3) = \dfrac{1}{\dfrac{1}{\sigma^2}+\dfrac{1}{\tau^2}} = \dfrac{1}{1+\dfrac{1}{4}} = 0.8。$$

同时发现后验均值比先验均值更接近观察值，这是因为 $\tau^2 > \sigma^2$，对应于先验分布具有更高的不确定性。运行本章提供的 R 代码，可以观察不同的 y、σ^2、μ、τ^2 对后验分布的影响。

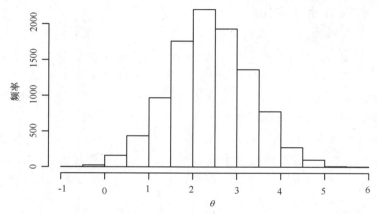

图 12.2　给定 $Y=3$，从 θ 的先验分布中产生的 10^4 个样本绘制的直方图，其中，θ 的先验分布是在 $\mu=0$、$\sigma^2=1$ 和 $\tau^2=4$ 时，由 Metropolis-Hastings 方法得到的。样本均值是 2.4，样本方差是 0.8，与理论值一致。

为了考察马尔可夫链是否充分遍历了状态空间，可以绘制样本 θ_n 随 n 变化的轨道图。图 12.3 展示了标准差 d 分别取值为 100、1、0.01 时的三条样本轨道。$d=100$ 时，样本轨道中有许多平坦区域，这些平坦区域表示马尔可夫链停滞在某些状态，这说明 d 值过大，导致建议通常被拒绝；另一种情形中，$d=0.01$ 太小，通过马尔可夫链的轨道可以看出，链每次转移的步长很小，且难以离开它的初始点。$d=1$ 的轨道正是我们所需要的，它既没有 $d=100$ 时马尔可夫链的低接受率，也没有 $d=0.01$ 时所表现的轨道移动的限制。

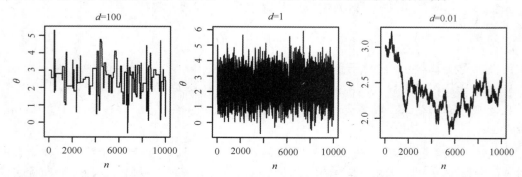

图 12.3　d 分别取值为 100、1、0.01 时 θ_n 的样本轨道，其中样本轨道是迭代次数 n 的函数。

本例中，θ 的后验分布可以直接进行分析，因此，为了讨论 MCMC 方法的作用，运用了

M，结果表明 MCMC 方法得到的结果与理论结果一致；类似的方法也适用于先验分布不是共轭分布而且后验分布也不是已知分布的问题。　　　　　　　　　　　　　　　　　□

12.2　Gibbs 抽样

Gibbs 抽样也是一种 MCMC 方法，它基于每次从条件分布中抽取一个样本的方式得到联合分布的近似样本；在每个阶段，任意一个随机变量的更新通过从给定其他变量的条件分布中抽样实现，且每次更新一个变量，其他变量保持不变。这种方法尤其适用于条件分布容易得到的情况。

首先，我们将在含有两个变量的情形下说明 Gibbs 抽样是如何实现的，此时感兴趣的平稳分布是离散型随机变量 X 和 Y 的联合概率质量函数。Gibbs 抽样根据变量更新的顺序分为几种不同的形式；这里将介绍两种主要的 Gibbs 抽样方法：系统扫描与随机扫描，前者的更新过程以确定的顺序进行，而随机扫描则在每个阶段以随机选择变量的方式对其进行更新。

算法 12.2.1（系统扫描 Gibbs 抽样）　X 和 Y 是两个离散型随机变量，它们的联合概率质量函数为 $p_{X,Y}=P(X=x,Y=y)$。希望构造一个平稳分布为 $p_{X,Y}$ 的二维马尔可夫链 (X_n,Y_n)。系统扫描 Gibbs 抽样通过交替更新分量 X 和分量 Y 来进行；其过程可描述为，若当前状态处于 $(X_n,Y_n)=(x_n,y_n)$，则在保持 Y 不变的同时更新 X，接着保持 X 不变更新 Y：

1. 给定 $Y=y_n$，从 X 的条件分布 $P(X|Y=y_n)$ 中随机抽取 x，其值记为 x_{n+1}，则 $X_{n+1}=x_{n+1}$；
2. 给定 $X=x_{n+1}$，从 Y 的条件分布 $P(Y|X=x_{n+1})$ 中随机抽取 y_{n+1}，记 $Y_{n+1}=y_{n+1}$。

重复步骤 1 和 2，得到的马尔可夫链 $(X_0,Y_0),(X_1,Y_1),(X_2,Y_2),\cdots$ 的平稳分布即为 $p_{X,Y}$。

算法 12.2.2（随机扫描 Gibbs 抽样）　同上，X 和 Y 是两个离散型随机变量，具有联合概率质量函数 $p_{X,Y}=P(X=x,Y=y)$。希望构造一个平稳分布为 $p_{X,Y}$ 的二维马尔可夫链 (X_n,Y_n)。随机扫描 Gibbs 抽样每次均以等概率挑选随机变量进行更新，其过程同样依据给定另一随机变量的条件分布进行：

1. 等概率地选择一个随机变量进行更新；
2. 若变量 X 被选中，则从 X 的条件分布 $P(X|Y=y_n)$ 中随机抽取 x，其值记为 x_{n+1}，且 $X_{n+1}=x_{n+1}$，$Y_{n+1}=y_n$；同理，若变量 Y 被选中，则从 Y 的条件分布 $P(Y|X=x_{n+1})$ 中随机进行抽取得到 y_{n+1}，记 $X_{n+1}=x_n$，$Y_{n+1}=y_{n+1}$。

重复步骤 1 和 2，得到的马尔可夫链 $(X_0,Y_0),(X_1,Y_1),(X_2,Y_2),\cdots$ 的平稳分布即为 $p_{X,Y}$。

Gibbs 抽样可以很自然地推广到更高维度。如果想要获得一组来自 d 维联合分布的样本，那么构造的马尔可夫链将是一个 d 维随机向量序列；在每个阶段，在随机向量中选择一个随机变量，并通过从给定其他变量最新取值下的条件分布中抽样，来更新该变量；同样地，既可以按照系统顺序循环更新随机向量的各个分量，也可以每次等概率地随机选取分量进行更新。

Gibbs 抽样没有 Metropolis-Hastings 方法灵活，因为不能选择一个建议分布，而从不必选择建议分布的角度来看，Gibbs 抽样要比 Metropolis-Hastings 方法更简单；两种方法各有优点，Gibbs 抽样强调条件分布，而 Metropolis-Hastings 方法则强调接受概率；但在下面我们将看到，两种算法又有密切的联系。

定理 12.2.3 随机扫描 Gibbs 抽样是 Metropolis-Hastings 方法的一种特例，其状态转移过程中始终接受建议转移，且随机扫描 Gibbs 抽样的平稳分布即为感兴趣的分布。

证明： 下面对二维随机变量进行证明，其他任何维度上的证明是类似的。已知 X 和 Y 是两个离散型随机变量，其联合分布是感兴趣的平稳分布。由 Metropolis-Hastings 方法，使用以下建议分布：假设当前位于 (x, y)，通过运行一次随机扫描 Gibbs 抽样随机更新一个变量。

简单起见，令

$$P(X = x, Y = y) = p(x, y), \quad P(Y = y \mid X = x) = p(y \mid x), \quad P(X = x \mid Y = y) = p(x \mid y),$$

规范写法应为 $p_{Y \mid X}(y \mid x)$ 而不是 $p(y \mid x)$，以避免出现对 $p(5 \mid 3)$ 的意义那样的疑惑；然而这里 $p(y \mid x)$ 也是适合的，且在该证明过程中不会产生歧义。

下面计算从 (x, y) 到 (x', y') 的 Metropolis-Hastings 接受概率。由于每次建议只更新一个变量，故状态 (x, y) 与 (x', y') 必然在至少一个分量上是相等的。假设 $x = x'$（$y = y'$ 的情况由对称性可得），则接受概率为

$$\frac{p(x, y') p(y \mid x) \frac{1}{2}}{p(x, y) p(y' \mid x) \frac{1}{2}} = \frac{p(x) p(y' \mid x) p(y \mid x)}{p(x) p(y \mid x) p(y' \mid x)} = 1。$$

因此，该 Metropolis-Hastings 方法总是接受建议，故它只是毫无变动地运行随机扫描 Gibbs 抽样。∎

下面研究一些 Gibbs 抽样的具体例子。

例 12.2.4（图形着色） 设 G 是一个网络（也称为图），其中有 n 个节点，且每对不同的节点间可以存在或不存在连接它们的边。现有一个包含 k 种颜色的集合，比如，若 $k = 7$，则颜色集可以是 {红色，橙色，黄色，绿色，蓝色，靛蓝，紫色}。一个 k-色网络指每种颜色对应一个节点，使得由边连接的两个节点不能是相同的颜色（3-色网络，如图 12.4 所示）。图形着色是计算机科学中的一个重要命题，它具有广泛的应用，如任务安排和数独游戏等。

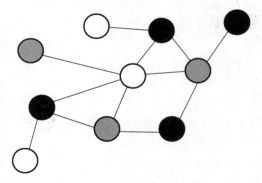

图 12.4　一个 3-色网络。

设存在 k-色网络 G。构造一条马尔可夫链，使其状态空间为所有 k-色网络 G 的集合构成的空间，链的转移方式如下：从 k-色网络 G 出发，等概率地从 n 个节点中选取一个节点，接着考察该节点的合法用色，并在所有合法用色中等概率地随机挑选一种颜色给该节点重新上色（这种随机颜色可能与当前颜色相同）。试证明该马尔可夫链可逆并求出它的平稳分布。

解：

设 C 是所有 k-色网络 G 的集合，且对于 C 中任意的 k-色网络 i 和 j，令 q_{ij} 表示从 i 到 j 的转移概率。下面证明 $q_{ij} = q_{ji}$，这意味着平稳分布在集合 C 上是等概率的。

对任意 k-色网络上的节点 i 和节点 v，令 $L(i, v)$ 表示保持所有其他节点的颜色与它们在 i

中的颜色相同时，节点 v 的合法颜色数目。若 k-色网络 i 与 j 在多于一个节点上的颜色不同，则 $q_{ij} = 0 = q_{ji}$；若 $i = j$，显然有 $q_{ij} = q_{ji}$。如果 i 和 j 恰好只在一个节点 v 处颜色不同，则 $L(i, v) = L(j, v)$，故

$$q_{ij} = \frac{1}{n} \frac{1}{L(i,v)} = \frac{1}{n} \frac{1}{L(j,v)} = q_{ji}。$$

因此，转移矩阵是对称阵，这表示平稳分布在状态空间上是均匀的。

也许有人会疑问这是不是 Gibbs 抽样的一个例子，试想一下将图中的每个节点视为一个离散型随机变量，且它有 k 个可能取值；这些节点具有联合概率分布，而由边连接的节点不能涂有相同颜色的约束，使节点之间具有复杂的依赖结构。

现在想要对整个 k-色网络空间进行抽样，即要从所有节点的联合分布中进行抽样；这是十分困难的，现在改为抽取某节点在给定所有其他节点时的条件分布。如果联合概率分布在所有合法图形上是均匀的，那么该条件分布在其合法颜色上的分布也是均匀的。因此，我们在算法中的每一步都是从相应的条件分布中抽样，即正在运行一个随机扫描 Gibbs 采样器。　□

例 12.2.5（达尔文雀族[⊖]）　当达尔文访问加拉帕戈斯群岛时，他记录了在每个岛屿上观察到的雀的种类。表 12.1 是对达尔文统计数据的一个概括，每行和列分别对应一个物种和一个岛屿；表中 (i, j) 处标记 1 表示在 j 岛上观察到物种 i。

表 12.1　在 17 个岛屿（列）上存在 13 个物种（行）。(i, j) 项的值为 1 表示在岛屿 j 上观察到物种 i。数据来源于 Sanderson [24]。

物种	1	2	3	4	5	6	7	8	9	10	11	12	13	14	15	16	17	合计
1	0	0	1	1	1	1	1	1	1	1	0	1	1	1	1	1	1	14
2	1	1	1	1	1	1	1	1	1	1	0	1	0	1	1	0	0	13
3	1	1	1	1	1	1	1	1	1	1	0	1	0	1	1	0	0	14
4	0	0	1	1	1	0	0	1	0	1	0	1	1	0	1	1	1	10
5	1	1	1	0	1	1	1	1	0	1	0	1	0	1	1	0	0	12
6	0	0	0	0	0	0	0	0	0	0	0	1	0	0	0	0	0	2
7	0	0	1	1	1	1	1	1	1	0	0	1	0	1	1	0	0	10
8	0	0	0	0	0	0	0	0	0	0	0	1	0	0	0	0	0	1
9	0	0	1	1	1	1	1	1	0	1	0	1	0	1	1	0	0	10
10	0	0	1	1	1	1	0	1	0	1	0	1	1	0	1	0	0	11
11	0	0	1	1	1	0	1	0	0	0	0	1	0	0	1	0	0	6
12	0	0	1	1	0	0	0	0	0	0	0	0	0	0	0	0	0	2
13	1	1	1	1	1	1	1	1	1	1	1	1	1	1	1	1	1	17
合计	4	4	11	10	10	8	9	10	8	9	10	4	7	9	3	3	122

给定这些数据，我们可能想要知道表中得到的 0 和 1 是否具有某种关联。例如，行和列

⊖　因达尔文环球航行至此时发现，故而得名。13 种雀分布在加拉帕戈斯群岛的 17 个岛屿上，各个岛屿分别有其中的 3~10 种。——编辑注

之间是否存在依赖关系；一些物种在某些岛屿上一起出现的预期频率是否比偶然情形下更大。这些结构也许能够揭示物种之间合作或竞争的动态关系。一种检验某种结构是否存在的方法是考察大量与表 12.1 具有相同行和及列和的随机列联表，并将实际观察到的列联表与随机列联表进行比较分析。这是统计学中的一种常用的方法，称为拟合优度检验。

但如何生成与表 12.1 具有相同行和与列和的随机表呢？满足上述约束的随机数表是不可能枚举的；但 MCMC 方法可以为我们解决这个问题：构造一条马尔可夫链，其状态空间为所有满足上述行和与列和要求的随机数表，且其平稳分布在整个状态空间上是均匀的。

为构造马尔可夫链，需要在不改变行和与列和的条件下制订一种表与表之间的转移规则：从实际观察到的列联表开始，随机选择两行与两列，若它们交汇处的四个点具有以下两种形式之一：

$$\begin{matrix} 0 & 1 \\ 1 & 0 \end{matrix} \qquad \begin{matrix} 1 & 0 \\ 0 & 1 \end{matrix}$$

$$或$$

则将以概率 1/2 切换到相反模式；否则，留在原状态。例如，如果选择 1 行和 3 行以及 1 列与 17 列，则将以 1/2 的概率把其交叉处的四个数从 $\begin{matrix} 0 & 1 \\ 1 & 0 \end{matrix}$ 切换成 $\begin{matrix} 1 & 0 \\ 0 & 1 \end{matrix}$；这是一个对称的转移矩阵（对于任意表 t 和 t'，从 t 到 t' 的转移概率等于从 t' 到 t 的转移概率），且转移过程不改变行和与列和，同时可以表明该马尔可夫链是不可约的。因此，该链的平稳分布在所有满足上述给定的行和与列和的随机表上是均匀的。

为了给出该过程作为 Gibbs 采样器的解释，考虑除了 1 行和 3 行以及 1 列和 17 列相交处的四个数值之外，给定表中所有其他数值的条件分布；如果链的平稳分布在所有满足条件的表上是均匀的，那么这四个点的条件分布在满足不改变行和与列和的所有表上（即 $\begin{matrix} 0 & 1 \\ 1 & 0 \end{matrix}$ 和 $\begin{matrix} 1 & 0 \\ 0 & 1 \end{matrix}$）一定也是均匀的。因此，我们在算法的每一步中都是从四个交汇点的条件分布中进行抽样的。

与 Metropolis-Hastings 方法一样，Gibbs 抽样也适用于连续分布，只需用条件概率密度函数代替条件概率质量函数。

例 12.2.6 已知每只母鸡下蛋的个数 $N \sim \text{Pois}(\lambda)$，每个蛋孵出小鸡的概率为 p，而 p 是未知的；令 $p \sim \text{Beta}(a, b)$，且常数 λ、a、b 已知。

这里需要注意的是，观察不到 N，而只能观察到孵化的蛋的个数 X。分析现已观察到只孵出 x 只小鸡，则如何运用 Gibbs 抽样求得 p 的后验均值 $E(p \mid X = x)$。

解:

由之前章节中的例子可知，当参数 p 给定后，$X \sim \text{Pois}(\lambda p)$，而 p 的后验概率密度函数为

$$f(p \mid X = x) \propto P(X = x \mid p) f(p) \propto e^{-\lambda p} (\lambda p)^x p^{a-1} q^{b-1},$$

式中略去了所有与 p 无关的项。

由于这不是一个已命名分布，直接来看我们似乎被它难住了；然而，通过考察条件分布将摆脱这个麻烦。首先，我们希望自己知道什么呢？自然是希望知道无法观测的鸡蛋总数 N。当已知 $N = n$ 和 p 的真实值时，X 服从二项分布 $\text{Bin}(n, p)$；而在给定鸡蛋总数的情况下，贝塔分

布是二项分布的共轭分布族。由此，可以直接使用案例 8.3.3，写下参数 p 的后验分布：

$$p \mid X=x, N=n \sim \text{Beta}(x+a, n-x+b)。$$

可以看到，当给定鸡蛋总数 N 时，问题得到简化；同时这启发我们使用 Gibbs 抽样来解决这个问题。在以下运算中，交替在给定 N 时 p 的分布以及给定 p 时 N 的分布中抽样；整个过程中假定 $X=x$，这是由于我们是在已知信息下研究参数的后验分布。

首先，需要给出 p 和 N 的一个猜测值作为初始值，接着重复以下步骤：

1. 在已知 $N=n$ 和 $X=x$ 的条件下，从分布 $\text{Beta}(x+a, n-x+b)$ 中随机抽取一个样本作为 p 的新猜测；

2. 在给定 p 及 $X=x$ 的条件下，未孵化的鸡蛋数 $Y \sim \text{Pois}(\lambda(1-p))$，则可以从分布 $\text{Pois}(\lambda(1-p))$ 中随机抽取得到 Y 的样本值 y，并将鸡蛋总数 N 的新值设为 $N=x+y$。

经多次迭代，可以得到 p 和 N 的大量样本点；由于 N 仅是分析过程的辅助变量，故可忽略 N 的样本分布图，但这里将 p 和 N 的样本分布图都绘制了出来：图 12.5 表示当 $\lambda=10$，$a=b=1$（即 p 的先验分布为均匀分布 $\text{Unif}(0,1)$）时，由 N 的样本与 p 的后验样本绘制的直方图，其中，观察到 $X=7$ 只孵化的小鸡。由直方图可知，在我们用观察到的数据更新对参数 p 的认识后，p 最有可能在 0.7 附近，且不大可能低于 0.2；而鸡蛋总数 N 至少为 7（因为已观察到 7 个孵化的鸡蛋），最有可能在 9 附近。

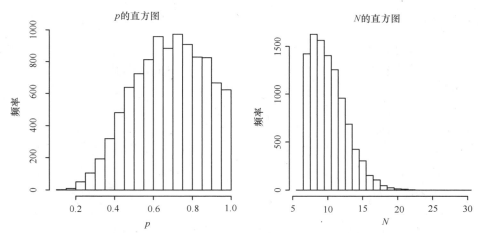

图 12.5　由 p 和 N 的后验分布产生的 10^4 个样本绘制的直方图，
其中，$\lambda=10$，$a=1$，$b=1$，且观测到 $X=7$。

对于问题中最初要求的后验均值 $E(p \mid X=x)$，可以用 p 的样本均值得到其良好近似；在上述假设下，求得样本均值为 0.68。使用本章 R 语言应用示例中提供的代码，可以尝试不同的 λ，a，b 以及 x 的值，以观察直方图和后验均值的变化情况。

本例的关键在于将未观察到的鸡蛋总数 N 添加到模型中来，以便我们能够轻松地求得条件分布，并方便地运用 Gibbs 抽样。　□

12.3　要点重述

MCMC 方法运用马尔可夫链使我们能够从复杂分布中进行抽样，其基本思路是建立一个

平稳分布为 $\pi(x)$ 的马尔可夫链，得到 $\pi(x)$ 的样本，$\pi(x)$ 是感兴趣的概率分布；在运行马尔可夫链很长一段时间之后，马尔可夫链所处的状态序列可作为感兴趣分布的随机样本。

　　本章讨论的两种 MCMC 方法分别是 Metropolis-Hastings 方法和 Gibbs 抽样。前者使用任意一个在状态空间上不可约的马尔可夫链来提出建议，然后通过接受或拒绝这些建议进行转移，最后得到一个平稳分布为给定分布的修正马尔可夫链；Gibbs 抽样则是一种用于 d-维联合分布的抽样方法，其通过每次更新 d-维马尔可夫链的一个维度且保持其他分量不变来实现；Gibbs 抽样的迭代过程可以通过系统扫描（以固定顺序循环迭代各个分量）或随机扫描（每次随机选择迭代的变量）来完成。

12.4　R 语言应用示例

Metropolis-Hastings 方法的实现

　　下面代码是例 12.1.8 中 Metropolis-Hastings 方法的实现。首先，选择 Y 的观察值并确定常数 σ、μ 和 τ 的值：

```
y < -3
sigma < -1
mu < -0
tau < -2
```

然后，选择算法步骤 1 中建议分布的标准差 d（如例 12.1.8 所述）；这里令 $d=1$；接着设定迭代次数，最后以一个维度为 10^4 的向量 theta 存储模拟出的样本值：

```
d < -1
niter < -10^4
theta < -rep(0,niter)
```

以下为主循环。将 θ 的初始值设为观测值 y，并运行例 12.1.8 中的算法：

```
theta[1] < -y
for(i in 2:niter){
    theta.p < -theta[i -1] +rnorm(1,0,d)
    r < -dnorm(y,theta.p,sigma) *dnorm(theta.p,mu,tau)/
        (dnorm(y,theta[i -1],sigma) *dnorm(theta[i -1],mu,tau))
    flip < -rbinom(1,1,min(r,1))
    theta[i] < -if(flip ==1)theta.p else theta[i -1]
}
```

浏览循环中的每一行代码，得到 θ 的建议值或者说潜在转移值为 theta.p，其等于 θ 的上一期值加上一个均值为 0、标准差为 d 的正态随机变量（注意，rnorm 以标准差作为输入而不是以方差作为输入）；比值 r 为

$$\frac{f_{\theta|Y}(x'\,|\,y)}{f_{\theta|Y}(x\,|\,y)} = \frac{e^{-\frac{1}{2\sigma^2}(y-x')^2}e^{-\frac{1}{2\tau^2}(x'-\mu)^2}}{e^{-\frac{1}{2\sigma^2}(y-x)^2}e^{-\frac{1}{2\tau^2}(x-\mu)^2}},$$

代码中 theta.p 代表 x'，而 theta[i -1] 代表 x；flip 表示抛硬币以确定是否接受该建议，flip 是一个抛硬币过程，该硬币正面（头）朝上的概率是 min(r,1)（记硬币出现正

面为 1，出现反面为 0）；最后，若硬币正面朝上，则将 theta[i] 设为建议值，否则仍为原来的值不变。

　　向量 theta 包含了模拟出的所有样本值，通常马尔可夫链在经过一段时间后才会接近平稳分布，所以需要将前期一些样本舍弃；以下代码行表示舍弃了前半部分样本：

```
theta < -theta[ -(1:(niter/2))]
```

为查看剩余样本点的分布，可以调用函数 hist(theta) 绘制直方图；还可以计算汇总统计量的值，如均值、方差等，由此得到样本均值（mean(theta)）和样本方差（Var(theta)）。

Gibbs 抽样的实现

　　现在来实现例 12.2.6 中的 Gibbs 抽样，孵化成功概率未知且无法观测未孵化鸡蛋数的鸡-蛋问题。第一步要设置 X 的观察值，以及确定常数 λ，a，b：

```
x < -7
lambda < -10
a < -1
b < -1
```

接着确定迭代次数，并设置两个维数为 10^4 的向量 p 和 N，用于存储模拟值：

```
Niter < -10^4
p < -rep(0,niter)
N < -rep(0,niter)
```

最后，运行 Gibbs 采样器，我们将 p 和 N 分别初始化为 0.5 和 2x，然后运行例 12.2.6 中的算法：

```
p[1] < -0.5
N[1] < -2*x
for (i in 2:niter){
    p[i] < -rbeta(1,x+a,N[i-1]-x+b)
    N[i] < -x+rpois(1,lambda*(1-p[i-1]))
}
```

这里同样舍弃前期的一些样本点：

```
p < -p[ -(1:(niter/2))]
N < -N[ -(1:(niter/2))]
```

为查看剩余样本点的分布，可以调用函数 hist(p) 和 hist(N) 绘制直方图，这是图 12.5 的生成方法；还可以计算汇总统计量的值，如均值（min(p)）、中位数（median(p)）等。

12.5　练习题

　　1. 已知 $p(x,y)$ 是离散型随机变量 X 和 Y 的联合概率质量函数。使用 Gibbs 抽样中的简写方式，令 $p(x)$ 和 $p(y)$ 表示 X 和 Y 的边缘概率质量函数，而 $p(x|y)$ 和 $p(y|x)$ 分别是给定 Y 时 X 的条件分布与给定 X 时 Y 的条件分布；设 Y 的支撑与 $Y|X$ 的支撑相同。

　　（a）由等式 $p(x)p(y|x)=p(y)p(x|y)$ 得出边缘分布 $p(y)$ 关于 $p(x|y)$ 和 $p(y|x)$ 的表

達式。

提示：对 $p(x)/p(y) = p(x|y)/p(y|x)$ 求和。

（b）请解释为什么联合分布 $p(x,y)$ 可由条件分布 $p(x|y)$ 及 $p(y|x)$ 决定，并讨论它与 Gibbs 抽样的联系。

2. 现有一个由 n 个节点和一些边构成的网络 G，已知 G 的各个节点既可以闲置也可以被占用；我们想以某种方式将一些粒子放在 G 的节点上，且使各粒子不是太拥挤，由此将一个可行的方案定义为粒子的一个排列，该方案使得每个节点上最多有一个粒子，而被占用节点的相邻节点不能放置粒子。

构建一条马尔可夫链，使其平稳分布在所有可行排列上都是等概率的；请详细说明马尔可夫链的转移过程，并解释为什么平稳分布在各状态上是等概的。

3. 本题是 MCMC 方法在图分析中的应用。设想一张由 $L \times L$ 个黑白像素构成的二维图片，令 Y_j 表示第 j 个像素为白色的示性变量，$j = 1, \cdots, L^2$；将像素视为网络中的节点，每个像素的邻居指的是紧邻其上、下、左、右的四个像素（边界情况除外）。

令 $i \sim j$ 表示"i 和 j 相邻"，关于 $\mathbf{Y} = (Y_1, \cdots, Y_L^2)$ 的联合概率质量函数的一个常用模型是

$$P(\mathbf{Y} = \mathbf{y}) \propto \exp\left(\beta \sum_{(i,j):i \sim j} I(y_i = y_j) \right)$$

其中，β 为正表示相邻像素倾向于具有相同的颜色。由于该联合概率质量函数的归一化常数是所有 2^{L^2} 个可能配置的求和，以计算的方式获得归一化常数可能非常困难，这促使我们应用 MCMC 方法对模型进行模拟。

（a）已知 β 的一个特定值，现希望通过模拟得到来自 $\mathbf{Y}$ 的联合概率质量函数的随机样本。试说明如何使用 Gibbs 抽样以固定顺序逐个循环遍历各个像素获得样本。

（b）以 Metropolis-Hastings 算法进行模拟，算法的建议转移可通过等概率地随机选择一个像素点并改变该点取值来实施。

第 13 章 泊 松 过 程

泊松过程指一类简单的模型，是对发生在时间或空间上的随机事件的计数过程；如一维中，经过某高速公路检查站的车辆数；二维平面上某片草地内的花朵数；三维空间中银河系某区域的恒星数。泊松过程是时间和空间领域中很多复杂过程的基本构成成分，而这些过程是空间统计的研究重点。

在概率论中，泊松过程的作用非常关键，因为它既能将许多已知的分布结合起来，也能使一些枯燥的结论以生动的案例呈现给我们；同时这也引出了一种解决问题的新思路，我们将看到即便某一问题中没有提及泊松过程，有时也可以假设该随机变量序列来自于泊松过程，从而可以借助泊松过程的性质进行分析。

在本章中，我们将首先回顾一维泊松过程的定义，接着讨论一维泊松过程的三个重要性质，最后将这些性质推广到高维泊松过程中。

13.1 一维泊松过程

在 5.6 节中，我们给出了一维泊松过程的定义，并指出相邻两次到达的时间间隔序列是独立的随机变量序列，服从相同的指数分布；在第 8 章中我们指出第 j 次到达的时间（相对于某个固定的起始时间）服从伽马（Gamma）分布。下面以数学符号给出这些结论，以便推广到高维空间。

定义 13.1.1（一维泊松过程） 连续时间上，一组到达时刻序列称为强度为 λ 的泊松过程，如果满足条件：

1. 在时间间隔 t 内到达的次数服从强度为 λt 的泊松分布；
2. 在不相交时间区间上，到达的次数相互独立。

通常假定时间起点为 $t = 0$，在这种情况下，将泊松过程定义在 $(0, +\infty)$ 上，而如果认为时间轴在两个方向上都是无限的，那么相同条件下可以在 $(-\infty, +\infty)$ 上定义一个泊松过程。

考察一个 $(0, +\infty)$ 上的泊松过程。与前面章节的符号略有不同，设 $N(t)$ 为 $(0, t]$ 时间内到达的次数，则 $(t_1, t_2]$ 时间内到达的次数为 $N(t_2) - N(t_1)$，其中 $0 < t_1 < t_2$；并记 T_j 为第 j 次到达的时刻。故由事件 $\{T_1 > t\}$ 与事件 $\{N(t) = 0\}$ 等价（即如 5.6 节所述的计数-时间的对偶性），有

$$P(T_1 > t) = P(N(t) = 0) = e^{-\lambda t},$$

即 $T_1 \sim \text{Exp}(\lambda)$。下面我们给定第一次到达的时刻 T_1，考虑从 T_1 到第二次到达之间的时间间隔 $T_2 - T_1$ 的分布。由于以 T_1 时刻为起始点，将得到一个新的泊松过程，那么同理可得 $T_2 - T_1 | T_1 \sim \text{Expo}(\lambda)$；又因条件分布 $T_2 - T_1 | T_1$ 不依赖于 T_1，所以 $T_2 - T_1$ 与 T_1 相互独立，且无条件分布 $T_2 - T_1 \sim \text{Expo}(\lambda)$。

重复上述过程可得，相邻两次到达的时间间隔 $T_j - T_{j-1}$ 是一组独立同分布的随机变量序

列，且 $T_j - T_{j-1} \sim \mathrm{Expo}(\lambda)$。由上述分析，可以将泊松过程描述为下面两种等价方式：到达次数服从泊松分布的计数过程或相邻两次到达的时间间隔服从指数分布的随机过程；而 T_j 是 j 个服从 $\mathrm{Expo}(\lambda)$ 分布的独立随机变量之和，故有 $T_j \sim \mathrm{Gamma}(j, \lambda)$。

我们借助泊松过程与指数分布的这种联系获得生成泊松过程 n 次到达的方法。

案例 13.1.2（生成一维泊松过程） 为获得 $(0, +\infty)$ 上速率（强度）为 λ 的泊松过程的 n 次到达：

1. 生成一组服从指数分布 $\mathrm{Expo}(\lambda)$ 的独立随机变量序列 $X_1, \cdots, X_n$；
2. 令 $T_j = X_1 + \cdots + X_j$，$j = 1, \cdots, n$。

然后，我们以 $T_1, \cdots, T_n$ 表示泊松过程每次到达的时刻。

图 13.1 展示了以速率 $\lambda = 1$，2，5 绘制的 $(0, 10]$ 的时间长度内泊松过程的三种实现。三个过程都显示，尽管相邻两次到达的间隔时间是独立同分布的随机变量，但到达的时刻却不是均匀的，而是发生了聚集，间隔时间存在着很大的变化，这种现象称为泊松聚集；时间上彼此接近的数次到达发生聚集看起来似乎是一个惊人的巧合，但泊松聚集表示这样的聚集在泊松过程中是普遍存在的。

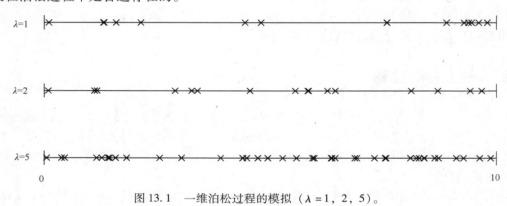

图 13.1 一维泊松过程的模拟（$\lambda = 1$，2，5）。

13.2 条件作用、叠加性、分解性

了解泊松过程，需要掌握它的三个最重要的性质：条件作用、叠加性和分解性；这三个性质分别对应于我们已经了解的泊松分布的性质，所以它们是合理的。

13.2.1 条件作用

考察某时间段内事件发生的总次数已知时泊松过程的性质。首先，可以得到某一时间段内事件发生的总次数已知，则其某一固定子区间内发生的事件数服从二项分布；这可由定理 4.8.2 得到，该定理表明我们可以通过条件作用由泊松分布得到二项分布。

定理 13.2.1（条件计数） 设 $\{N(t), t > 0\}$ 是速率为 λ 的泊松过程。已知 $N(t_2) = n$，令 $t_1 < t_2$，则

$$N(t_1) \mid N(t_2) = n \sim \mathrm{Bin}\left(n, \frac{t_1}{t_2}\right).$$

证明： 如图 13.2 所示，定理说明在时间 $(0,t_2]$ 内有 n 次到达的条件下，时间 $(0,t_1]$ 内的每一次到达即为一次独立的伯努利试验，且成功概率为 $\dfrac{t_1}{t_2}$；即 $N(t_1)$ 服从二项分布。

图 13.2　条件作用。给定时间 $(0,t_2]$ 内发生 n 次到达的条件下，时间 $(0,t_1]$ 内的到达数的条件分布是参数为 n 和 t_1/t_2 的二项分布。

应用不相交时间区间的独立性进行证明。由于 $(0,t_1]$ 和 $(t_1,t_2]$ 不相交，故 $N(t_1)$ 与 $N(t_2)-N(t_1)$ 相互独立；又知 $N(t_1) \sim \text{Pois}(\lambda t_1)$，$N(t_2)-N(t_1) \sim \text{Pois}(\lambda(t_2-t_1))$，二者之和为 $(0,t_2]$ 上的总到达数，即 $N(t_2)$。由定理 4.8.2，可得

$$N(t_1)\,|\,N(t_2)=n \sim \text{Bin}\left(n,\frac{\lambda t_1}{\lambda t_1+\lambda(t_2-t_1)}\right),$$

证毕。∎

上述证明适用于任意长度为 t_1 的子区间。这告诉我们，一次落在长度为 t_1 的子区间内的概率与 t_1 成正比，且与子区间的位置无关；进而，对于任意的 $x<t_2$，一次落在长度为 x 的子区间内的概率与 x 成正比。又因为概率与区间长度成比例正是均匀分布的特性，故给定 $N(t_2)=n$ 就好比在区间 $(0,t_2]$ 上均匀地随机放置了 n 个到达点，第 j 次到达即为这些随机放置的到达点的第 j 阶顺序统计量。

定理 13.2.2　对于一个速率为 λ 的泊松过程，在已知 $N(t)=n$ 的条件下，令 T_j 表示第 j 次到达的时刻，则 $T_1,\cdots,T_n$ 的分布与服从 $\text{Unif}(0,t)$ 分布的 n 个独立随机变量的顺序统计量的分布相同。

由第 8 章可以知道服从均匀分布 $\text{Unif}(0,1)$ 的随机变量序列，其顺序统计量服从贝塔（Beta）分布，故可将 T_j 的条件分布视作经放缩的贝塔分布；为得到贝塔分布，可令 T_j 除以 t，则 $t^{-1}T_j$ 定义在 $(0,1)$ 内：

$$t^{-1}T_j\,|\,N(t)=n \sim \text{Beta}(j,n-j+1)。$$

由此可以用另一种方式来刻画泊松过程的每次到达，以给定时间区间而不是给定到达次数来实现。

案例 13.2.3（生成一维泊松过程，方法 2）　为获得 $(0,t]$ 上速率为 λ 的泊松过程的到达时刻，可采用以下方式：

1. 由 $N(t) \sim \text{Pois}(\lambda t)$ 得出 $(0,t]$ 内事件发生次数；

2. 假定 $N(t)=n$，则生成 n 个独立同分布的随机变量 $U_1,\cdots,U_n$，其共同分布为 $\text{Unif}(0,t)$ 分布；

3. 令 $T_j=U_{(j)}$，$j=1,\cdots,n$。

事实上，这正是图 13.1 中所用的方法，因为我们已经知道要在区间 $(0,10]$ 内模拟泊松过程。

例 13.2.4（网站用户流）　用户访问某个网站是一个速率为 λ_1 的泊松过程，λ_1 表示每

分钟有 λ_1 个用户访问该网站，某一时刻的一次"到达"意味着在那时某人开始浏览该站点。在到达该站点之后，每个用户在独立于其他用户浏览该站点一段时间后离开，其浏览时间服从 $\text{Expo}(\lambda_2)$。

假设 0 时刻没有人点击该网站，令 N_t 为时间区间 $(0,t]$ 内到达的用户数，C_t 为在时刻 t 正在浏览该站点的用户数。

（a）设 X 为用户到达的时刻，Y 为该用户离开的时刻，用户到达的时刻在区间 $(0,t]$ 上是均匀的。求 X 和 Y 的联合概率密度函数。

（b）某用户到达的时间在区间 $(0,t]$ 上是均匀的，记其在时刻 t 仍在浏览该网站的概率为 p_t，求 p_t。

（c）已知 λ_1、λ_2、t，求 C_t 的分布。

（d）利特尔法则（Little's law）指出在一个稳定的系统中，长期平均顾客数量等于长期平均到达速率乘以顾客在系统中花费的平均时间；这是一个相当普遍的结果。考虑当 t 很大时，$E(C_t)$ 将会怎么变化，并根据利特尔法则对此进行解释。

解：

（a）已知 $X \sim \text{Unif}(0,t)$，设某用户在 $X = x$ 时刻开始浏览该网站，则从 x 时刻开始直到其在 Y 时刻离开这段时间服从参数为 λ_2 的指数分布，即 $(Y-x)\,|\,(X=x) \sim \text{Expo}(\lambda_2)$，则 X 和 Y 的联合概率密度函数为

$$f(x,y) = f_X(x) f_{Y|X}(y|x) = \frac{\lambda_2}{t} e^{-\lambda_2(y-x)},$$

其中，$0 < x < t$，$x < y$。

（b）沿用（a）中记号，欲求 $p_t = P(Y > t)$，只需计算 X 和 Y 的联合概率密度对所有 $y > t$ 的 (x,y) 的积分。

$$
\begin{aligned}
P(Y > t) &= \frac{1}{t} \int_0^t \int_t^{+\infty} \lambda_2\, e^{-\lambda_2(y-x)}\,\mathrm{d}y\mathrm{d}x \\
&= \frac{1}{t} \int_0^t e^{\lambda_2 x} \Big(\int_t^{+\infty} \lambda_2\, e^{-\lambda_2 y}\,\mathrm{d}y \Big)\mathrm{d}x \\
&= \frac{e^{-\lambda_2 t}}{t} \int_0^t e^{\lambda_2 x}\,\mathrm{d}x \\
&= \frac{e^{-\lambda_2 t}}{\lambda_2 t} (e^{\lambda_2 t} - 1) \\
&= \frac{1 - e^{-\lambda_2 t}}{\lambda_2 t}。
\end{aligned}
$$

或者，可将 Y 视作两个随机变量的卷积，两个随机变量分别服从均匀分布 $\text{Unif}(0,1)$ 和参数为 λ_2 的指数分布，则运用卷积公式可得 Y 的分布。

（c）由定理 13.2.2，给定 $N_t = n$ 之后，区间 $(0,t]$ 内的 n 次到达是独立同分布的随机变量，并且均匀分布在区间 $(0,t]$ 上，并有 $C_t\,|\,N_t \sim \text{Bin}(N_t, p_t)$，其中 p_t 由（b）得到，$N_t \sim \text{Pois}(\lambda_1 t)$，则由例 7.1.9，得

$$C_t \sim \text{Pois}(\lambda_1 p_t t),$$

即

$$C_t \sim \mathrm{Pois}\left(\frac{\lambda_1(1 - e^{-\lambda_2 t})}{\lambda_2}\right)。$$

（d）由（c），得 $t \to \infty$ 时，$E(C_t) \to \lambda_1/\lambda_2$。这与利特尔法则完全一致，即在系统中（当前浏览网站）用户的长期平均数量是用户到达的速率 λ_1 乘以用户在会话窗口中浏览的平均时间 $1/\lambda_2$。 □

13.2.2　叠加性

下面介绍泊松过程的第二个性质——叠加性：如果将两个独立的泊松过程重叠，则可得到另一个泊松过程。叠加性源自于独立泊松分布之和仍然服从泊松分布。

定理 13.2.5（叠加性）　已知 $\{N_1(t), t > 0\}$ 和 $\{N_2(t), t > 0\}$ 分别是速率为 λ_1 和 λ_2 的、独立的泊松过程，则过程 $N(t) = N_1(t) + N_2(t)$ 是速率为 $\lambda_1 + \lambda_2$ 的泊松过程。

证明：通过泊松过程定义中的两个性质进行证明。

1. 对任意的 $t > 0$，$N_1(t) \sim \mathrm{Pois}(\lambda_1 t)$，$N_2(t) \sim \mathrm{Pois}(\lambda_2 t)$，且二者相互独立，由定理 4.8.1，得 $N(t) \sim \mathrm{Pois}((\lambda_1 + \lambda_2)t)$。这个结论适用于任何长度为 t 的区间，而不仅仅是 $(0, t]$。

2. 在复合过程中不相交的时间区间上的到达相互独立，因为它们在两个单独过程中独立且各个过程相互独立。 ■

特别地，复合泊松过程相邻两次到达的时间间隔是一组独立同分布的随机变量序列，其共同分布是参数为 $\lambda_1 + \lambda_2$ 的指数分布。

根据泊松过程的叠加性质可以得到另一种泊松过程的模拟方法，我们能得到的最直接方式即：先生成单个泊松过程，然后对它们进行叠加。

案例 13.2.6（泊松过程的叠加）　将速率分别为 λ_1 和 λ_2 的两个泊松过程在区间 $[0, t)$ 上进行叠加，过程如下：

1. 由案例 13.2.3 生成来自速率为 λ_1 的泊松过程的各个到达；
2. 同理生成来自速率为 λ_2 的泊松过程的各个到达；
3. 将由步骤 1 和步骤 2 生成的到达列在同一时间轴上进行叠加。

图 13.3 描述了由 "×" 和 "◇" 组成的复合泊松过程。记 "×" 为 "type-1 事件"，"◇" 为 "type-2 事件"。我们自然会问：在一个 type-2 事件发生之前观察到 type-1 事件的概率是多少？

定理 13.2.7（在 type-2 事件发生之前 type-1 事件发生的概率）　若将速率为 λ_1 和 λ_2 的两个独立泊松过程叠加，则在得到的复合泊松过程中，一次 type-2 事件之前发生一次 type-1 事件的概率为 $\lambda_1/(\lambda_1 + \lambda_2)$。

证明：设 T 和 V 分别是 type-1 事件与 type-2 事件首次发生的时刻，则只需求 $P(T \leq V)$。我们可以通过在相应的取值区间上对二元随机变量的联合概率密度求积分得到，但下面的方法避开了复杂的积分计算过程。已知 $T \sim \mathrm{Expo}(\lambda_1)$，$V \sim \mathrm{Expo}(\lambda_2)$，令 $\tilde{T} = \lambda_1 T$，$\tilde{V} = \lambda_2 V$，又 T 和 V 相互独立，故 $\tilde{T} \sim \mathrm{Expo}(1)$，$\tilde{V} \sim \mathrm{Expo}(1)$，且二者相互独立，记 $U = \tilde{T}/(\tilde{T} + \tilde{V})$，则有

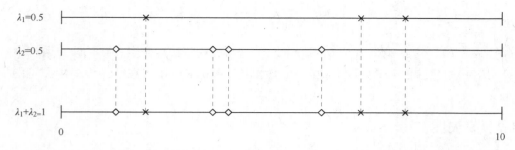

图 13.3　叠加性。独立泊松过程的叠加仍是泊松过程，且是它们的速率相加。前两个时间轴是独立泊松过程，每个过程的速率为 0.5。最后的时间轴是前两个泊松过程的叠加，它是速率为 1 的泊松过程。

$$P(T \leqslant V) = P\left(\frac{\tilde{T}}{\lambda_1} \leqslant \frac{\tilde{V}}{\lambda_2}\right)$$

$$= P\left(\frac{\tilde{T}}{\tilde{T} + \tilde{V}} \leqslant \frac{\tilde{V}}{\tilde{T} + \tilde{V}} \cdot \frac{\lambda_1}{\lambda_2}\right)$$

$$= P\left(U \leqslant (1 - U) \cdot \frac{\lambda_1}{\lambda_2}\right)$$

$$= P\left(U \leqslant \frac{\lambda_1}{\lambda_1 + \lambda_2}\right)。$$

由于 $\tilde{T} \sim \mathrm{Expo}(1)$，$\tilde{V} \sim \mathrm{Expo}(1)$，$\mathrm{Expo}(1)$ 即为 $\mathrm{Gamma}(1,1)$，故 $U \sim \mathrm{Beta}(1,1)$，$U$ 为服从均匀分布 $\mathrm{Unif}(0,1)$ 的随机变量，则

$$P(T \leqslant V) = P\left(U \leqslant \frac{\lambda_1}{\lambda_1 + \lambda_2}\right) = \frac{\lambda_1}{\lambda_1 + \lambda_2},$$

当 $\lambda_1 = \lambda_2$ 时，由对称性可得概率值为 $1/2$。∎

上面的证明是关于复合泊松过程的第一次到达；而由指数分布的无记忆性，从第一次到达 type-1 到下一次发生的时间间隔仍服从 $\mathrm{Expo}(\lambda_1)$；同样地，从第一次到达 type-2 到下一次发生的时间间隔也服从 $\mathrm{Expo}(\lambda_2)$，与过去独立，故上述结论同样适用于复合泊松过程的第二次到达。因此，复合泊松过程的第二次到达为 type-1 的概率同样是 $\lambda_1/(\lambda_1 + \lambda_2)$，且与第一次到达独立。相应地，每次到达的类型都可视为一次独立的抛硬币试验，该硬币正面朝上的概率为 $\lambda_1/(\lambda_1 + \lambda_2)$。

由此可以得到两个泊松过程进行叠加的另一种生成机制：首先，生成一组服从指数分布 $\mathrm{Expo}(\lambda_1 + \lambda_2)$ 的独立随机变量序列，以决定下一次到达何时发生；然后，独立地抛掷一枚正面朝上概率为 $\lambda_1/(\lambda_1 + \lambda_2)$ 的硬币以决定到达的事件类型。

案例 13.2.8（泊松过程的叠加，方案 2）　为了获得由速率分别为 λ_1 和 λ_2 的两个泊松过程组合得到的新泊松过程的 n 次到达：

1. 生成一组独立同分布的随机变量序列 $X_1, \cdots, X_n$，其共同分布为 $\mathrm{Expo}(\lambda_1 + \lambda_2)$，并记 $T_{(j)} = X_1 + \cdots + X_n$；

2. 接着生成一组独立同分布的二值随机变量序列 $I_1, \cdots, I_n$，成功概率为 $\lambda_1/(\lambda_1 + \lambda_2)$，$X$ 与 I 相互独立，且有

$$I_j = \begin{cases} 1, & \text{第 } j \text{ 次到达为 Type-1,} \\ 0, & \text{第 } j \text{ 次到达为 Type-2。} \end{cases}$$

案例 13.2.8 为我们提供了竞争风险理论结果的简单证明,在其自身的模型解释中,该结果似乎是一个不可思议的独立地结果,但结合泊松过程进行阐释将变得非常直观。

例 13.2.9(竞争风险） Fred 的冰箱寿命 $Y_1 \sim \text{Expo}(\lambda_1)$,其洗碗机的寿命 $Y_2 \sim \text{Expo}(\lambda_2)$,二者相互独立。验证第一台设备发生故障的时刻 $\min(Y_1, Y_2)$ 与 $I(Y_1 < Y_2)$ 独立,其中 $I(Y_1 < Y_2)$ 为冰箱首先失效的示性变量。

解:

我们遇到了本章开始时提到的嵌入策略的第一个实例:这个问题完全没有提及泊松过程,但可以将随机变量序列 $\{Y_1\}$ 与 $\{Y_2\}$ 嵌入到我们构造的泊松过程中,以便利用泊松过程的性质。

故假设冰箱发生故障是一个速率为 λ_1 的泊松过程,洗碗机发生故障是一个速率为 λ_2 的泊松过程,那么 Y_1 和 Y_2 可理解为各自过程中首次到达的时刻(即发生故障的时刻)。

进而,$\min(Y_1, Y_2)$ 表示上述两个泊松过程叠加生成的泊松过程的首次到达时刻(第一次发生故障的等候时间),$I(Y_1 < Y_2)$ 表示首次故障为 Type-1 的示性函数。上面的模拟过程告诉我们,叠加生成的泊松过程其等候时间与故障类型是完全独立的,即 $\min(Y_1, Y_2)$ 与 $I(Y_1 < Y_2)$ 独立。这说明知道冰箱是第一个失效的设备,并不能提供关于第一个设备发生故障的等待时间的任何信息。

若将叠加得到的连续时间泊松过程投影为一个离散过程,也就是说只记录其到达的类型,而不考虑每次到达对应的时间本身,那么将得到一组独立同分布的随机变量序列 $I_1, \cdots, I_n$,其共同分布为 $\text{Bern}(\lambda_1/(\lambda_1 + \lambda_2))$,且

$$I_j = \begin{cases} 1, \text{第 } j \text{ 次到达为 Type-1,} \\ 0, \text{第 } j \text{ 次到达为 Type-2。} \end{cases}$$

图 13.4 描绘了在连续时间泊松过程中去除连续信息的过程,定理 13.2.10 将证明结果的合理性。

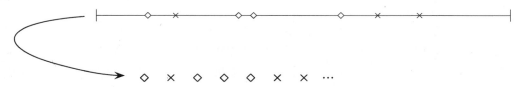

图 13.4　投影至离散时间。连续时间泊松过程(叠加后)剥离连续时间信息后将得到一列独立同分布的示性变量,图中"×"表示"type-1 事件","◇"表示"type-2 事件"。

定理 13.2.10（叠加投影至离散时间） $\{N(t), t > 0\}$ 是速率分别为 λ_1 与 λ_2 的两个独立泊松过程的叠加。设示性变量

$$I_j = \begin{cases} 1, & \text{第 } j \text{ 次到达来自速率为 } \lambda_1 \text{ 的泊松过程,} \\ 0, & \text{第 } j \text{ 次到达来自速率为 } \lambda_2 \text{ 的泊松过程。} \end{cases}$$

$j = 1, 2, \cdots$,则 $I_1, \cdots, I_n$ 独立同分布,且 $I_j \sim \text{Bern}(\lambda_1/(\lambda_1 + \lambda_2))$。

运用上述结果,可以证明伽马分布与泊松分布的复合是负二项式分布,在案例 8.4.5 中我们曾得到过此结论;那个例子是通过积分求得边缘分布,现在可以在不对概率密度函数做

任何处理的情况下得到同样的结果。我们首先考虑一种特殊情况。

定理 13.2.11（泊松分布与指数分布的复合是几何分布） 已知 $X \sim \text{Expo}(\lambda)$，$Y \mid X = x \sim \text{Pois}(x)$，则有 $Y \sim \text{Geom}(\lambda / (\lambda + 1))$。

证明： 与上述竞争风险理论类似，将 X 和 Y 嵌入到泊松过程。

下面考虑两个独立的泊松过程，其中一个是以速率 1 失败的过程，另一个是以速率 λ 成功的过程。记 X 是第一次成功的时刻，则 $X \sim \text{Expo}(\lambda)$；记 Y 是第一次成功前失败的次数，由速率为 1 的泊松过程的定义，有 $Y \mid X = x \sim \text{Pois}(x)$。故 X 和 Y 满足定理条件。

为得到 Y 的边缘分布，只需将连续时间信息的条件忽略；从离散时间的角度看，我们将得到一组成功概率为 $\lambda / (\lambda + 1)$ 的伯努利试验，此时 Y 表示首次成功之前失败的次数，即 $Y \sim \text{Geom}(\lambda / (\lambda + 1))$。∎

该定理在一般情形下的证明是类似的。

定理 13.2.12（伽马分布与泊松分布的复合是负二项分布） 设 $X \sim \text{Gamma}(r, \lambda)$ 且 $Y \mid X = x \sim \text{Pois}(x)$，则 $Y \sim \text{NBin}(r, \lambda / (\lambda + 1))$。

证明： 同样考虑两个独立的泊松过程，一个是以速率 1 失败的过程，另一个是以速率 λ 成功的过程。记 X 是第 r 次成功的时刻，则 $X \sim \text{Gamma}(r, \lambda)$；记 Y 是第 r 次成功前失败的次数，由泊松过程的定义，有 $Y \mid X = x \sim \text{Pois}(x)$。而 Y 又可以看作伯努利试验出现 r 次成功之前失败的次数，成功概率为 $\lambda / (\lambda + 1)$，故 $Y \sim \text{NBin}(r, \lambda / (\lambda + 1))$。

13.2.3 分解性

接下来介绍泊松过程的第三个性质——分解性。假设现在有一个泊松过程，对于它的每一次到达都独立地抛掷一枚硬币，以决定到达的事件类型是 Type-1 还是 Type-2，这样我们将得到两个独立的泊松过程。分解是叠加的逆过程，出自第 7 章介绍的鸡-蛋问题案例。

定理 13.2.13（分解性） 已知 $\{N(t), t > 0\}$ 是速率为 λ 的泊松过程，现将过程的每次到达独立地进行分类，分别以概率 p 和 $1 - p$ 记为 Type-1 事件和 Type-2 事件，则所有 Type-1 事件构成了一个速率为 λp 的泊松过程，而所有 Type-2 事件则构成了一个速率为 $\lambda(1 - p)$ 的泊松过程，且二者相互独立。

证明： 只需证明所有 Type-1 事件的到达构成一个泊松过程，首先将 Type-1 事件的到达过程记为 $\{N_1(t), t > 0\}$。下面验证泊松过程定义中的两个性质。

1. 验证在 $(0, t]$ 内 Type-1 事件发生的事件数（到达数）服从参数为 $\lambda p t$ 的泊松分布。已知任意 $t > 0$，$N(t) \sim \text{Pois}(\lambda t)$ 且有 $N_1(t) \mid N(t) = n \sim \text{Bin}(n, p)$，则由例 7.1.9，有 $N_1(t) \sim \text{Pois}(\lambda p t)$。同样的结论不仅适用于 $(0, t]$，还适用于任意长度为 t 的时间区间。

2. 不相交时间区间发生次数的独立性。因为 Type-1 事件中的时间区间是整个泊松过程的子区间，而在整个泊松过程 $\{N(t), t > 0\}$ 中，不相交的时间区间上事件发生次数相互独立。

从而，$\{N_1(t), t > 0\}$ 是速率为 λp 的泊松过程；同理，Type-2 过程即 $\{N_2(t), t > 0\}$ 是速率为 $\lambda(1 - p)$ 的泊松过程。由例 7.1.9 可得两个过程独立。∎

由此，既可以将若干独立的泊松过程进行叠加得到一个新的泊松过程，也可以将单个泊松过程分解为若干独立的泊松过程。图 13.5 描述了泊松过程的分解，该图只是将图 13.3 简单地颠倒了过来，而这却是恰当的，因为分解正是叠加的反面！

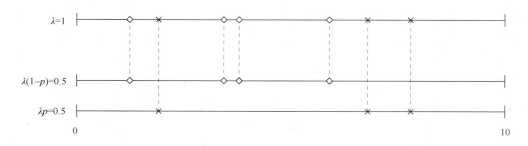

图 13.5　分解性。现有一个泊松过程，对每一次到达分别以概率 p 和 $1-p$ 记为 Type-1 事件（图中以"×"表示）和 Type-2 事件（图中以"◇"表示），则所有 Type-1 事件构成了一个速率为 λp 的泊松过程，而所有 Type-2 型事件构成了一个速率为 $\lambda(1-p)$ 的泊松过程；其中，$p=0.5$。

例 13.2.14　已知 X_1，X_2，$\cdots \underset{\text{i.i.d}}{\sim} \text{Expo}(\lambda)$，$N \sim \text{FS}(p)$，且 N 与 X_j 独立。求 $Y = \sum_{j=1}^{N} X_j$ 的分布。

解：

下面提供两种解答方法，先以第 9 章的知识为工具，然后利用本章泊松过程的分解性质求解。

（方法一）

已知 Y 表示任意个随机变量的和，且指数分布 $\text{Expo}(\lambda)$ 的矩母函数是 $\lambda/(\lambda-t)$，其中 $t < \lambda$，则可通过亚当定律求出 Y 的矩母函数。

$$
\begin{aligned}
E(e^{tY}) &= E(E(e^{t\sum_1^N X_i} \mid N)) \\
&= E(E(e^{tX_1}) E(e^{tX_2}) \cdots E(e^{tX_N}) \mid N) \\
&= E(E(e^{tX_1})^N) \\
&= E\left(\left(\frac{\lambda}{\lambda-t}\right)^N\right)_\circ
\end{aligned}
$$

又 $\text{FS}(p)$ 的概率质量函数为

$$P(N=k) = q^{k-1}p, k=1,2,\cdots,$$

则由 LOTUS，可得

$$E\left(\left(\frac{\lambda}{\lambda-t}\right)^N\right) = \sum_{k=1}^{\infty} \left(\frac{\lambda}{\lambda-t}\right)^k q^{k-1}p = \lambda p/(\lambda p - t),$$

上式右边是 $\text{Expo}(\lambda p)$ 的矩母函数，故 $Y \sim \text{Expo}(\lambda p)$。

（方法二）

下面引入泊松过程进行分析，这里不涉及代数运算。由 $X_1, X_2, \cdots \underset{\text{i.i.d}}{\sim} \text{Expo}(\lambda)$，可将序列 $\{X_j\}$ 看作速率为 λ 的泊松过程的间隔时间序列；接着假定该泊松过程的每一次到达都是一次独立地以概率 p 的特殊到达，那么 N 可以看作第一次特殊到达之前临时到达的总次数，Y 则可以记为第一次特殊到达的等待时间。而由泊松过程的分解性可知，这些"特殊到达"是一个速率为 λp 的泊松过程，故该过程的首次特殊到达的等待时间 $Y \sim \text{Expo}(\lambda p)$。

下一个例子向我们展示了分解性如何能将一个复杂的泊松过程转化为更便于处理的简单过程。

例 **13. 2. 15**（高速公路上的车流量） 假设车辆从一个公共入口进入单向高速公路是一个速率为 λ 的泊松过程，第 i 辆汽车以速度 V_i 匀速行驶且超车过程没有时间损失。假定 $\{V_i\}$ 是独立同分布的离散型随机变量序列，只能取有限个正值；过程的起始时刻为 0，高速路入口处为位置 0。

设 Z_t 是在 t 时刻行驶在 $[a,b]$ 之间的车辆数，其中 $0<a<b$，a、b 为高速路上两个固定位置（例如，自西向东地行驶在美国中西部的州际高速公路上，a 代表堪萨斯城（位于密苏里州西部），b 代表圣路易斯（位于密苏里州东部），则 Z_t 是在 t 时刻的高速路上位于密苏里州的汽车数量。）图 13.6 说明了该模型及 Z_t 的含义。现已知 t 足够大，且满足对任何 V_i 都有 $t>b/V_i$，试证明 Z_t 服从均值为 $\lambda(b-a)E(V_i^{-1})$ 的泊松分布。

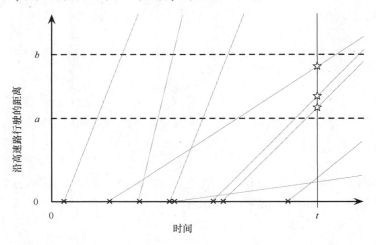

图 13.6 汽车驶入高速公路的图例。车辆驶入高速公路的时间点构成一个泊松过程，在时间轴上以"×"表示车辆进入的时刻；第 i 辆车的速度为 V_i，并在图中以第 i 个"×"符号引出的射线斜率表示。我们感兴趣的是 Z_t，即在 t 时刻处位于区间 $[a,b]$ 中的汽车数量。这里观察到 $Z_t=3$，并由"☆"表示。

解：

因为 V_i 取有限值，不妨设其可能取值为 $v_1,\cdots,v_m$，相应的概率为 $p_1,\cdots,p_m$。从而，车辆驶入高速公路有 m 种到达形式，对应于速率的 m 个取值。故可将泊松过程根据不同的速率分解为 m 个子泊松过程，子泊松过程相应的速率为 $\lambda p_1,\cdots,\lambda p_m$，分别对应行驶速度 $v_1,\cdots,v_m$。

对于每一个子泊松过程，首先，考察这个问题：为使得车辆在 t 时刻位于区间 $[a,b]$，该车辆应该在什么时间内驶入高速公路；显然这不是一个统计学问题，而是一个物理学问题，由：

$$位移 = 速度 \cdot 时间,$$

得 s 时刻以速度 v 驶入该高速公路的汽车在 t 时刻位于 $(t-s)v$ 处；令 $a\leqslant(t-s)v\leqslant b$，可以求得汽车驶入高速公路的时刻应在 $t-b/v$ 与 $t-a/v$ 之间。因此，若汽车在时刻 $t-b/v$ 之前驶入高速公路，则该汽车在 t 时刻将已通过 b 点；而若汽车在时刻 $t-a/v$ 之后驶入高速公路，则该汽车在 t 时刻还未到达 a 点。

接着分析一个具体的子过程。不失一般性，考虑以速度 v_i 行驶的车辆构成的子泊松过程，Z_{ij}表示在时刻 $t - b/v_j$ 与 $t - a/v_j$ 之间驶入高速公路的车辆数，已知该泊松过程速率为 $\lambda\, p_j$，时间区间$[t - b/v_j, t - a/v_j]$的长度为$(b-a)/v_j$，则$Z_{ij} \sim \mathrm{Pois}(\lambda\, p_j (b-a)/v_j)$。又因为各子泊松过程相互独立，故$Z_{t1}, \cdots, Z_{tm}$是服从泊松分布的独立随机变量序列，从而

$$Z_t = Z_{t1} + \cdots + Z_{tm} \sim \mathrm{Pois}\!\left(\lambda(b-a)\sum_{j=1}^{m}\frac{p_j}{v_j}\right),$$

其中$\sum_{j=1}^{m} p_j / v_j$是随机变量V_i^{-1}的数学期望。 □

下面以表格形式对本节进行简要总结，表中列举了泊松过程的三个性质以及相对应的分布或案例，其中$Y_1 \sim \mathrm{Pois}(\lambda_1)$，$Y_2 \sim \mathrm{Pois}(\lambda_2)$，且二者相互独立。

泊 松 过 程	泊 松 分 布
条件作用	$Y_1 \mid Y_1 + Y_2 = n \sim \mathrm{Bin}(n, \lambda_1/(\lambda_1 + \lambda_2))$
叠加性	$Y_1 + Y_2 \sim \mathrm{Pois}(\lambda_1 + \lambda_2)$
分解性	鸡-蛋案例

13.3 多维泊松过程

多维泊松过程的定义类似于一维泊松过程，具体来讲，只需用面积或体积代替长度即可。下面给出了二维泊松过程的定义，之后还应清楚如何在更高维度上定义泊松过程。

定义 13.3.1（二维泊松过程） 发生在二维平面上的事件的计数过程称为强度为 λ 的二维泊松过程，如果

1. 区域 A 中发生的该事件数服从 $\mathrm{Pois}(\lambda \cdot \mathrm{area}(A))$ 分布，其中 $\mathrm{area}(A)$ 表示区域 A 的面积；

2. 不相交区域中的事件数相互独立。

同样地，二维泊松过程依然满足条件作用、叠加性、分解性这三条性质。设 $N(A)$ 为区域 A 中发生的事件数，且已知 $B \subseteq A$；给定 $N(A) = n$，则 $N(B)$ 的条件分布是二项分布，即

$$N(B) \mid N(A) = n \sim \mathrm{Bin}\!\left(n, \frac{\mathrm{area}(B)}{\mathrm{area}(A)}\right).$$

已知区域 A 中发生的事件总数，则事件落入 A 的某个子区域的概率与该区域的面积成正比，因而事件发生时所处的位置服从条件均匀分布；由此得到了一个生成二维泊松过程的方法：首先，通过 $N(A)$ 的分布即 $\mathrm{Pois}(\lambda \cdot \mathrm{area}(A))$ 生成事件发生数 $N(A)$，然后随机地将事件均匀放置在区域 A 中。图 13.7 展示了区域 $[0,5] \times [0,5]$ 上三个强度分别为 $\lambda = 1$，2，5 的二维泊松过程。

和一维过程一样，若干个独立二维泊松过程叠加可得一个新的泊松过程，新过程的强度是各子过程强度之和；也可以将一个二维泊松过程分解为若干个独立的二维泊松过程。

一维泊松过程唯一一个没有明确推广到高维情形的性质是计数-时间对偶性。下一个例子，将引出计数-距离对偶性。

例 13.3.2（最近星体） 已知各星体根据密度为 λ 的三维泊松过程分布在某宇宙中。假

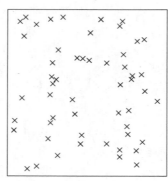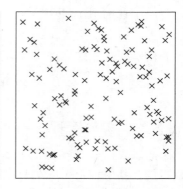

图 13.7　三个定义在区域 $[0,5] \times [0,5]$ 上的二维泊松过程的模拟，强度分别为 $\lambda = 1, 2, 5$。

设我们住在该宇宙中，那么我们到最近星体的距离的分布是什么？

解：

在密度为 λ 的三维泊松过程中，发生在空间 V 中的事件数服从均值为 $\lambda \cdot$ 体积（V）的泊松分布。

记 R 为我们到最近星体的距离，则为使事件 $R > r$ 发生，在我们周围半径为 r 的球体内不能出现星体；事实上，这两个事件是等价的。设 N_r 为以我们为中心、半径为 r 的球体内的星体数，则有 $N_r \sim \text{Pois}\left(\lambda \cdot \frac{4}{3}\pi r^3\right)$。同时，

$$\{R > r\} \Leftrightarrow \{N_r = 0\},$$

故

$$P(R > r) = P(N_r = 0) = e^{-\frac{4}{3}\lambda \pi r^3}。$$

即 R 服从威布尔分布（Weibull distribution，指数分布是其特例）。　　　　□

泊松过程有许多推广，比如 λ 将不会作为常数，而是会随时间或空间的变化而变化，这类泊松过程称为非齐次泊松过程；若 λ 是一个随机变量，则称之为 Cox 过程；最后，若 λ 随着每次到达不断增加，则被称为 Yule 过程；其中一些过程将在练习题中探讨。

13.4　要点重述

一维泊松过程是一个到达序列，该序列满足任意时间间隔的到达数服从泊松分布，且在不相交时间区间的到达相互独立。接着我们介绍了泊松过程的三条重要性质——条件作用、叠加性和分解性：给定区间到达总数的条件下，可将各次到达看作是独立均匀地分布在该区间上；叠加性和分解性互补，它们允许我们方便时分解或合并泊松过程；而这些性质都可以推广到更高维的泊松过程中。

泊松过程可以与本书中许多研究过的分布结合起来，如：

- 到达次数服从泊松分布；
- 两次到达之间的时间间隔与到达时刻分别服从指数分布和伽马分布；
- 条件计数服从二项分布；
- 给定到达时间后的均匀分布以及经放缩了的贝塔分布；

- 离散时间状态下特殊到达的等待次数对应几何分布与负二项分布；

泊松过程还可用于其他案例的证明。我们在本章中多次运用将随机变量序列代入到泊松过程中的方法，从而简化了证明过程，而初始问题似乎都与泊松过程无关。

泊松过程很自然地将本书中的两个重要主题联系起来——分布函数与实际案例。我们也认为，以此将整本书中的知识脉络联系起来是恰当的。

13.5　R 语言应用示例

一维泊松过程

在第 5 章中，我们讨论了到达时间间隔是独立同分布于指数分布的序列，并应用该事实对来自一维泊松过程的指定数目的到达时刻进行了模拟。在本章中，案例 13.2.3 介绍了如何在指定区间 $(0, L]$ 内模拟一个泊松过程：首先，由 $N(L) \sim \mathrm{Pois}(\lambda L)$ 求得在区间 $(0, L]$ 内事件发生的次数；接着，由给定 $N(L) = n$ 时到达时刻的序列与 n 个独立同分布的随机变量 $U_1, \cdots, U_n$ 的顺序统计量具有相同分布，生成各次到达 $U_1, \cdots, U_n$ 服从 $\mathrm{Unif}(0, L)$。以下代码是对来自 $\lambda = 10$ 的泊松过程在区间 $(0, 5]$ 上的各次到达时间的模拟：

```
L <- 5
lambda <- 10
n <- rpois(1, lambda * L)
t <- sort(runif(n, 0, L))
```

为了可视化泊松过程的生成过程，可以绘制 $N(t)$ 关于时间 t 的函数图：

```
plot(t, 1:n, type = "s")
```

这行代码将得到图 13.8 所示的阶梯图。

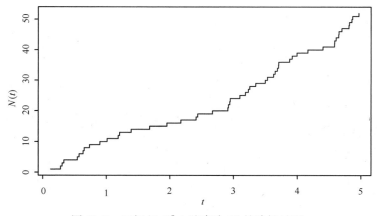

图 13.8　区间 $(0, 5]$ 上速率为 10 的泊松过程。

分解性

以上面方法生成的到达时刻向量 t 及相对应的到达数 n 为基础，下面代码表示，对每个到达，抛掷一次正面朝上概率为 p 的硬币，出现正面记为 1，反面记为 0，并将抛掷硬币的结果记录在向量 y 中；最后，硬币出现正面的到达被标记为 type-1，其余的标记为 type-2。这样将得到两个子向量 t_1 和 t_2，由定理 13.2.13 可知，它们分别对应于两个独立的泊松过程。下面令 $p = 0.3$，在 R 中输入以下代码。

```
p <- 0.3
y <- rbinom(n,1,p)
t1 <- t[y==1]
t2 <- t[y==0]
```

同样地，可以对每个独立地泊松过程分别绘制累计到达数 $N(t_1)$ 与 $N(t_2)$ 关于时间 t 的函数图，如图 13.9 所示。

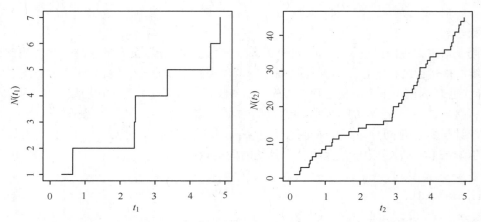

图 13.9　区间 $(0,5]$ 上速率分别为 3 和 7 的两个独立泊松过程。

二维泊松过程

　　二维泊松过程的模拟与一维泊松过程的模拟基本相同，已知在平面 $(0,L] \times (0,L]$ 上，事件发生次数服从分布 $\text{Pois}(\lambda L^2)$；当给定事情发生数（即到达数）时，事件发生的位置在整个区域上均匀分布，由例 7.1.22 可知，它们的横、纵坐标可独立生成：

```
L <- 5
lambda <- 10
n <- rpois(1,lambda * L^2)
x <- runif(n,0,L)
y <- runif(n,0,L)
```

接着，可以绘制如图 13.7 所示的各次到达的函数图。

```
plot(x,y,pch = 4)
```

13.6　练习题

1. 已知乘客们以速率为 λ 的泊松过程到达公共汽车站，且公交车每隔 $t$min 到达一辆。试证明：平均来说，乘客们等待同一辆公交车的时间总和为 $\frac{1}{2}\lambda t^2$。

2. 已知从时间角度来看，地震的发生是速率为 λ 的泊松过程，第 j 次地震的地震强度为 Z_j，且 $\{Z_j\}$ 是均值为 μ、方差为 σ^2 的独立同分布序列。求到时间 t 为止，发生的所有地震的累积强度的均值与方差。

3. Alice 接电话是一个速率为 λ 的泊松过程；然而不巧的是，她的手机充电器不见了，手机的剩余电量 T 是一个均值为 μ、方差为 σ^2 的随机变量；设 $N(T)$ 是电池电量耗尽之前接到的来电次数，求 $E(N(T))$、$\mathrm{Var}(N(T))$ 和 $\mathrm{Cov}(T,N(T))$。

4. Bob 的邮箱接收电子邮件是速率为 λ 的泊松过程，λ 以每小时收到的平均电子邮件数度量；每封电子邮件以概率 p 与工作相关，以概率 $1-p$ 是私人信件；回复一封工作类电子邮件所需的时间是一个均值为 μ_W、方差为 σ_W^2 的随机变量，回复一封私人邮件所用的时间是均值为 μ_P、方差为 σ_P^2 的随机变量，且回复不同邮件需要的时间是相互独立的。

求 Bob 回复完 th 内收到的所有电子邮件所需要的平均时间，并求出所需时间的方差。

5. 在漫长的足球比赛中，进球得分是速率为 λ 的泊松过程。已知每一进球以概率 p 由甲队打进，以概率 $1-p$ 由乙队打进；对 $j>1$，称第 j 粒进球为转折球，如果踢进该球的球队与踢进第 $j-1$ 粒球的球队不同，比如，由甲，甲，乙，乙，甲，$\cdots$ 的顺序，可知第 3 粒进球和第 5 粒进球是转折球。

（a）在 n 粒进球中，求转折球的期望。

（b）连续时间情形下，求转折球之间的平均时间间隔。

6. 设 N_t 是一个泊松过程截止到时间 t 时到达的次数，且设 T_n 为第 n 次到达的时刻。思考以下形式

$$P(N_t \leqslant_1 n) = P(T_n \leqslant_2 t),$$

其中，$\leqslant$ 可以由 $<$，$\leqslant$，$\geqslant$，$>$ 来表示，那么哪些情形是正确的？

7. 保险公司面临的索赔次数是速率为 $\lambda>0$ 的泊松过程，已知由两个阶段组成的总时间 $t=t_1+t_2$ 内共有 N 次索赔，其中 t_1 和 t_2 分别是每个阶段的时间长度。

（a）已知总索赔次数 N，求第一个阶段时间 t_1 内索赔数 N_1 的条件分布；

（b）设第 i 次索赔额为 X_i，$\{X_i\}$ 是独立同分布的随机变量序列且独立于索赔计数过程。令 $E(X_i)=\mu$，$\mathrm{Var}(X_i)=\sigma^2$，$i=1,\cdots,N$；在给定 N 的情况下，求第一阶段总索赔额的均值与方差，即求 W_1 的二阶条件矩

$$W_1 = \sum_{i=1}^{N_1} X_i,$$

规定 $N_1=0$ 时，$W_1=0$。

8. 设在某问答网站上，有 N 个问题将在明天公布，$N \sim \mathrm{Pois}(\lambda_1)$，$\lambda_1$ 以 "问题数/天" 为度量单位。对于给定的 N，各个问题的发布时间是独立同分布的，并在一天时间内（一天指自午夜开始和结束）均匀分布。每提出一个问题，需要 $T \sim \mathrm{Expo}(\lambda_2)$ 的时间（以天为单位）才能得到答案，且解答该问题与解答其他问题独立。

（a）设某问题将均匀地于明天任意时刻发布，求当明天结束时该问题尚未得到答复的概率。

（b）求在明天结束时，当天提出的问题中已答和未答问题的联合分布。

9. 一维非齐次泊松过程是一类泊松过程，其速率 λ 不是常数，而是关于时间 t 的非负函数 $\lambda(t)$；严格地说，泊松过程是指满足时间区间 $[t_1,t_2)$ 内的到达次数服从均值为 $\int_{t_1}^{t_2} \lambda(t)\mathrm{d}t$ 的泊松分布，且不相交时间区间发生的事件数独立的计数过程；当 $\lambda(t)$ 恒定时，是齐次泊松过程。

（a）说明使用以下步骤可以生成非齐次泊松过程在区间$[t_1, t_2)$内的到达序列：

（ⅰ）设$\lambda_{\max}$是区间$[t_1, t_2]$上$\lambda(t)$的最大值，并在矩形$[t_1, t_2] \times [0, \lambda_{\max}]$中绘制函数$\lambda(t)$的曲线；

（ⅱ）生成一个随机变量$N \sim \mathrm{Pois}(\lambda_{\max}(t_2 - t_1))$，并将这$N$个点均匀地随机放置在上面绘制出矩形中；

（ⅲ）对N个点中的任意一个点：若该点位于曲线$\lambda(t)$下方，则将其作为过程的一次到达，并记其横坐标为其到达时间；若该点位于曲线$\lambda(t)$上方，则将其舍弃。

提示：验证定义中的两个条件是否满足。

（b）设现有速率函数为$\lambda(t)$的非齐次泊松过程，已知$N(t)$是截止到时刻t到达的事件数，T_j是第j次到达的时刻。解释为何到时刻t观察到的所有数据，包括$N(t)$以及$T_1, \cdots, T_N(t)$的混合联合概率密度函数可由下式给出

$$f(n, t_1, \cdots, t_n) = \frac{e^{-\lambda_{\text{total}}} \lambda_{\text{total}}^n}{n!} \cdot n! \ \frac{\lambda(t_1) \cdots \lambda(t_n)}{\lambda_{\text{total}}^n} = e^{-\lambda_{\text{total}}} \lambda(t_1) \cdots \lambda(t_n),$$

其中，$0 < t_1 < t_2 < \cdots < t_n$，$n$为非负整数，且$\lambda_{\text{total}} = \int_0^t \lambda(u) \, \mathrm{d}u$。

10. Cox过程是泊松过程的推广，该过程的速率λ是随机变量，即Cox过程的λ服从定义在$(0, +\infty)$上的某个分布；若给定λ的值，则得到一个泊松过程。

（a）直观地解释为什么一维Cox过程中的不相交时间区间发生的事件数不独立；

（b）已知某一维Cox过程的$\lambda \sim \mathrm{Gamma}(\alpha, \beta)$，求$[0, t)$内到达数与$[t, t+s)$内的到达数之间的协方差。

提示：以λ为条件。

11. Yule过程是泊松过程的推广，其速率λ会在每发生一次事件后（每一次到达后）递增，故第$(j-1)$次到达和第j次到达之间的时间间隔服从参数为$j\lambda$的指数分布$\mathrm{Expo}(j\lambda)$，$j = 1, 2, \cdots$；由此可知Yule过程相邻两次的到达时间间隔序列独立但不同分布。

（a）证明：两个速率相同的独立Yule过程进行叠加将会得到一个速率为2λ的Yule过程。

（b）证明：如果将（a）中得到的Yule过程投影到离散时间上（直观上讲，即将时间轴抹去，只剩下观测到的各个到达点），则所得到的两类到达事件（type-1和type-2）的顺序等价于以下离散时间过程：

（ⅰ）首先，箱子中有两个相同的球，分别标记为1和2，且从外边无法观测到箱子内部；

（ⅱ）从中随机抽出一个球，记录其编号，并以另一具有相同数字的新球代替它放入箱子中。

（ⅲ）重复步骤2。

12. 考虑优惠券收集问题（coupon collector problem）：逐个收集n种玩具，每次从玩具集中进行可放回抽样得到一种玩具。在第4章中，我们假设每种玩具被收集到的概率相等，从而简化并解决了这个问题；现假设在每个阶段，第j种玩具以概率p_j被收集到，其中p_j的值不一定相等。设N是集齐一整套玩具需要的总玩具数，我们希望求出$E(N)$。这个问题的解答思路是以嵌入策略计算$E(N)$的一个概述。

（a）设收集玩具是速率为1的泊松过程，从而相继收集到两个玩具的时间间隔序列

$\{X_j\}$ 是独立同分布的随机变量序列，且 $X_j \sim \text{Expo}(1)$；令 Y_i 表示首次收集到第 j 种玩具的等待时间，$j = 1, \cdots, n$。问 Y_j 的分布是什么，Y_j 之间是否独立？

（b）试解释为什么 $T = \max(Y_1, \cdots, Y_n)$ 与 $X_1 + \cdots + X_N$ 等价，T 表示直到各种玩具被收集到的等待时间，并以此证明 $E(T) = E(N)$，其中 X_j 与 Y_j 由（a）中定义。

（c）证明：$E(T)$ 可通过下面的积分求得，从而可求出 $E(N)$

$$\int_0^{+\infty} \left(1 - \prod_{j=1}^{n} (1 - e^{-p_j t}) \right) \mathrm{d}t。$$

可以使用练习题 5.20 中得到的结果 $E(T) = \int_0^{+\infty} P(T > t)\,\mathrm{d}t$，该式可由

$$\int_0^T P(T > t)\,\mathrm{d}t = \int_0^{+\infty} \int_t^{+\infty} f(u)\,\mathrm{d}u\mathrm{d}t = \int_0^{+\infty} f(u) \left(\int_0^{+u} \mathrm{d}t \right) \mathrm{d}u = \int_0^{+\infty} u f(u)\,\mathrm{d}u$$

得到，其中 f 是 T 的概率密度函数。

附　　录

附录 A　数学基础

A.1　集合

一个集合就是一个可以被当作"一"的"多"。

——格奥尔格·康托

亚马逊应把它们的云放到一片云中，这样这片云将拥有大量的云。

——@ dowens

一个集合是多个对象的汇集。这些对象可以是任何东西：数字、人、猫、课程，甚至其他集合！集合的语言允许我们准确地讨论事件。如果 S 是一个集合，定义 $x \in S$，表示 x 是集合 S 的一个元素或成员（以及 $x \notin S$ 表示 x 不在 S 中）。可以把这个集合想象成一个有明确入会准则的俱乐部。例如：

1. $\{1,3,5,7,\cdots\}$ 是所有奇数的集合；

2. $\{$Wolf, Jack, Tobey$\}$ 是 Joe 所拥有的猫的集合；

3. $[3,7]$ 是包含 3 到 7 之间所有实数的闭区间；

4. $\{$HH, HT, TH, TT$\}$ 是投掷两次硬币可能得到的所有结果的集合（例如，HT 表示第一次投掷正面向上且第二次投掷反面向上的情形）。

为了描述一个集合（当列出集合中所有元素是无趣且不可能时），可以给出一条规则，说明每个可能的对象是否在集合中。例如，$\{(x,y):x$ 和 y 是实数且 $x^2 + y^2 \leq 1\}$ 是一个圆心在原点、半径为 1 的圆形平面。

A.1.1　空集

Bu Fu 对 Chi Po 说："不，不！你仅仅把它是什么画了出来！任何人都可以画出来它是什么；真正的秘密在于画出它不是什么。"

Chi Po："但这里的它不是什么又是什么意思呢？"

——奥斯卡·曼德尔 [19]

空集，是最小，也是最微妙和重要的集合。它不包含任何元素，表示为 $\varnothing$ 或 $\{\}$。确定不要将 $\varnothing$ 与 $\{\varnothing\}$ 混淆，前者不包含任何元素，而后者有一个元素。如果我们把空集想象成一个空的纸袋，那么可以把 $\{\varnothing\}$ 想象成一个纸袋里放着一个纸袋。

A.1.2　子集

A 和 B 是集合，如果 A 中的每一个元素都属于 B，那么我们说 A 是 B 的子集（记作 $A \subseteq B$）。例如，整数集是实数集的子集。$\varnothing$ 和集合 A 本身总是集合 A 的子集。这些是子集的极端情况。一种通用的表示 $A \subseteq B$ 的策略是，使 x 是 A 的任意元素，然后证明 x 必须是 B 的元素。一种通用的表示 $A = B$ 的策略是，证明它们彼此是对方的子集。

A.1.3　并集、交集和补集

集合 A 和集合 B 的并集，记作 $A \cup B$，是一个由集合 A 或者集合 B（或者两者兼有）的所有元素构成的集合。集合 A 和集合 B 的交集，记作 $A \cap B$，是一个含有所有既属于 A 又属于 B 的元素的集合。如果 $A \cap B = \varnothing$，则称集合 A 和集合 B 是不相交的。对于 n 个集合 $A_1, \cdots, A_n$，并集 $A_1 \cup A_1 \cup \cdots \cup A_n$ 是一个由至少在任意一个集合 A_j 中出现的所有元素构成的集合。交集 $A_1 \cap A_2 \cap \cdots \cap A_n$ 是一个由任意集合 A_j 均包含的所有元素构成的集合。

在很多应用中，我们接触的所有集合都是集合 S 的子集（在概率论中，它可能是一些由试验的所有可能结果构成的集合）。当 S 处于这样的背景时，定义集合 A 的补集是一个由所有属于 S 但不属于 A 的元素组成的集合，记作 A^c。

并集、交集和补集可以通过维恩图轻松地可视化，如图 A.1 所示，并集是所有的阴影区域，而交集是同时处于 A 和 B 中的橄榄球形状区域。A 的补集是长方形中所有区域 A 以外的点。

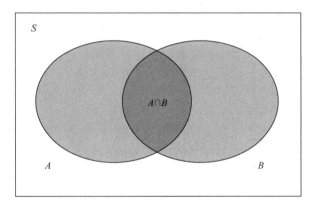

图 A.1　维恩图。

记区域 $A \cup B$ 的面积是区域 A 的面积加区域 B 的面积，减去区域 $A \cap B$ 的面积（这是容斥原理的一种基本形式）。

德·摩根律给出了一种并集与交集之间优雅且实用的二元性：

$$(A_1 \cup A_2 \cup \cdots \cup A_n)^c = A_1^c \cap A_2^c \cap \cdots \cap A_n^c,$$
$$(A_1 \cap A_2 \cap \cdots \cap A_n)^c = A_1^c \cup A_2^c \cup \cdots \cup A_n^c。$$

理解德·摩根律远比记住它更重要！

德·摩根律的第一条说明，不属于至少任意一个集合 A_j 等价于，不属于 A，也不属于 A_2，也不属于 A_3，等等。例如，令 A_j 是由喜欢第 j 部《星球大战前传》电影的人群组成的集合（$j \in \{1,2,3\}$）。然后，集合 $(A_1 \cup A_2 \cup A_3)^c$ 就是由不喜欢任意一部《星球大战前传》电影的人群组成的集合，但此集合和集合 $A_1^c \cap A_2^c \cap A_3^c$ 是一样的，集合中的人群既不喜欢《星球大战I：魅影危机》和《星球大战II：克隆人的进攻》，也不喜欢《星球大战III：西斯的复仇》。

德摩根律的第二条说明，不同时属于所有 A_j 等价于不属于任意至少一个 A_j。例如，像上一段一样定义集合 A_j。如果你不是喜欢所有《星球大战前传》电影［使你成为集合 $(A_1 \cap A_2 \cap A_3)^c$ 中的一员］，那么至少有一部《星球大战前传》电影是你不喜欢的［使你成

为集合 $A_1^c \cup A_2^c \cup A_3^c$ 中的一员]，反之亦然。

证明以下关于集合的命题（不要只是画出维恩图，尽管这样对于建立直觉很有帮助）是很好的练习：

1. $A \cap B$ 和 $A \cap B^c$ 不相交，如果 $(A \cap B) \cup (A \cap B^c) = A$。
2. 当且仅当 $A \subseteq B$ 时，有 $A \cap B = A$。
3. 当且仅当 $B^c \subseteq A^c$ 时，有 $A \subseteq B$。

A.1.4 划分

如果 $A_1 \cup A_2 \cup \cdots \cup A_n = S$，并且 $A_i \cap A_j = \varnothing$，则对于所有 $i \neq j$，集合 S 的子集 $A_1, \cdots, A_n$ 的组合是集合 S 的划分。简而言之，一个划分就是不相交子集的组合，它们的并是全集。例如，偶数集 $\{0, 2, 4, \cdots\}$ 和奇数集 $\{1, 3, 5, \cdots\}$ 构成了非负整数集的划分。

A.1.5 基数

一个集合可以是有限的或者是无限的。如果 A 是一个有限集，则记 $|A|$ 为集合 A 中的元素数目，称之为集合 A 的大小或基数，比如因为集合 A 包含 5 个元素，所以 $|\{2, 4, 6, 8, 10\}| = 5$。一个非常有用的事实是，如果 A、B 均为有限集，那么

$$|A \cup B| = |A| + |B| - |A \cap B|。$$

这是第 1 章容斥原理的一种形式，它表明要去计算集合 A 和集合 B 的并集的元素数目，可以分别对每个集合的元素数目计数，然后减去集合 A 和集合 B 交集的元素数目（如果有的话）。

如果两个集合 A 和 B 的元素存在一一对应的关系，那么就认为它们有相同的大小或相同的基数，换句话说，就是集合 A 的每一个元素都能唯一配对集合 B 的一个元素，且两个集合中没有未配对的元素。当 A 和 B 不存在一一对应的关系，但 A 和 B 的子集存在一一对应的关系时，则认为 A 小于 B。

比如说，假设我们想计算一个有 100 个座位的电影院里的观众人数，假设在影院里没有站着的人，也没有出现一个座位上的人数多于一人的情况。显然，可以在影院里一个一个地数人（尽管非常可能会漏掉一些人或数了某人两次）。但是如果所有座位都坐满了，一个很简单的方法是直接认为影院里有 100 人，因为那里有 100 个座位且座位与人之间存在一一对应的关系。如果有空座位，那么显然影院里人数小于 100 人。

关注一一对应关系的想法对有限集和无限集都有意义，考虑完全平方数 $1^2, 2^2, 3^2, \cdots$。伽利略指出了一个悖论：一方面看上去完全平方数比正数少（因为每个完全平方数都是正数，而很多正数不是完全平方数），但另一方面仿佛它们又一样多，因为它们之间存在一个一一对应的关系：1^2 对应 1，2^2 对应 2，3^2 对应 3，以此类推。

解决伽利略悖论需要意识到关于有限集的直觉可能不能直接推广到无限集上。根据定义，所有完全平方数的集合和所有正数的集合有相同的大小。另一个著名的例子是希尔伯特旅馆，对任何一个现实世界中的旅馆来说，房间数目是有限的，如果每一个房间都被占用了，那么除非在已有的房间中挤下更多的人，否则不可能会容纳更多的客人。

现在考虑一个想象中有无限个房间的旅馆，标号 1，2，3，$\cdots$，假设所有的房间都被占用了，这时来了一位疲惫的旅行者需要一个空房间，那么这个旅馆能否在不让已有客人离开的情况下为这个旅行者提供一个房间呢？答案是可以的，一种方法是让房间标号 n 的客人搬去 $n + 1$ 号房间 $(n = 1, 2, 3, \cdots)$，这样旅行者就可以入住 1 号房间。

假设有无限多的旅行者同时到达了旅馆，使得他们的基数和正整数集的基数相同（进而可以将他们标记为旅行者 1，旅行者 2，…），则我们能安排他们入住吗？这个旅馆可以按照之前的方法一个一个地安排他们入住，但让所有人入住会花费无限多的移动次数，而让现有的客人不停地搬入新房间的旅馆是一个糟糕的旅馆。能否让房间的分配更新一次就让所有人都有房间呢？答案是可以的，一种方法是让所有房间标号 n 的客人搬去 $2n$ 号房间（$n=1$，$2,3,\cdots$），这使得旅行者 n 可以入住 $2n-1$ 号房间。这样一来，过去的客人占用了所有标号为偶数的房间，新来的旅行者占用了所有标号为奇数的房间。

一个无限集被称为可数无穷集，如果它和所有正整数组成的集合的基数相同；一个集合是可数的，如果它是有限集或者是可数无穷集，否则就是不可数集。数学家康托（Cantor）证明了并不是所有的无限集都有相同的基数。特别地，全体实数组成的集合是不可数集，实数轴上长度为正的全体区间组成的集合也是不可数集。

A.1.6　笛卡儿积

两个集合 A 和 B 的笛卡儿积是集合

$$A \times B = \{(a,b) : a \in A, b \in B\}。$$

例如，$[0,1] \times [0,1]$ 是正方形区域 $\{(x,y) : x,y \in [0,1]\}$，并且 $\mathbf{R} \times \mathbf{R} \times \mathbf{R}^2$ 是二维欧几里得空间。

A.2　函数

令 A 和 B 是集合。一个从 A 映射到 B 的函数是一种确定性规则，给定一个属于集合 A 的元素作为输入，提供一个属于集合 B 的元素作为输出。就是说，一个从集合 A 映射到集合 B 的函数是一种机制，它可以把属于集合 A 的 x 映射到属于集合 B 的 y。不同的 x 可以映射到相同的 y，但是每个 x 只可以映射到一个 y。这里，A 称为定义域，B 称为值域。f 是一个从 A 映射到 B 的函数，记作 $f: X \rightarrow Y$。函数 f 的值域是 $\{y \in B : f(x) = y,$ 对于 $x \in A\}$。

当然，我们有很多熟悉的例子。例如，对于所有实数 x，函数 f 给定函数关系 $f(x) = x^2$。注意区分 f（函数）和 $f(x)$（函数取 x 时的值）。f 是一种规则，而 $f(x)$ 则是对每个 x 的一个取值。函数 $g(x) = e^{-x^2/2}$ 与函 $g(t) = e^{-t^2/2}$ 是一样的，重要的是规则，而不是定义的输入变量的名称。

如果对于 a 的任意取值，当 $x \rightarrow a$ 时，有 $f(x) \rightarrow f(a)$，则称一个从实数轴映射到实数轴的函数 f 是连续的。如果上述情况从右边接近成立，则称为右连续。即对于 $x > a$，当 $x \rightarrow a$ 时，有 $f(x) \rightarrow f(a)$。

一般来说，A 不必要必须由数字组成，并且 f 也不必要必须为明确的公式。例如，令 A 为所有定义域为 $[0,1]$ 且取值为正的连续函数所组成的集合，f 是一种规则，把属于 A 的一个函数作为输入，则得到这条曲线下（从 0 到 1）的面积作为输出。

在概率论中，考察以下一类函数是十分有益的，其定义域是试验所有可能输出结果的集合。写出这些函数的表达式可能是十分困难的，但是只要它的定义清晰，就依然是有效的。

A.2.1　单射函数

令 f 是从 A 映射 B 到的函数。如果 $x \neq y$，则 $f(x) \neq f(y)$，那么 f 就是一个单射函数。就是说，属于 A 的任意两个不同的输入会映射到属于 B 的两个不同的输出；对于属于 B 的每一个 y，A 中至多只有一个 x 可以映射到它。

令 f 是从 A 映射到 B 的单射函数，并且 C 是 f 的值域（那么 C 是 B 的子集，它包括所有属于 B 并由 A 中元素映射得到的元素）。那么我们可以定义一个反函数 $f^{-1}: C \to A$，使 $f^{-1}(y)$ 是 $x \in A$ 中的唯一元素，就像 $f(x) = y$ 一样。

例如，对于所有实数 x，令 $f(x) = x^2$，这不是一个单射函数，存在反例，例如，$f(3) = f(-3)$。但是，现在假设函数 f 的定义域是 $[0, +\infty)$，则可以定义 f 是从 $[0, +\infty)$ 映射到 $[0, +\infty)$ 的函数。那么，f 是单射函数，它的反函数是 $f^{-1}(y) = \sqrt{y}$，其中，$y \in [0, +\infty)$。

A.2.2　增函数和减函数

令函数 f 是从 A 到 $\mathbf{R}$ 的映射，记作 $f: A \to \mathbf{R}$，其中 A 是实数集。如果 $x \leqslant y$ 时（对于所有 $x, y \in A$），恒有 $f(x) \leqslant f(y)$，那么 f 是增函数。注意这个定义允许函数 f 存在不增不减的区域，例如，函数值始终等于 42 的常数函数是一个增函数。如果 $x < y$ 时，恒有 $f(x) < f(y)$，那么就说 f 是严格单调递增函数。例如，从 $\mathbf{R}$ 映射到 $\mathbf{R}$ 的函数 $f(x) = x^3$ 是严格单调递增函数。

✿ **A.2.1**　一些参考文献中，"非减"函数或者"弱单调递增"函数实际指代"增"函数，而"增"函数则实际指代"严格单调递增"函数。

类似地，如果 $x \leqslant y$ 时，恒有 $f(x) \geqslant f(y)$，那么 f 是减函数。如果 $x < y$ 时，恒有 $f(x) > f(y)$，那么我们就说 f 是严格单调递减函数。例如，从 $(0, +\infty)$ 映射到 $(0, +\infty)$ 的函数 $f(x) = 1/x$ 是严格单调递减函数。

一个单调函数可以是增函数或者减函数。而一个严格单调函数则可以是严格单调递增函数或者严格单调递减函数。注意，任何严格单调函数是单射函数。

A.2.3　奇函数和偶函数

令 f 是从 $\mathbf{R}$ 映射到 $\mathbf{R}$ 的函数。如果 $f(x) = f(-x)$，则对于所有 x，f 是一个偶函数。如果 $-f(x) = f(-x)$，则对于所有 x，f 是一个奇函数。如果这两种条件都不满足，那么 f 是一个非奇非偶函数。图 A.2 是两个奇函数和两个偶函数的图像。

奇函数和偶函数具有良好的对称性质。偶函数的图像关于垂直坐标轴对称，而奇函数的图像关于原点中心对称。

偶函数有如下性质，对于任意 a，有

$$\int_{-a}^{a} f(x)\,\mathrm{d}x = 2\int_{0}^{a} f(x),$$

假设上述积分存在。这是因为 $-a$ 到 0 区间的函数曲线以下的面积与 0 到 a 区间的函数曲线以下的面积相等。奇函数有如下性质，对于任意 a，有

$$\int_{-a}^{a} f(x)\,\mathrm{d}x = 0,$$

再次假设上述积分存在。这是因为 $-a$ 到 0 区间的函数曲线以下的面积减去了 0 到 a 区间的函数曲线以下的面积。

A.2.4　凸函数与凹函数

一个定义域为 I 的函数 g 是凸函数，如果对于所有 x_1, $x_2 \in I$，有

$$g(px_1 + (1-p)x_2) \leqslant pg(x_1) + (1-p)g(x_2)。$$

几何上来看，如果画一条直线来连接函数 g 的图像上的两个点，那么这条线位于函数 g 的图像的上方。如果一阶导数 g' 存在，那么一个等价的定义是，函数 g 的图像的所有切线都

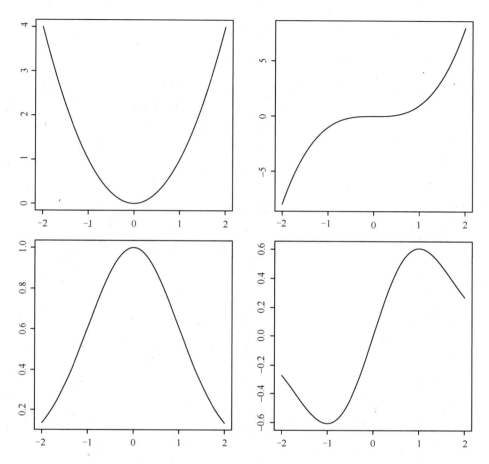

图 A.2　奇函数和偶函数。左边的两幅图像是偶函数：左上角的函数是 $f(x)=x^2$，左下角的函数是 $f(x)=\mathrm{e}^{-x^2/2}$。右边的两幅图像是奇函数：右上角的函数是 $f(x)=x^3$，右下角的函数是 $f(x)=x\mathrm{e}^{-x^2/2}$。

位于该图像的下方。如果二阶导数 g'' 存在，那么一个等价的定义是，对于所有 $x\in I$，都有 $g''(x)\geqslant0$。图 A.3 是一个简单的例子，对于函数 $g(x)=x^2$，它的二阶导数 $g''(x)=2>0$。

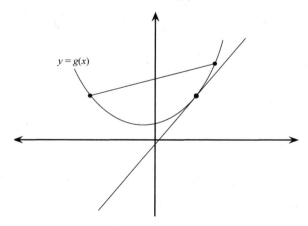

图 A.3　凸函数 g 的图像。我们有 $g''(x)\geqslant0$。图像上任意两点的
连接线都位于曲线上方。任何点的切线都位于曲线下方。

如果 $-g$ 是凸函数，那么函数 g 是凹函数。如果 g'' 存在，那么当且仅当对于定义域内的所有 x，有 $g''(x) \leq 0$ 时，g 是凹函数。例如，$g(x) = \ln(x)$ 是定义域在 $(0, +\infty)$ 上的凹函数，因为对于所有 $x \in (0, +\infty)$，有 $g''(x) = -1/x^2 < 0$。

A.2.5 指数函数和对数函数

函数形式为 $f(x) = a^x$ 的函数被称为指数函数，其中 $a > 0$。如果 $a > 1$，指数函数为增函数。如果 $0 < a < 1$，指数函数为减函数。最常使用的指数函数是 $f(x) = e^x$，它有一个非常实用的极限性质，当 $n \to \infty$ 时，对于任何实数 x，有

$$\left(1 + \frac{x}{n}\right)^n \to e^x。$$

关于银行存款的复利支付有这样的解释：当复利计算每年越来越频繁地发生时，增长率将接近指数增长。

指数函数有如下性质：

1. $a^x a^y = a^{x+y}$。
2. $a^x b^x = (ab)^x$。
3. $(a^x)^y = a^{xy}$。

指数函数的反函数是对数函数：对于正数 y，$\log_a y$ 被定义为数字 x，可表示为 $a^x = y$。在本书中，当我们没有指明对数函数的底数时，$\log y$ 一般指的是自然对数（底数为 e），即 $\ln y$。

对数函数有如下性质：

1. $\log_a x + \log_a y = \log_a xy$。
2. $\log_a x^n = n \log_a x$。
3. $\log_a x = \dfrac{\log x}{\log a}$。

A.2.6 取底符号和取顶符号

取底符号被定义为不大于数 x 的最大整数，记作 $\lfloor x \rfloor$。这就是说向下取整。例如，$\lfloor 3.14 \rfloor = 3$，$\lfloor -1.3 \rfloor = -2$ 以及 $\lfloor 5 \rfloor = 5$。（一些书籍将取底符号记作 $[x]$，但是这是一个不好的记号，因为它没有为取顶符号设计相应的记号，并且方括号也经常会被用作其他用途）。

取顶符号被定义为不小于数 x 的最大整数，也记作 $\lceil x \rceil$。例如，$\lceil 3.14 \rceil = 4$，$\lceil -1.3 \rceil = -1$ 以及 $\lceil 5 \rceil = 5$。

A.2.7 阶乘函数和伽马函数

取值为一个正整数 n 的阶乘函数的返回值是 1 到 n 的乘积，记作 $n!$，读作 n 的阶乘：

$$n! = 1 \cdot 2 \cdot 3 \cdot \cdots \cdot n$$

另外，定义 $0! = 1$。这个定义有意义的，因为如果把 $n!$ 想象成 n 个人排队的所有可能顺序的种类数量，那么对于 $n = 0$ 只有 1 种方式（这就意味着没有一个人，队列是空的）。同时，这个定义也是非常有益的，例如，可以对所有正整数 n 定义 $n!/(n-1)! = n$ 时，可以避免 $n = 1$ 时可能出现的麻烦。

当 n 变大时，阶乘函数增长十分迅速。一个著名且有益的阶乘近似值是斯特林公式：

$$n! \approx \sqrt{2\pi n}\left(\frac{n}{e}\right)^n。$$

当 $n \to \infty$ 时，公式左右两边的比值收敛到 1。例如，直接计算得到 $52! \approx 8.066 \times 10^{67}$，而利用斯特林公式可得 $52! \approx 8.053 \times 10^{67}$。

伽马函数 Γ 将阶乘函数推广到所有正实数，它被定义为

$$\Gamma(a) = \int_0^{+\infty} x^a e^{-x} \frac{dx}{x}, \ a > 0,$$

同时，对于所有正整数 n，有如下性质：

$$\Gamma(n) = (n-1)!$$

此外，$\Gamma(1/2) = \sqrt{\pi}$。

从 $n! = n \cdot (n-1)!$ 推广而来的伽马函数的一个重要性质是，对于所有 $a > 0$，有

$$\Gamma(a+1) = a\Gamma(a)$$

第 8 章中有更多关于伽马函数的内容。

A.3 矩阵

Neo：什么是矩阵？

Trinity：答案就在这里，Neo，它在追寻你，并且最终将找到你，如果你也想找到它。

——《黑客帝国》（1999 年电影）

矩阵是一个数字的矩形阵列，例如 $\begin{pmatrix} 3 & 1/e \\ 2\pi & 1 \end{pmatrix}$ 或 $\begin{pmatrix} 1 & 1 & 0 \\ 1 & 2 & 3 \end{pmatrix}$。如果矩阵有 m 行和 n 列数字（所以，第一个例子是 2×2 阶矩阵，而第二个例子是 2×3 阶矩阵），那么就说矩阵的维度是 m 乘以 n（也被写作 $m \times n$）。一个矩阵被称为方阵，如果 $m = n$。如果 $m = 1$，则称之为行向量；如果 $n = 1$，则称之为列向量。

A.3.1 矩阵加法和矩阵乘法

求两个维度相同的矩阵的加法，只需要把对应项相加，例如

$$\begin{pmatrix} 1 & 1 & 0 \\ 1 & 1 & 1 \end{pmatrix} + \begin{pmatrix} 1 & 0 & 0 \\ 1 & 1 & 0 \end{pmatrix} = \begin{pmatrix} 2 & 1 & 0 \\ 2 & 2 & 1 \end{pmatrix}.$$

当我们把维度 $m \times n$ 的矩阵 A 和维度 $n \times r$ 的矩阵 B 相乘时，会得到维度 $m \times r$ 的矩阵 AB，注意，矩阵乘法只有在矩阵 A 的列数等于矩阵 B 的行数时才有定义。矩阵 AB 中第 i 行、第 j 列对应的项等于 $\sum_{k=1}^{n} a_{ik}b_{kj}$，其中，$a_{ij}$ 和 b_{ij} 分别是矩阵 A 和 B 中第 i 行、第 j 列所对应的项。例如，一个 2×3 阶矩阵与一个 3×1 阶向量相乘：

$$\begin{pmatrix} 1 & 2 & 3 \\ 4 & 5 & 6 \end{pmatrix} \begin{pmatrix} 7 \\ 8 \\ 9 \end{pmatrix} = \begin{pmatrix} 1 \cdot 7 + 2 \cdot 8 + 3 \cdot 9 \\ 4 \cdot 7 + 5 \cdot 8 + 6 \cdot 9 \end{pmatrix} = \begin{pmatrix} 50 \\ 122 \end{pmatrix}.$$

需要注意的是，AB 不一定等于 BA，即使两者都被定义。如果将矩阵 A 与一个纯量相乘，只需要把矩阵中的每一项与该纯量相乘。

矩阵 A 的转置是另一个矩阵，记作 A^T，读作 A 转置，它的第 i 行、第 j 列所对应的项是矩阵 A 中第 j 行、第 i 列所对应的项。A 的横行是 A^T 的纵列，A 的纵列是 A^T 的横行。如果矩阵 A 和 B 的乘积有定义，那么 $(AB)^T = B^T A^T$。

2×2 阶矩阵 $\begin{pmatrix} a & b \\ c & d \end{pmatrix}$ 的行列式被定义为 $ad - bc$。$n \times n$ 阶矩阵的行列式可以通过递归的方式定义，这里受限于篇幅就不做展开。

A.3.2　特征值和特征向量

$n \times n$ 阶矩阵 A 的特征值 λ，对于一些 $n \times 1$ 阶非零列向量 v，满足

$$Av = \lambda v。$$

这些向量就是矩阵 A 的特征向量，或者有时也叫作右特征向量（矩阵 A 的左特征向量是满足 $\omega A = \lambda \omega$ 的行向量）。这个定义表明，当 A 和 v 相乘时，v 只是被拉伸了 λ 倍。

一些矩阵没有实特征值，但是佩龙-弗罗贝尼乌斯（Perron-Frobenius）定理告诉我们，在特殊的条件下，特征值存在且有良好的性质，这是第 11 章中十分吸引人的一点。令方阵 A 的项是非负的，横行的元素的和为 1。再假设对于所有 i 和 j，存在 $k \geq 1$，使得矩阵 A^k 中第 i 行、第 j 列所对应的项是正数。那么，佩龙-弗罗贝尼乌斯定理证明了 1 是矩阵 A 的一个特征值，并且 1 是矩阵 A 的最大特征值，它对应的特征向量的所有项都是正数。

A.4　差分方程

差分方程描述了一串由序列中两个连续数字之差所组成的数字序列。例如，如下差分方程

$$p_{i+1} - p_i = r(p_i - p_{i-1})$$

描述了数字序列 p_i，它的差分 $a_i \equiv p_i - p_{i-1}$ 通过常数比例 r 构成了几何序列。事实上，还有许多这样的序列，所以差分方程实际描述了整个序列集合。

在本节中，对于常数 p 和 q，将给出如何求解如下形式方程的方法

$$p_i = p \cdot p_{i+1} + q \cdot p_{i-1},$$

之前的方程是这种形式的一个特例。第一步是猜测方程 $p_i = x^i$ 的一个解。把它代入上面的式子中，有

$$x^i = p \cdot x^{i+1} + q \cdot x^{i-1},$$

化简得 $x = px^2 + q$ 或 $px^2 - x + q = 0$。这叫作特征方程，差分方程的解取决于特征方程存在一个特征根还是两个特征根。如果存在两个特征根 r_1 和 r_2，那么对于常数 a 和 b，差分方程有如下形式的解：

$$p_i = ar_1^i + br_2^i。$$

如果只存在一个特征根 r，那么差分方程有如下形式的解：

$$p_i = ar^i + bir^i。$$

在给定条件下，特征方程有特征根 1 和 q/p，当 $p \neq q$ 时，它们是不等的，当 $p = q$ 时，它们都等于 1。所以有

$$p_i = \begin{cases} a + b\left(\dfrac{q}{p}\right)^i, & p \neq q, \\ a + bi, & p = q。 \end{cases}$$

这叫作差分方程的通解，因为我们还没有确定常数 a 和 b 的取值。为了得到方程的特解，需要知道序列中的两个点以便求解 a 和 b。

A.5　微分方程

微分方程是差分方程的连续形式。微分方程利用导数来描述一个函数或者一系列函数。例如，微分方程

$$\frac{\mathrm{d}y}{\mathrm{d}x} = 3y$$

描述了一系列函数，它们具有如下性质：这个函数在任意点 (x, y) 处的瞬时变化率等于 Cy。这是一个可分离变量的微分方程，因为我们可以分离 x 和 y，将它们分别放到方程左、右两边：

$$\frac{\mathrm{d}y}{y} = 3\mathrm{d}x。$$

现在对方程两边同时积分，得 $\ln y = 3x + C$，或等价地，

$$y = Ce^{3x}，$$

其中 C 是任意常数。这叫作微分方程的通解，并且所有满足上述微分方程的函数都有形如 $y = Ce^{3x}$ 的表达式，C 为某一常数。为了得到特解，需要给定图像上的某一点求解 C。

可分离变量微分方程是一个特例。通常来说，将 x 和 y 重新放到方程两边是不太可能的，针对这类不可分离变量的微分方程有其他的解法，这里受限于篇幅就不做介绍。

A.6　偏导数

如果你会处理普通导数，那么你自然也会处理偏导数：只是把除了进行微分运算以外的变量的输入都看作常数。例如，令函数 $f(x, y) = y\sin(x^2 + y^3)$。那么关于 x 的偏导数就是

$$\frac{\partial f(x, y)}{\partial x} = 2xy\cos(x^2 + y^3)，$$

关于 y 的偏导数就是

$$\frac{\partial f(x, y)}{\partial y} = \sin(x^2 + y^3) + 3y^3\cos(x^2 + y^3)。$$

一个从 $(x_1, \cdots, x_n)$ 映射到 $(y_1, \cdots, y_n)$ 的函数的雅可比矩阵是一个 $m \times n$ 阶的包括所有可能偏导数的矩阵，如下所示，

$$\frac{\partial y}{\partial x} = \begin{pmatrix} \frac{\partial y_1}{\partial x_1} & \frac{\partial y_1}{\partial x_2} & \cdots & \frac{\partial y_1}{\partial x_n} \\ \vdots & \vdots & & \vdots \\ \frac{\partial y_n}{\partial x_1} & \frac{\partial y_n}{\partial x_2} & \cdots & \frac{\partial y_n}{\partial x_n} \end{pmatrix}。$$

A.7　多重积分

如果你会处理一重积分，那么你自然也会处理多重积分：只是进行多次积分，除了当前积分所对应的变量，将其他变量视为常数保持不变。例如，

$$\int_0^1 \int_0^y (x - y)^2 \mathrm{d}x\mathrm{d}y = \int_0^1 \int_0^y (x^2 - 2xy + y^2) \mathrm{d}x\mathrm{d}y$$

$$= \int_0^1 (x^3/3 - x^2 y + xy^2) \, \Big|_0^y \mathrm{d}y$$

$$= \int_0^1 (y^3/3 - y^3 + y^3) \, \mathrm{d}y$$

$$= \frac{1}{12} \, \circ$$

A.7.1 变换积分顺序

只要我们认真考虑积分的上、下限，也可以变换积分顺序，例如进行 $\mathrm{d}y\mathrm{d}x$ 而不是 $\mathrm{d}x\mathrm{d}y$。因为是对于所有 (x,y) 进行积分，其中，x 和 y 都位于 0 到 1 之间，且 $x \leqslant y$，所以可以把上面的积分写成

$$\int_0^1 \int_x^1 (x-y)^2 \mathrm{d}y\mathrm{d}x = \int_0^1 \int_x^1 (x^2 - 2xy + y^2) \, \mathrm{d}y\mathrm{d}x$$

$$= \int_0^1 (x^2 y - xy^2 + y^3/3) \, \Big|_x^1 \mathrm{d}x$$

$$= \int_0^1 (x^2 - x + 1/3 - x^3 + x^3 - x^3/3) \, \mathrm{d}x$$

$$= \left(x^3/3 - x^2/2 + x/3 - \frac{x^4}{12} \right) \, \Big|_0^1$$

$$= \frac{1}{12} \, \circ$$

A.7.2 换元法

对多重积分进行换元需要一个雅可比矩阵。以二重积分为例，假设想将 (x,y) 用 (u,v) 表示，记作 $x = g(u,v)$，$y = h(u,v)$。那么，在适当的积分上、下限内，有

$$\iint f(x,y)\mathrm{d}x\mathrm{d}y = \iint f(g(u,v), h(u,v)) \left| \frac{\partial(x,y)}{\partial(u,v)} \right| \mathrm{d}u\mathrm{d}v,$$

其中，$\left| \dfrac{\partial(x,y)}{\partial(u,v)} \right|$ 是雅可比行列式的绝对值。假设偏导数存在且连续，并且行列式不等于 0。

例如，计算半径为 1 的圆的面积。为了计算该区域的面积，只需要在该区域内对 1 进行积分（所以任何困难都来源于积分的上、下限，被积函数只是常数 1）。所以，该区域的面积为

$$\iint_{x^2+y^2 \leqslant 1} 1\mathrm{d}x\mathrm{d}y = \int_{-1}^1 \int_{-\sqrt{1-y^2}}^{\sqrt{1-y^2}} 1\mathrm{d}x\mathrm{d}y = 2\int_{-1}^1 \sqrt{1-y^2}\mathrm{d}y \, \circ$$

需要注意的是，内部积分变量（x）的上、下限取决于外部积分变量（y），另外，外部积分变量的上、下限是常数。最后的积分可以通过三角函数替换来处理，也可以通过极坐标变换来简化问题：令

$$x = r\cos\theta, \quad y = r\sin\theta,$$

其中，r 是 (x,y) 到原点的距离，$\theta \in [0, 2\pi)$ 是角度。雅可比矩阵是

$$\frac{\mathrm{d}(x,y)}{\mathrm{d}(r,\theta)} = \begin{pmatrix} \cos\theta & -r\sin\theta \\ \sin\theta & r\cos\theta \end{pmatrix},$$

所以，行列式的绝对值是 $r(\cos^2\theta + \sin^2\theta) = r$。就是说，$\mathrm{d}x\mathrm{d}y$ 转换成 $r\mathrm{d}r\mathrm{d}\theta$。所以圆形的面积是

$$\int_0^{2\pi}\int_0^1 r\mathrm{d}r\mathrm{d}\theta = \int_0^{2\pi}\frac{1}{2}\mathrm{d}\theta = \pi。$$

对于半径为 r 的圆，它所对应的面积是 πr^2，因为我们可以想象将测量单位转换为半径为 1 的单位。

为了得到一个熟悉的结果，似乎有许多工作需要完成，但是这是一个很好的例子。通过类似的方法，可以得到任意维度的球体的体积！一个半径为 1 的 n 维球体的体积等于 $\dfrac{\pi^{n/2}}{\Gamma(n/2+1)}$，其中 Γ 是伽马函数（详见附录 A.2.7）。

A.8　求和

"我们的比赛也该结束了吧?" 乌龟说道，"尽管确实还有一段距离? 我认为一些聪明人或另一些人已经证明了这件事情是不可能发生的?"

"是可以做到的，" 阿喀琉斯说道，"而且已经被做到了!Solvitur ambulando⊖。你看，距离正在逐步减小。"

——刘易斯·卡罗尔[3]

在概率论中，经常会出现一些类型的求和。

A.8.1　几何级数

形如 $\sum\limits_{n=0}^{\infty} x^n$ 的级数被称为几何级数。对于 $|x|<1$，有

$$\sum_{n=0}^{\infty} x^n = \frac{1}{1-x}。$$

如果 $|x|>1$，那么级数发散。一个形式相同的有限项级数被叫作有限几何级数。对于 $x\neq 1$，它的和是

$$\sum_{k=0}^{n} x^k = \frac{1-x^{n+1}}{1-x}。$$

A.8.2　e^x 的泰勒级数

对于所有 x，e^x 的泰勒级数是

$$\sum_{n=0}^{\infty} \frac{x^n}{n!} = \mathrm{e}^x。$$

A.8.3　调和级数以及其他固定指数的级数

这里还有一个非常有用的知识，当 $c>1$ 时，级数 $\sum\limits_{n=1}^{\infty} 1/n^c$ 收敛；当 $c\leqslant 1$ 时，级数 $\sum\limits_{n=1}^{\infty} 1/n^c$ 发散。当 $c=1$ 时，称为调和级数。当 n 足够大时，调和级数的前 n 项和可以用如下公式近似估计：

$$\sum_{k=1}^{n} \frac{1}{k} \approx \ln(n) + \gamma$$

其中，$\gamma = 0.577$。

⊖　这是一个拉丁文短语，意思是"要靠散步来解决"，强调通过实践解决问题。——编辑注

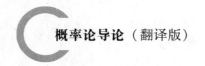
前 n 个正整数的和是

$$\sum_{k=1}^{n} k = n(n+1)/2。$$

对于整数的平方项，有

$$\sum_{k=1}^{n} k^2 = n(n+1)(2n+1)/6。$$

对于整数的三次方项，可以惊奇地发现，前 n 个正整数的三次方的和是

$$\sum_{k=1}^{n} k^3 = (n(n+1)/2)^2。$$

A.8.4 二项式定理

二项式定理描述了

$$(x+y)^n = \sum_{k=0}^{n} \binom{n}{k} x^k y^{n-k},$$

其中，$\binom{n}{k}$ 是二项式系数，被定义为从 n 个对象中抽取 k 个对象的方式的数量，不考虑对象的顺序。$\binom{n}{k}$ 关于阶乘的明确公式是

$$\binom{n}{k} = \frac{n!}{(n-k)!\,k!}。$$

二项式定理的证明在例 1.4.17 中给出。

A.9 模式识别

许多数学和统计知识都与模式识别相关：看清一个问题的本质结构，当一个问题与另一个问题本质上共通时（只是带有不同的背景）加以识别，注意对称性等共同点。我们可以在本书中看到许多这样思考的例子。例如，假设有级数 $\sum_{k=0}^{\infty} e^{tk} e^{-\lambda} \lambda^k / k!$，其中 λ 为正的常数。$e^{-\lambda}$ 可以从级数中提出来，然后级数的形式实际上与 e^x 的泰勒级数相匹配。所以，对于所有的实数 t，有

$$\sum_{k=0}^{\infty} \frac{e^{tk} e^{-\lambda} \lambda^k}{k!} = e^{-\lambda} \sum_{k=0}^{\infty} \frac{(\lambda e^t)^k}{k!} = e^{-\lambda} e^{\lambda e^t} = e^{\lambda(e^t - 1)},$$

类似地，假设我们想得到 $x=0$ 附近的泰勒级数 $1/(1-x)^3$。从对该方程求导出发是乏味的。相反地，可以注意到这个函数会使人联想到几何级数的求和结果。所以，对于 $|x^3| < 1$（与 $|x| < 1$ 等价），有

$$\frac{1}{1-x^3} = \sum_{n=0}^{\infty} x^{3n},$$

真正重要的是结构，而不是所使用的变量名称！

A.10 常识与核对答案

在概率论中，我们是非常容易犯错的，因此检查答案就显得特别重要。一些有用的检查策略包括：（a）查看答案是否在直觉上有意义（尽管如本书中经常看到的那样，概率论有

很多结果似乎是违反直觉的)。(b)确认答案不是范畴错误或者是 $\emptyset$ 中出现的情况。(c)尝试简单的例子。(d)尝试极端的例子。(e)找寻解决问题的备选方法(包括可以给出边界或者近似值的方法,例如第 10 章的不等式或者进行模拟)。

这里有一些错误的结论(用双引号标注),它们违反了常识。这些例子说明了明智检查的重要性。

1.
$$``\int_{-1}^{1} \frac{1}{x^2}dx = (-x^{-1})\Big|_{-1}^{1} = -2。"$$

这个积分在直觉上是没有意义的,因为 $1/x^2$ 是一个正数,所以积分结果等于负数是不可能的!

2. "现在用分部积分法计算 $\int \frac{1}{x}dx$。令 $u=1/x$,$dv=dx$,那么

$$\int \frac{1}{x}dx = uv - \int v du = 1 + \int \frac{x}{x^2}dx = 1 + \int \frac{1}{x}dx,$$

这意味着 $0=1$,因为可以在等式两边同时消去 $\int \frac{1}{x}dx$。"

3. 下面关于所有马都是同样颜色的"证明"有什么错误?〔这个例子来源于乔治·波利亚(George Pólya)〕

"令 n 等于马的数量,利用数学归纳法来证明,在每组 n 匹马中,所有的马都有一样的颜色。当 $n=1$ 时,只有一匹马,很明显只有它自己的颜色。现在假设这个结论对于 $n=k$ 是正确的,那么证明它对于 $n=k+1$ 也是正确的。考虑一个组中有 $k+1$ 匹马。排除最老的马,我们有 k 匹马,根据归纳的假设它们必须是同一种颜色的。排除最年幼的马,我们也有 k 匹马,根据归纳的假设它们必须是同一种颜色的。所以,所有马拥有一样的颜色。"

4. "12 到 31(包括在内)之间有 19 个整数,因为 $31-12=19$。更一般地,数列 n,$n+1,\cdots,m$ 中有 $m-n$ 个数,如果 n 和 m 是整数且 $m \geq n$。"

这样的大小差一的错误在数学和编程中十分常见,但是这些错误可以通过验证简单例子或极端例子避免。例如,尽管 $10-1=9$,但 1 到 10(包括在内)之间却有 10 个整数。

附录 B R 命 令

B.1 向量

命 令	功 能
c(1,1,0,2.7,3.1)	生成向量 (1, 1, 0, 2.7, 3.1)
1:100	生成向量 (1, 2, $\cdots$, 100)
(1:100)^3	生成向量 $(1^3, 2^3, \cdots, 100^3)$
rep(0,50)	生成长度为 50 的向量 (0, 0, $\cdots$, 0)
seq(0,99,3)	生成向量 (0, 3, 6, 9, $\cdots$, 99)
v[5]	向量 v 的第 5 个元素(索引从 1 开始)

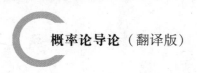

（续）

命　　令	功　　能
v[-5]	向量v中除第5个元素外的所有元素
v[c(3,1,4)]	向量v的第3、第1和第4个元素
v[v>2]	向量v中大于2的元素
which(v>2)	向量v中大于2的元素对应的索引
min(v)	向量v的最小值
max(v)	向量v的最大值
which.max(v)	向量v的最大值所对应的索引
sum(v)	向量v中所有元素的和
cumsum(v)	向量v的元素的累积和
prod(v)	向量v的元素的连乘积
rank(v)	向量v的元素的秩
length(v)	向量v的长度
sort(v)	将向量v进行排序（升序）
unique(v)	列出向量v中所有不重复的元素
tabulate(v)	向量v中每个元素出现的次数
table(v)	功能与tabulate(v)一致,但格式不同
c(v,w)	将向量v和w合并
union(v,w)	向量v和w的并集
intersect(v,w)	向量v和w的交集
v+w	将向量v和w的对应元素相加
v*w	将向量v和w的对应元素相乘

B.2　矩阵

命　　令	功　　能
matrix(c(1,3,5,7),nrow=2,ncol=2)	生成矩阵 $\begin{pmatrix} 1 & 5 \\ 3 & 7 \end{pmatrix}$
dim(A)	给出矩阵A的维数
diag(A)	提取矩阵A的对角线元素
diag(c(1,7))	生成对角矩阵 $\begin{pmatrix} 1 & 0 \\ 0 & 7 \end{pmatrix}$
rbind(u,v,w)	按行合并向量u、v、w
cbind(u,v,w)	按列合并向量u、v、w
t(A)	矩阵A的转置
A[2,3]	矩阵A的第2行、第3列上的元素

（续）

命　　令	功　　能
A[2,]	矩阵 A 的第 2 行（向量）
A[,3]	矩阵 A 的第 3 列（向量）
A[c(1,3),c(2,4)]	由矩阵 A 的第 1、3 行，第 2、4 列元素组成的子矩阵
rowSums(A)	矩阵 A 的每行元素的和
rowMeans(A)	矩阵 A 的每行元素的均值
colSums(A)	矩阵 A 的每列元素的和
colMeans(A)	矩阵 A 中每列元素的均值
eigen(A)	矩阵 A 的特征值和特征向量
solve(A)	A^{-1}
solve(A,b)	解方程 $Ax = b$（其中，b 是列向量）
A%*%B	矩阵乘法 AB
A%*%k	矩阵 A 的 k 次方（调用 expm 包）

B.3　数学运算

命　　令	功　　能
abs(x)	$\lvert x \rvert$
exp(x)	e^x
log(x)	$\ln(n)$
log(x,b)	$\log_b(n)$
sqrt(x)	$\sqrt{x}$
floor(x)	$\lfloor x \rfloor$
ceiling(x)	$\lceil x \rceil$
factorial(n)	$n!$
lfactorial(n)	$\ln(n!)$（有助于防止溢出）
gamma(a)	$\Gamma(a)$
lgamma(a)	$\ln(\Gamma(a))$（有助于防止溢出）
choose(n,k)	二项式系数 $\binom{n}{k}$
pbirthday(k)	解决 k 个人的生日问题
if(x>0)x^2 else x^3	如果 $x>0$，取 x^2，否则取 x^3（分段函数）
f<-function(x)exp(-x)	定义函数 $f(x) = \mathrm{e}^{-x}$
integrate(f,lower=0,upper=Inf)	求解 $\int_0^{+\infty} f(x)\,\mathrm{d}x$
optimize(f,lower=0,upper=5,maximum=TRUE)	在区间 $[0,5]$ 上，最大化函数 f
uniroot(f,lower=0,upper=5)	在区间 $[0,5]$ 上，求解方程 $f=0$ 的根

B.4　抽样和模拟

命　　令	功　　能
sample(7)	1，2，…，7 的随机排列
sample(52,5)	从 1，2，…，52 中随机抽取 5 次（不放回）
sample(letters,5)	从字母表中随机抽取 5 个字母（不放回）
sample(3,5,replace = TRUE,prob = p)	以概率 p 从 1，2，3 中随机抽取 5 次（有放回）
replicate(10^4,experiment)	模拟 10^4 次 experiment（试验）

B.5　绘图

命　　令	功　　能
curve(f,from = a,to = b)	函数 f 在区间 a 到 b 的图像
plot(x,y)	绘制 (x_i,y_i) 的散点图
plot(x,y,type = "l")	绘制 (x_i,y_i) 的折线图
points(x,y)	往图像中添加点 (x_i,y_i)
lines(x,y)	将通过点 (x_i,y_i) 的线段添加到已有坐标中
abline(a,b)	往图像中添加截距为 a、斜率为 b 的直线
hist(x,breaks = b,col = "blue")	x 的蓝色直方图
par(new = TRUE)	在绘制下一幅图像时，不要清除之前坐标系的参数设置
par(mfrow = c(1,2))	并排显示两个图像

B.6　编程

命　　令	功　　能
x <- pi	令 $x = \pi$
x > 3 && x < 5	判断 x 是否大于 3 且小于 5
x > 3 || x < 5	判断 x 是否大于 3 或小于 5
if(n > 3)x <- x + 1	如果 $n > 3$，那么 x 的取值加 1
if(n == 0)x <- x + 1 else x <- x + 2	如果 $n = 0$，那么 x 的取值加 1；否则，x 的取值加 2

v <- rep(0,50);
for(k in 1:50)
v[k] <- pbirthday(k)
	求解从 1 个人到 50 个人的生日问题

B.7　统计量汇总

命　　令	功　　能
mean(v)	向量 v 的样本均值
var(v)	向量 v 的样本方差
sd(v)	向量 v 的样本标准差

（续）

命　令	功　能
median(v)	向量 v 的样本中位数
summary(v)	向量 v 的最小值、1/4 分位数、中位数、均值、3/4 分位数、最大值
quantile(v,p)	向量 v 的样本 p 分位数
cov(v,w)	向量 v 和向量 w 的样本协方差
cor(v,w)	向量 v 和向量 w 的样本相关系数

B.8　概率分布

命　令	功　能
help(distributions)	查看关于概率分布的帮助文档
dbinom(k,n,p)	二项分布 $\mathrm{Bin}(n,p)$ 的概率质量函数 $P(X=k)$
pbinom(x,n,p)	二项分布 $\mathrm{Bin}(n,p)$ 的累积分布函数 $P(X \leqslant x)$
qbinom(a,n,p)	二项分布 $\mathrm{Bin}(n,p)$ 的分位数 $\min\{x : P(X \leqslant x) \geqslant a\}$
rbinom(r,n,p)	由二项分布 $\mathrm{Bin}(n,p)$ 生成的包含 r 个独立同分布元素的向量
dgeom(k,p)	几何分布 $\mathrm{Geom}(p)$ 的概率质量函数 $P(X=k)$
dhyper(k,w,b,n)	超几何分布分布 $\mathrm{HGeom}(w,b,n)$ 的概率质量函数 $P(X=k)$
dnbinom(k,r,p)	负二项分布 $\mathrm{NBin}(r,p)$ 的概率质量函数 $P(X=k)$
dpois(k,r)	泊松分布 $\mathrm{Pois}(r)$ 的概率质量函数 $P(X=k)$
dbeta(x,a,b)	贝塔分布 $\mathrm{Beta}(a,b)$ 的概率密度函数 $f(x)$
dcauchy(x)	柯西分布的概率密度函数 $f(x)$
dchisq(x,n)	卡方分布 x_n^2 的概率密度函数 $f(x)$
dexp(x,b)	指数分布 $\mathrm{Expo}(b)$ 的概率密度函数 $f(x)$
dgamma(x,a,r)	伽马分布 $\mathrm{Gamma}(a,r)$ 的概率密度函数 $f(x)$
dlnorm(x,m,s)	对数正态分布 $\mathcal{LN}(m,s^2)$ 的概率密度函数 $f(x)$
dnorm(x,m,s)	正态分布 $\mathcal{N}(m,s^2)$ 的概率密度函数 $f(x)$
dt(x,n)	t 分布 t_n 的概率密度函数 $f(x)$
dunif(x,a,b)	均匀分布 $\mathrm{Unif}(a,b)$ 的概率密度函数 $f(x)$

对于上述的其他概率分布，其对应命令与 pbinom、qbinom 以及 rbinom 类似。例如，由 pnorm、qnorm 和 rnorm 可以得到正态分布的累积分布函数、分位数以及随机数（注意这里需要给出的参数是均值及标准差，而不是均值和方差）。

对于多项分布分布，dmultinom 可以计算联合概率质量函数，rmultinom 可以生成随机向量。对于多元正态分布，在下载和加载 mvtnorm 包后，dmvnorm 可以计算联合概率分布函数，rmvnorm 可以生成随机向量。

附录 C 分 布 表

名 称	参数	概率质量函数或概率密度函数	均 值	方 差
伯努利分布	p	$P(X=1)=p, P(X=0)=q$	p	pq
二项分布	n, p	$\binom{n}{k}p^k q^{n-k}, \ k \in \{0,1,\cdots,n\}$	np	npq
首次成功分布（FS）	p	$pq^{k-1}, \ k \in \{1,2,\cdots\}$	$1/p$	q/p^2
几何分布	p	$pq^k, \ k \in \{0,1,2,\cdots\}$	q/p	q/p^2
负二项分布	r, p	$\binom{r+n-1}{r-1}p^r q^n, \ n \in \{0,1,2,\cdots\}$	rq/p	rq/p^2
超几何分布	w, b, n	$\dfrac{\binom{w}{k}\binom{b}{n-k}}{\binom{w+b}{n}}, \ k \in \{0,1,\cdots,n\}$	$\mu = \dfrac{nw}{w+b}$	$\left(\dfrac{w+b-n}{w+b-1}\right) n \dfrac{\mu}{n}\left(1-\dfrac{\mu}{n}\right)$
泊松分布	λ	$\dfrac{e^{-\lambda}\lambda^k}{k!}, k \in \{0,1,2,\cdots\}$	λ	λ
均匀分布	$a < b$	$\dfrac{1}{b-a}, x \in (a,b)$	$\dfrac{a+b}{2}$	$\dfrac{(b-a)^2}{12}$
正态分布	μ, σ^2	$\dfrac{1}{\sigma\sqrt{2\pi}}e^{-(x-\mu)^2/(2\sigma^2)}$	μ	σ^2
对数正态分布	μ, σ^2	$\dfrac{1}{x\sigma\sqrt{2\pi}}e^{-(\ln x-\mu)^2/(2\sigma^2)}, x>0$	$\theta = e^{\mu+\sigma^2/2}$	$\theta^2(e^{\sigma^2}-1)$
指数分布	λ	$\lambda e^{-\lambda x}, \ x>0$	$1/\lambda$	$1/\lambda^2$
伽马分布	a, λ	$\Gamma(a)^{-1}(\lambda x)^a e^{-\lambda x}x^{-1}, x>0$	a/λ	a/λ^2
贝塔分布	a, b	$\dfrac{\Gamma(a+b)}{\Gamma(a)\Gamma(b)}x^{a-1}(1-x)^{b-1}, 0<x<1$	$\mu = \dfrac{a}{a+b}$	$\dfrac{\mu(1-\mu)}{a+b+1}$
卡方分布	n	$\dfrac{1}{2^{n/2}\Gamma(n/2)}x^{n/2-1}e^{-x/2}, \ x>0$	n	$2n$
t 分布	n	$\dfrac{\Gamma((n+1)/2)}{\sqrt{n\pi}\Gamma(n/2)}(1+x^2/n)^{-(n+1)/2}$	$0(n>1$ 时$)$	$\dfrac{n}{n-2}$ （$n>2$ 时）

参 考 文 献

[1] Donald J. Albers and Gerald L. Alexanderson. *More Mathematical People: Contemporary Conversations.* Academic Press, 1990.

[2] Steve Brooks, Andrew Gelman, Galin Jones, and Xiao-Li Meng. *Handbook of Markov Chain Monte Carlo.* CRC Press, 2011.

[3] Lewis Carroll. What the Tortoise Said to Achilles. *Mind*, 4(14):278–290, 1895.

[4] Jian Chen and Jeffrey S. Rosenthal. Decrypting classical cipher text using Markov chain Monte Carlo. *Statistics and Computing*, 22(2):397–413, 2012.

[5] William G. Cochran. The effectiveness of adjustment by subclassification in removing bias in observational studies. *Biometrics*, 1968.

[6] Persi Diaconis. Statistical problems in ESP research. *Science*, 201(4351):131–136, 1978.

[7] Persi Diaconis. The Markov chain Monte Carlo revolution. *Bulletin of the American Mathematical Society*, 46(2):179–205, 2009.

[8] Persi Diaconis, Susan Holmes, and Richard Montgomery. Dynamical bias in the coin toss. *SIAM Review*, 49(2):211–235, 2007.

[9] Bradley Efron and Ronald Thisted. Estimating the number of unseen species: How many words did Shakespeare know? *Biometrika*, 63(3):435, 1976.

[10] Bradley Efron and Ronald Thisted. Did Shakespeare write a newly-discovered poem? *Biometrika*, 74:445–455, 1987.

[11] Andrew Gelman, John B. Carlin, Hal S. Stern, David B. Dunson, Aki Vehtari, and Donald B. Rubin. *Bayesian Data Analysis.* CRC Press, 2013.

[12] Andrew Gelman and Deborah Nolan. You can load a die, but you can't bias a coin. *The American Statistician*, 56(4):308–311, 2002.

[13] Andrew Gelman, Boris Shor, Joseph Bafumi, and David K. Park. *Red State, Blue State, Rich State, Poor State: Why Americans Vote the Way They Do (Expanded Edition).* Princeton University Press, 2009.

[14] Gerd Gigerenzer and Ulrich Hoffrage. How to improve Bayesian reasoning without instruction: Frequency formats. *Psychological Review*, 102(4):684, 1995.

[15] Prakash Gorroochurn. *Classic Problems of Probability.* John Wiley & Sons, 2012.

[16] Richard Hamming. You and your research. *IEEE Potentials*, pages 37–40, October 1993.

[17] David P. Harrington. The randomized clinical trial. *Journal of the American Statistical Association*, 95(449):312–315, 2000.

[18] David J.C. MacKay. *Information Theory, Inference and Learning Algorithms.* Cambridge University Press, 2003.

[19] Oscar Mandel. *Chi Po and the Sorcerer: A Chinese Tale for Children and Philosophers.* Charles E. Tuttle Company, 1964.

[20] T.J. Mathews and Brady E. Hamilton. Trend analysis of the sex ratio at birth in the United States. *National Vital Statistics Reports*, 53(20):1–17, 2005.

[21] Pierre Rémond de Montmort. *Essay d'Analyse sur les Jeux de Hazard*. Quilau, Paris, 1708.

[22] John Allen Paulos. *Innumeracy: Mathematical Illiteracy and Its Consequences*. Macmillan, 1988.

[23] Horst Rinne. *The Weibull Distribution: A Handbook*. CRC Press, 2008.

[24] James G. Sanderson. Testing ecological patterns. *American Scientist*, 88:332–339, 2000.

[25] Nate Silver. *The Signal and the Noise: Why So Many Predictions Fail—but Some Don't*. Penguin, 2012.

[26] Tom W. Smith, Peter Marsden, Michael Hout, and Jibum Kim. General social surveys, 1972–2012. *Sponsored by National Science Foundation. NORC, Chicago: National Opinion Research Center*, 2013.

[27] Stephen M. Stigler. Isaac Newton as a probabilist. *Statistical Science*, 21(3):400–403, 2006.

[28] Tom Stoppard. *Rosencrantz & Guildenstern Are Dead*. Samuel French, Inc., 1967.

[29] R.J. Stroeker. On the sum of consecutive cubes being a perfect square. *Compositio Mathematica*, 97:295–307, 1995.

[30] Amos Tversky and Daniel Kahneman. Causal schemas in judgments under uncertainty. In Daniel Kahneman, Paul Slovic, and Amos Tversky, editors, *Judgment under Uncertainty: Heuristics and Biases*. Cambridge University Press, 1982.

[31] Herbert S. Wilf. *generatingfunctionology*. A K Peters/CRC Press, 3rd edition, 2005.